第四次全国中药资源普查（湖北省）系列丛书

湖北中药资源典藏丛书

# 总编委会

# 湖北鄂州

# 药用植物志

## 专家委员会

**主　任**

龚建中

**副主任**

高小威　杨爱莲　李志胜　陈华侨　熊前荣　陈　军　刘维东　胡学炼　韩建华

**委　员**（按姓氏笔画排序）：

万子超　王友军　王学锋　方维凡　尹好先　尹章勇　皮兴文　朱寒阳　刘　杜
刘军友　严燕生　杜　林　李　志　李刘剑　李家树　杨红军　吴建中　邱永雄
余正清　余金象　汪　勇　汪道勇　陈泉全　陈碧珍　邵先志　苗丹丹　金志生
周　娓　周海旺　胡元水　柯少云　洪　瑛　姚友东　秦惠中　袁志勇　夏青山
夏祖和　徐向阳　殷正喜　高玉海　黄朝靖　曹庭武　喻　莉　程　军　程时平
程国建　焦元付　鲁昌辉　靳海荣　廖志祥　操良松　操良勇　霍育清

## 编写委员会

**主　编**

胡敦全　周卫忠　徐泽鹤　曾川川

**副主编**

柯　源　王毅斌　余学进　周　密

**编　委**（按姓氏笔画排序）：

王　俊　吕　萌　吕　蒙　刘　敏　刘逢生　严雪梅　李　红　李玉雪　李海兰
吴　康　邱迎庆　何　丽　何　秀　张　皓　陈　蔓　陈文雅　邵晓丽　郑　胜
赵文敏　胡建华　柯　婷　祝子林　徐志远　高　丽　黄山辉　黄亚芳　黄雨婷
曹玉梅

華中科技大學出版社
http://press.hust.edu.cn
中国 · 武汉

## 内容简介

本书依据鄂州市第四次中药资源普查结果编写，是一部资料齐全、内容翔实的地方性专著和中草药工具书。

本书共收载药用植物 574 种，分别介绍其中文名、拉丁名、别名、植物形态、生境分布、药用部位、采收加工、性味归经、功能主治等内容。为了便于读者识别和比较，每种药用植物都附有形态插图。

本书图文并茂，具有系统性、科学性和实用性等特点。本书可供中药植物研究、教育、资源开发利用及科普等领域人员参考使用。

**图书在版编目（CIP）数据**

湖北鄂州药用植物志 / 胡敦全等主编 . -- 武汉 : 华中科技大学出版社 , 2025. 4. -- ISBN 978-7-5772-1762-8

Ⅰ . Q949. 95

中国国家版本馆CIP数据核字第20258FF468号

湖北鄂州药用植物志
Hubei Ezhou Yaoyong Zhiwuzhi

胡敦全　周卫忠　徐泽鹤　曾川川　主编

策划编辑：黄晓宇　周　琳
责任编辑：李艳艳　张　寒
封面设计：廖亚萍
责任校对：刘小雨
责任监印：周治超
出版发行：华中科技大学出版社（中国・武汉）　电话：(027)81321913
武汉市东湖新技术开发区华工科技园　邮编：430223
录　排：华中科技大学惠友文印中心
印　刷：湖北恒泰印务有限公司
开　本：889mm × 1194mm　1/16
印　张：32　插页：2
字　数：883 千字
版　次：2025 年 4 月第 1 版第 1 次印刷
定　价：368.00 元

# \ 序 \

鄂州市位于湖北省东部，地处东经 114°30′～115°05′，北纬 30°00′～30°36′，属于典型的亚热带季风气候。鄂州市地势东南高，西北低，中间低平，拥有长江冲积阶地、丘陵、岗状平原和滞水冲湖积平原四种地貌，物种丰富。

根据湖北省中药资源普查办公室的统一部署，鄂州市作为第四次全国中药资源普查湖北省普查区第六批普查县（市、区），于 2019—2020 年开展普查工作。在鄂州市卫生健康委员会的统一领导下，鄂州市中药资源普查队队员按照国家的统一要求，认真开展普查工作，完成了鄂州市 20 个样地、100 个样方套和 18 条样线的野外调查工作，较好地完成了本次中药资源普查工作。

鄂州市中药资源普查队队员本着对工作认真负责的态度，深入开展普查工作内业整理，结合普查成果编辑成《湖北鄂州药用植物志》。全书共收载药用植物 574 种，分别介绍其名称、植物形态、生境分布、药用部位、采收加工、性味归经及功能主治等内容，对研究鄂州市中药资源种类、临床应用及其发展现状等具有较好的参考价值。全书图文并茂，便于读者阅读，为读者准确掌握药用植物的鉴别特征提供了便利。

本书的出版体现了鄂州市中药资源普查队队员团结协作、不畏艰难的精神，是鄂州市中药资源普查队队员集体劳动和共同智慧的结晶！值其付梓之际，以此为序，以表敬意！

博士，教授，博士生导师

湖北中医药大学药学院院长

# \前　言\

鄂州市，旧称吴都、古武昌，湖北省下辖地级市，位于湖北省东部，西与武汉市接壤，东南与黄石市毗连，北临长江，自西向东分别与武汉市、黄冈市隔江相望，地处东经 114°30′ ～ 115°05′，北纬 30°00′ ～ 30°36′，辖区地域总面积 1596 $km^2$。

鄂州市下有鄂城区、华容区、梁子湖区、葛店经济技术开发区、临空经济区。鄂城区位于鄂州市东部，长江中游南岸，西接"九省通衢"武汉市，东连"矿冶之城"黄石市，北与黄冈市隔江相望，南同咸宁市濒湖毗邻，介于东经 114°32′ ～ 115°05′，北纬 30°00′ ～ 30°06′ 之间，地域面积 424.2 $km^2$。华容区位于鄂州市西部，长江中下游南岸，地处东经 114°30′ ～ 115°05′，北纬 30°00′ ～ 30°36′。梁子湖区地处长江中游南岸，东与黄石市交界，总面积 500 $km^2$。

鄂州市地势东南高，西北低，中间低平；最高点四峰山海拔 485.8 m，最低点梁子湖海拔 11.7 m。鄂州市属亚热带季风气候，年均降雨量 1282.8 mm，年均日照 2003.8 小时，年均无霜期 266 天，平均气温 17 ℃，最高气温 40.7 ℃，最低气温 −12.4 ℃。鄂州市土壤肥沃，气候适宜，构成各种类型生态环境，有利于各种植物的生长。

30 多年前，鄂州市进行了第三次全国中药资源普查，为后续普查工作打下了坚实的基础，但是由于当时设备、信息技术、储存等条件的制约，并没有留下珍贵的影像资料。随着社会的进步与经济的飞速发展，以及鄂州市的土地开发让许多田地变成了高楼，这些变化都使当地的药用植物品种、数量以及分布发生改变。2019 年，由国家中医药管理局组织的第四次全国中药资源普查，正好是一个难得的机会，借此可以摸清鄂州市目前真实的中药资源情况。

2019 年 6 月，湖北省卫生健康委员会在鄂州市举办了"全国第四次中药资源普查湖北省第六批普查县（市、区）启动仪式暨技术培训会"，标志着湖北省第六批中药资源普查工作的启动。鄂州市作为湖北省第六批中药资源普查试点城市之一，在鄂州市委、鄂州市卫生健康委员会及鄂州市中医医院领导们的大力支持下，于 2019 年 7 月迅速组建了鄂州市中药资源普查队，队员由鄂州市中医医院药学部人员组成，正式开启了鄂州市中药资源普查工作。

鄂州市中药资源普查队以《全国中药资源普查技术规范》为指导，采用传统野外调查与现代技术相结合的方法有序进行野生和栽培资源调查、种质资源调查、中药材市场调查和中药资源传统知识调查等工作（本次普查以药用植物为主，未涉及药用动物）。截至 2020 年 11 月，普查队外业人员共计外出 81 次，共完成 20 个样地、100 个样方套的调查和西山、葛山、莲花山、凤凰山等 18 条样线的调查，对鄂州市各区的药用植物资源品种和分布情况有了系统的了解，拍摄照片 20000 余张，制作精美腊叶标本 3000 余份。

2020 年 12 月，鄂州市顺利完成了中药资源普查的验收工作。为了充分利用此次普查结果，更好地传承中医药文化，鄂州市中药资源普查队组建了编写委员会，经过 1 年多的努力，将普查结果编写成书并完成多轮校对工作。

本书共收载普查发现的药用植物 574 种，并参考了《中国植物志》《中华本草》，按照科、属、种进行分类。详细记录了植物的形态、生境分布，并对该药用植物的药用部位、采收加工、性味归经及功能主治等进行了系统的描述，插图均为普查时拍摄的药用植物自然生长的照片。

由于编者水平有限，书中难免存在不足之处，敬请读者批评指正。希望本书的出版能够为鄂州市中药资源的保护与利用带来帮助，为今后的中药资源普查提供有价值的参考。

编　　者

# \ 目录 \

# 阿福花科

## 芦荟

Luhui

【别名】库拉索芦荟、卢会、象胆、劳伟。

【来源】阿福花科芦荟属植物芦荟 *Aloe vera* (L.) Burm. f.。

【植物形态】多年生草本。茎较短。叶近簇生或稍2列（幼小植株），肥厚多汁，条状披针形，粉绿色，长15～35 cm，基部宽4～5 cm，顶端有几个小齿，边缘疏生刺状小齿。花葶高60～90 cm，不分枝或有时稍分枝，总状花序具几十朵花；苞片近披针形，先端锐尖；花点垂，排列稀疏，淡黄色而有红斑，花被长约2.5 cm，裂片先端稍外弯，雄蕊与花被近等长或略长，花柱明显伸出花被外。蒴果，室背开裂。花期2—3月。

【生境分布】喜生于湿热环境，多栽培于庭院中。

【药用部位】叶的汁液经浓缩的干燥物。

【采收加工】全年均可采收，将中下部生长良好的叶片分批采收。将采收的鲜叶片切口向下直放于盛器中，取其流出的汁液干燥即成。也可将叶片洗净，横切成片，加入与叶片等量的水，煎煮2～3 h，过滤，将滤汁浓缩成黏稠状，倒入模型内烘干或暴晒干，即得芦荟膏。

【性味归经】味苦，性寒。归肝、胃、大肠经。

【功能主治】泻下通便，清肝泻火，杀虫疗疳。用于热结便秘，惊痫抽搐，小儿疳积；外用治疥疮等。

## 黄花菜

Huanghuacai

【别名】金针菜、柠檬萱草。

【来源】阿福花科萱草属植物黄花菜 *Hemerocallis citrina* Baroni。

【植物形态】草本植物，高达1 m。根近肉质，中下部常呈纺锤状膨大。叶7～20枚，长50～

130 cm，宽 6 ～ 25 mm。花葶长短不一，一般稍长于叶，基部三棱形，上部圆柱形，有分枝；苞片披针形，下面的长可达 3 ～ 10 cm，自下向上渐短，宽 3 ～ 6 mm；花梗较短，通常长不到 1 cm；花多朵，最多可超过 100 朵；花被淡黄色，有时在花蕾时顶端带黑紫色；花被管长 3 ～ 5 cm，花被裂片长（6）7 ～ 12 cm，内 3 片宽 2 ～ 3 cm。蒴果钝三棱状椭圆形，长 3 ～ 5 cm。种子约 20 颗，黑色，有棱，从开花到种子成熟需 40 ～ 60 天。花期 6—7 月，果期 8—9 月。

【生境分布】生于山坡、山谷、荒地或林缘，多为栽培。全市各地均有栽培。

【药用部位】花蕾。

【采收加工】5—8 月花将要开放时采收，蒸后晒干。

【性味归经】味甘，性凉。

【功能主治】清热利湿，宽胸解郁，凉血解毒。用于小便短赤，黄疸，胸闷心烦，少寐，痔疮便血，疮痈。

## 萱草

Xuancao

【别名】摺叶萱草、黄花菜。

【来源】阿福花科萱草属植物萱草 *Hemerocallis fulva* (L.) L.。

【植物形态】这些特征可用以区别于本国产的其他种类。多年生草本，具短的根茎和肉质、肥大的纺锤状块根。叶基生，排成2列；叶片条形，长40～80 cm，宽1.5～3.5 cm，下面呈龙骨状突起。花葶粗壮，高 60 ～ 80 cm；蝎尾状聚伞花序组成圆锥状，具花 6 ～ 12 朵或更多；花早上开晚上凋谢，无香味，橘红色至橘黄色，内花被裂片下部一般有“∧”形彩斑。苞片卵状披针形；花无香味，具短花梗；花被长 7 ～ 12 cm，下部 2 ～ 3 cm 合生成花被管；外轮花被裂片 3 片，长圆状披针形，宽 1.2 ～ 1.8 cm，具平行脉，内轮裂片 3 片，长圆形，宽达 2.5 cm，具有分枝的脉，中部具褐红色的色带，边缘波状皱褶，盛开时裂片反曲；雄蕊伸出，上弯，比花被裂片短；花柱伸出，上弯，比雄蕊长。蒴果长圆形。花果期 5—7 月。

【生境分布】生于沼泽地、湿地旁等。全市各地有零星野生，偶见于城市绿化带。

【药用部位】根、嫩苗。

【采收加工】根：夏、秋季采挖，除去残茎、须根，洗净泥土，晒干。嫩苗：春季采收，鲜用。

【性味归经】根：味甘，性凉；有毒。归脾、肝、膀胱经。嫩苗：味甘，性凉。

【功能主治】根：清热利湿，凉血止血，解毒消肿。用于黄疸，水肿，淋浊，带下，衄血，便血，崩漏，瘰疬，乳痈，乳汁不通。嫩苗：清热利湿。用于胸膈烦热，黄疸，小便短赤。

# 安息香科

## 野茉莉

Yemoli

【别名】野白果树、山白果、君迁子、木香柴。

【来源】安息香科安息香属植物野茉莉 *Styrax japonicus* Sieb. et Zucc.。

【植物形态】灌木或小乔木，高 4 ～ 8 m，少数高达 10 m，树皮暗褐色或灰褐色，平滑；嫩枝稍扁，开始时被淡黄色星状柔毛，以后脱落变为无毛，暗紫色，圆柱形。叶互生，纸质或近革质，椭圆形或长圆状椭圆形至卵状椭圆形，长 4 ～ 10 cm，宽 2 ～ 5（6）cm，顶端急尖或钝渐尖，常稍弯，基部楔形或宽楔形，边缘近全缘或仅于上半部具疏离锯齿，上面除叶脉疏被星状毛外，其余无毛而稍粗糙，下面除主脉和侧脉汇合处有白色长毛外无毛，侧脉每边 5 ～ 7 条，第三级小脉网状，较密，两面均明显隆起；叶柄长 5 ～ 10 mm，上面有凹槽，疏被星状短柔毛。总状花序顶生，有花 5 ～ 8 朵，长 5 ～ 8 cm；有时下部的花生于叶腋；花序梗无毛；花白色，长 2 ～ 2.8（3）cm，花梗纤细，开花时下垂，长 2.5 ～ 3.5 cm，无毛；小苞片线形或线状披针形，长 4 ～ 5 mm，无毛，易脱落；花萼漏斗状，膜质，高 4 ～ 5 mm，宽 3 ～ 5 mm，无毛，萼齿短而不规则；花冠裂片卵形、倒卵形或椭圆形，长 1.6 ～ 2.5 mm，宽 5 ～ 7（9）mm，两面均被星状细柔毛，花蕾时覆瓦状排列，花冠管长 3 ～ 5 mm；花丝扁平，下部连合成管，上部分离，分离部分的下部被白色长柔毛，上部无毛，花药长圆形，边缘被星状毛，长约 5 mm。果实卵形，长 8 ～ 14 mm，直径 8 ～ 10 mm，顶端具短尖头，外面密被灰色星状茸毛，有不规则皱褶；种子褐色，有深皱褶。花期 4—7 月，果期 9—11 月。

【生境分布】生于海拔 400 ～ 1800 m 的林中。全市各地有零星野生。

【药用部位】叶或果实。

【采收加工】叶：春、夏季采收。果实：夏、秋季果成熟时采摘，鲜用或晒干。

【性味归经】味辛、苦，性温；有小毒。

【功能主治】祛风除湿，疏风通络。用于风湿痹痛，瘫痪等。

# 芭蕉科

## 芭蕉

Bajiao

【别名】芭蕉树。

【来源】芭蕉科芭蕉属植物芭蕉 *Musa basjoo* Sieb. et Zucc.。

【植物形态】植株高2.5～4 m。叶片长圆形，长2～3 m，宽25～30 cm，先端钝，基部圆形或不对称，叶面鲜绿色，有光泽；叶柄粗壮，长达30 cm。花序顶生，下垂；苞片红褐色或紫色；雄花生于花序上部，雌花生于花序下部；雌花在每一苞片内10～16朵，排成2列；合生花被片长4～4.5 cm，具5（3＋2）齿裂，离生花被片与合生花被片几等长，顶端具小尖头。浆果三棱状，长圆形，长5～7 cm，具3～5棱，近无柄，肉质，内具多颗种子。种子黑色，具疣突及不规则棱角，宽6～8 mm。

【生境分布】多栽培于庭院及农舍附近。全市各地有零星栽培。

【药用部位】根茎、叶、油（汁液）、种子、花。

【采收加工】根茎：全年均可采收，晒干或鲜用。叶：全年均可采收，切碎，鲜用或晒干。油：夏、秋季将茎根部刺破，取流出的汁液，用瓶子装好，密封备用；或以嫩茎捣烂绞汁。种子：夏、秋季果实成熟时采收，鲜用。花：花开时采收，鲜用或阴干。

【性味归经】根茎：味甘，性寒。归胃、脾、肝经。叶：味甘、淡，性寒。归心、肝经。油：味甘，性寒。种子：味甘，性寒。花：味甘、微辛，性凉。

【功能主治】根茎：清热解毒，止渴，利尿。用于热病烦渴，痈疽疔毒，丹毒，淋浊，水肿，脚气等。叶：清热解毒，利尿。用于热病，中暑，水肿，脚气，痈疽，烫伤等。油：清热解毒，止渴。用于热病烦渴，高血压头痛，痈疽，中耳炎，烫伤等。种子：止渴润肺（生食），通血脉，补骨髓（蒸熟取仁）。花：化痰消痞，散瘀，止痛。用于脘腹痞满，吞酸反胃，呕吐痰涎，头昏目眩，心痛，怔忡，风湿疼痛，细菌性痢疾等。

# 菝葜科

## 菝葜

Baqia

【别名】金刚兜、大菝葜、金刚刺、金刚藤。

【来源】菝葜科菝葜属植物菝葜 *Smilax china* L.。

【植物形态】攀援灌木；根状茎粗厚，坚硬，为不规则的块状，直径 2 ～ 3 cm。茎长 1 ～ 3 m，少数可达 5 m，疏生刺。叶薄革质或坚纸质，干后通常红褐色或近古铜色，圆形、卵形或其他形状，长 3 ～ 10 cm，宽 1.5 ～ 6（10） cm，下面通常淡绿色，较少苍白色；叶柄长 5 ～ 15 mm，占全长的 1/2 ～ 2/3，具宽 0.5 ～ 1 mm（一侧）的鞘，几乎都有卷须，少有例外，脱落点靠近卷须处。伞形花序生于叶尚幼嫩的小枝上，具十几朵或更多的花，常呈球形；总花梗长 1 ～ 2 cm；花序托稍膨大，近球形，较少稍延长，具小苞片；花绿黄色，外花被片长 3.5 ～ 4.5 mm，宽 1.5 ～ 2 mm，内花被片稍狭；雄花中花药比花丝稍宽，常弯曲；雌花与雄花大小相似，有 6 枚退化雄蕊。浆果直径 6 ～ 15 mm，成熟时红色，有粉霜。花期 2—5 月，果期 9—11 月。

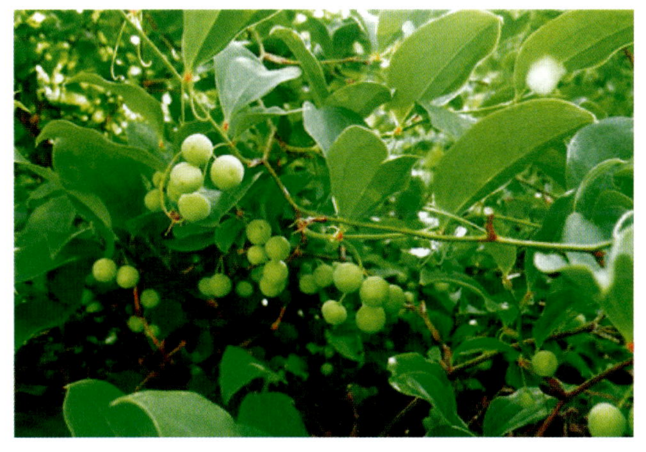

【生境分布】生于海拔 2000 m 以下的林下、灌丛中、路旁、河谷或山坡上。全市各地均有分布。

【药用部位】根茎、叶。

【采收加工】根茎：2 月或 8 月采挖根茎，除去泥土及须根，切片，晒干。叶：夏、秋季采收，鲜用或晒干。

【性味归经】根茎：味甘、淡、微酸，性平。归肝、肾经。叶：味甘，性平。

【功能主治】根茎：祛风利湿，消毒，消痈。用于风湿痹痛，淋浊，带下，泄泻，细菌性痢疾，疮痈肿毒，顽癣，烧烫伤等。叶：祛风，利湿，解毒。用于风肿，疮痈肿毒，臁疮，烧烫伤，蜈蚣咬伤等。

## 土茯苓

Tufuling

【别名】光叶茯苓、菝葜。

【来源】菝葜科菝葜属植物土茯苓 *Smilax glabra* Roxb.。

【植物形态】攀援灌木。根状茎粗厚、块状，常由匍匐茎相连接，直径 2 ～ 5 cm。茎光滑无刺，有明显的棱。叶互生，叶柄长 5 ～ 15（20） mm，占全长的 1/4 ～ 3/5，具狭鞘，常有纤细的卷须 2 条，脱落点位于近顶端；叶片薄革质，狭椭圆状披针形至狭卵状披针形，长 6 ～ 12（15）cm，宽 1 ～ 4（7）cm，先端渐尖，基部圆形或钝，下面通常淡绿色。伞形花序单生于叶腋，通常具 10 余朵花；雄花序总花梗长 2 ～ 5 mm，通常明显短于叶柄，极少与叶柄近等长，在总花梗与叶柄之间有 1 芽；花序托膨大，连同多数宿存的小苞片呈莲座状，宽 2 ～ 5 mm，花绿白色，六棱状球形，直径约 3 mm；雄花外花被片近扁圆形，宽约 2 mm，兜状，背面中央具纵槽，内花被片近圆形，宽约 1 mm，边缘有不规则的齿；雄花靠合，与内花被片近等长，花丝极短；雌花序的总梗长约 1 cm，雌花外形与雄花相似，但内花被片边缘无齿，具 3 枚退化雄蕊。浆果直径 6 ～ 8 mm，成熟时黑色，具粉霜。花期 5—11 月，果期 11 月至次年 4 月。

【生境分布】生于海拔 1800 m 以下的林下、灌丛中、河岸或山谷中，也见于林缘与疏林中。全市各地均有分布。

【药用部位】根茎。

【采收加工】夏、秋季采挖，除去须根，洗净，干燥；或趁鲜切成薄片，干燥。

【性味归经】味甘、淡，性平。归肝、胃经。

【功能主治】解毒，除湿，通利关节。用于梅毒及汞中毒所致的四肢拘挛，筋骨疼痛，湿热淋浊，带下，痈肿，瘰疬，疥疮等。

# 白花菜科

## 黄花草

Huanghuacao

【别名】臭矢菜、羊角草、野油菜、黄花蝴蝶草、黄花菜。

【来源】白花菜科黄花草属植物黄花草 *Arivela viscosa* (L.) Raf.。

【植物形态】一年生直立草本，高 0.3 ～ 1 m，有臭味。茎基部常木质化，干后黄绿色，有纵细槽纹，全株密被黏质腺毛与淡黄色柔毛，无刺，有恶臭气味。叶为具 3 ～ 7 小叶的掌状复叶，小叶薄草质，近无柄，倒披针状椭圆形，中央小叶最大，长 1 ～ 5 cm，宽 5 ～ 15 mm，侧生小叶依次减小，全缘但边缘有腺纤毛，侧脉 3 ～ 7 对，叶柄长 2 ～ 6 cm，无托叶。花单生于茎上部逐渐变小与简化的叶腋内，但近顶端则成总状或伞房状花序；花梗纤细，长 1 ～ 2 cm；萼片分离，狭椭圆形、倒披针状椭圆形，长 6 ～ 7 mm，宽 1 ～ 3 mm，近膜质，有细条纹，内面无毛，背面及边缘有黏质腺毛；花瓣淡黄色或橘黄色，无毛，有数条明显的纵行脉，倒卵形或匙形，长 7 ～ 12 mm，宽 3 ～ 5 mm，基部楔形至多少有爪，顶端圆形；雄蕊 10 ～ 22 枚，花丝比花瓣短，花期时不露出花冠外，花药背着，长约 2 mm；子房无柄，圆柱形，长约 8 mm，除花柱与柱头外密被腺毛，花期时亦不外露，1 室，侧膜胎座 2，胚珠多数，子房顶部变狭而伸长；花柱长 2 ～ 6 mm，柱头头状。果实直立，圆柱形，劲直或稍弯曲，密被腺毛，基部宽阔无柄，顶端渐狭成喙，长 6 ～ 9 cm，中部直径约 3 mm，成熟后果瓣自顶端向下开裂，果瓣宿存，表面有多条多少呈同心弯曲、纵向平行凸起的棱与凹陷的槽，两条胎座框特别凸起，宿存的花柱长约 5 mm。种子黑褐色，直径 1 ～ 1.5 mm，表面有约 30 条横向平行的皱褶。无明显的花果期，通常 3 月出苗，7 月果实成熟。

（摄于鄂城区白龙水库堤坝）

【生境分布】生于荒地、路旁及田野间。全市各地有零星野生。

【药用部位】全草。

【采收加工】夏、秋季采收，切碎，晒干备用。

【性味归经】味苦、辛，性温；有毒。

【功能主治】散瘀消肿，祛风止痛，生肌疗疮。用于跌打肿痛，劳伤腰痛，疝气疼痛，头痛，细菌性痢疾，疮疡溃烂，耳尖流脓，眼红痒痛，淋浊，带下等。

# 百部科

## 百部

Baibu

【别名】蔓生百部、百条根。

【来源】百部科百部属植物百部 *Stemona japonica* (Bl.) Miq.。

【植物形态】块根肉质，数个成簇，常呈长圆状纺锤形，直径 1 ～ 1.5 cm。茎长达 1 m，常有少数分枝，下部直立，上部攀援状。叶 3 ～ 4（5）枚轮生，纸质或薄革质，卵形、卵状披针形或卵状长圆形，长 4 ～ 9（11）cm，宽 1.5 ～ 4.5 cm，顶端渐尖或锐尖，边缘微波状，基部圆形或截形，很少浅心形和楔形；主脉通常 5 条，有时可多至 9 条，两面均隆起，横脉细密而平行；叶柄细，长 1 ～ 4 cm；花序柄贴生于叶片中脉上，花单生或数朵排成聚伞状花序，花柄纤细，长 0.5 ～ 4 cm；苞片线状披针形，长约 3 mm；花被片淡绿色，披针形，长 1 ～ 1.5 cm，宽 2 ～ 3 mm，顶端渐尖，基部较宽，具 5 ～ 9 条脉，开放后反卷；雄蕊紫红色，短于或近等长于花被；花丝短，长约 1 mm，基部合生成环；花药线形，长约 2.5 mm，药顶具一箭头状附属物，两侧各具一直立或下垂的丝状体；药隔直立，延伸为钻状或线状附属物；蒴果卵形、扁形，赤褐色，长 1 ～ 1.4 cm，宽 4 ～ 8 mm，顶端锐尖，成熟果实 2 爿开裂，常具 2 颗种子。种子椭圆形，稍扁平，长约 6 mm，宽 3 ～ 4 mm，深紫褐色，表面具纵槽纹，一端簇生多数淡黄色、膜质、短棒状附属物。花期 5—7 月，果期 7—10 月。

【生境分布】生于山坡草丛、路旁和林下。梁子湖区有栽培。

【药用部位】块根。

【采收加工】春、秋季采挖，除去须根，洗净，置沸水中略烫或蒸至无白心，取出，晒干。

【性味归经】味甘、苦，性微温。归肺经。

【功能主治】润肺，下气，止咳，杀虫灭虱。用于新久咳嗽，肺结核，百日咳；外用治头虱，体虱，蛲虫病，阴痒。

# 百合科

## 百合

Baihe

【别名】山百合、香水百合、天香百合。

【来源】百合科百合属植物百合 *Lilium brownii* var. *viridulum* Baker。

【植物形态】多年生草本，高 70 ～ 150 cm。茎上有紫色条纹，无毛；鳞茎球形，直径约 5 cm，鳞茎瓣广展，无节，白色。叶散生，具短柄；上部叶常小于中部叶，叶片倒披针形至倒卵形，长 7 ～ 10 cm，宽 2 ～ 3 cm，先端急尖，基部斜窄，全缘，无毛，有 3 ～ 5 条脉。花 1 ～ 4 朵，喇叭形，有香味；花被片 6，倒卵形，长 15 ～ 20 cm，宽 3 ～ 4.5 cm，多为白色，背面带紫褐色，无斑点，先端弯而不卷，蜜腺两边具小乳头状突起；雄蕊 6 枚，前弯，花丝长 9.5 ～ 11 cm，具柔毛，花药椭圆形，“丁”字形着生，花粉粒红褐色。子房长柱形，长约 3.5 cm，花柱长 11 cm，无毛，柱头 3 裂。蒴果长圆形，长约 5 cm，宽约 3 cm，有棱。种子多数。花果期 6—9 月。

（摄于梁子湖区上洪村王家洪湾后山）

【生境分布】生于海拔 900 m 以下的山坡草丛、石缝中或村舍附近。全市各地均有零星野生。

【药用部位】肉质鳞叶。

【采收加工】秋季采挖，洗净，剥取鳞叶，置沸水中略烫，干燥。

【性味归经】味甘，性寒。归心、肺经。

【功能主治】养阴润肺，清心安神。用于阴虚燥咳，劳嗽咯血，虚烦惊悸，失眠多梦，精神恍惚。

## 老鸦瓣

Laoyaban

【别名】光慈姑、山慈姑、老鸦头。

【来源】百合科老鸦瓣属植物老鸦瓣 *Amana edulis* (Miq.) Honda。

（摄于鄂城区五卦山）

【植物形态】鳞茎皮纸质，内面密被长柔毛。茎长 10 ~ 25 cm，通常不分枝，无毛；叶 2 枚，长条形，长 10 ~ 25 cm，远比花长，通常宽 5 ~ 9 mm，少数可窄至 2 mm 或宽达 12 mm，上面无毛；花单朵顶生，靠近花的基部具 2 枚对生（较少 3 枚轮生）的苞片，苞片狭条形，长 2 ~ 3 cm；花被片狭椭圆状披针形，长 20 ~ 30 mm，宽 4 ~ 7 mm，白色，背面有紫红色纵条纹；雄蕊 3 长 3 短，花丝无毛，中部稍扩大，向两端逐渐变窄或从基部向上逐渐变窄；子房长椭圆形；花柱长约 4 mm；蒴果近球形，有长喙，长 5 ~ 7 mm。花期 3—4 月，果期 4—5 月。

【药用部位】鳞茎。

【生境分布】生于山坡草地及路旁。全市各地有零星野生。

【采收加工】春、秋、冬季均可采收，挖取鳞茎，洗净，除去须根及外皮，鲜用或晒干。

【性味归经】味甘、辛，性寒；有小毒。

【功能主治】清热解毒，散结消肿。用于咽喉肿痛，瘰疬结核，瘀滞疼痛，疮痈肿毒，蛇虫咬伤等。

## 油点草

Youdiancao

【别名】油迹草。

【来源】百合科油点草属植物油点草 *Tricyrtis macropoda* Miq.。

（摄于梁子湖区上洪村王家洪湾后山）

【植物形态】植株高可达 1 m。茎上部疏生或密生短的糙毛。叶卵状椭圆形、矩圆形至矩圆状披针形，长 6 ~ 19 cm，宽 4 ~ 10 cm，先端渐尖或急尖，两面疏生短糙伏毛，基部心形抱茎或圆形而近无柄，边缘具短糙毛。二歧聚伞花序顶生或生于上部叶腋，花序轴和花梗生有淡褐色短糙毛，并间生有细腺毛；花梗长 1.4 ~ 2.5（3）cm；苞片很小；花疏散；花被片绿白色或白色，内面具多数紫红色斑点，卵状椭圆形至披针形，长 1.5 ~ 2 cm，开放后自中下部向下反折；外轮 3 片较内轮宽，在基部向下延伸成囊状；雄蕊约等长于花被片，花丝中上部向外弯垂，具紫色斑点；柱头稍高于雄蕊或有时与雄蕊近等高，3 裂；裂片长 1 ~ 1.5 cm，每裂片上端又 2 深裂，小裂片长约 5 mm，密生腺毛。蒴果直立，长 2 ～ 3 cm。花果期 6—10 月。

【生境分布】生于海拔 800 ～ 2400 m 的山地林下、草丛中或岩石缝隙中。全市各地有零星野生。

【药用部位】根或全草。

【采收加工】夏、秋季采挖，洗净，晒干。

【性味归经】味甘，性平。

【功能主治】健脾，利湿，和胃，活血消肿。用于脾虚湿盛，腹泻，水肿，小便不利，积食胃痛，头晕耳鸣，月经不调，跌打损伤，风疹等。

# 柏科

## 侧柏

Cebai

【别名】扁柏、香柯树、香柏。

【来源】柏科侧柏属植物侧柏 *Platycladus orientalis* (L.) Franco。

【植物形态】乔木，高可超过 20 m，胸径 1 m；树皮薄，浅灰褐色，纵裂成条片；枝条向上伸展或斜展，幼树树冠卵状尖塔形，老树树冠广圆形；生鳞叶的小枝细，向上直展或斜展，扁平，排成一平面。叶鳞形，长 1 ～ 3 mm，先端微钝，小枝中央的叶的露出部分呈倒卵状菱形或斜方形，背面中间有条状腺槽，两侧的叶船形，先端微内曲，背部有钝脊，尖头的下方有腺点。雄球花黄色，卵圆形，长约 2 mm；雌球花近球形，直径约 2 mm，蓝绿色，被白粉。球果近卵圆形，长 1.5 ～ 2（2.5） cm，成熟前近肉质，蓝绿色，被白粉，成熟后木质，开裂，红褐色；中间 2 对种鳞倒卵形或椭圆形，鳞背顶端的下方有一向外弯曲的尖头，上部 1 对种鳞窄长，近柱状，顶端有向上的尖头，下部 1 对种鳞极小，长达 13 mm，稀退化而不显著；种子卵圆形或近椭圆形，顶端微尖，灰褐色或紫褐色，长 6 ～ 8 mm，稍有棱脊，无翅或有极窄的翅。花期 3—4 月，球果 10 月成熟。

【生境分布】生于湿润肥沃地，石灰岩地也有生长。全市各地均有栽培。

【药用部位】枝梢及叶、种仁、根皮、枝条。

【采收加工】枝梢及叶：全年均可采收，以夏、秋季采收为佳，剪下大枝，干燥后取其小枝叶扎成小把，置通风处风干，不宜暴晒。种仁：秋、冬季采收成熟球果，晒干，收集种子，碾去种皮，簸净。根皮：冬季采挖，洗净，趁新鲜时刮去栓皮，纵向剖开，以木槌轻击，使皮部与木心分离，剥取根皮，晒干。枝条：全年均可采收，以夏、秋季采收为佳，剪取树枝，置通风处干燥。

【性味归经】枝梢及叶：味苦、涩，性寒。归肺、肝、大肠经。种仁：味甘，性平。归心、肾、大肠经。根皮：味苦，性平。枝条：味苦、辛，性温。

【功能主治】枝梢及叶：凉血止血，止咳祛痰，祛风湿，散肿毒。用于咯血，吐血，衄血，尿血，血痢，肠风下血，崩漏不止，咳嗽痰多，风湿痹痛，丹毒，痄腮，烫伤等。种仁：养心安神，敛汗，润肠通便。用于心悸怔忡，失眠健忘，盗汗，肠燥便秘等。根皮：凉血，解毒，敛疮，生发。用于烫伤，疮疡溃烂，毛发脱落等。枝条：祛风除湿，解毒疗疮。用于风寒湿痹，痛风，霍乱转筋，牙齿肿痛，恶疮，疥疮等。

## 刺柏

Cibai

【别名】台湾柏、刺松、矮柏木、山杉、台桧。

【来源】柏科刺柏属植物刺柏 *Juniperus formosana* Hayata。

【植物形态】乔木，高达 12 m；树皮褐色，纵裂成长条薄片脱落；枝条斜展或直展，树冠塔形或圆柱形；小枝下垂，三棱形。叶 3 叶轮生，条状披针形或条状刺形，长 1.2 ～ 2 cm，很少长达 3.2 cm，宽 1.2 ～ 2 mm，先端渐尖具锐尖头，上面稍凹，中脉微隆起，绿色，两侧各有 1 条白色、很少紫色或淡绿色的气孔带，气孔带较绿色边带稍宽，在叶的先端汇合为 1 条，下面绿色，有光泽，具纵钝脊，横切面新月形。雄球花圆球形或椭圆形，长 4 ～ 6 mm，药隔先端渐尖，背有纵脊。球果近球形或宽卵圆形，长 6 ～ 10 mm，直径 6 ～ 9 mm，成熟时淡红褐色，被白粉或白粉脱落，间或顶部微张开；种子半月圆形，具 3 ～ 4 棱脊，顶端尖，近基部有 3 ～ 4 个树脂槽。

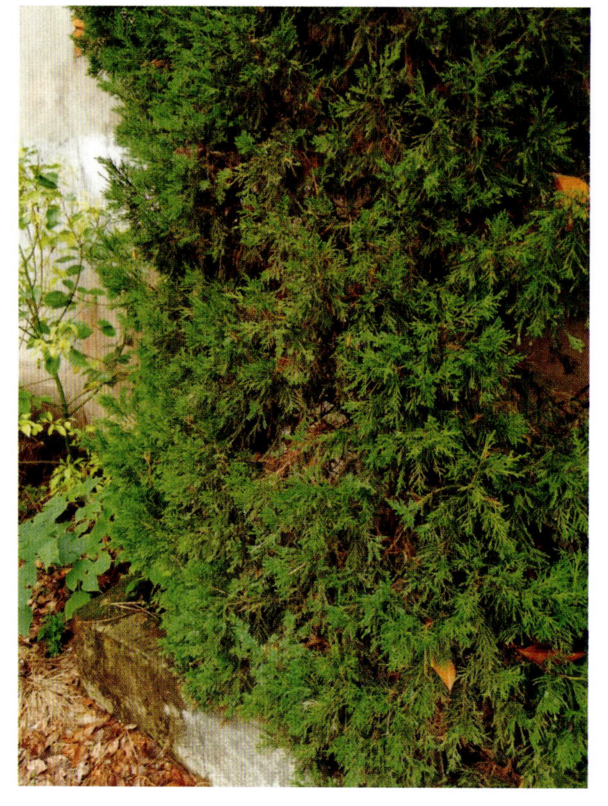

【生境分布】生于林中等地。全市各地均有栽培。

【药用部位】根及根皮或枝叶。

【采收加工】根及根皮：秋、冬季采挖根，或剥取根皮。枝叶：全年均可采收，洗净，晒干。

【性味归经】味苦，性寒。

【功能主治】清热解毒，燥湿止痒。用于麻疹，高热，湿疹，疥疮等。

## 杉木
Shanmu

【别名】杉、刺杉、木头树、正木、正杉、沙树。

【来源】柏科杉木属植物杉木 *Cunninghamia lanceolata* (Lamb.) Hook.。

【植物形态】乔木，高达 30 m，胸径可达 2.5 ～ 3 m。幼树树冠尖塔形，大树树冠圆锥形，树皮灰褐色，裂成长条片脱落，内皮淡红色；大枝平展，小枝近对生或轮生，常成 2 列状，幼枝绿色，光滑无毛；冬芽近圆形，有小型叶状的芽鳞，花芽圆球形，较大。叶在主枝上辐射伸展，侧枝之叶基部扭转成 2 列状，披针形或条状披针形，通常微弯，呈镰状，革质，坚硬，长 2 ～ 6 cm，宽 3 ～ 5 mm，边缘有细缺齿，先端渐尖，稀微钝，上面深绿色，有光泽，除先端及基部外两侧有窄气孔带，微具白粉或白粉不明显，下面淡绿色，沿中脉两侧各有 1 条具白粉的气孔带；老树之叶通常较窄短、较厚，上面无气孔线。雄球花圆锥状，长 0.5 ～ 1.5 cm，有短梗，通常 40 余个簇生于枝顶；雌球花单生或 2 ～ 4 个集生，绿色，苞鳞横椭圆形，先端急尖，上部边缘膜质，有不规则的细齿，长、宽几相等，为 3.5 ～ 4 mm。球果卵圆形，长 2.5 ～ 5 cm，直径 3 ～ 4 cm；成熟时苞鳞革质，棕黄色，三角状卵形，长约 1.7 cm，宽 1.5 cm，先端有坚硬的刺状尖头，边缘有不规则的锯齿，向外反卷或不反卷，背面的中肋两侧有 2 条稀疏气孔带。种鳞很小，先端 3 裂，侧裂较大，裂片分离，先端有不规则细锯齿，腹面着生 3 粒种子。种子扁平，遮盖着种鳞，长卵形或矩圆形，暗褐色，有光泽，两侧边缘有窄翅，长 7 ～ 8 mm，宽 5 mm；子叶 2 枚，发芽时出土。花期 4 月，球果 10 月下旬成熟。

【生境分布】多为栽培。

【药用部位】心材及树枝（杉木）、根或根皮（杉木根）、树皮（杉木皮）、叶（杉叶）。

【采收加工】心材及树枝：全年均可采收，鲜用或晒干。根或根皮：全年均可采收，晒干或鲜用。树皮：全年均可采剥，鲜用或晒干。叶：全年均可采收，鲜用或晒干。

【性味归经】心材及树枝：味辛，性微温。归肺、脾、胃经。根或根皮：味辛，性微温。树皮：味辛，性微温。叶：味辛，性微温。

【功能主治】心材及树枝：辟恶除秽，除湿散毒，活血止痛。用于脚气浮肿，奔豚，霍乱，心腹胀痛，跌打肿痛，创伤出血，烧烫伤等。根或根皮：祛风利湿，行气止痛，理伤接骨。用于风湿痹痛，胃痛，疝气疼痛，淋证，带下，血瘀崩漏，痔疮，骨折，脱臼，刀伤等。树皮：利湿，消肿，解毒。用于水肿，脚气，漆疮，烫伤，金疮出血，毒虫咬伤等。叶：祛风，化痰，活血，解毒。用于半身不遂初起，风疹，咳嗽，牙痛，天疱疮，脓疱疮，鹅掌风，跌打损伤，毒虫咬伤等。

# 报春花科

## 泽珍珠菜

Zezhenzhucai

【别名】泽星宿菜。

【来源】报春花科珍珠菜属泽珍珠菜 *Lysimachia candida* Lindl.。

【植物形态】一年生或二年生草本，全株无毛；茎高 10 ～ 30 cm；基生叶匙形或倒披针形，长 2.5 ～ 6 cm，宽 0.5 ～ 2 cm；茎叶互生，稀对生，近无柄；叶倒卵形、倒披针形或线形，长 1 ～ 5 cm，两面有深色腺点；花梗长约为苞片的 2 倍；花萼裂片披针形，长 3 ～ 5 mm，背面有黑色腺条；花冠白色，长 0.6 ～ 1.2 cm，筒部长 3 ～ 6 mm，裂片长圆形；雄蕊稍短于花冠，花丝贴生于花冠中下部分，分离部分长约 1.5 mm，花药近线形；蒴果直径 2 ～ 3 mm；花期 5—6 月，果期 7 月。

【生境分布】生于田边、溪边和山坡路旁潮湿处，全市各地均有分布。

【药用部位】全草。

【采收加工】4—6 月采收，晒干或鲜用。

【性味归经】性凉，味苦；有毒。

【功能主治】清热解毒，活血止痛，利湿消肿。用于咽喉肿痛，疮痈肿毒，乳痈，毒蛇咬伤，跌打骨折，风湿痹痛，脚气水肿，稻田性皮炎。

## 星宿菜

Xingxiucai

【别名】红根草、假辣蓼、大田基黄。

【来源】报春花科珍珠菜属植物星宿菜 *Lysimachia fortunei* Maxim.。

【植物形态】多年生草本，全株无毛。根状茎横走，紫红色。茎直立，高 30 ～ 70 cm，圆柱形，有黑色腺点，基部紫红色，通常不分枝，嫩梢和花序轴具褐色腺体。叶互生，近无柄，叶片长圆状披针形

至狭椭圆形，长 4 ～ 11 cm，宽 1 ～ 2.5 cm，先端渐尖或短渐尖，基部渐狭，两面均有黑色腺点，干后成粒状突起。总状花序顶生，细瘦，长 10 ～ 20 cm；苞片披针形，长 2 ～ 3 mm；花梗与苞片近等长或稍短；花萼长约 1.5 mm，分裂近达基部，裂片卵状椭圆形，先端钝，周边膜质，有腺状缘毛，背面有黑色腺点；花冠白色，长约 3 mm，基部合生部分长约 1.5 mm，裂片椭圆形或卵状椭圆形，先端圆钝，有黑色腺点；雄蕊比花冠短，花丝贴生于花冠裂片的下部，分离部分长约 1 mm；花药卵圆形，长约 0.5 mm；子房卵圆形，花柱粗短，长约 1 mm。蒴果球形，直径 2 ～ 2.5 mm。花期 6—8 月，果期 8—11 月。

【生境分布】生于沟边、田边等湿润处。全市各地有零星野生。

【药用部位】全草或根。

【采收加工】4—8 月采收，鲜用或晒干。

【性味归经】味苦、辛，性平。

【功能主治】清热利湿，凉血活血，解毒消肿。用于黄疸，泻痢，目赤，吐血，血淋，带下，崩漏，痛经，经闭，咽喉肿痛，疮痈肿毒，流火，瘰疬，跌打损伤，蛇虫咬伤等。

## 过路黄

Guoluhuang

【别名】金钱草、真金草、走游草、铺地莲。

【来源】报春花科珍珠菜属植物过路黄 *Lysimachia christiniae* Hance。

【植物形态】多年生草本，有稀疏短柔毛或近无毛。茎柔弱，平卧延伸，长 20 ～ 60 cm，幼嫩部分密被褐色无柄腺体，下部节间较短，常发出不定根，中部节间长 1.5 ～ 5（10） cm。叶对生，卵圆形、近圆形至肾圆形，长 1.5 ～ 8 cm，宽 1 ～ 4（6） cm，先端锐尖或圆钝至圆形，基部截形至浅心形，鲜时稍厚，透光，可见密布的透明腺条，干时腺条变黑色，两面无毛或密被糙伏毛；叶柄比叶片短或与之近等长，无毛至密被毛。花单生于叶腋；花梗长 1 ～ 5 cm，通常不超过叶长，毛被如茎，具褐色无柄腺体；花萼长 4 ～ 10 mm，分裂近达基部，裂片披针形、椭圆状披针形至线形或上部稍扩大而呈近匙形，先端锐尖或稍钝，无毛、被柔毛或仅边缘具缘毛；花冠黄色，长 7 ～ 15 mm，基部合生部分长 2 ～ 4 mm，裂片

狭卵形至近披针形，先端锐尖或钝，质地稍厚，具黑色长腺条；花丝长 6 ~ 8 mm，下半部合生成筒；花药卵圆形，长 1 ~ 1.5 mm；子房卵珠形，花柱长 6 ~ 8 mm。蒴果球形，直径 4 ~ 5 mm，无毛，有稀疏黑色腺条。花期 5—7 月，果期 7—10 月。

【生境分布】生于沟边、路旁阴湿处和山坡林下。全市各地均有分布。

【药用部位】全草。

【采收加工】夏、秋季采收，除去杂质，晒干。

【性味归经】味甘、咸，性微寒。归肝、胆、肾、膀胱经。

【功能主治】利湿退黄，利尿通淋，解毒消肿。用于湿热黄疸，胆胀痛，石淋，热淋，小便涩痛，疮痈肿毒，蛇虫咬伤等。

## 临时救

Linshijiu

【别名】聚花过路黄。

【来源】报春花科珍珠菜属植物临时救 *Lysimachia congestiflora* Hemsl.。

【植物形态】多年生草本。茎下部匍匐，节上生根，上部及分枝上升，长 6 ~ 50 cm，圆柱形，密被多细胞卷曲柔毛；分枝纤细，有时仅顶端具叶。叶对生，茎端的 2 对间距短，近密聚，叶片卵形、阔卵形至近圆形，近等大，长 0.7 ~ 4.5 cm，宽 0.6 ~ 3 cm，先端锐尖或钝，基部近圆形或截形，稀略呈心形，上面绿色，下面色较淡，有时沿中肋和侧脉染紫红色，两面被具节糙伏毛，稀近无毛，近边缘有暗红色或有时变为黑色的腺点，侧脉 2 ~ 4 对，在下面稍隆起，网脉纤细，不明显；叶柄比叶片短，具草质狭边缘。花 2 ~ 4 朵集生于茎端和枝端成近头状的总状花序，在花序下方的 1 对叶腋有时具单生之花；花梗极短或长至 2 mm；花萼长 5 ~ 8.5 mm，分裂近达基部，裂片披针形，宽约 1.5 mm，背面被疏柔毛；花冠黄色，内面基部紫红色，长 9 ~ 11 mm，基部合生部分长 2 ~ 3 mm，5 裂（偶有 6 裂），裂片卵状椭圆形至长圆形，宽 3 ~ 6.5 mm，先端锐尖或钝，散生暗红色或变黑色的腺点；花丝下部合生成高约 2.5 mm 的筒，分离部分长 2.5 ~ 4.5 mm；花药长圆形，长约 1.5 mm；子房被毛，花柱长 5 ~ 7 mm。蒴果球形，直径 3 ~ 4 mm。花期 5—6 月，果期 7—10 月。

【生境分布】生于水沟边、田埂上和山坡林缘、草地等湿润处。全市各地有零星野生。

【药用部位】全草。

【采收加工】7—8 月采挖，洗净，切段，晒干。

【性味归经】味辛、微苦，性微温。

【功能主治】祛风散寒，化痰止咳，解毒利湿，消积排石。用于风寒头痛，咳嗽痰多，咽喉肿痛，黄疸，胆结石，尿路结石，小儿疳积，疥疮，毒蛇咬伤等。

## 紫金牛

Zijinniu

【别名】矮地茶、矮脚樟茶、平地木、千年矮、四叶茶。

【来源】报春花科紫金牛属植物紫金牛 *Ardisia japonica* (Thunb.) Blume。

【植物形态】小灌木或亚灌木，近蔓生，具匍匐生根的根茎；直立茎长达30 cm，稀达40 cm，不分枝，幼时被细微柔毛，以后无毛。叶对生或近轮生，叶片坚纸质或近革质，椭圆形至椭圆状倒卵形，顶端急尖，基部楔形，长4～7 cm，宽1.5～4 cm，边缘具细锯齿，多少具腺点，两面无毛或有时背面仅中脉被细微柔毛，侧脉5～8对，细脉网状；叶柄长6～10 mm，被微柔毛。亚伞形花序，腋生或生于近茎顶端的叶腋，总花梗长约5 mm，有花3～5朵；花梗长7～10 mm，常下弯，二者均被微柔毛；花长4～5 mm，有时6数，花萼基部连合，萼片卵形，顶端急尖或钝，长约1.5 mm或略短，两面无毛，具缘毛，有时具腺点；花瓣粉红色或白色，广卵形，长4～5 mm，无毛，具密腺点；雄蕊较花瓣略短，花药披针状卵形或卵形，背部具腺点；雌蕊与花瓣等长，子房卵珠形，无毛；胚珠15枚，3轮。果实球形，直径5～6 mm，鲜红色转黑色，多少具腺点。花期5—6月，果期11—12月。

（摄于梁子湖区上洪村王家洪湾）

【生境分布】生于海拔1200 m以下的山间林下或竹林下。全市各地有零星分布。

【药用部位】全草。

【采收加工】夏、秋季茎叶茂盛时采挖，除去泥沙，干燥。

【性味归经】味辛、微苦，性平。归肺、肝经。

【功能主治】化痰止咳，清热利湿，活血化瘀。用于新久咳嗽，喘满痰多，湿热黄疸，经闭瘀滞，风湿痹痛，跌打损伤等。

## 朱砂根

Zhushagen

【别名】八爪龙、郎伞树、龙山子、八爪金龙、黄金万两。

【来源】报春花科紫金牛属植物朱砂根 *Ardisia crenata* Sims。

【植物形态】灌木，高1～2 m，稀达3 m；茎粗壮，无毛，除侧生特殊花枝外，无分枝。叶片革质或坚纸质，椭圆形、椭圆状披针形至倒披针形，顶端急尖或渐尖，基部楔形，长7～15 cm，宽2～

4 cm，边缘具皱波状或波状齿，具明显的边缘腺点，两面无毛，有时背面具极小的鳞片，侧脉 12 ～ 18 对，构成不规则的边缘脉；叶柄长约 1 cm。伞形花序或聚伞花序，着生于侧生特殊花枝顶端；花枝近顶端常具 2 ～ 3 片叶或更多，或无叶，长 4 ～ 16 cm；花梗长 7 ～ 10 mm，几无毛；花长 4 ～ 6 mm，花萼仅基部连合，萼片长圆状卵形，顶端圆形或钝，长 1.5 mm 或略短，稀达 2.5 mm，全缘，两面无毛，具腺点；花瓣白色，稀略带粉红色，盛开时反卷，卵形，顶端急尖，具腺点，外面无毛，里面有时近基部具乳头状突起；雄蕊较花瓣短，花药三角状披针形，背面常具腺点；雌蕊与花瓣近等长或略长，子房卵珠形，无毛，具腺点；胚珠 5 枚，1 轮。果实球形，直径 6 ～ 8 mm，鲜红色，具腺点。花期 5—6 月，果期 10—12 月。

【生境分布】生于海拔 90 ～ 2400 m 的疏、密林下阴湿的灌丛中。全市各地有零星分布。

【药用部位】根。

【采收加工】秋、冬季采挖，洗净，晒干。

【性味归经】味微苦、辛，性平。归肺、肝经。

【功能主治】解毒消肿，活血止痛，祛风除湿。用于咽喉肿痛，风湿痹痛，跌打损伤等。

## 菖蒲科

### 菖蒲

Changpu

【别名】水菖蒲、大叶菖蒲、大菖蒲、剑叶菖蒲、家菖蒲、土菖蒲。

【来源】菖蒲科菖蒲属植物菖蒲 *Acorus calamus* L.。

【植物形态】多年生草本。根茎横走，稍扁，分枝，直径 5 ～ 10 mm，外皮黄褐色，芳香，肉质根多数，长 5 ～ 6 cm，具毛发状须根。叶基生，基部两侧膜质叶鞘宽 4 ～ 5 mm，向上渐狭，至叶长 1/3 处渐行消失、脱落。叶片剑状线形，长 90 ～ 150 cm，中部宽 1 ～ 3cm，基部宽，中部以上渐狭，草质，绿色，光亮；中肋在两面均明显隆起，侧脉 3 ～ 5 对，平行，纤弱，大都延伸至叶尖。花序柄三棱形，长 15 ～ 50 cm；叶状佛焰苞剑状线形，长 30 ～ 40 cm；肉穗花序斜向上或近直立，狭锥状圆柱形，长 4.5 ～ 8 cm，直径 6 ～ 12 mm。花黄绿色，花被片长约 2.5 mm，宽约 1 mm；花丝长 2.5 mm，宽约 1 mm；子房长圆柱形，长 3 mm，粗 1.25 mm。浆果长圆形，红色。

【生境分布】生于水边、沼泽湿地或湖泊浮岛上。全市各地有零星分布。

【药用部位】根茎。

【采收加工】全年均可采收，挖取根茎后洗净泥沙，去除须根，晒干。

【性味归经】味辛、苦，性温。归心、肝、胃经。

【功能主治】化痰开窍，除湿健胃，杀虫止痒。用于痰厥昏迷，中风，癫痫，惊悸健忘，耳聋耳鸣，积食腹泻，痢疾泄泻，风湿痹痛，湿疹，疥疮。

## 金钱蒲

Jinqianpu

【别名】小石菖蒲、随手香、回手香、水菖蒲。

【来源】菖蒲科菖蒲属植物金钱蒲 *Acorus gramineus* Soland.。

【植物形态】多年生草本，高 20 ～ 30 cm。根茎较短，长 5 ～ 10 cm，横走或斜伸，芳香，外皮淡黄色，节间长 1 ～ 5 mm；根肉质，多数，长可达 15 cm；须根密集。根茎上部多分枝，呈丛生状。叶基对折，两侧膜质叶鞘棕色，下部宽 2 ～ 3 mm，上延至叶片中部，渐狭，脱落。叶片质地较厚，线形，绿色，长 20 ～ 30 cm，极狭，宽不足 6 mm，先端长渐尖，无中肋，平行脉多数。花序柄长 2.5 ～ 15 cm。叶状佛焰苞短，长 3 ～ 14 cm，为肉穗花序长的 1 ～ 2 倍，稀比肉穗花序短、狭，宽 1 ～ 2 mm。肉穗花序黄绿色，圆柱形，

长 3 ～ 9.5 cm，粗 3 ～ 5 mm，果序粗达 1 cm，果实黄绿色。花期 5—6 月，果期 7—8 月。

【生境分布】生于山涧浅水，或溪流旁的石缝中。全市各地有零星分布。

【药用部位】根茎。

【采收加工】秋、冬季采挖，除去须根和泥沙，晒干。

【性味归经】味辛、苦，性温。归心、胃经。

【功能主治】豁痰开窍，醒神益智，化湿开胃。用于神昏癫痫，健忘失眠，耳鸣耳聋，脘痞不饥，噤口痢等。

# 车前科

## 车前

Cheqian

【别名】蛤蟆草、饭匙草、车轱辘菜、蛤蟆叶、猪耳朵。

【来源】车前科车前属植物车前 *Plantago asiatica* L.。

【植物形态】多年生草本。须根多数。根茎短，稍粗。叶基生成莲座状，平卧、斜展或直立；叶片薄纸质或纸质，宽卵形至宽椭圆形，长 4 ～ 12 cm，宽 2.5 ～ 6.5 cm，先端钝圆至急尖，边缘波状、全缘或中部以下有锯齿或裂齿，基部宽楔形或近圆形，下延，两面疏生短柔毛；脉 5 ～ 7 条；叶柄长 2 ～ 15（27）cm，基部扩大成鞘，疏生短柔毛。花序 3 ～ 10 个，直立或弯曲上升；花序梗长 5 ～ 30 cm，有纵条纹，疏生白色短柔毛；穗状花序细圆柱状，长 3 ～ 40 cm，紧密或稀疏，下部常间断；苞片狭卵状三角形或三角状披针形，长 2 ～ 3 mm，长超过宽，龙骨突宽厚，无毛或先端疏生短毛。花具短梗；花萼长 2 ～ 3 mm，萼片先端钝圆或钝尖，龙骨突不延至顶端，前对萼片椭圆形，龙骨突较宽，两侧片稍不对称，后对萼片宽倒卵状椭圆形或宽倒卵形。花冠白色，无毛，冠筒与萼片约等长，裂片狭三角形，长约 1.5 mm，先端渐尖或急尖，具明显的中脉，于花后反折。雄蕊着生于冠筒内面近基部，与花柱明显外伸，花药卵状椭圆形，长 1 ～ 1.2 mm，顶端具宽三角形突起，白色，干后变淡褐色。胚珠 7 ～ 15（18）枚。蒴果纺锤状卵形、卵球形或圆锥状卵形，长 3 ～ 4.5 mm，于基部上方周裂。种子 5 ～ 6（12）颗，卵状椭圆形或椭圆形，长（1.2）1.5 ～ 2 mm，具角，黑褐色至黑色，背腹面微隆起；子叶背腹向排列。花期 4—8 月，果期 6—9 月。

【生境分布】生于草地、沟边、河岸湿地、田边、路旁或村边空旷处。分布于全市各地。

【药用部位】全草、种子。

【采收加工】全草：秋季采收，挖起全株，洗净泥沙，晒干或鲜用。种子：6—10 月陆续剪下黄色成熟果穗，晒干，搓出种子，去掉杂质。

【性味归经】全草：味甘，性寒。归肝、肾、膀胱经。种子：味甘、淡，性微寒。归肺、肝、肾、膀胱经。

【功能主治】全草：清热，利尿，凉血，解毒。用于热结膀胱，小便不利，淋浊，带下，暑湿泄泻，衄血，尿血，肝热目赤，咽喉肿痛，疮痈肿毒等。种子：清热利尿，渗湿止泻，明目，祛痰。用于小便不利，淋浊，带下，水肿胀满，暑湿泄泻，目赤翳障，痰热咳喘等。

## 水苦荬

Shuikumai

【别名】水菠菜、水莴苣、芒种草。

【来源】车前科婆婆纳属植物水苦荬 *Veronica undulata* Wall. ex Jack。

【植物形态】一年生或两年生草本，茎直立，高 25 ～ 90 cm，中空。叶对生，长圆状披针形或长圆状卵圆形，长 4 ～ 7 cm，宽 8 ～ 15 mm，先端圆钝或锐尖，基部呈耳廓状微抱茎上；无柄。总状花序腋生，长 5 ～ 15 cm，苞片细小，互生；花萼 4 裂，裂片狭长椭圆形；花冠白色或淡紫色，具淡紫色的线条；雄蕊 2 枚，凸出；子房上位，柱头花序。蒴果近圆形，尖端微突。种子长圆形，扁平。花期 4—6 月。

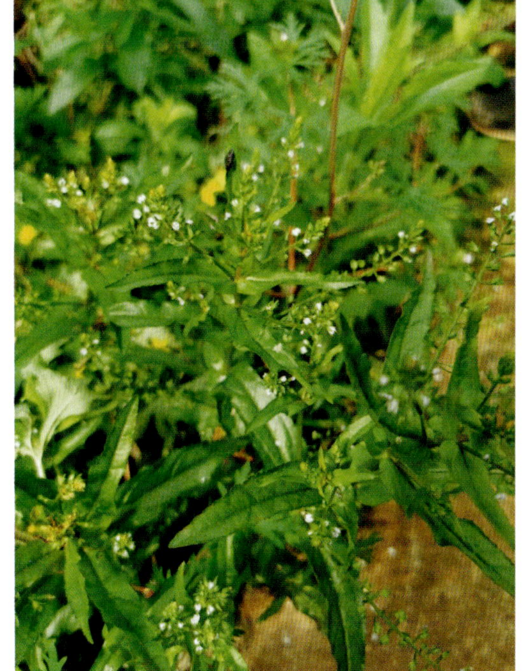

【生境分布】生于水边及沼泽地。全市各地有零星分布。

【药用部位】全草。

【采收加工】夏季果实中红虫未逸出前采收有虫瘿的全草，洗净，切碎，鲜用或晒干。

【性味归经】味苦，性凉。归肺、肝、肾经。

【功能主治】清热解毒，活血止血。用于感冒，咽痛，劳伤咯血，细菌性痢疾，血淋，月经不调，疮肿，跌打损伤等。

## 蚊母草

Wenmucao

【别名】仙桃草、水蓑衣。

【来源】车前科婆婆纳属植物蚊母草 *Veronica peregrina* L.。

【植物形态】株高 10 ～ 25 cm，通常自基部多分枝，主茎直立，侧枝披散，全体无毛或疏生柔毛。叶无柄，下部的倒披针形，上部的长矩圆形，长 1 ～ 2 cm，宽 2 ～ 6 mm，全缘或中上端有三角状锯齿。总状花序长，果期达 20 cm；苞片与叶同形而略小；花梗极短；花萼裂片长矩圆形至宽条形，长 3 ～ 4 mm；花冠白色或浅蓝色，长 2 mm，裂片长矩圆形至卵形；雄蕊短于花冠。蒴果倒心形，明显侧扁，长 3 ～ 4 mm，宽略过之，边缘生短腺毛，宿存的花柱不超出凹口。种子矩圆形。花期 5—6 月。

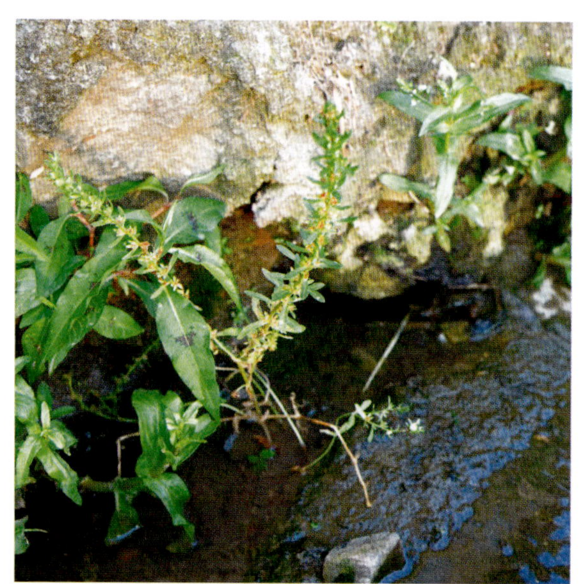

【生境分布】生于潮湿的荒地、路边。全市各地有零星分布。

【药用部位】全草。

【采收加工】春、夏季采集果未开裂的全草（以带虫瘿者为佳），剪去根，拣净杂质，晒干或用文火烘干。

【性味归经】味甘、微辛，性平。归肝、胃、肺经。

【功能主治】化瘀止血，清热消肿，止痛。用于跌打损伤，咽喉肿痛，痈疽疮疡，咯血，吐血，衄血，便血，肝胃气痛，疝气疼痛，痛经等。

## 腹水草

Fushuicao

【别名】疔疮草、仙桥草、翠梅草、毛叶仙桥、霜里红。

【来源】车前科腹水草属植物腹水草 *Veronicastrum stenostachyum* subsp. *plukenetii* (T. Yamaz.) D. Y. Hong。

【植物形态】多年生草本。根状茎短而横走；根密被褐黄色茸毛。茎弯曲，顶端着地生根，多少被黄色倒生卷毛。叶长卵形至卵状披针形，膜质至纸质，长 9 ～ 16 cm，宽 3 ～ 6 cm。穗状花序腋生，近无柄，长 1.5 ～ 3 cm，花密集；苞片钻形，长 4 ～ 6 mm，疏具睫毛状毛；花萼 5 深裂，裂片不等长，钻形，无毛或疏具睫毛状毛；花冠筒状，白色，少紫色，长 5 ～ 6 mm，檐部短，占全长 1/5，裂片稍不等，近正三角形；花药长 1 ～ 2 mm。蒴果卵形，长 3 mm，4 瓣裂。花期 6—9 月，果期 9—10 月。

【生境分布】生于林下及林缘草地。全市各地有零星分布。

【药用部位】全草。

【采收加工】10 月采收，晒干或鲜用。

【性味归经】味苦，性微寒。归肝、脾、肾经。

【功能主治】清热，行水，消肿，散瘀，解毒。用于肺热咳嗽，肝炎，肝硬化腹水，肾炎水肿，跌打损伤，疮肿疔毒，烫伤，毒蛇咬伤等。

# 唇形科

## 臭牡丹

Choumudan

【别名】臭八宝、臭梧桐、矮桐子、大红袍、臭枫根。

【来源】唇形科大青属植物臭牡丹 *Clerodendrum bungei* Steud.。

【植物形态】灌木，高 1 ～ 2 m，植株有臭味。花序轴、叶柄密被褐色、黄褐色或紫色脱落性的柔毛；小枝近圆形，皮孔显著。叶片纸质，宽卵形或卵形，长 8 ～ 20 cm，宽 5 ～ 15 cm，顶端尖或渐尖，基部宽楔形、截形或心形，边缘具粗或细锯齿，侧脉 4 ～ 6 对，表面散生短柔毛，背面疏生短柔毛和散生腺点或无毛，基部脉腋有数个盘状腺体；叶柄长 4 ～ 17 cm。伞房状聚伞花序顶生，密集；苞片叶状，披针形或卵状披针形，长约 3 cm，早落或花时不落，早落后在花序梗上残留凸起的痕迹，小苞片披针形，长约 1.8 cm；花萼钟状，长 2 ～ 6 mm，被短柔毛及少数盘状腺体，萼齿三角形或狭三角形，长 1 ～ 3 mm；花冠淡红色、红色或紫红色，花冠管长 2 ～ 3 cm，裂片倒卵形，长 5 ～ 8 mm；雄蕊及花柱均凸出花冠外；花柱短于、等于或稍长于雄蕊；柱头 2 裂，子房 4 室。核果近球形，直径 0.6 ～ 1.2 cm，成熟时蓝黑色。花期 7—8 月，果期 9—10 月。

【生境分布】生于山坡、林缘、沟谷、路旁、灌丛湿润处。全市有零星分布。

【药用部位】茎叶。

【采收加工】夏季采集茎叶，鲜用或切段晒干。

【性味归经】味辛、微苦，性平。归心、肝、脾经。

【功能主治】解毒消肿，祛风湿，降血压。用于痈疽，疔疮，发背，乳痈，痔疮，湿疹，丹毒，风湿痹痛，高血压等。

## 大青

Daqing

【别名】鸡屎青、臭叶树、野靛青、牛耳青、路边青、臭大青。

【来源】唇形科大青属植物大青 *Clerodendrum cyrtophyllum* Turcz.。

【植物形态】灌木或小乔木，高 1 ～ 10 m；幼枝被短柔毛，枝黄褐色，髓坚实；冬芽圆锥状，芽鳞褐色，被毛。叶片纸质，椭圆形、卵状椭圆形、长圆形或长圆状披针形，长 6 ～ 20 cm，宽 3 ～ 9 cm，顶端渐尖或急尖，基部圆形或宽楔形，通常全缘，两面无毛或沿脉疏生短柔毛，背面常有腺点，侧脉 6 ～ 10 对；叶柄长 1 ～ 8 cm。伞房状聚伞花序，生于枝顶或叶腋，长 10 ～ 16 cm，宽 20 ～ 25 cm；苞片线形，长 3 ～ 7 mm；花小，有橘香味；花萼杯状，外面被黄褐色短茸毛和不明显的腺点，长 3 ～ 4 mm，顶端 5 裂，裂片三角状卵形，长约 1 mm；花冠白色，外面疏生细毛和腺点，花冠管细长，长约 1 cm，顶端 5 裂，裂片卵形，长约 5 mm；雄蕊 4 枚，花丝长约 1.6 cm，与花柱同伸出花冠外；子房 4 室，每室有 1 胚珠，常不完全发育；柱头 2 浅裂。果实球形或倒卵形，直径 5 ～ 10 mm，绿色，成熟时蓝紫色，为红色的宿萼所托。花期 6—8 月，果期 7—9 月。

【生境分布】生于海拔 1700 m 以下的平原、丘陵、山地林下或溪谷旁。分布于全市各地。

【药用部位】茎、叶。

【采收加工】夏、秋季采收，洗净，鲜用或切段晒干。

【性味归经】味苦，性寒。归胃、心经。

【功能主治】清热解毒，凉血止血。用于外感热病，热盛烦渴，咽喉肿痛，口疮，黄疸，热毒痢疾，急性肠炎，疮痈肿毒，衄血，血淋，外伤出血等。

## 海州常山

Haizhouchangshan

【别名】香楸、后庭花、追骨风、泡火桐、臭梧桐。

【来源】唇形科大青属植物海州常山 *Clerodendrum trichotomum* Thunb.。

【植物形态】灌木或小乔木，高 1.5 ～ 10 m；幼枝、叶柄、花序轴等多少被黄褐色柔毛或近无毛，老枝灰白色，具皮孔，髓白色，有淡黄色薄片状横隔。叶片纸质，卵形、卵状椭圆形或三角状卵形，长

5～16 cm，宽2～13 cm，顶端渐尖，基部宽楔形至截形，偶有心形，表面深绿色，背面淡绿色，两面幼时被白色短柔毛，老时表面光滑无毛，背面仍被短柔毛或无毛，或沿脉毛较密，侧脉3～5对，全缘或有时边缘具波状齿；叶柄长2～8 cm。伞房状聚伞花序顶生或腋生，通常二歧分枝，疏散，末次分枝着花3朵，花序长8～18 cm，花序梗长3～6 cm，多少被黄褐色柔毛或无毛；苞片叶状，椭圆形，早落；花萼蕾时绿白色，后紫红色，基部合生，中部略膨大，有5棱脊，顶端5深裂，裂片三角状披针形或卵形，顶端尖；花香，花冠白色或带粉红色，花冠管细，长约2 cm，顶端5裂，裂片长椭圆形，长5～10 mm，宽3～5 mm；雄蕊4枚，花丝与花柱同伸出花冠外；花柱较雄蕊短，柱头2裂。核果近球形，直径6～8 mm，包藏于增大的宿萼内，成熟时外果皮蓝紫色。花果期6—11月。

【生境分布】生于山坡灌丛中。梁子湖区偶见庭院栽培。

【药用部位】嫩枝及叶、花、果实、根。

【采收加工】嫩枝及叶：6—10月采收，捆扎成束，晒干。花：6—7月采花，晾干。果实：9—10月果实成熟时采收，晒干或鲜用。根：秋季采挖，洗净，切片晒干或鲜用。

【性味归经】嫩枝及叶：味苦、辛，性平。花：味苦、辛，性平。果实：味苦、辛，性平。根：味苦、辛，性温。

【功能主治】嫩枝及叶：祛风除湿，平肝降压，解毒杀虫。用于风湿痹痛，半身不遂，高血压，偏头痛，疟疾，细菌性痢疾，痈疽疮毒，湿疹疥癣等。花：祛风，降压，止痢。用于高血压，细菌性痢疾，疝气等。果实：祛风，止痛，平喘。用于风湿痹痛，牙痛，气喘等。根：祛风止痛，行气消食。用于头风，风湿痹痛，食积气滞，脘腹胀满，小儿疳积，跌打损伤，乳痈肿毒等。

## 薄荷

Bohe

【别名】香薷草、鱼香草、土薄荷、水薄荷、接骨草。

【来源】唇形科薄荷属植物薄荷 *Mentha canadensis* L.。

【植物形态】多年生草本。茎直立，高30～60 cm，下部数节具纤细的须根及水平匍匐根状茎，锐四棱形，具4槽，上部被倒向微柔毛，下部仅沿棱上被微柔毛，多分枝。叶片长圆状披针形、披针形、椭圆形或卵状披针形，稀长圆形，长3～5（7）cm，宽0.8～3 cm，先端锐尖，基部楔形至近圆形，边缘在基部以上疏生粗大的牙齿状锯齿，侧脉5～6对，与中肋在上面微凹陷、下面显著；沿脉上密生、余部疏生微柔毛，或除脉外余部近无毛，上面淡绿色，通常沿脉上密生微柔毛；叶柄长2～10 mm，腹凹背凸，被微柔毛。轮伞花序腋生，轮廓球形，花时直径约18 mm，具梗或无梗，具梗时梗可长达3 mm，被微柔毛；

花梗纤细，长 2.5 mm，被微柔毛或近无毛。花萼管状钟形，长约 2.5 mm，外被微柔毛及腺点，内面无毛，10 脉，不明显，萼齿 5，狭三角状钻形，先端长锐尖，长 1 mm。花冠淡紫色，长 4 mm，外面略被微柔毛，内面在喉部以下被微柔毛，冠檐 4 裂，上裂片先端 2 裂，较大，其余 3 裂片近等大，长圆形，先端钝；雄蕊 4 枚，前对较长，长约 5 mm，均伸出花冠之外，花丝丝状，无毛，花药卵圆形，2 室，室平行；花柱略超出雄蕊，先端近相等 2 浅裂，裂片钻形；花盘平顶。小坚果卵珠形，黄褐色，具小腺窝。花期 7—9 月，果期 9—11 月。

【生境分布】生于河沟旁、路边及山野湿地，海拔可高达 3500 m。全市各地有零星野生，亦栽培于庭院。

【药用部位】地上部分。

【采收加工】夏、秋季茎叶茂盛或花开至 3 轮时，选晴天分次采割，晒干或阴干。

【性味归经】味辛，性凉。归肺、肝经。

【功能主治】疏风散热，清利头目，利咽，透疹，疏肝行气。用于风热感冒，风温初起，头痛，目赤，喉痹，口疮，风疹，麻疹，胸胁胀闷等。

## 地笋

Disun

【别名】泽兰、地瓜、地瓜儿苗、地蚕子、地笋子。

【来源】唇形科地笋属植物地笋 *Lycopus lucidus* Turcz. ex Benth.。

【植物形态】多年生草本，高 0.6 ~ 1.7 m；根茎横走，具节，节上密生须根，先端肥大成圆柱形，此时于节上具鳞叶及少数须根，或侧生有肥大的具鳞叶的地下枝。茎直立，通常不分枝，四棱形，具槽，绿色，常于节上带紫红色，无毛，或在节上疏生小硬毛。叶具极短柄或近无柄，长圆状披针形，弯曲，通常长 4 ~ 8 cm，宽 1.2 ~ 2.5 cm，先端渐尖，基部渐狭，边缘具牙齿状锯齿，两面或上面具光泽，亮绿色，两面均无毛，下面具凹陷的腺点，侧脉 6 ~ 7 对，与中脉在上面不显著、下面凸出。轮伞花序无梗，轮廓圆球形，花时直径 1.2 ~ 1.5 cm，多花密集，其下承以小苞片；小苞片卵圆形至披针形，先端刺尖，位于外方者超过花萼，长达 5 mm，具 3 脉，位于内方者长 2 ~ 3 mm，短于或等于花萼，具 1 条脉，边缘均具小纤毛。花萼钟形，长 3 mm，两面无毛，外面具腺点，萼齿 5，披针状三角形，长 2 mm，具刺尖头，边缘具小缘毛；花冠

白色，长 5 mm，外面在冠檐上具腺点，内面在喉部具白色短柔毛，冠筒长约 3 mm，冠檐不明显二唇形，上唇近圆形，下唇 3 裂，中裂片较大；雄蕊仅前对能育，超出花冠，先端略下弯，花丝丝状，无毛，后对雄蕊退化，丝状，先端棍棒状；花柱伸出花冠外，先端相等 2 浅裂，裂片线形；花盘平顶。小坚果倒卵圆状四边形，基部略狭，长 1.6 mm，宽 1.2 mm，褐色，边缘加厚，背面平，腹面具棱，有腺点。花期 6—9 月，果期 8—11 月。

【生境分布】生于海拔 320 ～ 2100 m 沼泽地、水边、沟边等潮湿处。全市各地有零星野生。

【药用部位】根茎。

【采收加工】秋季采挖，除去地上部分，洗净，晒干。

【性味归经】味甘、辛，性平。归肝、脾经。

【功能主治】化瘀止血，益气利水。用于衄血，吐血，产后腹痛，黄疸，水肿，带下，气虚乏力等。

## 豆腐柴

Doufuchai

【别名】豆腐木、臭黄荆、腐婢。

【来源】唇形科豆腐柴属植物豆腐柴 *Premna microphylla* Turcz.。

【植物形态】直立灌木。幼枝有柔毛，老枝变无毛。叶揉之有臭味，卵状披针形、椭圆形、卵形或倒卵形，长 3 ～ 13 cm，宽 1.5 ～ 6 cm，顶端急尖至长渐尖，基部渐狭窄下延至叶柄两侧，全缘至有不规则粗齿，无毛至有短柔毛；叶柄长 0.5 ～ 2 cm。聚伞花序组成顶生塔形的圆锥花序；花萼杯状，绿色，有时带紫色，密被毛至几无毛，但边缘常有睫毛状毛，近整齐的 5 浅裂；花冠淡黄色，外有柔毛和腺点，花冠内部有柔毛，以喉部较密。核果紫色，球形至倒卵形。花果期 5—10 月。

【生境分布】生于山坡林下或林缘。全市各地有零星分布。

【药用部位】茎、叶。

【采收加工】春、夏、秋季均可采收，鲜用或晒干。

【性味归经】味苦、微辛，性寒。

【功能主治】清热解毒。用于疟疾，泄泻，细菌性痢疾，醉酒头痛，痈肿，疔疮，丹毒，蛇虫咬伤，创伤出血等。

## 风轮菜

Fengluncai

【别名】野薄荷、山薄荷、九层塔、蜂窝草、节节草。

【来源】唇形科风轮菜属植物风轮菜 *Clinopodium chinense* (Benth.) Kuntze。

【植物形态】多年生草本。茎基部匍匐生根，上部上升，多分枝，高可达 1 m，四棱形，具细条纹，密被短柔毛及腺微柔毛。叶卵圆形，不偏斜，长 2 ~ 4 cm，宽 1.3 ~ 2.6 cm，先端急尖或钝，基部圆形或呈阔楔形，边缘具大小均匀的圆齿状锯齿，坚纸质，上面橄榄绿色，密被平伏短硬毛，下面灰白色，被疏柔毛，脉上尤密，侧脉 5 ~ 7 对，与中肋在上面微凹陷、下面隆起，网脉在下面清晰可见；叶柄长 3 ~ 8 mm，腹凹背凸，密被疏柔毛。轮伞花序多花密集，半球状，位于下部者直径达 3 cm，最上部者直径 1.5 cm，彼此远隔；苞叶叶状，向上渐小至苞片状，苞片针状，极细，无明显中肋，长 3 ~ 6 mm，多数，被柔毛状缘毛及微柔毛；总梗长 1 ~ 2 mm，分枝多数；花梗长约 2.5 mm，与总梗及花序轴被柔毛状缘毛及微柔毛；花萼狭管状，常染紫红色，长约 6 mm，具 13 条脉，外面主要沿脉上被疏柔毛及具腺微柔毛，内面在齿上被疏柔毛，果时基部稍一边鼓胀，上唇 3 齿，齿近外反，长三角形，先端具硬尖，下唇 2 齿，齿稍长，直伸，先端芒尖。花冠紫红色，长约 9 mm，外面被微柔毛，内面在下唇下方喉部具 2 列茸毛，冠筒伸出，向上渐扩大，至喉部宽近 2 mm，冠檐二唇形，上唇直伸，先端微缺，下唇 3 裂，中裂片稍大；雄蕊 4 枚，前对稍长，均内藏或前对微露出，花药 2 室，室近水平叉开；花柱微露出，先端不相等 2 浅裂，小坚果倒卵形，长约 1.2 mm，宽约 0.9 mm，黄褐色。花期 5—8 月，果期 8—10 月。

【生境分布】生于海拔 1000 m 以下的山坡、草丛、路边、灌丛或林下。分布于全市各地。

【药用部位】全草。

【采收加工】夏、秋季采收，洗净，切段，晒干或鲜用。

【性味归经】味辛、苦，性凉。

【功能主治】疏风清热，解毒消肿，止血。用于感冒发热，中暑，咽喉肿痛，白喉，急性胆囊炎，肝炎，肠炎，细菌性痢疾，疮痈肿毒，过敏性皮炎，急性结膜炎，尿血，崩漏，牙龈出血，外伤出血等。

## 半枝莲

Banzhilian

【别名】狭叶韩信草、并头草、田基草、牙刷草。

【来源】唇形科黄芩属植物半枝莲 *Scutellaria barbata* D. Don。

【植物形态】多年生草本。根茎短粗，有簇生的须状根。茎直立，高 12 ～ 35（55）cm，四棱形，基部直径 1 ～ 2 mm，无毛或在花序轴上部疏被紧贴的小毛，不分枝或具或多或少的分枝。叶具短柄或近无柄，柄长 1 ～ 3 mm，腹凹背凸，疏被小毛；叶片三角状卵圆形或卵圆状披针形，有时卵圆形，长 1.3 ～ 3.2 cm，宽 0.5 ～ 1（1.4）cm，先端急尖，基部宽楔形或近截形，边缘生有疏而钝的浅齿，上面橄榄绿色，下面淡绿色，有时带紫色，两面沿脉上疏被紧贴的小毛或几无毛，侧脉 2 ～ 3 对，与中脉在上面凹陷、下面凸起。花单生于茎或分枝上部叶腋内，具花的茎部长 4 ～ 11 cm；苞叶下部者似叶，但较小，长达 8 mm，上部者更变小，长 2 ～ 4.5 mm，椭圆形至长椭圆形，全缘，上面散布、下面沿脉疏被小毛；花梗长 1 ～ 2 mm，被微柔毛，中部有 1 对长约 0.5 mm 具纤毛的针状小苞片；花萼开花时长约 2 mm，外面沿脉被微柔毛，边缘具短缘毛，盾片高约 1 mm，果时花萼长 4.5 mm，盾片高 2 mm；花冠紫蓝色，长 9 ～ 13 mm，外被短柔毛，内在喉部被疏柔毛；冠筒基部囊大，宽 1.5 mm，向上渐宽，至喉部宽达 3.5 mm；冠檐二唇形，上唇盔状，半圆形，长 1.5 mm，先端圆，下唇中裂片梯形，全缘，长 2.5 mm，宽 4 mm，两侧裂片三角状卵圆形，宽 1.5 mm，先端急尖；雄蕊 4 枚，前对较长，微露出，后对较短，内藏，花丝扁平；花柱细长，先端锐尖，微裂；花盘盘状；子房 4 裂，裂片等大。小坚果褐色，扁球形，直径约 1 mm，具小疣状突起。花期 5—6 月，果期 6—8 月。

（摄于鄂城区陈桥村田埂）

【生境分布】生于溪沟边、田边或湿润草地上。全市各地有零星野生。

【药用部位】全草。

【采收加工】夏、秋季茎叶茂盛时采挖，洗净，晒干。

【性味归经】味辛、苦，性寒。归肺、肝、肾经。

【功能主治】清热解毒，化瘀利尿。用于疮痈肿毒，咽喉疼痛，跌打伤痛，水肿，黄疸，毒蛇咬伤等。

## 韩信草

Hanxincao

【别名】大力草、耳挖草。

【来源】唇形科黄芩属植物韩信草 *Scutellaria indica* L.。

【植物形态】多年生草本。根茎短，向下生出多数簇生的纤维状根，向上生出 1 至多数茎。茎高 12 ～ 28 cm，上升直立，四棱形，直径 1 ～ 1.2 mm，通常带暗紫色，被微柔毛，尤以茎上部及沿棱角密集，不分枝或多分枝。叶草质至近坚纸质，心状卵圆形或圆状卵圆形至椭圆形，长 1.5 ～ 2.6（3）cm，宽 1.2 ～ 2.3 cm，先端钝或圆，基部圆形、浅心形至心形，边缘密生整齐圆齿，两面被微柔毛或糙伏毛，尤以下面为甚；叶柄长 0.4 ～ 1.4（2.8）cm，腹平背凸，密被微柔毛。花对生，在茎或分枝顶上排列成长 4 ～ 8（12）cm 的总状花序；花梗长 2.5 ～ 3 mm，与花序轴均被微柔毛；最下 1 对苞片叶状，卵圆形，长达

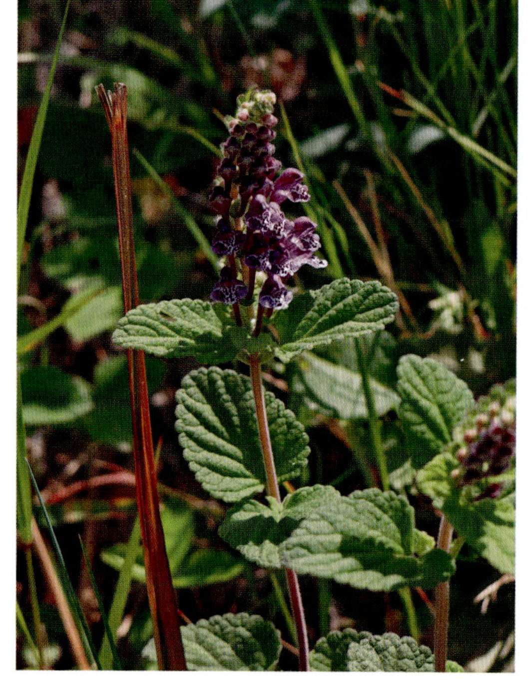

1.7 cm，边缘具圆齿，其余苞片均细小，卵圆形至椭圆形，长 3 ～ 6 mm，宽 1 ～ 2.5 mm，全缘，无柄，被微柔毛。花萼开花时长约 2.5 mm，被硬毛及微柔毛，果时十分增大，盾片花时高约 1.5 mm，果时竖起，增大 1 倍。花冠蓝紫色，长 1.4 ～ 1.8 cm，外疏被微柔毛，内面仅唇片被短柔毛；冠筒前方基部膝曲，其后直伸，向上逐渐增大，至喉部宽约 4.5 mm；冠檐二唇形，上唇盔状，内凹，先端微缺，下唇中裂片圆状卵圆形，两侧中部微内缢，先端微缺，具深紫色斑点，两侧裂片卵圆形。雄蕊 4 枚，二强；花丝扁平，中部以下具小纤毛。花盘肥厚，前方隆起；子房柄短。花柱细长。子房光滑，4 裂。成熟小坚果栗色或暗褐色，卵形，长约 1 mm，直径不到 1 mm，具瘤，腹面近基部具 1 果脐。花期 4—5 月，果期 6—9 月。

【生境分布】 生于海拔 1500 m 以下的山地或丘陵地、疏林下，以及路旁空地及草地上。分布于全市各地。

【药用部位】 全草。

【采收加工】 春、夏季采收，洗净，鲜用或晒干。

【性味归经】 味辛、苦，性寒。归心、肝、肺经。

【功能主治】 清热解毒，活血止痛，止血消肿。用于疮痈肿毒，肺痈，肠痈，瘰疬，毒蛇咬伤，肺热咳喘，牙痛，喉痹，咽痛，筋骨疼痛，吐血，咯血，便血，跌打损伤，创伤出血，皮肤瘙痒等。

## 黄荆

Huangjing

【别名】 黄荆条、布荆、荆条、五指风、五指柑。

【来源】 唇形科牡荆属植物黄荆 *Vitex negundo* L.。

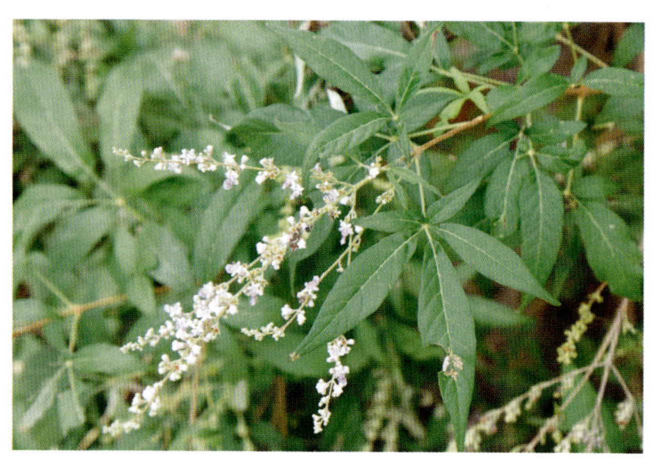

【植物形态】 灌木或小乔木。小枝四棱形，密生灰白色茸毛。掌状复叶，小叶 5，少有 3；小叶片长圆状披针形至披针形，顶端渐尖，基部楔形，全缘或每边有少数粗锯齿，表面绿色，背面密生灰白色茸毛；中间小叶长 4 ～ 13 cm，宽 1 ～ 4 cm，两侧小叶依次递小，若具 5 小叶时，中间 3 小叶有柄，最外侧的 2 小叶无柄或近无柄。聚伞花序排成圆锥花序式，顶生，长 10 ～ 27 cm，花序梗密生灰白色茸毛；花萼钟状，顶端有5裂齿，外有灰白色茸毛；花冠淡紫色，外有微柔毛，顶端5裂，二唇形；雄蕊伸出花冠管外；子房近无毛。核果近球形，直径约2 mm；宿萼接近果实的长度。花期4—6月，果期7—10月。

【生境分布】生于山坡、路旁或灌丛中。分布于全市各地。

【药用部位】果实、叶、枝条、根。

【采收加工】果实：8—9月采摘果实，晾干。叶：夏末开花时采叶，鲜用，或堆叠踏实，使其发汗，倒出晒至半干，再堆叠踏实，待绿色变黑润，再晒至足干。枝条：春、夏、秋季均可采收，切段，晒干。根：2月或8月采根，洗净鲜用或切片晒干。

【性味归经】果实：味辛、苦，性温。归肺、胃、肝经。叶：味辛、苦，性凉。归肺、胃、大肠经。枝条：味辛、微苦，性平。归心、肺、肝经。根：味辛、微苦，性温。归肺、胃、肝经。

【功能主治】果实：祛风解表，止咳平喘，理气消食，止痛。用于伤风感冒，咳嗽，哮喘，胃痛吞酸，消化不良，积食，胆囊炎，胆结石，疝气等。叶：解表散热，化湿和中，杀虫止痒。用于感冒发热，伤暑吐泻，痧气腹痛，肠炎，细菌性痢疾，疟疾，湿疹，疥癣，蛇虫咬伤等。枝条：祛风解表，消肿止痛。用于感冒发热，咳嗽，喉痹肿痛，风湿骨痛，牙痛，烫伤等。根：解表，止咳，祛风除湿，理气止痛。用于感冒，慢性支气管炎，风湿痹痛，胃痛，痧气腹痛等。

## 活血丹

Huoxuedan

【别名】连钱草、金钱草、铜钱草、透骨草、马蹄草。

【来源】唇形科活血丹属植物活血丹 *Glechoma longituba* (Nakai) Kupr.。

【植物形态】多年生草本，具匍匐茎，上升，逐节生根。茎高10～20（30）cm，四棱形，基部通常呈淡紫红色，几无毛，幼嫩部分被疏长柔毛。叶草质，下部者较小，叶片心形或近肾形，叶柄长为叶片的1～2倍；上部者较大，叶片心形，长1.8～2.6 cm，宽2～3 cm，先端急尖或钝三角形，基部心形，边缘具圆齿或粗锯齿状圆齿，上面被疏粗伏毛或微柔毛，叶脉不明显，下面常带紫色，被疏柔毛或长硬毛，常仅限于脉上，脉隆起，叶柄长为叶片的1.5倍，被长柔毛。轮伞花序通常2花，稀具4～6花；苞片及小苞片线形，长达4 mm，被缘毛。花萼管状，长9～11 mm，外面被长柔毛，尤沿肋上为多，内面被微柔毛，齿5，上唇3齿，较长，下唇2齿，略短，齿卵状三角形，长为花萼长的1/2，先端芒状，边缘具缘毛。花冠淡蓝色、蓝色至紫色，下唇具深色斑点，冠筒直立，上部渐膨大成钟形，有长筒与短筒两型，长筒者长1.7～2.2 cm，短筒者通常藏于花萼内，长1～1.4 cm，外面被长柔毛及微柔毛，内面仅下唇喉部被疏柔毛或几无毛，冠檐二唇形。上唇直立，2裂，裂片近肾形，下唇伸长，斜展，3裂，中裂片最大，肾形，较上唇片大1～2倍，先端凹入，两侧裂片长圆形，宽为中裂片的1/2。雄蕊4枚，内藏，无毛，后对

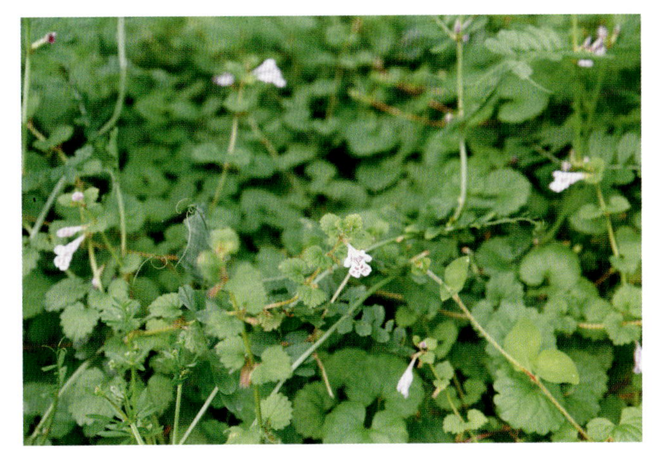

着生于上唇下，较长，前对着生于两侧裂片下方花冠筒中部，较短；花药 2 室，略叉开。子房 4 裂，无毛。花盘杯状，微斜，前方呈指状膨大。花柱细长，无毛，略伸出，先端近相等 2 裂。成熟小坚果深褐色，长圆状卵形，长约 1.5 mm，宽约 1 mm，顶端圆形，基部略呈三棱形，无毛，果脐不明显。花期 4—5 月，果期 5—6 月。

【生境分布】生于海拔 50 ～ 2000 m 的林缘、疏林下、草地上或溪边等阴湿处。全市各地有零星野生。

【药用部位】全草。

【采收加工】4—5 月采收，晒干或鲜用。

【性味归经】味苦、辛，性凉。归肝、胆、膀胱经。

【功能主治】利湿通淋，清热解毒，散瘀消肿。用于热淋，石淋，湿热黄疸，疮痈肿毒，跌打损伤等。

## 藿香

Huoxiang

【别名】土藿香、野藿香。

【来源】唇形科藿香属植物藿香 *Agastache rugosa* (Fisch. et C. A. Mey.) Kuntze。

【植物形态】多年生草本。茎直立，高 0.5 ～ 1.5 m，四棱形，直径达 7 ～ 8 mm，上部被极短的细毛，下部无毛，在上部具能育的分枝。叶心状卵形至长圆状披针形，长 4.5 ～ 11 cm，宽 3 ～ 6.5 cm，向上渐小，先端尾状长渐尖，基部心形，稀截形，边缘具粗齿，纸质，上面橄榄绿色，近无毛，下面色略淡，被微柔毛及点状腺体；叶柄长 1.5 ～ 3.5 cm。轮伞花序多花，在主茎或侧枝上组成顶生密集的圆筒形穗状花序，穗状花序长 2.5 ～ 12 cm，直径 1.8 ～ 2.5 cm；花序基部的苞叶长不超过 5 mm，宽 1 ～ 2 mm，披针状线形，长渐尖，苞片形状与之相似，较小，长 2 ～ 3 mm；轮伞花序具短梗，总花梗长约 3 mm，被具腺微柔毛。花萼管状倒圆锥形，长约 6 mm，宽约 2 mm，被具腺微柔毛及黄色小腺体，染成浅紫色或紫红色，喉部微斜，萼齿三角状披针形，后 3 齿长约 2.2 mm，前 2 齿稍短。花冠淡紫蓝色，长约 8 mm，外被微柔毛，花冠筒基部宽约 1.2 mm，微超出于花萼，向上渐宽，至喉部宽约 3 mm，冠檐二唇形，上唇直伸，先端微缺，下唇 3 裂，中裂片较宽大，长约 2 mm，宽约 3.5 mm，平展，边缘波状，基部宽，侧裂片半圆形。雄蕊伸出花冠，花丝细，扁平，无毛。花柱与雄蕊近等长，丝状，先端相等的 2 裂。花盘厚环状。子房裂片顶部具茸毛。成熟小坚果卵状长圆形，长约 1.8 mm，宽约 1.1 mm，腹面具棱，

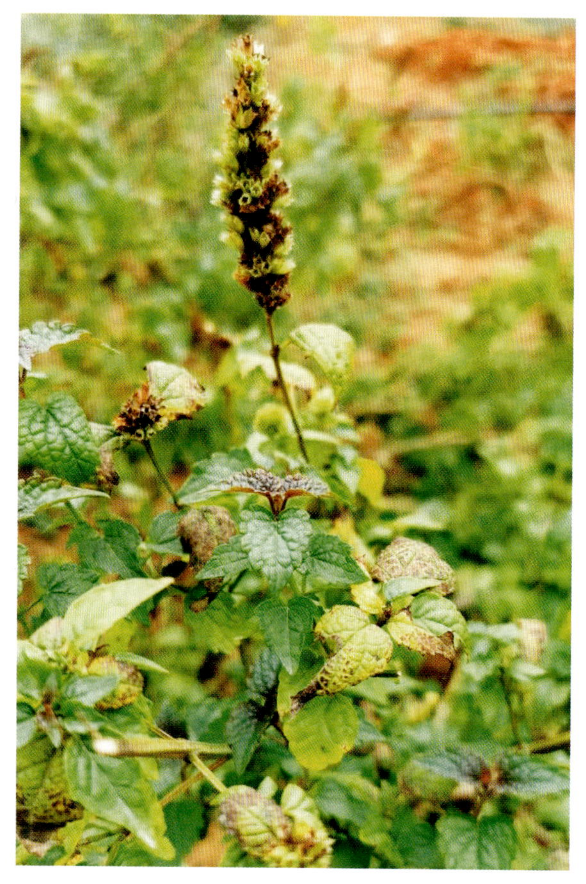

先端具短硬毛，褐色。花期 6—9 月，果期 9—11 月。

【生境分布】生于山坡或路旁，多为栽培。梁子湖区有零星野生。

【药用部位】地上部分。

【采收加工】6—7 月当花序抽出而未开花时，择晴天齐地割取全草，薄摊晒至日落后，收回堆叠过夜，次日再晒，直至干燥或阴干。

【性味归经】味辛，性微温。归肺、脾、胃经。

【功能主治】祛暑解表，化湿和胃。用于夏令感冒，寒热头痛，胸脘痞闷，呕吐，泄泻，妊娠呕吐，鼻渊，手足癣等。

## 紫背金盘

Zibei jinpan

【别名】白毛夏枯草、筋骨草、退血草。

【来源】唇形科筋骨草属植物紫背金盘 *Ajuga nipponensis* Makino。

（摄于鄂城区西山）

【植物形态】一年生或二年生草本。茎通常直立，柔软，稀平卧，通常从基部分枝，高 10 ～ 20 cm 或以上，被长柔毛或疏柔毛，四棱形，基部常带紫色。基生叶无或少数；茎生叶均具柄，柄长 1 ～ 1.5 cm，基生者若存在则较长，可达 2.5 cm，具狭翅，有时呈紫绿色，叶片纸质，阔椭圆形或卵状椭圆形，长 2 ～ 4.5 cm，宽 1.5 ～ 2.5 cm，先端钝，基部楔形，下延，边缘具不整齐的波状圆齿，有时几呈圆齿，具缘毛，两面被疏糙伏毛或疏柔毛，下部茎叶背面常带紫色，侧脉 4 ～ 5 对，与中脉在上面微隆起，下面凸起。轮伞花序多花，生于茎中部以上，向上渐密集组成顶生穗状花序；苞叶下部者与茎叶同形，向上渐变小呈苞片状，卵形至阔披针形，长 0.8 ～ 1.5 cm，绿色，有时呈紫绿色，全缘或具缺刻，具缘毛；花梗短或几无花梗。花萼钟形，长 3 ～ 5 mm，外面仅上部及齿缘被长柔毛，内面无毛，具 10 条脉，萼齿 5，狭三角形或三角形，长为花萼之半，近整齐，先端渐尖。花冠淡蓝色或蓝紫色，稀白色或白绿色，具深色条纹，筒状，长 8 ～ 11 mm 或略短，基部略膨大，外面疏被短柔毛，内面无毛，近基部有毛环，冠檐二唇形，上唇短，直立，2 裂或微缺，下唇伸长，3 裂，中裂片扇形，先端平截或微缺，侧裂片狭长圆形，中部略宽，先端急尖。雄蕊 4 枚，二强，伸出，花丝粗壮，直立或微弯，无毛。花柱细弱，超出雄蕊，先端 2 浅裂，裂片细尖。花盘环状，裂片不甚明显。子房无毛。小坚果卵状三棱形，背部具网状皱褶，腹面果脐达果轴的 3/5。花期 4—7 月，果期 7—10 月。

【生境分布】生于海拔 100 ～ 2300 m 的草地、林内及阴坡。全市各地有零星野生。

【药用部位】全草。

【采收加工】春、夏季采收，洗净，晒干或鲜用。

【性味归经】味苦、辛，性寒。

【功能主治】清热解毒，凉血散瘀，消肿止痛。用于肺热咳嗽，咯血，咽喉肿痛，乳痈，肠痈，疮痈肿毒，痔疮出血，跌打肿痛，外伤出血，水火烫伤，毒蛇咬伤等。

## 荆芥

Jingjie

【别名】樟脑草、凉薄荷、巴毛、土荆芥、小荆芥。

【来源】唇形科荆芥属植物荆芥 *Nepeta cataria* L.。

【植物形态】多年生植物。茎坚强，基部木质化，多分枝，高 40 ～ 150 cm，基部近四棱形，上部钝四棱形，具浅槽，被白色短柔毛。叶卵状至三角状心形，长 2.5 ～ 7 cm，宽 2.1 ～ 4.7 cm，先端钝至锐尖，基部心形至截形，边缘具粗圆齿，草质，上面黄绿色，被极短硬毛，下面略发白，被短柔毛但在脉上较密，侧脉 3 ～ 4 对，斜上升，在上面微凹陷、下面隆起；叶柄长 0.7 ～ 3 cm，细弱。花序为聚伞状，下部的腋生，上部的组成连续或间断的、较疏松或极密集的顶生分枝圆锥花序，聚伞花序呈二歧分枝；苞叶叶状，或上部的变小而呈披针状，苞片、小苞片钻形，细小。花萼花时管状，长约 6 mm，直径 1.2 mm，外被白色短柔毛，内面仅萼齿被疏硬毛，齿锥形，长 1.5 ～ 2 mm，后齿较长，花后花萼增大成瓮状，纵肋十分清晰。花冠白色，下唇有紫点，外被白色柔毛，内面在喉部被短柔毛，长约 7.5 mm，冠筒极细，直径约 0.3 mm，自萼筒内骤然扩展成宽喉，冠檐二唇形，上唇短，长约 2 mm，宽约 3 mm，先端具浅凹，下唇 3 裂，中裂片近圆形，长约 3 mm，宽约 4 mm，基部心形，边缘具粗齿，侧裂片圆裂片状。雄蕊内藏，花丝扁平，无毛。花柱线形，先端 2 等裂。花盘杯状，裂片明显。子房无毛。小坚果卵形，几三棱状，灰褐色，长约 1.7 mm，直径约 1 mm。花期 7—9 月，果期 9—10 月。

【生境分布】生于山坡路旁或山谷、林缘。庭院偶见栽培。

【药用部位】带果序的地上部分。

【采收加工】夏、秋季花开到顶、穗绿时采割，除去杂质，晒干。

【性味归经】味辛，性微温。归肺、肝经。

【功能主治】解表散风，透疹，消疮。用于感冒，头痛，麻疹，风疹，疮疡初起等。

## 兰香草

Lanxiangcao

【别名】莸、山薄荷、马蒿、卵叶莸。

【来源】唇形科莸属植物兰香草 *Caryopteris incana*（Thunb.）Miq.。

【植物形态】小灌木，高 26 ～ 60 cm。嫩枝圆柱形，略带紫色，被灰白色柔毛，老枝毛渐脱落。叶片厚纸质，披针形、卵形或长圆形，长 1.5 ～ 9 cm，宽 0.8 ～ 4 cm，顶端钝或尖，基部楔形或近圆形至截平，边缘有粗齿，很少近全缘，被短柔毛，表面色较淡，两面有黄色腺点，背脉明显；叶柄被柔毛，长 0.3 ～ 1.7 cm。聚伞花序紧密，腋生和顶生，无苞片和小苞片；花萼杯状，开花时长约 2 mm，果萼长 4 ～ 5 mm，外面密被短柔毛；花冠淡紫色或淡蓝色，二唇形，外面具短柔毛，花冠管长约 3.5 mm，喉部有毛环，花冠 5 裂，下唇中裂片较大，边缘流苏状；雄蕊 4 枚，开花时与花柱均伸出花冠管外；子房顶端被短毛，柱头 2 裂。蒴果倒卵状球形，被粗毛，直径约 2.5 mm，果瓣有宽翅。花果期 6—10 月。

【生境分布】生于较干旱的山坡、林边或路旁。全市有零星分布。

【药用部位】全草。

【采收加工】夏、秋季采收，洗净，切段晒干或鲜用。

【性味归经】味辛，性温。

【功能主治】疏风解表，祛寒除湿，散瘀止痛。用于风寒感冒，头痛，咳嗽，脘腹冷痛，伤食泄泻，寒瘀痛经，产后瘀滞腹痛，风寒湿痹，跌打瘀肿，阴疽不消，湿疹，蛇咬伤等。

## 罗勒

Luole

【别名】蒿黑、省头草、兰香、香草、九层塔。

【来源】唇形科罗勒属植物罗勒 *Ocimum basilicum* L.。

【植物形态】一年生草本，全体芳香，高 20 ～ 80 cm，具圆锥形主根及自其上生出的密集须根。茎直立，钝四棱形，上部微具槽，基部无毛，上部被倒向微柔毛，绿色，常染有红色，多分枝。叶卵圆形至卵圆状长圆形，长 2.5 ～ 5 cm，宽 1 ～ 2.5 cm，先端微钝或急尖，基部渐狭，边缘具不规则齿或近全缘，两面近无毛，下面具腺点，侧脉 3 ～ 4 对，与中脉在上面平坦、下面明显；叶柄伸长，长约 1.5 cm，近扁平，向叶基具狭翅，被微柔毛。总状花序

（摄于鄂城区葛山南坡）

顶生于茎、枝上，各部均被微柔毛，通常长 10 ～ 20 cm，由多数具 6 花交互对生的轮伞花序组成，下部的轮伞花序远离，彼此相距可达 2 cm，上部轮伞花序靠近；苞片细小，倒披针形，长 5 ～ 8 mm，短于轮伞花序，先端锐尖，基部渐狭，无柄，边缘具纤毛，常具色泽；花梗明显，花时长约 3 mm，果时伸长，长约 5 mm，先端明显下弯。花萼钟形，长 4 mm，宽 3.5 mm，外面被短柔毛，内面在喉部被疏柔毛，萼筒长约 2 mm，萼齿 5，呈二唇形，上唇 3 齿，中齿最宽大，长 2 mm，宽 3 mm，近圆形，内凹，具短尖头，边缘下延至萼筒，侧齿宽卵圆形，长 1.5 mm，先端锐尖，下唇 2 齿，披针形，长 2 mm，具刺尖头，齿边缘均具缘毛，果时花萼宿存，明显增大，长达 8 mm，宽 6 mm，明显下倾，脉纹显著。花冠淡紫色，或上唇白色下唇紫红色，伸出花萼，长约 6 mm，外面在唇片上被微柔毛，内面无毛；冠筒内藏，长约 3 mm，喉部增大；冠檐二唇形，上唇宽大，长 3 mm，宽 4.5 mm，4 裂，裂片近相等，近圆形，常具波状皱褶，下唇长圆形，长 3 mm，宽 1.2 mm，下倾，全缘，近扁平。雄蕊 4 枚，分离，略超出花冠，插生于花冠筒中部，花丝丝状，后对花丝基部具齿状附属物，其上有微柔毛，花药卵圆形，汇合成 1 室。花柱超出雄蕊，先端相等 2 浅裂。花盘平顶，具 4 齿，齿不超出子房。小坚果卵珠形，长 2.5 mm，宽 1 mm，黑褐色，有具腺的穴陷，基部有 1 白色果脐。花期 7—9 月，果期 8—10 月。

【生境分布】多为栽培。全市各地有零星野生。

【药用部位】全草、成熟果实（罗勒子）。

【采收加工】全草：开花后割取地上部分，鲜用或阴干。成熟果实：9 月采收，晒干。

【性味归经】全草：味辛、甘，性温。归肺、脾、胃、大肠经。成熟果实：味甘、辛，性凉。

【功能主治】全草：疏风解表，化湿和中，行气活血，解毒消肿。用于感冒头痛，发热咳嗽，中暑，积食不化，不思饮食，脘腹胀满、疼痛，呕吐泻痢，风湿痹痛，月经不调，牙痛口臭，胬肉遮睛，皮肤湿疮，瘾疹瘙痒，跌打损伤，蛇虫咬伤等。成熟果实：清热，明目，祛翳。用于目赤肿痛，倒睫目翳，走马疳等。

## 牛至

Niuzhi

【别名】野荆芥、野薄荷、满坡香。

【来源】唇形科牛至属植物牛至 *Origanum vulgare* L.。

【植物形态】多年生草本或丰灌木，芳香。根茎斜生，节上具纤细的须根，木质。茎直立或近基部伏地，通常高 25 ～ 60 cm，带紫色，四棱形，具倒向或微蜷曲的短柔毛，多数从根茎发出，中上部各节有具花的分枝，下部各节有不育的短枝，近基部常无叶。叶具柄，柄长 2 ～ 7 mm，腹面具槽，背面近圆形，被柔毛，叶片卵圆形或长圆状卵圆形，长 1 ～ 4 cm，宽 0.4 ～ 1.5 cm，先端钝或稍钝，基部宽楔形至近圆形或微心形，全缘或有远离的小锯齿，上面亮绿色，常带紫晕，具不明显的柔毛及凹陷的腺点，下面淡绿色，明显被柔毛及凹陷的腺点，侧脉 3 ～ 5 对，与中脉在上面不显著、下面凸出；苞叶大多无柄，常带紫色。花序呈伞房状圆锥花序，开张，多花密集，由多数长圆状在果时伸长的小穗状花序所组成；苞片长圆状倒卵形至倒卵形或倒披针形，锐尖，绿色或带紫晕，长约 5 mm，具平行脉，全缘。花萼钟形，连齿长 3 mm，外面被小硬毛或近无毛，内面在喉部有白色柔毛环，具 13 条脉，显著，萼齿 5，三角形，等大，长 0.5 mm。花冠紫红色、淡红色至白色，管状钟形，长 7 mm，两性花冠筒长 5 mm，显著超出花萼，而雌性花冠筒短于花萼，长约 3 mm，外面疏被短柔毛，内面在喉部被疏短柔毛；冠檐明显二唇形，上唇直立，卵圆形，长 1.5 mm，先端 2 浅裂，下唇开张，长 2 mm，3 裂，中裂片较大，侧裂片较小，均长圆状卵圆形；雄蕊 4 枚，在两性花中，后对短于上唇，前对略伸出花冠；在雌性花中，前后对近相等，内藏，花丝丝状，扁平，无毛；花药卵圆形，2 室，两性花由三角状楔形的药隔分隔，室叉开，而雌性花中药隔退化，雄蕊的药室近平行。花盘平顶。花柱略超出雄蕊，先端不相等 2 浅裂，裂片钻形。小坚果卵圆形，长约 0.6 mm，先端圆，基部骤狭，微具棱，褐色，无毛。花期 7—9 月，果期 10—12 月。

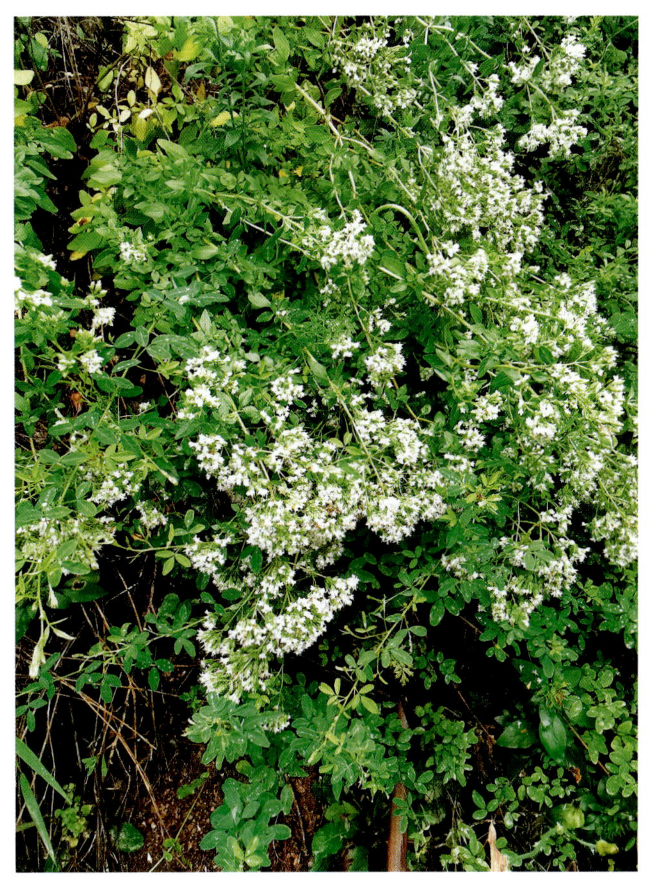

【生境分布】生于海拔 500 ～ 3600 m 的山坡、林下草地或路旁。鄂城区有分布，少见。

【药用部位】全草。

【采收加工】7—8 月开花前采割地上部分，或将全草连根拔起，抖净泥沙，鲜用或扎把晒干。

【性味归经】味辛、微苦，性凉。

【功能主治】解表，理气，清暑，利湿。用于感冒发热，中暑，胸膈胀满，腹痛吐泻，细菌性痢疾，黄疸，水肿，带下，小儿疳积，麻疹，皮肤瘙痒，疮疡肿痛，跌打损伤等。

## 石香薷

Shixiangru

【别名】细叶香薷、土香薷、野香薷。

【来源】唇形科石荠苎属植物石香薷 *Mosla chinensis* Maxim.。

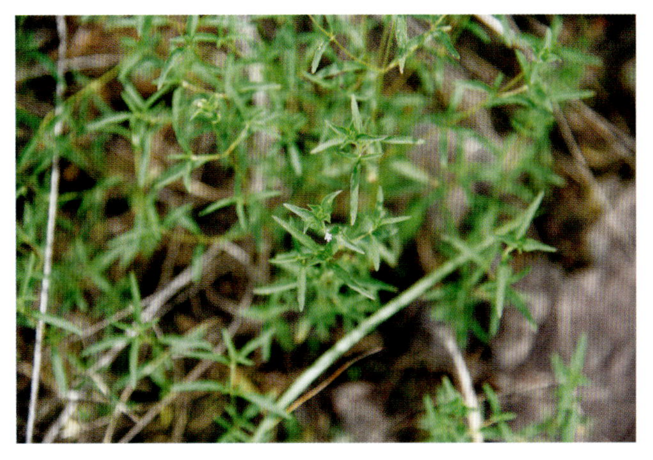

【植物形态】直立草本。茎高 9 ～ 40 cm，纤细，自基部多分枝或植株矮小不分枝，被白色疏柔毛。叶线状长圆形至线状披针形，长 1.3 ～ 2.8（3.3）cm，宽 2 ～ 4（7） mm，先端渐尖或急尖，基部渐狭或楔形，边缘具疏而不明显的浅锯齿，上面橄榄绿色，下面色较淡，两面均被疏短柔毛及棕色凹陷腺点；叶柄长 3 ～ 5 mm，被疏短毛。总状花序头状，长 1 ～ 3 cm；苞片覆瓦状排列，偶见稀疏排列，圆状倒卵形，长 4 ～ 7 mm，宽 3 ～ 5 mm，先端短尾尖，全缘，两面被疏柔毛，下面具凹陷腺点，边缘具睫毛状毛，具 5 条脉，自基部掌状生出；花梗短，被疏短柔毛。花萼钟形，长约 3 mm，宽约 1.6 mm，外面被白色绵毛及腺体，内面在喉部以上被白色绵毛，下部无毛，萼齿 5，钻形，长约为花萼长的 2/3，果时花萼增大。花冠紫红色、淡红色至白色，长约 5 mm，略伸出于苞片，外面被微柔毛，内面在下唇之下方冠筒上略被微柔毛，余部无毛。雄蕊及雌蕊内藏。花盘前方呈指状膨大。小坚果球形，直径约 1.2 mm，灰褐色，具深雕纹，无毛。花期 6—9 月，果期 7—11 月。

【生境分布】生于草坡或林下。全市各地有零星野生。

【药用部位】地上部分。

【采收加工】夏季茎叶茂盛、花盛开时择晴天采割，除去杂质，阴干。

【性味归经】味辛，性微温。归肺、胃经。

【功能主治】发汗解表，化湿和中。用于暑湿感冒，恶寒发热，头痛无汗，腹痛吐泻，水肿，小便不利等。

## 小花荠苧

Xiaohua jining

【别名】痱子草、酒饼叶、薄荷、细叶七星剑、野香薷。

【来源】唇形科石荠苧属植物小花荠苎 *Mosla cavaleriei* H. Lév.。

【植物形态】茎高 25 ～ 100 cm，具分枝，具花的侧枝短，四棱形，具槽，被稀疏的具节长柔毛及混生的微柔毛。叶卵形或卵状披针形，长 2 ～ 5 cm，宽 1 ～ 2.5 cm，先端急尖，基部圆形至阔楔形，边缘具细锯齿，近基部全缘，纸质，上面橄榄绿色，被具节疏柔毛，下面色较淡，除被具节疏柔毛外满布凹陷小腺点；叶柄纤细，长 1 ～ 2 cm，腹凹背凸，被具节疏柔毛。总状花序小，顶生于主茎及侧枝上，长 2.5 ～ 4.5 cm，果时长达 8 cm；苞片极小，卵状披针形，与花梗近等长或略超出花梗，被疏柔毛；花梗细而短，长约 1 mm，与花序轴被具节小疏柔毛。花萼长约 1.2 mm，宽约 1.2 mm，外面被疏柔毛，略二唇形，上唇 3 齿极小，三角形，下唇 2 齿稍长于上唇，披针形，果时花萼增大。花冠紫色或粉红色，长约 2.5 mm，外被短柔毛，冠檐极短，上唇 2 圆裂，下唇较之略长，3 裂，中裂片较长。雄蕊 4 枚，后对雌蕊能育，不超过上唇，前对雄蕊退化至极小。花柱先端 2 裂，微伸出花冠。小坚果灰褐色，球形，直径 1.5 mm，具疏网纹，无毛。花期 9—11 月，果期 10—12 月。

【生境分布】生于海拔 160 ～ 1800 m 的疏林下或山坡草地中。全市各地均有野生。

【药用部位】全草。

【采收加工】9—11 月采收，洗净，鲜用或晒干。

【性味归经】味辛，性微温。归肝、脾经。

【功能主治】发汗解暑，利湿解毒。用于感冒，中暑，呕吐，泄泻，水肿，湿疹，疮痈肿毒，带状疱疹，阴疽瘰疬，跌打伤痛，毒蛇咬伤等。

## 丹参

Danshen

【别名】红丹参、红根、血参、赤丹参、紫丹参、活血根。

【来源】唇形科鼠尾草属植物丹参 *Salvia miltiorrhiza* Bunge。

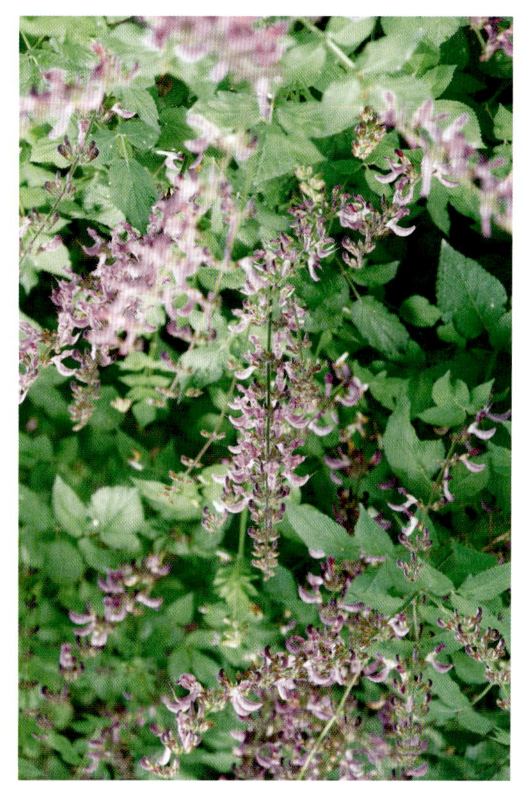

【植物形态】多年生直立草本。根肥厚，肉质，外面朱红色，内面白色，长 5 ～ 15 cm，直径 4 ～ 14 mm，疏生支根。茎直立，高 40 ～ 80 cm，四棱形，具槽，密被长柔毛，多分枝。叶常为奇数羽状复叶，叶柄长 1.3 ～ 7.5 cm，密被向下的长柔毛，小叶 3 ～ 5（7），长 1.5 ～ 8 cm，宽 1 ～ 4 cm，卵圆形、椭圆状卵圆形或宽披针形，先端锐尖或渐尖，基部圆形或偏斜，边缘具圆齿，草质，两面被疏柔毛，下面较密，小叶柄长 2 ～ 14 mm，与叶轴密被长柔毛。轮伞花序 6 花或多花，下部者疏离，上部者密集，组成长 4.5 ～ 17 cm 具长梗的顶生或腋生总状花序；苞片披针形，先端渐尖，基部楔形，全缘，上面无毛，下面略被疏柔毛，比花梗长或短；花梗长 3 ～ 4 mm，花序轴密被长柔毛或具腺长柔毛。花萼钟形，带紫色，长约 1.1 cm，花后稍增大，外面被疏长柔毛及具腺长柔毛，具缘毛，内面中部密被白色长硬毛，具 11 条脉，二唇形，上唇全缘，三角形，长约 4 mm，宽约 8 mm，先端具 3 个小尖头，侧脉外缘具狭翅，下唇与上唇近等长，深裂成 2 齿，齿三角形，先端渐尖。花冠紫蓝色，长 2 ～ 2.7 cm，外被具腺短柔毛，尤以上唇为密，内面离冠筒基部 2 ～ 3 mm 斜生疏柔毛毛环，冠筒外伸，比冠檐短，基部宽 2 mm，向上渐宽，至喉部宽达 8 mm；冠檐二唇形，上唇长 12 ～ 15 mm，镰刀状，向上竖立，先端微缺，下唇短于上唇，3 裂，中裂片长 5 mm，宽达 10 mm，先端 2 裂，裂片顶端具不整齐的尖齿，侧裂片短，顶端圆形，宽约 3 mm。能育雄蕊 2 枚，伸至上唇片，花丝长 3.5 ～ 4 mm，药隔长 17 ～ 20 mm，中部关节处略被小疏柔毛，上臂十分伸长，长 14 ～ 17 mm，下臂短而增粗，药室不育，顶端连合。退化雄蕊线形，长约 4 mm。花柱远外伸，长达 40 mm，先端不相等 2 裂，后裂片极短，前裂片线形。花盘前方稍膨大。小坚果黑色，椭圆形，长约 3.2 cm，直径 1.5 mm。花期 5—7 月，果期 8 月。

【生境分布】生于海拔 120 ～ 1300 m 山坡、林下草丛或沟边。全市山地均有野生。

【药用部位】根。

【采收加工】10—11 月地上部分枯萎或翌年春季萌发前将全株挖出，除去残茎叶，摊晒，使根软化，抖去泥沙（忌用水洗），晒至五六成干时把根捏拢，晒至八九成干再捏一次，把须根全部捏断后再晒干。

【性味归经】味苦，性微寒。归心、心包、肝经。

【功能主治】活血祛瘀，调经止痛，养血安神，凉血消痈。用于妇女月经不调，痛经，经闭，产后瘀滞腹痛，心腹疼痛，癥瘕积聚，热痹肿痛，跌打损伤，热入营血，烦躁不安，心烦失眠，疮痈肿毒等。

## 华鼠尾草

Huashuweicao

【别名】野沙参、活血草、紫参、石见穿、石打穿。

【来源】唇形科鼠尾草属植物华鼠尾草 *Salvia chinensis* Benth.。

【植物形态】一年生草本。根略肥厚，多分枝，紫褐色。茎直立或基部倾卧，高 20 ～ 60 cm，单一或分枝，钝四棱形，具槽，被短柔毛或长柔毛。叶全为单叶或下部具 3 小叶的复叶，叶柄长 0.1 ～ 7 cm，疏被长柔毛；叶片卵圆形或卵圆状椭圆形，先端钝或锐尖，基部心形或圆形，边缘有圆齿或钝锯齿，两面除叶脉被短柔毛外余部近无毛；单叶叶片长 1.3 ～ 7 cm，宽 0.8 ～ 4.5 cm，复叶时顶生小叶片较大，长 2.5 ～ 7.5 cm，小叶柄长 0.5 ～ 1.7 cm，侧生小叶较小，长 1.5 ～ 3.9 cm，宽 0.7 ～ 2.5 cm，有极短的小叶柄。轮伞花序 6 花，在下部的疏离，上部的较密集，组成长 5 ～ 24 cm 顶生的总状花序或总状圆锥花序；苞片披针形，长 2 ～ 8 mm，宽 0.8 ～ 2.3 mm，先端渐尖，基部宽楔形或近圆形，在边缘及脉上被短柔毛，比花梗稍长；花梗长 1.5 ～ 2 mm，与花序轴被短柔毛。花萼钟形，长 4.5 ～ 6 mm，紫色，外面沿脉上被长柔毛，内面喉部密被长硬毛环；萼筒长 4 ～ 4.5 mm；萼檐二唇形，上唇近半圆形，长 1.5 mm，宽 3 mm，全缘，先端有 3 个聚合的短尖头，3 脉，两边侧脉有狭翅，下唇略长于上唇，长约 2 mm，宽 3 mm，半裂成 2 齿，齿长三角形，先端渐尖。花冠蓝紫色或紫色，长约 1 cm，伸出花萼，外被短柔毛，内面离冠筒基部 1.8 ～ 2.5 mm 有斜向的不完全疏柔毛毛环，冠筒长约 6.5 mm，基部宽不及 1 mm，向上渐宽大，至喉部宽达 3 mm；冠檐二唇形，上唇长圆形，长 3.5 mm，宽 3.3 mm，平展，先端微凹，下唇长约 5 mm，宽 7 mm，3 裂，中裂片倒心形，向下弯，长约 4 mm，宽约 7 mm，顶端微凹，边缘具小圆齿，基部收缩，侧裂片半圆形，直立，宽 1.25 mm。能育雄蕊 2 枚，近外伸，花丝短，长 1.75 mm，药隔长约 4.5 mm，关节处有毛，上臂长约 3.5 mm，具药室，下臂瘦小，无药室，分离。花柱长 1.1 cm，稍外伸，先端不相等 2 裂，前裂片较长。花盘前方略膨大。小坚果椭圆状卵圆形，长约 1.5 mm，直径 0.8 mm，褐色，光滑。花期 8—10 月。

【生境分布】生于海拔 120 ～ 500 m 的山坡或平地的林荫处或草丛中。全市各地有零星野生。

【药用部位】全草。

【采收加工】花期采收，鲜用或晒干。

【性味归经】味辛、苦，性寒。归肝、脾经。

【功能主治】活血化瘀，清热利湿，散结消肿。用于月经不调，痛经，经闭，崩漏，便血，湿热黄疸，热毒血痢，淋痛，带下，风湿骨痛，瘰疬，疮肿，乳痈，带状疱疹，麻风，跌打损伤等。

## 荔枝草

Lizhicao

【别名】蛤蟆皮、土荆芥、猴臂草、劫细、大塔花。

【来源】唇形科鼠尾草属植物荔枝草 *Salvia plebeia* R. Br.。

【植物形态】一年生或二年生草本。主根肥厚，向下直伸，有多数须根。茎直立，高 15 ~ 90 cm，粗壮，多分枝，被向下的灰白色疏柔毛。叶椭圆状卵圆形或椭圆状披针形，长 2 ~ 6 cm，宽 0.8 ~ 2.5 cm，先端钝或急尖，基部圆形或楔形，边缘具圆齿或尖锯齿，草质，上面被稀疏的微硬毛，下面被短疏柔毛，余部散布黄褐色腺点；叶柄长 4 ~ 15 mm，腹凹背凸，密被疏柔毛。轮伞花序 6 花，多数，在茎、枝顶端密集组成总状或总状圆锥花序，花序长 10 ~ 25 cm，结果时延长；苞片披针形，长于或短于花萼；先端渐尖，基部渐狭，全缘，两面被疏柔毛，下面较密，边缘具缘毛；花梗长约 1 mm，与花序轴密被疏柔毛。花萼钟形，长约 2.7 mm，外面被疏柔毛，散布黄褐色腺点，内面喉部有微柔毛，二唇形，唇裂约至花萼长 1/3，上唇全缘，先端具 3 个小尖头，下唇深裂成 2 齿，齿三角形，锐尖。花冠淡红色、淡紫色、紫色、蓝紫色至蓝色，稀白色，长 4.5 mm，冠筒外面无毛，内面中部有毛环；冠檐二唇形，上唇长圆形，长约 1.8 mm，宽 1 mm，先端微凹，外面密被微柔毛，两侧折合，下唇长约 1.7 mm，宽 3 mm，外面被微柔毛，3 裂，中裂片最大，阔倒心形，顶端微凹或呈浅波状，侧裂片近半圆形。能育雄蕊 2 枚，着生于下唇基部，略伸出花冠外，花丝长 1.5 mm，药隔长约 1.5 mm，弯成弧形，上臂和下臂等长，上臂具药室，2 下臂不育，膨大，互相连合。花柱和花冠等长，先端不相等 2 裂，前裂片较长。花盘前方微隆起。小坚果倒卵圆形，直径 0.4 mm，成熟时干燥，光滑。花期 4—5 月，果期 6—7 月。

【生境分布】生于海拔 2800 m 以下山坡、路旁、荒地、河边湿地上。分布于全市各地。

【药用部位】全草。

【采收加工】6—7 月采割地上部分，除净泥土，扎成小把，晒干或鲜用。

【性味归经】味苦、辛，性凉。归肺、胃经。

【功能主治】清热解毒，凉血散瘀，利水消肿。用于感冒发热，咽喉肿痛，肺热咳嗽，咯血，吐血，尿血，崩漏，痔疮出血，肾炎水肿，白浊，细菌性痢疾，疮痈肿毒，湿疹瘙痒，跌打损伤，蛇虫咬伤等。

## 夏枯草

Xiakucao

【别名】灯笼草、古牛草、羊蹄尖。

【来源】唇形科夏枯草属植物夏枯草 *Prunella vulgaris* L.。

【植物形态】多年生草木。根茎匍匐，在节上生须根。茎高 20 ～ 30 cm，上升，下部伏地，自基部多分枝，钝四棱形，其浅槽，紫红色，被稀疏的糙毛或近无毛。茎叶卵状长圆形或卵圆形，大小不等，长 1.5 ～ 6 cm，宽 0.7 ～ 2.5 cm，先端钝，基部圆形、截形至宽楔形，下延至叶柄成狭翅，边缘具不明显的波状齿或近全缘，草质，上面橄榄绿色，具短硬毛或几无毛，下面淡绿色，几无毛，侧脉 3 ～ 4 对，在下面略突出；叶柄长 0.7 ～ 2.5 cm，自下部向上渐变短；花序下方的 1 对苞叶似茎叶，近卵圆形，无柄或具不明显的短柄。轮伞花序密集组成长 2 ～ 4 cm 的顶生穗状花序，每一轮伞花序下承以苞片；苞片宽心形，通常长约 7 mm，宽约 11 mm，先端具长 1 ～ 2 mm 的骤尖头，脉纹放射状，外面在中部以下沿脉上疏生刚毛，内面无毛，边缘具毛，膜质，浅紫色。花萼钟形，连齿长约 10 mm，筒长 4 mm，倒圆锥形，外面疏生刚毛，二唇形，上唇扁平，宽大，近扁圆形，先端几截平，具 3 个不很明显的短齿，中齿宽大，齿尖均呈刺状微尖，下唇较狭，2 深裂，裂片达唇片之半或以下，边缘具缘毛，先端渐尖，尖头微刺状。花冠紫色、蓝紫色或红紫色，长约 13 mm，略超出于花萼；冠筒长 7 mm，基部宽约 1.5 mm，其上向前方膨大，至喉部宽约 4 mm，外面无毛，内面约近基部 1/3 处具鳞毛毛环；冠檐二唇形，上唇近圆形，直径约 5.5 mm，内凹，呈盔状，先端微缺，下唇约为上唇 1/2， 3 裂，中裂片较大，近倒心形，先端边缘具流苏状小裂片，侧裂片长圆形，垂向下方，细小。雄蕊 4 枚，前对长很多，均上升至上唇片之下，彼此分离，花丝略扁平，无毛，前对花丝先端 2 裂，1 裂片能育，具花药，另 1 裂片钻形，长过花药，稍弯曲或近直立，后对花丝的不育裂片微呈瘤状凸出，花药 2 室，室极叉开。花柱纤细，先端相等 2 裂，裂片钻形，外弯。花盘近平顶。子房无毛。小坚果黄褐色，长圆状卵珠形，长 1.8 mm，宽约 0.9 mm，微具沟纹。花期 4—6 月，果期 7—10 月。

【生境分布】生于海拔 3000 m 以下荒坡、草地、溪边及路旁等湿润地上。全市各地有零星野生。

【药用部位】果穗。

【采收加工】每年 5—6 月花穗变成棕褐色时，选晴天收割全草，捆成小把，或剪下花穗，晒干或鲜用。

【性味归经】味苦、辛，性寒。归肝、胆经。

【功能主治】清肝明目，散结解毒。用于目赤羞明，目珠疼痛，头痛眩晕，耳鸣，瘰疬，瘿瘤，乳痈，痄腮，疮痈肿毒，急、慢性肝炎，高血压等。

## 宝盖草

Baogaicao

【别名】莲台夏枯草、接骨草、珍珠莲。

【来源】唇形科野芝麻属植物宝盖草 *Lamium amplexicaule* L.。

【植物形态】一年生或二年生植物。茎高 10 ～ 30 cm，基部多分枝，上升，四棱形，具浅槽，常为深蓝色，几无毛，中空。茎下部叶具长柄，柄与叶片等长或超过之，上部叶无柄，叶片均为圆形或肾形，长 1 ～ 2 cm，宽 0.7 ～ 1.5 cm，先端圆，基部截形或截状阔楔形，半抱茎，边缘具极深的圆齿，顶部的齿通常较其余的大，上面暗橄榄绿色，下面色稍淡，两面均疏生小糙伏毛。轮伞花序 6 ～ 10 花，其中常有闭花受精的花；苞片披针状钻形，长约 4 mm，宽约 0.3 mm，具缘毛。花萼管状钟形，长 4 ～ 5 mm，宽 1.7 ～ 2 mm，外面密被白色直伸长柔毛，内面除萼上被白色直伸长柔毛外，余部无毛，萼齿 5，披针状锥形，长 1.5 ～ 2 mm，边缘具缘毛。花冠紫红色或粉红色，长 1.7 cm，外面除上唇被较密带紫红色的短柔毛外，余部均被微柔毛，内面无毛环，冠筒细长，长约 1.3 cm，直径约 1 mm，筒口宽约 3 mm；冠檐二唇形，上唇直伸，长圆形，长约 4 mm，先端微弯，下唇稍长，3 裂，中裂片倒心形，先端深凹，基部收缩，侧裂片浅圆裂片状。雄蕊花丝无毛，花药被长硬毛。花柱丝状，先端不相等 2 浅裂。花盘杯状，具圆齿。子房无毛。小坚果倒卵圆形，具 3 棱，先端近截状，基部收缩，长约 2 mm，宽约 1 mm，淡灰黄色，表面有白色大疣状突起。花期 3—5 月，果期 7—8 月。

【生境分布】生于海拔 400 m 以下路边、草丛、庭院等处。分布于全市各地。

【药用部位】全草。

【采收加工】夏季采收，洗净，晒干或鲜用。

【性味归经】味辛、苦，性微温。

【功能主治】活血通络，解毒消肿。用于跌打损伤，筋骨疼痛，四肢麻木，半身不遂，面瘫，黄疸，鼻渊，瘰疬，黄水疮等。

## 野芝麻

Yezhima

【别名】龙脑薄荷、山苏子、山麦胡、野藿香、地蚤。

【来源】唇形科野芝麻属植物野芝麻 *Lamium barbatum* Sieb. et Zucc.。

【植物形态】多年生植物。根茎有长地下匍匐枝。茎高达 1 m，单生，直立，四棱形，具浅槽，中空，几无毛。茎下部的叶卵圆形或心形，长 4.5 ～ 8.5 cm，宽 3.5 ～ 5 cm，先端尾状渐尖，基部心形，茎上部的叶卵圆状披针形，较茎下部的叶长而狭，先端长尾状渐尖，边缘有微内弯的牙齿状锯齿，齿尖具胼胝体的小突尖，草质，两面均被短硬毛，叶柄长达 7 cm，茎上部的渐变短。轮伞花序 4 ～ 14 花，着生于茎端；苞片狭线形或丝状，长 2 ～ 3 mm，锐尖，具缘毛。花萼钟形，长约 1.5 cm，宽约 4 mm，外面疏被伏毛，膜质，萼齿披针状钻形，长 7 ～ 10 mm，具缘毛。花冠白色或浅黄色，长约 2 cm，冠筒基部直径 2 mm，稍上方呈囊状膨大，筒口宽至 6 mm，外面在上部被疏硬毛或近茸毛状毛被，余部几无毛，内面冠筒近基部有毛环；冠檐二唇形，上唇直立，倒卵圆形或长圆形，长约 1.2 cm，先端圆形或微缺，边缘具缘毛及长柔毛，下唇长约 6 mm，3 裂，中裂片倒肾形，先端深凹，基部急收缩，侧裂片宽，浅圆裂片状，长约 0.5 mm，先端有针状小齿。雄蕊花丝扁平，被微柔毛，彼此粘连，花药深紫色，被柔毛。花柱丝状，先端近相等 2 浅裂。花盘杯状。子房裂片长圆形，无毛。小坚果倒卵圆形，先端截形，基部渐狭，长约 3 mm，直径 1.8 mm，淡褐色。花期 4—6 月，果期 7—8 月。

（摄于鄂城区西山）

【生境分布】生于路边、溪旁、田埂及荒坡上。全市各地有零星野生。

【药用部位】全草。

【采收加工】5—6 月采收，阴干或鲜用。

【性味归经】味辛、甘，性平。

【功能主治】凉血，止血，止痛，利湿消肿。用于肺热咯血，血淋，月经不调，崩漏，水肿，带下，胃痛，小儿疳积，跌打损伤等。

## 野拔子

Yebazi

【别名】臭香薷、野苏子、狗巴子、小香芝麻叶、把子草、小铁苏。

【来源】唇形科香薷属植物野拔子 *Elsholtzia rugulosa* Hemsl.。

【植物形态】草本至半灌木。茎高 0.3 ～ 1.5 m，多分枝，枝钝四棱形，密被白色微柔毛。叶卵形、椭圆形至近菱状卵形，长 2 ～ 7.5 cm，宽 1 ～ 3.5 cm，先端急尖或微钝，基部圆形至阔楔形，边缘具钝锯齿，近基部全缘，坚纸质，上面橄榄绿色，被粗硬毛，微皱，下面灰白色，密被灰白色茸毛，侧脉 4 ～ 6 对，与中脉在上面凹陷、下面明显隆起，细脉在下面清晰可见；叶柄纤细，长 0.5 ～ 2.5 cm，腹凹背凸，密被白色微柔毛。穗状花序着生于主茎及侧枝的顶部，长 3 ～ 12 cm 或以上，具长 1.2 ～ 2.5 cm 的总梗，由具梗的轮伞花序所组成，位于穗状花序下部的轮伞花序疏散；下部 1 ～ 2 对苞叶叶状，但变小，上部呈苞片状、披针形或钻形，长 1 ～ 3 mm，全缘，被灰白色茸毛；花梗长不及 1 mm，与花序轴密被灰白色茸毛。花萼钟形，长约 1.5 mm，直径约 1 mm，外面被白色粗硬毛，萼齿 5，相等或后 2 齿稍长，

长约 0.7 mm。花冠白色，有时为紫色或淡黄色，长约 4 mm，外面被柔毛，内面近喉部具斜向毛环；冠筒长约 3 mm，基部宽 1 mm，至喉部宽达 1.5 mm；冠檐二唇形，上唇直立，长不及 1 mm，先端微缺，下唇开展，3 裂，中裂片圆形，边缘啮蚀状，长、宽均约 1 mm，侧裂片短，半圆形。雄蕊 4 枚，前对较长，伸出，花丝略被毛，花药球形，2 室。花柱超出雄蕊，先端 2 裂。小坚果长圆形，稍压扁，长约 1 mm，淡黄色，光滑无毛。花果期 10—12 月。

【生境分布】生于海拔 1300 ~ 2800 m 的山坡草地、旷地、路旁、林中或灌丛中。梁子湖区有零星野生。

【药用部位】全草。

【采收加工】秋季采收，阴干。

【性味归经】味辛、苦，性凉。

【功能主治】解表退热，化湿和中。用于感冒发热，头痛，呕吐，泄泻，细菌性痢疾，鼻衄，咯血，外伤出血等。

## 庐山香科科

Lushanxiangkeke

【别名】双判草、野荏荷。

【来源】唇形科香科科属植物庐山香科科 *Teucrium pernyi* Franch.。

【植物形态】多年生草本，具匍匐茎。茎直立，基部常不分枝而具早年残存的茎基，基部近圆柱形，上部四棱形，无槽，高 60 cm，有时达 100 cm，密被白色向下弯曲的短柔毛，毛长 0.5 mm。叶柄长 3 ~ 7 mm，被毛同茎；叶片卵圆状披针形，长 3.5 ~ 5.3 cm，宽 1.5 ~ 2 cm，有时长达 8.5 cm，宽达 3.5 cm，先端短渐尖或渐尖，基部圆形或阔楔形下延，边缘具粗锯齿，两面被微柔毛，下面脉上被白色稍弯曲的短柔毛，侧脉 3 ~ 4 对，有时 5 对，两面微显著。轮伞花序常 2 花，松散，偶达 6 花，于茎及短于叶的腋生短枝上组成穗状花序；苞片卵圆形，被短柔毛；花梗长 3 ~ 4 mm，被短柔毛。花萼钟形，长 5 mm，宽 3.5 mm，外面被稀疏的微柔毛，喉部内面具毛环，具 10 条脉，二唇形，上唇 3 齿，中齿极发达，近圆形，先端突尖，侧齿三角状卵圆形，长不达中齿的 1/2，下唇 2 齿，齿三角状钻形，渐尖，与上唇中齿同高，齿间缺弯深裂至喉部，各齿具发达的网状侧脉。

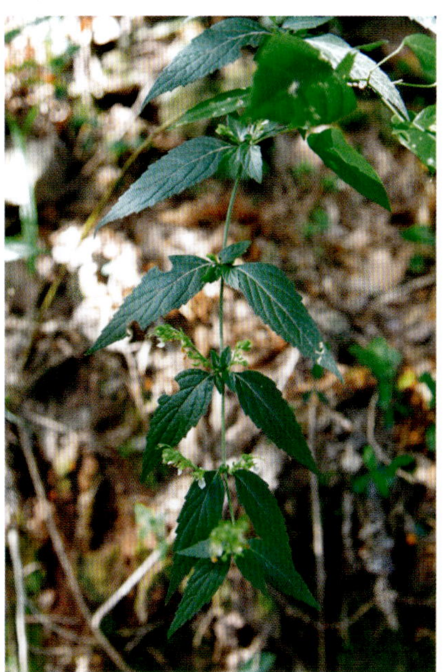

（摄于梁子湖区沼山森林公园）

花冠白色，有时稍带红晕，长 1 cm，冠筒稍稍伸出，长 4.5 mm，外面被稀疏的微柔毛，唇片与花冠筒成直角，中裂片极发达，椭圆状匙形，内凹，长 4 mm，宽 2.6 mm，先端急尖，后方 1 对裂片斜三角状卵圆形，微向前倾。雄蕊超过花冠筒 1 倍以上，花药平叉分，肾形。花柱先端不相等 2 裂。花盘小，盘状，全缘。子房球形，密被泡状毛。小坚果倒卵形，长 1.2 mm，棕黑色，具极明显的网纹，合生面不达小坚果全长的 1/2。

【生境分布】生于山地及原野。梁子湖区有零星野生。

【药用部位】全草。

【采收加工】夏、秋季采收，洗净，鲜用或晒干备用。

【性味归经】味辛、微苦，性凉。

【功能主治】清热解毒，凉肝活血。用于肺脓肿，小儿惊风，疮痈，跌打损伤等。

## 益母草

Yimucao

【别名】益母夏枯、坤草。

【来源】唇形科益母草属植物益母草 *Leonurus japonicus* Houtt.。

【植物形态】一年生或二年生草本，有于其上密生须根的主根。茎直立，通常高 30 ～ 120 cm，钝四棱形，微具槽，有倒向糙伏毛，在节及棱上尤为密集，在基部有时近无毛，多分枝，或仅于茎中部以上有能育的小枝条。叶轮廓变化很大，茎下部叶轮廓为卵形，基部宽楔形，掌状 3 裂，裂片呈长圆状菱形至卵圆形，通常长 2.5 ～ 6 cm，宽 1.5 ～ 4 cm，裂片上再分裂，上面绿色，有糙伏毛，叶脉稍下陷，下面淡绿色，被疏柔毛及腺点，叶脉凸出，叶柄纤细，长 2 ～ 3 cm，由于叶基下延而在上部略具翅，腹面具槽，背面圆形，被糙伏毛；茎中部叶轮廓为菱形，较小，通常分裂成 3 个或偶有多个长圆状线形的裂片，基部狭楔形，叶柄长 0.5 ～ 2 cm；花序最上部的苞叶近无柄，线形或线状披针形，长 3 ～ 12 cm，宽 2 ～ 8 mm，全缘或具稀少齿。轮伞花序腋生，具 8 ～ 15 花，轮廓为圆球形，直径 2 ～ 2.5 cm，多数远离而组成长穗状花序；小苞片刺状，向上伸出，基部略弯曲，比萼筒短，长约 5 mm，有贴生的微柔毛；花梗无。花萼管状钟形，长 6 ～ 8 mm，外面有贴生微柔毛，内面于离基部 1/3 以上被微柔毛，5 脉，显著，5 齿，前 2 齿靠合，长约 3 mm，后 3 齿较短，等长，长约 2 mm，齿均宽三角形，先端刺尖。花冠粉红色至淡紫红色，长 1 ～ 1.2 cm，外面于伸出萼筒部分被柔毛，冠筒长约 6 mm，等大，内面在离基部 1/3 处有近水平向的不明显鳞毛毛环，毛环在背面间断，其上部有鳞状毛；冠檐二唇形，上唇直伸，内凹，长圆形，长约 7 mm，宽 4 mm，全缘，内面无毛，边缘具纤毛，下唇略短于上唇，内面在基部疏被鳞状毛，3 裂，中裂片倒心形，先端微缺，边缘薄膜质，基部收缩，侧裂片卵圆形，

细小。雄蕊 4 枚，均延伸至上唇片之下，平行，前对较长，花丝丝状，扁平，疏被鳞状毛；花药卵圆形，2 室。花柱丝状，略超出雄蕊而与上唇片等长，无毛，先端相等 2 浅裂，裂片钻形。花盘平顶。子房褐色，无毛。小坚果长圆状三棱形，长 2.5 mm，顶端截平而略宽大，基部楔形，淡褐色，光滑。花期通常在 6—9 月，果期 9—10 月。

【生境分布】生于田埂、路旁、溪边或山坡草地，尤以向阳地带为多。分布于全市各地。

【药用部位】全草、果实、花。

【采收加工】全草：在每株开花 2/3 时收获，选晴天齐地割下，立即摊放，晒干后打成捆。果实：夏、秋季在全株花谢、果实成熟时割取全株，晒干，打下果实，除去叶片、杂质。花：夏季花初开时采收，去净杂质，晒干。

【性味归经】全草：味辛、苦，性微寒。归肝、肾、心包经。果实：味甘、辛，性微寒；有小毒。归肝经。花：味甘、苦，性凉。

【功能主治】全草：活血调经，利尿消肿，清热解毒。用于月经不调，经闭，胎漏难产，胞衣不下，产后血晕，瘀血腹痛，跌打损伤，小便不利，水肿，疮痈肿毒等。果实：活血调经，清肝明目。用于妇女月经不调，痛经，经闭，产后瘀滞腹痛，肝热头痛，头晕，目赤肿痛，目生翳障等。花：养血，活血，利水。用于贫血，疮痈肿毒，血滞经闭，痛经，产后瘀滞腹痛，恶露不下等。

## 紫苏

Zisu

【别名】白苏。

【来源】唇形科紫苏属植物紫苏 *Perilla frutescens* (L.) Britt.。

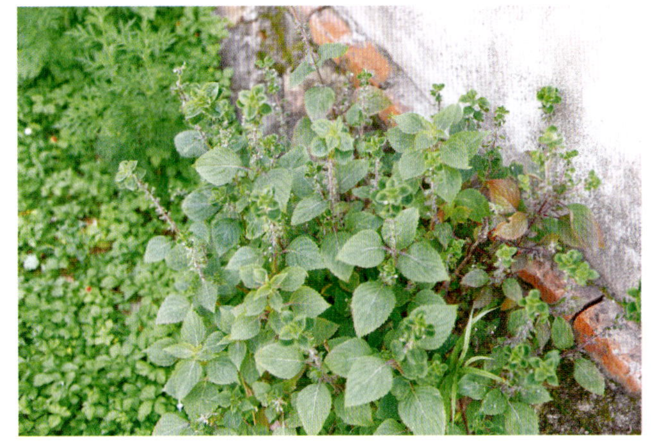

【植物形态】一年生直立草本。茎高 0.3 ~ 2 m，绿色或紫色，钝四棱形，具 4 槽，密被长柔毛。叶阔卵形或圆形，长 7 ~ 13 cm，宽 4.5 ~ 10 cm，先端短尖或突尖，基部圆形或阔楔形，边缘在基部以上有粗锯齿，膜质或草质，两面绿色或紫色，或仅下面紫色，上面被疏柔毛，下面被贴生柔毛，侧脉 7 ~ 8 对，位于下部者稍靠近，斜上升，与中脉在上面微凸起、下面明显凸起，色稍淡；叶柄长 3 ~ 5 cm，背腹扁平，密被长柔毛。轮伞花序 2 花，组成长 1.5 ~ 15 cm、密被长柔毛、偏向一侧的顶生及腋生总状花序；苞片宽卵圆形或近圆形，长、宽均约 4 mm，先端具短尖，外被红褐色腺点，无毛，边缘膜质；花梗长 1.5 mm，密被柔毛。花萼钟形，具 10 条脉，长约 3 mm，直伸，下部被长柔毛，夹有黄色腺点，内面喉部有疏柔毛环，结果时增大，长至 1.1 cm，平伸或下垂，基部一边肿胀；萼檐二唇形，上唇宽大，3 齿，中齿较小，下唇比上唇稍长，2 齿，齿披针形。花冠白色至紫红色，长 3 ~ 4 mm，外面略被微柔毛，内面在下唇片基部略被微柔毛；冠筒短，长 2 ~ 2.5 mm，喉部斜钟形；冠檐近二唇形，上唇微缺，下唇 3 裂，中裂片较大，侧裂片与上唇相近似。雄蕊 4 枚，几不伸出，前对稍长，离生，插生于喉部，花丝扁平，花药 2 室，室平行，其后略叉开或极叉开。花柱先端相等 2 浅裂。花盘前方呈指状膨大。小坚果近球形，灰褐色，直径约 1.5 mm，具网纹。花期 8—11 月，果期 8—12 月。

【生境分布】生于山地、路旁、村边或荒地，亦有栽培。分布于全市各地。

【药用部位】叶（紫苏叶）、果实（紫苏子）、茎（紫苏梗）。

【采收加工】叶：夏季枝叶茂盛时采收，除去杂质，晒干。果实：秋季果实成熟时采收，除去杂质，晒干。茎：秋季果实成熟后采割，除去杂质，晒干，或趁鲜切片，晒干。

【性味归经】叶：味辛，性温。归肺、脾经。果实：味辛，性温。归肺经。茎：味辛，性温。归肺、脾经。

【功能主治】叶：散寒解表，行气和胃。用于风寒感冒，咳嗽呕吐，妊娠呕吐等。果实：降气化痰，止咳平喘，润肠通便。用于痰壅气逆，咳嗽气喘，肠燥便秘等。茎：理气宽中，止痛，安胎。用于胸膈痞闷，胃脘疼痛，嗳气呕吐，胎动不安等。

# 酢浆草科

## 酢浆草

Cu jiangcao

【别名】酸箕、三叶酸草、酸母草、鸠酸草、小酸茅。

【来源】酢浆草科酢浆草属植物酢浆草 *Oxalis corniculata* L.。

【植物形态】草本，高 10 ～ 35 cm，全株被柔毛。根茎稍肥厚。茎细弱，多分枝，直立或匍匐，匍匐茎节上生根。叶基生或茎上互生；托叶小，长圆形或卵形，边缘被密长柔毛，基部与叶柄合生，或同一植株下部托叶明显而上部托叶不明显；叶柄长 1 ～ 13 cm，基部具关节；小叶 3，无柄，倒心形，长 4 ～ 16 mm，宽 4 ～ 22 mm，先端凹入，基部宽楔形，两面被柔毛或表面无毛，沿脉被毛较密，边缘具贴伏缘毛。花单生或数朵集为伞形花序状，腋生，总花梗淡红色，与叶近等长；花梗长 4 ～ 15 mm，果后延伸；小苞片 2，披针形，长 2.5 ～ 4 mm，膜质；萼片 5，披针形或长圆状披针形，长 3 ～ 5 mm，背面和边缘被柔毛，宿存；花瓣 5，黄色，长圆状倒卵形，长 6 ～ 8 mm，宽 4 ～ 5 mm；雄蕊 10 枚，花丝白色半透明，有时

被疏短柔毛，基部合生，长、短互间，长者花药较大且早熟；子房长圆形，5 室，被短伏毛，花柱 5，柱头头状。蒴果长圆柱形，长 1 ～ 2.5 cm，5 棱。种子长卵形，长 1 ～ 1.5 mm，褐色或红棕色，具横向肋状网纹。花果期 2—9 月。

【生境分布】生于山坡草池、河谷沿岸、路边、田边、荒地或林下阴湿处。分布于全市各地。

【药用部位】全草。

【采收加工】全年均可采收，尤以夏、秋季为宜，洗净，鲜用或晒干。

【性味归经】味酸，性寒。归肝、肺、膀胱经。

【功能主治】清热利湿，凉血散瘀，解毒消肿。用于湿热泄泻，细菌性痢疾，黄疸，淋证，带下，吐血，衄血，尿血，月经不调，跌打损伤，咽喉肿痛，疮痈肿毒，丹毒，湿疹，疥癣，痔疮，麻疹，烫火伤，蛇虫咬伤等。

# 大戟科

## 蓖麻

Bima

【别名】红蓖麻、蓖麻子。

【来源】大戟科蓖麻属植物蓖麻 *Ricinus communis* L.。

【植物形态】一年生粗壮草本或草质灌木，高达 5 m。小枝、叶和花序通常被白霜，茎多汁液。叶轮廓近圆形，长、宽均达 40 cm 或更大，掌状 7 ～ 11 裂，裂缺几达中部，裂片卵状长圆形或披针形，顶端急尖或渐尖，边缘具锯齿；掌状脉 7 ～ 11 条。网脉明显；叶柄粗壮，中空，长可达 40 cm，顶端具 2 枚盘状腺体，基部具盘状腺体；托叶长三角形，长 2 ～ 3 cm，早落。总状花序或圆锥花序，长 15 ～ 30 cm 或更长；苞片阔三角形，膜质，早落。雄花：花萼裂片卵状三角形，长 7 ～ 10 mm；雄蕊束众多。雌花：萼片卵状披针形，长 5 ～ 8 mm，凋落；子房卵状，直径约 5 mm，密生软刺或无刺，花柱红色，长约 4 mm，顶部 2 裂，密生乳头状突起。蒴果卵球形或近球形，长 1.5 ～ 2.5 cm，果皮具软刺或平滑；种子椭圆形，微扁平，长 8 ～ 18 mm，平滑，斑纹淡褐色或灰白色；种阜大。花期 6—7 月，果期 7—10 月。

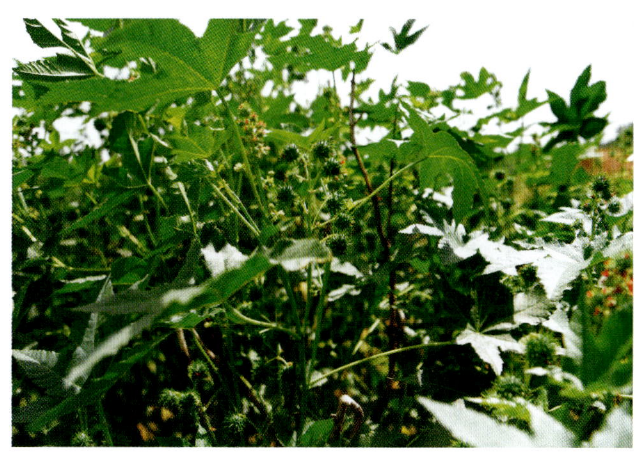

【生境分布】全市各地均有栽培。

【药用部位】种子（蓖麻子）、根（蓖

麻根）、叶（蓖麻叶）、种仁油（蓖麻油）。

【采收加工】种子：当年8—10月蒴果呈棕色、未开裂时，选晴天，分批剪下果序，摊晒，脱粒，扬净。根：春、秋季采挖，晒干或鲜用。叶：夏、秋季采摘，鲜用或晒干。种仁油：取种子压榨而成。

【性味归经】种子：味甘、辛，性平；有小毒。归肝、脾、大肠、肺经。根：味微辛，性平；有小毒。叶：味苦、辛，性平；有小毒。种仁油：味甘、辛，性平。

【功能主治】种子：消肿拔毒，泻下导滞，通络利窍。用于疮痈肿毒，瘰疬，乳痈，喉痹，疥疮，烫伤，水肿胀满，大便燥结，口眼歪斜，跌打损伤等。根：祛风解痉，活血消肿。用于破伤风，癫痫，风湿痹痛，痈肿瘰疬，跌打损伤，脱肛，子宫脱垂等。叶：祛风除湿，消肿拔毒。用于脚气，风湿痹痛，疮痈肿毒，疥疮瘙痒等。种仁油：润肠通便。用于肠内积滞，大便燥结等。

## 乳浆大戟

Ru jiangda ji

【别名】乳浆草、宽叶乳浆大戟、松叶乳汁大戟、东北大戟、岷县大戟。

【来源】大戟科大戟属植物乳浆大戟 *Euphorbia esula* L.。

【植物形态】多年生草本。根圆柱状，长20 cm以上，直径3～5（6）mm，不分枝或分枝，常曲折，褐色或黑褐色。茎单生或丛生，单生时自基部多分枝，高30～60 cm，直径3～5 mm；不育枝常发自基部，较矮，有时发自叶腋。叶线形至卵形，变化极不稳定，长2～7 cm，宽4～7 mm，先端尖或钝尖，基部楔形至平截；无叶柄；不育枝叶常为松针状，长2～3 cm，直径约1 mm；无柄；总苞叶3～5枚，与茎生叶同形；伞幅3～5，长2～4（5）cm；苞叶2枚，常为肾形，少为卵形或三角状卵形，长4～12 mm，宽4～10 mm，先端渐尖或近圆形，基部近平截。花序单生于二歧分枝的顶端，基部无柄；总苞钟状，高约3 mm，直径2.5～3 mm，边缘5裂，裂片半圆形至三角形，边缘及内侧被毛；腺体4枚，新月形，两端具角，角长而尖或短而钝，变异幅度较大，褐色。雄花多朵，苞片宽线形，无毛；雌花1朵，子房柄明显伸出总苞外；子房光滑无毛；花柱3，分离；柱头2裂。蒴果三棱状球形，长与直径均5～6 mm，具3个纵沟；花柱宿存；成熟时分裂为3个分果爿。种子卵球状，长2.5～3 mm，直径2～2.5 mm，成熟时黄褐色；种阜盾状，无柄。花果期4—10月。

【生境分布】生于山坡草地或沙质地上。分布于全市各地。

【药用部位】全草。

【采收加工】春、夏季采收，鲜用或晒干。

【性味归经】味苦，性平；有毒。归大肠、膀胱经。

【功能主治】利尿消肿，散结，杀虫。用于水肿，鼓胀，瘰疬，皮肤瘙痒等。

## 通奶草

Tongnaicao

【别名】小飞扬草。

【来源】大戟科大戟属植物通奶草 *Euphorbia hypericifolia* L.。

【植物形态】一年生草本。根纤细，长 10 ～ 15 cm，直径 2 ～ 3.5 mm，常不分枝，少数由末端分枝。茎直立，自基部分枝或不分枝，高 15 ～ 30 cm，直径 1 ～ 3 mm，无毛或被少许短柔毛。叶对生，狭长圆形或倒卵形，长 1 ～ 2.5 cm，宽 4 ～ 8 mm，先端钝或圆，基部圆形，通常偏斜，不对称，边缘全缘或基部以上具细锯齿，上面深绿色，下面淡绿色，有时略带紫红色，两面被稀疏的柔毛，或上面的毛早脱落；叶柄极短，长 1 ～ 2 mm；托叶三角形，分离或合生。苞叶 2 枚，与茎生叶同形。花序数个簇生于叶腋或枝顶，每个花序基部具纤细的柄，柄长 3 ～ 5 mm；总苞陀螺状，高与直径各约 1 mm 或稍大；边缘 5 裂，裂片卵状三角形；腺体 4 枚，边缘具白色或淡粉色附属物。雄花数朵，微伸出总苞外；雌花 1 朵，子房柄长于总苞；子房三棱状，无毛；花柱 3，分离；柱头 2 浅裂。蒴果三棱状，长约 1.5 mm，直径约 2 mm，无毛，成熟时分裂为 3 个分果爿。种子卵棱状，长约 1.2 mm，直径约 0.8 mm，每个棱面具数个皱褶，无种阜。花果期 8—12 月。

【生境分布】生于固定沙地、沙质土壤等。全市各地有零星野生。

【药用部位】全草。

【采收加工】夏、秋季采收，晒干。

【性味归经】味苦，性寒；有毒。

【功能主治】消肿拔毒。用于疮痈肿毒，瘰疬，痄腮等。

## 泽漆

Zeqi

【别名】五风草、五灯草、五朵云、猫儿眼草。

【来源】大戟科大戟属植物泽漆 *Euphorbia helioscopia* L.。

【植物形态】一年生草本。根纤细，长 7 ～ 10 cm，直径 3 ～ 5 mm，下部分枝。茎直立，单一或自基部多分枝，分枝斜展向上，高 10 ～ 30（50） cm，直径 3 ～ 5（7） mm，光滑无毛。叶互生，倒卵形或匙形，长 1 ～ 3.5 cm，宽 5 ～ 15 mm，先端具齿，中部以下渐狭或呈楔形；总苞叶 5，倒卵状长圆形，长 3 ～ 4 cm，宽 8 ～ 14 mm，先端具齿，基部略渐狭，无柄；总伞幅 5，长 2 ～ 4 cm；苞叶 2 枚，卵圆形，先端具齿，基部呈圆形。花序单生，有柄或近无柄；总苞钟状，高约 2.5 mm，直径约 2 mm，光滑无毛，边缘 5 裂，裂片半圆形，边缘和内侧具柔毛；腺体 4 枚，盘状，中部内凹，基部具短柄，淡褐色。雄花数朵，明显伸出总苞外；雌花1朵，子房柄略伸出总苞边缘。蒴果三棱状阔圆形，光滑，无毛；具明显的三纵沟，长2.5～3 mm，直径3～4.5 mm；成熟时分裂为3个分果爿。种子卵状，长约2 mm，直径约1.5 mm，暗褐色，具明显的脊网；种阜扁平状，无柄。花期4—5月，果期6—8月。

【生境分布】生于山沟、路旁、荒野及湿地。分布于全市各地。

【药用部位】全草。

【采收加工】4—5月开花时采收，除去根及泥沙，晒干。

【性味归经】味辛、苦，性微寒；有毒。归肺、大肠、小肠经。

【功能主治】行水消肿，化痰止咳，解毒杀虫。用于水气肿满，痰饮咳喘，疟疾，细菌性痢疾，瘰疬，结核性瘘管，骨髓炎等。

## 地锦草

Di jincao

【别名】千根草、血见愁草、小红筋草、铺地锦。

【来源】大戟科大戟属植物地锦草 *Euphorbia humifusa* Wild. ex Schltdl.。

【植物形态】一年生草本。根纤细，长10～18 cm，直径2～3 mm，常不分枝。茎匍匐，自基部以上多分枝，偶而先端斜向上伸展，基部常红色或淡红色，长达20（30）cm，直径1～3 mm，被柔毛或疏柔毛。叶对生，矩圆形或椭圆形，长5～10 mm，宽3～6 mm，先端钝圆，基部偏斜，略渐狭，边缘常于中部以上具细锯齿；叶面绿色，叶背淡绿色，有时淡红色，两面被疏柔毛；叶柄极短，长1～2 mm。花序单生于叶腋，基部具长1～3 mm的短柄；总苞陀螺状，高与直径各约1 mm，边缘4裂，裂片三角形；腺体4枚，矩圆形，边缘具白色或淡红色附属物。雄花数朵，近与总苞边缘等长；雌花1朵，子房柄伸出至总苞边缘；子房三棱状卵形，光滑无毛；花柱3，分离；柱头2裂。蒴果三棱状卵球形，长约2 mm，直径约2.2 mm，成熟时分裂为3个分果爿，花柱宿存。种子三棱状卵球形，长约1.3 mm，直径约0.9 mm，灰色，每个棱面无横沟，无种阜。花期8—9月，果期10—12月。

【生境分布】生于平原、荒地、路旁及田间。分布于全市各地。

【药用部位】全草。

【采收加工】10月采收，洗净，晒干或鲜用。

【性味归经】味甘，性寒。归肺、大肠经。

【功能主治】清热解毒，利湿退黄，活血止血。用于细菌性痢疾，腹泻，黄疸，咯血，吐血，尿血，便血，崩漏，乳汁不下，跌打肿痛，热毒疮疡等。

## 铁苋菜

Tiexiancai

【别名】蛤蜊花、海蚌含珠、蚌壳草。

【来源】大戟科铁苋菜属植物铁苋菜 *Acalypha australis* L.。

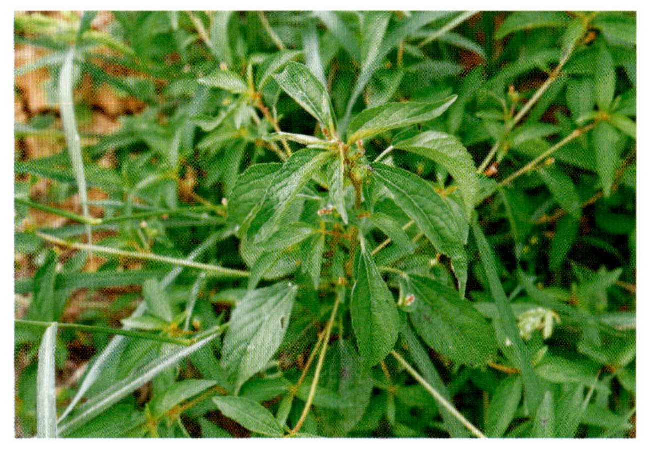

【植物形态】一年生草本，高 20 ～ 50 cm。小枝细长，被柔毛，毛逐渐稀疏。叶膜质，长卵形、近菱状卵形或阔披针形，长 3 ～ 9 cm，宽 1 ～ 5 cm，顶端短渐尖，基部楔形，稀圆钝，上面无毛，下面沿中脉具柔毛；基出脉 3 条，侧脉 3 对；叶柄长 2 ～ 6 cm，具短柔毛；托叶披针形，长 1.5 ～ 2 mm，具短柔毛。雌雄花同序，花序腋生，稀顶生，长 1.5 ～ 5 cm，花序梗长 0.5 ～ 3 cm，花序轴具短毛，雌花苞片 1 ～ 2（4）枚，卵状心形，花后增大，长 1.4 ～ 2.5 cm，宽 1 ～ 2 cm，边缘具三角形齿，外面沿掌状脉具疏柔毛，苞腋具雌花 1 ～ 3 朵；花梗无；雄花生于花序上部，排列成穗状或头状，雄花苞片卵形，长约 0. 5 mm，苞腋具雄花 5 ～ 7 朵，簇生；花梗长 0.5 mm。雄花：花蕾时近球形，无毛，花萼裂片 4，卵形，长约 0.5 mm；雄蕊 7 ～ 8 枚。雌花：萼片 3 枚，长卵形，长 0.5 ～ 1 mm，具疏毛；子房具疏毛，花柱 3，长约 2 mm，撕裂 5 ～ 7 条。蒴果直径 4 mm，具 3 个分果爿，果皮具疏生毛和毛基变厚的小瘤体；种子近卵状，长 1.5 ～ 2 mm，种皮平滑，假种阜细长。花期 8—9 月，果期 9—10 月。

【生境分布】生于平原或山坡较湿润耕地和空旷草地，有时生于石灰岩山地疏林下。分布于全市各地。

【药用部位】全草。

【采收加工】5—7 月采收，除去泥土，晒干或鲜用。

【性味归经】味苦、涩，性平。归心、肺、大肠、小肠经。

【功能主治】清热利湿，凉血解毒，消积。用于细菌性痢疾，泄泻，吐血，衄血，尿血，崩漏，小儿疳积，疮痈肿毒，皮肤湿疹等。

## 乌桕

Wujiu

【别名】木子树、柏子树、腊子树。

【来源】大戟科乌桕属植物乌桕 *Triadica sebifera* (L.) Small。

【植物形态】乔木，高 5 ~ 10 m，各部均无毛；枝带灰褐色，具细纵棱，有皮孔。叶互生，纸质，叶片阔卵形，长 1 ~ 10 cm，宽 5 ~ 9 cm，顶端短渐尖，基部阔而圆、截平或有时微凹，全缘，近叶柄处常向腹面微卷；中脉两面微凸起，侧脉 7 ~ 9 对，互生或罕有近对生，平展或略斜上升，离边缘 2 ~ 5 mm 处弯拱网结，网脉明显；叶柄纤弱，长 2 ~ 6 cm，顶端具 2 枚腺体；托叶三角形，长 1 ~ 1.5 mm。花单性，雌雄同株，聚集成顶生、长 3 ~ 12 mm 的总状花序，雌花生于花序轴下部，雄花生于花序轴上部或有时整个花序全为雄花。雄花：花梗纤细，长 1 ~ 3 mm；苞片卵形或阔卵形，长 1.5 ~ 2 mm，宽 1.5 ~ 1.8 mm，顶端短尖至渐尖，基部两侧各具 1 枚肾形的腺体，每一苞片内有 5 ~ 10 朵花；小苞片长圆形，蕾期紧抱花梗，长 1 ~ 1.5 mm，顶端浅裂或具齿；花萼杯形，具不整齐的小齿；雄蕊 2 枚，罕有 3 枚，伸出于花萼之外，花丝分离，与近球形的花药近等长。雌花：花梗圆柱形，粗壮，长 2 ~ 5 mm；苞片和小苞片与雄花的相似；花萼 3 深裂几达基部，裂片三角形，长约 2 mm，宽近 1 mm；子房卵状球形，3 室，花柱合生部分与子房近等长，柱头 3，外卷。蒴果近球形，成熟时黑色，横切面呈三角形，直径 3 ~ 5 mm，外被白色、蜡质的假种皮。花期 5—7 月，果期 10—11 月。

【生境分布】生于坡地、河边或树丛中。分布于全市各地。

【药用部位】根皮或树皮、叶、种子。

【采收加工】根皮或树皮：全年均可采收，将皮剥下，除去栓皮，晒干。叶：全年均可采收，鲜用或晒干。种子：果实成熟时采摘，取出种子，鲜用或晒干。

【性味归经】根皮或树皮：味苦，性微温；有毒。归肺、肾、胃、大肠经。叶：味苦，性微温；有毒。归肺、肾、胃、大肠经。种子：味甘，性凉；有毒。

【功能主治】根皮或树皮：泻下逐水，消肿散结，解蛇虫毒。用于水肿，癥瘕积聚，鼓胀，大小便不通，疮痈肿毒，湿疹，疥疮，蛇虫咬伤等。叶：泻下逐水，消肿散瘀，解毒杀虫。用于水肿，大小便不通，腹水，湿疹，疥疮，疮痈肿毒，跌打损伤，毒蛇咬伤等。种子：消肿拔毒，杀虫止痒。用于湿疹，疥疮，水肿，便秘等。

## 白背叶

Baibeiye

【别名】白背木。

【来源】大戟科野桐属植物白背叶 *Mallotus apelta* (Lour.) Müll. Arg.。

【植物形态】灌木或小乔木，高 1 ~ 3（4）m；小枝、叶柄和花序均密被淡黄色星状柔毛和散生橙黄色颗粒状腺体。叶互生，卵形或阔卵形，稀心形，长、宽均 6 ~ 16（25） cm，顶端急尖或渐尖，基部

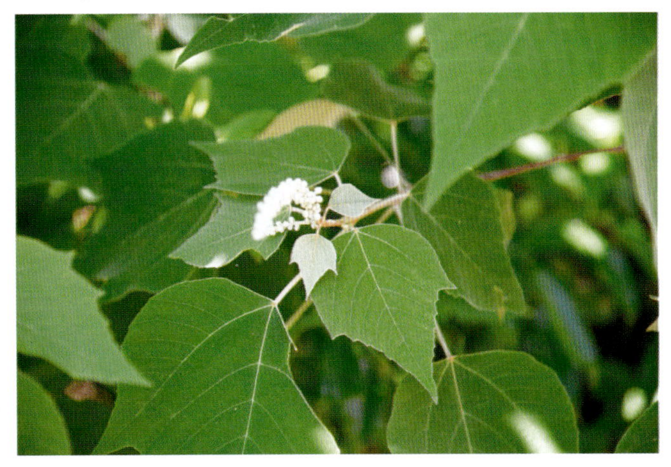

截平或稍心形，边缘具疏齿，上面干后黄绿色或暗绿色，无毛或被疏毛，下面被灰白色星状茸毛，散生橙黄色颗粒状腺体；基出脉5条，最下1对常不明显，侧脉6～7对；基部近叶柄处有褐色斑状腺体2枚；叶柄长5～15 cm。花雌雄异株，雄花序为开展的圆锥花序或穗状，长15～30 cm，苞片卵形，长约1.5 mm，雄花多朵簇生于苞腋。雄花：花梗长1～2.5 mm；花蕾卵形或球形，长约2.5 mm，花萼裂片4，卵形或卵状三角形，长约3 mm，外面密生淡黄色星状毛，内面散生颗粒状腺体；雄蕊50～75枚，长约3 mm；雌花序穗状，长15～30 cm，稀有分枝，花序梗长5～15 cm，苞片近三角形，长约2 mm。雌花：花梗极短；花萼裂片3～5，卵形或近三角形，长2.5～3 mm，外面密生灰白色星状毛和颗粒状腺体；花柱3～4，长约3 mm，基部合生，柱头密生羽毛状突起。蒴果近球形，密生被灰白色星状毛的软刺，软刺线形，黄褐色或浅黄色，长5～10 mm。种子近球形，直径约3.5 mm，褐色或黑色，具皱褶。花期6—9月，果期8—11月。

【生境分布】生于海拔30～1000 m的山坡或山谷灌丛中。全市各地有零星野生。

【药用部位】叶、根。

【采收加工】叶：全年均可采摘，鲜用或晒干。根：夏、秋季采收，洗净，鲜用或切片，晒干。

【性味归经】叶：味苦，性平。根：味微苦、涩，性平。归肝、脾经。

【功能主治】叶：清热，解毒，祛湿，止血。用于蜂窝织炎，化脓性中耳炎，鹅口疮，湿疹，跌打损伤，外伤出血等。根：清热，祛湿，收涩，消瘀。用于肝炎，肠炎，淋浊，带下，脱肛，子宫脱垂，肝脾大，跌打损伤等。

## 石岩枫

Shiyanfeng

【别名】倒挂茶。

【来源】大戟科野桐属植物石岩枫 *Mallotus repandus* (Willd.) Müll. Arg.。

【植物形态】攀援状灌木；嫩枝、叶柄、花序和花梗均密生黄色星状柔毛；老枝无毛，常有皮孔。叶互生，纸质或膜质，卵形或椭圆状卵形，长3.5～8 cm，宽2.5～5 cm，顶端急尖或渐尖，基部楔形或圆形，边缘全缘或波状，嫩叶两面均被星状柔毛，成长叶仅下面叶脉腋部被毛和散

生黄色颗粒状腺体；基出脉 3 条，有时稍离基，侧脉 4 ～ 5 对；叶柄长 2 ～ 6 cm。花雌雄异株，总状花序或下部有分枝；雄花序顶生，稀腋生，长 5 ～ 15 cm；苞片钻状，长约 2 mm，密生星状毛，苞腋有花 2 ～ 5 朵；花梗长约 4 mm。雄花：花萼裂片 3 ～ 4，卵状长圆形，长约 3 mm，外面被茸毛；雄蕊 40 ～ 75 枚，花丝长约 2 mm，花药长圆形，药隔狭。雌花序顶生，长 5 ～ 8 cm，苞片长三角形。雌花：花梗长约 3 mm；花萼裂片 5，卵状披针形，长约 3.5 mm，外面被茸毛，具颗粒状腺体；花柱 2（3），柱头长约 3 mm，被星状毛，密生羽毛状突起。蒴果具 2（3）个分果爿，直径约 1 cm，密生黄色粉末状毛，具颗粒状腺体；种子卵形，直径约 5 mm，黑色，有光泽。花期 3—5 月，果期 8—9 月。

【生境分布】生于路旁、河边及灌丛中。分布于全市各地。

【药用部位】根、茎、叶。

【采收加工】根、茎：全年均可采收，洗净，切片，晒干。叶：夏、秋季采收，鲜用或晒干。

【性味归经】味苦、辛，性温。

【功能主治】祛风除湿，活血通络，解毒消肿，驱虫止痒。用于风湿痹痛，腰腿疼痛，口眼歪斜，跌打损伤，疮痈肿毒，绦虫病，湿疹，顽癣，蛇犬咬伤等。

## 油桐

Youtong

【别名】三年桐、罂子桐、桐子树。

【来源】大戟科油桐属植物油桐 *Vernicia fordii* (Hemsl.) Airy Shaw。

【植物形态】落叶乔木，高达 10 m。树皮灰色，近光滑；枝条粗壮，无毛，具明显皮孔。叶卵圆形，长 8 ～ 18 cm，宽 6 ～ 15 cm，顶端短尖，基部截平至浅心形，全缘，稀 1 ～ 3 浅裂，嫩叶上面被很快脱落的微柔毛，下面被渐脱落的棕褐色微柔毛，成长叶上面深绿色，无毛，下面灰绿色，被贴伏微柔毛；掌状脉 5（7）条；叶柄与叶片近等长，几无毛，顶端有 2 枚扁平、无柄腺体。花雌雄同株，先于叶或与叶同时开放；花萼长约 1 cm，2（3）裂，外面密被棕褐色微柔毛；花瓣白色，有淡红色脉纹，倒卵形，长 2 ～ 3 cm，宽 1 ～ 1.5 cm，顶端圆形，基部爪状。雄花：雄蕊 8 ～ 12 枚，2 轮；外轮离生，内轮花丝中部以下合生。雌花：子房密被柔毛，3 ～ 5（8）室，每室有 1 胚珠，花柱与子房室同数，2 裂。核果近球状，直径 4 ～ 6（8）cm，果皮光滑。种子 3 ～ 4（8）颗，种皮木质。花期 3—4 月，果期 8—9 月。

【生境分布】生于较低的山坡、山麓和沟旁，多为栽培。分布于全市各地。

【药用部位】种子、未成熟的果实、花、叶、根。

【采收加工】种子：秋季果实成熟时采收，将其堆积于潮湿处，泼水，覆以干草，经 10 天左右外壳腐烂后，除去外皮，收集种子，晒干。未成熟的果实：收集未成熟而早落的果实，除净杂质，鲜用或晒干。花：4—5 月收集凋落的花，晒干。叶：秋季采集，鲜用或晒干。根：全年均可采挖，洗净，鲜用或晒干。

【性味归经】种子：味甘、辛，性寒；有毒。未成熟的果实：味苦，性平。花：味苦、辛，性寒；有毒。叶：味甘、辛，性寒；有毒。根：味甘、辛，性寒；有毒。

【功能主治】种子：吐风痰，消肿毒，利大小便。用于风痰喉痹，积食腹胀，大小便不通，丹毒，疥疮，烫伤，急性软组织炎症，寻常疣等。未成熟的果实：行气消食，清热解毒。用于疝气，积食，月经不调，疥疮等。花：清热解毒，生肌。用于新生儿湿疹，秃疮，热毒，天疱疮，烧烫伤等。叶：清热消肿，解毒杀虫。用于肠炎，细菌性痢疾，痈肿，臁疮，疥疮，漆疮，烫伤等。根：下气消积，利水化痰，驱虫。用于积食，痞满，水肿，哮喘，瘰疬，蛔虫病等。

# 大麻科

## 朴树

Poshu

【别名】千粒树、朴榆、桑仔、朴子树、小叶牛筋树。

【来源】大麻科朴属植物朴树 *Celtis sinensis* Pers.。

【植物形态】落叶乔木，高达 16 m。树皮褐灰色，一年生枝被密毛，有明显皮孔。叶互生，阔卵形或卵状椭圆形，长 5 ～ 10 cm，宽 3 ～ 4.5 cm，先端尖，基部偏斜，边缘上半部有细锯齿，上面秃净，下面叶脉上有少数柔毛或无毛；叶柄长 5 ～ 10 mm，被柔毛。花杂性，同株，1 ～ 3 朵，生于当年新枝的叶腋；花被片 4，被毛；雄花雄蕊 4 枚，花丝红色；雌花雌蕊 1 枚，花柱 2 裂，向外反曲，子房卵形。核果近球形，成熟时红褐色，直径 4 ～ 6 mm，果核表面有窝点和棱脊。花期 5 月，果期 10 月。

【生境分布】生于路旁、山坡、林缘。分布于全市各地。

【药用部位】树皮、叶、果实、根皮。

【采收加工】树皮：全年均可采剥，洗净，切片，晒干。叶：夏季采收，鲜用或晒干。果实：冬季果实成熟时采收，晒干。根皮：全年均可采收，刮去粗皮，洗净，鲜用或晒干。

【性味归经】 树皮：味辛、苦，性平。叶：味微苦，性凉。果实：味苦、涩，性平。根皮：味苦、辛，性平。

【功能主治】 树皮：祛风透疹，消食化滞。用于麻疹透发不畅，消化不良。叶：清热，凉血，解毒。用于漆疮，荨麻疹。果实：清热利咽。用于感冒咳嗽，喑哑。根皮：祛风透疹，消食止泻。用于麻疹透发不畅，消化不良。

## 山油麻

Shanyouma

【别名】 山脚麻。

【来源】 大麻科山黄麻属植物山油麻 *Trema cannabina* var. *dielsiana* (Hand.-Mazz.) C. J. Chen。

【植物形态】 灌木或小乔木。小枝紫红色，后渐变棕色，密被斜伸的粗毛。叶薄纸质，卵形、卵状披针形或椭圆状披针形，长 1.5 ~ 10 cm，叶面被糙毛，粗糙，叶背密被柔毛，在脉上有粗毛，侧脉 3 ~ 4 对，边缘有细锯齿，叶柄长 3 ~ 9 mm。雄聚伞花序长于叶柄；花梗和花被片具毛，花被 5 裂；雄花有雄蕊 4 ~ 5 枚，花丝短；雌花子房上位，无柄，花柱 1，柱头 2 叉。核果卵圆形或近球形，橘红色，长约 3 mm，无毛。花期 4—5 月，果期 8—9 月。

【生境分布】 生于向阳山坡，干燥的山谷、旷地或灌木林中。全市各地有零星分布。

【药用部位】 叶、根。

【采收加工】 叶：春、夏季采集。根：全年均可采挖，鲜用或晒干。

【性味归经】 味甘、微苦，性微寒。

【功能主治】 解毒消肿，止血。用于疮疖肿痛，外伤出血等。

## 葎草

Lücao

【别名】 拉拉藤、勒草、拉拉秧、割人藤、拉狗蛋。

【来源】 大麻科葎草属植物葎草 *Humulus scandens* (Lour.) Merr.。

【植物形态】缠绕草本，茎、枝、叶柄均具倒钩刺。叶纸质，肾状五角形，掌状 5 ～ 7 深裂，稀为 3 裂，长、宽均 7 ～ 10 cm，基部心形，表面粗糙，疏生糙伏毛，背面有柔毛和黄色腺体，裂片卵状三角形，边缘具锯齿；叶柄长 5 ～ 10 cm。雄花小，黄绿色，圆锥花序，长 15 ～ 25 cm；雌花序球果状，直径约 5 mm，苞片纸质，三角形，顶端渐尖，具白色茸毛；子房被苞片包围，柱头 2，伸出苞片外。瘦果成熟时露出苞片外。花期 7—8 月，果期 8—9 月。

【生境分布】生于沟边、荒地、废墟、林缘。全市各地均有分布。

【药用部位】全草。

【采收加工】9—10 月选晴天收割地上部分，除去杂质，晒干。

【性味归经】味甘、苦，性寒。归肺、肾经。

【功能主治】清热解毒，利尿通淋。用于肺热咳嗽，肺痈，虚热烦渴，热淋，水肿，小便不利，湿热泄泻，热毒疮疡，皮肤瘙痒等；外用治疮痈肿毒，湿疹，毒蛇咬伤等。

# 灯心草科

## 野灯心草

Yedengxincao

【别名】秧草、疏花灯心草、野灯芯草。

【来源】灯心草科灯心草属植物野灯心草 *Juncus setchuensis* Buchen. ex Diels。

【植物形态】多年生草本，高 25 ～ 65 cm。根状茎短而横走，具黄褐色稍粗的须根。茎丛生，直立，圆柱形，有较深而明显的纵沟，直径 1 ～ 1.5 mm，茎内充满白色髓心。叶全部为低出叶，呈鞘状或鳞片状，包围在茎的基部，长 1 ～ 9.5 cm，基部红褐色至棕褐色；叶片退化为刺芒状。

聚伞花序假侧生；花多朵排列紧密或疏散；总苞片生于顶端，圆柱形，似茎的延伸，长 5 ～ 15 cm，顶端尖锐；小苞片 2 枚，三角状卵形，膜质，长 1 ～ 1.2 mm，宽约 0.9 mm；花淡绿色；花被片卵状披针形，长 2 ～ 3 mm，宽约 0.9 mm，顶端尖锐，边缘宽膜质，内轮与外轮者等长；雄蕊 3 枚，比花被片稍短；花药长圆形，黄色，长约 0.8 mm，比花丝短；子房 1 室（三隔膜发育不完全），侧膜胎座呈半月形；花柱极短；柱头 3 分叉，长约 0.8 mm。蒴果通常卵形，比花被片长，顶端钝，成熟时黄褐色至棕褐色。种子斜倒卵形，长 0.5 ～ 0.7 mm，棕褐色。花期 5—7 月，果期 6—9 月。

【生境分布】生于山沟、道旁的浅水处。分布于全市各地。

【药用部位】茎髓。

【采收加工】秋季割取地上部分，用刀纵向划开皮部，将皮与髓分离，取出髓后，扎成把，晒干。

【性味归经】味甘、淡，性微寒。归心、肺、小肠经。

【功能主治】清心火，利小便。用于心烦失眠，尿少涩痛，口舌生疮等。

# 地钱科

## 地钱

Diqian

【别名】脓痂草、地浮萍、一团云、地梭罗、地龙皮、巴骨龙、龙眼草。

【来源】地钱科地钱属植物地钱 *Marchantia polymorpha* L.。

【植物形态】叶状体暗绿色，宽带状，多回二歧分叉，长 5 ～ 10 cm，宽 1 ～ 2 cm，边缘呈波曲状，有裂瓣。背面具六角形、整齐排列的气室分隔；每室中央具 1 个烟囱形气孔，孔口边细胞 4 列，呈“十”字形排列。气室内具多数直立的营养丝。基本组织由 10 ～ 20 层细胞构成。鳞片紫色，4 ～ 6 列。假根平滑或带花纹。雌雄异株。雄托盘状，波状浅裂成 7 ～ 8 瓣；精子器生于托的背面，托柄长约 2 cm。雌托扁平，深裂成 9 ～ 11 个指状裂瓣；孢蒴着生于托的腹面，托柄长 6 cm，叶状体背面前端常生有杯状的无性胞芽杯。

【生境分布】生于阴湿土坡、墙下或沼泽地湿土或岩石上。分布于全市各地。

【药用部位】叶状体。

【采收加工】夏、秋季采收，洗净，鲜用或晒干。

【性味归经】味淡，性凉。归肝、胃经。

【功能主治】清热利湿，解毒敛疮。用于湿热黄疸，疮痈肿毒，毒蛇咬伤，水火烫伤，骨折，刀伤等。

# 冬青科

## 冬青

Dongqing

【别名】冻青。

【来源】冬青科冬青属植物冬青 *Ilex chinensis* Sims。

【植物形态】常绿乔木，高达 13 m。树皮灰黑色，当年生小枝浅灰色，圆柱形，具细棱；二至多年生枝具不明显的小皮孔，叶痕新月形，凸起。叶片薄革质至革质，椭圆形或披针形，稀卵形，长 5 ～ 11 cm，宽 2 ～ 4 cm，先端渐尖，基部楔形或钝，边缘具圆齿，有时幼叶为锯齿，叶面绿色，有光泽，干时深褐色，背面淡绿色，主脉在叶面平，背面隆起，侧脉 6 ～ 9 对，在叶面不明显，叶背明显，无毛，或有时在雄株幼枝顶芽、幼叶叶柄及主脉上有长柔毛；叶柄长 8 ～ 10 mm，上面平或有时具窄沟。雄花：花序具三至四回分枝，总花梗长 7 ～ 14 mm，二级轴长 2 ～ 5 mm，花梗长 2 mm，无毛，每分枝具花 7 ～ 24 朵；花淡紫色或紫红色，4 ～ 5 基数；花萼浅杯形，裂片阔卵状三角形，具缘毛；花冠辐状，直径约 5 mm，花瓣卵形，长 2.5 mm，宽约 2 mm，开放时反折，基部稍合生；雄蕊短于花瓣，长 1.5 mm，花药椭圆形；退化子房圆锥状，长不足 1 mm。雌花：花序具一至二回分枝，具花 3 ～ 7 朵，总花梗长 3 ～ 10 mm，扁，二级轴发育不好；花梗长 6 ～ 10 mm；花萼和花瓣同雄花，退化雄蕊长约为花瓣的 1/2，败育花药心形；子房卵球形，柱头具不明显的 4 ～ 5 裂，厚盘形。果实长球形，成熟时红色，长 10 ～ 12 mm，直径 6 ～ 8 mm；分核 4 ～ 5，狭披针形，长 9 ～ 11 mm，宽约 2.5 mm，背面平滑，凹形，断面呈三棱形，内果皮厚革质。花期 4—6 月，果期 7—12 月。

【生境分布】生于疏林中、山坡路旁。分布于全市各地。

【药用部位】叶、果实、树皮及根皮。

【采收加工】叶：秋、冬季采收，鲜用或晒干。果实：冬季果实成熟时采摘，晒干。树皮及根皮：全年均可采挖，剥皮后晒干或鲜用。

【性味归经】叶：味苦、涩，性凉。果实：味甘、苦，性凉。归肝、肾经。树皮及根皮：味甘、苦，性凉。

【功能主治】叶：清热解毒，生肌敛疮，活血止血。用于肺热咳嗽，咽喉肿痛，细菌性痢疾，腹泻，胆道感染，尿路感染，冠心病，心绞痛，烧烫伤，热毒痈肿，下肢溃疡，麻风溃疡，湿疹，冻疮，血栓闭塞性脉管炎，外伤出血等。果实：补肝肾，祛风湿，止血敛疮。用于须发早白，风湿痹痛，消化性溃疡出血，痔疮，溃疡不敛等。树皮及根皮：凉血解毒，止血止带。用于烫伤，月经过多，带下等。

## 枸骨

Gougu

【别名】枸骨冬青、猫儿刺。

【来源】冬青科冬青属植物枸骨 *Ilex cornuta* Lindl. et Paxt.。

【植物形态】常绿灌木或小乔木，高（0.6）1～3 m；幼枝具纵脊及沟，沟内被微柔毛或变无毛，二年生枝褐色，三年生枝灰白色，具纵裂缝及隆起的叶痕，无皮孔。叶片厚革质，二型，四角状长圆形或卵形，长 4～9 cm，宽 2～4 cm，先端具 3 枚尖硬刺齿，中央刺齿常反曲，基部圆形或近截形，两侧各具 1～2 枚刺齿，有时全缘（此情况常出现在卵形叶），叶面深绿色，具光泽，背面淡绿色，无光泽，两面无毛，主脉在上面凹下，背面隆起，侧脉 5 对或 6 对，于叶缘附近网结，在叶面不明显，在背面凸起，网状脉两面不明显；叶柄长 4～8 mm，上面具狭沟，被微柔毛；托叶胼胝质，宽三角形。花序簇生于二年生枝的叶腋内，基部宿存鳞片近圆形，被柔毛，具缘毛；苞片卵形，先端钝或具短尖头，被短柔毛和缘毛；花淡黄色，4 基数。雄花：花梗长 5～6 mm，无毛，基部具 1～2 枚阔三角形的小苞片；花萼盘状；直径约 2.5 mm，裂片膜质，阔三角形，长约 0.7 mm，宽约 1.5 mm，疏被微柔毛，具缘毛；花冠辐状，直径约 7 mm，花瓣长圆状卵形，长 3～4 mm，反折，基部合生；雄蕊与花瓣近等长或稍长，花药长圆状卵形，长约 1 mm；退化子房近球形，先端钝或圆形，不明显的 4 裂。雌花：花梗长 8～9 mm，果期长达 13～14 mm，无毛，基部具 2 枚小的阔三角形苞片；花萼与花瓣像雄花；退化雄蕊长为花瓣的 4/5，略长于子房，败育花药卵状箭形；子房长圆状卵球形，长 3～4 mm，直径 2 mm，柱头盘状，4 浅裂。果实球形，直径 8～10 mm，成熟时鲜红色，基部具四角形宿存花萼，顶端宿存柱头盘状，明显 4 裂；果梗长 8～14 mm。分核 4，轮廓倒卵形或椭圆形，长 7～8 mm，背部宽约 5 mm，遍布皱褶和皱褶状纹孔，背部中央具 1 纵沟，内果皮骨质。花期 4—5 月，果期 10—12 月。

【生境分布】生于山坡、谷地、溪边木林或灌丛中。分布于全市各地。

【药用部位】叶、果实、根、树皮。

【采收加工】叶：8—10 月采收，去细枝，晒干。果实：冬季采摘成熟的果实，拣去果柄及杂质，晒干。根：全年均可采收，洗净，切片，晒干。树皮：全年均可采割，去净杂质，晒干。

【性味归经】叶：味苦，性凉。归肝、肾经。果实：味苦、涩，性微温。归肝、肾、脾经。根：味苦，性凉。树皮：味微苦，性凉。

【功能主治】叶：清虚热，益肝肾，祛风湿。用于阴虚劳热，咳嗽咯血，头晕目眩，腰膝酸软，风湿痹痛，白癜风等。果实：补肝肾，强筋活络，固涩下焦。用于体虚低热，筋骨疼痛，崩漏，带下，泄泻等。根：补肝益肾，疏风清热。用于腰膝痿弱，关节疼痛，头风，目赤，牙痛，荨麻疹等。树皮：补肝肾，强腰膝。用于肝肾不足，腰脚痿弱等。

# 豆科

## 扁豆

Biandou

【别名】白花扁豆、膨皮豆。

【来源】豆科扁豆属植物扁豆 *Lablab purpureus* (L.) Sweet。

【植物形态】缠绕藤本。全株几无毛，茎长可达6 m，常呈淡紫色。羽状复叶具3小叶；托叶基着，披针形；小托叶线形，长3～4 mm；小叶宽三角状卵形，长6～10 cm，宽约与长相等，侧生小叶两边不等大，偏斜，先端急尖或渐尖，基部近截平。总状花序直立，长15～25 cm，花序轴粗壮，总花梗长8～14 cm；小苞片2，近圆形，长3 mm，脱落；花2至多朵簇生于每一节上；花萼钟形，长约6 mm，上方2裂齿几完全合生，下方的3齿近相等；花冠白色或紫色，旗瓣圆形，基部两侧具2枚长而直立的小附属体，附属体下有2耳，翼瓣宽倒卵形，具截平的耳，龙骨瓣呈直角弯曲，基部渐狭成瓣柄；子房线形，无毛，花柱比子房长，弯曲不逾90°，一侧扁平，近顶部内缘被毛。荚果长圆状镰形，长5～7 cm，近顶端最阔，宽1.4～1.8 cm，扁平，直或稍向背弯曲，顶端有弯曲的尖喙，基部渐狭；种子3～5颗，扁平，长椭圆形，在白花品种中为白色，在紫花品种中为紫黑色，种脐线形，长约为种子周径的2/5。花期7—9月，果期8—10月。

【生境分布】各地广泛栽培。

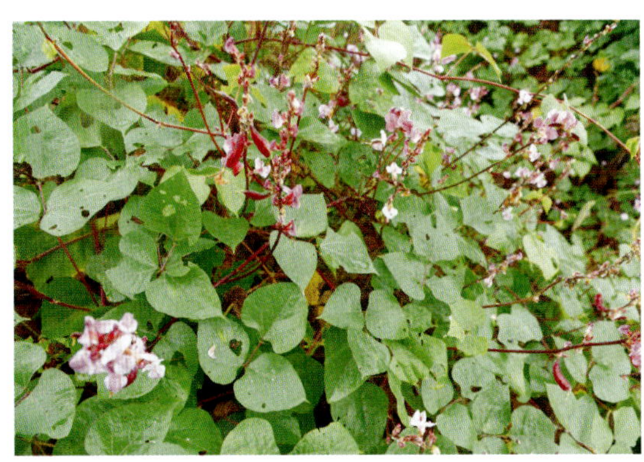

【药用部位】种子、花。

【采收加工】种子：秋季种子成熟时，摘取荚果，剥出种子，晒干。花：夏、秋季花未完全开放时采摘，阴干或晒干。

【性味归经】种子：味甘，性微温。归脾、胃经。花：味甘，性平。

【功能主治】种子：健脾，化湿，消暑。用于脾虚生湿，食少便溏，带下，暑湿吐泻，烦渴胸闷等。花：消暑化湿。用于暑湿泄泻，细菌性痢疾，带下等。

## 菜豆

Caidou

【别名】香菇豆、四季豆、矮四季豆、地豆、豆角。

【来源】豆科菜豆属植物菜豆 *Phaseolus vulgaris* L.。

【植物形态】一年生、缠绕或近直立草本。茎被短柔毛或老时无毛。羽状复叶具3小叶；托叶披针形，长约4 mm，基着。小叶宽卵形或卵状菱形，侧生的偏斜，长4～16 cm，宽2.5～11 cm，先端长渐尖，有细尖，基部圆形或宽楔形，全缘，被短柔毛。总状花序比叶短，有数朵生于花序顶部的花；花梗长5～8 mm；小苞片卵形，有数条隆起的脉，约与花萼等长或稍较其长，宿存；花萼杯形，长3～4 mm，上方的2枚裂片连合成一微凹的裂片；花冠白色、黄色、紫堇色或红色；旗瓣近方形，宽9～12 mm，翼瓣倒卵形，龙骨瓣长约1 cm，先端旋卷，子房被短柔毛，花柱压扁。荚果带形，稍弯曲，长10～15 cm，宽1～1.5 cm，略肿胀，通常无毛，顶有喙。种子4～6颗，长椭圆形或肾形，长0.9～2 cm，宽0.3～1.2 cm，白色、褐色、蓝色或有花斑，种脐通常白色。

【生境分布】各地均有栽培。

【药用部位】果实。

【采收加工】夏、秋季采摘，鲜用。

【性味归经】味甘、淡，性平。

【功能主治】滋阴解热，利尿消肿。用于暑热烦渴，水肿，脚气等。

## 黄香草木樨

Huangxiangcaomuxi

【别名】野苜蓿、辟汗草、黄花草木樨。

【来源】豆科草木樨属植物黄香草木樨 *Melilotus officinalis* Pall.。

【植物形态】二年生草本，高 40 ～ 100（250） cm。茎直立，粗壮，多分枝，具纵棱，微被柔毛。羽状三出复叶；托叶镰状线形，长 3 ～ 5（7） mm，中央有 1 条脉纹，全缘或基部有 1 枚尖齿；叶柄细长；小叶倒卵形、阔卵形、倒披针形至线形，长 15 ～ 25（30） mm，宽 5 ～ 15 mm，先端钝圆或截形，基部阔楔形，边缘具不整齐疏浅齿，上面无毛，粗糙，下面散生短柔毛，侧脉 8 ～ 12 对，平行直达齿尖，两面均不隆起，顶生小叶稍大，具较长的小叶柄，侧小叶的小叶柄短。总状花序长 6 ～ 15（20） cm，腋生，具花 30 ～ 70 朵，初时稠密，花开后渐疏松，花序轴在花期中显著伸展；苞片刺毛状，长约 1 mm；花长 3.5 ～ 7 mm；花梗与苞片等长或稍长；花萼钟形，长约 2 mm，脉纹 5 条，甚清晰，萼齿三角状披针形，稍不等长，比萼筒短；花冠黄色，旗瓣倒卵形，与翼瓣近等长，龙骨瓣稍短或三者近等长；雄蕊筒在花后常宿存包于果外；子房卵状披针形，胚珠（4）6 ～ 8，花柱长于子房。荚果卵形，长 3 ～ 5 mm，宽约 2 mm，先端具宿存花柱，表面具凹凸不平的横向细网纹，棕黑色；有种子 1 ～ 2 颗。种子卵形，长 2.5 mm，黄褐色，平滑。花期 5—9 月，果期 6—10 月。

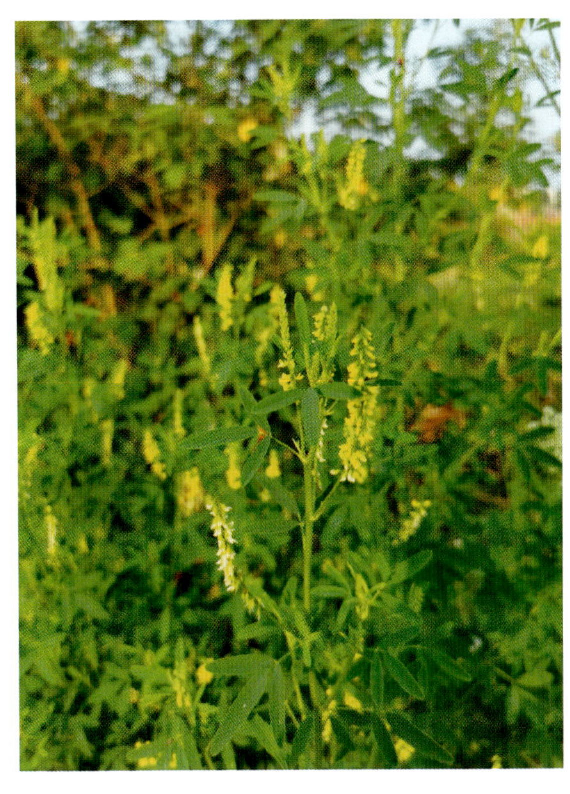

【生境分布】生于山坡、河岸、路旁、沙质草地及林缘。分布于全市各地。

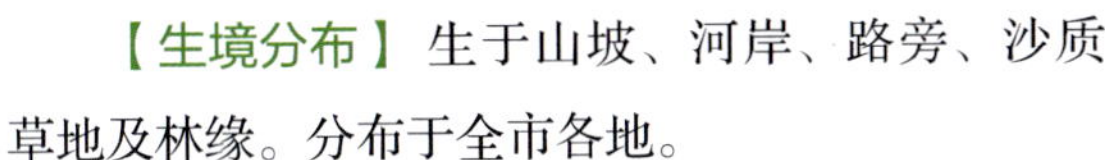

【药用部位】全草。

【采收加工】8—9 月果实大部分成熟时采割全株，晒干。

【性味归经】味辛，性凉。

【功能主治】清热解毒，化湿和中，利尿。用于暑湿胸闷，口腻，口臭，赤白痢，淋证，疥疮等。

## 白车轴草

Baichezhoucao

【别名】白三叶、三叶草。

【来源】豆科车轴草属植物白车轴草 *Trifolium repens* L.。

【植物形态】多年生草本，生长期达 5 年，高 10 ～ 30 cm。主根短，侧根和须根发达。茎匍匐蔓生，上部稍上升，节上生根，全株无毛。掌状三出复叶；托叶卵状披针形，膜质，基部抱茎成鞘状，离生部分锐尖；叶柄较长，长 10 ～ 30 cm；小叶倒卵形至近圆形，长 8 ～ 20（30）mm，宽 8 ～ 16（25）mm，先端凹头至钝圆，基部楔形渐窄至小叶柄，中脉在下面隆起，侧脉约 13 对，与中脉成 50° 角展开，两面均隆起，近叶边分叉并伸达锯齿齿尖；小叶柄长 1.5 mm，微被柔毛。花序球形，顶生，直径 15 ～ 40 mm；总花梗甚长，比叶柄长近 1 倍，具花 20 ～ 50（80）朵，密集；无总苞；苞片披针形，膜质，锥尖；花长 7 ～

12 mm；花梗比花萼稍长或等长，开花立即下垂；花萼钟形，具脉纹 10 条，萼齿 5，披针形，稍不等长，短于萼筒，萼喉开张，无毛；花冠白色、乳黄色或淡红色，具香气。旗瓣椭圆形，比翼瓣和龙骨瓣长近 1 倍，龙骨瓣比翼瓣稍短；子房线状长圆形，花柱比子房略长，胚珠 3 ～ 4。荚果长圆形；种子通常 3 颗。种子阔卵形。花果期 5—10 月。

【生境分布】生于湿润草地、河岸、路边。全市各地有零星野生，绿化带可见栽培。

【药用部位】全草。

【采收加工】夏、秋季花盛开时采收，晒干。

【性味归经】味甘，性平。

【功能主治】清热，凉血，宁心。用于癫痫，痔疮出血等。

## 刺槐

Cihuai

【别名】洋槐、槐花。

【来源】豆科刺槐属植物刺槐 *Robinia pseudoacacia* L.。

【植物形态】落叶乔木，高 10 ～ 25 m；树皮灰褐色至黑褐色，浅裂至深纵裂，稀光滑。小枝灰褐色，幼时有棱脊，微被毛，后无毛；具托叶刺，长达 2 cm；冬芽小，被毛。羽状复叶长 10 ～ 25（40）cm；叶轴上面具沟槽；小叶 2 ～ 12 对，常对生，椭圆形、长椭圆形或卵形，长 2 ～ 5 cm，宽 1.5 ～ 2.2 cm，先端圆，微凹，具小尖头，基部圆形至阔楔形，全缘，上面绿色，下面灰绿色，幼时被短柔毛，后变无毛；小叶柄长 1 ～ 3 mm；小托叶针芒状，总状花序花序腋生，长 10 ～ 20 cm，下垂，花多数，芳香；苞片早落；花梗长 7 ～ 8 mm；花萼斜钟形，长 7 ～ 9 mm，萼齿 5，三角形至卵状三角形，密被柔毛；花冠白色，各瓣均具瓣柄，旗瓣近圆形，长 16 mm，宽约 19 mm，先端凹缺，基部圆，反折，内有黄斑，翼瓣斜倒卵形，与旗瓣几等长，长约 16 mm，基部一侧具圆耳，龙骨瓣镰状，三角形，与翼瓣等长或稍短，前缘合生，先端钝尖；二体雄蕊，对旗瓣的 1 枚分离；子房线形，长约 1.2 cm，无毛，柄长 2 ～ 3 mm，花柱钻形，长约 8 mm，上弯，顶端具毛，柱头顶生。荚果褐色，或具红褐色斑纹，线状长圆形，长 5 ～ 12 cm，宽 1 ～

1.3（1.7）cm，扁平，先端上弯，具尖头，果颈短，沿腹缝线具狭翅；花萼宿存，有种子 2 ～ 15 颗。种子褐色至黑褐色，微具光泽，有时具斑纹，近肾形，长 5 ～ 6 mm，宽约 3 mm，种脐圆形，偏于一端。花期 4—6 月，果期 8—9 月。

【生境分布】生于公路旁及村舍附近。分布于全市各地。

【药用部位】花、根。

【采收加工】花：6—7 月花盛开时采收花序，摘下花，晾干。根：秋季挖根，洗净，切片，晒干。

【性味归经】花：味甘，性平。根：味苦，性微寒。

【功能主治】花：止血。用于便血，咯血，吐血，血崩等。根：凉血止血，舒筋活络。用于便血，咯血，吐血，崩漏，劳伤乏力，风湿骨痛，跌打损伤等。

## 大豆

Dadou

【别名】毛豆、黄豆。

【来源】豆科大豆属植物大豆 *Glycine max* (L.) Merr.。

【植物形态】一年生草本，高 30 ～ 90 cm。茎粗壮，直立，或上部近缠绕状，上部具棱，密被褐色长硬毛。叶通常具 3 小叶；托叶宽卵形，渐尖，长 3 ～ 7 mm，具脉纹，被黄色柔毛；叶柄长 2 ～ 20 cm，幼嫩时散生疏柔毛或具棱并被长硬毛；小叶纸质，宽卵形、近圆形或椭圆状披针形，顶生 1 枚较大，长 5 ～ 12 cm，宽 2.5 ～ 8 cm，先端渐尖或近圆形，稀钝形，具小突尖，基部宽楔形或圆形，侧生小叶较小，斜卵形，通常两面散生糙毛或下面无毛；侧脉每边 5 条；小托叶披针形，长 1 ～ 2 mm；小叶柄长 1.5 ～ 4 mm，被黄褐色长硬毛。总状花序短的少花，长的多花；总花梗长 10 ～ 35 mm 或更长，通常有 5 ～ 8 朵无柄、紧挨着的花，植株下部的花有时单生或成对生于叶腋间；苞片披针形，长 2 ～ 3 mm，被糙伏毛；小苞片披针形，长 2 ～ 3 mm，被伏贴的刚毛；花萼长 4 ～ 6 mm，密被长硬毛或糙伏毛，常深裂成二唇形，裂片 5，披针形，上部 2 裂片常合生至中部以上，下部 3 裂片分离，均密被白色长柔毛，花紫色、淡紫色或白色，长 4.5 ～ 8（10）mm，旗瓣倒卵状近圆形，先端微凹并通常外反，基部具瓣柄，翼瓣篦状，基部狭，具瓣柄和耳，龙骨瓣斜倒卵形，具短瓣柄；二体雄蕊；子房基部有不发达的腺体，被毛。荚果肥大，长圆形，稍弯，下垂，黄绿色，长 4 ～ 7.5 cm，宽 8 ～ 15 mm，密被褐黄色长毛；种子 2 ～ 5 颗，椭圆形、近球形、卵圆形至长圆形，长约 1 cm，宽 5 ～ 8 mm，种皮光滑，淡绿色、黄色、褐色和黑色等，因品种而异，种脐明显，椭圆形。花期 6—7 月，果期 7—9 月。

【生境分布】各地广泛栽培。

【药用部位】种子。

【采收加工】8—10 月果实成熟后采收，取种子，晒干。

【性味归经】味甘，性平。归脾、胃、大肠经。

【功能主治】宽中导滞，健脾利水，解毒消肿。用于积食，泻痢，腹胀，疮痈肿毒，脾虚水肿等。

## 刀豆

Daodou

【别名】挟剑豆、尖萼刀豆。

【来源】豆科刀豆属植物刀豆 *Canavalia gladiata* (Jacq.) DC.。

【植物形态】缠绕草本，长达数米，无毛或稍被毛。羽状复叶具 3 小叶，小叶卵形，长 8 ～ 15 cm，宽（4）8 ～ 12 cm，先端渐尖或具急尖的尖头，基部宽楔形，两面薄被微柔毛或近无毛，侧生小叶偏斜；叶柄常较小叶片短；小叶柄长约 7 mm，被毛。总状花序具长总花梗，有花数朵生于总轴中部以上；花梗极短，生于花序轴隆起的节上；小苞片卵形，长约 1 mm，早落；花萼长 15 ～ 16 mm，稍被毛，上唇约为萼管长的 1/3，具 2 枚阔而圆的裂齿，下唇 3 裂，齿小，长 2 ～ 3 mm，急尖；花冠白色或粉红色，长 3 ～ 3.5 cm，旗瓣宽椭圆形，顶端凹入，基部具不明显的耳及阔瓣柄，翼瓣和龙骨瓣均弯曲，具向下的耳；子房线形，被毛。荚果带状，略弯曲，长 20 ～ 35 cm，宽 4 ～ 6 cm，离缝线约 5 mm 处有棱；种子椭圆形或长椭圆形，长约 3.5 cm，宽约 2 cm，厚约 1.5 cm，种皮红色或褐色，种脐约为种子周长的 3/4。花期 7—9 月，果期 10 月。

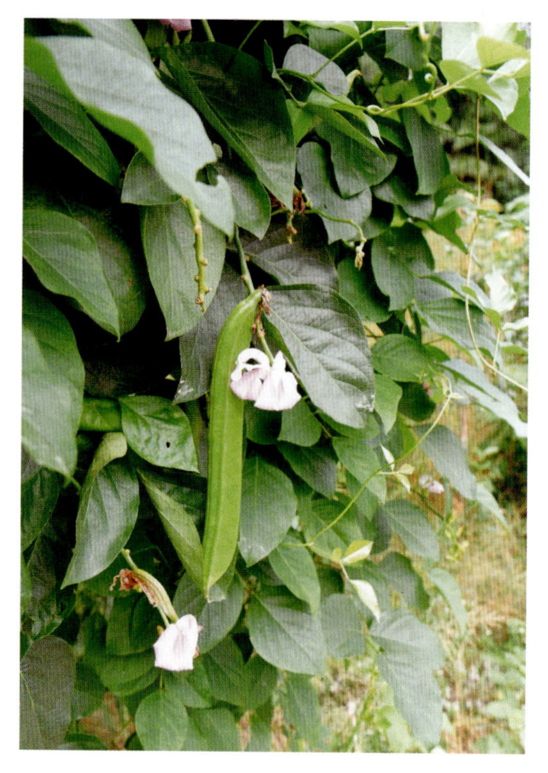

【生境分布】全市各地均有栽培。

【药用部位】种子。

【采收加工】8—11 月分批采摘果荚，剥出种子，晒干或炕干。

【性味归经】味甘，性温。归脾、胃、肾经。

【功能主治】温中下气，益肾补元。用于虚寒呃逆，肾虚腹痛等。

## 葛

Ge

【别名】野葛、葛藤、野山葛。

【来源】豆科葛属植物葛 *Pueraria montana* var. *lobata* (Ohwi) Maesen & S. M. Almeida。

【植物形态】粗壮藤本，长可达 8 m，全体被黄色长硬毛。茎基部木质，有粗厚的块状根。羽状复

叶具3小叶；托叶背着，卵状长圆形，具线条；小托叶线状披针形，与小叶柄等长或较长；小叶3裂，偶尔全缘，顶生小叶宽卵形或斜卵形，长7～15（19）cm，宽5～12（18）cm，先端长渐尖，侧生小叶斜卵形，稍小，上面被淡黄色、平伏的疏柔毛，下面较密，小叶柄被黄褐色茸毛。总状花序长15～30 cm，中部以上有颇密集的花；苞片线状披针形至线形，远比小苞片长，早落；小苞片卵形，长不及2 mm；花2～3朵聚生于花序轴的节上；花萼钟形，长8～10 mm，被黄褐色柔毛，裂片披针形，渐尖，比萼管略长；花冠长10～12 mm，紫色，旗瓣倒卵形，基部有2耳及一黄色硬痂状附属体，具短瓣柄，翼瓣镰状，较龙骨瓣狭，基部有线形、向下的耳，龙骨瓣镰状长圆形，基部有极小、急尖的耳；对旗瓣的1枚雄蕊仅上部离生；子房线形，被毛。荚果长椭圆形，长5～9 cm，宽8～11 mm，扁平，被褐色长硬毛。花期9—10月，果期11—12月。

【生境分布】生于山坡、路边草丛中及较阴湿的地方。全市各地均有分布。

【药用部位】根、花。

【采收加工】根：春、秋、冬季均可采挖，以冬季采挖为好。把块根挖出，去掉藤蔓，除去泥沙，刮去粗皮，切成1.5～2 cm厚的斜片，晒干或烘干。花：当花未完全开放时采摘，晒干。

【性味归经】根：味甘、辛，性平。归脾、胃经。花：味甘，性凉。归肝、肾经。

【功能主治】根：解肌退热，发表透疹，生津止渴，升阳止泻。用于外感发热，头项强痛，麻疹初起，疹出不畅，温病口渴，泄泻，细菌性痢疾，高血压，冠心病等。花：解酒醒脾，保肝利胆。用于酒醉烦渴，肠风下血等。

## 含羞草

Hanxiucao

【别名】怕羞草、害羞草、怕丑草、呼喝草、知羞草。

【来源】豆科含羞草属植物含羞草 *Mimosa pudica* L.。

【植物形态】披散、亚灌木状草本，高可达1 m；茎圆柱状，具分枝，有散生、下弯的钩刺及倒生刺毛。托叶披针形，长5～10 mm，有刚毛。羽片和小叶触之即闭合而下垂；羽片通常2对，指状排列于总叶柄之顶端，长3～8 cm；小叶10～20对，线状长圆形，长8～13 mm，宽1.5～2.5 mm，先端急尖，边缘具刚毛。头状花序圆球形，直径约1 cm，具长总花梗，单生或2～3个生于叶腋；花小，淡红色，多数；苞片线形；花萼极小；花冠钟形，裂片4，外面被短柔毛；雄蕊4枚，伸出花冠外；子房有短柄，无毛；胚珠3～4，花柱丝状，柱头小。荚果长圆形，长1～2 cm，宽约5 mm，扁平，稍弯曲，荚缘波状，具刺毛，成熟时荚节脱落，荚缘宿存；种子卵形，长3.5 mm。花期3—10月，果期5—11月。

【生境分布】生于旷野、山溪边、草丛或灌丛中。庭院偶见栽培。

【药用部位】全草、根。

【采收加工】全草：夏季采收，除去泥沙，洗净，鲜用或扎成把，晒干。根：夏、秋季采收，洗净，鲜用或晒干。

【性味归经】全草：味甘、涩、微苦，性微寒。归脾、肾经。根：味涩、微苦，性温。

【功能主治】全草：凉血解毒，清热利湿，镇静安神。用于感冒，小儿高热，支气管炎，肝炎，胃炎，肠炎，结膜炎，尿路结石，水肿，劳伤咯血，鼻衄，尿血，神经衰弱，失眠，疮痈肿毒，带状疱疹，跌打损伤等。根：止咳化痰，利湿通络，和胃消积，明目镇静。用于慢性支气管炎，风湿疼痛，慢性胃炎，小儿消化不良，经闭，头痛失眠，眼花等。

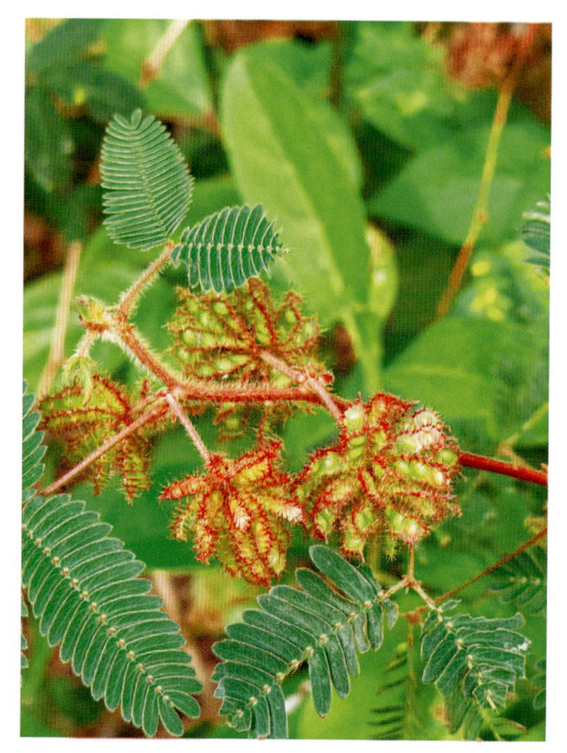

## 合欢

Hehuan

【别名】马缨花、绒花树、夜合合、合昏、乌绒树。

【来源】豆科合欢属植物合欢 *Albizia julibrissin* Durazz.。

【植物形态】落叶乔木，高可达 16 m。树冠开展；小枝有棱角，嫩枝、花序和叶轴被茸毛或短柔毛。托叶线状披针形，较小叶小，早落。二回羽状复叶，总叶柄近基部及最顶一对羽片着生处各有 1 枚腺体；羽片 4 ～ 12 对，栽培的有时达 20 对；小叶 10 ～ 30 对，线形至长圆形，长 6 ～ 12 mm，宽 1 ～ 4 mm，向上偏斜，先端有小尖头，有缘毛，有时在下面或仅中脉上有短柔毛；中脉紧靠上边缘。头状花序于枝顶排成圆锥花序；花粉红色；花萼管形，长 3 mm；花冠长 8 mm，裂片三角形，长 1.5 mm，花萼、花冠外均被短柔毛；花丝长 2.5 cm。荚果带状，长 9 ～ 15 cm，宽 1.5 ～ 2.5 cm，嫩荚有柔毛，老荚无毛。花期 6—7 月，果期 8—10 月。

【生境分布】生于山坡、路旁或灌丛中。分布于全市各地。

【药用部位】树皮、花序或花蕾。

【采收加工】树皮：夏、秋季剥取，晒干。花序或花蕾：夏季花初开时采收，除去枝叶，晒干。

【性味归经】树皮：味甘，性平。归心、肝、肺经。花：味甘，性平。归心、肝经。

【功能主治】树皮：解郁安神，活血

消肿。用于心神不宁，忧郁失眠，肺痈，疮痈，跌打损伤。花：解郁安神。用于心神不安，忧郁失眠等。

## 山槐

Shanhuai

【别名】马缨花、白夜合、山合欢、滇合欢。

【来源】豆科合欢属植物山槐 *Albizia kalkora* (Roxb.) Prain。

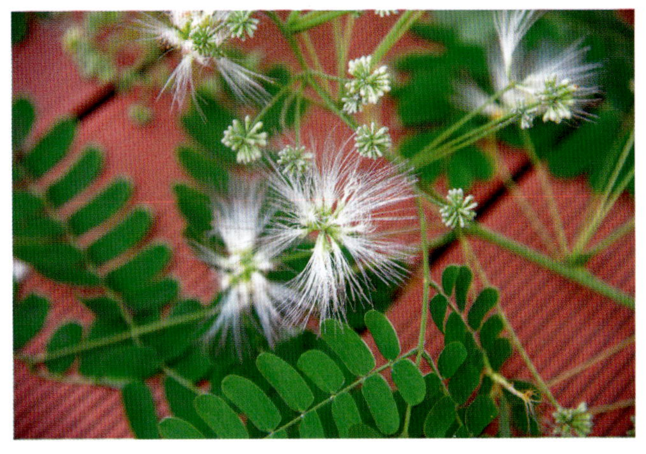

【植物形态】落叶小乔木或灌木，通常高 3 ～ 8 m；枝条暗褐色，被短柔毛，有显著皮孔。二回羽状复叶；羽片 2 ～ 4 对；小叶 5 ～ 14 对，长圆形或长圆状卵形，长 1.8 ～ 4.5 cm，宽 7 ～ 20 mm，先端圆钝而有细尖头，基部不等侧，两面均被短柔毛，中脉稍偏于上侧。头状花序 2 ～ 7 个生于叶腋，或于枝顶排成圆锥花序；花初白色，后变黄色，具明显的小花梗；花萼管形，长 2 ～ 3 mm，5 齿裂；花冠长 6 ～ 8 mm，中部以下连合成管状，裂片披针形，花萼、花冠均密被长柔毛；雄蕊长 2.5 ～ 3.5 cm，基部连合成管状。荚果带状，长 7 ～ 17 cm，宽 1.5 ～ 3 cm，深棕色，嫩荚密被短柔毛，老时无毛；种子 4 ～ 12 颗，倒卵形。花期 5—6 月，果期 8—10 月。

【生境分布】生于海拔 100 m 以下的灌丛中、林缘或溪流附近山坡。全市各地有零星野生。

【药用部位】花、茎皮、枝条。

【采收加工】花：6—7 月采花，晒干或烘干。茎皮：夏季剥取树皮，切片，晒干。枝条：夏季采枝，切段，晒干。

【性味归经】花：味苦，性凉。归肝、肾、大肠、胃经。

【功能主治】花：凉血止血，清热解毒。用于各种出血症，疮痈肿毒等。茎皮：清热解毒，消肿散结。用于淋巴结结核，痈肿等。枝条：祛风除湿。用于风湿性关节炎等。

## 合萌

Hemeng

【别名】镰刀草、田皂角。

【来源】豆科合萌属植物合萌 *Aeschynomene indica* L.。

【植物形态】一年生草本或亚灌木状，茎直立，高 0.3 ～ 1 m。多分枝，圆柱形，无毛，具小凸点而稍粗糙，小枝绿色。叶具 20 ～ 30 对小叶或更多；托叶膜质，卵形至披针形，长约 1 cm，基部下延成耳状，通常有缺刻或啮蚀状；叶柄长约 3 mm；小叶近无柄，薄纸质，线状长圆形，长 5 ～ 10（15）mm，宽 2 ～ 2.5（3.5）mm，上面密布腺点，下面稍带白粉，先端钝圆或微凹，具细刺尖头，基部歪斜，

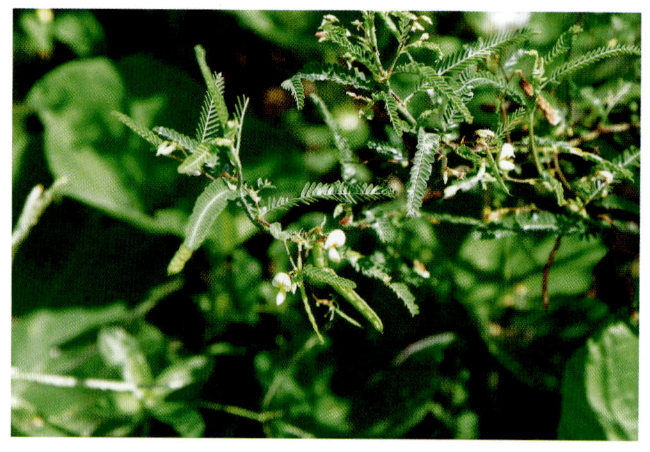

全缘；小托叶极小。总状花序比叶短，腋生，长 1.5 ～ 2 cm；总花梗长 8 ～ 12 mm；花梗长约 1 cm；小苞片卵状披针形，宿存；花萼膜质，具纵脉纹，长约 4 mm，无毛；花冠淡黄色，具紫色的纵脉纹，易脱落，旗瓣大，近圆形，基部具极短的瓣柄，翼瓣篦状，龙骨瓣比旗瓣稍短，比翼瓣稍长或近相等；二体雄蕊；子房扁平，线形。荚果线状长圆形，直或弯曲，长 3 ～ 4 cm，宽约 3 mm，腹缝直，背缝呈波状；荚节 4 ～ 8（10），平滑或中央有小疣突，不开裂，成熟时逐节脱落；种子黑棕色，肾形，长 3 ～ 3.5 mm，宽 2.5 ～ 3 mm。花期 7—8 月，果期 8—10 月。

【生境分布】生于潮湿地或水边。全市田野均有分布。

【药用部位】全草。

【采收加工】9—10 月采收，齐地采割地上部分，鲜用或晒干。

【性味归经】味甘、苦，性微寒。归肺、胃经。

【功能主治】清热利湿，祛风明目，通乳。用于热淋，血淋，水肿，泄泻，细菌性痢疾，痈肿，疥疮，目赤肿痛，眼生云翳，夜盲，关节疼痛，产妇乳少等。

## 胡枝子

Huzhizi

【别名】随军茶、扫皮、野花生。

【来源】豆科胡枝子属植物胡枝子 *Lespedeza bicolor* Turcz.。

【植物形态】灌木，高 1 ～ 3 m，多分枝，小枝黄色或暗褐色，有条棱，被疏短毛。羽状复叶具 3 小叶；托叶 2 枚，线状披针形，长 3 ～ 4.5 mm；叶柄长 2 ～ 7（9）cm；小叶质薄，卵形、倒卵形或卵状长圆形，长 1.5 ～ 6 cm，宽 1 ～ 3.5 cm，先端钝圆或微凹，稀稍尖，具短刺尖，基部近圆形或宽楔形，全缘，上面绿色，无毛，下面色淡，被疏柔毛，老时渐无毛。总状花序腋生，比叶长，常构成大型、较疏松的圆锥花序；总花梗长 4 ～ 10 cm；小苞片 2，卵形，长不到 1 cm，先端钝圆或稍尖，黄褐色，被短柔毛；花梗短，长约 2 mm，密被毛；花萼长约 5 mm，5 浅裂，裂片通常短于萼筒，上方 2 裂片合生成 2 齿，裂片卵形或三角状卵形，先端尖，外面被白毛；花冠紫红色，长约 10 mm，旗瓣倒卵形，先端微凹，翼瓣较短，近长圆形，

基部具耳和瓣柄，龙骨瓣与旗瓣近等长，先端钝，基部具较长的瓣柄；子房被毛。荚果斜倒卵形，稍扁，长约 10 mm，宽约 5 mm，表面具网纹，密被短柔毛。花期 7—9 月，果期 9—10 月。

【生境分布】生于山地灌木林下。分布于全市各地。

【药用部位】枝叶。

【采收加工】夏、秋季采收，鲜用或切段，晒干。

【性味归经】味甘，性平。归心、肝经。

【功能主治】清热润肺，利尿通淋，止血。用于肺热咳嗽，感冒发热，百日咳，淋证，吐血，衄血，尿血，便血等。

## 中华胡枝子

Zhonghuahuzhizi

【别名】华胡枝子、中华垂枝胡枝子。

【来源】豆科胡枝子属植物中华胡枝子 *Lespedeza chinensis* G. Don。

【植物形态】小灌木，高达 1 m。全株被白色伏毛，茎下部毛渐脱落，茎直立或铺散；分枝斜升，被柔毛。托叶钻状，长 3 ~ 5 mm；叶柄长约 1 cm；羽状复叶具 3 小叶，小叶倒卵状长圆形、长圆形、卵形或倒卵形，长 1.5 ~ 4 cm，宽 1 ~ 1.5 cm，先端截形、近截形、微凹或钝头，具小刺尖，边缘稍反卷，上面无毛或疏生短柔毛，下面密被白色伏毛。总状花序腋生，不超出叶，少花；总花梗极短；花梗长 1 ~ 2 mm；苞片及小苞片披针形，小苞片 2，长 2 mm，被伏毛；花萼长为花冠之半，5 深裂，裂片狭披针形，长约 3 mm，被伏毛，边缘具缘毛；花冠白色或黄色，旗瓣椭圆形，长约 7 mm，宽约 3 mm，基部具瓣柄及 2 耳状物，翼瓣狭长圆形，长约 6 mm，具长瓣柄，龙骨瓣长约 8 mm，闭锁花簇生于茎下部叶腋。荚果卵圆形，长约 4 mm，宽 2.5 ~ 3 mm，先端具喙，基部稍偏斜，表面有网纹，密被白色伏毛。花期 8—9 月，果期 10—11 月。

【生境分布】生于灌丛、林缘、路旁、山坡、林下草丛等处。分布于全市各地。

【药用部位】根或茎叶。

【采收加工】根：夏、秋季采收，洗净，切片，晒干。茎叶：鲜用或切段晒干。

【性味归经】味苦，性凉。归肝、胆、大肠经。

【功能主治】清热解毒，宣肺平喘，截疟，祛风除湿。用于小儿高热，中暑发痧，哮喘，细菌性痢疾，乳痈，疮痈肿毒，疟疾，热淋，脚气，风湿痹痛等。

## 截叶铁扫帚

Jieyetiesaozhou

【别名】夜关门。

【来源】豆科胡枝子属植物截叶铁扫帚 *Lespedeza cuneata* (Dum. Cours.) G. Don。

【植物形态】小灌木，高达 1 m。茎直立或斜升，被毛，上部分枝，分枝斜上举。叶密集，柄短，小叶楔形或线状楔形，长 1 ～ 3 cm，宽 2 ～ 5（7）mm，先端截形或近截形，具小刺尖，基部楔形，上面近无毛，下面密被伏毛。总状花序腋生，具 2 ～ 4 朵花；总花梗极短；小苞片卵形或狭卵形，长 1 ～ 1.5 mm，先端渐尖，背面被白色伏毛，边缘具缘毛；花萼狭钟形，密被伏毛，5 深裂，裂片披针形；花冠淡黄色或白色，旗瓣基部有紫斑，有时龙骨瓣先端带紫色，翼瓣与旗瓣近等长，龙骨瓣稍长，闭锁花簇生于叶腋。荚果宽卵形或近球形，被伏毛，长 2.5 ～ 3.5 mm，宽约 2.5 mm。花期 7—8 月，果期 9—10 月。

【生境分布】生于低山坡路边及空旷地杂草丛中。分布于全市各地。

【药用部位】全草或根。

【采收加工】9—10 月采收，晒干。

【性味归经】味苦、涩，性凉。归肺、肝、肾经。

【功能主治】补肾涩精，健脾利湿，祛痰止咳，清热解毒。用于肾虚，遗精，遗尿，尿频，白浊，带下，泄泻，细菌性痢疾，水肿，小儿疳积，咳嗽气喘，目赤肿痛，疮痈肿毒，毒虫咬伤等。

## 铁马鞭

Tiemabian

【别名】落花生、三叶藤、野花生、金钱藤、野花草。

【来源】豆科胡枝子属植物铁马鞭 *Lespedeza pilosa* (Thunb.) Sieb. et Zucc.。

【植物形态】多年生草本。全株密被长柔毛，茎平卧，细长，长 60 ～ 80（100）cm，少分枝，匍匐地面。托叶钻形，长约 3 mm，先端渐尖；叶柄长 6 ～ 15 mm；羽状复叶具 3 小叶；小叶宽倒卵形或倒卵圆形，长 1.5 ～ 2 cm，宽 1 ～ 1.5 cm，先端圆形、近截形或微凹，有小刺尖，基部圆形或近截形，两面密被长毛，顶生小叶较大。总状花序腋生，比叶短；苞片钻形，长 5 ～ 8 mm，上部边缘具缘毛；总花梗极短，密被长毛；小苞片 2，披针状钻形，长 1.5 mm，背部中脉具长毛，边缘具缘毛；花萼密被长毛，5 深裂，上方 2 裂片基部合生，上部分离，裂片狭披针形，长约 3 mm，先端长渐尖，边缘具长缘毛；花冠黄白色或白色，旗瓣椭圆形，长 7 ～ 8 mm，宽 2.5 ～ 3 mm，先端微凹，具瓣柄，翼瓣比旗瓣与龙骨瓣短；闭锁花常 1 ～ 3 朵集生于茎上部叶腋，无梗或近无梗，结果。荚果广卵形，长 3 ～ 4 mm，凸透镜状，两面

密被长毛，先端具尖喙。花期7—9月，果期9—10月。

【生境分布】生于荒山坡及草地。分布于全市各地。

【药用部位】全草。

【采收加工】夏、秋季采收，鲜用或切段，晒干。

【性味归经】味苦、辛，性平。

【功能主治】益气安神，活血止痛，利尿消肿，解毒散结。用于气虚发热，失眠，痧胀腹痛，风湿痹痛，水肿，瘰疬，疮痈肿毒等。

## 苦参

Kushen

【别名】山槐、地槐、牛参。

【来源】豆科苦参属植物苦参 *Sophora flavescens* Aiton。

【植物形态】草本或亚灌木，稀呈灌木状，通常高1 m左右，稀达2 m。茎具纹棱，幼时疏被柔毛，后无毛。羽状复叶长达25 cm；托叶披针状线形，渐尖，长6～8 mm；小叶6～12对，互生或近对生，纸质，形状多变，椭圆形、卵形、披针形至披针状线形，长3～4（6）cm，宽（0.5）1.2～2 cm，先端钝或急尖，基部宽楔形或浅心形，上面无毛，下面疏被灰白色短柔毛或近无毛。总状花序顶生，长15～25 cm；花多数，疏或稍密；花梗纤细，长约7 mm；苞片线形，长约2.5 mm；花萼钟形，明显歪斜，具不明显波状齿，完全发育后近截平，长约5 mm，宽约6 mm，疏被短柔毛；花冠比花萼长1倍，白色或淡黄白色，旗瓣倒卵状匙形，长14～15 mm，宽6～7 mm，先端圆形或微缺，基部渐狭成柄，柄宽3 mm，翼瓣单侧生，深皱褶几达瓣片的顶部，柄与瓣片近等长，长约13 mm，龙骨瓣与翼瓣相似，稍宽，宽约4 mm，雄蕊10枚，分离或近基部稍连合；子房近无柄，被淡黄白色柔毛，花柱稍弯曲，胚珠多数。荚果长5～10 cm，种子间稍缢缩，呈不明显串珠状，稍四棱形，疏被短柔毛或近无毛，成熟后开裂成4瓣，有种子1～5颗。种子长卵形，稍压扁，深红褐色或紫褐色。花期6—8月，果期7—10月。

【生境分布】生于山坡、沙地草坡灌木林中或田野附近。梁子湖区有栽培。

【药用部位】根。

【采收加工】春、秋季采挖，除去根头及小支根，洗净，干燥，或趁鲜切片，干燥。

【性味归经】味苦，性寒。归心、肝、胃、大肠、膀胱经。

【功能主治】清热燥湿，杀虫，利尿。用于热痢，便血，黄疸，尿闭，赤白带下，阴肿阴痒，湿疹，湿疮，皮肤瘙痒，疥疮；外用治滴虫性阴道炎等。

## 槐

Huai

【别名】槐树、国槐、槐花树。

【来源】豆科槐属植物槐 *Styphnolobium japonicum* (L.) Schott。

【植物形态】乔木，高达 25 m；树皮灰褐色，具纵裂纹。当年生枝绿色，无毛。羽状复叶长达 25 cm；叶轴初被疏柔毛，旋即脱净；叶柄基部膨大，包裹着芽；托叶形状多变，有时呈卵形、叶状，有时线形或钻状，早落；小叶 4 ~ 7 对，对生或近互生，纸质，卵状披针形或卵状长圆形，长 2.5 ~ 6 cm，宽 1.5 ~ 3 cm，先端渐尖，具小尖头，基部宽楔形或近圆形，稍偏斜，下面灰白色，初被疏短柔毛，旋变无毛；小托叶 2 枚，钻状。圆锥花序顶生，常呈金字塔形，长达 30 cm；花梗比花萼短；小苞片 2 枚，形似小托叶；花萼浅钟形，长约 4 mm，萼齿 5，近等大，圆形或钝三角形，被灰白色短柔毛，萼管近无毛；花冠白色或淡黄色，旗瓣近圆形，长和宽均约 11 mm，具短柄，有紫色脉纹，先端微缺，基部浅心形，翼瓣卵状长圆形，长 10 mm，宽 4 mm，先端浑圆，基部斜戟形，无皱褶，龙骨瓣阔卵状长圆形，与翼瓣等长，宽达 6 mm；雄蕊近分离，宿存；子房近无毛。荚果串珠状，长 2.5 ~ 5 cm 或稍长，直径约 10 mm，种子间缢缩不明显，种子排列较紧密，具肉质果皮，成熟后不开裂，具种子 1 ~ 6 颗；种子卵球形，淡黄绿色，干后黑褐色。花期 7—8 月，果期 8—10 月。

【生境分布】生于山坡原野。全市各地均有栽培。

【药用部位】花、果实、叶、枝、树脂、根。

【采收加工】花：夏季花蕾形成时采收，及时干燥，除去枝、梗等杂质，亦可在花开放时在树下铺布、席等，将花打落，收集，晒干。果实：果实成熟时采摘，除去杂质，晒干。叶：春、夏季采收，晒干。枝：春季采收嫩枝，晒干。树脂：夏、秋季采收。根：全年均可采挖，洗净，晒干。

【性味归经】花：味苦，性寒。归肝、大肠经。果实：味苦，性寒。归肝、大肠经。叶：味甘，性平。枝：味苦，性平。树脂：味苦，性寒。根：味苦，性平。归肺、大肠经。

【功能主治】花：凉血止血，清肝明目。用于肠风便血，痔疮下血，血痢，尿血，血淋，崩漏，吐血，肝热头痛，目赤肿痛，疮痈肿毒等。果实：凉血止血，清肝明目。用于痔疮出血，肠风下血，血痢，崩漏，血淋，血热吐衄，肝热目赤，头晕目眩等。叶：清肝泻火，凉血解毒，燥湿杀虫。用于小儿惊痫，壮热，肠风，尿血，痔疮，湿疹，疥疮，疮痈肿毒等。枝：散瘀止血，清热燥湿，祛风杀虫。用于崩漏，赤白带下，痔疮，阴囊湿痒，心痛，目赤，疥疮等。树脂：平肝，息风，化痰。用于中风口噤，筋脉拘急或四肢不收，破伤风，顽痹，风热耳聋、耳闭等。根：散瘀消肿，杀虫。用于痔疮，喉痹，蛔虫病等。

## 紫云英

Ziyunying

【别名】红花草籽、红花草、沙蒺藜、苕子菜。

【来源】豆科黄芪属植物紫云英 *Astragalus sinicus* L.。

【植物形态】二年生草本，多分枝，匍匐，高 10 ～ 30 cm，被白色疏柔毛。奇数羽状复叶，具 7 ～ 13 小叶，长 5 ～ 15 cm；叶柄较叶轴短；托叶离生，卵形，长 3 ～ 6 mm，先端尖，基部互相合生，具缘毛；小叶倒卵形或椭圆形，长 10 ～ 15 mm，宽 4 ～ 10 mm，先端钝圆或微凹，基部宽楔形，上面近无毛，下面散生白色柔毛，具短柄。总状花序生 5 ～ 10 朵花，呈伞形；总花梗腋生，较叶长；苞片三角状卵形，长约 0.5 mm；花梗短；花萼钟形，长约 4 mm，被白色柔毛，萼齿披针形，长约为萼筒的 1/2；花冠紫红色或橙黄色，旗瓣倒卵形，长 10 ～ 11 mm，先端微凹，基部渐狭成瓣柄，翼瓣较旗瓣短，长约 8 mm，瓣片长圆形，基部具短耳，瓣柄长约为瓣片的 1/2，龙骨瓣与旗瓣近等长，瓣片半圆形，瓣柄长约为瓣片的 1/3；子房无毛或疏被白色短柔毛，具短柄。荚果线状长圆形，稍弯曲，长 12 ～ 20 mm，宽约 4 mm，具短喙，黑色，具隆起的网纹；种子肾形，栗褐色，长约 3 mm。花期 2—6 月，果期 3—7 月。

【生境分布】生于海拔 400 ～ 3000 m 的溪边或森林中潮湿处、山坡旁。全市田野均有分布。

【药用部位】全草、种子。

【采收加工】全草：春、夏季采收，洗净，鲜用或晒干。种子：春、夏季果实成熟时，割下全草，打下种子，晒干。

【性味归经】全草：味微甘、辛，性平。种子：味辛，性凉。

【功能主治】全草：清热解毒，祛风明目，凉血止血。用于咽喉肿痛，风痰咳嗽，目赤肿痛，疥疮，带状疱疹，痔疮，外伤出血，月经不调，带下，血小板减少性紫癜等。种子：祛风明目。用于目赤肿痛等。

## 黄檀

Huangtan

【别名】不知春、望水檀、檀树、檀木、白檀。

【来源】豆科黄檀属植物黄檀 *Dalbergia hupeana* Hance。

【植物形态】乔木，高 10 ～ 20 m；树皮暗灰色，呈薄片状剥落。幼枝淡绿色，无毛。羽状复叶长 15 ～ 25 cm；小叶 3 ～ 5 对，近革质，椭圆形至长圆状椭圆形，长 3.5 ～ 6 cm，宽 2.5 ～ 4 cm，先端钝

或稍凹入，基部圆形或阔楔形，两面无毛，细脉隆起，上面有光泽。圆锥花序顶生或生于最上部的叶腋间，连总花梗长 15 ～ 20 cm，直径 10 ～ 20 cm，疏被锈色短柔毛；花密集，长 6 ～ 7 mm；花梗长约 5 mm，与花萼同疏被锈色柔毛；基生和副萼状小苞片卵形，被柔毛，脱落；花萼钟形，长 2 ～ 3 mm，萼齿 5 枚，上方 2 枚阔圆形，近合生，侧方的卵形，最下 1 枚披针形，长为其余 4 枚之倍；花冠白色或淡紫色，长倍于花萼，各瓣均具柄，旗瓣圆形，先端微缺，翼瓣倒卵形，龙骨瓣与翼瓣内侧均具耳；雄蕊 10 枚，二体；子房具短柄，除基部与子房柄外，无毛，胚珠 2 ～ 3，花柱纤细，柱头小，头状。荚果长圆形或阔舌状，长 4 ～ 7 cm，宽 13 ～ 15 mm，顶端急尖，基部渐狭成果颈，果瓣薄革质，对种子部分有网纹，有 1 ～ 2（3）颗种子；种子肾形，长 7 ～ 14 mm，宽 5 ～ 9 mm。花期 5—7 月。

【生境分布】 生于海拔 600 ～ 1400 m 的山地林中、灌丛中、山沟溪旁及有小树林的坡地。分布于全市各地。

【药用部位】 根或根皮、叶。

【采收加工】 根或根皮：夏、秋季采挖，洗净，切碎，晒干。叶：夏、秋季采收，鲜用或晒干。

【性味归经】 根或根皮：味辛、苦，性平；有小毒。叶：味辛、苦，性平；有小毒。

【功能主治】 根或根皮：清热解毒，止血消肿。用于疮痈肿毒，毒蛇咬伤，细菌性痢疾，跌打损伤等。叶：清热解毒，活血消肿。用于疮痈肿毒，跌打损伤等。

## 鸡眼草

Jiyancao

【别名】 公母草、牛黄黄、掐不齐、三叶人字草、鸡眼豆。

【来源】 豆科鸡眼草属植物鸡眼草 *Kummerowia striata* (Thunb.) Schindl.。

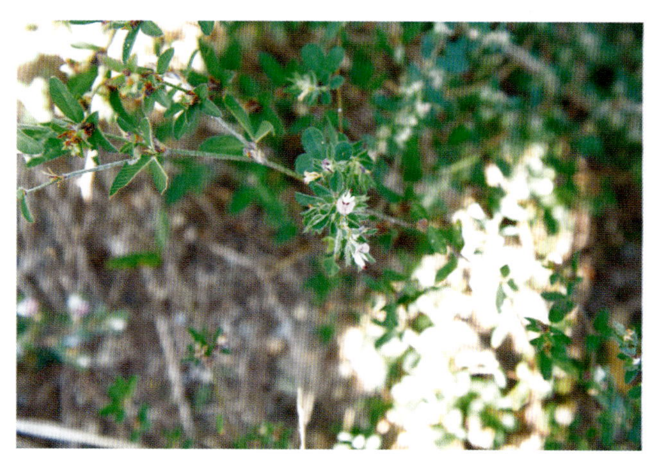

【植物形态】 一年生草本。茎披散或平卧，多分枝，高（5）10 ～ 45 cm，茎和枝上被倒生的白色细毛。叶为三出羽状复叶；托叶大，膜质，卵状长圆形，比叶柄长，长 3 ～ 4 mm，具条纹，有缘毛；叶柄极短；小叶纸质，倒卵形、长倒卵形或长圆形，较小，长 6 ～ 22 mm，宽 3 ～ 8 mm，先端圆形，稀微缺，基部近圆形或宽楔形，全缘；两面沿中脉及边缘有白色粗毛，但上面毛较稀少，侧脉多而密。花小，单生或 2 ～ 3

朵簇生于叶腋；花梗下端具 2 枚大小不等的苞片，萼基部具 4 枚小苞片，其中 1 枚极小，位于花梗关节处，小苞片常具 5 ～ 7 条纵脉；花萼钟形，带紫色，5 裂，裂片宽卵形，具网状脉，外面及边缘具白色毛；花冠粉红色或紫色，长 5 ～ 6 mm，较花萼约长 1 倍，旗瓣椭圆形，下部渐狭成瓣柄，具耳，龙骨瓣比旗瓣稍长或近等长，翼瓣比龙骨瓣稍短。荚果圆形或倒卵形，稍侧扁，长 3.5 ～ 5 mm，较花萼稍长或长达 1 倍，先端短尖，被小柔毛。花期 7—9 月，果期 8—10 月。

【生境分布】生于海拔 500 m 以下的路旁、田边、溪旁、沙质土壤或缓山坡草地。分布于全市各地。

【药用部位】全草。

【采收加工】7—8 月采收，晒干或鲜用。

【性味归经】味甘、辛、微苦，性平。归肝、脾、肺、肾经。

【功能主治】清热解毒，健脾利湿，活血止血。用于感冒发热，暑湿吐泻，黄疸，疮痈，细菌性痢疾，血淋，咯血，衄血，跌打损伤，赤白带下等。

## 赤小豆

Chixiaodou

【别名】赤豆、小红豆。

【来源】豆科豇豆属植物赤小豆 *Vigna umbellata* (Thunb.) Ohwi et Ohashi。

【植物形态】一年生草本。茎纤细，长达 1 m 或过之，幼时被黄色长柔毛，老时无毛。羽状复叶具 3 小叶，托叶盾状着生，披针形或卵状披针形，长 10 ～ 15 mm，两端渐尖，小托叶钻形，小叶纸质，卵形或披针形，长 10 ～ 13 cm，宽（2）5 ～ 7.5 cm，先端急尖，基部宽楔形或钝，全缘或微 3 裂，沿两面脉上薄被疏毛，有基出脉 3 条。总状花序腋生，短，有花 2 ～ 3 朵，苞片披针形，花梗短，着生处有腺体，花黄色，长约 1.8 cm，宽约 1.2 cm，龙骨瓣右侧具长角状附属体。荚果线状圆柱形，下垂，长 6 ～ 10 cm，宽约 5 mm，无毛，种子 6 ～ 10 颗，长椭圆形，通常暗红色，有时为褐色、黑色或草黄色，直径 3 ～ 3.5 mm，种脐凹陷。花期 5—8 月，果期 8—9 月。

【生境分布】全市各地多有野生。

【药用部位】干燥成熟种子。

【采收加工】秋季果实成熟而未开裂时拔取全株，晒干，打下种子，除去杂质再晒干。

【性味归经】味甘、酸，性微寒。归心、小肠经。

【功能主治】利水消肿，解毒排脓。用于水肿胀满，脚气浮肿，黄疸尿赤，风湿热痹，疮痈肿毒，肠痈腹痛等。

## 蓝胡卢巴

Lanhuluba

【别名】卢豆、零陵香。

【来源】豆科胡卢巴属植物蓝胡卢巴 *Trigonella caerulea* (L.) Ser. ex DC.。

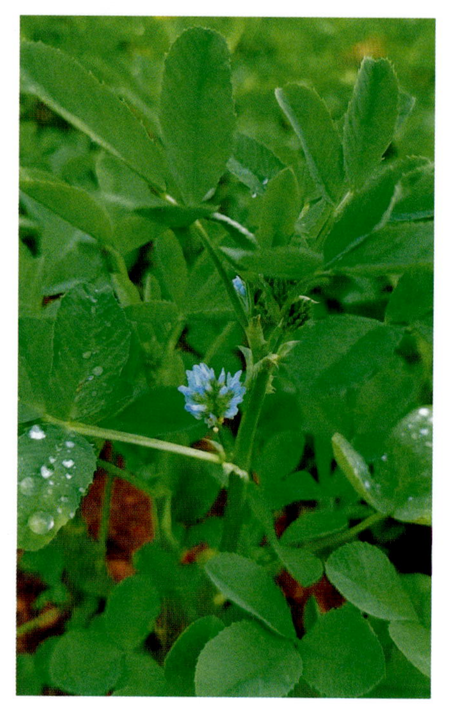

【植物形态】一年生草本，高 30 ~ 60（80）cm。主根直。茎直立，粗壮，圆柱形，上部分枝，近无毛。羽状三出复叶；托叶披针状锥形，下部托叶基部具齿裂；叶柄长 1 ~ 4 cm；小叶卵形至阔椭圆形，长 15 ~ 35 mm，宽 4 ~ 15 mm，先端钝或锐尖，基部楔形或钝圆，边缘具锯齿，上面无毛，下面沿中脉有疏柔毛，侧脉 8 ~ 10 对，平坦，细脉网状；顶生小叶较大，具小叶柄。总状花序，密集多花，10 ~ 25 朵，呈头状或卵状；总花梗腋生，长约 6 cm，挺直，无毛，苞片细刺状，长约 1.5 mm；花长 5 ~ 6 mm；花梗长约 1 mm；花萼钟形，长约 3 mm，膜质，脉纹 5 条，清晰，萼齿披针形，渐尖，与萼筒近等长；花冠蓝色，旗瓣长圆状倒卵形，先端深凹，明显地比翼瓣长，翼瓣比龙骨瓣长；子房卵形，无毛，花柱线形，柱头头状，胚珠 5 ~ 7。荚果小，卵圆形，长 2.5 ~ 5 mm，直径约 2.5 mm，顶端具长尖喙（包括子房上部不育部分），表面具长网眼；有种子 1 ~ 2 颗。种子阔卵形，长近 2 mm，褐色，表面密布细疣点。花期 6—8 月，果期 7—9 月。

【生境分布】多为栽培。鄂城区泽林镇有栽培。

【药用部位】种子。

【采收加工】秋季果实成熟时采收，打下种子，晒干。

【性味归经】味苦，性温。归肾、肝经。

【功能主治】补肾利水，理气止痛。用于肾虚腰痛，水肿，胃肠痉挛，腹痛，疝气疼痛，睾丸肿痛等。

## 绿豆

Lüdou

【别名】青小豆。

【来源】豆科豇豆属植物绿豆 *Vigna radiata* (L.) R.Wilczek。

【植物形态】一年生直立草本，高 20 ~ 60 cm。茎被褐色长硬毛。羽状复叶具 3 小叶；托叶盾状着生，卵形，长 0.8 ~ 1.2 cm，具缘毛；小托叶显著，披针形；小叶卵形，长 5 ~ 16 cm，宽 3 ~ 12 cm，侧生的偏斜，全缘，先端渐尖，基部阔楔形或浑圆，两面被疏长毛，基部 3 脉明显；叶柄长 5 ~ 21 cm；叶轴长 1.5 ~ 4 cm；小叶柄长 3 ~ 6 mm。总状花序腋生，有花 4 至数朵，最多可达 25 朵；总花梗长 2.5 ~ 9.5 cm；花梗长 2 ~ 3 mm；小苞片线状披针形或长圆形，长 4 ~ 7 mm，有线条，近宿存；萼管无毛，长 3 ~

4 mm，裂片狭三角形，长 1.5 ~ 4 mm，具缘毛，上方的 1 对合生成一先端 2 裂的裂片；旗瓣近方形，长 1.2 cm，宽 1.6 cm，外面黄绿色，里面有时粉红色，顶端微凹，内弯，无毛；翼瓣卵形，黄色；龙骨瓣镰刀状，绿色而染粉红色，右侧有显著的囊。荚果线状圆柱形，平展，长 4 ~ 9 cm，宽 5 ~ 6 mm，被淡褐色、散生的长硬毛，种子间收缩。种子 8 ~ 14 颗，淡绿色或黄褐色，短圆柱形，长 2.5 ~ 4 mm，宽 2.5 ~ 3 mm，种脐白色而不凹陷。花期初夏，果期 6—8 月。

【生境分布】全市各地均有栽培。

【药用部位】种子。

【采收加工】立秋后种子成熟时采收，拔取全株，晒干，打下种子，簸净杂质。

【性味归经】味甘，性寒。归心、胃经。

【功能主治】清热，消暑，利水，解毒。用于暑热烦渴，感冒发热，霍乱吐泻，痰热哮喘，头痛目赤，口舌生疮，水肿尿少，疮痈肿毒，风疹丹毒，药物及食物中毒等。

## 决明

Jueming

【别名】马蹄决明、假绿豆、假花生、草决明。

【来源】豆科决明属植物决明 *Senna tora* (L.) Roxb.。

【植物形态】一年生亚灌木状草本，高 1 ~ 2 m。叶长 4 ~ 8 cm；叶柄上无腺体；叶轴上每对小叶间有棒状的腺体 1 枚；小叶 3 对，膜质，倒卵形或倒卵状长椭圆形，长 2 ~ 6 cm，宽 1.5 ~ 2.5 cm，顶端圆钝而有小尖头，基部渐狭，偏斜，上面被稀疏柔毛，下面被柔毛；小叶柄长 1.5 ~ 2 mm；托叶线状，被柔毛，早落。花腋生，通常 2 朵聚生；总花梗长 6 ~ 10 mm；花梗长 1 ~ 1.5 cm，丝状；萼片稍不等大，卵形或卵状长圆形，膜质，外面被柔毛，长约 8 mm；花瓣黄色，下面 2 片略长，长 12 ~ 15 mm，宽 5 ~ 7 mm；能育雄蕊 7 枚，花药四方形，顶孔开裂，长约 4 mm，花丝短于花药；子房无柄，被白色柔毛。荚果纤细，近四棱形，两端渐尖，长达 15 cm，宽 3 ~ 4 mm，膜质。种子菱形，光亮。花期 7—9 月，果期 9—10 月。

【生境分布】生于丘陵、路边、荒山、山坡疏林下。全市各地有栽培。

【药用部位】种子。

【采收加工】秋季采收成熟果实，晒干，打下种子，除去杂质。

【性味归经】味甘、苦、咸，性微寒。归肝、大肠经。

【功能主治】清肝明目，润肠通便。用于目赤涩痛，羞明多泪，头痛眩晕，目暗不明，大便秘结等。

## 鹿藿

Luhuo

【别名】痰切豆、老鼠眼、老鼠豆、野毛豆。

【来源】豆科鹿藿属植物鹿藿 *Rhynchosia volubilis* Lour.。

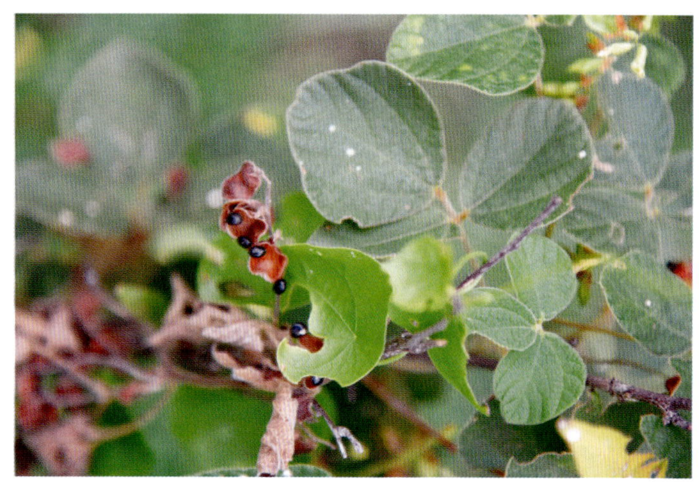

（摄于梁子湖区太和镇上洪村）

【植物形态】缠绕草质藤本，全株各部被灰色至淡黄色柔毛。茎略具棱。叶为羽状或有时近指状 3 小叶；托叶小，披针形，长 3 ～ 5 mm，被短柔毛；叶柄长 2 ～ 5.5 cm；小叶纸质，顶生小叶菱形或倒卵状菱形，长 3 ～ 8 cm，宽 3 ～ 5.5 cm，先端钝或急尖，常有小突尖，基部圆形或阔楔形，两面均被灰色或淡黄色柔毛，下面尤密，并被黄褐色腺点；基出脉 3；小叶柄长 2 ～ 4 mm，侧生小叶较小，常偏斜。总状花序长 1.5 ～ 4 cm，1 ～ 3 个腋生；花长约 1 cm，排列稍密集；花梗长约 2 mm；花萼钟形，长约 5 mm，裂片披针形，外面被短柔毛及腺点；花冠黄色，旗瓣近圆形，有宽而内弯的耳，翼瓣倒卵状长圆形，基部一侧具长耳，龙骨瓣具喙；二体雄蕊；子房被毛及密集的小腺点，胚珠 2。荚果长圆形，红紫色，长 1 ～ 1.5 cm，宽约 8 mm，极扁平，在种子间略收缩，稍被毛或近无毛，先端有小喙。种子通常 2 颗，椭圆形或近肾形，黑色，光亮。花期 5—8 月，果期 9—12 月。

【生境分布】生于海拔 400 ～ 1200 m 的山坡杂草中或附攀于树上。梁子湖区有野生。

【药用部位】茎叶、根。

【采收加工】茎叶：5—6 月采收，鲜用或晒干，储存于干燥处。根：秋季挖根，除去泥土，洗净，鲜用或晒干。

【性味归经】茎叶：味苦、酸，性平。归胃、脾、肝经。根：味苦，性平。

【功能主治】茎叶：祛风除湿，活血，解毒。用于风湿痹痛，头痛，牙痛，腰脊疼痛，瘀血腹痛，产褥热，瘰疬，疮痈肿毒，跌打损伤，烫火伤等。根：活血止痛，解毒，消积。用于妇女痛经，瘰疬，疮肿，小儿疳积等。

## 落花生

Luohuasheng

【别名】长生果、番豆、地豆、花生、长果。

【来源】豆科落花生属植物落花生 *Arachis hypogaea* L.。

【植物形态】一年生草本。根部有丰富的根瘤。茎直立或匍匐，长 30 ～ 80 cm，茎和分枝均有棱，被黄色长柔毛，后变无毛。叶通常具小叶 2 对，托叶长 2 ～ 4 cm，具纵脉纹，被毛，叶柄基部抱茎，长 5 ～ 10 cm，被毛；小叶纸质，卵状长圆形至倒卵形，长 2 ～ 4 cm，宽 0.5 ～ 2 cm，先端钝圆形，有时微凹，具小刺尖头，基部近圆形，全缘，两面被毛，边缘具睫毛状毛；侧脉每边约 10 条，叶脉边缘互相联结成网状；小叶柄长 2 ～ 5 mm，被黄棕色长毛。花长约 8 mm，苞片 2，披针形，小苞片披针形，长约 5 mm，具纵脉纹，被柔毛，萼管细，长 4 ～ 6 cm。花冠黄色或金黄色，旗瓣直径 1.7 cm，开展，先端凹入。翼瓣与龙骨瓣分离，翼瓣长圆形或斜卵形，细长，龙骨瓣长卵圆形，内弯，先端渐狭成喙状，较翼瓣短，花柱延伸于萼管咽部之外。柱头顶生，小，疏被柔毛。荚果长 2 ～ 5 cm，宽 1 ～ 1.3 cm，荚厚，种子横径 0.5 ～ 1 cm。花期 6—7 月，果期 9—10 月。

【生境分布】全市各地均有栽培。

【药用部位】种子、种皮。

【采收加工】种子：秋末挖取果实，剥去果壳，取出种子，晒干。种皮：收集红色种皮，晒干。

【性味归经】种子：味甘，性平。归脾、肺经。种皮：味甘，微苦，涩，性平。

【功能主治】种子：健脾养胃，润肺化痰。用于脾虚不运，反胃不舒，肺燥咳嗽，大便燥结等。种皮：凉血止血，散瘀。用于血友病、类血友病，原发性及继发性血小板减少性紫癜，胃、肠、肺、子宫等出血。

## 木蓝

Mulan

【别名】蓝靛、槐蓝、水蓝、小青。

【来源】豆科木蓝属植物木蓝 *Indigofera tinctoria* L.。

【植物形态】直立亚灌木，高 0.5 ～ 1 m；分枝少。幼枝有棱，扭曲，被白色丁字毛。羽状复叶长 2.5 ～ 11 cm；叶柄长 1.3 ～ 2.5 cm，叶轴上面扁平，有浅槽，被丁字毛，托叶钻形，长约 2 mm；小叶 4 ～ 6 对，对生，倒卵状长圆形或倒卵形，长 1.5 ～ 3 cm，宽 0.5 ～ 1.5 cm，先端圆钝或微凹，基部阔楔形或圆形，两面被丁字毛或上面近无毛，中脉上面凹入，侧脉不明显；小叶柄长约 2 mm；小托叶钻形。总状花序长 2.5 ～ 5（9） cm，花疏生，近无总花梗；苞片钻形，长 1 ～ 1.5 mm；花梗长 4 ～ 5 mm；花萼钟形，长约 1.5 mm，萼齿三角形，与萼筒近等长，外面有丁字毛；花冠伸出萼外，红色，旗瓣阔倒卵形，长 4 ～ 5 mm，外面被毛，瓣柄短，翼瓣长约 4 mm，龙骨瓣与旗瓣等长；花药心形；子房无毛。荚果线形，长 2.5 ～ 3 cm，种子间有缢缩，外形似串珠状，有毛或无毛，有种子 5 ～ 10 颗，内果皮具紫色斑点；果梗下弯。种子近方形，长约 1.5 mm。花期几乎全年，果期 10 月。

【生境分布】生于山坡草丛中。分布于全市各地。

【药用部位】茎叶。

【采收加工】夏、秋季采收，鲜用或晒干。

【性味归经】味微苦，性寒。

【功能主治】清热解毒，凉血止血。用于乙型脑炎，腮腺炎，急性咽喉炎，淋巴结炎，目赤，口疮，疮痈肿毒，丹毒，疥疮，蛇虫咬伤，吐血等。

## 南苜蓿

Nanmuxu

【别名】黄花草子、金花菜。

【来源】豆科苜蓿属植物南苜蓿 *Medicago polymorpha* L.。

【植物形态】一年生或二年生草本，高 20 ～ 90 cm。茎平卧、上升或直立，近四棱形，基部分枝，无毛或微被毛。羽状三出复叶；托叶大，卵状长圆形，长 4 ～ 7 mm，先端渐尖，基部耳状，边缘具不整齐条裂，成丝状细条或深齿状缺刻，脉纹明显；叶柄柔软，细长，长 1 ～ 5 cm，上面具浅沟；小叶倒卵形或三角状倒卵形，几等大，长 7 ～ 20 mm，宽 5 ～ 15 mm，纸质，先端钝，近截平或凹缺，具细尖，基部阔楔形，边缘在 1/3 以上具浅锯齿，上面无毛，下面被疏柔毛，无斑纹。花序头状伞形，具花（1）2 ～ 10 朵；总花梗腋生，纤细无毛，长 3 ～ 15 mm，通常比叶短，花序轴先端不呈芒状尖；苞片甚小，尾尖；花长 3 ～ 4 mm；花梗长不足 1 mm；花萼钟形，长约 2 mm，萼齿披针形，与萼筒近等长，无毛或稀被毛；花冠黄色，旗瓣倒卵形，先端凹缺，基部阔楔形，比翼瓣和龙骨瓣长，翼瓣长圆形，基部具耳和稍阔的瓣柄，齿突甚发达，龙骨瓣比翼瓣稍短，基部具小耳，呈钩状；子房长圆形，

镰状上弯，微被毛。荚果盘形，暗绿褐色，顺时针方向紧旋 1.5 ～ 2.5（6）圈，直径（不包括刺长）4 ～ 6（10） mm，螺面平坦无毛，有多条辐射状脉纹，近边缘处环结，每圈具棘刺或瘤突 15 枚；种子每圈 1 ～ 2 颗。种子长肾形，长约 2.5 mm，宽 1.25 mm，棕褐色，平滑。花期 3—5 月，果期 5—6 月。

【生境分布】生于山野或路旁。分布于全市各地。

【药用部位】全草、根。

【采收加工】全草：夏、秋季收割，鲜用或切段，晒干备用。根：夏季采挖，洗净，鲜用或晒干。

【性味归经】全草：味苦、涩、甘，性平。根：味苦，性寒。

【功能主治】全草：清热凉血，利湿退黄，通淋排石。用于热病烦渴，黄疸，肠炎，细菌性痢疾，浮肿，尿路结石，痔疮出血等。根：清热利湿，通淋排石。用于热病烦渴，黄疸，尿路结石等。

## 假地豆

Jiadidou

【别名】大叶青、假花生、山土豆、山地豆、稗豆。

【来源】豆科假地豆属植物假地豆 *Grona heterocarpos* (L.) H. Ohashi et K. Ohashi。

【植物形态】小灌木或亚灌木。茎直立或平卧，高 30 ～ 150 cm，基部多分枝，被糙伏毛，后变无毛。叶为羽状三出复叶，小叶 3；托叶宿存，狭三角形，长 5 ～ 15 mm，先端长尖，基部宽，叶柄长 1 ～ 2 cm，略被柔毛；小叶纸质，顶生小叶椭圆形、长椭圆形或宽倒卵形，长 2.5 ～ 6 cm，宽 1.3 ～ 3 cm，侧生小叶通常较小，先端圆或钝，微凹，具短尖，基部钝，上面无毛，无光泽，下面被白色贴伏短柔毛，全缘，侧脉每边 5 ～ 10 条，不达叶缘；小托叶丝状，长约 5 mm；小叶柄长 1 ～ 2 mm，密被糙伏毛。总状花序顶生或腋生，长 2.5 ～ 7 cm，总花梗密被淡黄色开展的钩状毛；花极密，每 2 朵生于花序的节上；苞片卵状披针形，被缘毛，在花未开放时呈覆瓦状排列；花梗长 3 ～ 4 mm，近无毛或疏被毛；花萼长 1.5 ～ 2 mm，钟形，4 裂，疏被柔毛，裂片三角形，较萼筒稍短，上部裂片先端微 2 裂；花冠紫红色、紫色或白色，长约 5 mm，旗瓣倒卵状长圆形，先端圆至微缺，基部具短瓣柄，翼瓣倒卵形，具耳和瓣柄，龙骨瓣极弯曲，先端钝；二体雄蕊，长约 5 mm；雌蕊长约 6 mm，子房无毛或被毛，花柱无毛。荚果密集，狭长圆形，长 12 ～ 20 mm，宽 2.5 ～ 3 mm，腹缝线浅波状，腹背两缝线被钩状毛，有荚节 4 ～ 7，荚节近方形。花期 7—10 月，果期 10—11 月。

【生境分布】生于山谷水旁灌丛或疏林中。全市各地有零星野生。

【药用部位】全草。

【采收加工】9—10 月采收，切段，晒干或鲜用。

【性味归经】味甘、苦，性寒。

【功能主治】清热，利尿，解毒。用于肺热咳喘，水肿，淋证，尿血，毒蛇咬伤，疥疮，暑湿，痄腮等。

## 小槐花

Xiaohuaihua

【别名】山扁豆、粘人麻、黏草子、粘身柴咽、拿身草。

【来源】豆科小槐花属植物小槐花 *Ohwia caudata* (Thunb.) Ohashi。

【植物形态】直立灌木或亚灌木，高 1 ～ 2 m。树皮灰褐色，分枝多，上部分枝略被柔毛。叶为羽状三出复叶，小叶 3；托叶披针状线形，长 5 ～ 10 mm，基部宽约 1 mm，具条纹，宿存，叶柄长 1.5 ～ 4 cm，扁平，较厚，上面具深沟，被柔毛，两侧具极窄的翅；小叶近革质或纸质，顶生小叶披针形或长圆形，长 5 ～ 9 cm，宽 1.5 ～ 2.5 cm，侧生小叶较小，先端渐尖、急尖或短渐尖，基部楔形，全缘，上面绿色，有光泽，疏被极短柔毛，老时渐变无毛，下面疏被贴伏短柔毛，中脉上毛较密，侧脉每边 10 ～ 12 条，不达叶缘；小托叶丝状，长 2 ～ 5 mm；小叶柄长达 14 mm，总状花序顶生或腋生，长 5 ～ 30 cm，花序轴密被柔毛并混生小钩状毛，每节生 2 朵花；苞片钻形，长约 3 mm；花梗长 3 ～ 4 mm，密被贴伏柔毛；花萼窄钟形，长 3.5 ～ 4 mm，被贴伏柔毛和钩状毛，裂片披针形，上部裂片先端微 2 裂；花冠绿白色或黄白色，长约 5 mm，具明显脉纹，旗瓣椭圆形，瓣柄极短，翼瓣狭长圆形，具瓣柄，龙骨瓣长圆形，具瓣柄；二体雄蕊；雌蕊长约 7 mm，子房在缝线上密被贴伏柔毛。荚果线形，扁平，长 5 ～ 7 cm，稍弯曲，被伸展的钩状毛，腹背缝线浅缢缩，有荚节 4 ～ 8，荚节长椭圆形，长 9 ～ 12 mm，宽约 3 mm。花期 7—9 月，果期 9—11 月。

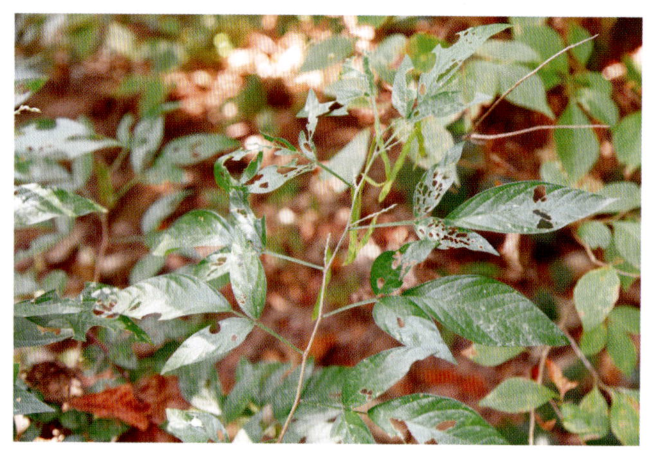

【生境分布】生于海拔 200 ～ 1000 m 的山坡草地或林边路旁。分布于全市各地。

【药用部位】全株、根。

【采收加工】全株：9—10 月采收，切段，晒干。根：9—10 月采挖，切段，晒干。

【性味归经】全株：味苦，性凉。根：味苦，性温。

【功能主治】全株：清热利湿，消积散瘀。用于劳伤咳嗽，吐血，水肿，小儿疳积，疮痈肿毒，跌打损伤等。根：祛风利湿，化瘀拔毒。用于风湿痹痛，细菌性痢疾，黄疸，瘰疬，跌打损伤等。

## 田菁

Tian jing

【别名】向天蜈蚣。

【来源】豆科田菁属植物田菁 *Sesbania cannabina* (Retz.) Pers.。

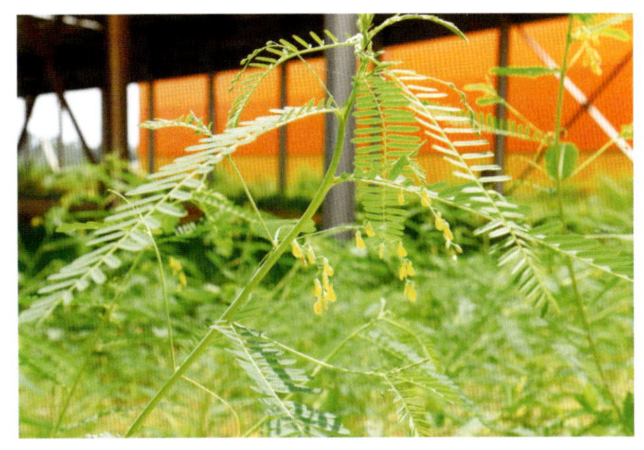

【植物形态】一年生草本，高3～3.5 m。茎绿色，有时带褐色、红色，微被白粉，有不明显淡绿色线纹，平滑，基部有多数不定根，幼枝疏被白色绢毛，后秃净，折断有白色黏液，枝髓粗大充实。羽状复叶；叶轴长15～25 cm，上面具沟槽，幼时疏被绢毛，后几无毛；托叶披针形，早落；小叶20～30（40）对，对生或近对生，线状长圆形，长8～20（40）mm，宽2.5～4（7）mm，位于叶轴两端者较短小，先端钝至截平，具小尖头，基部圆形，两侧不对称，上面无毛，下面幼时疏被绢毛，后秃净，两面被紫色小腺点，下面尤密；小叶柄长约1 mm，疏被毛；小托叶钻形，短于或几等于小叶柄，宿存。总状花序长3～10 cm，具2～6朵花，疏松；总花梗及花梗纤细，下垂，疏被绢毛；苞片线状披针形，小苞片2，均早落；花萼斜钟形，长3～4 mm，无毛，萼齿短三角形，先端具锐齿，各齿间常有1～3腺状附属物，内面边缘具白色细长弯曲柔毛；花冠黄色，旗瓣横椭圆形至近圆形，长9～10 mm，先端具微凹至圆形，基部近圆形，外面散生大小不等的紫黑点和线，胼胝体小，梨形，瓣柄长约2 mm，翼瓣倒卵状长圆形，与旗瓣近等长，宽约3.5 mm，基部具短耳，中部具较深色的斑块，并横向皱褶，龙骨瓣较翼瓣短，三角状阔卵形，长、宽近相等，先端圆钝，平三角形，瓣柄长约4.5 mm；二体雄蕊，对旗瓣的1枚分离，花药卵形至长圆形；雌蕊无毛，柱头头状，顶生。荚果细长，长圆柱形，长12～22 cm，宽2.5～3.5 mm，微弯，外面具黑褐色斑纹，喙尖，长5～7（10）mm，果颈长约5 mm，开裂，种子间具横隔，有种子20～35颗。种子绿褐色，有光泽，短圆柱状，长约4 mm，直径2～3 mm，种脐圆形，稍偏向一端。花果期7—12月。

【生境分布】生于田间路旁或潮湿地。全市田野均有分布。

【药用部位】叶、根。

【采收加工】叶：夏季采收，鲜用或晒干。根：秋季挖根，洗净，鲜用或晒干。

【性味归经】叶：味甘、微苦，性平。根：味甘、微苦，性平。

【功能主治】叶：清热凉血，解毒利尿。用于发热，目赤肿痛，小便淋痛，尿血，毒蛇咬伤等。根：涩精缩尿，止带。用于遗精，子宫脱垂，赤白带下等。

## 豌豆

Wandou

【别名】荷兰豆、麦豆、雪豆。

【来源】豆科豌豆属植物豌豆 *Pisum sativum* L.。

【植物形态】一年生攀援草本，高0.5～2 m。全株绿色，光滑无毛，被粉霜。叶具小叶4～6片，托叶比小叶大，叶状，心形，下缘具细齿。小叶卵圆形，长2～5 cm，宽1～2.5 cm；花于叶腋单生或数朵排列为总状花序；花萼钟形，深5裂，裂片披针形；花冠颜色多样，随品种而异，但多为白色和紫色，二体雄蕊（9+1）。子房无毛，花柱扁，内面有髯毛状毛。荚果肿胀，长椭圆形，长2.5～10 cm，宽0.7～

14 cm，顶端斜急尖，背部近伸直，内侧有硬纸质的内皮；种子 2 ～ 10 颗，圆形，青绿色，有皱褶或无，干后变为黄色。花期 6—7 月，果期 7—9 月。

【生境分布】全市各地均有栽培。

【药用部位】种子。

【采收加工】夏、秋季果实成熟时采收荚果，晒干，打出种子。

【性味归经】味甘，性平。归脾、胃经。

【功能主治】和中下气，通乳利水，解毒。用于消渴，吐逆，腹胀腹泻，霍乱转筋，乳少，脚气水肿，疮痈等。

## 网络夏藤

Wangluoxiateng

【别名】昆明鸡血藤、鸡血藤、网络鸡血藤、岩豆藤、大血藤。

【来源】豆科夏藤属植物网络夏藤 *Wisteriopsis reticulata* (Benth.) J. Compton et Schrire。

（摄于梁子湖区太和镇邱山村）

【植物形态】藤本。小枝圆柱形，具细棱，初被黄褐色细柔毛，旋秃净，老枝褐色。羽状复叶长 10 ～ 20 cm；叶柄长 2 ～ 5 cm；叶柄无毛，上面有狭沟；托叶锥刺形，长 3 ～ 5（7）mm，基部向下凸起成 1 对短而硬的距；叶腋有多数钻形的芽苞叶，宿存；小叶 3 ～ 4 对，间隔 1.5 ～ 3 cm，硬纸质，卵状长椭圆形或长圆形，长 3 ～ 8 cm，宽 1.5 ～ 4 cm，先端钝、渐尖或微凹缺，基部圆形，两面均无毛或被稀疏柔毛，侧脉 6 ～ 7 对，二次环结，细脉网状，两面均隆起，甚明显；小叶柄长 1 ～ 2 mm，具毛；小托叶针刺状，长 1 ～ 3mm，宿存。圆锥花序顶生或着生于枝梢叶腋，长 10 ～ 20 cm，常下垂，基部分枝，花序轴被黄褐色柔毛；花密集，单生于分枝上，苞片与托叶同形，早落，小苞片卵形，贴萼生；花长 1.3 ～ 1.7 cm；花梗长 3 ～ 5 mm，被毛；花萼阔钟形至杯形，长 3 ～ 4 mm，宽约 5 mm，几无毛，萼齿短而钝圆，边缘有黄色绢毛；花冠红紫色，旗瓣无毛，卵状长圆形，基部截形，无胼胝体，瓣柄短，翼瓣和龙骨瓣均直，略长于旗瓣；二体雄蕊，对旗瓣的 1 枚离生；花盘筒状；子房线形，无毛，花柱很短，上弯，胚珠多数。荚果线形，狭长，长约 15 cm，宽 1 ～ 1.5 cm，扁平，瓣裂，果瓣薄而硬，近木质，有种子 3 ～ 6 颗。种子长圆形。花期 5—11 月。

【生境分布】生于海拔 1000 m 以下山地灌丛及沟谷。梁子湖区有栽培。

【药用部位】藤茎。

【采收加工】8—9 月割取藤茎，去净枝叶，切成长 30 ～ 60 cm 的小段，晒干。

【性味归经】味苦、甘，性温；有毒。

【功能主治】养血补虚，活血通经。用于气血虚弱，遗精，阳痿，月经不调，痛经，经闭，赤白带下，腰膝酸痛，麻木瘫痪，风湿痹痛等。

## 野扁豆

Yebiandou

【别名】野赤小豆、毛野扁豆。

【来源】豆科野扁豆属植物野扁豆 *Dunbaria villosa* (Thunb.) Makino。

【植物形态】多年生缠绕草本。茎细弱，微具纵棱，略被短柔毛。叶具羽状 3 小叶；托叶细小，常早落；叶柄纤细，长 0.8 ～ 2.5 cm，被短柔毛；小叶薄纸质，顶生小叶较大，菱形或近三角形，侧生小叶较小，偏斜，长 1.5 ～ 3.5 cm，宽 2 ～ 3.7 cm，先端渐尖或急尖，尖头钝，基部圆形、宽楔形或近截平，两面微被短柔毛或有时近无毛，有锈色腺点，小叶干后略带黑褐色；基出脉 3 条；侧脉每边 1 ～ 2 条；小托叶极小；小叶柄长约 1 mm，密被极短柔毛。总状花序或复总状花序腋生，长 1.5 ～ 5 cm；密被极短柔毛；花 2 ～ 7 朵，长约 1.5 cm；花萼钟形，被短柔毛和锈色腺点，长 5 ～ 9 mm，4 齿裂，裂片披针形或线状披针形，不等长，通常下面 1 齿最长；花冠黄色，旗瓣近圆形或横椭圆形，基部具短瓣柄；翼瓣镰状，基部具瓣柄和一侧具耳，龙骨瓣与翼瓣相仿，但极弯，先端具喙，基部具长瓣柄；子房密被短柔毛和锈色腺点。荚果线状长圆形，长 3 ～ 5 cm，宽约 8 mm，扁平稍弯，被短柔毛或有时近无毛，先端具喙，果实无果颈或具极短果颈。种子 6 ～ 7 颗，近圆形，长约 4 mm，宽约 3 mm，黑色。花期 6—8 月，果期 8—9 月。

【生境分布】生于旷野或山谷路旁灌丛中。全市各地有零星野生。

【药用部位】全草或种子。

【采收加工】全草：春季采收，洗净，晒干。种子：秋季采收，晒干。

【性味归经】味甘，性平。

【功能主治】清热解毒，消肿止带。用于咽喉肿痛，乳痈，牙痛，毒蛇咬伤，白带过多等。

## 广布野豌豆

Guangbuyewandou

【别名】鬼豆角、落豆秧、草藤、灰野豌豆。

【来源】豆科野豌豆属植物广布野豌豆 *Vicia cracca* L.。

【植物形态】多年生草本，高 40 ~ 150 cm。根细长，多分支。茎攀援或蔓生，有棱，被柔毛。偶数羽状复叶，叶轴顶端卷须有 2 ~ 3 分支；托叶半箭形或戟形，上部 2 深裂；小叶 5 ~ 12 对互生，线形、长圆形或披针状线形，长 1.1 ~ 3 cm，宽 0.2 ~ 0.4 cm，先端锐尖或圆形，具短尖头，基部近圆形或近楔形，全缘；叶脉稀疏，呈三出脉状，不甚清晰。总状花序与叶轴近等长，花多数，10 ~ 40 朵密集一面，着生于总花序轴上部；花萼钟形，萼齿 5，近三角状披针形；花冠紫色、蓝紫色或紫红色，长 0.8 ~ 1.5 cm；旗瓣长圆形，中部缢缩成提琴形，先端微缺，瓣柄与瓣片近等长；翼瓣与旗瓣近等长，明显长于龙骨瓣；子房有柄，胚珠 4 ~ 7，花柱弯与子房连接处成大于 90° 角，上部四周被毛。荚果长圆形或长圆菱形，长 2 ~ 2.5 cm，宽约 0.5 cm，先端有喙，果梗长约 0.3 cm。种子 3 ~ 6 颗，扁圆球形，直径约 0.2 cm，种皮黑褐色，种脐长相当于种子周长的 1/3。花果期 5—9 月。

【生境分布】生于田边、林缘、山坡、河滩草地及灌丛中。分布于全市各地。

【药用部位】全草。

【采收加工】7—9 月采割全草，晒干。

【性味归经】味辛、苦，性温。

【功能主治】祛风除湿，活血消肿，解毒止痛。用于风湿痹痛，肢体痿废，跌打肿痛，湿疹，疮毒等。

## 救荒野豌豆

Jiuhuangyewandou

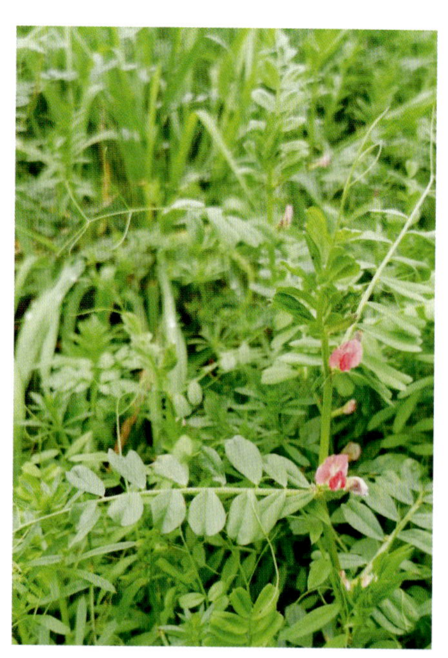

【别名】野毛豆、野豌豆、大巢菜。

【来源】豆科野豌豆属植物救荒野豌豆 *Vicia sativa* L.。

【植物形态】一年生或二年生草本，高 15 ~ 90（105）cm。茎斜升或攀援，单一或多分枝，具棱，被微柔毛。偶数羽状复叶长 2 ~ 10 cm，叶轴顶端卷须有 2 ~ 3 分支；托叶戟形，通常具 2 ~ 4 裂齿，长 0.3 ~ 0.4 cm，宽 0.15 ~ 0.35 cm；小叶 2 ~ 7 对，长椭圆形或近心形，长 0.9 ~ 2.5 cm，宽 0.3 ~ 1 cm，先端圆或平截有凹，具短尖头，基部楔形，侧脉不甚明显，两面被黄色贴伏柔毛。花 1 ~ 2（4）朵腋生，近无梗；花萼钟形，外面被柔毛，萼齿披针形或锥形；花冠紫红色或红色，旗瓣长倒卵圆形，先端圆，微凹，中部缢缩，翼瓣短于旗瓣，长于龙骨瓣；子房线形，微被柔毛，胚珠 4 ~ 8，子房具短柄，花柱上部被淡黄白色毛。荚果线状长圆形，长 4 ~ 6 cm，宽 0.5 ~

0.8 cm，表皮土黄色，种间缢缩，有毛，成熟时背腹开裂，果瓣扭曲。种子 4 ～ 8 颗，圆球形，棕色或黑褐色，种脐长相当于种子周长的 1/5。花期 4—7 月，果期 7—9 月。

【生境分布】生于海拔 50 ～ 3000 m 的荒山、田边草丛及林中。分布于全市各地。

【药用部位】全草或种子。

【采收加工】4—5 月采割，晒干，亦可鲜用。

【性味归经】味甘、辛，性寒。归心、肝、脾经。

【功能主治】益肾，利水，止血，止咳。用于肾虚腰痛，遗精，黄疸，水肿，疟疾，鼻衄，心悸，咳嗽痰多，月经不调，疮痈肿毒等。

## 小巢菜

Xiaochaocai

【别名】硬毛果野豌豆、雀野豆、小巢豆。

【来源】豆科野豌豆属植物小巢菜 *Vicia hirsuta* (L.) Gray。

【植物形态】一年生草本，高 15 ～ 90（120） cm，攀援或蔓生。茎细柔有棱，近无毛。偶数羽状复叶末端卷须分支；托叶线形，基部有 2 ～ 3 裂齿；小叶 4 ～ 8 对，线形或狭长圆形，长 0.5 ～ 1.5 cm，宽 0.1 ～ 0.3 cm，先端平截，具短尖头，基部渐狭，无毛。总状花序明显短于叶；花 2 ～ 4（7）朵密集于花序轴顶端，花甚小，仅长 0.3 ～ 0.5 cm；花萼钟形，萼齿披针形，长约 0.2 cm；花冠白色、淡蓝青色或紫白色，稀粉红色，旗瓣椭圆形，长约 0.3 cm，先端平截有凹，翼瓣近勺形，与旗瓣近等长，龙骨瓣较短；子房无柄，密被褐色长硬毛，胚珠 2，花柱上部四周被毛。荚果长圆状菱形，长 0.5 ～ 1 cm，宽 0.2 ～ 0.5 cm，表皮密被棕褐色长硬毛；种子 2 颗，扁圆形，直径 0.15 ～ 0.25 cm，两面凸出，种脐长相当于种子周长的 1/3。花果期 2—7 月。

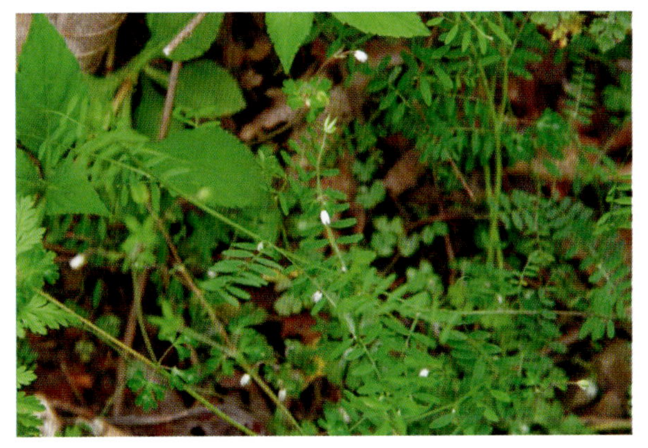

【生境分布】生于山沟、河滩、田边或路旁草丛。分布于全市各地。

【药用部位】全草。

【采收加工】春、夏季采收，鲜用或晒干。

【性味归经】味辛、甘，性平。归肺、胃经。

【功能主治】清热利湿，调经止血。用于黄疸，疟疾，月经不调，带下，鼻衄等。

## 云实

Yunshi

【别名】水皂角、黄牛刺、药王子、倒钩刺。

【来源】豆科云实属植物云实 *Biancaea decapetala* (Roth) O. Deg.。

（摄于鄂城区岳石洪村举人沟）

【植物形态】树皮暗红色，枝、叶轴和花序均被柔毛和钩刺。二回羽状复叶长20～30 cm，羽片3～10对，对生，具柄，基部有刺1对，小叶8～12对，膜质，长圆形，长10～25 mm，宽6～12 mm，两端近圆钝，两面均被短柔毛，老时渐无毛，托叶小，斜卵形，先端渐尖，早落。总状花序顶生，直立，长15～30 cm，具多花，总花梗多刺，花梗长3～4 cm，被毛，在花萼下具关节，故花易脱落，萼片5，长圆形，被短柔毛；花瓣黄色，膜质，圆形或倒卵形，长10～12 mm，盛开时反卷，基部具短柄，雄蕊与花瓣近等长，花丝基部扁平，下部被绵毛，子房无毛。荚果长圆状舌形，长6～12 cm，宽2.5～3 cm，脆革质，栗棕色，无毛，有光泽，沿腹缝线鼓胀成狭翅，成熟时沿腹缝线开裂，先端具尖喙；种子6～9颗，椭圆状，长约11 mm，宽约6 mm，种皮棕色。花期4—5月，果期6—7月。

【生境分布】生于山坡灌丛及平原、丘陵等地。全市各地有零星野生。

【药用部位】种子、根。

【采收加工】种子：秋季果实成熟时采收，剥取种子，晒干。根：全年均可采收。

【性味归经】种子：味辛，性温。根：味苦、辛，性温。

【功能主治】种子：解毒除湿，止咳化痰，杀虫。用于细菌性痢疾，疟疾，慢性支气管炎，小儿疳积，虫积等。根：祛风，散寒，除湿。用于感冒，咳嗽，身痛，牙痛，腰痛，喉痛，跌打损伤等。

## 皂荚

Zao jia

【别名】刀皂、牙皂、猪牙皂、皂荚树、皂角。

【来源】豆科皂荚属植物皂荚 *Gleditsia sinensis* Lam.。

【植物形态】落叶乔木或小乔木，高可达30 m。枝灰色至深褐色；刺粗壮，圆柱形，常分枝，多呈圆锥状，长达16 cm。叶为一回羽状复叶，长10～18（26） cm；小叶（2）3～9对，纸质，卵状披针形至长圆形，长2～8.5（12.5） cm，宽1～4（6） cm，先端急尖或渐尖，顶端圆钝，具小尖头，基部圆形或楔形，有时稍歪斜，边缘具细锯齿，上面被短柔毛，下面中脉上稍被柔毛；网脉明显，在两面凸起；小叶柄长1～2（5） mm，被短柔毛。花杂性，黄白色，组成总状花序；花序腋生或顶生，长5～14 cm，被短柔毛。雄花：直径9～10 mm；花梗长2～8（10）mm；花托长2.5～3 mm，深棕色，外面被柔毛；萼片4，三角状披针形，长3 mm，两面被柔毛；花瓣4片，长圆形，长4～5 mm，被微柔毛；雄蕊（6）8枚；退化雌蕊长2.5 mm。两性花：直径10～12 mm；花梗长2～5 mm；花萼、花瓣与雄花的相似，唯萼片长4～5 mm，花瓣长5～6 mm；雄蕊8枚；子房缝线上及基部被毛（偶有少数湖北标本子房全体被毛），柱头浅 2 裂；胚珠多数。荚果带状，长 12 ～ 37 cm，宽 2 ～ 4 cm，劲直或扭曲，果肉稍厚，两面鼓起，或有的荚果短小，呈柱形，长 5 ～ 13 cm，宽 1 ～ 1.5 cm，弯曲作新月形，通常称猪牙皂，内无种子；果瓣革质，褐棕色或红褐色，常被白色粉霜；种子多颗，长圆形或椭圆形，长 11 ～ 13 mm，宽 8 ～ 9 mm，棕色，光亮。花期 3—5 月，果期 5—12 月。

【生境分布】生于海拔 700 m 以下的山坡林中或谷地、路旁。全市各地有零星野生或栽培。

【药用部位】果实、种子、棘刺、茎皮和根皮、叶。

【采收加工】果实：秋季果实成熟变黑时采摘，晒干。种子：秋季果实成熟时采收，剥取种子，晒干。棘刺：全年均可采收，但以 9 月到翌年 3 月间为宜，切片，晒干。茎皮和根皮：秋、冬季采收，切片，晒干。叶：春季采叶，晒干。

【性味归经】果实：味辛、咸，性温；有毒。归肺、肝、胃、大肠经。种子：味辛，性温。归肺、大肠经。棘刺：味辛，性温。归肝、肺、胃经。茎皮和根皮：味辛，性温。叶：味辛，性温。

【功能主治】果实：祛痰止咳，开窍通闭，杀虫散结。用于中风口噤，痰涎壅盛，神昏不语，癫痫，喉痹，二便不通，痈肿，疥疮等。种子：润肠通便，祛风散热，化瘀散结。用于大便燥结，肠风下血，细菌性痢疾，里急后重，疝气疼痛，瘰疬，肿毒，疥疮等。棘刺：消肿透脓，杀虫。用于疮痈肿毒，瘰疬，疮疹顽癣，产后缺乳，胎衣不下等。茎皮和根皮：解毒散结，祛风杀虫。用于淋巴结结核，无名肿毒，风湿骨痛，疥疮，恶疮等。叶：祛风解毒，生发。用于风热疥疮，毛发不生等。

## 响铃豆

Xianglingdou

【别名】小响铃。

【来源】豆科猪屎豆属植物响铃豆 *Crotalaria albida* B. Heyne ex Roth。

【植物形态】多年生直立草本，基部常木质，高 30 ～ 60（80）cm；植株或上部分枝，通常细弱，被紧贴的短柔毛。托叶细小，刚毛状，早落；单叶，叶片倒卵形、长圆状椭圆形或倒披针形，长 1 ～ 2.5 cm，宽 0.5 ～ 1.2 cm，先端钝或圆，具细小的短尖头，基部楔形，上面绿色，近无毛，下面暗灰色，略被短柔毛；叶柄近无。总状花序顶生或腋生，有花 20 ～ 30 朵，花序长达 20 cm，苞片丝状，长约 1 mm，小苞片与苞片同形，生于萼筒基部；花梗长 3 ～ 5 mm；花萼二唇形，长 6 ～ 8 mm，深裂，上面 2 萼齿宽大，先端稍钝圆，下面 3 萼齿披针形，先端渐尖；花冠淡黄色，旗瓣椭圆形，长 6 ~ 8 mm，先端具束状柔毛，基部胼胝体可见，翼瓣长圆形，约与旗瓣等长，龙骨瓣弯曲，几达90°，中部以上变狭成长喙；子房无柄。荚果短圆柱形，长约 10 mm，无毛。种子 6 ~ 12 颗。花期 6—7 月，果期 8—9 月。

（摄于鄂城区葛山后山）

【生境分布】生于荒地路旁及山坡疏林下。全市各地有零星野生。

【药用部位】全草。

【采收加工】夏、秋季采收，鲜用，或扎成把晒干。

【性味归经】味苦、辛，性凉。归心、肺经。

【功能主治】清热利湿，解毒消肿。用于咳喘痰多，湿热泻痢，黄疸，小便淋痛，乳痈，疮痈肿毒等。

## 紫荆

Zijing

【别名】紫珠、裸枝树、满条红、白花紫荆。

【来源】豆科紫荆属植物紫荆 *Cercis chinensis* Bunge。

【植物形态】丛生或单生灌木，高 2 ~ 5 m；树皮和小枝灰白色。叶纸质，近圆形或三角状圆形，长 5 ~ 10 cm，宽与长相当或略短于长，先端急尖，基部浅至深心形，两面通常无毛，嫩叶绿色，仅叶柄略带紫色，叶缘膜质透明，新鲜时明显可见。花紫红色或粉红色，2 ~ 10 朵成束，簇生于老枝和主干上，尤以主干上花束较多，越到上部幼嫩枝条则花越少，通常先于叶开放，但嫩枝或幼株上的花则与叶同时开放，花长 1 ~ 1.3 cm；花梗长 3 ~ 9 mm；龙骨瓣基部具深紫色斑纹；子房嫩绿色，花蕾时光亮无毛，后期则密被短柔毛，有胚珠 6 ~ 7。荚果扁狭长形，绿色，长 4 ~ 8 cm，宽 1 ~ 1.2 cm，翅宽约 1.5 mm，先端急尖或短渐尖，喙细而弯曲，基部长渐尖，两侧缝线对称或近对称；果颈长 2 ~ 4 mm；种子 2 ~ 6 颗，阔长圆形，长 5 ~ 6 mm，宽约 4 mm，黑褐色，有光泽。花期 3—4 月，果期 8—10 月。

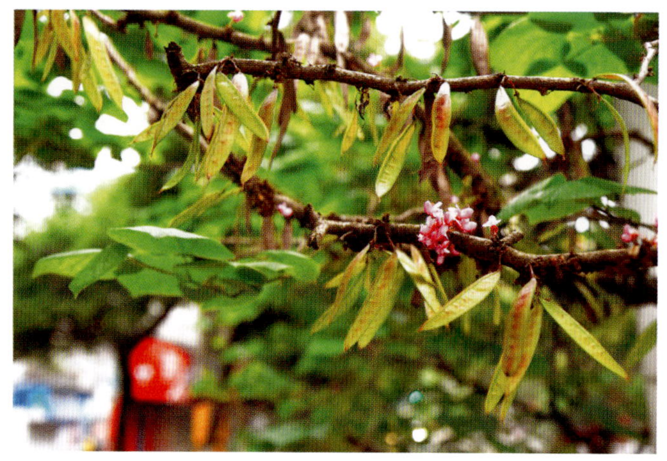

【生境分布】生于山坡、溪边、灌丛中。分布于全市各地，多见于城市绿化带。

【药用部位】树皮、木部、根或根皮、花、果实。

【采收加工】树皮：7—8 月剥取树皮，晒干。木部：全年均可采收，趁鲜切片，晒干。根或根皮：全年均可采收，挖根，洗净，剥皮鲜用，或切片晒干。花：4—5 月采花，晒干。果实：5—7 月采收荚果，晒干。

【性味归经】树皮：味苦，性平。归肝经。木部：味苦，性平。根或根皮：味苦，性平。花：味苦，性平。果实：味甘、微苦，性平。

【功能主治】树皮：活血，通淋，解毒。用于妇女月经不调，瘀滞腹痛，风湿痹痛，喉痹，痈肿，疥疮，跌打损伤，蛇虫咬伤等。木部：活血，通淋。用于妇女月经不调，瘀滞腹痛等。根或根皮：破瘀活血，消痈解毒。用于妇女月经不调，瘀滞腹痛，疮痈肿毒，痄腮，狂犬咬伤等。花：清热凉血，通淋解毒。用于热淋，血淋，疥疮，风湿筋骨痛等。果实：止咳平喘，行气止痛。用于咳嗽痰多，哮喘，胸痛等。

## 紫藤

Ziteng

【别名】紫藤萝。

【来源】豆科紫藤属植物紫藤 *Wisteria sinensis* (Sims) Sweet。

【植物形态】落叶藤本。茎左旋，枝较粗壮，嫩枝被白色柔毛，后秃净；冬芽卵形。奇数羽状复叶长 15 ～ 25 cm；托叶线形，早落；小叶 3 ～ 6 对，纸质，卵状椭圆形至卵状披针形，上部小叶较大，基部 1 对最小，长 5 ～ 8 cm，宽 2 ～ 4 cm，先端渐尖至尾尖，基部钝圆、楔形或歪斜，嫩叶两面被平伏毛，后秃净；小叶柄长 3 ～ 4 mm，被柔毛；小托叶刺毛状，长 4 ～ 5 mm，宿存。总状花序发自去年生短枝的腋芽或顶芽，长 15 ～ 30 cm，直径 8 ～ 10 cm，花序轴被白色柔毛；苞片披针形，早落；花长 2 ～ 2.5 cm，芳香；花梗细，长 2 ～ 3 cm；花萼杯形，长 5 ～ 6 mm，宽 7 ～ 8 mm，密被细绢毛，上方 2 齿甚钝，下方 3 齿卵状三角形；花冠紫色，旗瓣圆形，先端略凹陷，花开后反折，基部有 2 胼胝体，翼瓣长圆形，基部圆形，龙骨瓣较翼瓣短，阔镰形，子房线形，密被茸毛，花柱无毛，上弯，胚珠 6 ～ 8。荚果倒披针形，长 10 ～ 15 cm，宽 1.5 ～ 2 cm，密被茸毛，悬垂枝上不脱落，有种子 1 ～ 3 颗。种子褐色，具光泽，圆形，宽 1.5 cm，扁平。花期 4 月中旬至 5 月上旬，果期 5—8 月。

【生境分布】生于山坡、疏林缘、溪谷两旁、空旷草地。分布于全市各地，多栽培。

【药用部位】茎或茎皮、根、种子。

【采收加工】茎或茎皮：夏初采收，晒干。根：全年均可采挖，除去泥土，洗净，切片，晒干。种子：冬季果实成熟时采收，除去果壳，晒干。

【性味归经】茎或茎皮：味甘、苦，性微温；有小毒。归肾经。根：味甘，性温。种子：味甘，性微温；有小毒。

【功能主治】茎或茎皮：利水，除痹，杀虫。用于浮肿，关节疼痛，肠道寄生虫病等。根：祛风除湿，舒筋活络。用于痛风，痹症等。种子：活血，通络，解毒，驱虫。用于筋骨疼痛，腹痛吐泻，小儿蛲虫病等。

# 杜鹃花科

## 杜鹃

Du juan

【别名】唐杜鹃、映山红、山石榴、山踯蠋、杜鹃花。

【来源】杜鹃花科杜鹃花属植物杜鹃 *Rhododendron simsii* Planch.。

【植物形态】落叶灌木，高 2（5）m；分枝多而纤细，密被亮棕褐色扁平糙伏毛。叶革质，常集生于枝端，卵形、椭圆状卵形、倒卵形或倒卵形至倒披针形，长 1.5 ～ 5 cm，宽 0.5 ～ 3 cm，先端短渐尖，基部楔形或宽楔形，边缘微反卷，具细齿，上面深绿色，疏被糙伏毛，下面淡白色，密被褐色糙伏毛，中脉在上面凹陷、下面凸出；叶柄长 2 ～ 6 mm，密被亮棕褐色扁平糙伏毛。花芽卵球形，鳞片外面中部以上被糙伏毛，边缘具睫毛状毛。花 2 ～ 3（6）朵簇生于枝顶；花梗长 8 mm，密被亮棕褐色糙伏毛；花萼 5 深裂，裂片三角状长卵形，长 5 mm，被糙伏毛，边缘具睫毛状毛；花冠阔漏斗形，玫瑰色、鲜红色或暗红色，长 3.5 ～ 4 cm，宽 1.5 ～ 2 cm，裂片 5，倒卵形，长 2.5 ～ 3 cm，上部裂片具深红色斑点；雄蕊 10 枚，长约与花冠相等，花丝线状，中部以下被微柔毛；子房卵球形，10 室，密被亮棕褐色糙伏毛，花柱伸出花冠外，无毛。蒴果卵球形，长达 1 cm，密被糙伏毛；花萼宿存。花期 4—5 月，果期 6—8 月。

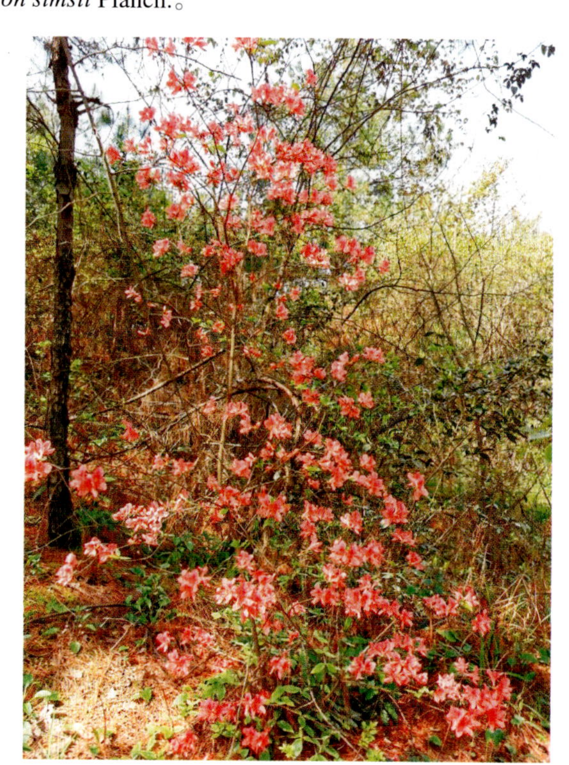

【生境分布】生于山地疏灌丛或松林下。分布于全市各地，有栽培。

【药用部位】花。

【采收加工】花盛开时采收，烘干。

【性味归经】味甘、酸，性平。归肝、脾、肾经。

【功能主治】和血，调经，止咳，祛风湿，解疮毒。用于吐血，衄血，崩漏，月经不调，咳嗽，风湿痹痛，疮痈肿毒等。

## 南烛

Nanzhu

【别名】米饭花、苞越桔、零丁子、乌饭子、饭筒树。

【来源】杜鹃花科越橘属植物南烛 *Vaccinium bracteatum* Thunb.。

【植物形态】常绿灌木或小乔木，高 2 ～ 6（9）m；分枝多，幼枝被短柔毛或无毛，老枝紫褐色，无毛。叶片薄革质，椭圆形、菱状椭圆形、披针状椭圆形至披针形，长 4 ～ 9 cm，宽 2 ～ 4 cm，顶端锐尖、渐尖，稀长渐尖，基部楔形、宽楔形，稀钝圆，边缘有细锯齿，表面平坦有光泽，两面无毛，侧脉 5 ～ 7 对，斜伸至边缘以内网结，与中脉、网脉在表面和背面均稍微凸起；叶柄长 2 ～ 8 mm，通常无毛或被微毛。总状花序顶生和腋生，长 4 ～ 10 cm，有多数花，花序轴密被短柔毛，稀无毛；苞片叶状，披针形，长 0.5 ～ 2 cm，两面沿脉被微毛或两面近无毛，边缘有锯齿，宿存或脱落，小苞片 2，线形或卵形，长 1 ～ 3 mm，密被微毛或无毛；花梗短，长 1 ～ 4 mm，密被短毛或近无毛；萼筒密被短柔毛或茸毛，稀近无毛，萼齿短小，三角形，长 1 mm 左右，密被短毛或无毛；花冠白色，筒状，有时略呈坛状，长 5 ～ 7 mm，外面密被短柔毛，稀近无毛，内面有疏柔毛，口部裂片短小，三角形，外折；雄蕊内藏，长 4 ～ 5 mm，花丝细长，长 2 ～ 2.5 mm，密被疏柔毛，药室背部无距，药管长为药室的 2 ～ 2.5 倍；花盘密生短柔毛。浆果直径 5 ～ 8 mm，成熟时紫黑色，外面通常被短柔毛，稀无毛。花期 6—7 月，果期 8—10 月。

【生境分布】生于丘陵地带或海拔 400 ～ 1400 m 的山地，常见于山坡林内或灌丛中。全市各地有零星野生。

【药用部位】果实、叶或枝叶、根。

【采收加工】果实：8—10 月果实成熟后采摘，晒干。叶或枝叶：8—9 月采收，拣净杂质，晒干。根：全年均可采收，鲜用或切片，晒干。

【性味归经】果实：味酸、甘，性平。归肝、肾、脾经。叶或枝叶：味酸、涩，性平。归心、脾、肾经。根：味甘、酸，性平。

【功能主治】果实：补肝肾，强筋骨，固精气，止泻痢。用于肝肾不足，须发早白，筋骨无力，久泄梦遗，带下不止，久泻久痢等。叶或枝叶：益肠胃，养肝肾。用于脾胃气虚，久泻，少食，肝肾不足，腰膝乏力，须发早白等。根：散瘀，止痛。用于牙痛，跌打肿痛等。

## 江南越橘

Jiangnanyueju

【别名】米饭花、夏菠、羊豆饭、小三条筋子树、乌饭。

【来源】杜鹃花科越橘属植物江南越橘 *Vaccinium mandarinorum* Diels。

【植物形态】常绿灌木或小乔木，高 1 ～ 4 m。幼枝通常无毛，有时被短柔毛，老枝紫褐色或灰褐色，无毛。叶片厚革质，卵形或长圆状披针形，长 3 ～ 9 cm，宽 1.5 ～ 3 cm，顶端渐尖，基部楔形至钝圆，边缘有细锯齿，两面无毛或有时在表面沿中脉被微柔毛，中脉和侧脉纤细，在两面稍凸起；叶柄长 3 ～ 8 mm，无毛或被微柔毛。总状花序腋生和生于枝顶叶腋，长 2.5 ～ 7（10）cm，有多数花，花序轴无毛或被短柔毛；苞片未见，小苞片 2，着生于花梗中部或近基部，线状披针形或卵形，长 2 ～ 4 mm，无毛；花梗纤细，长（2）4 ～ 8 mm，无毛或被微毛；萼筒无毛，萼齿三角形、卵状三角形或半圆形，长 1 ～ 1.5 mm，无毛；花冠白色，有时带淡红色，微香，筒状或筒状坛形，口部稍缢缩或开放，长 6 ～ 7 mm，外面无毛，内面有微毛，裂齿三角形或狭三角形，直立或反折；雄蕊内藏，药室背部有短距，药管长为药室的 1.5 倍，花丝扁平，密被毛；花柱内藏或微伸出于花冠。浆果，成熟时紫黑色，无毛，直径 4 ～ 6 mm。花期 4—6 月，果期 6—10 月。

【生境分布】生于山坡灌丛、杂木林中或路边林缘。全市各地有零星野生，亦有栽培。

【药用部位】果实。

【采收加工】夏、秋季果实成熟时采收，晒干。

【性味归经】味甘，性平。

【功能主治】消肿散瘀。用于全身浮肿，跌打肿痛等。

# 杜英科

## 杜英

Duying

【别名】青果、野橄榄、胆八树、缘瓣杜英、梅擦饭。

【来源】杜英科杜英属植物杜英 *Elaeocarpus decipiens* Hemsl.。

【植物形态】常绿乔木，高 5 ～ 15 m；嫩枝及顶芽初时被微毛，不久变秃净，干后黑褐色。叶革质，披针形或倒披针形，长 7 ～ 12 cm，宽 2 ～ 3.5 cm，上面深绿色，干后发亮，下面秃净无毛，幼嫩时亦无毛，先端渐尖，尖头钝，基部楔形，常下延，侧脉 7 ～ 9 对，在上面不很明显，在下面稍凸起，网脉在上、下两面均不明显，边缘有小钝齿；叶柄长 1 cm，初时有微毛，在结果时变秃净。总状花序多生于叶腋及无叶的去年生枝条上，长 5 ～ 10 cm，花序轴纤细，有微毛；花柄长 4 ～ 5 mm；花白色，萼片披针形，长 5.5 mm，宽 1.5 mm，先端尖，两侧有微毛；花瓣倒卵形，与萼片等长，上半部撕裂，裂片 14 ～ 16 条，外侧无毛，内侧近基部有毛；雄蕊 25 ～ 30 枚，长 3 mm，花丝极短，花药顶端无附属物；花盘 5 裂，有毛；子房 3 室，花柱长 3.5 mm，胚珠每室 2。核果椭圆形，长 2 ～ 2.5 cm，宽 1.3 ～ 2 cm，外果皮无毛，内果皮坚骨质，表面有多数沟纹。种子 1 颗，长 1.5 cm。花期 6—7 月。

【生境分布】生于海拔 400 ～ 700 m 的林中。全市各地有零星野生，多见于城市绿化带。

【药用部位】根。

【采收加工】冬季将根挖出，洗去泥土，切片，晒干。

【性味归经】味辛，性温。

【功能主治】散瘀，消肿。用于跌打瘀肿等。

# 杜仲科

## 杜仲

Duzhong

【别名】扯丝皮、思仲、丝棉皮、玉丝皮。

【来源】杜仲科杜仲属植物杜仲 *Eucommia ulmoides* Oliv.。

【植物形态】落叶乔木，高达 20 m，胸径约 50 cm，树皮灰褐色，粗糙，内含橡胶，折断拉开有多数细丝。嫩枝有黄褐色毛，不久变秃净，老枝有明显的皮孔。芽体卵圆形，外面发亮，红褐色，有鳞片 6 ～ 8 片，边缘有微毛。叶椭圆形、卵形或矩圆形，薄革质，长 6 ～ 15 cm，宽 3.5 ～ 6.5 cm，基部圆形或阔楔形，先端渐尖，上面暗绿色，初时有褐色柔毛，不久变秃净，老叶略有皱褶，下面淡绿色，初时有褐色毛，

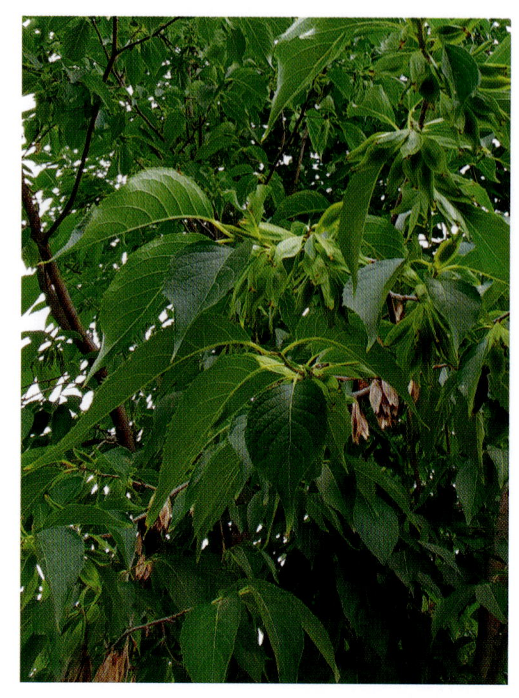

以后仅在脉上有毛，侧脉 6 ～ 9 对，与网脉在上面下陷，在下面稍凸起，边缘有锯齿，叶柄长 1 ～ 2 cm，上面有槽，被散生长毛。花生于当年生枝基部，雄花无花被，花梗长约 3 mm，无毛，苞片倒卵状匙形，长 6 ～ 8 mm，顶端圆形，边缘有睫毛状毛，早落，雄蕊长约 1 cm，无毛，花丝长约 1 mm，药隔凸出，花粉囊细长，无退化雌蕊。雌花单生，苞片倒卵形，花梗长 8 mm，子房无毛，1 室，扁而长，先端 2 裂，子房柄极短。翅果扁平，长椭圆形，长 3 ～ 3.5 cm，宽 1 ～ 1.3 cm，先端 2 裂，基部楔形，周围具薄翅，坚果位于中央，稍凸起，子房柄长 2 ～ 3 mm，与果梗相接处有关节。种子扁平，线形，长 1.4 ～ 1.5 cm，宽 3 mm，两端圆形。花期 4—5 月，果期 9—10 月。

【生境分布】生于海拔 300 ～ 500 m 的低山、谷地或低坡的疏林。鄂城区四峰山有零星栽培。

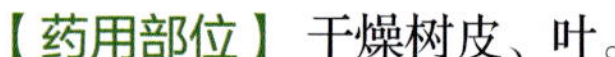

【药用部位】干燥树皮、叶。

【采收加工】干燥树皮：刮去残留粗皮，洗净，切块或丝，干燥。叶：夏、秋季枝叶茂盛时采收，晒干或低温烘干。

【性味归经】干燥树皮：味甘，性温。归肝、肾经。叶：微辛，性温。归肝、肾经。

【功能主治】干燥树皮：补肝肾，强筋骨，安胎。用于肝肾不足，腰膝酸痛，筋骨无力，头晕目眩，妊娠漏血，胎动不安等。叶：补肝肾，强筋骨。用于肝肾不足，头晕目眩，腰膝酸痛，筋骨痿软等。

# 多孔菌科

## 灵芝

Lingzhi

【别名】三秀、灵芝草、木灵芝、菌灵芝。

【来源】多孔菌科灵芝属真菌灵芝 *Ganoderma lucidum* (Leyss. ex Fr.) Karst.。

【植物形态】外形呈伞状，菌盖肾形、半圆形或近圆形，直径 10 ～ 18 cm，厚 1 ～ 2 cm。皮壳坚硬，黄褐色至红褐色，有光泽，具环状棱纹和辐射状皱褶，边缘薄而平截，常稍内卷。菌肉白色至淡棕色。菌柄圆柱形，侧生，少偏生，长 7 ～ 15 cm，直径 1 ～ 3.5 cm，红褐色至紫褐色，光亮。孢子细小，黄褐色。

气微香，味苦涩。

【生境分布】生于向阳的壳斗科和松科松属植物等根际或枯树桩上。分布于全市各地。

【药用部位】子实体。

【采收加工】全年均可采收，除去杂质，剪除附有朽木、泥沙或培养基质的下端菌柄，阴干或在 40 ～ 50 ℃烘干。

【性味归经】味甘，性平。归肺、心、脾经。

【功能主治】补气安神，止咳平喘。用于心神不宁，失眠心悸，肺虚咳喘，虚劳气短，不思饮食等。

## 云芝

Yunzhi

【别名】火鸡尾巴、灰菌、千层蘑、瓦菌。

【来源】多孔菌科栓菌属真菌彩绒革盖菌 *Coriolus versicolor* (L. ex Fr.) Quel 的干燥子实体。

【植物形态】子实体一年生。革质至半纤维质，侧生无柄，常覆瓦状叠生，往往左右相连，生于伐桩断面上或倒木上的子实体常围成莲座状。菌盖半圆形至贝壳形，（1 ～ 6）cm×（1 ～ 10）cm，厚 1 ～ 3 m；盖面幼时白色，渐变为深色，有密生的细茸毛，长短不等，呈灰、白、褐、蓝、紫、黑等多种颜色，并构成云纹状的同心环纹；盖缘薄而锐，波状，完整，淡色。管口面初期白色，渐变为黄褐色、赤褐色至淡灰黑色；管口圆形至多角形，每毫米 3 ～ 5 个，后期开裂，菌管单层，白色，长 1 ～ 2 mm。菌肉白色，纤维质，干后纤维质至近革质。孢子圆筒状，稍弯曲，平滑，无色。

【生境分布】生于多种阔叶树的枯立木、倒木、枯枝及衰老的活立木上，偶见于落叶松、黑松等针叶树腐木上。分布于全市各地。

【药用部位】子实体。

【采收加工】全年均可采收，除去杂质，晒干。

【性味归经】味甘、淡，性微寒。归肝、脾、肺经。

【功能主治】健脾利湿，止咳平喘，清热解毒，抗肿瘤。用于慢性活动性肝炎，慢性支气管炎，小儿痉挛性支气管炎，咽喉肿痛，多种肿瘤，类风湿性关节炎，白血病等。

# 防己科

## 木防己

Mufang ji

【别名】土木香、青藤香。

【来源】防己科木防己属植物木防己 *Nephroia orbiculata* (L.) L. Lian & Wei Wang。

【植物形态】木质藤本；小枝被茸毛至疏柔毛，或有时近无毛，有条纹。叶片纸质至近革质，形状变异极大，自线状披针形至阔卵状近圆形、狭椭圆形至近圆形、倒披针形至倒心形，有时卵状心形，顶端短尖或钝而有小尖突，有时微缺或2裂，边缘全缘或3裂，有时掌状5裂，长通常3～8 cm，很少超过10 cm，宽不等，两面被疏柔毛至密柔毛，有时除下面中脉外两面近无毛；掌状脉3条，很少5条，在下面微凸起；叶柄长1～3 cm，很少超过5 cm，被稍密的白色柔毛。聚伞花序少花，腋生，或排成多花，狭窄聚伞圆锥花序，顶生或腋生，长可达10 cm或更长，被柔毛。雄花：小苞片1或2，长约0.5 mm，紧贴花萼，被柔毛；萼片6，外轮卵形或椭圆状卵形，长1～1.8 mm，内轮阔椭圆形至近圆形，有时阔倒卵形，长达2.5 mm或稍过之；花瓣6片，长1～2 mm，下部边缘内折，抱着花丝，顶端2裂，裂片叉开，渐尖或短尖；雄蕊6枚，比花瓣短。雌花：萼片和花瓣与雄花相同；退化雄蕊6枚，微小；心皮6，无毛。核果近球形，红色至紫红色，直径通常7～8 mm；果核骨质，直径5～6 mm，背部有小横肋状雕纹。

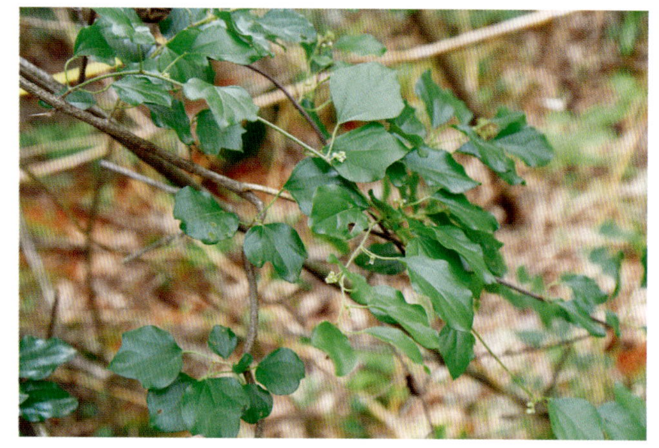

【生境分布】生于山坡、灌丛、林缘、路边或疏林中。分布于全市各地。

【药用部位】根、茎、花。

【采收加工】根：春、秋季采挖，以秋季采收质量较好，挖取根部，除去茎、叶、芦头，洗净，晒干。茎：秋、冬季采收，除去杂质，刮去粗皮，洗净，切断，晒干。花：5—6月采摘，鲜用或阴干、晒干。

【性味归经】根：味苦、辛，性寒。归膀胱、肾、脾经。茎：味苦，性平。

【功能主治】根：祛风除湿，通经活络，解毒消肿。用于风湿痹痛，水肿，小便淋痛，经闭，跌打损伤，咽喉肿痛，疮痈肿毒，湿疹，毒蛇咬伤等。茎：祛风除湿，调气止痛，利水消肿。用于风湿痹痛，跌打损伤，胃痛，腹痛，水肿，淋证等。花：解毒化痰。用于慢性骨髓炎等。

## 千金藤

Qian jinteng

【别名】公老鼠藤、野桃草、爆竹消、金丝荷叶。

【来源】防己科千金藤属植物千金藤 Stephania *japonica* (Thunb.) Miers。

【植物形态】稍木质藤本，全株无毛；根条状，褐黄色；小枝纤细，有直线纹。叶纸质或坚纸质，通常三角状近圆形或三角状阔卵形，长 6 ~ 15 cm，通常不超过 10 cm，长度与宽度近相等或略小，顶端有小尖突，基部通常微圆，下面粉白色；掌状脉 10 ~ 11 条，下面凸起；叶柄长 3 ~ 12 cm，明显盾状着生。复伞形聚伞花序腋生，通常有伞梗 4 ~ 8 条，小聚伞花序近无柄，密集成头状；花近无梗。雄花：萼片 6 或 8，膜质，倒卵状椭圆形至匙形，长 1.2 ~ 1.5 mm，无毛；花瓣 3 或 4，黄色，稍肉质，阔倒卵形，长 0.8 ~ 1 mm；聚药雄蕊长 0.5 ~ 1 mm，伸出或不伸出。雌花：萼片和花瓣各 3 ~ 4 片，形状和大小与雄花的近似或较小；心皮卵状。果实倒卵形至近圆形，长约 8 mm，成熟时红色。花期 5—7 月，果期 6—8 月。

【生境分布】生于山坡路边、沟边、草丛或山地、丘陵地灌丛中。分布于全市各地。

【药用部位】根或茎叶。

【采收加工】根：9—10 月挖根，洗净，晒干。茎叶：7—8 月采收，晒干。

【性味归经】味苦、辛，性寒。

【功能主治】清热解毒，祛风止痛，利水消肿。用于咽喉肿痛，疮痈肿毒，毒蛇咬伤，风湿痹痛，胃痛，脚气水肿等。

# 凤尾蕨科

## 刺齿半边旗

Cichibanbianqi

【别名】刺齿凤尾蕨。

【来源】凤尾蕨科凤尾蕨属植物刺齿半边旗 *Pteris dispar* Kunze。

【植物形态】植株高 30 ～ 80 cm。根状茎斜向上，直径 7 ～ 10 mm，先端及叶柄基部被黑褐色鳞片，鳞片先端纤毛状并稍卷曲。叶簇生（10 ～ 15 片），近二型；柄长 15 ～ 40 cm，基部直径约 2 mm，与叶轴均为栗色，有光泽；叶片卵状长圆形，长 25 ～ 40 cm，宽 15 ～ 20 cm，二回深裂或二回半边深羽裂；顶生羽片披针形，长 12 ～ 18 cm，基部宽 2 ～ 3 cm，先端渐尖，基部圆形，篦齿状深羽裂几达叶轴，裂片 12 ～ 15 对，对生，开展，彼此接近，阔披针形或线披针形，略呈镰刀状，长 1 ～ 2 cm，宽 3 ～ 5 mm，先端钝，有时急尖，基部下侧不下延或略下延，不育叶缘有长尖刺状的锯齿；侧生羽片 5 ～ 8 对，与顶生羽片同形，对生或近对生，斜展，下部的有短柄，长 6 ～ 12 cm，基部宽 2.5 ～ 4 cm，先端尾状渐尖，基部偏斜，两侧或仅下侧深羽裂几达羽轴，裂片与顶生羽片的同形同大，但下侧的较上侧的略长，并且基部下侧一片最长，斜向下，有时在下部 1 ～ 2 对羽片上再一次篦齿状羽裂。羽轴下面隆起，基部栗色；上部禾秆色，上面有浅栗色的纵沟，纵沟两旁有啮蚀状的浅灰色狭翅状的边，侧脉明显，斜向上，2 叉，小脉直达锯齿的软骨质刺尖头。叶干后草质，绿色或暗绿色，无毛。

【生境分布】生于海拔 400 ～ 950 m 的阔叶林中或疏林下。全市各地有零星野生。

【药用部位】全草。

【采收加工】全年均可采收，鲜用或晒干。

【性味归经】味苦、涩，性凉。归肝、大肠经。

【功能主治】清热解毒，凉血祛瘀。用于细菌性痢疾，泄泻，痄腮，风湿痹痛，跌打损伤，疮痈肿毒，毒蛇咬伤等。

## 井栏边草

Jinglanbiancao

【别名】凤尾草。

【来源】凤尾蕨科凤尾蕨属植物井栏边草 *Pteris multifida* Poir.。

【植物形态】植株高 30 ～ 45 cm。根状茎短而直立，直径 1 ～ 1.5 cm，先端被黑褐色鳞片。叶多数，密而簇生，明显二型；不育叶柄长 15 ～ 25 cm，直径 1.5 ～ 2 mm，禾秆色或暗褐色而有禾秆色的边，稍有光泽，光滑；叶片卵状长圆形，长 20 ～ 40 cm，宽 15 ～ 20 cm，一回羽状，羽片通常 3 对，对生，斜向上，无柄，线状披针形，长 8 ~ 15 cm，宽 6 ~ 10 mm，先端渐尖，叶缘有不整齐的尖锯齿并有软骨质的边，下部 1 ~ 2 对通常分叉，有时近羽状，顶生 3 叉羽片及上部羽片的基部显著下延，在叶轴两侧形成宽 3 ~ 5 mm 的狭翅（翅的下部渐狭）；能育叶有较长的柄，羽片 4 ~ 6 对，狭线形，长 10 ~ 15 cm，宽 4 ~ 7 mm，仅不育部分具锯齿，余均全缘，基部 1 对有时近羽状，有长约 1 cm 的柄，余均无柄，下部 2 ~ 3 对通常 2 ~ 3 叉，上部几对的基部长下延，在叶轴两侧形成宽 3 ~ 4 mm 的翅。主脉两面均隆起，禾秆色，侧脉明显，稀疏，单一或分叉，有时在侧脉间具或多或少与侧脉平行的细条纹（脉状异形细胞）。叶干后草质，暗绿色，遍体无毛；叶轴禾秆色，稍有光泽。

【生境分布】 生于海拔 800 m 以下的石灰岩缝内或墙缝、井边。分布于全市各地。

【药用部位】 全草或根茎。

【采收加工】 全年或夏、秋季采收，洗净，晒干。

【性味归经】 味淡、微苦，性寒。归大肠、肝、心经。

【功能主治】 清热利湿，消肿解毒，凉血止血。用于细菌性痢疾，泄泻，淋浊，带下，黄疸，疮痈肿毒，乳蛾，淋巴结结核，腮腺炎，乳腺炎，高热抽搐，蛇虫咬伤，吐血，衄血，尿血，便血及外伤出血等。

## 凤了蕨

Fengliao jue

【别名】 安康凤丫蕨、凤丫蕨、大叶凤凰尾巴草。

【来源】 凤尾蕨科凤了蕨属植物凤了蕨 *Coniogramme japonica* (Thunb.) Diels。

【植物形态】 植株高 60 ~ 120 cm。叶柄长 30 ~ 50 cm，粗 3 ~ 5 mm，禾秆色或栗褐色，基部以上光滑；叶片和叶柄等长或稍长，宽 20 ~ 30 cm，长圆状三角形，二回羽状；羽片通常 5 对（少则 3 对），基部 1 对最大，长 20 ~ 35 cm，宽 10 ~ 15 cm，卵圆状三角形，柄长 1 ~ 2 cm，羽状；侧生小羽片 1 ~ 3 对，长 10 ~ 15 cm，宽 1.5 ~ 2.5 cm，披针形，有柄或向上的无柄，顶生小羽片远较侧生的大，长 20 ~ 28 cm，宽 2.5 ~ 4 cm，阔披针形，具长渐尖头，通常向基部略变狭，基部为不对称的楔形或叉裂；第二对羽片三出、二叉或从这对起向上均为单一，但略变小，和其下羽片的顶生小羽片同形；顶羽片较其下的大，有长柄；羽片和小羽片边缘有向前伸的疏矮齿。叶脉网状，在羽轴两侧形成 2 ~ 3 行狭长网眼，网眼外的小脉分离，小脉顶端有纺锤形水囊，不到锯齿基部。叶干后纸质，上面暗绿色，下面淡绿色，两面无毛。孢子囊群沿叶脉分布，几达叶边。

（摄于鄂城区长沟）

【生境分布】生于海拔 100 ～ 1800 m 的阔叶林下和溪沟阴湿处。全市各地有零星分布。

【药用部位】根茎或全草。

【采收加工】全年均可采收，洗净，鲜用或晒干。

【性味归经】味辛、苦，性凉。归肝经。

【功能主治】祛风除湿，活血止痛，清热解毒。用于风湿关节痛，瘀血腹痛，经闭，跌打损伤，目赤肿痛，乳痈及各种肿毒初起等。

## 野雉尾金粉蕨

Yezhiwei jinfen jue

【别名】乌蕨、中华金粉蕨、野鸡尾、柏香莲。

【来源】凤尾蕨科金粉蕨属植物野雉尾金粉蕨 *Onychium japonicum* (Thunb.) Kunze。

【植物形态】植株高 60 cm 左右。根状茎长而横走，粗 3 mm 左右，疏被鳞片，鳞片棕色或红棕色，披针形，筛孔明显。叶散生；柄长 2 ～ 30 cm，基部褐棕色，略有鳞片，向上禾秆色（有时下部略饰有棕色），光滑；叶片几和叶柄等长，宽约 10 cm 或过之，卵状三角形或卵状披针形，渐尖头，四回羽状细裂；羽片 12 ～ 15 对，互生，柄长 1 ～ 2 cm，基部一对最大，长 9 ～ 17 cm，宽 5 ～ 6 cm，长圆状披针形或三角状披针形，先端渐尖，并具羽裂尾头，三回羽裂；各回小羽片彼此接近，均为上先出，照例基部一对最大；末回能育小羽片或裂片长 5 ～ 7 mm，宽 1.5 ～ 2 mm，线状披针形，有不育的急尖头；末回不育裂片短而狭，线形或短披针形，具短尖头；叶轴和各回育轴上面有浅沟，下面凸起，不育裂片仅有中

脉一条，能育裂片有斜上侧脉和叶缘的边脉汇合。叶干后坚草质或纸质，灰绿色或绿色，遍体无毛。孢子囊群长 5 ～ 6 mm；囊群盖线形或短长圆形，膜质，灰白色，全缘。

【生境分布】生于海拔 200 ～ 1800 m 的山坡路旁、林下沟边或灌丛阴处。全市各地有零星分布。

【药用部位】全草。

【采收加工】夏、秋季采收全草或割取叶片，鲜用或晒干。

【性味归经】味苦，性寒。归心、肝、肺、胃经。

【功能主治】清热解毒，利湿，止血。用于风热感冒，咳嗽，咽痛，泄泻，细菌性痢疾，小便淋痛，湿热黄疸，吐血，咯血，便血，痔血，尿血，疮毒，跌打损伤，毒蛇咬伤，烫火伤等。

## 银粉背蕨

Yinfenbeijue

【别名】通经草、紫背金牛草、明琥珀草。

【来源】凤尾蕨科粉背蕨属植物银粉背蕨 *Aleuritopteris argentea* (S. G. Gmel.) Fée。

【植物形态】植株高 15 ～ 30 cm。根状茎直立或斜升（偶有沿石缝横走），先端被披针形、棕色、有光泽的鳞片。叶簇生；叶柄长 10 ～ 20 cm，粗约 7 mm，红棕色，有光泽，上部光滑，基部疏被棕色、披针形鳞片；叶片五角形，长、宽几相等，为 5 ～ 7 cm，先端渐尖，羽片 3 ～ 5 对，基部三回羽裂，中部二回羽裂，上部一回羽裂；基部一对羽片直角三角形，长 3 ～ 5 cm，宽 2 ～ 4 cm，水平开展或斜向上，基部上侧与叶轴合生，下侧不下延，小羽片 3 ～ 4 对，以圆缺刻分开，基部以狭翅相连，基部下侧一片最大，长 2 ～ 2.5 cm，宽 0.5 ～ 1 cm，长圆状披针形，先端长渐尖，有裂片 3 ～ 4 对；裂片三角形或镰刀形，基部一对较短，羽轴上侧小羽片较短，不分裂，长仅 1 cm 左右；第二对羽片为不整齐的一回羽裂，披针形，基部下延成楔形，往往与基部一对羽片汇合，先端长渐尖，有不整齐的裂片 3 ～ 4 对；裂片三角形或镰刀形，以圆缺刻分开；自第二对羽片向上渐次缩短。叶干后草质或薄革质，上面褐色，光滑，叶脉不显，下面被乳白色或淡黄色粉末，裂片边缘有明显而均匀的细齿。孢子囊群较多；囊群盖连续，狭，膜质，黄绿色，全缘，孢子极面观为钝三角形，周壁表面具颗粒状纹饰。

【生境分布】生于干旱地区、石灰岩石缝中或土壁上。全市各地有零星分布。

【药用部位】全草。

【采收加工】夏、秋季采收，去净泥土，捆成小把，晒干。

【性味归经】味辛、甘，性平。归肺、肝经。

【功能主治】活血调经，止咳，利湿，解毒消肿。用于月经不调，经闭腹痛，赤白带下，肺痨咳血，泄泻，小便涩痛，肺痈，乳痈，风湿关节痛，跌打损伤，肋间神经痛，目赤，疮肿等。

## 扇叶铁线蕨

Shanyetiexian jue

【别名】铁线草、黑骨芒、秧居草、过坛龙、鸡骨草。

【来源】凤尾蕨科铁线蕨属植物扇叶铁线蕨 *Adiantum flabellulatum* L.。

【植物形态】植株高 20 ～ 45 cm。根状茎短而直立，密被棕色、有光泽的钻状披针形鳞片。叶簇生；柄长 10 ～ 30 cm，粗 2.5 mm，紫黑色，有光泽，基部被有和根状茎上相同的鳞片，向上光滑，上面有纵沟 1 条，沟内有棕色短硬毛；叶片扇形，长 10 ～ 25 cm，二至三回不对称的二叉分枝，通常中央的羽片较长，两侧的与中央羽片同形而略短，长可达 5 cm，中央羽片线状披针形，长 6 ～ 15 cm，宽 1.5 ～ 2 cm，奇数一回羽状；小羽片 8 ～ 15 对，互生，平展，具短柄，相距 5 ～ 12 mm，彼此接近或稍疏离，中部以下的小羽片大小几相等，长 6 ～ 15 mm，宽 5 ～ 10 mm，对开式的半圆形（能育的），或为斜方形（不育的），内缘及下缘直而全缘，基部为阔楔形或扇状楔形，外缘和上缘近圆形或圆截形，能育部分具浅缺刻，裂片全缘，不育部分具细锯齿，顶部小羽片与下部的同形而略小，顶生，小羽片倒卵形或扇形，与其下的小羽片同大或稍大。叶脉多回二歧分叉，直达边缘，两面均明显。叶干后近革质，绿色或常为褐色，两面均无毛；各回羽轴及小羽柄均为紫黑色，有光泽，上面均密被红棕色短刚毛，下面光滑。孢子囊群每羽片 2 ～ 5 枚，横生于裂片上缘和外缘，以缺刻分开；囊群盖半圆形或长圆形，上缘平直，革质，褐黑色，全缘，宿存。孢子具不明显的颗粒状纹饰。

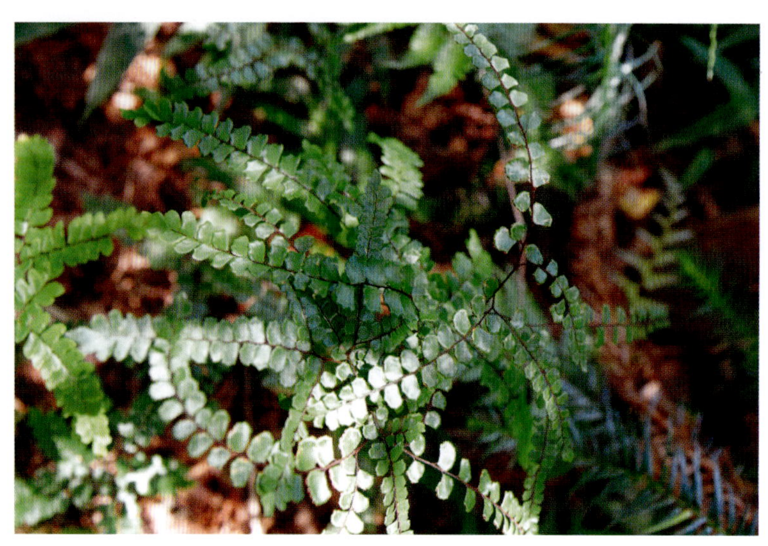

【生境分布】生于疏林下、山坡路旁或草丛中。全市各地有零星分布。

【药用部位】全草或根。

【采收加工】全年均可采收，洗净，鲜用或晒干。

【性味归经】味苦、辛，性凉。归肝、大肠、膀胱经。

【功能主治】清热利湿，解毒散结。用于流感发热，泄泻，细菌性痢疾，黄疸，石淋，痈肿，蛇虫咬伤，跌打肿痛等。

# 凤仙花科

## 凤仙花

Fengxianhua

【别名】灯盏花、金凤花、好女儿花、指甲花、海莲花。

【来源】凤仙花科凤仙花属植物凤仙花 *Impatiens balsamina* L.。

【植物形态】一年生草本，高 60 ～ 100 cm。茎粗壮，肉质，直立，有分枝或无，无毛或幼时被疏柔毛，基部直径可达 8 mm，具多数纤维状根，下部节常膨大。叶互生，最下部叶有时对生；叶片披针形、狭椭圆形或倒披针形，长 4 ～ 12 cm，宽 1.5 ～ 3 cm，先端尖或渐尖，基部楔形，边缘有锐锯齿，向基部常有数对无柄的黑色腺体，两面无毛或被疏柔毛，侧脉 4 ～ 7 对；叶柄长 1 ～ 3 cm，上面有浅沟，两侧具数对具柄的腺体。花单生或 2 ～ 3 朵簇生于叶腋，无总花梗，白色、粉红色或紫色，单瓣或重瓣；花梗长 2 ～ 2.5 cm，密被柔毛；苞片线形，位于花梗的基部；侧生萼片 2，卵形或卵状披针形，长 2 ～ 3 mm，唇瓣深舟状，长 13 ～ 19 mm，宽 4 ～ 8 mm，被柔毛，基部急尖成长 1 ～ 2.5 cm 内弯的距；旗瓣圆形，兜状，先端微凹，背面中肋具狭龙骨状突起，顶端具小尖，翼瓣具短柄，长 23 ～ 35 mm，2 裂，下部裂片小，倒卵状长圆形，上部裂片近圆形，先端 2 浅裂，外缘近基部具小耳；雄蕊 5 枚，花丝线形，花药卵球形，顶端钝；子房纺锤形，密被柔毛。蒴果宽纺锤形，长 10 ～ 20 mm，两端尖，密被柔毛。种子多数，圆球形，直径 1.5 ～ 3 mm，黑褐色。花期 6—7 月，果期 8—9 月。

【生境分布】全市各地均有栽培。

【药用部位】种子、茎、花、根。

【采收加工】种子：8—9 月蒴果由绿转黄时，及时采摘，将蒴果脱粒，筛去果皮等杂质。茎：夏、秋季植株生长茂盛时割取地上部分，除去叶、花及果实，洗净，晒干。花：夏、秋季开花时采收，鲜用或阴干、烘干。根：秋季采挖根部，洗净，鲜用或晒干。

【性味归经】种子：味辛、苦，性温；有小毒。归肝、脾经。茎：味苦、辛，性温；有小毒。花：味甘、苦，性微温。根：味苦、辛，性平。

【功能主治】种子：行瘀降气，软坚散结。用于经闭，痛经，产后胞衣不下，噎膈，痞块，骨鲠，龋齿，疮痈肿毒等。茎：祛风除湿，活血止痛，解毒。用于风湿痹痛，跌打肿痛，经闭，痛经，痈肿，丹毒，鹅掌风，蛇虫咬伤等。花：祛风除湿，活血止痛，解毒杀虫。用于风湿肢体痿废，腰胁疼痛，妇女经闭腹痛，产后瘀血未尽，跌打损伤，骨折，疮痈肿毒，毒蛇咬伤，带下，灰指甲等。根：活血止痛，利湿消肿。用于跌打肿痛，风湿骨痛，带下，水肿等。

# 谷精草科

## 谷精草

Gu jingcao

【别名】耳朵刷子、挖耳朵草、珍珠草。

【来源】谷精草科谷精草属植物谷精草 *Eriocaulon buergerianum* Körn.。

【植物形态】草本。叶线形，丛生，半透明，具横格，长 4 ～ 10（20）cm，中部宽 2 ～ 5 mm，脉 7 ～ 12（18）条。花葶多数，长达25（30）cm，直径0.5 mm，扭转，具 4 ～ 5 棱；鞘状苞片长 3 ～ 5 cm，口部斜裂；花序成熟时近球形，禾秆色，长 3 ～ 5 mm，宽 4 ～ 5 mm；总苞片倒卵形至近圆形，禾秆色，下半部较硬，上半部纸质，不反折，长 2 ～ 2.5 mm，宽 1.5 ～ 1.8 mm，无毛或边缘有少数毛，下部的毛较长；总（花）托常有密柔毛，苞片倒卵形至长倒卵形，长 1.7 ～ 2.5 mm，宽 0.9 ～ 1.6 mm，背面上部及顶端有白色短毛。雄花：花萼佛焰苞状，外侧裂开，3 浅裂，长 1.8 ～ 2.5 mm，背面及顶端有毛；花冠裂片 3，近锥形，几等大，近顶处各有 1 黑色腺体，端部常有 2 细胞的白色短毛；雄蕊 6 枚，花药黑色。雌花：花萼合生，外侧开裂，顶端 3 浅裂，长 1.8 ～ 2.5 mm，背面及顶端有短毛，外侧裂口边缘有毛，下长上短；花瓣 3 枚，离生，扁棒形，肉质，顶端各具 1 黑色腺体及若干白色短毛，果实成熟时毛易脱落，内面常有长柔毛，子房 3 室，花柱分枝 3，短于花柱。种子矩圆状，长 0.75 ～ 1 mm，表面具横格及“T”字形突起。花果期 7—12 月。

【生境分布】生于稻田、水边、湿地中。全市各地有零星野生。

【药用部位】干燥带花茎的头状花序。

【采收加工】秋季采收，将花序连同花茎一起拔出，晒干。

【性味归经】味辛、甘，性平。归肝、肺经。

【功能主治】疏风散热，明目退翳。用于风热，目赤肿痛，羞明，目生翳膜，风热头痛等。

# 海金沙科

## 海金沙

Haijinsha

【别名】狭叶海金沙、左转藤。

【来源】海金沙科海金沙属植物海金沙 *Lygodium japonicum* (Thunb.) Sw.。

【植物形态】多年生草质藤本，高 1 ～ 4 m。叶轴上面有 2 条狭边，羽片多数，相距 9 ～ 11 cm，对生于叶轴上的短距两侧，平展，距长达 3 mm，先端有一丛黄色柔毛覆盖腋芽。不育羽片尖三角形，长、宽几相等，10 ～ 12 cm 或较狭，柄长 1.5 ～ 1.8 cm，同羽轴一样被短灰毛，两侧并有狭边，二回羽状；一回羽片 2 ～ 4 对，互生，柄长 4 ～ 8 mm，和小羽轴都有狭翅及短毛，基部 1 对卵圆形，长 4 ～ 8 cm，宽 3 ～ 6 cm，一回羽状；二回小羽片 2 ～ 3 对，卵状三角形，具短柄或无柄，互生，掌状 3 裂；末回裂片短阔，中央一条长 2 ～ 3 cm，宽 6 ～ 8 mm，基部楔形或心形，先端钝，顶端的二回羽片长 2.5 ～ 3.5 cm，宽 8 ～ 10 mm，波状浅裂；向上的一回小羽片近掌状分裂或不分裂，较短，叶缘有不规则的浅圆锯齿。主脉明显，侧脉纤细，从主脉斜上，一至二回二叉分歧，直达锯齿。叶纸质，干后绿褐色。两面沿中肋及脉上略有短毛。能育羽片卵状三角形，长、宽几相等，为 12 ～ 20 cm，或长稍过于宽，二回羽状；一回小羽片 4 ～ 5 对，互生，相距 2 ～ 3 cm，长圆状披针形，长 5 ～ 10 cm，基部宽 4 ～ 6 cm，一回羽状，二回小羽片 3 ～ 4 对，卵状三角形，羽状深裂。孢子囊穗长 2 ～ 4 mm，往往长远超过小羽片的中央不育部分，排列稀疏，暗褐色，无毛。孢子表面有小疣。孢子成熟期 9—10 月。

【生境分布】生于阴湿山坡灌丛中或路边林缘。分布于全市各地。

【药用部位】地上部分、孢子、根及根茎。

【采收加工】地上部分：夏、秋季采收，除去杂质，鲜用或晒干。孢子：秋季孢子未脱落时采割藤叶，晒干，搓揉或打下孢子，筛去藤叶。根及根茎：8—9 月采挖根及根茎，洗净，晒干。

【性味归经】地上部分：味甘，性寒。归膀胱、小肠、肝经。孢子：味甘、淡，性寒。归膀胱、小肠、脾经。根及根茎：味甘、淡，性寒。归肺、肝、膀胱经。

【功能主治】地上部分：清热解毒，利水通淋，活血通络。用于热淋，石淋，血淋，小便不利，水肿，白浊，带下，肝炎，泄泻，细菌性痢疾，感冒发热，咳喘，咽喉肿痛，口疮，目赤肿痛，痄腮，乳痈，丹毒，带状疱疹，水火烫伤，皮肤瘙痒，跌打损伤，风湿痹痛，外伤出血等。孢子：利水通淋，清热解毒。用于热淋，血淋，白浊，带下，湿热泻痢，黄疸，吐血，衄血，尿血及外伤出血等。根及根茎：清热解毒，利湿消肿。用于肺炎，感冒高热，乙型脑炎，急性胃肠炎，细菌性痢疾，急性传染性黄疸型肝炎，尿路感染，风湿腰腿痛，乳腺炎，腮腺炎，睾丸炎，蛇咬伤等。

# 禾本科

## 白茅

Baimao

【别名】丝茅草、茅草、白茅根、茅草根。

【来源】禾本科白茅属植物白茅 *Imperata cylindrica* (L.) P. Beauv.。

【植物形态】多年生草本，具粗壮的长根状茎。秆直立，高 30 ~ 80 cm，具 1 ~ 3 节，节无毛。叶鞘聚集于秆基，甚长于其节间，质地较厚，老后破碎成纤维状；叶舌膜质，长约 2 mm，紧贴其背部或鞘口具柔毛，分蘖叶片长约 20 cm，宽约 8 mm，扁平，质地较薄；秆生叶片长 1 ~ 3 cm，窄线形，通常内卷，顶端渐尖成刺状，下部渐窄，或具柄，质硬，被白粉，基部上面具柔毛。圆锥花序稠密，长 20 cm，宽达 3 cm，小穗长 4.5 ~ 5（6）mm，基盘具长 12 ~ 16 mm 的丝状柔毛；两颖草质及边缘膜质，近相等，具 5 ~ 9 脉，顶端渐尖或稍钝，常具纤毛，脉间疏生长丝状毛，第一外稃卵状披针形，长为颖片的 2/3，透明膜质，无脉，顶端尖或齿裂，第二外稃与其内稃近相等，长约为颖片之半，卵圆形，顶端具齿裂及纤毛；雄蕊 2 枚，花药长 3 ~ 4 mm；花柱细长，基部多少连合，柱头 2，紫黑色，羽状，长约 4 mm，自小穗顶端伸出。颖果椭圆形，长约 1 mm，胚长为颖果之半。花果期 5—7 月。

【生境分布】生于路旁向阳干草地或山坡上、田边、沟岸。全市各地均有分布。

【药用部位】根茎。

【采收加工】春、秋季采挖，洗净，晒干，除去须根和膜质叶鞘，捆成小把。

【性味归经】味甘，性寒。归肺、胃、膀胱经。

【功能主治】凉血止血，清热利尿。用于血热吐血，衄血，尿血，热病烦渴，湿热黄疸，水肿尿少，热淋涩痛等。

## 淡竹叶

Danzhuye

【别名】碎骨草、山鸡米草、竹叶草、长竹叶、地竹。

【来源】禾本科淡竹叶属植物淡竹叶 *Lophatherum gracile* Brongn.。

【植物形态】多年生草本，具木质根头。须根中部膨大成纺锤形小块根。秆直立，疏丛生，高 40 ~ 80 cm，具 5 ~ 6 节。叶鞘平滑或外侧边缘具纤毛；叶舌质硬，长 0.5 ~ 1 mm，褐色，背有糙毛；叶片披针形，长 6 ~ 20 cm，宽 1.5 ~ 2.5 cm，具横脉，有时被柔毛或疣基小刺毛，基部收窄成柄状。圆锥花序长 12 ~ 25 cm，分枝斜升或开展，长 5 ~ 10 cm；小穗线状披针形，长 7 ~ 12 mm，宽 1.5 ~ 2 mm，具极短柄；颖顶端钝，具 5 脉，边缘膜质，第一颖长 3 ~ 4.5 mm，第二颖长 4.5 ~ 5 mm；第一外稃长 5 ~ 6.5 mm，宽约 3 mm，具 7 脉，顶端具尖头，内稃较短，其后具长约 3 mm 的小穗轴；不育外稃向上渐狭小，互相密集包卷，顶端具长约 1.5 mm 的短芒；雄蕊 2 枚。颖果长椭圆形。花期 7—9 月，果期 8—10 月。

【生境分布】生于山坡林下或沟边阴湿处。全市各地均有分布。

【药用部位】茎叶。

【采收加工】夏季未抽花穗前采割，晒干。

【性味归经】味甘、淡，性寒。归心、胃、小肠经。

【功能主治】清热泻火，除烦止渴，利尿通淋。用于热病烦渴，小便短赤涩痛，口舌生疮等。

## 稻

Dao

【别名】水稻、稻子、稻谷。

【来源】禾本科稻属植物稻 *Oryza sativa* L.。

【植物形态】一年生水生草本。秆直立，高 0.5 ~ 1.5 m，随品种而异。叶鞘松弛，无毛；叶舌披针形，长 10 ~ 25 cm，两侧基部下延长成叶鞘边缘，具 2 枚镰形抱茎的叶耳；叶片线状披针形，长 40 cm 左右，宽约 1 cm，无毛，粗糙。圆锥花序大型疏展，长约 30 cm，分枝多，棱粗糙，成熟期向下弯垂；小穗含 1 成熟花，两侧甚压扁，长圆状卵形至椭圆形，长约 10 mm，宽 2 ～ 4 mm；颖极小，仅在小穗柄先端留下半月形的痕迹，退化外稃 2 枚，锥刺状，长 2 ～ 4 mm；两侧孕性花外稃质厚，具 5 脉，中脉成脊，表面有方格状小乳状突起，厚纸质，遍布细毛端毛较密，有芒或无芒；内稃与外稃同质，具 3 脉，先端尖而无喙；雄蕊 6 枚，花药长 2 ～ 3 mm。颖果长约 5 mm，宽约 2 mm，厚 1 ～ 1.5 mm；胚比小，约为颖果长的 1/4。

【生境分布】全市各地均有栽培。

【药用部位】成熟果实经发芽的干燥加工品。

【采收加工】秋季颖果成熟时采收，脱下果实，晒干。将果实用水浸泡后，保持适宜的温湿度，待须根长至 1 cm 时，干燥。

【性味归经】味甘，性平。归脾、胃、肺经。

【功能主治】补气健脾，除烦渴，止泄泻。用于脾胃气虚，食少纳呆，倦怠乏力，心烦口渴，泄泻，细菌性痢疾等。

## 糯稻

Nuodao

【别名】稻米、江米、元米、糯米。

【来源】禾本科稻属植物糯稻 *Oryza sativa* L. var. *glutinosa* Matsum.。

【植物形态】一年生草本，高 1 m 左右。秆直立，圆柱状。叶鞘与节间等长，下部者长过节间；叶舌膜质而较硬，狭长披针形，基部两侧下延与叶鞘边缘相结合；叶片扁平披针形，长 25 ～ 60 cm，宽 5 ～ 15 mm，幼时具明显叶耳。圆锥花序疏松，颖片常粗糙；小穗长圆形，通常带褐紫色；退化稃锥刺状，能育外稃具 5 脉，被细毛，有芒或无芒；内稃 3 脉，被细毛；鳞被 2，卵圆形；雄蕊 6 枚；花柱 2，柱头帚刷状，自小花两侧伸出。颖果平滑，粒饱满，稍圆，色较白，煮熟后黏性较大。花果期 7—8 月。

【生境分布】全市各地均有栽培。

【药用部位】种仁、根及根茎。

【采收加工】种仁：果实成熟时采收，晒干，用机器去掉稻壳，取其种仁。根及根茎：夏、秋季糯稻收割后，挖取根茎及须根，除去残茎，洗净，晒干。

【性味归经】种仁：味甘，性温。归脾、胃经。根及根茎：味甘，性平。归肺、肾经。

【功能主治】种仁：暖胃健脾，补中益气。用于脾胃虚寒，食欲不佳，腹胀腹泻，小便白浊等。根及根茎：养阴除热，止汗。用于阴虚发热，自汗盗汗，口渴咽干，肝炎，丝虫病等。

## 淡竹

Danzhu

【别名】花皮淡竹、绿粉竹、粉绿竹、花斑竹。

【来源】禾本科刚竹属植物淡竹 *Phyllostachys glauca* McClure。

【植物形态】秆高 5 ～ 12 m，粗 2 ～ 5 cm，幼秆密被白粉，无毛，老秆灰黄绿色；节间最长可达 40 cm，壁薄，厚仅约 3 mm；秆环与箨环均稍隆起，同高。箨鞘背面淡紫褐色至淡紫绿色，常有深浅相同的纵条纹，无毛，具紫色脉纹及疏生的小斑点或斑块，无箨耳及鞘口繸毛；箨舌暗紫褐色，高 2 ～ 3 mm，截形，边缘有波状裂齿及细短纤毛；箨片线状披针形或带状，开展或外翻，平直或有时微皱曲，绿紫色，边缘淡黄色。末级小枝具 2 叶或 3 叶；叶耳及鞘口繸毛均存在但早落；叶舌紫褐色；叶片长 7 ～ 16 cm，宽 1.2 ～ 2.5 cm，下表面沿中脉两侧稍被柔毛。花枝呈穗状，长达 11 cm，基部有 3 ～ 5 片逐渐增大的鳞片状苞片；佛焰苞 5 ～ 7 片，无毛或一侧疏生柔毛，鞘口繸毛有时存在，短细，缩小叶狭披针形至锥状，每苞内有 2 ～ 4 枚假小穗，但其中常仅 1 枚或 2 枚发育正常，侧生假小穗下方所托的苞片披针形，先端有微毛。小穗长约 2.5 cm，狭披针形，含 1 朵或 2 朵小花，常以最上端 1 朵成熟；小穗轴最后延伸成刺芒状，节间密生短柔毛；颖不存在或仅 1 片；外稃长约 2 cm，常被短柔毛；内稃稍短于其外稃，脊上生短柔毛；鳞被长 4 mm；花药长 12 mm；柱头 2，羽毛状。花期 10 月至次年 5 月。

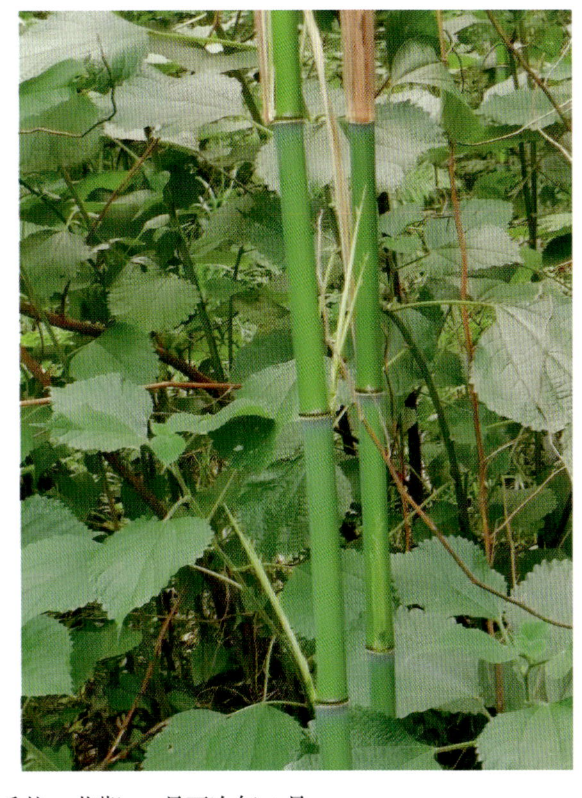

【生境分布】生于丘陵及平原。本市常见栽培于庭院。

【药用部位】茎秆去外皮后刮出的中间层（竹茹），茎经火烤后所流出的汁液（竹沥），叶（竹叶），卷而未放的幼叶（竹卷心），嫩苗（淡竹笋），箨叶（淡竹壳），枯死的幼竹茎秆（仙人杖），根茎（淡竹根）。

【采收加工】茎秆去外皮后刮出的中间层：全年可采割，取新竹，刮去外层青皮，然后将中间层刮成丝状，摊放晾干。茎经火烤后所流出的汁液：取鲜竹竿，截成 30 ～ 50 cm 的长段，两端去节，劈开，架起，中间用火烤，两端即有汁液流出，以器盛之。叶：随时采鲜品入药。卷而未放的幼叶：清晨采摘，鲜用。嫩苗：夏、秋季采集，去箨叶，鲜用或晒干。箨叶：夏季采收，鲜用或晾干。枯死的幼竹茎秆：全年均可采收，除去杂质，切段，晒干。根茎：全年均可采收。

【性味归经】茎秆去外皮后刮出的中间层：味甘，性微寒。归脾、胃、胆经。茎经火烤后所流出的汁液：味甘、苦，性寒。归心、肝、肺经。叶：味甘、淡，性寒。归心、肺、胃经。卷而未放的幼叶：味甘、微苦、淡，性寒。归心、肝经。嫩苗：味甘，性寒。归肺、胃经。箨叶：味甘、淡，性寒。枯死的幼竹茎秆：味咸，性平。根茎：味甘、淡，性寒。

【功能主治】茎秆去外皮后刮出的中间层：清热化痰，除烦止呕，安胎凉血。用于肺热咳嗽，烦热惊悸，胎动不安，吐血，衄血，尿血，崩漏等。茎经火烤后所流出的汁液：清热降火，滑痰利窍。用于中风痰迷，肺热痰壅，惊风，癫痫，热病痰多，壮热烦渴，破伤风等。叶：清热除烦，生津，利尿。用于热病烦渴，小儿癫痫，咳逆吐衄，小便短赤，口糜舌疮等。卷而未放的幼叶：清热消痰。用于头风，头痛，心胸烦闷，眩晕，癫痫，小儿惊风等。嫩苗：清心除烦，利尿，解毒。用于热病烦渴，小便短赤，烧烫伤等。箨叶：明目退翳。用于目翳等。枯死的幼竹茎秆：和胃，利湿，截疟。用于呕逆反胃，小儿吐乳，水肿，脚气，疟疾，痔疮等。根茎：清热除烦，涤痰定惊。用于发热心烦，惊悸，小儿癫痫等。

## 高粱

Gaoliang

【别名】木稷、蜀黍、蜀秫、芦粟、芦穄。

【来源】禾本科高粱属植物高粱 *Sorghum bicolor* (L.) Moench。

【植物形态】一年生草本。秆高随栽培条件及品种而异，节上通常无白毛、髯毛状毛。叶鞘无毛或被白粉；叶舌硬膜质，先端圆，边缘有纤毛；叶片狭长披针形，长达 50 cm，宽约 4 cm。圆锥花序有轮生、互生或对生的分枝；无柄小穗卵状椭圆形，长 5 ～ 6 mm，颖片成熟时下部硬革质，光滑无毛，上部及边缘具短柔毛，两性，有柄小穗雄性或中性；穗轴节间及小穗柄为线形，边缘均具纤毛，但无纵沟；第一颖背部凸起或扁平，成熟时变硬而光亮，有窄狭内卷的边缘，向先端渐内折，第二颖舟形，有脊；第一外稃透明膜质，第二外稃长圆形或线形，先端 2 裂，从裂齿间伸出芒，或全缘而无芒。颖果倒卵形，成熟后露出颖外。花果期秋季。

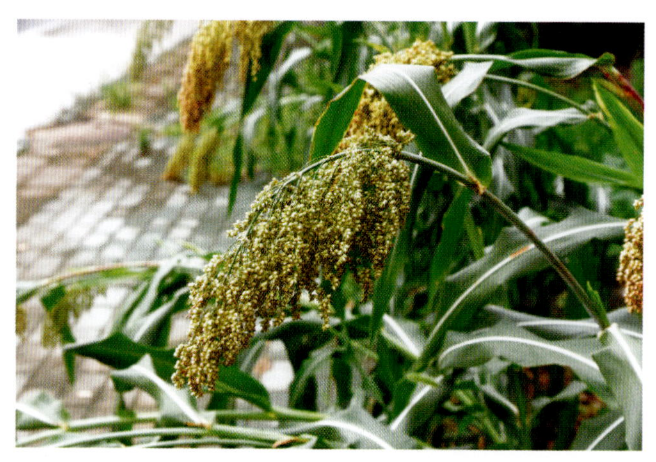

【生境分布】全市各地均有栽培。

【药用部位】种仁、根。

【采收加工】种仁：秋季种子成熟后采收，晒干。根：生长季均可采挖，洗净，晒干。

【性味归经】种仁：味甘、涩，性温。归脾、胃、肺经。根：味甘，性平。

【功能主治】种仁：健脾止泻，化痰安神。用于脾虚泄泻，霍乱，消化不良，痰湿咳嗽，失眠多梦等。根：平喘，利尿，止血。用于咳嗽气喘，血崩，产后出血等。

## 狗尾草

Gouweicao

【别名】光明草、大尾草、毛娃娃、毛嘟嘟、毛毛草。

【来源】禾本科狗尾草属植物狗尾草 *Setaria viridis* (L.) P. Beauv.。

【植物形态】一年生草本。根为须状，高大植株具支持根。秆直立或基部膝曲，高 10 ～ 100 cm，基部直径达 3 ～ 7 mm。叶鞘松弛，无毛或疏具柔毛或疣毛，边缘具较长的密绵毛状纤毛；叶舌极短，边缘有长 1 ～ 2 mm 的纤毛；叶片扁平，长三角状狭披针形或线状披针形，先端长渐尖或渐尖，基部钝圆形，几呈截状或渐窄，长 4 ～ 30 cm，宽 2 ～ 18 mm，通常无毛或疏被疣毛，边缘粗糙。圆锥花序紧密成圆柱状或基部稍疏离，直立或稍弯垂，主轴被较长柔毛，长 2 ～ 15 cm，宽 4 ～ 13 mm（除刚毛外），刚毛长 4 ～ 12 mm，粗糙或微粗糙，直或稍扭曲，通常绿色或褐黄色至紫红色或紫色；小穗 2 ～ 5 个簇生于主轴上或更多的小穗着生在短小枝上，椭圆形，先端钝，长 2 ～ 2.5 mm，铅绿色；第一颖卵形、宽卵形，长约为小穗的 1/3，先端钝或稍尖，具 3 脉；第二颖几与小穗等长，椭圆形，具 5 ～ 7 脉；第一外稃与小穗第长，具 5 ～ 7 脉，先端钝，其内稃短小狭窄；第二外稃椭圆形，顶端钝，具细点状皱纹，边缘内卷，狭窄；鳞被楔形，顶端微凹；花柱基分离。颖果灰白色。花果期 5—10 月。

【生境分布】生于荒野、道旁。全市各地均有分布。

【药用部位】全草。

【采收加工】夏、秋季采收，晒干或鲜用。

【性味归经】味甘、淡，性凉。

【功能主治】清热利湿，祛风明目，解毒，杀虫。用于风热感冒，黄疸，小儿疳积，细菌性痢疾，小便涩痛，目赤肿痛，痈肿，寻常疣，疥疮等。

## 菰

Gu

【别名】茭白、高笋、菰笋、菰菜、野茭白。

【来源】禾本科菰属植物菰 *Zizania latifolia* (Griseb.) Turcz. ex Stapf。

（摄于鄂城区洋澜湖畔）

【植物形态】多年生挺水草本，具匍匐根状茎。须根粗壮。秆高大直立，高 1 ～ 2 m，直径约 1 cm，具多数节，基部节上生不定根。叶鞘长于其节间，肥厚，有小横脉；叶舌膜质，长约 1.5 cm，顶端尖；叶片扁平宽大，长 50 ～ 90 cm，宽 15 ～

30 mm。圆锥花序长 30 ～ 50 cm，分枝多数簇生，上升，果期开展；雄小穗长 10 ～ 15 mm，两侧压扁，着生于花序下部或分枝上部，带紫色，外稃具 5 脉，顶端渐尖具小尖头，内稃具 3 脉，中脉成脊，具毛，雄蕊 6 枚，花药长 5 ～ 10 mm；雌小穗圆筒形，长 18 ～ 25 mm，宽 1.5 ～ 2 mm，着生于花序上部和分枝下方与主轴贴生处，外稃之 5 脉粗糙，芒长 20 ～ 30 mm，内稃具 3 脉。颖果圆柱形，长约 12 mm。

【生境分布】为湖沼、水塘内的栽培作物。全市各地有野生，亦有栽培。

【药用部位】嫩茎秆被菰黑粉菌刺激而形成的纺锤形肥大部分。

【采收加工】秋季采收，鲜用或晒干。

【性味归经】味甘，性寒。归肝、脾、肺经。

【功能主治】解热毒，除烦渴，利二便。用于烦热，消渴，二便不通，黄疸，细菌性痢疾，热淋，目赤，乳汁不下，疮疡等。

## 荩草

Jincao

【别名】绿竹、光亮荩草、匿芒荩草。

【来源】 禾本科荩草属植物荩草 *Arthraxon hispidus* (Thunb.) Makino。

【植物形态】一年生草本。秆细弱，无毛，基部倾斜，高 30 ～ 60 cm，具多节，常分枝，基部节着地易生根。叶鞘短于节间，生短硬疣毛；叶舌膜质，长 0.5 ～ 1 mm，边缘具纤毛；叶片卵状披针形，长 2 ～ 4 cm，宽 0.8 ～ 1.5 cm，基部心形，抱茎，除下部边缘生疣基毛外余均无毛。总状花序细弱，长 1.5 ～ 4 cm，2 ～ 10 枚呈指状排列或簇生于秆顶；总状花序轴节间无毛，长为小穗的 2/3 ～ 3/4。无柄小穗卵状披针形，呈两侧压扁，长 3 ～ 5 mm，灰绿色或带紫色；第一颖草质，边缘膜质，包住第二颖的 2/3，具 7 ～ 9 脉，脉上粗糙至生疣基硬毛，尤以顶端及边缘为多，先端锐尖；第二颖近膜质，与第一颖等长，舟形，脊上粗糙，具 3 脉而 2 侧脉不明显，先端尖；第一外稃长圆形，透明膜质，先端尖，长为第一颖的 2/3；第二外稃与第一外稃等长，透明膜质，近基部伸出一膝曲的芒；芒长 6 ～ 9 mm，下部扭转；雄蕊 2；花药黄色或带紫色，长 0.7 ～ 1 mm。颖果长圆形，与稃体等长。花果期 9—11 月。

【生境分布】生于山坡、草地和阴湿处。全市各地均有分布。

【药用部位】全草。

【采收加工】7—9 月割取全草，晒干。

【性味归经】味苦，性平。

【功能主治】止咳定喘，杀虫解毒。用于久咳气喘，肝炎，咽喉炎，口腔炎，鼻炎，淋巴结炎，乳腺炎，疮疡疥癣等。

## 狼尾草
Langweicao

【别名】 狗尾草、狗尾巴草、大狗尾草、黑狗尾草。

【来源】 禾本科狼尾草属植物狼尾草 *Pennisetum alopecuroides* (L.) Spreng.。

【植物形态】 多年生草本，须根较粗壮。秆直立，丛生，高 30 ~ 120 cm，在花序下密生柔毛。叶鞘光滑，两侧压扁，主脉成脊，在基部者跨生状，秆上部者长于节间；叶舌具长约 2.5 mm 的纤毛；叶片线形，长 10 ~ 80 cm，宽 3 ~ 8 mm，先端长渐尖，基部生疣毛。圆锥花序直立，长 5 ~ 25 cm，宽 1.5 ~ 3.5 cm；主轴密生柔毛；总梗长 2 ~ 3（5）mm；刚毛粗糙，淡绿色或紫色，长 1.5 ~ 3 cm；小穗通常单生，偶有双生，线状披针形，长 5 ~ 8 mm；第一颖微小或缺，长 1 ~ 3 mm，膜质，先端钝，脉不明显或具 1 脉；第二颖卵状披针形，先端短尖，具 3 ~ 5 脉，长为小穗的 1/3 ~ 2/3；第一小花中性，第一外稃与小穗等长，具 7 ~ 11 脉；第二外稃与小穗等长，披针形，具 5 ~ 7 脉，边缘包着同质的内稃；鳞被 2，楔形；雄蕊 3，花药顶端无毫毛；花柱基部连合。颖果长圆形，长约 3.5 mm。花期 8—9 月，果期 10 月。

【生境分布】 生于田岸、沟边、荒地、道旁及小山坡上。全市各地有零星野生。

【药用部位】 全草、根及根茎。

【采收加工】 全草：夏、秋季采收，洗净，晒干。根及根茎：全年均可采收，洗净，晒干或鲜用。

【性味归经】 全草：味甘，性平。根及根茎：味甘，性平。

【功能主治】 全草：清肺止咳，凉血明目。用于肺热咳嗽，目赤肿痛。根及根茎：清肺止咳，解毒。用于肺热咳嗽，疮毒等。

## 芦苇
Luwei

【别名】 苇、葭、芦竹、蒲苇、苇子草、芦根。

【来源】 禾本科芦苇属植物芦苇 *Phragmites australis* (Cav.) Trin. ex Steud.。

【植物形态】 多年生草本，根茎十分发达。秆直立，高 1 ~ 3（8）m，直径 1 ~ 4 cm，具 20 多节，基部和上部的节间较短，最长节间位于下部第 4 ~ 6 节，长 20 ~ 25（40） cm，节下被蜡粉。叶鞘下部者短于而上部者长于其节间；叶舌边缘密生一圈长约 1 mm 的短纤毛，两侧缘毛长 3 ~ 5 mm，易脱落；叶片披针状线形，长 30 cm，宽 2 cm，无毛，顶端长渐尖成丝形。圆锥花序大型，长 20 ~ 40 cm，宽约 10 cm，分枝多数，长 5 ~ 20 cm，着生于稠密下垂的小穗；小穗柄长 2 ~ 4 mm，无毛；小穗长约 12 mm，含 4 花；颖具 3 脉，第一颖长 4 mm；第二颖长约 7 mm；第一不孕外稃雄性，长约 12 mm，第二外稃长 11 mm，具 3 脉，顶端长渐尖，基盘延长，两侧密生等长于外稃的丝状柔毛，与无毛的小穗轴相连接处具明显关节，成熟后易自关节上脱落；内稃长约 3 mm，两脊粗糙；雄蕊 3，花药长 1.5 ～ 2 mm，黄色；颖果长约 1.5 mm。

【生境分布】生于河流、池沼岸边浅水中。全市各地水域均有分布。

【药用部位】根茎、叶、花。

【采收加工】根茎：一般在夏、秋季挖起地下茎，除掉泥土，剪去须根，切段，晒干或鲜用。叶：春、夏、秋季均可采收。花：秋后采收，晒干。

【性味归经】根茎：味甘，性寒。归肺、胃、膀胱经。叶：味甘，性寒。归胃、肺经。花：味甘，性寒。

【功能主治】根茎：清热生津，除烦止呕，利尿，透疹。用于热病烦渴，胃热呕哕，肺热咳嗽，肺痈吐脓，热淋，麻疹，还可解河豚中毒等。叶：清热辟秽，止血，解毒。用于霍乱吐泻，吐血，衄血，肺痈等。花：止泻，止血，解毒。用于吐泻，衄血，血崩，外伤出血，鱼蟹中毒等。

## 求米草

Qiumicao

【别名】缩箬、皱叶草。

【来源】禾本科求米草属植物求米草 *Oplismenus undulatifolius* (Arduino) Roemer & Schuit.。

【植物形态】多年生草本。秆纤细，基部平卧地面，节处生根，上升部分高 20 ～ 50 cm。叶鞘短于或上部者长于节间，密被疣基毛；叶舌膜质，短小，长约 1 mm；叶片扁平，披针形至卵状披针形，长 2 ～ 8 cm，宽 5 ～ 18 mm，先端尖，基部略圆形而稍不对称，通常具细毛。圆锥花序长 2 ～ 10 cm，主轴密被疣基长刺柔毛；分枝短缩，有时下部的分枝延伸长达 2 cm；小穗卵圆形，被硬刺毛，长 3 ～ 4 mm，簇生于主轴或部分孪生；颖草质，第一颖长约为小穗之半，顶端具长 0.5 ～ 1（1.5）cm 硬直芒，具 3 ～ 5 脉；第二颖较第一颖长，顶端芒长 2 ～ 5 mm，具 5 脉；第一外稃草质，与小穗等长，具 7 ～ 9 脉，顶端芒长 1 ～ 2 mm，第一内稃通常缺；第二外稃革质，长约 3 mm，平滑，结果时变硬，边缘包着同质的内稃；鳞被 2，膜质；雄蕊 3；花柱基分离。花果期 7—11 月。

【生境分布】生于海拔 740 ～ 2000 m

的山坡疏林下。全市各地均有分布。

【药用部位】 全草。

【采收加工】 秋季采收，晒干。

【性味归经】 味甘、淡，性微寒。

【功能主治】 凉血止血。用于跌打损伤等。

## 牛筋草

Niu jincao

【别名】 蟋蟀草。

【来源】 禾本科䅟属植物牛筋草 *Eleusine indica* (L.) Gaertn.。

【植物形态】 一年生草本。根系极发达。秆丛生，基部倾斜，高 10 ～ 90 cm。叶鞘两侧压扁而具脊，松弛，无毛或疏生疣毛；叶舌长约 1 mm；叶片平展，线形，长 10 ～ 15 cm，宽 3 ～ 5 mm，无毛或上面被疣基柔毛。穗状花序 2 ～ 7 个指状着生于秆顶，很少单生，长 3 ～ 10 cm，宽 3 ～ 5 mm；小穗长 4 ～ 7 mm，宽 2 ～ 3 mm，含 3 ～ 6 小花；颖披针形，具脊，脊粗糙；第一颖长 1.5 ～ 2 mm；第二颖长 2 ～ 3 mm；第一外稃长 3 ～ 4 mm，卵形，膜质，具脊，脊上有狭翼，内稃短于外稃，具 2 脊，脊上具狭翼。囊果卵形，长约 1.5 mm，基部下凹，具明显的波状皱纹。花果期 6—10 月。

【生境分布】 生于荒芜之地及道路旁。全市各地均有分布。

【药用部位】 根或全草。

【采收加工】 8—9 月采挖，洗净，鲜用或晒干。

【性味归经】 味甘、淡，性凉。

【功能主治】 清热利湿，凉血解毒。用于中暑发热，小儿惊风，乙型脑炎，流脑，黄疸，淋证，小便不利，细菌性痢疾，便血，疮疡肿痛，跌打损伤等。

## 䓊草

Wangcao

【别名】 罔草。

【来源】 禾本科䓊草属植物䓊草 *Beckmannia syzigachne* (Steud.) Fern.。

【植物形态】 一年生草本。秆直立，高 15 ～ 90 cm，具 2 ～ 4 节。叶鞘无毛，多长于节间；叶舌透明膜质，长 3 ～ 8 mm；叶片扁平，长 5 ～ 20 cm，宽 3 ～ 10 mm，粗糙或下面平滑。圆锥花序长 10 ～

30 cm，分枝稀疏，直立或斜升；小穗扁平，圆形，灰绿色，常含 1 小花，长约 3 mm；颖草质；边缘质薄，白色，背部灰绿色，具淡色的横纹；外稃披针形，具 5 脉，常具伸出颖外之短尖头；花药黄色，长约 1 mm。颖果黄褐色，长圆形，长约 1.5 mm，先端具丛生短毛。花果期 4—10 月。

【生境分布】 生于海拔 3700 m 以下的湿地、水沟边及浅的流水中。全市各地均有分布。

【药用部位】 种子。

【采收加工】 秋季采收，晒干。

【性味归经】 味甘，性寒。

【功能主治】 清热，利胃肠，益气。用于感冒发热，食滞胃肠，身体乏力等。

## 小麦

Xiaomai

【别名】 冬小麦、普通小麦。

【来源】 禾本科小麦属植物小麦 *Triticum aestivum* L.。

【植物形态】 一年生或越年生草本，高 60 ~ 100 cm。秆直立，通常具 6 ~ 9 节。叶鞘光滑，常较节间为短；叶舌膜质，短小；叶片扁平，长披针形，长 15 ~ 40 cm，宽 8 ~ 14 mm，先端渐尖，基部方圆形。穗状花序直立，长 3 ~ 10 cm；小穗两侧扁平，长约 12 mm，在穗轴上平行或近平行排列，每小穗具 3 ~ 9 花，仅下部的花结果；颖短，第一颖较第二颖为宽，两者背面均具有锐利的脊，有时延伸成芒；外稃膜质，微裂成三齿状，中央的齿常延伸成芒，内稃与外稃等长或略短，脊上具鳞毛状的窄翼；雄蕊 3；子房

卵形。颖果长圆形或近卵形，长约 6 mm，浅褐色。花期 4—5 月，果期 5—6 月。

【生境分布】全市各地均有栽培。

【药用部位】种子。

【采收加工】成熟时采收，脱粒后晒干。

【性味归经】味甘，性凉。归心、脾、肾经。

【功能主治】养心益肾，除热止渴。用于脏燥，烦热，消渴，痈肿，外伤出血，烫伤等。

## 野燕麦

Yeyanmai

【别名】燕麦草、乌麦、南燕麦。

【来源】禾本科燕麦属植物野燕麦 *Avena fatua* L.。

【植物形态】一年生草本。须根较坚韧。秆直立，光滑无毛，高 60 ～ 120 cm，具 2 ～ 4 节。叶鞘松弛，光滑或基部者被微毛；叶舌透明膜质，长 1 ～ 5 mm；叶片扁平，长 10 ～ 30 cm，宽 4 ～ 12 mm，微粗糙，或上面和边缘疏生柔毛。圆锥花序开展，金字塔形，长 10 ～ 25 cm，分枝具棱角，粗糙；小穗长 18 ～ 25 mm，含 2 ～ 3 小花，其柄弯曲下垂，顶端膨胀；小穗轴密生淡棕色或白色硬毛，其节脆硬易断落，第一节间长约 3 mm；颖草质，几相等，通常具 9 脉；外稃质地坚硬，第一外稃长 15 ～ 20 mm，背面中部以下具淡棕色或白色硬毛，芒自稃体中部稍下处伸出，长 2 ～ 4 cm，膝曲，芒柱棕色，扭转。颖果被淡棕色柔毛，腹面具纵沟，长 6 ～ 8 mm。花果期 4—9 月。

【生境分布】生于山坡草地、路旁及农田中。全市各地田野均有分布。

【药用部位】全草、种子。

【采收加工】全草：在未结果实前采割全草，晒干。种子：夏、秋季果实成熟时采收，脱壳取出种子，晒干。

【性味归经】全草：味甘，性平。种子：味甘，性温。

【功能主治】全草：收敛止血，固表止汗。用于吐血，便血，血崩，自汗，盗汗，带下等。种子：补虚止汗。用于虚汗不止等。

## 薏苡

Yiyi

【别名】菩提子、五谷子、草珠子、大薏苡、念珠薏苡。

【来源】禾本科薏苡属植物薏苡 *Coix lacryma-jobi* L.。

【植物形态】一年生或多年生草本。秆直立，高 1 ~ 1.5 m，基部节上生根。叶舌干膜质，长约 1 mm；叶片扁平宽大，开展，长 10 ~ 40 cm，宽 1.5 ~ 3 cm，基部圆形或近心形，中脉粗厚，在下面隆起，边缘粗糙，通常无毛。总状花序腋生成束，长 4 ~ 10 cm，直立或下垂，具长梗。雌小穗位于花序之下部，外面包以骨质念珠状之总苞，总苞卵圆形，长 7 ~ 10 mm，直径 6 ~ 8 mm，珐琅质，坚硬，有光泽；第一颖卵圆形，顶端渐尖成喙状，具 10 余脉，包围着第二颖及第一外稃；第二外稃短于颖，具 3 脉，第二内稃较小；雄蕊常退化；雌蕊具细长之柱头，从总苞之顶端伸出；颖果小，含淀粉少，常不饱满；雄小穗 2 ~ 3 对，着生于总状花序上部，长 1 ~ 2 cm；无柄雄小穗长 6 ~ 7 mm，第一颖草质，边缘内折成脊，具有不等宽之翼，顶端钝，具多数脉，第二颖舟形；外稃与内稃膜质；第一及第二小花常具雄蕊 3，花药橘黄色，长 4 ~ 5 mm；有柄雄小穗与无柄者相似，或较小而不同程度退化。花期 7—9 月，果期 9—10 月。

【生境分布】生于屋旁、荒野、河边、溪涧或阴湿山谷中，一般为栽培，供药用。全市各地有零星野生。

【药用部位】种仁、叶、根。

【采收加工】种仁：9—10 月茎叶枯黄，果实呈褐色，大部成熟（约 85% 成熟）时，割下植株，集中存放 3 ~ 4 天后脱粒，筛去茎叶等杂物，晒干或烤干，用脱壳机械脱去总苞和种皮，即得种仁（薏苡仁）。叶：夏、秋季采收，鲜用或晒干。根：秋季采挖，洗净，晒干。

【性味归经】种仁：味甘、淡，性寒。归脾、胃、肺经。叶：味微苦，性寒。根：味苦、甘，性寒。

【功能主治】种仁：利湿健脾，舒筋除痹，清热排脓。用于水肿，脚气，小便淋漓，湿温病，泄泻，带下，风湿痹痛，筋脉拘挛，肺痈，肠痈，扁平疣等。叶：温中散寒，补益气血。用于胃寒疼痛，气血虚弱等。根：清热通淋，利湿杀虫。用于热淋，血淋，石淋，黄疸，水肿，带下，脚气，风湿痹痛，蛔虫病等。

## 玉蜀黍

Yushushu

【别名】苞米、苞芦、玉米。

【来源】禾本科玉蜀黍属植物玉蜀黍 *Zea mays* L.。

【植物形态】一年生高大草本。秆直立，通常不分枝，高 1 ~ 4 m，基部各节具气生支柱根。叶鞘具横脉；叶舌膜质，长约 2 mm；叶片扁平宽大，线状披针形，基部圆形呈耳状，无毛或具疣柔毛，中脉粗壮，边缘微粗糙。顶生雄性圆锥花序大型，主轴与总状花序轴及其腋间均被细柔毛；雄性小穗孪生，长达 1 cm，小穗柄一长一短，分别长 1 ～ 2 mm 及 2 ～ 4 mm，被细柔毛；两颖近等长，膜质，约具 10 脉，被纤毛；外稃及内稃透明膜质，稍短于颖；花药橙黄色，长约 5 mm。雌花序为多数宽大的鞘状苞片所包藏；雌小穗孪生，成 16 ～ 30 纵行排列于粗壮之序轴上，两颖等长，宽大，无脉，具纤毛；外稃及内稃透明膜质，雌蕊具极长而细弱的线形花柱。颖果球形或扁球形，成熟后露出颖片和稃片外，其大小随生长条件不同而异，一般长 5 ～ 10 mm，宽略超过其长，胚长为颖果的 1/2 ～ 2/3。花果期 6—9 月。

【生境分布】全市各地广泛栽培。

【药用部位】种子（玉蜀黍）、花柱和柱头（玉米须）。

【采收加工】种子：果实成熟时采收玉米棒，脱下种子，晒干。花柱和柱头：采收果实时收集，除去杂质，晒干或烘干。

【性味归经】种子：味甘，性平。归胃、大肠经。花柱和柱头：味甘，性平。归肝、肾经。

【功能主治】种子：调中开胃，利尿消肿。用于食欲不振，小便不利，水肿，尿路结石等。花柱和柱头：利尿消肿，平肝利胆。用于急慢性肾炎，水肿，尿路结石，急慢性肝炎，胆结石，高血压，糖尿病等。

## 早熟禾

Zaoshuhe

【别名】爬地早熟禾。

【来源】禾本科早熟禾属植物早熟禾 *Poa annua* L.。

【植物形态】一年生或冬性禾草。秆直立或倾斜，质软，高 6 ～ 30 cm，全体平滑无毛。叶鞘稍压扁，中部以下闭合；叶舌长 1 ～ 3（5） mm，圆头；叶片扁平或对折，长 2 ～ 12 cm，宽 1 ～ 4 mm，质地柔软，常有横脉纹，顶端急尖成船形，边缘微粗糙。圆锥花序宽卵形，长 3 ～ 7 cm，开展；分枝 1 ～ 3 枚着生于各节，平滑；小穗卵形，含 3 ～ 5 小花，长 3 ～ 6 mm，绿色；颖质薄，具宽膜质边缘，顶端钝，第一颖披针形，长 1.5 ～ 2（3） mm，具 1 脉，第二颖长 2 ～ 3（4） mm，具 3 脉；外稃卵圆形，顶端与边缘宽膜质，具明显的 5 脉，脊与边脉下部具柔毛，间脉近基部有柔毛，基盘无绵毛，第一外稃长 3 ～

4 mm；内稃与外稃近等长，两脊密生丝状毛；花药黄色，长 0.6 ～ 0.8 mm。颖果纺锤形，长约 2 mm。花期 4—5 月，果期 6—7 月。

【生境分布】生于平原和丘陵的路旁草地、田野水沟或荒坡湿地。全市各地均有分布。

【药用部位】全草。

【采收加工】秋季采割，晒干。

【性味归经】味甘、淡，性平。

【功能主治】用于劳伤，腰痛，关节炎，跌打损伤，湿疹。

# 红豆杉科

## 红豆杉

Hongdoushan

【别名】观音杉、红豆树。

【来源】红豆杉科红豆杉属植物红豆杉 *Taxus wallichiana* var. *chinensis* (Pilg.) Florin。

【植物形态】乔木，高达 30 m，胸径达 60 ～ 100 cm；树皮灰褐色、红褐色或暗褐色，裂成条片脱落；大枝开展，一年生枝绿色或淡黄绿色，秋季变成绿黄色或淡红褐色，二、三年生枝黄褐色、淡红褐色或灰褐色。叶排列成两列，条形，微弯或较直，长 1 ～ 3 cm（多为 1.5 ～ 2.2 cm），宽 2 ～ 4 mm（多为 3 mm），上部微渐窄，先端常微急尖，稀急尖或渐尖，上面深绿色，有光泽，下面淡黄绿色，有两条气孔带，中脉带上有密生均匀而微小的圆形角质乳头状突起点，常与气孔带同色，稀色较浅。雄球花淡黄色，雄蕊 8 ～ 14，花药 4 ～ 8（多为 5 ～ 6）。种子生于杯状红色肉质的假种皮中，间或生于近膜质盘状的种托（即未发育成肉质假种皮的珠托）之上，常呈卵圆形，上部渐窄，稀倒卵状，长 5 ～ 7 mm，直径 3.5 ～ 5 mm，微扁或圆，上部常具 2 条钝棱脊，稀上部三角状具 3 条钝棱脊，先端有凸起的短钝尖头，种脐近圆形或宽椭圆形，稀三角状圆形。

【生境分布】我国特有树种，常生于海拔 1000 m 以上的高山上部。多见于栽培。

【药用部位】种子、根皮。

【采收加工】种子：当种子成熟时采摘，晒干。根皮：春、冬季采挖，剥取皮部，洗净，晒干。

【性味归经】种子：味苦、辛，性微寒。根皮：味苦，性微寒。

【功能主治】种子：健胃消食，驱虫。用于腹胀，蛔虫病等。根皮：利尿消肿，健胃消食。用于积食，水肿等。

# 胡桃科

## 枫杨

Fengyang

【别名】麻柳、马尿骚、水麻柳、枫柳。

【来源】胡桃科枫杨属植物枫杨 *Pterocarya stenoptera* C. DC.。

【植物形态】落叶大乔木，高达 30 m，胸径达 1 m。幼树树皮平滑，浅灰色，老时则深纵裂；小枝灰色至暗褐色，具灰黄色皮孔。叶多为偶数、稀奇数羽状复叶，长 8 ～ 16 cm（稀达 25 cm），叶柄长 2 ～ 5 cm，叶轴具翅至翅不甚发达，与叶柄一样被有疏或密的短毛；小叶 10 ～ 16 枚（稀 6 ～ 25 枚），无小叶柄，对生或稀近对生，长椭圆形至长椭圆状披针形，长 8 ～ 12 cm，宽 2 ～ 3 cm，顶端常钝圆或稀急尖，基部歪斜，上方一侧楔形至阔楔形，下方一侧圆形，边缘有向内弯的细锯齿，上面被细小的浅色疣状突起，沿中脉及侧脉被极短的星芒状毛，下面幼时被散生的短柔毛，成长后脱落而仅留有极稀疏的腺体及侧脉腋内留有一丛星芒状毛。雄性柔荑花序长 6 ～ 10 cm，单独生于去年生枝条上叶痕腋内，花序轴常有稀疏的星芒状毛。雄花常具 1 枚（稀 2 或 3 枚）发育的花被片，雄蕊 5 ～ 12。雌性柔荑花序顶生，

长 10 ～ 15 cm，花序轴密被星芒状毛及单毛，下端不生花的部分长达 3 cm，具 2 枚长达 5 mm 的不孕苞片。雌花几乎无梗，苞片及小苞片基部常有细小的星芒状毛，并密被腺体。果序长 20 ～ 45 cm，果序轴常被宿存的毛。果实长椭圆形，长 6 ～ 7 mm，基部常有宿存的星芒状毛；果翅狭，条形或阔条形，长 12 ～ 20 mm，宽 3 ～ 6 mm，具近平行的脉。花期 4—5 月，果熟期 8—9 月。

【生境分布】生于海拔 1500 m 以下的平原溪涧河滩、阴湿山地杂木林中。全市各地均有分布。

【药用部位】树皮、果实、根或根皮、叶。

【采收加工】树皮：夏、秋季剥取树皮，鲜用或晒干。果实：夏、秋季果实近成熟时采收，鲜用或晒干。根或根皮：全年均可采挖，除去泥土，洗净，晒干，或趁鲜剥取根皮，晒干。叶：春、夏、秋季均可采收，除去杂质，鲜用或晒干。

【性味归经】树皮：味辛、苦，性温；有小毒。归肝、大肠经。果实：味苦，性温。归肺经。根或根皮：味辛、苦，性热；有毒。归肺、肝经。叶：味辛、苦，性温；有毒。归肺、肝经。

【功能主治】树皮：祛风止痛，杀虫，敛疮。用于风湿麻木，寒湿骨痛，头颅伤痛，牙痛，疥癣，浮肿，痔疮，烫伤，溃疡日久不敛等。果实：温肺止咳，解毒敛疮。用于风寒咳嗽，疮疡肿毒，天疱疮等。根或根皮：祛风止痛，杀虫止痒，解毒敛疮。用于风湿痹痛，牙痛，疥癣，疮疡肿毒，溃疡日久不敛，烫伤，咳嗽等。叶：祛风止痛，杀虫止痒，解毒敛疮。用于风湿痹痛，牙痛，膝关节痛，疥癣，湿疹，滴虫性阴道炎，烫伤，创伤，溃疡不敛，血吸虫病，咳嗽气喘等。

## 胡桃

Hutao

【别名】核桃。

【来源】胡桃科胡桃属植物胡桃 *Juglans regia* L.。

胡桃

【植物形态】乔木，高达 20 ～ 25 m。树干较别的种类矮，树冠广阔；树皮幼时灰绿色，老时灰白色而纵向浅裂；小枝无毛，具光泽，被盾状着生的腺体，灰绿色，后来带褐色。奇数羽状复叶长 25 ～ 30 cm，叶柄及叶轴幼时被极短腺毛及腺体；小叶通常 5 ～ 9 枚，稀 3 枚，椭圆状卵形至长椭圆形，长 6 ～ 15 cm，宽 3 ～ 6 cm，顶端钝圆或急尖、短渐尖，基部歪斜、近圆形，边缘全缘或在幼树上者具稀疏细锯齿，上面深绿色，无毛，下面淡绿色，侧脉 11 ～ 15 对，腋内具短柔毛，侧生小叶具极短的小叶柄或近无柄，生于下端者较小，顶生小叶常具长 3 ～ 6 cm 的小叶柄。雄性柔荑花序下垂，长 5 ～ 10 cm，稀达 15 cm。雄花的苞片、小苞片及花被片均被腺毛；雄蕊 6 ～ 30，花药黄色，无毛。雌性穗状花序通常具 1 ～ 3（4）雌花。雌花的总苞被极短腺毛，柱头浅绿色。果序短，具 1 ～ 3 果实；果实近于球状，直径 4 ～ 6 cm，无毛；果核稍具皱曲，有 2 条纵棱，顶端具短尖头；隔膜较薄，内里无空隙；内果皮壁内具不规则的空隙或无空隙而仅具皱曲。花期 4—5 月，果期 9—11 月。

【生境分布】生于山地及丘陵地带。多栽培。

【药用部位】种仁、花、未成熟果实的外果皮、未成熟果实、果核内的木质隔膜、成熟果实的内果皮、叶、嫩枝、根或根皮、树皮、种仁的脂肪油。

【采收加工】种仁：9 月至 10 月中旬，待外果皮变黄、大部分果实顶部已开裂或少数已脱落时，打落果实。青果可用乙烯利 200 ～ 300 倍液浸泡 0.5 min，捞起，放通风水泥地上 2 ～ 3 天，或收获前 3 周用乙烯利 200 ～ 500 倍液喷于果面催熟。核果用水洗净，倒入漂白粉中，待变黄白色时捞起，冲洗，晾晒，于 40 ～ 50 ℃烘干。将胡桃的缝合线与地面平行放置，击开核壳，取出核仁，晒干。花：5—6 月花盛开时采收，除去杂质，鲜用或晒干。未成熟果实的外果皮：夏、秋季摘下未成熟果实，削取绿色的外果皮，鲜用或晒干。未成熟果实：夏季采收未成熟的果实，洗净，鲜用或晒干。果核内的木质隔膜：秋、冬季采收成熟核果，击开核壳，采取核仁时，收集果核内的木质隔膜，晒干。成熟果实的内果皮：采收胡桃仁时，收集核壳（木质内果皮），除去杂质，晒干。叶：春、夏、秋季均可采收，鲜用或晒干。嫩枝：春、夏季采摘嫩枝，洗净，鲜用。根或根皮：全年均可采收，挖根，洗净，切片；或剥取根皮，切片，鲜用。树皮：全年均可采收，或结合栽培砍伐整枝采剥茎皮和枝皮，鲜用或晒干。种仁的脂肪油：将净胡桃种仁压榨，收集榨出的脂肪油。

【性味归经】种仁：味甘、涩，性温。归肾、肝、肺经。花：味甘、苦，性温。未成熟果实：味苦、涩，性平。果核内的木质隔膜：味苦、涩，性平。归脾、肾经。成熟果实的内果皮：味苦、涩，性平。叶：味苦、涩，性平。嫩枝：味苦、涩，性平。根或根皮：味苦、涩，性平。树皮：味苦、涩，性凉。种仁的脂肪油：味辛、甘，性温。

【功能主治】种仁：补肾益精，温肺定喘，润肠通便。用于腰痛，尿频，遗尿，阳痿，遗精，久咳喘促，肠燥便秘，石淋及疮疡瘰疬等。花：软坚散结，除疣。用于赘疣。未成熟果实：止痛，乌须发。用于胃脘疼痛，须发早白。果核内的木质隔膜：涩精缩尿，止血止带，止泻痢。用于遗精滑泄，尿频，遗尿，崩漏，带下，泄泻，细菌性痢疾等。成熟果实的内果皮：止血，止痢，散结消痈，杀虫止痒。用于崩漏，痛经，久痢，乳痈，疥癣，鹅掌风等。叶：收敛止带，杀虫，消肿。用于带下，疥癣，象皮腿等。嫩枝：杀虫止痒，解毒散结。用于疥疮，瘰疬，肿块。根或根皮：止泻，止痛，乌须发。用于腹泻，牙痛，须发早白等。树皮：涩肠止泻，解毒，止痒。用于泄泻，细菌性痢疾，阴囊湿疹，皮肤瘙痒等。种仁的脂肪油：温补肾阳，润肠，驱虫，止痒，敛疮。用于肾虚腰酸，肠燥便秘，虫积腹痛，聤耳流脓，疥癣，冻疮，狐臭。

## 化香树

Huaxiangshu

【别名】花龙树、化香、栲香。

【来源】胡桃科化香树属植物化香树 *Platycarya strobilacea* Sieb. et Zucc.。

【植物形态】落叶小乔木，高 2 ～ 6 m；树皮灰色，老时则不规则纵裂。二年生枝条暗褐色，具细小皮孔；嫩枝被褐色柔毛，不久即脱落而无毛。叶长 15 ～ 30 cm，叶总柄显著短于叶轴，叶总柄及叶轴初时被稀疏的褐色短柔毛，后来脱落而近无毛，具 7 ～ 23 枚小叶；小叶纸质，侧生小叶无叶柄，对生或生于下端者偶尔有互生，卵状披针形至长椭圆状披针形，长 4 ～ 11 cm，宽 1.5 ～ 3.5 cm，不等边，上方一侧较下方一侧阔，基部歪斜，顶端长渐尖，边缘有锯齿，顶生小叶具长 2 ～ 3 cm 的小叶柄，基部对称，圆形或阔楔形，小叶上面绿色，近无毛或脉上有褐色短柔毛，下面浅绿色，初时脉上有褐色柔毛，后来脱落，或在侧脉腋内、在基部两侧毛不脱落，甚或毛全不脱落，毛的疏密依不同个体及生境而变异较大。两性花序和雄花序在小枝顶端排列成伞房状花序束，直立；两性花序通常 1 条，着生于中央顶端，长 5 ～ 10 cm，雌花序位于下部，长 1 ～ 3 cm，雄花序部分位于上部，有时无雄花序而仅有雌花序；雄花序通常 3 ～ 8 条，位于两性花序下方四周，长 4 ～ 10 cm。雄花：苞片阔卵形，顶端渐尖而向外弯曲，外面的下部、内面的上部及边缘生短柔毛，长 2 ～ 3 mm；雄蕊 6 ～ 8，花丝短，稍生细短柔毛，花药阔卵形，黄色。雌花：苞片卵状披针形，顶端长渐尖、硬而不外曲，长 2.5 ～ 3 mm；花被 2，位于子房两侧并贴于子房，顶端与子房分离，背部具翅状的纵向隆起，与子房一同增大。果序球果状，卵状椭圆形至长椭圆状圆柱形，长 2.5 ～ 5 cm，直径 2 ～ 3 cm；宿存苞片木质，略具弹性，长 7 ～ 10 mm；果实小坚果状，背腹压扁状，两侧具狭翅，长 4 ～ 6 mm，宽 3 ～ 6 mm。种子卵形，种皮黄褐色，膜质。花期 5—6 月，果期 7—8 月。

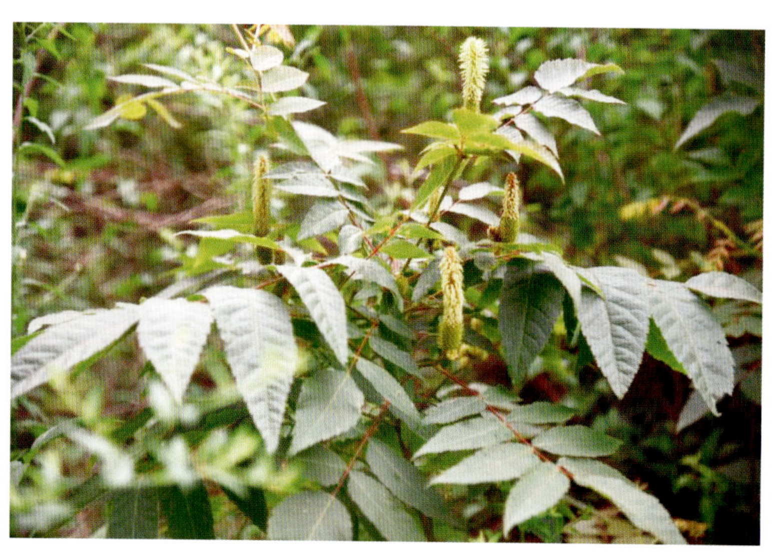

【生境分布】生于海拔 600 ～ 1300 m 的向阳山坡杂木林中，在低山丘陵次生林中为常见树种。全市各地均有分布。

【药用部位】叶、果实。

【采收加工】叶：夏、秋季采收，鲜用或晒干。果实：秋季果实近成熟时采收，晒干。

【性味归经】叶：味辛，性温；有毒。果实：味辛，性温。

【功能主治】叶：解毒疗疮，杀虫止痒。用于疮痈肿毒，骨痈流脓，顽癣，阴囊湿疹，癞头疮等。果实：活血行气，止痛，杀虫止痒。用于内伤胸腹胀痛，跌打损伤，筋骨疼痛，痈肿，湿疮，疥癣等。

# 胡颓子科

## 胡颓子

Hutuizi

【别名】三月枣、四枣、牛奶子、羊母奶子。

【来源】胡颓子科胡颓子属植物胡颓子 *Elaeagnus pungens* Thunb.。

【植物形态】常绿直立灌木，高 3 ～ 4 m，具刺，刺顶生或腋生，长 20 ～ 40 mm，有时较短，深褐色；幼枝微扁棱形，密被锈色鳞片，老枝鳞片脱落，黑色，具光泽。叶革质，椭圆形或阔椭圆形，稀矩圆形，长 5 ～ 10 cm，宽 1.8 ～ 5 cm，两端钝形或基部圆形，边缘微反卷或皱波状，上面幼时具银白色和少数褐色鳞片，成熟后脱落，具光泽，干燥后褐绿色或褐色，下面密被银白色和少数褐色鳞片，侧脉 7 ～ 9 对，与中脉开展成 50° ～ 60° 的角，近边缘分叉而互相连接，上面显著凸起，下面不甚明显，网状脉在上面明显，下面不清晰；叶柄深褐色，长 5 ～ 8 mm。花白色或淡白色，下垂，密被鳞片，1 ～ 3 花生于叶腋锈色短小枝上；花梗长 3 ～ 5 mm；萼筒圆筒形或漏斗状圆筒形，长 5 ～ 7 mm，在子房上骤收缩，裂片三角形或矩圆状三角形，长 3 mm，顶端渐尖，内面疏生白色星状短柔毛；雄蕊的花丝极短，花药矩圆形，长 1.5 mm；花柱直立，无毛，上端微弯曲，超过雄蕊。果实椭圆形，长 12 ～ 14 mm，幼时被褐色鳞片，成熟时红色，果核内面具白色丝状绵毛；果梗长 4 ～ 6 mm。花期 9—12 月，果期次年 4—6 月。

【生境分布】生于海拔 1000 m 以下的向阳山坡或路旁。全市各地均有分布。

【药用部位】果实、叶、根。

【采收加工】果实：4—6 月果实成熟时采收，晒干。叶：全年均可采收，鲜用或晒干。根：夏、秋季采挖，洗净，切片，晒干。

【性味归经】果实：味酸、涩，性平。叶：味酸，性温。根：味苦、酸，性平。归肝、肺、胃经。

【功能主治】果实：收敛止泻，健脾消食，止咳平喘，止血。用于泄泻，细菌性痢疾，食欲不振，消化不良，咳嗽气喘，崩漏，痔疮出血等。叶：止咳平喘，止血，解毒。用于肺虚咳嗽，气喘，咯血，吐血，外伤出血，痈疽，痔疮肿痛等。根：活血止血，祛风利湿，止咳平喘，解毒敛疮。用于吐血，咯血，便血，月经过多，风湿关节痛，黄疸，水肿，泄泻，小儿疳积，咳喘，咽喉肿痛，疥疮，跌打损伤等。

## 木半夏

Mubanxia

【别名】羊奶子、莓粒团、羊不来、牛脱。

【来源】 胡颓子科胡颓子属植物木半夏 *Elaeagnus multiflora* Thunb.。

【植物形态】落叶直立灌木，高 2 ～ 3 m，通常无刺，稀老枝上具刺；幼枝细弱伸长，密被锈色或深褐色鳞片，稀具淡黄褐色鳞片，老枝粗壮，圆柱形，鳞片脱落，黑褐色或黑色，有光泽。叶膜质或纸质，椭圆形或卵形至倒卵状阔椭圆形，长 3 ～ 7 cm，宽 1.2 ～ 4 cm，顶端钝尖或骤渐尖，基部钝形，全缘，上面幼时具白色鳞片或鳞毛，成熟后脱落，干燥后黑褐色或淡绿色，下面灰白色，密被银白色和散生少数褐色鳞片，侧脉 5 ～ 7 对，两面均不甚明显；叶柄锈色，长 4 ～ 6 mm。花白色，被银白色和散生少数褐色鳞片，常单生于新枝基部叶腋；花梗纤细，长 4 ～ 8 mm；萼筒圆筒形，长 5 ～ 6.5 mm，在裂片下面扩展，在子房上收缩，裂片宽卵形，长 4 ～ 5 mm，顶端圆或钝，内面具极少数白色星状短柔毛，包围子房的萼管卵形，深褐色，长约 1 mm；雄蕊着生于花萼筒喉部稍下面，花丝极短，花药细小，矩圆形，长约 1 mm；花柱直立，微弯曲，无毛，稍伸出萼筒喉部，长不超过雄蕊。果实椭圆形，长 12 ～ 14 mm，密被锈色鳞片，成熟时红色；果梗在花后伸长，长 15 ～ 49 mm。花期 4—5 月，果期 6—7 月。

【生境分布】生于向阳山坡、灌丛中。全市各地有零星野生。

【药用部位】果实、根或根皮、叶。

【采收加工】果实：6—7 月采收果实，鲜用或晒干。根或根皮：夏、秋季采挖，洗净切片，晒干。叶：夏、秋季采叶，晒干。

【性味归经】果实：味淡、涩，性温。根或根皮：味涩、甘，性平。叶：味涩、甘，性温。

【功能主治】果实：平喘，止痢，活血消肿，止血。用于哮喘，细菌性痢疾，跌打损伤，风湿关节痛，痔疮出血，肿毒等。根或根皮：行气活血，止泻，敛疮。用于跌打损伤，虚弱劳损，泄泻，肝炎，恶疮疥癣等。叶：平喘，活血。用于哮喘，跌打损伤等。

## 牛奶子

Niunaizi

【别名】甜枣、剪子果、秋胡颓子、唐茱萸、秋茱萸。

【来源】胡颓子科胡颓子属植物牛奶子 *Elaeagnus umbellata* Thunb.。

【植物形态】落叶直立灌木，高 1 ～ 4 m，具长 1 ～ 4 cm 的刺，小枝甚开展，多分枝，幼枝密被银白色和少数黄褐色鳞片，有时全被深褐色或锈色鳞片，老枝鳞片脱落，灰黑色，芽银白色或褐色至锈色。叶纸质或膜质，椭圆形至卵状椭圆形或倒卵状披针形，长 3 ～ 8 cm，宽 1 ～ 3.2 cm，顶端钝或渐尖，基部圆形至楔形，边缘全缘或皱卷至波状，上面幼时具白色星状短柔毛或鳞片，成熟后全部或部分脱落，干燥后淡绿色或黑褐色，下面密被银白色和散生少数褐色鳞片，侧脉 5 ～ 7 对，两面均略明显；叶柄白色，长 5 ～ 7 mm。花较叶先开放，黄白色，芳香，密被银白色盾形鳞片，1 ～ 7 花簇生于新枝基部，单生或成对生于幼叶腋；花梗白色，长 3 ～ 6 mm；萼筒圆筒状漏斗形，稀圆筒形，长 5 ～ 7 mm，在裂片下面扩展，向基部渐窄狭，在子房上略收缩，裂片卵状三角形，长 2 ～ 4 mm，顶端钝尖，内面几无毛或疏生白色星状短柔毛；雄蕊的花丝极短，长约为花药的一半，花药矩圆形，长约 1.6 mm；花柱直立，疏生少数白色星状柔毛和鳞片，长 6.5 mm，柱头侧生。果实几球形或卵圆形，长 5 ～ 7 mm，幼时绿色，被银白色或有时全被褐色鳞片，成熟时红色；果梗直立，粗壮，长 4 ～ 10 mm。花期 4—5 月，果期 7—8 月。

【生境分布】生于海拔 20 ～ 300 m 的向阳林缘、灌丛中、荒坡上和沟边。全市各地有零星野生。

【药用部位】根、叶、果实。

【采收加工】根：夏、秋季采挖，洗净，切片，晒干。叶、果实：夏、秋季采收，晒干。

【性味归经】味苦、酸，性凉。归肺、肝、大肠经。

【功能主治】清热止咳，利湿解毒。用于肺热咳嗽，泄泻，细菌性痢疾，淋证，带下，崩漏，乳痈等。

# 葫芦科

## 赤瓟

Chibo

【别名】气包、赤包、赤雹、屎包子、山土豆。

【来源】葫芦科赤瓟属植物赤瓟 *Thladiantha dubia* Bunge。

【植物形态】攀援草质藤本，全株被黄白色的长柔毛状硬毛。根块状。茎稍粗壮，有棱沟。叶柄稍

粗，长 2 ～ 6 cm；叶片宽卵状心形，长 5 ～ 8 cm，宽 4 ～ 9 cm，边缘浅波状，有大小不等的细齿，先端急尖或短渐尖，基部心形，弯缺深，近圆形或半圆形，深 1 ～ 1.5 cm，宽 1.5 ～ 3 cm，两面粗糙，脉上有长硬毛，最基部 1 对叶脉沿叶基弯缺边缘向外展开。卷须纤细，被长柔毛，单一。雌雄异株；雄花单生或聚生于短枝的上端呈假总状花序，有时 2 ～ 3 花生于总梗上，花梗细长，长 1.5 ～ 3.5 cm，被长柔毛；花萼筒极短，近辐状，长 3 ～ 4 mm，上端直径 7 ～ 8 mm，裂片披针形，向外反折，长 12 ～ 13 mm，宽 2 ～ 3 mm，具 3 脉，两面有长柔毛；花冠黄色，裂片长圆形，长 2 ～ 2.5 cm，宽 0.8 ～ 1.2 cm，上部向外反折，先端稍急尖，具 5 条明显的脉，外面被短柔毛，内面有极短的疣状腺点；雄蕊 5 枚，着生在花萼筒檐部，其中 1 枚分离，其余 4 枚两两稍靠合，花丝极短，有短柔毛，长 2 ～ 2.5 mm，花药卵形，长约 2 mm；退化子房半球形。雌花单生，花梗细，长 1 ～ 2 cm，有长柔毛；花萼和花冠同雄花；退化雌蕊 5 枚，棒状，长约 2 mm；子房长圆形，长 0.5 ～ 0.8 cm，外面密被淡黄色长柔毛，花柱无毛，自 3 ～ 4 mm 处分三叉，分叉部分长约 3 mm，柱头膨大，肾形，2 裂。果实卵状长圆形，长 4 ～ 5 cm，直径 2.8 cm，顶端有残留的柱基，基部稍变狭，表面橙黄色或红棕色，有光泽，被柔毛，具 10 条明显的纵纹。种子卵形，黑色，平滑无毛，长 4 ～ 4.3 mm，宽 2.5 ～ 3 mm，厚 1.5 mm。花期 6—8 月，果期 8—10 月。

【生境分布】生于海拔 1300 ～ 1800 m 的山坡、河谷及林缘。全市各地有零星野生。

【药用部位】果实、根。

【采收加工】果实：果实成熟后连柄摘下，用线将果柄串起，挂于日光下或通风处晒干。根：秋后采挖，鲜用或切片晒干。

【性味归经】果实：味酸、苦，性平。根：味苦，性寒。

【功能主治】果实：理气，活血，祛痰，利湿。用于反胃吐酸水，肺痨咯血，黄疸，细菌性痢疾，胸胁疼痛，跌打扭伤，筋骨疼痛，经闭等。根：通乳，解毒，活血。用于乳汁不下，乳痈，痈肿，黄疸，跌打损伤，痛经等。

## 冬瓜

Donggua

【别名】广瓜、枕瓜、白冬瓜、白瓜、大瓠子。

【来源】葫芦科冬瓜属植物冬瓜 *Benincasa hispida* (Thunb.) Cogn.。

【植物形态】一年生蔓生或架生草本。茎被黄褐色硬毛及长柔毛，有棱沟。叶柄粗壮，长 5 ～ 20 cm，被黄褐色的硬毛和长柔毛；叶片肾状近圆形，宽 15 ～ 30 cm，5 ～ 7 浅裂或有时中裂，裂片宽三角形或卵形，先端急尖，边缘有小齿，基部深心形，弯缺张开，近圆形，深、宽均为 2.5 ～ 3.5 cm，表面深绿色，稍粗糙，有疏柔毛，老后渐脱落，变近无毛；背面粗糙，灰白色，有粗硬毛，叶脉在叶背面稍隆起，密被毛。卷须二至三歧，被粗硬毛和长柔毛。雌雄同株；花单生。雄花梗长 5 ～ 15 cm，密被黄褐色短刚

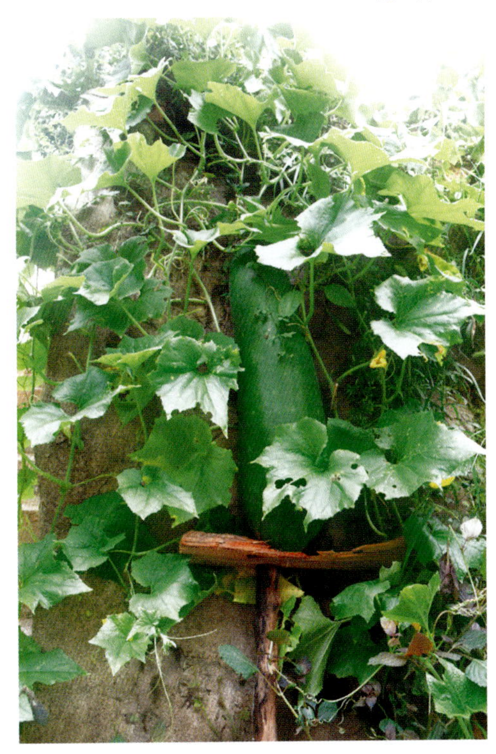

毛和长柔毛，常在花梗的基部具一苞片，苞片卵形或宽长圆形，长6～10 mm，先端急尖，有短柔毛；花萼筒宽钟形，宽12～15 mm，密生刚毛状长柔毛，裂片披针形，长8～12 mm，有锯齿，反折；花冠黄色，辐状，裂片宽倒卵形，长3～6 cm，宽2.5～3.5 cm，两面有稀疏的柔毛，先端钝圆，具5脉；雄蕊3枚，离生，花丝长2～3 mm，基部膨大，被毛，花药长5 mm，宽7～10 mm，药室三回折曲，雌花梗长不及5 cm，密生黄褐色硬毛和长柔毛；子房卵形或圆筒形，密生黄褐色茸毛状硬毛，长2～4 cm；花柱长2～3 mm，柱头3，长12～15 mm，2裂。果实长圆柱状或近球状，大型，有硬毛和白霜，长25～60 cm，直径10～25 cm。种子卵形，白色或淡黄色，压扁，有边缘，长10～11 mm，宽5～7 mm，厚2 mm。花期5—6月，果期6—8月。

【生境分布】全市各地均有栽培。

【药用部位】果实、种子、果瓤、果皮、叶、藤茎。

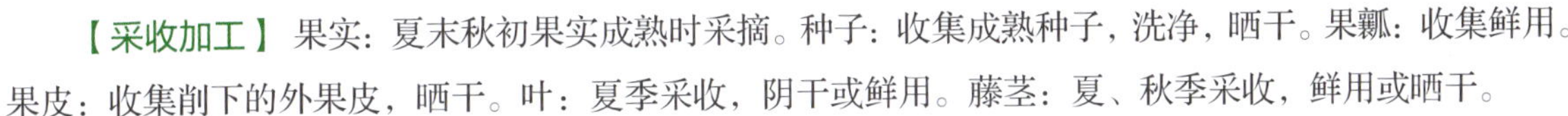

【采收加工】果实：夏末秋初果实成熟时采摘。种子：收集成熟种子，洗净，晒干。果瓤：收集鲜用。果皮：收集削下的外果皮，晒干。叶：夏季采收，阴干或鲜用。藤茎：夏、秋季采收，鲜用或晒干。

【性味归经】果实：味甘、淡，性微寒。归肺、大小肠、膀胱经。种子：味甘，性微寒。归肺、大肠经。果瓤：味甘，性平。归肺、膀胱经。果皮：味甘，性微寒。归肺、脾、小肠经。叶：味苦，性凉。归肺、大肠经。藤茎：味苦，性寒。归肺、肝经。

【功能主治】果实：利尿清热，化痰生津，解毒。用于水肿胀满，淋证，脚气，痰喘，暑热烦闷，消渴，痈肿，痔漏；还可解丹石毒、鱼毒、酒毒等。种子：清肺化痰，消痈排脓，利湿。用于痰热咳嗽，肺痈，肠痈，白浊，带下，脚气，水肿，淋证等。果瓤：清热止渴，利水消肿。用于热病烦渴，消渴，淋证，水肿，痈肿等。果皮：清热利水，消肿。用于水肿，小便不利，泄泻等。叶：清热利湿，解毒。用于消渴，暑湿泻痢，疟疾，疮毒，蜂蜇伤等。藤茎：清肺化痰，通经活络。用于肺热咳痰，关节不利，脱肛，疥疮等。

## 栝楼

Gualou

【别名】药瓜、瓜楼、瓜蒌。

【来源】葫芦科栝楼属植物栝楼 *Trichosanthes kirilowii* Maxim.。

【植物形态】攀援藤本，长达10 m。块根圆柱状，粗大肥厚，富含淀粉，淡黄褐色。茎较粗，多分枝，具纵棱及槽，被白色伸展柔毛。叶片纸质，轮廓近圆形，长、宽均为5～20 cm，常3～5(7)浅裂至中裂，稀深裂或不分裂而仅有不等大的粗齿，裂片菱状倒卵形、长圆形，先端钝，急尖，边缘常再浅裂，叶基心形，弯缺深2～4 cm，上表面深绿色，粗糙，背面淡绿色，两面沿脉被长柔毛状硬毛，基出掌状脉5条，细脉网状；叶柄长3～10 cm，具纵条纹，被长柔毛。卷须三至七歧，被柔毛。花雌雄异株。雄总状花序单生，或与一单花并生，或在枝条上部者单生，总状花序长 10 ～ 20 cm，粗壮，具纵棱与槽，被微柔毛，顶端有 5 ～ 8 花，单花花梗长约 15 cm，花梗长约 3 mm，小苞片倒卵形或阔卵形，长 1.5 ～ 2.5（3）cm，宽 1 ～ 2 cm，中上部具粗齿，基部具柄，被短柔毛；花萼筒筒状，长 2 ～ 4 cm，顶端扩大，直径约 10 mm，中、下部直径约 5 mm，被短柔毛，裂片披针形，长 10 ～ 15 mm，宽 3 ～ 5 mm，全缘；花冠白色，裂片倒卵形，长 20 mm，宽 18 mm，顶端中央具 1 绿色尖头，两侧具丝状流苏，被柔毛；花药靠合，长约 6 mm，直径约 4 mm，花丝分离，粗壮，被长柔毛。雌花单生，花梗长 7.5 cm，被短柔毛；花萼筒圆筒形，长 2.5 cm，直径 1.2 cm，裂片和花冠同雄花；子房椭圆形，绿色，长 2 cm，直径 1 cm，花柱长 2 cm，柱头 3。果梗粗壮，长 4 ～ 11 cm；果实椭圆形或圆形，长 7 ～ 10.5 cm，成熟时黄褐色或橙黄色。种子卵状椭圆形，压扁，长 11 ～ 16 mm，宽 7 ～ 12 mm，淡黄褐色，近边缘处具棱线。花期 5—8 月，果期 8—10 月。

【生境分布】生于海拔 200 ～ 1800 m 的山坡林下、灌丛中、草地和村旁田边，亦有栽培。全市各地有零星野生，亦有栽培。

【药用部位】果实（瓜蒌）、种子（瓜蒌仁）、果皮（瓜蒌皮）、根（瓜蒌根）。

【采收加工】果实：果实成熟时，用剪刀在距果实 15 cm 处，连茎剪下，悬挂于通风干燥处晾干。种子：秋季分批采摘成熟果实，将果实纵剖，取出瓜瓤和种子放入盆内，加木灰反复搓洗，取种子冲洗干净后晒干。果皮：取成熟的栝楼果实，用刀切成 2 ～ 4 瓣至瓜蒂处，将种子和瓜瓤一起取出，平放晒干或用绳子吊起晒干。根：春、秋季均可采挖，以秋季采者为佳。挖出后，洗净泥土，刮去粗皮，切成 10 ～ 20 cm 的长段，粗大者可再切对开，晒干。

【性味归经】果实：味甘、苦，性寒。归肺、胃、大肠经。种子：味甘、苦，性寒。归肺、胃、大肠经。果皮：味甘、苦，性寒。归肺、胃经。根：味甘、苦，性寒。归肺、胃经。

【功能主治】果实：清热化痰，宽胸散结，润燥滑肠。用于肺热咳嗽，胸痹，结胸，消渴，便秘，疮痈肿毒等。种子：清肺化痰，润肠通便。用于痰热咳嗽，肺虚燥咳，肠燥便秘，疮痈肿毒等。果皮：清肺化痰，利气宽胸散结。用于肺热咳嗽，胸胁痞痛，咽喉肿痛，乳癖乳痈等。根：清热生津，润肺化痰，消肿排脓。用于热病口渴，消渴多饮，肺热燥咳，疮疡肿毒等。

## 王瓜

Wanggua

【别名】土瓜、老鸦瓜、野甜瓜、马雹儿。

【来源】葫芦科栝楼属植物王瓜 *Trichosanthes cucumeroides* (Ser.) Maxim.。

【植物形态】多年生攀援藤本。块根纺锤形，肥大。茎细弱，多分枝，具纵棱及槽，被短柔毛。叶片纸质，轮廓阔卵形或圆形，长 5 ~ 13（19）cm，宽 5 ~ 12（18）cm，常 3 ~ 5 浅裂至深裂，或有时不分裂，裂片三角形、卵形至倒卵状椭圆形，先端钝或渐尖，边缘具细齿或波状齿，叶基深心形，弯缺深 2 ~ 5 cm，上面深绿色，被短茸毛及疏散短刚毛，背面淡绿色，密被短茸毛，基出掌状脉 5 ~ 7 条，细脉网状；叶柄长 3 ~ 10 cm，具纵条纹，密被短茸毛及稀疏短刚毛状硬毛。卷须二歧，被短柔毛。花雌雄异株。雄花组成总状花序，或单花与之并生，总花梗长 5 ~ 10 cm，具纵条纹，被短茸毛；花梗短，长约 5 mm，被短茸毛；小苞片线状披针形，长 2 ~ 3 mm，全缘，被短柔毛，稀无小苞片；花萼筒喇叭形，长 6 ~ 7 cm，基部直径约 2 mm，顶端直径约 7 mm，被短茸毛，裂片线状披针形，长 3 ~ 6 mm，宽约 1.5 mm，渐尖，全缘；花冠白色，裂片长圆状卵形，长 14 ~ 15（20） mm，宽 6 ~ 7 mm，具极长的丝状流苏；花药长 3 mm，药隔有毛，花丝短，分离；退化雌蕊刚毛状。雌花单生，花梗长 0.5 ~ 1 cm，子房长圆形，均密被短柔毛，花萼及花冠与雄花相同。果实卵圆形、卵状椭圆形或球形，长 6 ~ 7 cm，直径 4 ~ 5.5 cm，成熟时橙红色，平滑，两端圆钝，具喙；果柄长 5 ~ 20 mm，被短柔毛。种子横长圆形，长 7 ~ 12 mm，宽 7 ~ 14 mm，深褐色，两侧室大，近圆形，直径约 4.5 mm，表面具瘤状突起。花期 5—8 月，果期 8—11 月。

（摄于鄂城区四峰山）

【生境分布】生于海拔 200 ~ 1700 m 的山谷密林中、山坡疏林中或灌丛中。全市各地有零星野生。

【药用部位】果实、种子、根。

【采收加工】果实：秋季果熟后采收，鲜用或连柄摘下，防止破裂，用线将果柄串起，挂于日光下或通风处干燥。种子：秋季采摘成熟的果实，对剖，取出种子，洗净后晒干。根：夏、秋季采挖，鲜用或切片晒干。

【性味归经】果实：味苦，性寒。归心、肾经。种子：味酸、苦，性平。归肺、大肠经。根：味苦，性寒。归胃、大肠经。

【功能主治】果实：清热生津，化瘀通乳。用于消渴，黄疸，噎膈反胃，经闭，乳汁不通，痈肿，慢性咽喉炎等。种子：清热利湿，凉血止血。用于肺痿吐血，黄疸，细菌性痢疾，肠风下血等。根：泻热通结，散瘀消肿。用于热病烦渴，黄疸，热结便秘，小便不利，经闭，乳汁不下，癥瘕，痈肿等。

## 盒子草

Hezicao

【别名】鸳鸯木鳖、水荔枝、盒儿藤、天球草。

【来源】葫芦科盒子草属植物盒子草 *Actinostemma tenerum* Griff.。

【植物形态】柔弱草本。枝纤细，疏被长柔毛，后变无毛。叶柄细，长 2 ～ 6 cm，被短柔毛；叶形变异大，心状戟形、心状狭卵形或披针状三角形，不分裂、3 ～ 5 裂或仅在基部分裂，边缘波状、具小圆齿或疏齿，基部弯缺半圆形、长圆形、深心形，裂片顶端狭三角形，先端稍钝或渐尖，顶端有小尖头，两面具疏散疣状突起，长 3 ～ 12 cm，宽 2 ～ 8 cm。卷须细，二歧。雄花总状，有时圆锥状，小花序基部具长 6 mm 的叶状 3 裂总苞片，罕 1 ～ 3 花生于短缩的总梗上。花序轴细弱，长 1 ～ 13 cm，被短柔毛；苞片线形，长约 3 mm，密被短柔毛，长 3 ～ 12 mm；花萼裂片线状披针形，边缘有疏小齿，长 2 ～ 3 mm，宽 0.5 ～ 1 mm；花冠裂片披针形，先端尾状钻形，具 1 脉或稀 3 脉，疏生短柔毛，长 3 ～ 7 mm，宽 1 ～ 1.5 mm；雄蕊 5 枚，花丝被柔毛或无毛，长 0.5 mm，花药长 0.3 mm，药隔稍伸出于花药成乳头状。雌花单生、双生或雌雄同序；雌花梗具关节，长 4 ～ 8 cm，花萼和花冠同雄花；子房卵状，有疣状突起。果实绿色，卵形、阔卵形、长圆状椭圆形，长 1.6 ～ 2.5 cm，直径 1 ～ 2 cm，疏生暗绿色鳞片状突起，自近中部盖裂，果盖锥形，具种子 2 ～ 4 颗。种子表面有不规则雕纹，长 11 ～ 13 mm，宽 8 ～ 9 mm，厚 3 ～ 4 mm。花期 7—9 月，果期 9—11 月。

【生境分布】生于水边草丛中。全市各地均有分布。

【药用部位】全草或种子。

【采收加工】全草：夏、秋季采收，晒干。种子：秋季采收成熟果实，收集种子，晒干。

【性味归经】味苦，性寒。归肾、膀胱经。

【功能主治】利水消肿，清热解毒。用于水肿，鼓胀，疳积，湿疹，疮疡，毒蛇咬伤等。

## 葫芦

Hulu

【别名】瓠、瓠瓜、大葫芦、小葫芦。

【来源】葫芦科葫芦属植物葫芦 *Lagenaria siceraria* (Molina) Standl.。

【植物形态】一年生攀援草本。茎、枝具沟纹，被黏质长柔毛，老后渐脱落，变近无毛。叶柄纤细，长 16 ～ 20 cm，有和茎枝一样的毛被，顶端有 2 腺体；叶片卵状心形或肾状卵形，长、宽均为 10 ～ 35 cm，不分裂或 3 ～ 5 裂，具 5 ～ 7 掌状脉，先端锐尖，边缘有不规则的齿，基部心形，弯缺开张，半圆形或近圆形，深 1 ～ 3 cm，宽 2 ～ 6 cm，两面均被微柔毛，叶背及脉上较密。卷须纤细，初时有微柔毛，后渐脱落，变光滑无毛，上部分二歧。雌雄同株，雌、雄花均单生。雄花：花梗细，比叶柄稍长，花梗、花萼、花冠均被微柔毛；花萼筒漏斗状，长约 2 cm，裂片披针形，长 5 mm；花冠黄色，裂片皱波状，长 3 ～ 4 cm，宽 2 ～ 3 cm，先端微缺而顶端有小尖头，5 脉；雄蕊 3 枚，花丝长 3 ～ 4 mm，花药长 8 ～ 10 mm，长圆形，药室折曲。雌花花梗比叶柄稍短或近等长；花萼和花冠似雄花；花萼筒长 2 ～ 3 mm；子房中间缢细，密生黏质长柔毛，花柱粗短，柱头 3，膨大，2 裂。果实初为绿色，后变白色至带黄色，由于长期栽培，果形变异很大，因不同品种或变种而异，有的呈哑铃状，中间缢细，下部和上部膨大，上部大于下部，长数十厘米，有的仅长 10 cm（小葫芦），有的呈扁球形、棒状或钩状，成熟后果皮变木质。种子白色，倒卵形或三角形，顶端截形或 2 齿裂，稀圆形，长约 20 mm。花期夏季，果期秋季。

【生境分布】全市各地广泛栽培。

【药用部位】果实、种子。

【采收加工】果实：秋季采收已成熟但外果皮尚未木质化的果实，去皮用。种子：秋季采收成熟的果实，切开取出种子，洗净，晒干。

【性味归经】果实：味甘、淡，性平。归肺、脾、肾经。种子：味甘，性平。

【功能主治】果实：利水消肿，通淋散结。用于水肿，腹水，黄疸，消渴，淋证，痈肿等。种子：清热解毒，消肿止痛。用于肺炎，肠痈，牙痛等。

## 甜瓜

Tiangua

【别名】甘瓜、白兰瓜、香瓜、果瓜。

【来源】葫芦科黄瓜属植物甜瓜 *Cucumis melo* L.。

【植物形态】一年生匍匐或攀援草本。茎、枝有棱，有黄褐色或白色的糙硬毛和疣状突起。卷须纤细，单一，被微柔毛。叶柄长 8 ～ 12 cm，具槽沟及短刚毛；叶片厚纸质，近圆形或肾形，长、宽均为 8 ～ 15 cm，上面粗糙，被白色糙硬毛，背面沿脉密被糙硬毛，边缘不分裂或 3 ～ 7 浅裂，裂片先端圆钝，有锯齿，基部截形或具半圆形的弯缺，具掌状脉。花单性，雌雄同株。雄花：数朵簇生于叶腋；花梗纤细，长 0.5 ～ 2 cm，被柔毛；花萼筒狭钟形，密被白色长柔毛，长 6 ～ 8 mm，裂片近钻形，直立或开展，比筒部短；花冠黄色，长 2 cm，裂片卵状长圆形，急尖；雄蕊 3 枚，花丝极短，药室折曲，药隔顶端引长；退化雌蕊长约 1 mm。雌花：单生，花梗粗糙，被柔毛；子房长椭圆形，密被长柔毛和长糙硬毛，花柱长 1 ～ 2 mm，柱头靠合，长约 2 mm。果实的形状、颜色因品种而异，通常为球形或长椭圆形，果皮平滑，有纵

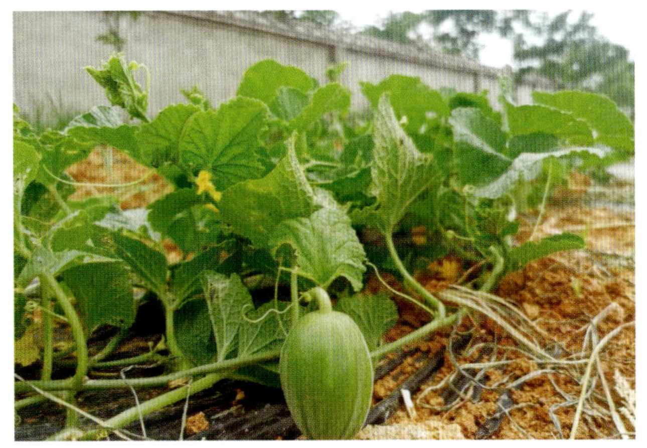

沟纹，或斑纹，无刺状突起，果肉白色、黄色或绿色，有香甜味。种子污白色或黄白色，卵形或长圆形，先端尖，基部钝，表面光滑，无边缘。花期6—7月，果期7—8月。

【生境分布】全市大部分地区可产。

【药用部位】果实、果皮、种子。

【采收加工】果实：7—8月果实成熟时采收，鲜用。果皮：采摘成熟的果实，刨取果皮，晒干或鲜用。种子：夏、秋季采收甜瓜的种子，阴干。

【性味归经】果实：味甘，性寒。归心、胃经。果皮：味甘、微苦，性寒。种子：味甘，性寒。归肺、胃、大肠经。

【功能主治】果实：清暑热，解烦渴，利小便。用于暑热烦渴，小便不利，暑热下痢腹痛等。果皮：清暑热，解烦渴。用于暑热烦渴，牙痛等。种子：清肺润肠，散结消瘀。用于肺热咳嗽，口渴，大便燥结，肠痈，肺痈等。

## 黄瓜

Huanggua

【别名】王瓜、胡瓜、旱黄瓜、刺瓜。

【来源】葫芦科黄瓜属植物黄瓜 *Cucumis sativus* L.。

【植物形态】一年生蔓生或攀援草本。茎、枝伸长，有棱沟，被白色糙硬毛。卷须细，不分歧，具白色柔毛。叶柄稍粗糙，有糙硬毛，长10～16（20）cm，叶片宽卵状心形，膜质，长、宽均为7～20 cm，两面甚粗糙，被糙硬毛，具3～5个角或浅裂，裂片三角形，有齿，有时边缘有缘毛，先端急尖或渐尖，基部弯缺半圆形，宽2～3 cm，深2～2.5 cm，有时基部向后靠合。雌雄同株。雄花：常数朵簇生于叶腋，花梗纤细，长0.5～1.5 cm，被微柔毛，花萼筒狭钟状或近圆筒状，长8～10 mm，密被白色长柔毛，花萼裂片钻形，开展，与花萼筒近等长；花冠黄白色，长约2 cm，花冠裂片长圆状披针形，急尖；雄蕊3，花丝近无，花药长3～4 mm，药隔伸出，长约1 mm。雌花：单生或稀簇生；花梗粗壮，被柔毛，长1～2 cm；子房纺锤形，粗糙，有小刺状突起。果实长圆形或圆柱形，长10～30（50）cm，熟时黄绿色，表面粗糙，有具刺尖的瘤状突起，极稀近于平滑。种子小，狭卵形，白色，无边缘，两端近急尖，长5～10 mm。花期6—7月，果期7—8月。

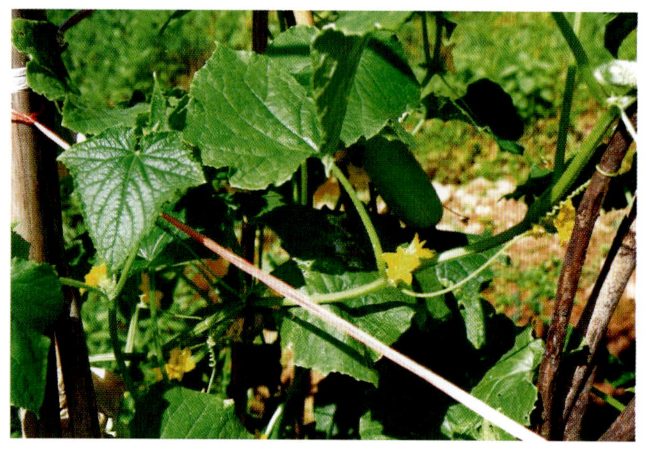

【生境分布】全市各地均有栽培。

【药用部位】果实。

【采收加工】7—8月采摘果实，鲜用。

【性味归经】味甘，性凉。

【功能主治】除热，利水，解毒。用于烦渴，咽喉肿痛，目赤，烫火伤等。

## 绞股蓝
Jiaogulan

【别名】七叶参、七叶胆、小苦药、甘茶蔓。

【来源】葫芦科绞股蓝属植物绞股蓝 *Gynostemma pentaphyllum* (Thunb.) Makino。

【植物形态】多年生草质攀援植物；茎细弱，具分枝，具纵棱及槽，无毛或疏被短柔毛。叶膜质或纸质，鸟足状，具 3 ～ 9 小叶，通常 5 ～ 7 小叶，叶柄长 3 ～ 7 cm，被短柔毛或无毛；小叶片卵状长圆形或披针形，中央小叶长 3 ～ 12 cm，宽 1.5 ～ 4 cm，侧生小叶较小，先端急尖或短渐尖，基部渐狭，边缘具波状齿或圆齿状齿，上面深绿色，背面淡绿色，两面均疏被短硬毛，侧脉 6 ～ 8 对，上面平坦，背面凸起，细脉网状；小叶柄略叉开，长 1 ～ 5 mm。卷须纤细，二歧，稀单一，无毛或基部被短柔毛。花雌雄异株。雄花圆锥花序，花序轴纤细，多分枝，长 10 ～ 15（30）cm，分枝广展，长 3 ～ 4（15）cm，有时基部具小叶，被短柔毛；花梗丝状，长 1 ～ 4 mm，基部具钻状小苞片；花萼筒极短，5 裂，裂片三角形，长约 0.7 mm，先端急尖；花冠淡绿色或白色，5 深裂，裂片卵状披针形，长 2.5 ～ 3 mm，宽约 1 mm，先端长渐尖，具 1 脉，边缘具缘毛状小齿；雄蕊 5，花丝短，连合成柱，花药着生于柱之顶端。雌花圆锥花序远较雄花的短小，花萼及花冠似雄花；子房球形，2 ～ 3 室，花柱 3 枚，短而叉开，柱头 2 裂；具短小的退化雄蕊 5 枚。果实肉质不裂，球形，直径 5 ～ 6 mm，成熟后黑色，光滑无毛，内含倒垂种子 2 粒。种子卵状心形，直径约 4 mm，灰褐色或深褐色，顶端钝，基部心形，压扁，两面具乳突状突起。花期 3—11 月，果期 4—12 月。

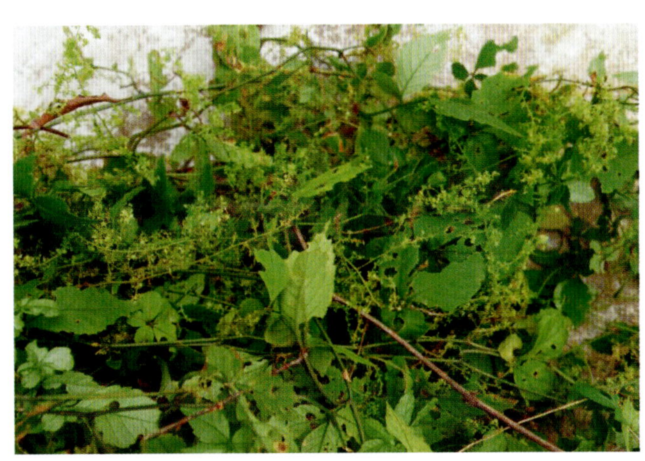

【生境分布】生于海拔 100 ～ 3200 m 的山谷密林中、山坡疏林下或灌丛中。全市各地有零星野生。

【药用部位】全草。

【采收加工】每年夏、秋季可采收 3 ～ 4 次，洗净，晒干。

【性味归经】味苦、微甘，性凉。归肺、脾、肾经。

【功能主治】清热，补虚，解毒。用于体虚乏力，虚劳失精，白细胞减少症，高脂血症，病毒性肝炎，慢性胃肠炎，慢性支气管炎等。

## 苦瓜

Kugua

【别名】癞葡萄、凉瓜、癞瓜、锦荔枝。

【来源】葫芦科苦瓜属植物苦瓜 *Momordica charantia* L.。

【植物形态】一年生攀援状柔弱草本。多分枝，茎、枝被柔毛。卷须纤细，长达 20 cm，具微柔毛，不分歧。叶柄细，初时被白色柔毛，后变近无毛，长 4 ~ 6 cm，叶片轮廓卵状肾形或近圆形，膜质，长、宽均为 4 ~ 12 cm，上面绿色，背面淡绿色，脉上密被明显的微柔毛，其余毛较稀疏，5 ~ 7 深裂，裂片卵状长圆形，边缘具粗齿或有不规则小裂片，先端多半钝圆形，稀急尖，基部弯缺半圆形，叶脉掌状。雌雄同株。雄花：单生于叶腋，花梗纤细，被微柔毛，长 3 ~ 7 cm，中部或下部具 1 苞片，苞片绿色，肾形或圆形，全缘，稍有缘毛，两面被疏柔毛，长、宽均为 5 ~ 15 mm；花萼裂片卵状披针形，被白色柔毛，长 4 ~ 6 mm，宽 2 ~ 3 mm，急尖；花冠黄色，裂片倒卵形，先端钝，急尖或微凹，长 1.5 ~ 2 cm，宽 0.8 ~ 1.2 cm，被柔毛；雄蕊 3，离生，药室二回折曲。雌花：单生，花梗被微柔毛，长 10 ~ 12 cm，基部常具 1 苞片，子房纺锤形，密生瘤状突起，柱头 3，膨大，2 裂。果实纺锤形或圆柱形，多瘤皱，长 10 ~ 20 cm，成熟后橙黄色，由顶端 3 瓣裂。种子多数，长圆形，具红色假种皮，两端各具 3 小齿，两面有刻纹，长 1.5 ~ 2 cm，宽 1 ~ 1.5 cm。花期 6—7 月，果期 9—10 月。

【生境分布】全市各地均有栽培。

【药用部位】果实。

【采收加工】秋季采收果实，切片晒干或鲜用。

【性味归经】味苦，性寒。归心、脾、肺经。

【功能主治】祛暑涤热，明目，解毒。用于暑热烦渴，消渴，目赤肿痛，痢疾，疮痈肿毒等。

## 马㼎儿

Mabo’er

【别名】老鼠拉冬瓜、马交儿、野苦瓜、马瓟儿。

【来源】葫芦科马㼎儿属植物马㼎儿 *Zehneria japonica* (Thunb.) H. Y. Liu。

【植物形态】攀援或平卧草本。茎、枝纤细，疏散，有棱沟，无毛。叶柄细，长 2.5 ~ 3.5 cm，初时有长柔毛，最后变无毛；叶片膜质，三角状卵形、卵状心形或戟形，不分裂或 3 ~ 5 浅裂，长 3 ~ 5 cm，宽 2 ~ 4 cm，若分裂时中间的裂片较长，三角形或披针状长圆形；侧裂片较小，三角形或披针状三角形，上面深绿色，粗糙，脉上有极短的柔毛，背面淡绿色，无毛；顶端急尖或稀短渐尖，基部弯缺

半圆形，边缘微波状或有疏齿，脉掌状。雌雄同株。雄花：单生或稀2～3朵生于短的总状花序上；花序梗纤细，极短，无毛；花梗丝状，长3～5 mm，无毛；花萼宽钟形，基部急尖或稍钝，长1.5 mm；花冠淡黄色，有极短的柔毛，裂片长圆形或卵状长圆形，长2～2.5 mm，宽1～1.5 mm；雄蕊花药分离。雌花：在与雄花同一叶腋内单生或稀双生；花梗丝状，无毛，长1～2 cm，花冠阔钟形，直径2.5 mm，裂片披针形，先端稍钝，长2.5～3 mm，宽1～1.5 mm；子房狭卵形，有疣状突起，花柱短，长1.5 mm，柱头3裂。果梗纤细，无毛，长2～3 cm；果实长圆形或狭卵形，两端钝，外面无毛，长1～1.5 cm，宽0.5～0.8（1）cm，成熟后橘红色或红色。种子灰白色，卵形，基部稍变狭。花期4—7月，果期7—10月。

【生境分布】生于林中阴湿处及路旁、田边、灌丛中。全市各地有零星野生。

【药用部位】块根或全草。

【采收加工】夏、秋季采收，挖取块根，除去泥土及细根，洗净，切厚片；全草茎叶切碎，鲜用或晒干。

【性味归经】味甘、苦，性凉。归肺、肝、脾经。

【功能主治】清热解毒，消肿散结，化痰利尿。用于痈疮疖肿，痰核瘰疬，咽喉肿痛，痄腮，石淋，小便不利，皮肤湿疹，目赤黄疸，脱肛，外伤出血，毒蛇咬伤等。

## 南瓜

Nangua

【别名】北瓜、番南瓜、饭瓜、番瓜、倭瓜。

【来源】葫芦科南瓜属植物南瓜 *Cucurbita moschata* (Duch. ex Lam.) Duch. ex Poir.。

【植物形态】一年生蔓生草本。茎常节部生根，伸长达2～5 m，密被白色短刚毛。叶柄粗壮，长8～19 cm，被短刚毛；叶片宽卵形或卵圆形，质稍柔软，有5角或5浅裂，稀钝，长12～25 cm，宽20～30 cm，侧裂片较小，中间裂片较大，三角形，上面密被黄白色刚毛和茸毛，常有白斑，叶脉隆起，各裂片之中脉常延伸至顶端，成一小尖头，背面色较淡，毛更明显，边缘有小而密的细齿，顶端稍钝。卷须稍粗壮，与叶柄一样被短刚毛和茸毛，三至五歧。雌雄同株。雄花单生；花萼筒钟形，长5～6 mm，裂片条形，

长 1 ～ 1.5 cm，被柔毛，上部扩大成叶状；花冠黄色，钟状，长 8 cm，直径 6 cm，5 中裂，裂片边缘反卷，具皱褶，先端急尖；雄蕊 3，花丝腺体状，长 5 ～ 8 mm，花药靠合，长 15 mm，药室折曲。雌花单生，子房 1 室，花柱短，柱头 3，膨大，顶端 2 裂。果梗粗壮，有棱和槽，长 5 ～ 7 cm，瓜蒂扩大成喇叭状；瓠果形状多样，因品种而异，外面常有数条纵沟或无。种子多数，长卵形或长圆形，灰白色，边缘薄，长 10 ～ 15 mm，宽 7 ～ 10 mm。花期 6—7 月，果期 7—9 月。

【生境分布】全市各地普遍栽培。

【药用部位】果实、果瓤、瓜蒂、种子、花、根、叶。

【采收加工】果实：夏、秋季采收成熟果实，一般鲜用。果瓤：秋季将成熟的南瓜剖开，取出瓤，去除种子，鲜用。瓜蒂：秋季采收成熟果实，切取瓜蒂，晒干。种子：食用南瓜时，收集成熟种子，除去囊膜，洗净，晒干。花：6—7 月开花时采收，鲜用或晒干。根：夏、秋季采挖，洗净，晒干或鲜用。叶：夏、秋季采收，晒干或鲜用。

【性味归经】果实：味甘，性平。归肺、脾、胃经。果瓤：味甘，性凉。瓜蒂：味苦、微甘，性平。种子：味甘，性平。归大肠经。花：味甘，性凉。根：味甘、淡，性平。归肝、膀胱经。叶：味甘、微苦，性凉。

【功能主治】果实：解毒消肿。用于肺痈，哮证，痈肿，烫伤，毒蜂蜇伤等。果瓤：解毒，敛疮。用于痈肿疮毒，烫伤，创伤等。瓜蒂：解毒，利水，安胎。用于痈疽肿毒，疔疮，烫伤，疮溃不敛，水肿腹水，胎动不安等。种子：杀虫，下乳，利水消肿。用于绦虫病，蛔虫病，血吸虫病，钩虫病，蛲虫病，产后缺乳，产后手足浮肿，百日咳，痔疮等。花：清湿热，消肿毒。用于黄疸，痢疾，咳嗽，痈疽肿毒等。根：利湿热，通乳汁。用于湿热淋证，黄疸，痢疾，乳汁不通等。叶：清热解暑，止血。用于暑热口渴，热痢，外伤出血等。

## 丝瓜

Sigua

【别名】天丝瓜、天罗、蛮瓜、布瓜。

【来源】葫芦科丝瓜属植物丝瓜 *Luffa aegyptiaca* Mill.。

【植物形态】一年生攀援藤本。茎、枝粗糙，有棱沟，被微柔毛。卷须稍粗壮，被短柔毛，通常二至四歧。叶柄粗糙，长 10 ～ 12 cm，具不明显的沟，近无毛；叶片三角形或近圆形，长、宽均为 10 ～ 20 cm，通常掌状 5 ～ 7 裂，裂片三角形，中间的较长，长 8 ～ 12 cm，顶端急尖或渐尖，边缘有锯齿，基部深心形，弯缺深 2 ～ 3 cm，宽 2 ～ 2.5 cm，上面深绿色，粗糙，有疣点，下面浅绿色，有短柔毛，脉掌状，具白色的短柔毛。雌雄同株。雄花：通常 15 ～ 20 朵花，生于总状花序上部，花序梗稍粗壮，长 12 ～ 14 cm，被柔毛；花梗长 1 ～ 2 cm，花萼筒宽钟形，直径 0.5 ～ 0.9 cm，被短柔毛，裂片卵状披针形或近三角形，上端向外反折，长 0.8 ～ 1.3 cm，宽 0.4 ～ 0.7 cm，里面密被短柔毛，边缘尤为明显，外面毛被较少，先端渐尖，具 3 脉；花冠黄色，辐状，开展时直径 5 ～ 9 cm，裂片长圆形，长 2 ～ 4 cm，宽 2 ～ 2.8 cm，里面基部密被黄白色长柔毛，外面具 3 ～ 5 条凸起的脉，脉上密被短柔毛，顶端钝圆，基部狭窄；雄蕊通常 5，稀 3，花丝长 6 ～ 8 mm，基部有白色短柔毛，花初开放时稍靠合，最后完全分离，药室多回折曲。雌花：单生，花梗长 2 ～ 10 cm；子房长圆柱状，有柔毛，柱头 3，膨大。果实圆柱状，直或稍弯，长 15 ～ 30 cm，直径 5 ～ 8 cm，表面平滑，通常有深色纵条纹，未熟时肉质，成熟后干燥，里面呈网状纤维，由顶端盖裂。种子多数，黑色，卵形，扁，平滑，边缘狭翼状。花期 5—7 月，果期 6—9 月。

【生境分布】全市各地普遍栽培。

【药用部位】成熟果实的维管束（丝瓜络）。

【采收加工】夏、秋季果实成熟、果皮变黄、内部干枯时采摘，除去外皮和果肉，洗净，晒干，除去种子。

【性味归经】味甘，性平。归肺、肝、胃经。

【功能主治】通经活络，解毒消肿。用于胸胁疼痛，风湿痹痛，经脉拘挛，乳汁不通，肺热咳嗽，痈肿疮毒，乳痈等。

## 西瓜

Xigua

【别名】寒瓜。

【来源】葫芦科西瓜属植物西瓜 *Citrullus lanatus* (Thunb.) Matsum. & Nakai。

【植物形态】一年生蔓生藤本。茎、枝粗壮，具明显的棱沟，被长而密的白色或淡黄褐色长柔毛。卷须较粗壮，具短柔毛，二歧，叶柄粗，长 3 ～ 12 cm，粗 0.2 ～ 0.4 cm，具不明显的沟纹，密被柔毛；叶片纸质，轮廓三角状卵形，带白绿色，长 8 ～ 20 cm，宽 5 ～ 15 cm，两面具短硬毛，脉上和背面较多，3 深裂，中裂片较长，倒卵形、长圆状披针形或披针形，顶端急尖或渐尖，裂片又羽状或二重羽状浅裂或深裂，边缘波状或有疏齿，末次裂片通常有少数浅锯齿，先端钝圆，叶片基部心形，有时

形成半圆形的弯缺，弯缺宽 1 ～ 2 cm，深 0.5 ～ 0.8 cm。雌雄同株。雌、雄花均单生于叶腋。雄花：花梗长 3 ～ 4 cm，密被黄褐色长柔毛；花萼筒宽钟形，密被长柔毛，花萼裂片狭披针形，与花萼筒近等长，长 2 ～ 3 mm；花冠淡黄色，直径 2.5 ～ 3 cm，外面带绿色，被长柔毛，裂片卵状长圆形，长 1 ～ 1.5 cm，宽 0.5 ～ 0.8 cm，顶端钝或稍尖，脉黄褐色，被毛；雄蕊 3，近离生。雌花：花萼和花冠与雄花同；子房卵形，长 0.5 ～ 0.8 cm，宽 0.4 cm，密被长柔毛，花柱长 4 ～ 5 mm，柱头 3，肾形。果实大型，近于球形或椭圆形，肉质，多汁，果皮光滑，色泽及纹饰各式。种子多数，卵形，黑色、红色，有时为白色、黄色、淡绿色或有斑纹，两面平滑，基部钝圆，通常边缘稍拱起，长 1 ～ 1.5 cm，宽 0.5 ～ 0.8 cm，厚 1 ～ 2 mm，花期 6—7 月，果期 7—10 月。

【生境分布】全市各地均有栽培。

【药用部位】果实和皮硝经加工制成的白色结晶性粉末（西瓜霜）。

【采收加工】夏季采收成熟果实，一般鲜用。

【性味归经】味咸，性寒。归肺、胃、大肠经。

【功能主治】清热泻火，消肿止痛。用于咽喉肿痛，喉痹，口疮等。

# 葫芦藓科

## 葫芦藓

Huluxian

【别名】石松毛、红孩儿、牛毛七、火堂须。

【来源】葫芦藓科葫芦藓属植物葫芦藓 *Funaria hygrometrica* Hedw.。

【植物形态】植物体矮小，淡绿色，直立，高 1 ～ 3 cm。茎单一或从基部稀疏分枝。叶簇生于茎顶，长舌形，叶端渐尖，全缘；中肋粗壮，消失于叶尖之下，叶细胞近于长方形，壁薄。雌雄同株异苞，雄苞顶生，花蕾状。雌苞则生于雄苞下的短侧枝上；蒴柄细长，黄褐色，长 2 ～ 5 cm，上部弯曲，孢蒴弯梨形，不对称，具明显台部，干时有纵沟槽；蒴齿两层；蒴帽兜形，具长喙，形似葫芦瓢状。

【生境分布】生于林下、沟边等处的阴湿地上。全市各地有零星野生。

【药用部位】植物体。

【采收加工】夏季采收，洗净，鲜用或晒干。

【性味归经】味淡，性平。归肺、肝、肾经。

【功能主治】祛风除湿，止痛，止血。用于风湿痹痛，鼻窦炎，跌打损伤，劳伤吐血等。

# 虎耳草科

## 虎耳草

Hu'ercao

【别名】天青地红、通耳草、耳朵草、丝棉吊梅、金丝荷叶。

【来源】虎耳草科虎耳草属植物虎耳草 *Saxifraga stolonifera* Meerb.。

【植物形态】多年生草本，高 8 ~ 45 cm。鞭匐匐枝细长，密被卷曲长腺毛，具鳞片状叶。茎被长腺毛，具 1 ~ 4 枚苞片状叶。基生叶具长柄，叶片近心形、肾形至扁圆形，长 1.5 ~ 7.5 cm，宽 2 ~ 12 cm，先端钝或急尖，基部近截形、圆形至心形，（5）7 ~ 11 浅裂（有时不明显），裂片边缘具不规则齿牙和腺毛，腹面绿色，被腺毛，背面通常红紫色，被腺毛，有斑点，具掌状达缘脉序，叶柄长 1.5 ~ 21 cm，被长腺毛；茎生叶披针形，长约 6 mm，宽约 2 mm。聚伞花序圆锥状，长 7.3 ~ 26 cm，具 7 ~ 61 花；花序分枝长 2.5 ~ 8 cm，被腺毛，具 2 ~ 5 花；花梗长 0.5 ~ 1.6 cm，细弱，被腺毛；花两侧对称；萼片在花期开展至反曲，卵形，长 1.5 ~ 3.5 mm，宽 1 ~ 1.8 mm，先端急尖，边缘具腺毛，腹面无毛，背面被褐色腺毛，3 脉于先端汇合成 1 疣点；花瓣白色，中上部具紫红色斑点，基部具黄色斑点，5 枚，其中 3 枚较短，卵形，长 2 ~ 4.4 mm，宽 1.3 ~ 2 mm，先端急尖，基部具长 0.1 ~ 0.6 mm 之爪，羽状脉序，具 2 级脉（2）3 ~ 6 条，另 2 枚较长，披针形至长圆形，长 6.2 ~ 14.5 mm，宽 2 ~ 4 mm，先端急尖，基部具长 0.2 ~ 0.8 mm 之爪，羽状脉序，具 2 级脉 5 ~ 10（11）条。雄蕊长 4 ~ 5.2 mm，花丝棒状；花盘半环状，围绕于子房一侧，边缘具瘤突；2 心皮下部合生，长 3.8 ~ 6 mm；子房卵球形，花柱 2，叉开。蒴果卵圆形。种子多数卵形。花期 5—8 月，果期 7—10 月。

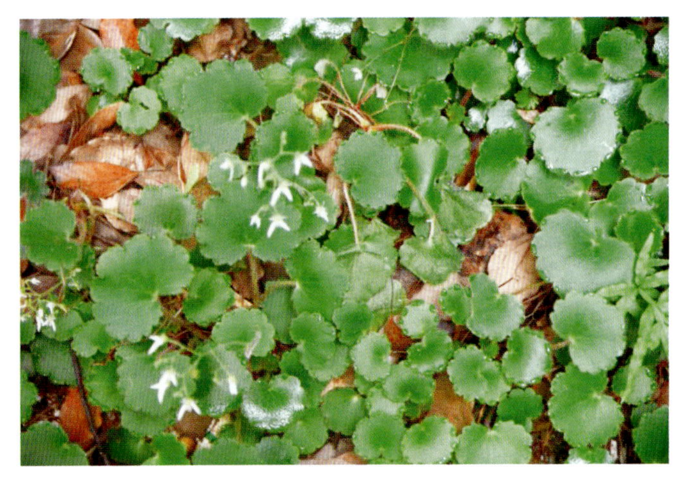

【生境分布】生于海拔 2000 m 的林下、灌丛、草甸和阴湿岩缝中。全市各地有零星野生。

【药用部位】全草。

【采收加工】四季均可采收，将全草拔出，洗净，晒干。

【性味归经】味苦、辛，性寒；有小毒。

【功能主治】疏风清热，凉血解毒。用于风热咳嗽，肺痈，吐血，聤耳流脓，风火牙痛，风疹瘙痒，痈肿丹毒，痔疮肿痛，毒虫咬伤，烫伤，外伤出血等。

# 槐叶蘋科

## 满江红

Man jianghong

【别名】红苹、紫藻、带子藻、三角藻、红浮漂。

【来源】槐叶蘋科满江红属植物满江红 *Azolla pinnata* subsp. *asiatica* R. M. K. Saunders & K. Fowler。

【植物形态】小型漂浮植物。植物体呈卵形或三角状，根状茎细长横走，侧枝腋生，假二歧分枝，向下生须根。叶小如芝麻，互生，无柄，覆瓦状排列成两行，叶片深裂分为背裂片和腹裂片两部分，背裂片长圆形或卵形，肉质，绿色，但在秋后常变为紫红色，边缘无色透明，上表面密被乳状瘤突，下表面中部略凹陷，基部肥厚形成共生腔；腹裂片贝壳状，无色透明，多少饰有淡紫红色，斜沉水中。孢子果双生于分枝处，大孢子果体积小，长卵形，顶部喙状，内藏一个大孢子囊，大孢子囊只产一个大孢子，大孢子囊有 9 个浮膘，分上下两排附生在孢子囊体上，上部 3 个较大，下部 6 个较小；小孢子果体积较大，圆球形或桃形，顶端有短喙，果壁薄而透明，内含多数具长柄的小孢子囊，每个小孢子囊内有 64 个小孢子，分别埋藏在 5 ～ 8 块无色海绵状的泡胶块上，泡胶块上有丝状毛。

【生境分布】生于水田和静水沟塘中。全市各地有零星分布。

【药用部位】叶。

【采收加工】夏、秋季捞取，晒干。

【性味归经】味辛，性凉。归肺、膀胱经。

【功能主治】解表透疹，祛风除湿，解毒。用于感冒咳嗽，麻疹不透，风湿疼痛，小便不利，水肿，荨麻疹，皮肤瘙痒，疮疡，丹毒，烫火伤等。

# 夹竹桃科

## 夹竹桃

Jiazhutao

【别名】红花夹竹桃、欧洲夹竹桃。

【来源】夹竹桃科夹竹桃属植物夹竹桃 *Nerium oleander* L.。

【植物形态】常绿直立大灌木，高达5 m。枝条灰绿色，含水液；嫩枝条具棱，被微毛，老时毛脱落。叶3～4枚轮生，下枝为对生，窄披针形，顶端急尖，基部楔形，叶缘反卷，长11～15 cm，宽2～2.5 cm，叶面深绿色，无毛，叶背浅绿色，有多数洼点，幼时被疏微毛，老时毛渐脱落；中脉在叶面陷入，在叶背凸起，侧脉两面扁平，纤细，密生而平行，每边达120条，直达叶缘；叶柄扁平，基部稍宽，长5～8 mm，幼时被微毛，老时毛脱落；叶柄内具腺体。聚伞花序顶生，着花数朵；总花梗长约3 cm，被微毛；花梗长7～10 mm；苞片披针形，长7 mm，宽1.5 mm；花芳香；花萼5深裂，红色，披针形，长3～4 mm，宽1.5～2 mm，外面无毛，内面基部具腺体；花冠深红色或粉红色，栽培种演变有白色或黄色，花冠为单瓣呈5裂时，其花冠为漏斗状，长和直径约3 cm，其花冠筒圆筒形，上部扩大成钟形，长1.6～2 cm，花冠筒内面被长柔毛，花冠喉部具5片宽鳞片状副花冠，每片其顶端撕裂，并伸出花冠喉部之外，花冠裂片倒卵形，顶端圆形，长1.5 cm，宽1 cm；花冠为重瓣呈15～18枚时，裂片组成三轮，内轮为漏斗状，外面二轮为辐状，分裂至基部或每2～3片基部连合，裂片长2～3.5 cm，宽1～2 cm，每花冠裂片基部具长圆形而顶端撕裂的鳞片；雄蕊着生在花冠筒中部以上，花丝短，被长柔毛，花药箭头状，内藏，与柱头连生，基部具耳，顶端渐尖，药隔延长成丝状，被柔毛；无花盘；心皮2，离生，被柔毛，花柱丝状，长7～8 mm，柱头近圆球形，顶端突尖；每心皮有胚珠多颗。蓇葖2，离生、平行或并连，长圆形，两端较窄，长10～23 cm，直径6～10 mm，绿色，无毛，具细纵条纹；种子长圆形，基部较窄，顶端钝、褐色，种皮被锈色短柔毛，顶端具黄褐色绢质种毛；种毛长约1 cm。花期几乎全年，夏、秋季最盛；果期一般在冬、春季，栽培很少结果。

【生境分布】全市各地均有栽培。

【药用部位】叶及枝皮。

【采收加工】对2年生以上的植株，结合整枝修剪，采集叶片及枝皮，晒干或炕干。

【性味归经】味苦，性寒；有大毒。归心经。

【功能主治】强心利尿，祛痰定喘，止痛，祛瘀。用于心力衰竭，咳喘，癫痫，跌打肿痛，血瘀经闭等。

## 萝藦

Luomo

【别名】老鸹瓢。

【来源】夹竹桃科鹅绒藤属植物萝藦 *Cynanchum rostellatum* (Turcz.) Liede & Khanum。

【植物形态】多年生草质藤本，长达 8 m，具乳汁；茎圆柱状，下部木质化，上部较柔韧，表面淡绿色，有纵条纹，幼时密被短柔毛，老时被毛渐脱落。叶膜质，卵状心形，长 5 ~ 12 cm，宽 4 ~ 7 cm，顶端短渐尖，基部心形，叶耳圆，长 1 ~ 2 cm，两叶耳展开或紧接，叶面绿色，叶背粉绿色，两面无毛，或幼时被微毛，老时被毛脱落；侧脉每边 10 ~ 12 条，在叶背略明显；叶柄长，长 3 ~ 6 cm，顶端具丛生腺体。总状式聚伞花序腋生或腋外生，具长总花梗；总花梗长 6 ~ 12 cm，被短柔毛；花梗长 8 mm，被短柔毛，着花通常 13 ~ 15 朵；小苞片膜质，披针形，长 3 mm，顶端渐尖；花蕾圆锥状，顶端尖；花萼裂片披针形，长 5 ~ 7 mm，宽 2 mm，外面被微毛；花冠白色，有淡紫红色斑纹，近辐状，花冠筒短，花冠裂片披针形，张开，顶端反折，基部向左覆盖，内面被柔毛；副花冠环状，着生于合蕊冠上，短 5 裂，裂片兜状；雄蕊连生成圆锥状，并包围雌蕊在其中，花药顶端具白色膜片；花粉块卵圆形，下垂；子房无毛，柱头延伸成 1 长喙，顶端 2 裂。蓇葖叉生，纺锤形，平滑无毛，长 8 ~ 9 cm，直径 2 cm，顶端急尖，基部膨大；种子扁平，卵圆形，长 5 mm，宽 3 mm，有膜质边缘，褐色，顶端具白色绢质种毛；种毛长 1.5 cm。花期 7—8 月，果期 9—12 月。

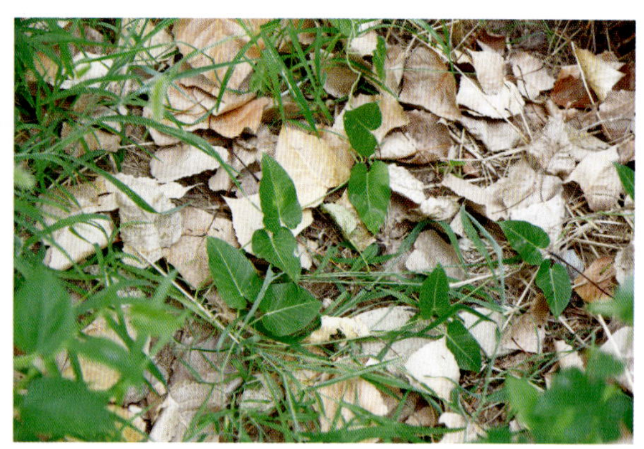

【生境分布】生于林边荒地、河边、路旁灌丛中。全市各地均有分布。

【药用部位】全草或根、果实。

【采收加工】全草或根：7—8 月采收全草，鲜用或晒干。果实：夏、秋季采挖，洗净，晒干。

【性味归经】全草或根：味甘、辛，性平。果实：味甘、辛，性温。

【功能主治】全草或根：补精益气，通乳，解毒。用于虚损劳伤，阳痿，遗精，带下，乳汁不足，丹毒，瘰疬，疔疮，蛇虫咬伤等。果实：补肾益精，生肌止血。用于虚劳，阳痿，遗精，金疮出血等。

## 娃儿藤
Wa'erteng

【别名】通脉丹、三分丹、白龙须、三十六荡。

【来源】夹竹桃科娃儿藤属植物娃儿藤 *Tylophora ovata* (Lindl.) Hook. ex Steud.。

【植物形态】攀援灌木；须根丛生；茎上部缠绕；茎、叶柄、叶的两面、花序梗、花梗及花萼外面均被锈黄色柔毛。叶卵形，长 2.5 ~ 6 cm，宽 2 ~ 5.5 cm，顶端急尖，具细尖头，基部浅心形；侧脉明显，每边约 4 条。聚伞花序伞房状，丛生于叶腋，通常不规则二歧，着花多朵；花小，淡黄色或黄绿色，直径 5 mm；花萼裂片卵形，有缘毛，内面基部无腺体；花冠辐状，裂片长圆状披针形，两面被微毛；副花冠裂片卵形，贴生于合蕊冠上，背部肉质隆肿，顶端高达花药一半；花药顶端有圆形薄膜片，内弯向柱头；花粉块每室 1 个，圆球状，平展；子房由 2 枚离生心皮组成，无毛。柱头五角状，顶端扁平。蓇葖果双生，圆柱状披针形，长 4 ~ 7 cm，直径 0.7 ~ 1.2 cm，无毛；种子卵形，长 7 mm，顶端截形，具白色绢质种毛；种毛长 3 cm。花期 4—8 月，果期 8—12 月。

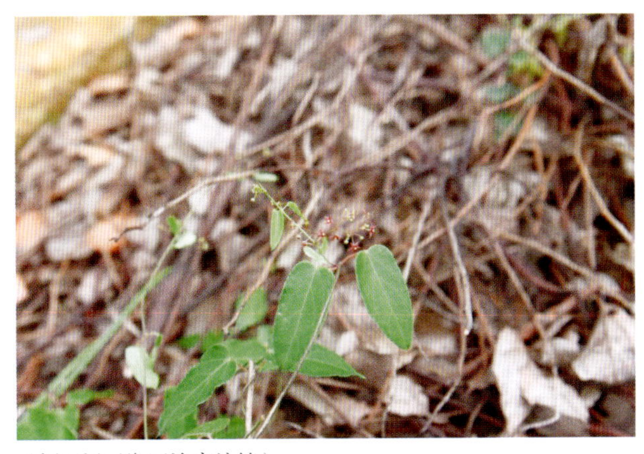
（摄于梁子湖区涂家垴镇）

【生境分布】生于海拔 900 m 以下的山地灌丛中及山谷或杂树林中。梁子湖区有零星分布。

【药用部位】根或全株。

【采收加工】冬季挖取根部，抖尽泥沙，晒干；或收集全株，切段，晒干。

【性味归经】味辛，性温。

【功能主治】祛风湿，化痰止咳，散瘀止痛，解蛇毒。用于风湿痹痛，咳喘痰多，跌打肿痛，毒蛇咬伤等。

## 络石
Luoshi

【别名】络石藤、石龙藤、络石草。

【来源】夹竹桃科络石属植物络石 *Trachelospermum jasminoides* (Lindl.) Lem.。

【植物形态】常绿木质藤本，长达 10 m，具乳汁。茎赤褐色，圆柱形，有皮孔；小枝被黄色柔毛，老时渐无毛。叶革质或近革质，椭圆形至卵状椭圆形或宽倒卵形，长 2 ~ 10 cm，宽 1 ~ 4.5 cm，顶端锐尖至渐尖或钝，有时微凹或有小突尖，基部渐狭至钝，叶面无毛，叶背被疏短柔毛，老渐无毛；叶面中脉微凹，侧脉扁平，叶背中脉凸起，侧脉每边 6 ~ 12 条，扁平或稍凸起；叶柄短，被短柔毛，老渐无毛；叶柄内和叶腋外腺体钻形，长约 1 mm。二歧聚伞花序腋生或顶生，花多朵组成圆锥状，与叶等长或较长；花白色，芳香；总花梗长 2 ~ 5 cm，被柔毛，老时渐无毛；苞片及小苞片狭披针形，长 1 ~ 2 mm；花

萼5深裂，裂片线状披针形，顶部反卷，长2～5 mm，外面被长柔毛及缘毛，内面无毛，基部具10枚鳞片状腺体；花蕾顶端钝，花冠筒圆筒形，中部膨大，外面无毛，内面在喉部及雄蕊着生处被短柔毛，长5～10 mm，花冠裂片长5～10 mm，无毛；雄蕊着生在花冠筒中部，腹部黏生在柱头上，花药箭头状，基部具耳，隐藏在花喉内；花盘环状5裂与子房等长；子房由2个离生心皮组成，无毛，花柱圆柱状，柱头卵圆形，顶端全缘；每心皮有胚珠多颗，着生于2个并生的侧膜胎座上。蓇葖双生，叉开，无毛，线状披针形，向先端渐尖，长10～20 cm，宽3～10 mm。种子，褐色，线形，长1.5～2 cm，直径约2 mm，顶端具白色绢质种毛；种毛长1.5～3 cm。花期3—7月，果期7—12月。

【生境分布】生于山野、溪边、路旁、林缘或杂木林中，常缠绕于树上或攀援于墙壁、岩石上。全市各地均有分布。

【药用部位】干燥带叶藤茎。

【采收加工】冬季至次年春季采割，除去杂质，晒干。

【性味归经】味苦，性微寒。归心、肝、肾经。

【功能主治】祛风通络，凉血消肿。用于风湿热痹，筋脉拘挛，腰膝酸痛，喉痹，痈肿，跌扑损伤等。

## 长春花

Changchunhua

【别名】雁来红、日日新、四时春、三万花、五色梅。

【来源】夹竹桃科长春花属植物长春花 *Catharanthus roseus* (L.) G. Don。

【植物形态】半灌木，略有分枝，高达60 cm，有水液，全株无毛或仅有微毛。茎近方形，有条纹，灰绿色；节间长1～3.5 cm。叶膜质，倒卵状长圆形，长3～4 cm，宽1.5～2.5 cm，先端浑圆，有短尖头，基部广楔形至楔形，渐狭而成叶柄；叶脉在叶面扁平，在叶背略隆起，侧脉约8对。聚伞花序腋生或顶生，有花2～3朵；花萼5深裂，内面无腺体或腺体不明显，萼片披针形或钻状渐尖，长约3 mm；花冠红色，高脚碟状，花冠筒圆筒状，长约2.6 cm，内面具疏柔毛，喉部紧缩，具刚毛；花冠

裂片宽倒卵形，长和宽均为 1.5 cm；雄蕊着生于花冠筒的上半部，但花药隐藏于花喉之内，与柱头离生；子房和花盘与属的特征相同。蓇葖双生，直立，平行或略叉开，长约 2.5 cm，直径 3 mm；外果皮厚纸质，有条纹，被柔毛。种子黑色，长圆状圆筒形，两端截形，具有颗粒状小瘤。花期 8—9 月，果期 9—10 月。

【生境分布】 全市各地均有栽培。

【药用部位】 全草。

【采收加工】 9 月下旬至 10 月上旬采收，选于晴天收割地上部分，先切除植株茎部木质化硬茎，再切成 6 cm 长的小段，晒干。

【性味归经】 味苦，性寒；有毒。

【功能主治】 解毒抗癌，清热平肝。用于多种癌肿，高血压，痈肿疮毒，烫伤等。

# 荚蒾科

## 南方荚蒾

Nanfang jiami

【别名】 东南荚蒾。

【来源】 荚蒾科荚蒾属植物南方荚蒾 *Viburnum fordiae* Hance。

【植物形态】 灌木或小乔木，高可达 5 m。幼枝、芽、叶柄、花序、萼和花冠外面均被由暗黄色或黄褐色簇状毛组成的茸毛；枝灰褐色或黑褐色。叶纸质至厚纸质，宽卵形或菱状卵形，长 4 ~ 9 cm，顶端钝或短尖至短渐尖，基部圆形至截形或宽楔形，稀楔形，边缘除基部外常有小尖齿，上面（尤其沿脉）有时散生具柄的红褐色微小腺体（在放大镜下可见），初时被簇状或叉状毛，后仅脉上有毛，稍光亮，下面毛较密，无腺点，侧脉 5 ~ 9 对，直达齿端，上面略凹陷，下面凸起；壮枝上的叶带革质，常较大，基部较宽，下面被茸毛，边缘疏生浅齿或几全缘，侧脉较少；叶柄长 5 ~ 15 mm，有时更短；无托叶。复伞形式聚伞花序顶生或生于具 1 对叶的侧生小枝之顶，直径 3 ~ 8 cm，总花梗长 1 ~ 3.5 cm 或极少近于无，第一级辐射枝通常 5 条，花生于第三至第四级辐射枝上；萼筒倒圆锥形，萼齿钝三角形；花冠白色，辐状，直径 3.5 ~ 5 mm，裂片卵形，长约 1.5 mm，比筒长；雄蕊与花冠等长或略超出，花药小，近圆形；花柱高出萼齿，柱头头状。果实红色，卵圆形，长 6 ~ 7 mm；核扁，长约 6 mm，直径约 4 mm，有 2

条腹沟和 1 条背沟。花期 4—5 月，果期 10—11 月。

【生境分布】生于山谷溪涧旁疏林、山坡灌丛中或平原旷野。全市各地有零星野生。

【药用部位】根、茎、叶。

【采收加工】根：全年均可采挖，洗净，切段或晒干。茎、叶：夏、秋季采收，鲜用或切段晒干。

【性味归经】味苦、涩，性凉。

【功能主治】疏风解表，活血散瘀，清热解毒。用于感冒，发热，月经不调，风湿痹痛，跌打损伤，淋巴结炎，疮疖，湿疹等。

## 琼花

Qionghua

【别名】八仙花、聚八仙、蝴蝶戏珠花、蝴蝶木。

【来源】荚蒾科荚蒾属植物琼花 *Viburnum keteleeri* Carrière。

【植物形态】灌木，高可达 4 m。幼枝被星状毛，老枝灰黑色，冬芽无鳞片。叶对生，叶片卵形、椭圆形或卵状矩圆形，长 5 ～ 8 cm，顶端钝或略尖，边缘有细齿，下面疏生星状毛，侧脉 5 ～ 6 对，近叶缘前网结。聚伞花序直径 10 ～ 12 cm，第一级辐枝 4 ～ 5 条，有白色、大型不孕的边花；萼筒无毛，长约 2 mm，萼檐具 5 微齿；花冠幅状；白色，长约 4 mm，花冠筒长约 1 mm；雄蕊 5；着生于近花冠筒基部，稍右于花冠。核果椭圆形，长约 8 mm，先红后黑；核扁，背具 2 浅槽，腹具 3 浅槽。花期 3—4 月，果期 5—9 月。

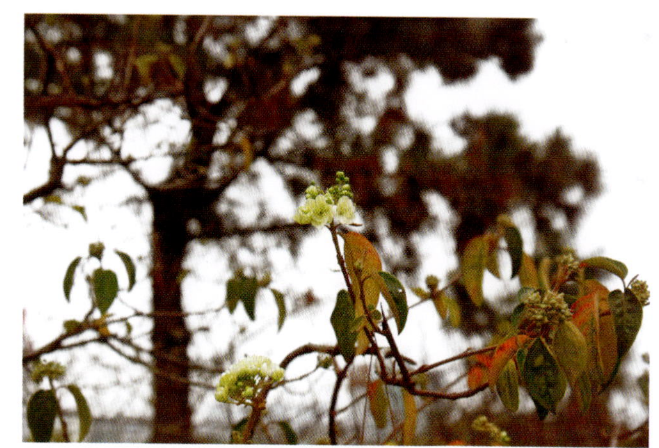

（摄于鄂城区凤凰广场）

【生境分布】生于丘陵、山坡林下或灌丛中。庭院亦常有栽培。鄂城区有零星栽培。

【药用部位】花、茎。

【采收加工】花：6—10 月花开后采收，放于通风处晾干。茎：全年均可采收，鲜用。

【性味归经】花：味甘，性平。归肺、心经。茎：味酸、咸，性凉。

【功能主治】花：清肺止咳，凉血止血，养心安神。用于肺热咳嗽，肺痨，咯血，崩漏，心悸，失眠等。茎：清热解毒。用于疔疮疖肿等。

## 接骨草

Jiegucao

【别名】臭草、八棱麻、陆英、青稞草。

【来源】荚蒾科接骨木属植物接骨草 *Sambucus javanica* Reinw. ex Blume。

【植物形态】高大草本或半灌木，高1～2 m。茎有7～8条纵棱，髓部白色。羽状复叶的托叶叶状或有时退化成蓝色的腺体；小叶2～3对，互生或对生，狭卵形，长6～13 cm，宽2～3 cm，嫩时上面被疏长柔毛，先端长渐尖，基部钝圆，两侧不等，边缘具细锯齿，近基部或中部以下边缘常有1或数枚腺齿；顶生小叶卵形或倒卵形，基部楔形，有时与第一对小叶相连，小叶无托叶，基部一对小叶有时有短柄。复伞形花序顶生，大而疏散，总花梗基部托以叶状总苞片，分枝三至五出，纤细，被黄色疏柔毛；杯形不孕性花不脱落，可孕性花小；萼筒杯状，萼齿三角形；花冠白色，仅基部连合，花药黄色或紫色；子房3室，花柱极短或几无，柱头3裂。果实红色，近圆形，直径3～4 mm。核2～3粒，卵形，长2.5 mm，表面有小疣状突起。花期4—5月，果期8—9月。

【生境分布】生于山坡、林下、沟边和草丛中，亦有栽培。全市各地均有分布。

【药用部位】茎叶。

【采收加工】夏、秋季采收，切段，洗净，晒干或鲜用。

【性味归经】味甘、苦，性平。归肝经。

【功能主治】疏风明目，活血止痛。用于目赤云翳，迎风流泪，风湿痛，跌打损伤等。

# 姜科

## 姜

Jiang

【别名】生姜、白姜、川姜。

【来源】姜科姜属植物姜 *Zingiber officinale* Roscoe。

【植物形态】多年生宿根草本，株高0.5～1 m。根茎肥厚，多分枝，有芳香及辛辣味。叶片披针形或线状披针形，长15～30 cm，宽2～2.5 cm，无毛，无柄；叶舌膜质，长2～4 mm。总花梗长达25 cm；穗状花序球果状，长4～5 cm；苞片卵形，长约2.5 cm，淡绿色或边缘淡黄色，顶端有小尖头；花萼管长约1 cm，花冠黄绿色，管长2～2.5 cm，裂片披针形，长不及2 cm；唇瓣中央裂片长圆状倒卵形，短于花冠裂片，有紫色条纹及淡黄色斑点，侧裂片卵形，长约6 mm；雄蕊暗紫色，花药长约9 mm；药隔附属体钻状，长约7 mm。花期秋季。

【生境分布】全市各地均有栽培。

【药用部位】鲜根茎（生姜）、干燥根茎（干姜）、干姜炮制加工品（炮姜）。

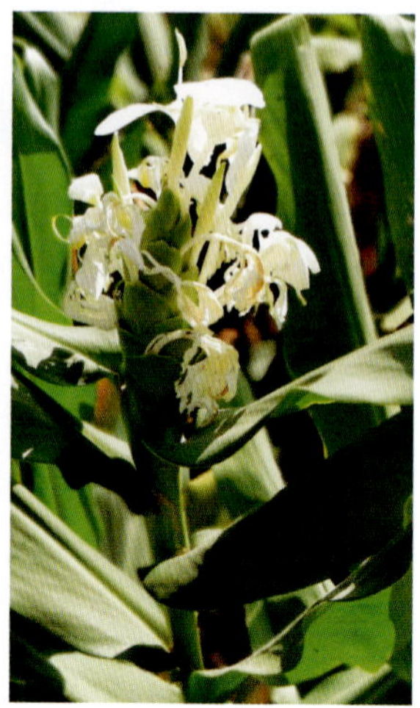

【采收加工】鲜根茎：秋、冬季采挖，除去须根和泥沙。干燥根茎：生姜切片晒干或低温干燥。干姜炮制加工品：干姜用砂烫至鼓起，表面呈棕褐色。

【性味归经】鲜根茎：味辛，性温。归肺、脾、胃经。干燥根茎：味辛，性热。归脾、胃、心、肺经。干姜炮制加工品：味辛，性热。归脾、胃、肾经。

【功能主治】鲜根茎：解表散寒，温中止呕，化痰止咳，解鱼蟹毒。用于风寒感冒，胃寒呕吐，寒痰咳嗽，鱼蟹中毒等。干燥根茎：温中散寒，回阳通脉，温肺化饮。用于脘腹冷痛，呕吐泄泻，肢冷脉微，寒饮咳喘等。干姜炮制加工品：温经止血，温中止痛。用于阳虚失血，吐血崩漏，脾胃虚寒，腹痛吐泻等。

# 桔梗科

## 半边莲

Banbianlian

【别名】瓜仁草、细米草、急解索。

【来源】桔梗科半边莲属植物半边莲 *Lobelia chinensis* Lour.。

【植物形态】多年生草本。茎细弱，匍匐，节上生根，分枝直立，高 6 ～ 15 cm，折断时有白色乳汁渗出。无毛。叶互生，无柄或近无柄，椭圆状披针形至条形，长 8 ～ 25 cm，宽 2 ～ 6 cm，先端急尖，基部圆形至阔楔形，全缘或顶部有明显的锯齿，无毛。花通常 1 朵，生于分枝的上部叶腋；花梗细，长 1.2 ～ 2.5（3.5）cm，基部有长约 1 mm 的小苞片 2 枚、1 枚或者没有，小苞片无毛；花萼筒倒长锥状，基部渐细而与花梗无明显区分，长 3 ～ 5 mm，无毛，裂片披针形，约与萼筒等长，全缘或下部有 1 对小齿；花冠粉红色或白色，长 10 ～ 15 mm，背面裂至基部，喉部以下生白色柔毛，裂片全部平展于下方，呈一个平面，两侧裂片披针形，较长，中间 3 枚裂片椭圆状披针形，较短；雄蕊长约 8 mm，花丝中部以上连合，花丝筒无毛，未连合部分的花丝侧面生柔毛，花药管长约 2 mm，背部无毛或疏生柔毛。蒴果倒锥状，长约 6 mm。种子椭圆状，稍扁压，近肉色。花果期 5—10 月。

【生境分布】生于水田边、路沟边及潮湿的阴坡荒地。全市各地有零星野生。

【药用部位】带根全草。

【采收加工】夏季采收，除去泥沙，洗净，晒干。

【性味归经】味辛，性平。归心、小肠、肺经。

【功能主治】清热解毒，利尿消肿。用于痈肿疔疮，蛇虫咬伤，鼓胀水肿，湿热黄疸，湿疹湿疮等。

## 桔梗

Jiegeng

【别名】铃铛花、包袱花、苦桔梗。

【来源】桔梗科桔梗属植物桔梗 *Platycodon grandiflorus* (Jacq.) A. DC.。

【植物形态】多年生草本，茎高 20 ～ 120 cm，通常无毛，偶密被短毛，不分枝，极少上部分枝。叶全部轮生，部分轮生至全部互生，无柄或有极短的柄，叶片卵形、卵状椭圆形至披针形，长 2 ～ 7 cm，宽 0.5 ～ 3.5 cm，基部宽楔形至圆钝，顶端急尖，上面无毛而绿色，下面常无毛而有白粉，有时脉上有短毛或瘤突状毛，边缘具细锯齿。花单朵顶生，或数朵集成假总状花序，或有花序分枝而集成圆锥花序；花萼筒部半圆球状或圆球状倒锥形，被白粉，裂片三角形或狭三角形，有时齿状；花冠大，长 1.5 ～ 4 cm，蓝色或紫色。蒴果球状或球状倒圆锥形，或倒卵状，长 1 ～ 2.5 cm，直径约 1 cm。花期 7—9 月，果期 8—10 月。

【生境分布】生于山地草坡、林缘。全市野外有零星分布，亦有栽培。

【药用部位】根。

【采收加工】春、秋季采挖，洗净，除去须根，趁鲜剥去外皮或不去外皮，干燥。

【性味归经】味苦、辛，性平。归肺经。

【功能主治】宣肺利咽，祛痰排脓。

用于咳嗽痰多，胸闷不畅，咽痛喑哑，肺痈吐脓等。

## 蓝花参

Lanhuashen

【别名】细叶沙参、毛鸡腿、拐棒参、娃儿菜、牛奶草。

【来源】桔梗科蓝花参属植物蓝花参 *Wahlenbergia marginata* (Thunb.) A. DC.。

【植物形态】多年生草本，有白色乳汁。根细长，外面白色，细胡萝卜状，直径可达4 mm，长约10 cm。茎自基部多分枝，直立或上升，长10～40 cm，无毛或下部疏生长硬毛。叶互生，无柄或具长至7 mm的短柄，常在茎下部密集，下部的匙形、倒披针形或椭圆形，上部的条状披针形或椭圆形，长1～3 cm，宽2～8 mm，边缘波状或具疏锯齿，或全缘，无毛或疏生长硬毛。花梗极长，细而伸直，长可达15 cm；花萼无毛，筒部倒卵状圆锥形，裂片三角状钻形；花冠钟状，蓝色，长5～8 mm，分裂达2/3，裂片倒卵状长圆形。蒴果倒圆锥状或倒卵状圆锥形，有10条不甚明显的肋，长5～7 mm，直径约3 mm。种子矩圆状，光滑，黄棕色，长0.3～0.5 mm。花果期2—5月。

【生境分布】生于低海拔的田边、路边和荒地中，有时生于山坡或沟边。全市各地有零星野生。

【药用部位】根或全草。

【采收加工】夏、秋季采收，洗净，鲜用或晒干。

【性味归经】味甘、苦，性平。归脾、肺经。

【功能主治】益气健脾，止咳祛痰，止血。用于虚损劳伤，自汗，盗汗，小儿疳积，带下，感冒，咳嗽，衄血，疟疾，瘰疬等。

## 杏叶沙参

Xingyeshashen

【别名】宽裂沙参。

【来源】桔梗科沙参属植物杏叶沙参 *Adenophora petiolata* subsp. *hunanensis* (Nannf.) D. Y. Hong & S. Ge。

【植物形态】多年生草本，有白色乳汁。茎高60～120 cm，不分枝，无毛或稍有白色短硬毛。茎生叶至少下部的具柄，很少近无柄，叶片卵圆形、卵形至卵状披针形，基部常楔状渐尖，或近于平截形而突然变窄，沿叶柄下延，顶端急尖至渐尖，边缘具疏齿，两面或疏或密地被短硬毛，较少被柔毛，也有全无毛的，长3～10（15）cm，宽2～4 cm。花序分枝长，几乎平展或弓曲向上，常组成大而疏散的圆锥花序，极少分枝很短或长而几乎直立，因而组成窄的圆锥花序。花梗极短而粗壮，常仅2～3 mm长，极少达 5 mm，花序轴和花梗有短毛或近无毛；花萼常有或疏或密的白色短毛，有的无毛，筒部倒圆锥状，裂片卵形至长卵形，长 4 ～ 7 mm，宽 1.5 ～ 4 mm，基部通常彼此重叠；花冠钟状，蓝色、紫色或蓝紫色，长 1.5 ～ 2 cm，裂片三角状卵形，为花冠长的 1/3；花盘短筒状，长（0.5）1 ～ 2.5 mm，顶端被毛或无毛；花柱与花冠近等长。蒴果球状椭圆形，或近于卵状，长 6 ～ 8 mm，直径 4 ～ 6 mm。种子椭圆状，有 1 条棱，长 1 ～ 1.5 mm。花期 7—9 月，果期 10—11 月。

【生境分布】生于山地草丛中。全市各地有零星野生。

【药用部位】根。

【采收加工】秋季挖取根部，除去茎叶及须根，洗净泥土。趁新鲜时用竹片刮去外皮，切片，晒干。

【性味归经】味甘、苦，性寒。归肺，胃经。

【功能主治】养阴清热，润肺化痰，益胃生津。用于阴虚久咳，劳嗽痰血，燥咳痰少，虚热喉痹，津伤口渴等。

# 金发藓科

## 东亚小金发藓

Dongyaxiao jinfaxian

【别名】红孩儿、止血药。

【来源】金发藓科小金发藓属植物东亚小金发藓 *Pogonatum inflexum* (Lindb.) Sande Lac.。

【植物形态】植物体暗绿色、绿色，老时黄褐色。茎单一直立，稀分枝，高 2 ～

8 cm，基部密生假根。干时叶紧围茎卷曲，湿时叶片倾立，如杉树苗叶状；叶片基部椭圆形、内凹，半鞘状，上部阔披针形，长 6 ～ 7 mm，宽 0.4 ～ 0.7 mm，叶缘中上部具红色锯齿；中肋较粗，达叶尖，栉片布满腹面，约 30 条。雌雄异株，雄株较小，顶端精子器呈花蕾状；雌株蒴柄长 2 ～ 4 cm，橙黄色；孢蒴圆柱形，具长喙；蒴帽兜形，被黄白色下垂长茸毛。

【生境分布】生于林下湿土上或岩石薄土上。全市各地有零星野生。

【药用部位】植物体。

【采收加工】春、夏季采收，洗净，晒干。

【性味归经】味辛，性温。

【功能主治】镇静安神，散瘀止血。用于心悸怔忡等。

# 金缕梅科

## 檵木

Jimu

【别名】白花檵木、白彩木、继木、大叶檵木。

【来源】金缕梅科檵木属植物檵木 *Loropetalum chinense* (R. Br.) Oliv.。

【植物形态】灌木，有时为小乔木，多分枝，小枝有星毛。叶革质，卵形，长 2 ～ 5 cm，宽 1.5 ～ 2.5 cm，先端锐尖，基部钝，不等侧，上面略有粗毛或秃净，干后暗绿色，无光泽，下面被星毛，稍带灰白色，侧脉约 5 对，在上面明显，在下面突起，全缘；叶柄长 2 ～ 5 mm，被星毛；托叶膜质，三角状披针形，长 3 ～ 4 mm，宽 1.5 ～ 2 mm，早落。花 3 ～ 8 朵簇生，有短花梗，白色，比新叶先开放，或与嫩叶同时开放，花序柄长约 1 cm，被毛，苞片线形，长 3 mm；萼筒杯状，被星毛，萼齿卵形，长约 2 mm，花后脱落；花瓣 4 片，带状，长 1 ～ 2 cm，先端圆或钝；雄蕊 4 个，花丝极短，药隔突出成角状；退化雄蕊 4 个，鳞片状，与雄蕊互生；子房完全下位，被星毛；花柱极短，长约 1 mm；胚珠 1 个，垂生于心皮内上角。蒴果卵圆形，长 7 ～ 8 mm，宽 6 ～ 7 mm，先端圆，被褐色星状茸毛，萼筒长为蒴果的 2/3。种子圆卵形，长 4 ～ 5 mm，黑色，发亮。花期 3—4 月。

（摄于鄂城区杨家墒）

【生境分布】常生于向阳山坡、路边、灌木林及郊野溪沟边。全市各地有零星野生。

【药用部位】叶。

【采收加工】夏、秋季枝叶茂盛时采收，晒干。

【性味归经】味苦、涩，性平。归肝、胃、大肠经。

【功能主治】清热解毒，收敛，止血。用于暑热泻痢，扭闪伤筋，创伤出血，目赤肿痛，咽喉肿痛等。

# 金丝桃科

## 地耳草

Di'ercao

【别名】田基黄、四方草、黄花草、对叶草。

【来源】金丝桃科金丝桃属植物地耳草 *Hypericum japonicum* Thunb. ex Murray。

【植物形态】一年生或多年生草本，高 2 ~ 45 cm。茎单一或多少簇生，直立、外倾或匍地而在基部生根，在花序下部不分枝或各式分枝，具 4 纵线棱，散布淡色腺点。叶无柄，叶片通常卵形或卵状三角形至长圆形或椭圆形，长 0.2 ~ 1.8 cm，宽 0.1 ~ 1 cm，先端近锐尖至圆形，基部心形抱茎至截形，边缘全缘，坚纸质，上面绿色，下面淡绿但有时带苍白色，具 1 ~ 3 条基生主脉和 1 ~ 2 对侧脉，但无明显脉网，无边缘生的腺点，全面散布透明腺点。花序具 1 ~ 30 花，三歧状或多少呈单歧状，有或无侧生的小花枝；苞片及小苞片线形、披针形至叶状，微小至与叶等长；花直径 4 ~ 8 mm，多少平展；花蕾圆柱状椭圆形，先端多少钝形；花梗长 2 ~ 5 mm；萼片狭长圆形或披针形至椭圆形，长 2 ~ 5.5 mm，宽 0.5 ~ 2 mm，先端锐尖至钝形，全缘，无边缘生的腺点，全面散生有透明腺点或腺条纹，果时直伸；花瓣白色、淡黄色至橙黄色，椭圆形或长圆形，长 2 ~ 5 mm，宽 0.8 ~ 1.8 mm，先端钝形，无腺点，宿存；雄蕊 5 ~ 30 枚，不成束，长约 2 mm，宿存，花药黄色，具松脂状腺体。子房 1 室，长 1.5 ~ 2 mm；花柱 2 ~ 3，长 0.4 ~ 1 mm，自基部离生，开展。蒴果短圆柱形至圆球形，长 2.5 ~ 6 mm，宽 1.3 ~ 2.8 mm，无腺条纹。种子淡黄色，圆柱形，长约 0.5 mm，两端锐尖，无龙骨状突起和顶端的附属物，表面有细蜂窝纹。花期 3—5 月，果期 6—10 月。

【生境分布】生于田边、沟边、草地以及撂荒地上。全市各地有零星分布。

【药用部位】全草。

【采收加工】春、夏季开花时采收全草，晒干或鲜用。

【性味归经】味甘、苦，性凉。归肝、胆、大肠经。

【功能主治】清热利湿，解毒，散瘀消肿，止痛。用于湿热黄疸，泄泻，痢疾，肠痈，肺痈，疮痈肿毒，乳蛾，口疮，目赤肿痛，毒蛇咬伤，跌打损伤等。

## 贯叶连翘

Guanyelianqiao

【别名】贯叶金丝桃、小贯叶金丝桃。

【来源】金丝桃科金丝桃属植物贯叶连翘 *Hypericum perforatum* L.。

【植物形态】多年生草本，高 20 ～ 60 cm，全体无毛。茎直立，多分枝，茎及分枝两侧各有 1 纵线棱。叶无柄，彼此靠近，密集，椭圆形至线形，长 1 ～ 2 cm，宽 0.3 ～ 0.7 cm，先端钝形，基部近心形而抱茎，边缘全缘，背卷，坚纸质，上面绿色，下面白绿色，全面散布淡色但有时黑色腺点，侧脉每边约 2 条，自中脉基部 1/3 以下生出，斜升，至叶缘联结，与中脉两面明显，脉网稀疏，不明显。花序为 5 ～ 7 花二歧状聚伞花序，生于茎及分枝顶端，多个再组成顶生圆锥花序；苞片及小苞片线形，长达 4 mm；萼片长圆形或披针形，长 3 ～ 4 mm，宽 1 ～ 1.2 mm，先端渐尖至锐尖，边缘有黑色腺点，全面有 2 行腺条和腺斑，果时直立，略增大，长达 4.5 mm；花瓣黄色，长圆形或长圆状椭圆形，两侧不相等，长约 1.2 mm，宽 0.5 mm，边缘及上部常有黑色腺点；雄蕊多数，3 束，每束有雄蕊约 15 枚，花丝长短不一，长达 8 mm，花药黄色，具黑色腺点；子房卵珠形，长 3 mm，花柱 3，自基部极少开，长 4.5 mm。蒴果长圆状卵珠形，长约 5 mm，宽 3 mm，具背生腺条及侧生黄褐色囊状腺体。种子黑褐色，圆柱形，长约 1 mm，具纵向条棱，两侧无龙骨状突起，表面有细蜂窝纹。花期 7—8 月，果期 9—10 月。

【生境分布】生于山坡、路旁、草地、林下及河边等处。全市各地有零星分布。

【药用部位】地上部分。

【采收加工】夏、秋季开花时采割，阴干或低温烘干。

【性味归经】味辛，性寒。归肝经。

【功能主治】疏肝解郁，清热利湿，消肿通乳。用于肝气郁结，情志不畅，心胸郁闷，关节肿痛，乳痈，乳少等。

## 金丝桃

Jinsitao

【别名】土连翘、五心花、金丝海棠、金丝蝴蝶、金丝莲。

【来源】金丝桃科金丝桃属植物金丝桃 *Hypericum monogynum* L.。

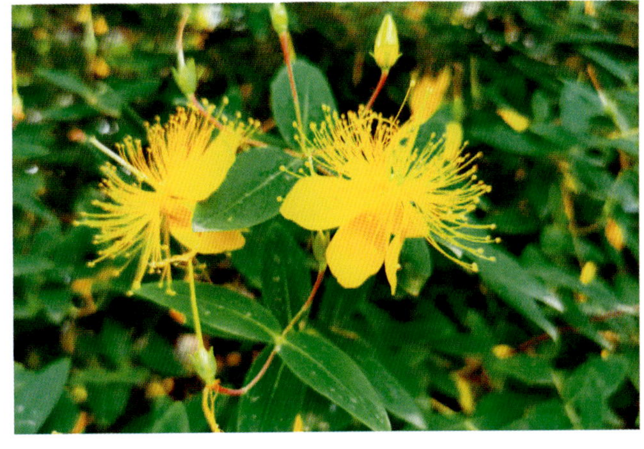

【植物形态】灌木，高 0.5 ~ 1.3 m，丛状或通常有疏生的开张枝条。茎红色，幼时具 2（4）纵线棱及两侧压扁，很快为圆柱形；皮层橙褐色。叶对生，无柄或具短柄，柄长达 1.5 mm；叶片倒披针形或椭圆形至长圆形，较稀为披针形至卵状三角形或卵形，长 2 ~ 11.2 cm，宽 1 ~ 4.1 cm，先端锐尖至圆形，通常具细小尖突，基部楔形至圆形或上部者有时截形至心形，边缘平坦，坚纸质，上面绿色，下面淡绿色但不呈灰白色，主侧脉 4 ~ 6 对，分枝，常与中脉分枝不分明，第三级脉网密集，不明显，腹腺体无，叶片腺体小而点状。花序具 1 ~ 30 花，自茎端第 1 节生出，有时亦自茎端 1 ~ 3 节生出，稀有 1 ~ 2 对次生分枝；花梗长 0.8 ~ 5 cm；苞片小，线状披针形，早落。花直径 3 ~ 6.5 cm，星状；花蕾卵珠形，先端近锐尖至钝形；萼片宽或狭椭圆形、长圆形至披针形或倒披针形，先端锐尖至圆形，边缘全缘，中脉分明，细脉不明显，有或多或少的腺体，在基部的线形至条纹状，向顶端的点状。花瓣金黄色至柠檬黄色，无红晕，开张，三角状倒卵形，长 2 ~ 3.4 cm，宽 1 ~ 2 cm，长为萼片的 2.5 ~ 4.5 倍，边缘全缘，无腺体，有侧生的小尖突，小尖突先端锐尖至圆形或消失；雄蕊 5 束，每束有雄蕊 25 ~ 35 枚，最长者长 1.8 ~ 3.2 cm，与花瓣几等长，花药黄色至暗橙色；子房卵珠形或卵珠状圆锥形至近球形，长 2.5 ~ 5 mm，宽 2.5 ~ 3 mm；花柱长 1.2 ~ 2 cm，长为子房的 3.5 ~ 5 倍，合生几达顶端然后向外弯，极偶有合生至全长之半，柱头小。蒴果宽卵珠形，稀为卵珠状圆锥形至近球形，长 6 ~ 10 mm，宽 4 ~ 7 mm。种子深红褐色，圆柱形，长约 2 mm，有狭的龙骨状突起，有浅的线状网纹至线状蜂窝纹。花期 5—8 月，果期 8—9 月。

【生境分布】生于山坡、路旁或灌丛中。全市各地广泛栽培于庭院。

【药用部位】全株。

【采收加工】四季均可采收，洗净，晒干。

【性味归经】味苦，性凉。归心、肝经。

【功能主治】清热解毒，散瘀止痛，祛风湿。用于肝炎，肝、脾大，急性咽喉炎，结膜炎，疖疮肿痛，蛇咬伤及蜂蜇伤，跌打损伤，风湿腰痛等。

## 元宝草

Yuanbaocao

【别名】合掌草、帆船草、对月草、大叶对口莲。

【来源】金丝桃科金丝桃属植物元宝草 *Hypericum sampsonii* Hance。

【植物形态】多年生草本，高 0.2 ~ 0.8 m，全体无毛。茎单一或少数，圆柱形，无腺点，上部分枝。叶对生，无柄，其基部完全合生为一体而茎贯穿其中心，或宽或狭的披针形至长圆形或倒披针形，长 2 ~ 7 cm，宽 1 ~ 4 cm，先端钝或圆，基部较宽，全缘，坚纸质，上面绿色，下面淡绿色，边缘密生黑色腺点，

全面散生透明或间有黑色腺点，中脉直贯叶端，侧脉每边约4条，斜上升，近边缘弧状联结，与中脉两面明显，脉网细而稀疏。花序顶生，多花，伞房状，连同其下方常多达6个腋生花枝整体形成一个庞大的疏松伞房状至圆柱状圆锥花序；苞片及小苞片线状披针形或线形，长达4 mm，先端渐尖。花直径6～15 mm，近扁平，基部为杯状；花蕾卵珠形，先端钝形；花梗长2～3 mm；萼片长圆形、长圆状匙形或长圆状线形，长3～10 mm，宽1～3 mm，先端圆形，全缘，边缘疏生黑色腺点，全面散布淡色、稀为黑色腺点及腺斑，果时直伸；花瓣淡黄色，椭圆状长圆形，长4～13 mm，宽1.5～7 mm，宿存，边缘有无柄或近无柄的黑腺体，全面散布淡色、稀为黑色腺点和腺条纹；雄蕊3束，宿存，每束具雄蕊10～14枚，花药淡黄色，具黑色腺点；子房卵珠形至狭圆锥形，长约3 mm，3室；花柱3，长约2 mm，自基部分离。蒴果宽卵珠形至或宽或狭的卵珠状圆锥形，长6～9 mm，宽4～5 mm，散布有卵珠状黄褐色囊状腺体。种子黄褐色，长卵柱形，长约1 mm，两侧无龙骨状突起，顶端无附属物，表面有明显的细蜂窝纹。花期5—6月，果期7—8月。

【生境分布】生于路旁、山坡、草地、灌丛、田边、沟边等处。全市各地有零星分布。

【药用部位】全草。

【采收加工】夏、秋季采收，洗净，晒干或鲜用。

【性味归经】味苦、辛，性寒。归肝、脾经。

【功能主治】凉血止血，清热解毒，活血调经，祛风通络。用于吐血，咯血，衄血，血淋，创伤出血，肠炎，痢疾，乳痈，痈肿疔毒，烫伤，蛇咬伤，月经不调，痛经，带下，跌打损伤，风湿痹痛，腰腿痛等；外用治头癣，口疮，目翳等。

# 金粟兰科

## 丝穗金粟兰

Sisui jinsulan

【别名】土细辛、四叶对、四大天王、四块瓦。

【来源】金粟兰科金粟兰属植物丝穗金粟兰 *Chloranthus fortunei* (A. Gray) Solms。

【植物形态】多年生草本，高15～40 cm，全部无毛。根状茎粗短，密生多数细长须根；茎直立，单生或数个丛生，下部节上对生2片鳞状叶。叶对生，通常4片生于茎上部，纸质，宽椭圆形、长椭圆形或倒卵形，长5～11 cm，宽3～7 cm，顶端短尖，基部宽楔形，边缘有圆锯齿或粗锯齿，齿尖有一腺体，近基部全缘，嫩叶背面密生细小腺点，但老叶不明显；侧脉4～6对，网脉明显；叶柄长1～1.5 cm；鳞状叶三角形；托叶条裂成钻形。穗状花序单一，由茎顶抽出，连总花梗长4～6 cm；苞片倒卵形，通常2～3齿裂；花白色，有香气；雄蕊3枚，药隔基部合生，着生于子房上部外侧，中央药隔具1个2室的花药，两侧药隔各具1个1室的花药，药隔伸长成丝状，直立或斜上，长1～1.9 cm，药室在药隔的基部；子房倒卵形，无花柱。核果球形，淡黄绿色，有纵条纹，长约3 mm，近无柄。花期4—5月，果期5—6月。

（摄于鄂城区五卦山）

【生境分布】生于山坡或低山林下阴湿处和山沟草丛中。全市各地有零星野生。

【药用部位】全草或根。

【采收加工】夏季采收，除去杂质，洗净，晒干。

【性味归经】味辛、苦，性平；有毒。归肺、肝经。

【功能主治】祛风活血，解毒消肿。用于风湿痹痛，跌打损伤，毒蛇咬伤等。

# 金星蕨科

## 渐尖毛蕨

Jian jianmao jue

【别名】金星草、小叶凤凰尾巴草、小水花蕨、小毛蕨。

【来源】金星蕨科毛蕨属植物渐尖毛蕨 *Cyclosorus acuminatus* (Houtt.) Nakai。

【植物形态】植株高70～80 cm。根状茎长而横走，粗2～4 mm，深棕色，老则变褐棕色，先端密被棕色披针形鳞片。叶二列远生，相距4～8 cm；叶柄长30～42 cm，基部粗1.5～2 mm，褐色，无鳞片，向上渐变为深禾秆色，略有柔毛；叶片长40～45 cm，中部宽14～17 cm，长圆状披针形，先端尾状渐尖并羽裂，基部不变狭，二回羽裂；羽片13～18对，有极短柄，斜展或斜上，有等宽的间隔分开（间隔宽约1 cm），互生，或基部的对生，中部以下的羽片长7～11 cm，中部宽8～12 mm，基部较宽，披针形，渐尖头，基部不等，上侧凸出，平截，下侧圆楔形或近圆形，羽裂达1/2～2/3；裂

片18～24对，斜上，略弯弓，彼此密接，基部上侧一片最长，为8～10 mm，披针形，下侧一片长不及5 mm，第二对以上的裂片长4～5 mm，近镰状披针形，尖头或骤尖头，全缘。叶脉下面隆起，清晰，侧脉斜上，每裂片7～9对，单一（基部上侧一片裂片有13对，多半二叉），基部一对出自主脉基部，其先端交接成钝三角形网眼，并自交接点向缺刻下的透明膜质连线伸出一条短的外行小脉，第二对和第三对的上侧一脉伸达透明膜质连线，即缺刻下有侧脉$2\frac{1}{2}$对。叶坚纸质，干后灰绿色，除羽轴下面疏被针状毛外，羽片上面被极短的糙毛。孢子囊群圆形，生于侧脉中部以上，每裂片5～8对；囊群盖大，深棕色或棕色，密生短柔毛，宿存。

【生境分布】生于海拔100～1200 m的田边、路旁或林下溪谷边。全市各地均有分布。

【药用部位】根茎或全草。

【采收加工】夏、秋季采收，晒干。

【性味归经】味苦，性平。

【功能主治】清热解毒，祛风除湿，健脾。用于泄泻，痢疾，热淋，咽喉肿痛，风湿痹痛，小儿疳积，狂犬咬伤，烧烫伤等。

# 堇菜科

## 紫花地丁

Zihuadiding

【别名】箭头草、地丁、角子、独行虎、犁头草。

【来源】堇菜科堇菜属植物紫花地丁 *Viola philippica* Cav.。

【植物形态】多年生草本，无地上茎，高4～14 cm，果期高可达20 cm左右。根状茎短，垂直，淡褐色，长4～13 mm，粗2～7 mm，节密生，有数条淡褐色或近白色的细根。叶多数，基生，莲座状；叶片下部者通常较小，呈三角状卵形或狭卵形，上部者较长，呈长圆形、狭卵状披针形或长圆状卵形，长1.5～4 cm，宽0.5～1 cm，先端圆钝，基部截形或楔形，稀微心形，边缘具较平的圆齿，两面无毛或被细短毛，有时仅下面沿叶脉被短毛，果期叶片增大，长可达10 cm左右，宽可达4 cm；叶柄在花期通常长于叶片1～2倍，上部具极狭的翅，果期长可达10 cm左右，上部具较宽之翅，无毛或被细短毛；托叶膜质，苍白色或淡绿色，长1.5～2.5 cm，2/3～4/5与叶柄合生，离生部分线状披针形，边缘疏生具腺体的流苏状细齿或近全缘。花中等大，紫堇色或淡紫色，稀白色，喉部色较淡并带有紫色条纹；花梗通常多数，细弱，与叶片等长或高出于叶片，无毛或有短毛，中部附近有2枚线形小苞片；萼片卵状披针形或披针形，长5～7 mm，先端渐尖，基部附属物短，长1～1.5 mm，末端圆形或截形，边缘具膜质白边，无毛或有短毛；花瓣倒卵形或长圆状倒卵形，侧方花瓣长1～1.2 cm，里面无毛或有须毛，下方花瓣连距长1.3～2 cm，里面有紫色脉纹；距细管状，长4～8 mm，末端圆；花药长约2 mm，药隔顶部的附属物长约1.5 mm，下方2枚雄蕊背部的距细管状，长4～6 mm，末端稍细；子房卵形，无毛，花柱棍棒状，比子房稍长，基部稍膝曲，柱头三角形，两侧及后方稍增厚成微隆起的缘边，顶部略平，前方具短喙。蒴果长圆形，长5～12 mm，无毛；种子卵球形，长1.8 mm，淡黄色。花果期4月中下旬至9月。

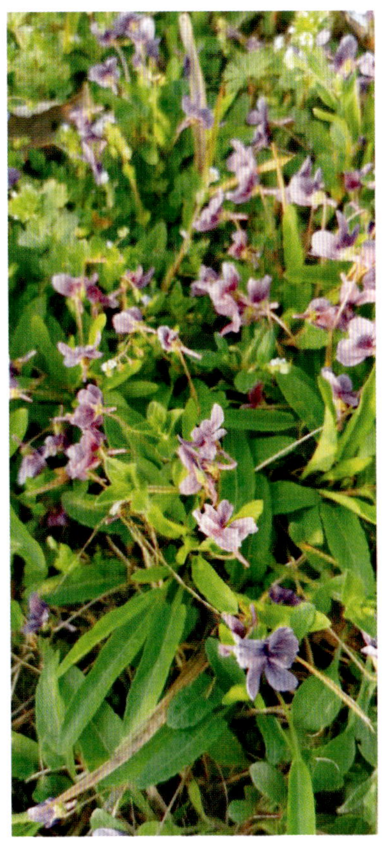

【生境分布】生于田间、荒地、山坡草丛、林缘或灌丛中。全市各地均有分布。

【药用部位】全草。

【采收加工】春、秋季采收，除去杂质，晒干。

【性味归经】味苦、辛，性寒。归心、肝经。

【功能主治】清热解毒，凉血消肿。用于疔疮肿毒，痈疽发背，丹毒，毒蛇咬伤等。

# 锦葵科

## 地桃花

Ditaohua

【别名】粘油子、大叶马松子、田芙蓉、野棉花、肖梵天花。

【来源】锦葵科梵天花属植物地桃花 *Urena lobata* L.。

【植物形态】直立亚灌木状草本，高达1 m，小枝被星状茸毛。茎下部的叶近圆形，长4～5 cm，宽5～6 cm，先端浅3裂，基部圆形或近心形，边缘具锯齿；中部的叶卵形，长5～7 cm，宽3～6.5 cm；上部的叶长圆形至披针形，长4～7 cm，宽1.5～3 cm；叶上面被柔毛，下面被灰白色星状茸毛；叶柄长 1 ～ 4 cm，被灰白色星状毛；托叶线形，长约 2 mm，早落。花腋生、单生或稍丛生，淡红色，直径约 15 mm；花梗长约 3 mm，被绵毛；小苞片 5，长约 6 mm，基部 1/3 合生；花萼杯状，裂片 5，较小苞片略短，两者均被星状柔毛；花瓣 5，倒卵形，长约 15 mm，外面被星状柔毛；雄蕊柱长约 15 mm，无毛；花柱分枝 10，微被长硬毛。果扁球形，直径约 1 cm，分果爿被星状短柔毛和锚状刺。花期 7—10 月。

（摄于梁子湖区陈太村）

【生境分布】生于空旷地、草坡或疏林下。梁子湖区有零星野生。

【药用部位】根或全草。

【采收加工】全年均可采收，洗净，鲜用或晒干。

【性味归经】味甘、辛，性凉。归肺、脾经。

【功能主治】祛风利湿，活血消肿，清热解毒。用于感冒，风湿痹痛，痢疾，泄泻，淋证，带下，跌打肿痛，喉痹，乳痈，疮疖，毒蛇咬伤等。

## 拔毒散

Badusan

【别名】小粘药、黄花稔、小黄药、迷马桩棵。

【来源】锦葵科黄花稔属植物拔毒散 *Sida szechuensis* Matsuda。

【植物形态】直立亚灌木，高约 1 m，小枝被星状长柔毛。叶二型，下部生的宽菱形至扇形，长 2.5 ～ 5 cm，宽近似，先端短尖至浑圆，基部楔形，边缘具 2 齿，上部生的长圆状椭圆形至长圆形，长 2 ～ 3 cm，两端钝至浑圆，上面疏被星状毛或糙伏毛至几无毛，下面密被灰色星状毛；叶柄长 5 ～ 10 mm，被星状柔毛；托叶钻形，较短于叶柄。花单生或簇生于小枝端，花梗长约 1 cm，密被星状毛，中部以上具节；萼杯状，长约 7 mm，裂片三

（摄于鄂城区燕窝公路旁）

角形，疏被星状柔毛；花黄色，直径 1～1.5 cm，花瓣倒卵形，长约 8 mm；雄蕊柱长约 5 mm，被长硬毛。果近圆球形，直径约 6 mm，分果爿 8～9，疏被星状柔毛，具短芒。种子黑褐色，平滑，长 2 mm，种脐被白色柔毛。花期 6—11 月。

【生境分布】生于荒坡灌丛、松林边、路旁和沟谷边。全市各地有零星野生。

【药用部位】枝叶。

【采收加工】秋季采收，鲜用或晒干。

【性味归经】味苦，性寒。归肺、肝经。

【功能主治】下乳活血，利湿解毒。用于乳汁不下，乳痈，痈肿，泄泻，痢疾，经闭，跌打骨折等。

## 陆地棉

Ludimian

【别名】棉花、美棉。

【来源】锦葵科棉属植物陆地棉 *Gossypium hirsutum* L.。

【植物形态】一年生草本，高 0.6～1.5 m，小枝疏被长毛，叶阔卵形，直径 5～12 cm，长、宽近相等或较宽，基部心形或心状截头形，常 3 浅裂，很少为 5 裂，中裂片常深裂达叶片之半，裂片宽三角状卵形，先端突渐尖，基部宽，上面近无毛，沿脉被粗毛，下面疏被长柔毛；叶柄长 3～14 cm，疏被柔毛；托叶卵状镰形，长 5～8 mm，早落。花单生于叶腋，花梗通常较叶柄略短；小苞片 3，分离，基部心形，具腺体 1 个，边缘具 7～9 齿，连齿长达 4 cm，宽约 2.5 cm，被长硬毛和纤毛；花萼杯状，裂片 5，三角形，具缘毛；花白色或淡黄色，后变淡红色或紫色，长 2.5～3 cm；雄蕊柱长 1.2 cm。蒴果卵圆形，长 3.5～5 cm，具喙。种子分离，卵圆形，具白色长棉毛和灰白色不易剥离的短棉毛。花期夏、秋季。

【生境分布】我国黄河流域和长江流域产棉区广泛种植。全市各地均有种植。

【药用部位】种子上的棉毛。

【采收加工】秋季采收，晒干。

【性味归经】味甘，性温。

【功能主治】止血。用于吐血，便血，血崩，金疮出血等。

## 木芙蓉

Mufurong

【别名】酒醉芙蓉、芙蓉花、重瓣木芙蓉。

【来源】锦葵科木槿属植物木芙蓉 *Hibiscus mutabilis* L.。

【植物形态】落叶灌木或小乔木，高 2 ～ 5 m。小枝、叶柄、花梗和花萼均密被星状毛与直毛相混的细绵毛。叶宽卵形至圆卵形或心形，直径 10 ～ 15 cm，常 5 ～ 7 裂，裂片三角形，先端渐尖，具钝圆锯齿，上面疏被星状细毛和点，下面密被星状细绵毛；主脉 7 ～ 11 条；叶柄长 5 ～ 20 cm；托叶披针形，长 5 ～ 8 mm，常早落。花单生于枝端叶腋间，花梗长 5 ～ 8 cm，近端具节；小苞片 8，线形，长 10 ～ 16 mm，宽约 2 mm，密被星状绵毛，基部合生；萼钟形，长 2.5 ～ 3 cm，裂片 5，卵形，渐尖头；花初开时白色或淡红色，后变深红色，直径约 8 cm，花瓣近圆形，直径 4 ～ 5 cm，外面被毛，基部具髯毛；雄蕊柱长 2.5 ～ 3 cm，无毛；花柱分枝 5，疏被毛。蒴果扁球形，直径约 2.5 cm，被淡黄色刚毛和绵毛，果爿 5。种子肾形，背面被长柔毛。花期 8—10 月。

【生境分布】全市各地均有栽培。

【药用部位】花、叶、根或根皮。

【采收加工】花：8—10 月采摘初开放的花朵，晒干或烘干。叶：夏、秋季采摘叶，阴干或晒干，研成粉末贮藏。根或根皮：秋季采挖，或剥取根皮，洗净，切片，晒干。

【性味归经】花：味辛，性平。归肺、肝经。叶：味辛，性平。归肺、肝经。根或根皮：味辛、苦，性凉。归心、肺、肝经。

【功能主治】花：清热解毒，凉血止血，消肿排脓。用于肺热咳嗽，吐血，目赤肿痛，崩漏，带下，腹泻，腹痛，痈肿，疮疖，毒蛇咬伤，水火烫伤，跌打损伤等。叶：清肺凉血，解毒消肿。用于肺热咳嗽，目赤肿痛，痈疽肿毒，恶疮，缠身蛇丹，脓疱疮，肾盂肾炎，水火烫伤，毒蛇咬伤，跌打损伤等。根或根皮：清热解毒，凉血消肿。用于痈疽肿毒初起，目赤肿痛，肺痈，咳喘，赤白痢疾，带下，肾盂肾炎等。

## 木槿

Mu jin

【别名】喇叭花、荆条、木棉、朝开暮落花。

【来源】锦葵科木槿属植物木槿 *Hibiscus syriacus* L.。

【植物形态】落叶灌木，高 3 ～ 4 m，小枝密被黄色星状茸毛。叶菱形至三角状卵形，长 3 ～ 10 cm，宽 2 ～ 4 cm，具深浅不同的 3 裂或不裂，先端钝，基部楔形，边缘具不整齐齿缺，下面沿叶脉微被毛或近无毛；叶柄长 5 ～ 25 mm，上面被星状柔毛；托叶线形，长约 6 mm，疏被柔毛。花单生于枝端叶腋间，花梗长 4 ～ 14 mm，被星状短茸毛；小苞片 6 ～ 8，线形，长 6 ～ 15 mm，宽 1 ～ 2 mm，密被星状疏茸毛；花萼钟形，长 14 ～ 20 mm，密被星状短茸毛，裂片 5，三角形；花钟形，淡紫色，直径 5 ～ 6 cm，花瓣倒卵形，长 3.5 ～ 4.5 cm，外面疏被纤毛和星状长柔毛；雄蕊柱长约 3 cm；花柱分枝无毛。蒴果卵圆形，直径约 12 mm，密被黄色星状茸毛。种子肾形，背部被黄白色长柔毛。花期 7—10 月。

【生境分布】全市各地均有栽培。

【药用部位】花（木槿花）、根（木槿根）、叶（木槿叶）、果实（木槿子）、茎皮或根皮（木槿皮）。

【采收加工】花：夏、秋季选晴天早晨，花半开时采摘，晒干。根：全年可采挖，洗净，晒干。叶：夏、秋季枝叶茂盛时采摘，晒干。果实：9—10 月果实呈黄绿色时采摘，晒干。茎皮或根皮：4—5 月剥取茎皮或根皮，洗净，晒干。

【性味归经】花：味甘、苦，性凉。归脾、肺、肝经。根：味甘，性凉。叶：味苦，性寒。果实：味甘，性寒。茎皮或根皮：味甘、苦，性寒。归大肠、肝、脾经。

【功能主治】花：清热利湿，凉血解毒。用于肠风便血，赤白下痢，痔疮出血，肺热咳嗽，咯血，带下，疮疖痈肿，烫伤等。根：清热解毒，利湿消肿。用于咳嗽，肺痈，肠痈，肠风便血，痔疮肿痛，带下等。叶：清热，导滞。用于肠风，痢疾，赤白下痢，便秘等。果实：清肺化痰，祛头风。用于肺风痰喘，偏正头风。茎皮或根皮：清热利湿，解毒止痒。用于肠风便血，痢疾，脱肛，带下，疥癣，痔疮等。

## 苘麻

Qingma

【别名】苘、车轮草、磨盘草、桐麻、白麻。

【来源】锦葵科苘麻属植物苘麻 *Abutilon theophrasti* Medikus。

【植物形态】一年生亚灌木状草本，高达 1 ～ 2 m，茎枝被柔毛。叶互生，圆心形，长 5 ～ 10 cm，先端长渐尖，基部心形，边缘具细圆锯齿，两面均密被星状柔毛；叶柄长 3 ～ 12 cm，被星状细柔毛；托叶早落。花单生于叶腋，花梗长 1 ～ 13 cm，被柔毛，近顶端具节；花萼杯状，密被短茸毛，裂片 5，卵形，长约 6 mm；花黄色，花瓣倒卵形，长约 1 cm；雄蕊柱平滑无毛，心皮 15 ～ 20，长 1 ～ 1.5 cm，顶端平截，具扩展、被毛的长芒 2，排列成轮状，密被软毛。蒴果半球形，直径约 2 cm，长约 1.2 cm，分果爿 15 ～ 20，被粗毛，顶端具长芒 2。种子肾形，褐色，被星状柔毛。花期 7—8 月，果期 9—10 月。

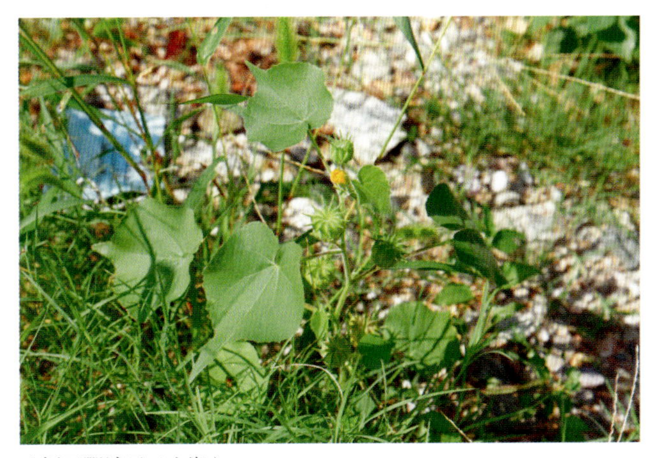

（摄于鄂城区三山湖）

【生境分布】常生于路旁、荒地和田野间。全市各地有零星野生。

【药用部位】全草或叶、根、种子。

【采收加工】全草或叶：夏季采收，鲜用或晒干。根：立冬后挖取，除去茎叶，洗净，晒干。种子：秋季果实成熟时采摘，晒干后打下种子，筛去果皮及杂质，再晒干。

【性味归经】味苦，性平。

【功能主治】全草或叶：清热利湿，解毒开窍。用于痢疾，中耳炎，耳鸣，耳聋，睾丸炎，化脓性扁桃体炎，痈疽肿毒等。根：利湿解毒。用于小便淋漓，痢疾，急性中耳炎，睾丸炎等。种子：清热利湿，解毒消痈，退翳明目。用于赤白痢疾，小便淋漓，痈疽肿痛，乳腺炎，目翳等。

## 咖啡黄葵

Kafeihuangkui

【别名】黄秋葵、补肾菜、秋葵、羊角豆、洋辣椒。

【来源】锦葵科秋葵属植物咖啡黄葵 *Abelmoschus esculentus* (L.) Moench。

【植物形态】一年生草本，高 1 ～ 2 m。茎圆柱形，疏生散刺。叶掌状 3 ～ 7 裂，直径 10 ～ 30 cm，裂片阔至狭，边缘具粗齿及凹缺，两面均被疏硬毛；叶柄长 7 ～ 15 cm，被长硬毛；托叶线形，长 7 ～ 10 mm，被疏硬毛。花单生于叶腋间，花梗长 1 ～ 2 cm，疏被糙硬毛；小苞片 8 ～ 10，线形，长约 1.5 cm，疏被硬毛；花萼钟形，较长于小苞片，密被星状短茸毛；花黄色，内面基部紫色，直径 5 ～ 7 cm，花瓣倒卵形，长 4 ～ 5 cm。蒴果筒状尖塔形，长 10 ～ 25 cm，直径 1.5 ～ 2 cm，顶端具长喙，疏被糙硬毛。种子球形，多数，直径 4 ～ 5 mm，具毛脉纹。花期 5—9 月，果期 9—10 月。

【生境分布】全市各地均有栽培。

【药用部位】根、叶、花、种子。

【采收加工】根：于当年 11 月到次年 2 月前挖取，抖去泥土，晒干或炕干。叶：9—10 月采收，晒干。花：6—8 月采摘，晒干。种子：9—10 月果成熟时采摘，脱粒，晒干。

【性味归经】味淡，性寒。

【功能主治】利咽，通淋，下乳，调经。用于咽喉肿痛，小便淋漓、涩痛，产后乳汁稀少，月经不调等。

## 蜀葵

Shukui

【别名】斗蓬花、栽秧花、棋盘花、麻杆花、一丈红。

【来源】锦葵科蜀葵属植物蜀葵 *Alcea rosea* L.。

【植物形态】二年生直立草本，高达 2 m，茎枝密被刺毛。叶近圆心形，直径 6 ～ 16 cm，掌状 5 ～ 7 浅裂或具波状棱角，裂片三角形或圆形，中裂片长约 3 cm，宽 4 ～ 6 cm，上面疏被星状柔毛，粗糙，下面被星状长硬毛或茸毛；叶柄长 5 ～ 15 cm，被星状长硬毛；托叶卵形，长约 8 mm，先端具 3 尖。花腋生、单生或近簇生，排列成总状花序式，具叶状苞片，花梗长约 5 mm，果时延长至 1 ～ 2.5 cm，被星状长硬毛；小苞片杯状，常 6 ～ 7 裂，裂片卵状披针形，长 10 mm，密被星状粗硬毛，基部合生；萼钟状，直径 2 ～ 3 cm，5 齿裂，裂片卵状三角形，长 1.2 ～ 1.5 cm，密被星状粗硬毛；花大，直径 6 ～ 10 cm，有红、紫、白、粉红、黄和黑紫等色，单瓣或重瓣，花瓣倒卵状三角形，长约 4 cm，先端凹缺，基部狭，爪被长髯毛；雄蕊柱无毛，长约 2 cm，花丝纤细，长约 2 mm，花药黄色；花柱分枝多数，微被细毛。果盘状，直径约 2 cm，被短柔毛，分果爿近圆形，多数，背部厚达 1 mm，具纵槽。花期 5—10 月。

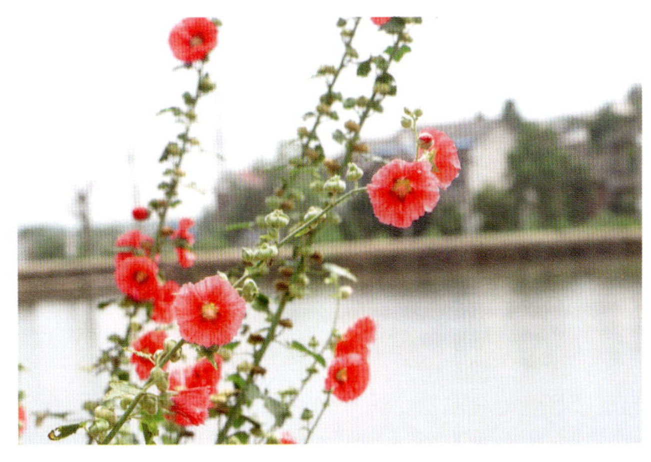

【生境分布】全市各地广泛栽培供园林观赏用。

【药用部位】根、叶、花、种子。

【采收加工】根：春、秋季采收，晒干，切片。叶：花前采收，晒干。花：夏季开花时采摘，阴干。种子：果实成熟时采收，打下种子，晒干。

【性味归经】味甘，性凉。

【功能主治】根：清热解毒，排脓，利尿。用于肠炎，痢疾，小便赤痛，尿路感染，带下，宫颈炎等。叶：外用治痈肿疮疡，烧烫伤等。花：和血止血，解毒散结。用于吐血，衄血，月经过多，赤白带下，二便不通，小儿风疹，疟疾，痈疽疖肿，蜂蝎蜇伤，烫伤，火伤等。种子：利尿通淋。用于尿路结石，小便不利，水肿等。

## 马松子

Masongzi

【别名】野路葵、野棉花秸。

【来源】锦葵科马松子属植物马松子 *Melochia corchorifolia* L.。

【植物形态】半灌木状草本，高不及 1 m；枝黄褐色，略被星状短柔毛。叶薄纸质，卵形、矩圆状卵形或披针形，稀有不明显的 3 浅裂，长 2.5 ～ 7 cm，宽 1 ～ 1.3 cm，顶端急尖或钝，基部圆形或心形，边缘有锯齿，上面近于无毛，下面略被星状短柔毛，基生脉 5 条；叶柄长 5 ～ 25 mm；托叶条形，长 2 ～ 4 mm。花排成顶生或腋生的密聚伞

花序或团伞花序；小苞片条形，混生在花序内；萼钟状，5浅裂，长约2.5 mm，外面被长柔毛和刚毛，内面无毛，裂片三角形；花瓣5片，白色，后变为淡红色，矩圆形，长约6 mm，基部收缩；雄蕊5枚，下部连合成筒，与花瓣对生；子房无柄，5室，密被柔毛，花柱5枚，线状。蒴果圆球形，有5棱，直径5～6 mm，被长柔毛，每室有种子1～2个。种子卵圆形，略呈三角状，褐黑色，长2～3 mm。花期夏、秋季。

【生境分布】生于丘陵草地或灌丛中。全市各地有零星分布。

【药用部位】茎、叶。

【采收加工】夏、秋季采收，扎成把，晒干。

【性味归经】味淡，性平。

【功能主治】清热利湿，止痒。用于急性黄疸型肝炎，皮肤瘙痒等。

## 梧桐

Wutong

【别名】青梧、青桐、春麻、青皮树。

【来源】锦葵科梧桐属植物梧桐 *Firmiana simplex* (L.) W. Wight。

【植物形态】落叶乔木，高达16 m；树皮青绿色，平滑。单叶互生，叶柄长8～30 cm；叶片心形，掌状3～5裂，直径15～30 cm，裂片三角形，顶端渐尖，基部心形，两面无毛或略被短柔毛；基生脉7条。圆锥花序顶生，长20～50 cm，下部的分枝长达12 cm，花单性或杂性，淡黄绿色；萼片5，长条形，向外卷曲，长7～9 mm，外面被淡黄色短柔毛；无花瓣；雄花由10～15枚雄蕊合生，花丝愈合成一圆柱体，约与萼片等长；雌花常有退化雄蕊围生子房基部，子房由5心皮连合，部分离生，花柱长，柱头5裂。蓇葖果5，纸质，有柄，长6～11 cm，宽1.5～2.5 cm，被短茸毛或几无毛，在成熟前每个心皮由腹缝开裂成叶状果瓣。种子4～5，球形，直径约7 mm，干时表面多皱纹，着生于叶状果瓣的边缘。花期6—7月，果期8—10月。

【生境分布】全市各地多有栽培。

【药用部位】种子、花、叶、树皮、根。

【采收加工】种子：秋季种子成熟时将果枝采下，打落种子，除去杂质，晒干。花：6月采收，晒干。叶：夏、秋季采集，随采随用，或晒干。树皮：全年均可采，剥取韧皮部，晒干。根：全年均可采挖，洗去泥沙，切片，鲜用或晒干。

【性味归经】种子：味甘，性平。归心、肺、肾经。花：味甘，性平。叶：味苦，性寒。树皮：味甘、苦，性凉。根：味甘，性平。

【功能主治】种子：顺气和胃，健脾消食，止血。用于胃脘疼痛，伤食腹泻，疝气，须发早白，小儿口疮，鼻衄等。花：利湿消肿，清热解毒。用于水肿，小便不利，无名肿毒，创伤红肿，头癣，烫伤等。叶：祛风除湿，解毒消肿，降血压。用于风湿痹痛，跌打损伤，疮痈肿毒，痔疮，小儿疳积，泄泻，高血压等。树皮：祛风除湿，活血通经。用于风湿痹痛，月经不调，痔疮脱肛，丹毒，恶疮，跌打损伤等。根：祛风除湿，调经止血，解毒疗疮。用于风湿关节疼痛，吐血，肠风下血，月经不调，跌打损伤等。

## 扁担杆

Biandangan

【别名】扁担木、孩儿拳头。

【来源】锦葵科扁担杆属植物扁担杆 *Grewia biloba* G. Don。

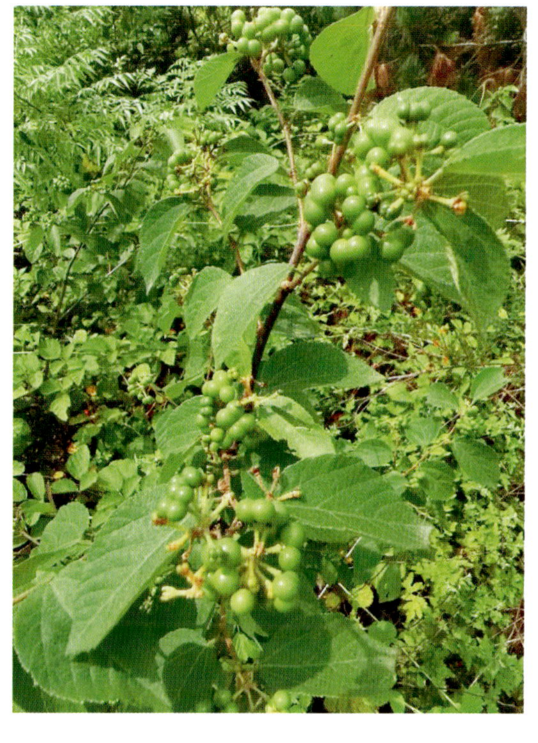

【植物形态】灌木或小乔木，高 1 ～ 4 m，多分枝；嫩枝被粗毛。叶薄革质，椭圆形或倒卵状椭圆形，长 4 ～ 9 cm，宽 2.5 ～ 4 cm，先端锐尖，基部楔形或钝，两面有稀疏星状粗毛，基出脉 3 条，两侧脉上行过半，中脉有侧脉 3 ～ 5 对，边缘有细锯齿；叶柄长 4 ～ 8 mm，被粗毛；托叶钻形，长 3 ～ 4 mm。聚伞花序腋生，多花，花序柄长不到 1 cm；花柄长 3 ～ 6 mm；苞片钻形，长 3 ～ 5 mm；萼片狭长圆形，长 4 ～ 7 mm，外面被毛，内面无毛；花瓣长 1 ～ 1.5 mm；雌雄蕊柄长 0.5 mm，有毛；雄蕊长 2 mm；子房有毛，花柱与萼片平齐，柱头扩大，盘状，有浅裂。核果红色，有 2 ～ 4 颗分核。花期 5—7 月，果期 6—8 月。

【生境分布】生于丘陵或低山路边草地、灌丛或疏林中。分布于全市各地。

【药用部位】全株。

【采收加工】夏、秋季采收，洗净，晒干或鲜用。

【性味归经】味甘、苦，性温。归肺、脾经。

【功能主治】健脾益气，祛风除湿，固精止带。用于脾虚食少，久泻脱肛，小儿疳积，风湿痹痛，遗精，崩漏，带下，子宫脱垂等。

## 田麻

Tianma

【别名】黄花喉草、白喉草、野络麻。

【来源】锦葵科田麻属植物田麻 *Corchoropsis crenata* Siebold & Zucc.。

【植物形态】一年生草本，高 40 ～ 60 cm；分枝有星状短柔毛。叶卵形或狭卵形，长 2.5 ～ 6 cm，宽 1 ～ 3 cm，边缘有钝齿，两面均密生星状短柔毛，基出脉 3 条；叶柄长 0.2 ～ 2.3 cm；托叶钻形，长 2 ～ 4 mm，脱落。花有细柄，单生于叶腋，直径 1.5 ～ 2 cm；萼片 5 片，狭披针形，长约 5 mm；花瓣 5 片，黄色，倒卵形；发育雄蕊 15 枚，每 3 枚成一束，退化雄蕊 5 枚，与萼片对生，匙状条形，长约 1 cm；子房被短茸毛。蒴果角状圆筒形，长 1.7 ～ 3 cm，有星状柔毛。果期秋季。

【生境分布】生于丘陵、低山坡或多石处。分布于全市各地。

【药用部位】全草。

【采收加工】夏、秋季采收，切段，鲜用或晒干。

【性味归经】味苦，性凉。

【功能主治】清热利湿，解毒止血。用于疮痈肿毒，咽喉肿痛，疥疮，小儿疳积，白带过多，外伤出血等。

# 景天科

## 凹叶景天

Aoye jingtian

【别名】马芽半枝莲、圆叶佛甲、酱瓣草、石马齿苋。

【来源】景天科景天属植物凹叶景天 *Sedum emarginatum* Migo。

【植物形态】多年生草本。茎细弱，高 10 ～ 15 cm。叶对生，匙状倒卵形至宽卵形，长 1 ～ 2 cm，宽 5 ～ 10 mm，先端圆，有微缺，基部渐狭，有短距。花序聚伞状，顶生，宽 3 ～ 6 mm，有多花，常有 3 个分枝；花无梗；萼片 5，披针形至狭长圆形，长 2 ～ 5 mm，宽 0.7 ～ 2 mm，先端钝；基部有短距；花瓣 5，黄色，线状披针形至披针形，长 6 ～ 8 mm，宽 1.5 ～ 2 mm；鳞片 5，长圆形，长 0.6 mm，钝圆，心皮 5，长圆形，长 4 ～ 5 mm，基部合生。蓇葖果略叉开，腹面有浅囊状隆起。种子细小，褐色。花期 5—6 月，果期 6 月。

【生境分布】生于较阴湿的土坡岩石上或溪谷林下。全市各地均有分布。

【药用部位】全草。

【采收加工】夏、秋季采收，洗净，鲜用或置沸水中稍烫，晒干。

【性味归经】味苦、酸，性凉。归心、肝、大肠经。

【功能主治】清热解毒，凉血止血，利湿。用于痈疖，疔疮，带状疱疹，瘰疬，咯血，吐血，衄血，便血，痢疾，淋病，黄疸，崩漏，带下等。

## 垂盆草

Chuipencao

【别名】三叶佛甲草、狗牙齿、鼠牙半支。

【来源】景天科景天属植物垂盆草 *Sedum sarmentosum* Bunge。

【植物形态】多年生草本。不育枝及花茎细，匍匐而节上生根，直到花序之下，长 10 ～ 25 cm。3 叶轮生，叶倒披针形至长圆形，长 15 ～ 28 mm，宽 3 ～ 7 mm，先端近急尖，基部急狭，有距。聚伞花序，有 3 ～ 5 分枝，花少，宽 5 ～ 6 cm；花无梗；萼片 5，披针形至长圆形，长 3.5 ～ 5 mm，先端钝，基部无距；花瓣 5，黄色，披针形至长圆形，长 5 ～ 8 mm，先端有稍长的短尖；雄蕊 10，较花瓣短；鳞片 10，楔状四方形，长 0.5 mm，先端稍有微缺；心皮 5，长圆形，长 5 ～ 6 mm，略叉开，有长花柱。种子卵形，长 0.5 mm。花期 5—7 月，果期 8 月。

【生境分布】生于海拔 1600 m 以下的山坡阳处或石上。全市各地均有分布。

【药用部位】全草。

【采收加工】夏、秋季采收，除去杂质，干燥。

【性味归经】味甘、淡，性凉。归肝、胆、小肠经。

【功能主治】利湿退黄，清热解毒。用于湿热黄疸，小便不利，痈肿疮疡等。

## 珠芽景天

Zhuya jingtian

【别名】马尿花。

【来源】景天科景天属植物珠芽景天 *Sedum bulbiferum* Makino。

【植物形态】多年生草本。根须状。茎高 7 ～ 22 cm，茎下部常横卧。叶腋常有圆球形、肉质、小型珠芽着生。基部叶常对生，上部的互生，下部叶卵状匙形，上部叶匙状倒披针形，长 10 ～ 15 mm，宽 2 ～ 4 mm，先端钝，基部渐狭。花序聚伞状，分枝 3，常再二歧分枝；萼片 5，披针形至倒披针形，长 3 ～ 4 mm，宽达 1 mm，有短距，先端钝；花瓣 5，黄色，披针形，长 4 ～ 5 mm，宽 1.25 mm，先端有短尖；雄蕊 10，长 3 mm；心皮 5，略叉开，基部 1 mm 合生，全长 4 mm，连花柱长 1 mm 在内。蓇葖果成熟后呈星芒状排列。花期 4—5 月。

【生境分布】 生于海拔 1000 m 以下的低山、平地、田野阴湿处。全市各地有零星野生。

【药用部位】 全草。

【采收加工】 夏季采收全草，鲜用或晒干。

【性味归经】 味酸、涩，性凉。归肝经。

【功能主治】 清热解毒，凉血止血，截疟。用于热毒痈肿，牙龈肿痛，毒蛇咬伤，外伤出血，疟疾等。

## 佛甲草

Fo jiacao

【别名】 狗豆芽、珠芽佛甲草、指甲草。

【来源】 景天科景天属植物佛甲草 *Sedum lineare* Thunb.。

【植物形态】 多年生草本，无毛。茎高 10 ～ 20 cm。3 叶轮生，少有 4 叶轮生或对生，叶线形，长 20 ～ 25 mm，宽约 2 mm，先端钝尖，基部无柄，有短距。花序聚伞状，顶生，疏生花，宽 4 ～ 8 cm，中央有一朵有短梗的花，另有 2 ～ 3 分枝，分枝常再 2 分枝，着生花无梗；萼片 5，线状披针形，长 1.5 ～ 7 mm，不等长，不具距，有时有短距，先端钝；花瓣 5，黄色，披针形，长 4 ～ 6 mm，先端急尖，基部稍狭；雄蕊 10，较花瓣短；鳞片 5，宽楔形至近四方形，长 0.5 mm，宽 0.5 ～ 0.6 mm。蓇葖略叉开，长 4 ～ 5 mm，花柱短；种子小。花期 4—5 月，果期 6—7 月。

【生境分布】 生于低山阴湿处或山坡、山谷岩石缝中。全市各地均有分布。

【药用部位】 茎叶。

【采收加工】 鲜用随采；或于夏、秋季拔出全株，洗净，放开水中稍烫，捞起，晒干或炕干。

【性味归经】 味甘、淡，性寒。归肺、肝经。

【功能主治】 清热解毒，利湿，止血。用于咽喉肿痛，目赤肿痛，疔疮，丹毒，腰缠火丹，烫火伤，毒蛇咬伤，黄疸，湿热泻痢，便血，崩漏，外伤出血，扁平疣等。

## 瓦松

Wasong

【别名】屋上无根草、向天草、瓦花、石莲花。

【来源】景天科瓦松属植物瓦松 *Orostachys fimbriata* (Turcz.) A. Berger。

【植物形态】二年生或多年生草本，高 10 ～ 40 cm。全株粉绿色，无毛，密生紫红色斑点。根多分枝，须根状。茎直立，不分枝。基生叶莲座状，肉质，匙状线形至倒披针形，长 2 ～ 4 cm，宽 4 ～ 5 mm，绿色带紫色或具白粉，边缘流苏状，先端具半圆形软骨质附属物，中央有 1 针状尖刺；茎生叶互生，无柄，线形至披针形，长 2 ～ 3 cm，宽 2 ～ 5 mm，先端长渐尖，全缘。总状花序，紧密，下部有分枝组成尖塔形；花小，两性，苞片线状渐尖，叶片状；萼片 5，长圆形，长 1 ～ 3 mm；花瓣 5，淡红色，披针状椭圆形，长 5 ～ 6 mm，基部稍连合；雄蕊 10，2 轮，与花瓣等长或稍短，花药紫色；心皮 5，分离，每心皮基部附生 1 枚鳞片，近四方形。蓇葖果长圆形，长约 5 mm，喙细，长约 1 mm。种子多数，细小，卵形。花期 8—9 月，果期 9—11 月。

【生境分布】生于山坡石上或屋瓦上。全市各地有零星野生。

【药用部位】干燥地上部分。

【采收加工】夏、秋季花开时采收，除去根及杂质，晒干。

【性味归经】味酸、苦，性凉。归肝、肺经。

【功能主治】凉血止血，解毒敛疮。用于血痢，便血，痔血，疮口久不愈合等。

# 菊科

## 小蓬草

Xiaopengcao

【别名】小飞蓬、飞蓬、加拿大蓬、小白酒草、蒿子草。

【来源】菊科飞蓬属植物小蓬草 *Erigeron canadensis* L.。

【植物形态】一年生草本。根纺锤状，具纤维状根。茎直立，高 50 ～ 100 cm 或更高，圆柱状，多少具棱，有条纹，被疏长硬毛，上部多分枝。叶密集，基部叶花期常枯萎，下部叶倒披针形，长 6 ～ 10 cm，宽 1 ～ 1.5 cm，顶端尖或渐尖，基部渐狭成柄，边缘具疏锯齿或全缘，中部和上部叶较小，线状披针形或线形，近无柄或无柄，全缘或少有具 1 ～ 2 个齿，两面或仅上面被疏短毛边缘常被上弯的硬缘毛。头状花序多数，小，直径 3 ～ 4 mm，排列成顶生多分枝的大圆锥花序；花序梗细，长 5 ～ 10 mm，总苞近圆柱状，长 2.5 ～ 4 mm；总苞片 2 ～ 3 层，淡绿色，线状披针形或线形，顶端渐尖，外层约短于内层之半背面被疏毛，内层长 3 ～ 3.5 mm，宽约 0.3 mm，边缘干膜质，无毛；花托平，直径 2 ～ 2.5 mm，具不明显的突起；雌花多数，舌状，白色，长 2.5 ～ 3.5 mm，舌片小，稍超出花盘，线形，顶端具 2 个钝小齿；两性花淡黄色，花冠管状，长 2.5 ～ 3 mm，上端具 4 或 5 个齿裂，管部上部被疏微毛；瘦果线状披针形，长 1.2 ～ 1.5 mm，稍扁压，被贴微毛；冠毛污白色，1 层，糙毛状，长 2.5 ～ 3 mm。花期 5—9 月。

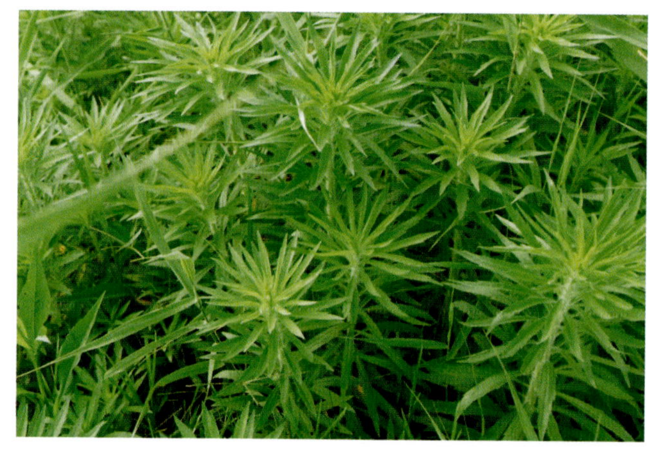

【生境分布】生于旷野、荒地、田边和路旁。分布于全市各地。

【药用部位】全草。

【采收加工】春、夏季采收，鲜用或切段晒干。

【性味归经】味苦、辛，性凉。

【功能主治】清热利湿，散瘀消肿。用于痢疾，肠炎，肝炎，胆囊炎，跌打损伤，风湿骨痛，疮疖肿痛，外伤出血，牛皮癣等。

## 一年蓬

Yinianpeng

【别名】治疟草、千层塔、野蒿。

【来源】菊科飞蓬属植物一年蓬 *Erigeron annuus* (L.) Pers.。

【植物形态】一年生或二年生草本，茎粗壮，高 30 ～ 100 cm，基部直径 6 mm，直立，上部有分枝，绿色，下部被开展的长硬毛，上部被较密的上弯的短硬毛。基部叶花期枯萎，长圆形或宽卵形，少有近圆形，长 4 ～ 17 cm，宽 1.5 ～ 4 cm，或更宽，顶端尖或钝，基部狭成具翅的长柄，边缘具粗齿，下部叶与基部叶同型，但叶柄较短，中部和上部叶较小，长圆状披针形或披针形，长 1 ～ 9 cm，宽 0.5 ～ 2 cm，顶端尖，具短柄或无柄，边缘有不规则的齿或近全缘，最上部叶线形，全部叶边缘被短硬毛，两面被疏短硬毛，或有时近无毛。头状花序数个或多数，排列成疏圆锥花序，长 6 ～ 8 mm，宽 10 ～ 15 mm，总苞半球形，总苞片 3 层，草质，披针形，长 3 ～ 5 mm，宽 0.5 ～ 1 mm，近等长或外层稍短，淡绿色或多少褐色，背面密被腺毛和疏长节毛；外围的雌花舌状，2 层，长 6 ～ 8 mm，管部长 1 ～ 1.5 mm，上部被疏微毛，舌片平展，白色，或有时淡天蓝色，线形，宽 0.6 mm，顶端具 2 小齿，花柱分枝线形；中央的两性花管状，黄色，管部长约 0.5 mm，檐部近倒锥形，裂片无毛；瘦果披针形，长约 1.2 mm，扁压，被疏贴柔毛；冠毛异型，雌花的冠毛极短，膜片状连成小冠，两性花的冠毛 2 层，外层鳞片状，内层为 10 ～ 15 条长约 2 mm 的刚毛。花期 7—8 月，果期 9—10 月。

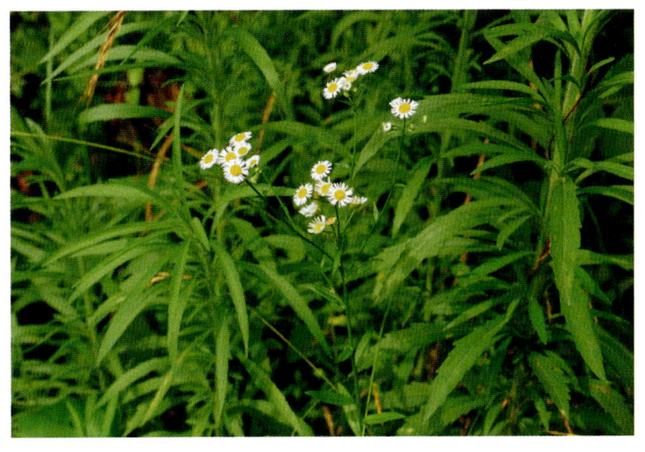

【生境分布】生于山坡、路边及田野中。全市各地均有分布。

【药用部位】全草。

【采收加工】夏、秋季采收，洗净，鲜用或晒干。

【性味归经】味甘、苦，性凉。归胃、大肠经。

【功能主治】消食止泻，清热解毒，截疟。用于消化不良，胃肠炎，齿龈炎，疟疾，毒蛇咬伤等。

## 苍耳

Cang'er

【别名】苍子、苍耳子、稀刺苍耳、菜耳、猪耳、野茄。

【来源】菊科苍耳属植物苍耳 *Xanthium strumarium* L.。

【植物形态】一年生草本，高 30 ～ 60 cm，粗糙或被毛。叶互生，有长柄，叶三角状卵形或心形，长 4 ～ 10 cm，宽 3 ～ 10 cm，先端锐尖，基部稍心形，边缘有缺刻及不规则粗锯齿，上面深绿色，下面苍白色，粗糙或被短白毛，基部有显著的脉 3 条。头状花序近于无柄，聚生，单性同株；雄性的头状花序球形，总苞片小，1 列；花托圆柱形，有鳞片；小花管状，顶端 5 齿裂，雄蕊 5 枚，花药近于分离，有内折的附片；雌性的头状花序卵形，总苞片 2 ～ 3 列，外列苞片小，内列苞片大，结成一个卵形、2 室的硬体，外面有倒刺毛，顶有 2 圆锥状的尖端，小花 2 朵，无花冠，子房在总苞内，每室有一个，花柱线形，突出在总苞外。瘦果倒卵形，包藏在有刺的总苞内，无冠毛。花期 5—6 月，果期 6—8 月。

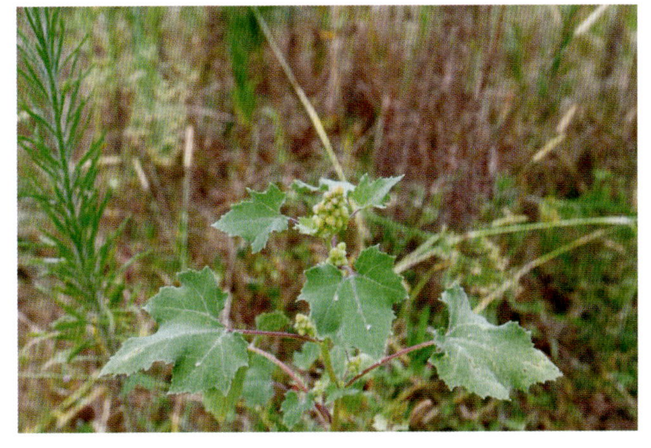

【生境分布】生于空旷干旱山坡、旱田边盐碱地、干涸河床及路旁。全市各地均有分布。

【药用部位】果实。

【采收加工】秋季果实成熟时采收，干燥，除去梗、叶等杂质。

【性味归经】味辛、苦，性温。归肺经。

【功能主治】散风寒，通鼻窍，祛风

湿。用于风寒头痛，鼻塞流涕，鼻鼽，鼻渊，风疹瘙痒，湿痹拘挛等。

## 白术
Baizhu

【别名】于术、冬术、浙术、种术。

【来源】菊科苍术属植物白术 *Atractylodes macrocephala* Koidz.。

【植物形态】多年生草本，高 20 ～ 60 cm。根状茎结节状。茎直立，通常自中下部长分枝，全部光滑无毛。中部茎叶有长 3 ～ 6 cm 的叶柄，叶片通常 3 ～ 5 羽状全裂，极少兼杂不裂而叶为长椭圆形的。侧裂片 1 ～ 2 对，倒披针形、椭圆形或长椭圆形，长 4.5 ～ 7 cm，宽 1.5 ～ 2 cm；顶裂片比侧裂片大，倒长卵形、长椭圆形或椭圆形；自中部茎叶向上向下，叶渐小，与中部茎叶等样分裂，接花序下部的叶不裂，椭圆形或长椭圆形，无柄；或大部茎叶不裂，但总兼杂有 3 ～ 5 羽状全裂的叶。全部叶质地薄，纸质，两面绿色，无毛，边缘或裂片边缘有长或短针刺状缘毛或细刺齿。头状花序单生茎枝顶端，植株通常有 6 ～ 10 个头状花序，但不形成明显的花序式排列。苞叶绿色，长 3 ～ 4 cm，针刺状羽状全裂。总苞大，宽钟状，直径 3 ～ 4 cm。总苞片 9 ～ 10 层，覆瓦状排列；外层及中外层长卵形或三角形，长 6 ～ 8 mm；中层披针形或椭圆状披针形，长 11 ～ 16 mm；最内层宽线形，长 2 cm，顶端紫红色。全部苞片顶端钝，边缘有白色蛛丝毛。小花长 1.7 cm，紫红色，冠檐 5 深裂。瘦果倒圆锥状，长 7.5 mm，被顺向顺伏的稠密白色的长直毛。冠毛刚毛羽毛状，污白色，长 1.5 cm，基部结合成环状。花期 8—10 月，果期 10—11 月。

【生境分布】生于海拔 1000 m 以上的山坡草地及山坡林下。全市各地多栽培。

【药用部位】根茎。

【采收加工】冬季下部叶枯黄、上部叶变脆时采挖，除去泥沙，烘干或晒干，再除去须根。

【性味归经】味苦、甘，性温。归脾、胃经。

【功能主治】健脾益气，燥湿利水，止汗，安胎。用于脾虚食少，腹胀泄泻，痰饮眩悸，水肿，自汗，胎动不安等。

## 苍术
Cangzhu

【别名】赤术、术、茅术、茅苍术、霜苍术。

【来源】菊科苍术属植物苍术 *Atractylodes lancea* (Thunb.) DC.。

【植物形态】多年生草本。根状茎平卧或斜升，粗长或通常呈疙瘩状，生多数等粗等长或近等长的不定根。茎直立，高 30 ~ 100 cm，单生或少数茎成簇生，下部或中部以下常紫红色，不分枝或上部但少有自下部分枝的，全部茎枝被稀疏的蛛丝状毛或无毛。基部叶花期脱落；中下部茎叶长 8 ~ 12 cm，宽 5 ~ 8 cm，3 ~ 5 羽状深裂或半裂，基部楔形或宽楔形，几无柄，扩大半抱茎，或基部渐狭成长达 3.5 cm 的叶柄；顶裂片与侧裂片不等形或近等形，圆形、倒卵形、偏斜卵形、卵形或椭圆形，宽 1.5 ~ 4.5 cm；侧裂片 2 ~ 3 对，椭圆形、长椭圆形或倒卵状长椭圆形，宽 0.5 ~ 2 cm；有时中下部茎叶不分裂；中部以上或仅上部茎叶不分裂，倒长卵形、倒卵状长椭圆形或长椭圆形，有时基部或近基部有 1 ~ 2 对三角形刺齿或刺齿状浅裂。或全部茎叶不裂，中部茎叶倒卵形、长倒卵形、倒披针形或长倒披针形，长 2.2 ~ 9.5 cm，宽 1.5 ~ 6 cm，基部楔状，渐狭成长 0.5 ~ 2.5 cm 的叶柄，上部的叶基部有时有 1 ~ 2 对三角形刺齿裂。全部叶质地硬，硬纸质，两面同色，绿色，无毛，边缘或裂片边缘有针刺状缘毛或三角形刺齿或重刺齿。头状花序单生茎枝顶端，但不形成明显的花序式排列，植株有多数或少数（2 ~ 5 个）头状花序。总苞钟状，直径 1 ~ 1.5 cm。苞叶针刺状羽状全裂或深裂。总苞片 5 ~ 7 层，覆瓦状排列，最外层及外层卵形至卵状披针形，长 3 ~ 6 mm；中层长卵形至长椭圆形或卵状长椭圆形，长 6 ~ 10 mm；内层线状长椭圆形或线形，长 11 ~ 12 mm。全部苞片顶端钝或圆形，边缘有稀疏蛛丝毛，中内层或内层苞片上部有时变红紫色。小花白色，长 9 mm。瘦果倒卵圆状，被稠密的顺向贴伏的白色长直毛，有时变稀毛。冠毛刚毛褐色或污白色，长 7 ~ 8 mm，羽毛状，基部连合成环。花期 8—10 月，果期 9—11 月。

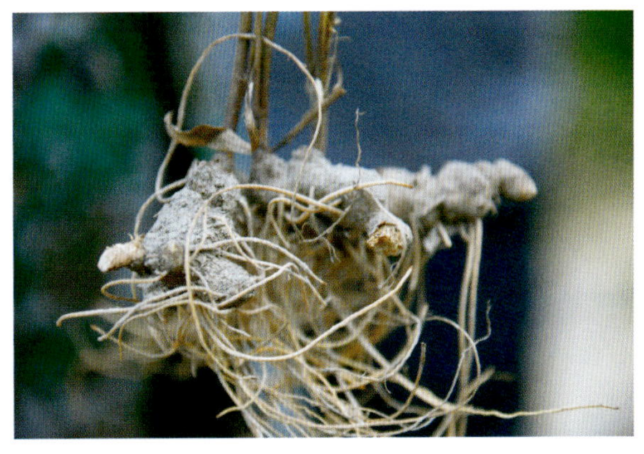

【生境分布】生于山坡草地、林下、灌丛及岩缝隙中。梁子湖区有零星野生，多栽培。

【药用部位】根茎。

【采收加工】春、秋季采挖，除去泥沙，晒干，撞去须根。

【性味归经】味辛、苦，性温。归脾、胃、肝经。

【功能主治】燥湿健脾，祛风散寒，明目。用于湿阻中焦，脘腹胀满，泄泻，水肿，脚气痿躄，风湿痹痛，风寒感冒，夜盲，眼目昏涩等。

## 大丁草

Dadingcao

【别名】烧金草、豹子药、苦马菜、米汤菜、鸡毛蒿。

【来源】菊科大丁草属植物大丁草 *Leibnitzia anandria* (L.) Turcz.。

【植物形态】多年生草本，植株具春秋二型之别。株高 5 ～ 10 cm，秋型株高达 30 cm。根簇生，粗而略带肉质。叶基生，莲座状，于花期全部发育，叶片形状多变异，通常为倒披针形或倒卵状长圆形，长 2 ～ 6 cm，宽 1 ～ 3 cm，顶端钝圆，常具短尖头，基部渐狭、钝、截平或有时为浅心形，边缘具齿、深波状或琴状羽裂，裂片疏离，凹缺圆，顶裂大，卵形，具齿，上面被蛛丝状毛或脱落近无毛，下面密被蛛丝状绵毛；侧脉 4 ～ 6 对，纤细，顶裂基部常有 1 对下部分枝的侧脉；叶柄长 2 ～ 4 cm 或有时更长，被白色绵毛；花葶单生或数个丛生，直立或弯垂，纤细，棒状，长 5 ～ 20 cm，被蛛丝状毛，毛愈向顶端愈密；苞叶疏生，线形或线状钻形，长 6 ～ 7 mm，通常被毛。头状花序单生于花葶之顶，倒锥形，直径 10 ～ 15 mm；总苞略短于冠毛；总苞片约 3 层，外层线形，长约 4 mm，内层长，线状披针形，长达 8 mm，二者顶端均钝，且带紫红色，背部被绵毛；花托平，无毛，直径 3 ～ 4 mm；雌花花冠舌状，长 10 ～ 12 mm，舌片长圆形，长 6 ～ 8 mm，顶端具不整齐的 3 齿或有时钝圆，带紫红色，内 2 裂丝状，长 1.5 ～ 2 mm，花冠管纤细，长 3 ～ 4 mm，无退化雄蕊。两性花花冠管状二唇形，长 6 ～ 8 mm，外唇阔，长约 3 mm，顶端具 3 齿，内唇 2 裂丝状，长 2.5 ～ 3 mm；花柱分枝长约 1 mm，内侧扁，顶端钝圆。瘦果纺锤形，具纵棱，被白色粗毛，长 5 ～ 6 mm；冠毛粗糙，污白色，长 5 ～ 7 mm。

【生境分布】生于山坡路旁、林边、草地、沟边等阴湿处。全市各地有零星野生。

【药用部位】全草。

【采收加工】夏、秋季采收，洗净，鲜用或晒干。

【性味归经】味苦，性寒。

【功能主治】清热利湿，解毒消肿。用于肺热咳嗽，湿热泻痢，热淋，风湿关节痛，痈疖肿毒，臁疮，蛇虫咬伤，烧烫伤，外伤出血等。

## 稻槎菜

Daochacai

【别名】稻搓菜。

【来源】菊科稻槎菜属植物稻槎菜 *Lapsanastrum apogonoides* (Maxim.) Pak & K. Bremer。

【植物形态】一年生矮小草本，高 7 ～ 20 cm。茎细，自基部发出多数或少数的簇生分枝及莲座状叶丛；全部茎枝柔软，被细柔毛或无毛。基生叶全形椭圆形、长椭圆状匙形或长匙形，长 3 ～ 7 cm，宽 1 ～ 2.5 cm，大头羽状全裂或几全裂，有长 1 ～ 4 cm 的叶柄，顶裂片卵形、菱形或椭圆形，边缘有极稀疏的小尖头，或长椭圆形而边缘大锯齿，齿顶有小尖头，侧裂片2～3对，椭圆形，边缘全缘或有极稀疏针刺状小尖头；茎生叶少数，与基生叶同型并等样分裂，向上茎叶渐小，不裂。全部叶质地柔软，两面同色，绿色，或下面色淡，淡绿色，几无毛。头状花序小，果期下垂或歪斜，少数在茎枝顶端排列成疏松的伞房状圆锥花序，花序梗纤细，总苞椭圆形或长圆形，长约5 mm；总苞片2层，外层卵状披针形，长达1 mm，宽0.5 mm，内层椭圆状披针形，长5 mm，宽1～1.2 mm，先端喙状；全部总苞片草质，外面无毛。舌状小花黄色，两性。瘦果淡黄色，稍压扁，长椭圆形或长椭圆状倒披针形，长4.5 mm，宽1 mm，有12条粗细不等细纵肋，肋上有微粗毛，顶端两侧各有1枚下垂的长钩刺，无冠毛。花果期1—6月。

【生境分布】生于田野、荒地及路边。全市各地均有分布。

【药用部位】全草。

【采收加工】春、夏季采收，洗净，鲜用或晒干。

【性味归经】味苦，性平。

【功能主治】清热解毒，透疹。用于咽喉肿痛，痢疾，疮疡肿毒，蛇咬伤，麻疹透发不畅等。

## 鬼针草

Guizhencao

【别名】三叶鬼针草。

【来源】菊科鬼针草属植物鬼针草 *Bidens pilosa* L.。

【植物形态】一年生草本。茎直立，高30～100 cm，钝四棱形，无毛或上部被极稀疏的柔毛，基部直径可达6 mm。茎下部叶较小，3裂或不分裂，通常在开花前枯萎，中部叶具长1.5～5 cm无翅的柄，三出，小叶3枚，很少为具5（7）小叶的羽状复叶，两侧小叶椭圆形或卵状椭圆形，长2～4.5 cm，宽1.5～2.5 cm，先端锐尖，基部近圆形或阔楔形，有时偏斜，不对称，具短柄，边缘有锯齿，顶生小叶较大，长椭圆形或卵状长圆形，长3.5～7 cm，先端渐尖，基部渐狭或近圆形，具长1～2 cm的柄，边缘有锯齿，无毛或被极稀疏的短柔毛，上部叶小，3裂或不分裂，条状披针形。头状花序直径8～9 mm，有

长 1 ～ 6 cm（果时长 3 ～ 10 cm）的花序梗。总苞基部被短柔毛，苞片 7 ～ 8 枚，条状匙形，上部稍宽，开花时长 3 ～ 4 mm，果时长至 5 mm，草质，边缘疏被短柔毛或几无毛，外层托片披针形，果时长 5 ～ 6 mm，干膜质，背面褐色，具黄色边缘，内层较狭，条状披针形。无舌状花，盘花筒状，长约 4.5 mm，冠檐 5 齿裂。瘦果黑色，条形，略扁，具棱，长 7 ～ 13 mm，宽约 1 mm，上部具稀疏瘤状突起及刚毛，顶端芒刺 3 ～ 4 枚，长 1.5 ～ 2.5 mm，具倒刺毛。

【生境分布】生于路边、荒野或住宅附近。全市各地均有分布。

【药用部位】全草。

【采收加工】夏、秋季开花盛期，收割地上部分，除去杂草，鲜用或晒干。

【性味归经】味苦，性微寒。

【功能主治】清热解毒，祛风除湿，活血消肿。用于咽喉肿痛，泄泻，痢疾，黄疸，肠痈，疔疮肿毒，蛇虫咬伤，风湿痹痛，跌打损伤等。

## 艾

Ai

【别名】金边艾、艾蒿、祈艾、医草、灸草、端阳蒿。

【来源】菊科蒿属植物艾 *Artemisia argyi* H. Lév. & Vaniot。

【植物形态】多年生草本或略呈半灌木状，植株有浓烈香气。主根明显，略粗长，直径达 1.5 cm，侧根多；常有横卧地下根状茎及营养枝。茎单生或少数，高 80 ～ 150（250） cm，有明显纵棱，褐色或灰黄褐色，基部稍木质化，上部草质，并有少数短的分枝，枝长 3 ～ 5 cm；茎、枝均被灰色蛛丝状柔毛。叶厚纸质，上面被灰白色短柔毛，并有白色腺点与小凹点，背面密被灰白色蛛丝状密茸毛；基生叶具长柄，花期萎谢；茎下部叶近圆形或宽卵形，羽状深裂，每侧具裂片 2 ～ 3 枚，裂片椭圆形或倒卵状长椭圆形，每裂片有 2 ～ 3 枚小裂齿，干后背面主、侧脉多为深褐色或锈色，叶柄长 0.5 ～ 0.8 cm；中部叶卵形、三角状卵形或近菱形，长 5 ～ 8 cm，宽 4 ～ 7 cm，一至二回羽状深裂至半裂，每侧裂片 2 ～ 3 枚，裂片卵形、卵状披针形或披针形，长 2.5 ～ 5 cm，宽 1.5 ～ 2 cm，不再分裂或每侧有 1 ～ 2 枚缺齿，叶基部宽楔形渐狭成短柄，叶脉明显，在背面凸起，干时锈色，叶柄长 0.2 ～ 0.5 cm，基部通常无假托叶或极小的假托叶；上部叶与苞片叶羽状半裂、浅裂或 3 深裂或 3 浅裂，或不分裂，而为椭圆形、长椭圆状披针形、披针形或线状披针形。头状花序椭圆形，直径 2.5 ～ 3（3.5） mm，无梗或近无梗，每数枚至 10 余枚在分枝上排成小型的穗状花序或复穗状花序，并在茎上通常再组成狭窄、尖塔形的圆锥花序，花后头状花序下倾；总苞片 3 ～ 4 层，覆瓦状排列，外层总苞片小，草质，卵形或狭卵形，背面密被灰白色蛛丝状绵毛，边缘膜质，中层总苞片较外层长，长卵形，背面被蛛丝状绵毛，内层总苞片质薄，背面近无毛；花序托小；雌花 6 ～ 10 朵，花冠狭管状，檐部具 2 裂齿，紫色，花柱细长，伸出花冠外甚长，先端 2 叉；两性花 8 ～ 12 朵，花冠管状或高脚杯状，外面有腺点，檐部紫色，花药狭线形，先端附属物尖，长三角形，基部有不明显的小尖头，花柱与花冠近等长或略长于花冠，先端 2 叉，花后向外弯曲，叉端截形，并有睫毛状毛。瘦果长卵形或长圆形。花期 7—10 月，果期 11—12 月。

【生境分布】生于荒地、路旁、河边及山坡等地。分布于全市各地，有栽培。

【药用部位】叶。

【采收加工】夏季花未开时采摘，除去杂质，晒干。

【性味归经】味辛、苦，性温。归肝、脾、肾经。

【功能主治】温经止血，散寒止痛，安胎；外用祛湿止痒。用于吐血，衄血，崩漏，月经过多，胎漏下血，少腹冷痛，经寒不调，宫冷不孕等；外用治皮肤瘙痒。醋艾炭温经止血，用于虚寒性出血。

## 白苞蒿

Baibaohao

【别名】四季菜、大力王、白花蒿、鸭脚艾、珍珠花菜。

【来源】菊科蒿属植物白苞蒿 *Artemisia lactiflora* Wall. ex DC.。

【植物形态】多年生草本。主根明显，侧根细而长；根状茎短，直径 4 ～ 8（15） mm。茎通常单生，直立，稀 2 至少数集生，高 50 ～ 150（200）cm，绿褐色或深褐色，纵棱稍明显；上半部具开展、纤细、着生头状花序的分枝，枝长 5 ～ 15（25） cm；茎、枝初时微有稀疏、白色的蛛丝状柔毛，后脱落无毛。叶薄纸质或纸质，上面初时有稀疏、不明显的腺毛状的短柔毛，背面初时微有稀疏短柔毛，后脱落无毛；基生叶与茎下部叶宽卵形或长卵形，二回或一至二回羽状全裂，具长叶柄，花期叶多凋谢；中部叶卵圆形或长卵形，长 5.5 ～ 12.5（14.5）cm，宽 4.5 ～ 8.5（12）cm，二回或一至二回羽状全裂，稀少深裂，每侧有裂片 3 ～ 4（5）枚，裂片或小裂片形状变化大，卵形、长卵形、倒卵形或椭圆形，基部与侧边中部裂片最大，长 2 ～ 8 cm，宽 1 ～ 3 cm，先端渐尖、长尖或钝尖，边缘常有细裂齿或锯齿或近全缘，中轴微有狭翅，叶柄长 2 ～ 5 cm，两侧有时有小裂齿，基部具细小的假托叶；上部叶与苞片叶略小，羽状深裂或全裂，边缘有小裂齿或锯齿。头状花序长圆形，直径 1.5 ～ 2.5（3）mm，无梗，基部无小苞叶，在分枝的小枝上数枚或 10 余枚排成密穗状花序，在分枝上排成复穗状花序，而在茎上端组成开展或略开展的圆锥花序，稀为狭窄的圆锥花序；总苞片 3 ～ 4 层，半膜质或膜质，背面无毛，外层总苞片略短小，卵形，中、内层总苞片长圆形、椭圆形或近倒卵状披针形；雌花 3 ～ 6 朵，花冠狭管状，檐部具 2 裂齿，花柱细长，先端 2 叉，叉端钝尖；两性花 4 ～ 10 朵，花冠管状，花药椭圆形，先端附属物尖，长三角形，基部圆钝，花柱近与花冠等长，先端 2 叉，叉端截形，

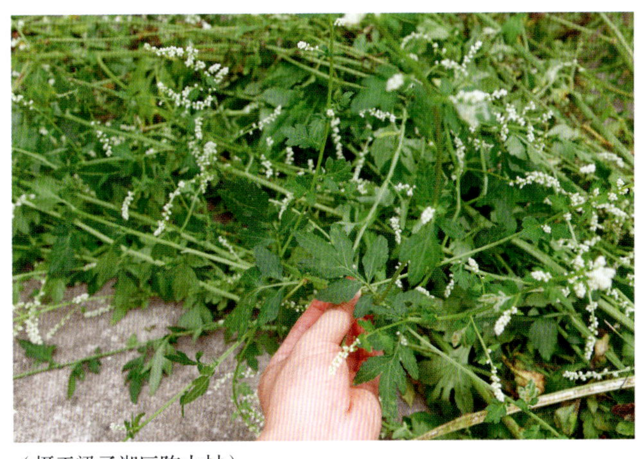

（摄于梁子湖区陈太村）

有睫毛状毛。瘦果倒卵形或倒卵状长圆形。花果期 8—11 月。

【生境分布】生于林下、林缘、路旁、山坡草地及灌丛下。梁子湖区有野生。

【药用部位】全草或根。

【采收加工】夏、秋季割取地上部分，晒干或鲜用。秋季采挖根，洗净，鲜用或晒干。

【性味归经】味辛、苦，性温。

【功能主治】活血散瘀，理气化湿。用于血瘀痛经，经闭，产后瘀滞腹痛，慢性肝炎，肝脾肿大，食积腹胀，寒湿泄泻，疝气，脚气，阴疽肿痛，跌打损伤，水火烫伤等。

## 茵陈蒿

Yinchenhao

【别名】因尘、因陈、茵陈、绵茵陈、白茵陈。

【来源】菊科蒿属植物茵陈蒿 *Artemisia capillaris* Thunb.。

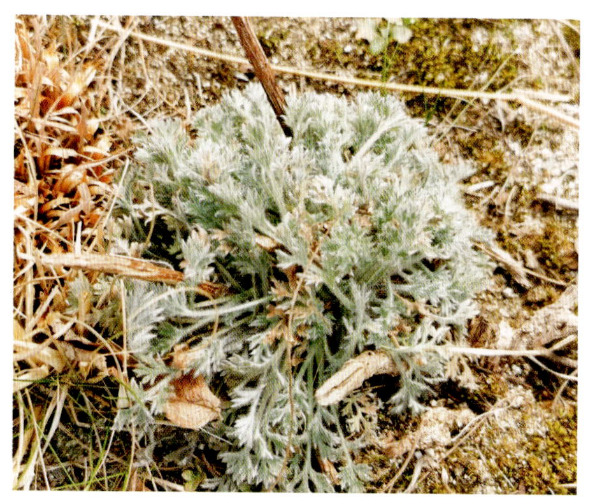

【植物形态】半灌木状草本，植株有浓烈的香气。主根明显木质，垂直或斜向下伸长；根茎直径 5 ～ 8 mm，直立，稀少斜上展或横卧，常有细的营养枝。茎单生或少数，高 40 ～ 120 cm 或更长，红褐色或褐色，有不明显的纵棱，基部木质，上部分枝多，向上斜伸展；茎、枝初时密生灰白色或灰黄色绢质柔毛，后渐稀疏或脱落无毛。营养枝端有密集叶丛，基生叶密集着生，常成莲座状；基生叶、茎下部叶与营养枝叶两面均被棕黄色或灰黄色绢质柔毛，后期茎下部叶被毛脱落，叶卵圆形或卵状椭圆形，长 2 ～ 4（5）cm，宽 1.5 ～ 3.5 cm，二至三回羽状全裂，每侧有裂片 2 ～ 3（4）枚，每裂片再 3 ～ 5 全裂，小裂片狭线形或狭线状披针形，通常细直，不弧曲，长 5 ～ 10 mm，宽 0.5 ～ 1.5（2） mm，叶柄长 3 ～ 7 mm，花期上述叶均萎谢；中部叶宽卵形、近圆形或卵圆形，长 2 ～ 3 cm，宽 1.5 ～ 2.5 cm，一至二回羽状全裂，小裂片狭线形或丝线形，通常细直、不弧曲，长 8 ～ 12 mm，宽 0.3 ～ 1 mm，近无毛，顶端微尖，基部裂片常半抱茎，近无叶柄；上部叶与苞片叶羽状 5 全裂或 3 全裂，基部裂片半抱茎。头状花序卵球形，稀近球形，多数，直径 1.5 ～ 2 mm，有短梗及线形的小苞叶，在分枝的上端或小枝端偏向外侧生长，常排成复总状花序，并在茎上端组成大型、开展的圆锥花序；总苞片 3 ～ 4 层，外层总苞片草质，卵形或椭圆形，背面淡黄色，有绿色中肋，无毛，边膜质，中、内层总苞片椭圆形，近膜质或膜质；花序托小，凸起；雌花 6 ～ 10 朵，花冠狭管状或狭圆锥状，檐部具 2（3）裂齿，花柱细长，伸出花冠外，先端 2 叉，叉端尖锐；两性花 3 ～ 7 朵，不孕育，花冠管状，花药线形，先端附属物尖，长三角形，基部圆钝，花柱短，上端棒状，2 裂，不叉开，退化子房极小。瘦果长圆形或长卵形。花期 9—10 月，果期 10—11 月。

【生境分布】生于湿润沙地、路旁及低山坡地区。全市各地有零星野生。

【药用部位】幼苗或地上部分。

【采收加工】春季幼苗高 6 ~ 10 cm 时采收（绵茵陈），或秋季花蕾长成至花初开时采割（花茵陈）。

【性味归经】味苦、辛，性微寒。归脾、胃、肝、胆经。

【功能主治】清热利湿，利胆退黄。用于黄疸，小便不利，湿疮瘙痒等。

## 黄花蒿

Huanghuahao

【别名】香蒿、草蒿、臭蒿、犱蒿、黄蒿、臭黄蒿。

【来源】菊科蒿属植物黄花蒿 *Artemisia annua* L.。

【植物形态】一年生草本；植株有浓烈的挥发性香气。根单生，垂直，狭纺锤形。茎单生，高 100 ~ 200 cm，基部直径可达 1 cm，有纵棱，幼时绿色，后变褐色或红褐色，多分枝；茎、枝、叶两面及总苞片背面无毛或初时背面微有极稀疏短柔毛，后脱落无毛。叶纸质，绿色；茎下部叶宽卵形或三角状卵形，长 3 ~ 7 cm，宽 2 ~ 6 cm，绿色，两面具细小脱落性的白色腺点及细小凹点，三至四回栉齿状羽状深裂，每侧有裂片 5 ~ 8（10）枚，裂片长椭圆状卵形，再次分裂，小裂片边缘具多枚栉齿状三角形或长三角形的深裂齿，裂齿长 1 ~ 2 mm，宽 0.5 ~ 1 mm，中肋明显，在叶面上稍隆起，中轴两侧有狭翅而无小栉齿，稀上部有数枚小栉齿，叶柄长 1 ~ 2 cm，基部有半抱茎的假托叶；中部叶二至三回栉齿状的羽状深裂，小裂片栉齿状三角形。稀少为细短狭线形，具短柄；上部叶与苞片叶一至二回栉齿状羽状深裂，近无柄。头状花序球形，多数，直径 1.5 ~ 2.5 mm，有短梗，下垂或倾斜，基部有线形的小苞叶，在分枝上排成总状或复总状花序，并在茎上组成开展、尖塔形的圆锥花序；总苞片 3 ~ 4 层，内、外层近等长，外层总苞片长卵形或狭长椭圆形，中肋绿色，边膜质，中层、内层总苞片宽卵形或卵形，花序托凸起，半球形；花深黄色，雌花 10 ~ 18 朵，花冠狭管状，檐部具 2（3）裂齿，外面有腺点，花柱线形，伸出花冠外，先端 2 叉，叉端钝尖；两性花 10 ~ 30 朵，结果或中央少数花不结果，花冠管状，花药线形，上端附属物尖，长三角形，基部具短尖头，花柱近与花冠等长，先端 2 叉，叉端截形，有短睫毛状毛。瘦果小，椭圆状卵形，略扁。花期 8—11 月，果期 11—12 月。

【生境分布】生于旷野、山坡、路边、河岸等处。全市各地均有分布。

【药用部位】地上部分（青蒿）。

【采收加工】秋季花盛开时采割，除去老茎，阴干。

【性味归经】味苦、辛，性寒。归肝、胆经。

【功能主治】清虚热，除骨蒸，解暑热，截疟，退黄。用于温邪伤阴，夜热早凉，阴虚发热，骨蒸劳热，暑邪发热，疟疾寒热，湿热黄疸等。

## 猪毛蒿

Zhumaohao

【别名】滨蒿、黄蒿。

【来源】菊科蒿属植物猪毛蒿 *Artemisia scoparia* Waldst. & Kit.。

【植物形态】多年生草本或近一、二年生草本；植株有浓烈的香气。主根单一，狭纺锤形、垂直，半木质或木质化；根状茎粗短，直立，半木质或木质，常有细的营养枝，枝上密生叶。茎通常单生，稀 2 ～ 3 枚，高 40 ～ 90（130）cm，红褐色或褐色，有纵纹；常自下部开始分枝，枝长 10 ～ 20 cm 或更长，下部分枝开展，上部枝多斜上展；茎、枝幼时被灰白色或灰黄色绢质柔毛，以后脱落。基生叶与营养枝叶两面被灰白色绢质柔毛。叶近圆形、长卵形，二至三回羽状全裂，具长柄，花期叶凋谢；茎下部叶初时两面密被灰白色或灰黄色略带绢质的短柔毛，后毛脱落，叶长卵形或椭圆形，长 1.5 ～ 3.5 cm，宽 1 ～ 3 cm，二至三回羽状全裂，每侧有裂片 3 ～ 4 枚，再次羽状全裂，每侧具小裂片 1 ～ 2 枚，小裂片狭线形，长 3 ～ 5 mm，宽 0.2 ～ 1 mm，不再分裂或具 1 ～ 2 枚小裂齿，叶柄长 2 ～ 4 cm；中部叶初时两面被短柔毛，后脱落，叶长圆形或长卵形，长 1 ～ 2 cm，宽 0.5 ～ 1.5 cm，一至二回羽状全裂，每侧具裂片 2 ～ 3 枚，不分裂或再 3 全裂，小裂片丝线形或为毛发状，长 4 ～ 8 mm，宽 0.2 ～ 0.3（0.5 ）mm，多少弯曲；茎上部叶与分枝上叶及苞片叶 3 ～ 5 全裂或不分裂。头状花序近球形，稀近卵球形，极多数，直径 1 ～ 1.5（2）mm，具极短梗或无梗，基部有线形的小苞叶，在分枝上偏向外侧生长，并排成复总状或复穗状花序，而在茎上再组成大型、开展的圆锥花序；总苞片 3 ～ 4 层，外层总苞片草质、卵形，背面绿色、无毛，边缘膜质，中、内层总苞片长卵形或椭圆形，半膜质；花序托小，凸起；雌花 5 ～ 7 朵，花冠狭圆锥状或狭管状，冠檐具 2 裂齿，花柱线形，伸出花冠外，先端 2 叉，叉端尖；两性花 4 ～ 10 朵，不孕育，花冠管状，花药线形，先端附属物尖，长三角形，花柱短，先端膨大，2 裂，不叉开，退化子房不明显。瘦果倒卵形或长圆形，褐色。花果期 7—10 月。

【生境分布】生于山坡、旷野、路旁及半干旱或半湿润地区的山坡、林缘、路旁。全市各地有零星野生。

【药用部位】地上部分。

【采收加工】秋季花开时采收。

【性味归经】味苦、辛，性寒。归脾、胃、膀胱经。

【功能主治】清热利湿，退黄。用于黄疸，小便不利，湿疮瘙痒等。

## 黄鹌菜

Huang'ancai

【别名】黄鸡婆。

【来源】菊科黄鹌菜属植物黄鹌菜 *Youngia japonica* (L.) DC.。

【植物形态】一年生草本，高 10 ～ 100 cm。根垂直直伸，生多数须根。茎直立，单生或少数茎成簇生，粗壮或细，顶端伞房花序状分枝或下部有长分枝，下部被稀疏的皱波状长或短毛。基生叶全形倒披针形、椭圆形、长椭圆形或宽线形，长 2.5 ～ 13 cm，宽 1 ～ 4.5 cm，大头羽状深裂或全裂，极少有不裂的，叶柄长 1 ～ 7 cm，有狭或宽翼或无翼，顶裂片卵形、倒卵形或卵状披针形，顶端圆形或急尖，边缘有锯齿或几全缘，侧裂片 3 ～ 7 对，椭圆形，向下渐小，最下方的侧裂片耳状，全部侧裂片边缘有锯齿或细锯齿或边缘有小尖头，极少边缘全缘；无茎叶或极少有 1 ～ 2 枚茎生叶，且与基生叶同型并等样分裂；全部叶及叶柄被皱波状长或短柔毛。头花序含 10 ～ 20 枚舌状小花，少数或多数在茎枝顶端排成伞房花序，花序梗细。总苞圆柱状，长 4 ～ 5 mm，极少长 3.5 ～ 4 mm；总苞片 4 层，外层及最外层极短，宽卵形或宽形，长宽不足 0.6 mm，顶端急尖，内层及最内层长，长 4 ～ 5 mm，极少长 3.5 ～ 4 mm，宽 1 ～ 1.3 mm，披针形，顶端急尖，边缘白色宽膜质，内面有贴伏的短糙毛；全部总苞片外面无毛。舌状小花黄色，花冠管外面有短柔毛。瘦果纺锤形，压扁，褐色或红褐色，长 1.5 ～ 2 mm，向顶端有收缢，顶端无喙，有 11 ～ 13 条粗细不等的纵肋，肋上有小刺毛。冠毛长 2.5 ～ 3.5 mm，糙毛状。花果期 4—10 月。

【生境分布】生于路旁、溪边、草丛、林内等处。全市各地均有分布。

【药用部位】根或全草。

【采收加工】春季采收全草，秋季采根，鲜用或切段晒干。

【性味归经】味甘、微苦，性凉。

【功能主治】清热解毒，利尿消肿。用于感冒，咽痛，眼结膜炎，乳痈，疮疖肿毒，毒蛇咬伤，痢疾，肝硬化腹水，急性肾炎，淋浊，尿血，带下，风湿性关节炎，跌打损伤等。

## 藿香蓟

Huoxiangji

【别名】臭草、胜红蓟、臭护草、咸虾花。

【来源】菊科藿香蓟属植物藿香蓟 *Ageratum conyzoides* L.。

【植物形态】一年生草本，高 50 ～ 100 cm。无明显主根。茎粗壮，基部直径 4 mm，或少有纤细的，而基部直径不足 1 mm，不分枝或自基部或自中部以上分枝，或下基部平卧而节常生不定根。全部茎枝淡红色，或上部绿色，被白色尘状短柔毛或上部被稠密开展的长茸毛。叶对生，有时上部互生，常有腋生的不发育的叶芽。中部茎叶卵形或椭圆形或长圆形，长 3 ～ 8 cm，宽 2 ～ 5 cm；自中部叶向上向下及腋生小枝上的叶渐小或小，卵形或长圆形，有时植株全部叶小型，长仅 1 cm，宽仅达 0.6 mm。全部叶基部钝或宽楔形，基出三脉或不明显五出脉，顶端急尖，边缘圆锯齿，有长 1 ～ 3 cm 的叶柄，两面被白色稀疏的短柔毛且有黄色腺点，上面沿脉处及叶下面的毛稍多有时下面近无毛，上部叶的叶柄或腋生幼枝及腋生枝上的小叶的叶柄通常被白色稠密开展的长柔毛。头状花序 4 ～ 18 个在茎顶排成通常紧密的伞房状花序；花序直径 1.5 ～ 3 cm，少有排成松散伞房花序式的。花梗长 0.5 ～ 1.5 cm，被尘球短柔毛。总苞钟状或半球形，宽 5 mm。总苞片 2 层，长圆形或披针状长圆形，长 3 ～ 4 mm，外面无毛，边缘撕裂。花冠长 1.5 ～ 2.5 mm，外面无毛或顶端有尘状微柔毛，檐部 5 裂，淡紫色。瘦果黑褐色，5 棱，长 1.2 ～ 1.7 mm，有白色稀疏细柔毛。冠毛膜片 5 或 6 个，长圆形，顶端急狭或渐狭成长或短芒状，或部分膜片顶端截形而无芒状渐尖；全部冠毛膜片长 1.5 ～ 3 mm。花果期全年。

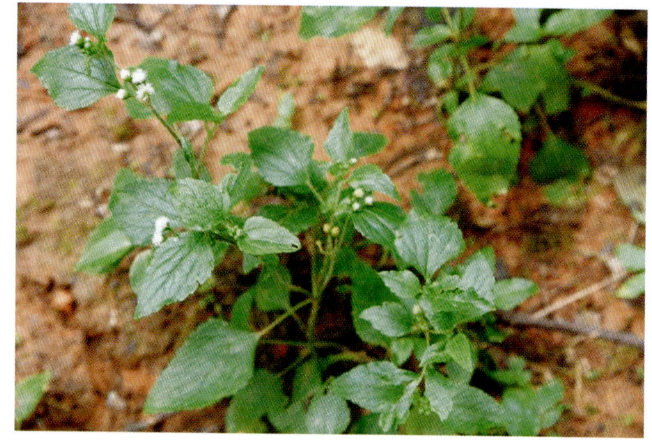

【生境分布】生于山谷、山坡林下或林缘、荒坡草地。全市各地有零星野生。

【药用部位】全草。

【采收加工】夏、秋季采收，除去根部，鲜用或切段晒干。

【性味归经】味辛、苦，性凉。

【功能主治】清热解毒，止血，止痛。用于感冒发热，咽喉肿痛，口舌生疮，咯血，衄血，崩漏，脘腹疼痛，风湿痹痛，跌打损伤，外伤出血，痈肿疮毒，湿疹瘙痒等。

## 红花

Honghua

【别名】刺红花、红蓝花、草红花。

【来源】菊科红花属植物红花 *Carthamus tinctorius* L.。

【植物形态】一年生草本。高 30 ～ 100 cm。茎直立，上部分枝，全部茎枝白色或淡白色，光滑，无毛。中下部茎叶披针形、披状披针形或长椭圆形，长 7 ～ 15 cm，宽 2.5 ～ 6 cm，边缘大锯齿、重锯齿、小锯齿以至无锯齿而全缘，极少有羽状深裂的，齿顶有针刺，针刺长 1 ～ 1.5 mm，向上的叶渐小，披针形，边缘有锯齿，齿顶针刺较长，长达 3 mm。全部叶质地坚硬，革质，两面无毛无腺点，有光泽，基部无柄，半抱茎。头状花序多数，在茎枝顶端排成伞房花序，为苞叶所围绕，苞片椭圆形或卵状披针形，

包括顶端针刺长2.5～3 cm，边缘有针刺，针刺长1～3 mm，或无针刺，顶端渐长，有篦齿状针刺，针刺长2 mm。总苞卵形，直径2.5 cm。总苞片4层，外层竖琴状，中部或下部有收缢，收缢以上叶质，绿色，边缘无针刺或有篦齿状针刺，针刺长达3 mm，顶端渐尖，有长1～2 mm，收缢以下黄白色，中内层硬膜质，倒披针状椭圆形至长倒披针形，长达2.2 cm，顶端渐尖。全部苞片无毛无腺点。小花红色、橘红色，全部为两性，花冠长2.8 cm，细管部长2 cm，花冠裂片几达檐部基部。瘦果倒卵形，长5.5 mm，宽5 mm，乳白色，有4棱，棱在果顶伸出，侧生着生面。无冠毛。花期5—7月，果期8—9月。

【生境分布】梁子湖区梁湖裕景中药材基地有栽培。

【药用部位】花。

【采收加工】5月底至6月中、下旬盛花期，分批采摘。选晴天，每日早晨6—8时，待管状花充分展开呈金黄色时采摘，过迟则管状花发蔫并呈红黑色，收获困难，质量差，产量低。采回后阴干或用40～60 ℃低温烘干。

【性味归经】味辛，性温。归心、肝经。

【功能主治】活血通经，散瘀止痛。用于经闭，痛经，恶露不行，癥瘕痞块，跌扑损伤，疮疡肿痛等。

## 刺儿菜

Ci'ercai

【别名】大刺儿菜、野红花、大小蓟、小蓟。

【来源】菊科蓟属植物刺儿菜 *Cirsium arvense* var. *integrifolium* Wimm. & Grab.。

【植物形态】多年生草本。茎直立，高30～120 cm，基部直径3～5 mm，有时可达1 cm，上部有分枝，花序分枝无毛或有薄茸毛。基生叶和中部茎叶椭圆形、长椭圆形或椭圆状倒披针形，顶端钝或圆形，基部楔形，有时有极短的叶柄，通常无叶柄，长7～15 cm，宽1.5～10 cm，上部茎叶渐小，椭圆形或披针形或线状披针形，或全部茎叶不分裂，叶缘有细密的针刺，针刺紧贴叶缘。或叶缘有刺齿，齿顶针刺大小不等，针刺长达3.5 mm，或大部茎叶羽状浅裂或半裂或边缘粗大圆锯齿，裂片或锯齿斜三角形，顶端钝，齿顶及裂片顶端有较长的针刺，齿缘及裂片边缘的针刺较短且贴伏。全部茎叶两面同色，绿色或下面色淡，两

面无毛，极少两面异色，上面绿色，无毛，下面被稀疏或稠密的茸毛而呈现灰色的，亦极少两面同色，灰绿色，两面被薄茸毛。头状花序单生茎端，或植株含少数或多数头状花序在茎枝顶端排成伞房花序。总苞卵形、长卵形或卵圆形，直径 1.5 ～ 2 cm。总苞片约 6 层，覆瓦状排列，向内层渐长，外层与中层宽 1.5 ～ 2 mm，包括顶端针刺长 5 ～ 8 mm；内层及最内层长椭圆形至线形，长 1.1 ～ 2 cm，宽 1 ～ 1.8 mm；中外层苞片顶端有长不足 0.5 mm 的短针刺，内层及最内层渐尖，膜质，短针刺。小花紫红色或白色，雌花花冠长 2.4 cm，檐部长 6 mm，细管部细丝状，长 18 mm，两性花花冠长 1.8 cm，檐部长 6 mm，细管部细丝状，长 1.2 mm。瘦果淡黄色，椭圆形或偏斜椭圆形，压扁，长 3 mm，宽 1.5 mm，顶端斜截形。冠毛污白色，多层，整体脱落；冠毛刚毛长羽毛状，长 3.5 cm，顶端渐细。花期 5—7 月，果期 7—9 月。

【生境分布】生于山坡、河旁或荒地、田间。全市各地均有分布。

【药用部位】地上部分。

【采收加工】夏、秋季花开时采割，除去杂质，晒干。

【性味归经】味甘、苦，性凉。归心、肝经。

【功能主治】凉血止血，散瘀解毒，消痈。用于衄血，吐血，尿血，血淋，便血，崩漏，外伤出血，痈肿疮毒等。

## 蓟

Ji

【别名】大刺介芽、地萝卜、大蓟、山萝卜、条叶蓟。

【来源】菊科蓟属植物蓟 *Cirsium japonicum* Fisch. ex DC.。

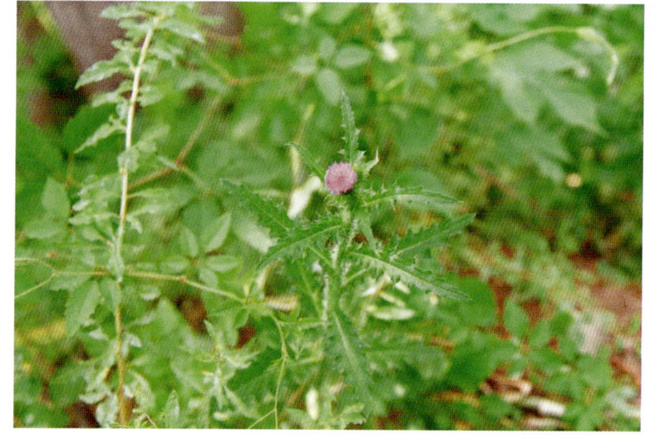

【植物形态】多年生草本。块根纺锤状或萝卜状，直径达 7 mm。茎直立，30 ～ 150 cm，分枝或不分枝，全部茎枝有条棱，被稠密或稀疏的多细胞长节毛，接头状花序下部灰白色，被稠密茸毛及多细胞节毛。基生叶较大，全形卵形、长倒卵形、椭圆形或长椭圆形，长 8 ～ 20 cm，宽 2.5 ～ 8 cm，羽状深裂或几全裂，基部渐狭成短或长翼柄，柄翼边缘有针刺及刺齿；侧裂片 6 ～ 12 对，中部侧裂片较大，向下及向下的侧裂片渐小，全部侧裂片排列稀疏或紧密，卵状披针形、半椭圆形、斜三角形、长三角形或三角状披针形，宽狭变化极大，或宽达 3 cm，或狭至 0.5 cm，边缘有稀疏大小不等小锯齿，或锯齿较大而使整个叶片呈现较为明显的二回状分裂状态，齿顶针刺长可达 6 mm，短可至 2 mm，齿缘针刺小而密或几无针刺；顶裂片披针形或长三角形。自基部向上的叶渐小，与基生叶同型并等样分裂，但无柄，基部扩大半抱茎。全部茎叶两面同色，绿色，两面沿脉有稀疏的多细胞长或短节毛或几无毛。头状花序直立，少有下垂的，少数生茎端而花序极短，不呈明显的花序式排列，少有头状花序单生茎端的。总苞钟状，直径 3 cm。总苞片约 6 层，覆瓦状排列，向内层渐长，外层与中层卵状三角形至长三角形，长 0.8 ～ 1.3 cm，宽 3 ～ 3.5 mm，顶端长渐尖，有长 1 ～ 2 mm 的针刺；内层披针形或线状披针形，长 1.5 ～ 2 cm，宽 2 ～ 3 mm，顶端渐尖呈软针刺状。全部苞片外面有微糙毛并沿中肋有黏腺。瘦果压扁，偏斜楔状倒披针状，长 4 mm，宽 2.5 mm，顶端斜截形。小花红色或紫色，长 2.1 cm，檐部长 1.2 cm，不等 5 浅裂，细管部长 9 mm。冠毛浅褐色，多层，基部连合成环，整体脱落；冠毛刚毛长羽毛状，长达 2 cm，内层向顶端纺锤状扩大或渐细。花期 6—8 月，果期 8—10 月。

【生境分布】生于山坡、草地、路旁。分布于全市各地。

【药用部位】地上部分。

【采收加工】夏、秋季花开时采割地上部分，除去杂质，晒干。

【性味归经】味甘、苦，性凉。归心、肝经。

【功能主治】凉血止血，散瘀解毒，消痈。用于衄血，吐血，尿血，便血，崩漏，外伤出血，痈肿疮毒等。

## 观音苋

Guanyinxian

【别名】紫背菜、红背三七、玉枇杷、血皮菜。

【来源】菊科菊三七属植物观音苋 *Gynura bicolor* (Roxb. ex Willd.) DC.。

【植物形态】多年生草本，高 50 ～ 100 cm，全株无毛。茎直立，柔软，基部稍木质，上部有伞房状分枝，干时有条棱。叶具柄或近无柄。叶片倒卵形或倒披针形，稀长圆状披针形，长 5 ～ 10 cm，宽 2.5 ～ 4 cm，顶端尖或渐尖，基部楔状渐狭成具翅的叶柄，或近无柄而多少扩大，但不形成叶耳。边缘有不规则的波状齿或小尖齿，稀近基部羽状浅裂，侧脉 7 ～ 9 对，弧状上弯，上面绿色，下面干时变紫色，两面无毛，上部和分枝上的叶小，披针形至线状披针形，具短柄或近无柄。头状花序多数直径 10 mm，在茎、枝端排列成疏伞房状，花序梗细，长 3 ～ 4 cm，有 1 ～ 2（3）丝状苞片。总苞狭钟状，长 11 ～ 15 mm，宽 8 ～ 10 mm，基部有 7 ～ 9 个线形小苞片，总苞片 1 层，约 13 个，线状披针形或线形，长 11 ～ 15 mm，宽 0.9 ～ 1.5（2） mm，顶端尖或渐尖，边缘干膜质，背面具 3 条明显的肋，无毛。小花橙黄色至红色，花冠明显伸出总苞，长 13 ～ 15 mm，管部细，长 10 ～ 12 mm，裂片卵状三角形，花药基部圆形，或稍尖，花柱分枝钻形，被乳头状毛。瘦果圆柱形，淡褐色，长约 4 mm，具 10 ～ 15 肋，无毛，冠毛丰富，白色，绢毛状，易脱落。花果期 5—10 月。

【生境分布】生于山坡林下、岩石上或河边潮湿处。全市各地有零星栽培。

【药用部位】全草。

【采收加工】全年均可采收，鲜用或晒干。

【性味归经】味辛、甘，性凉。

【功能主治】清热凉血，解毒消肿。用于咯血，崩漏，外伤出血，痛经，痢疾，疮疡肿毒，跌打损伤，溃疡久不收敛等。

## 野菊

Yeju

【别名】野菊花、土菊花、草菊。

【来源】菊科菊属植物野菊 *Chrysanthemum indicum* L.。

【植物形态】多年生草本，高约 1 m，有地下长或短匍匐茎。茎直立或铺散，分枝或仅在茎顶有伞房状花序分枝。茎枝被稀疏的毛，上部及花序枝上的毛稍多或较多。基生叶和下部叶花期脱落。中部茎叶卵形、长卵形或椭圆状卵形，长 3 ～ 7（10）cm，宽 2 ～ 4（7）cm，羽状半裂、浅裂或分裂不明显而边缘有浅锯齿。基部截形或稍心形或宽楔形，叶柄长 1 ～ 2 cm，柄基无耳或有分裂的叶耳。两面同色或几同色，淡绿色，或干后两面呈橄榄色，有稀疏的短柔毛，或下面的毛稍多。头状花序直径 1.5 ～ 2.5 cm，多数在茎枝顶端排成疏松的伞房圆锥花序或少数在茎顶排成伞房花序。总苞片约 5 层，外层卵形或卵状三角形，长 2.5 ～ 3 mm，中层卵形，内层长椭圆形，长 11 mm。全部苞片边缘白色或褐色宽膜质，顶端钝或圆。舌状花黄色，舌片长 10 ～ 13 mm，顶端全缘或 2 ～ 3 齿。瘦果长 1.5 ～ 1.8 mm。花期 9—10 月，果期 11—12 月。

【生境分布】生于山坡草地、灌丛、河边水湿地、滨海、田边及路旁。全市各地均有分布。

【药用部位】干燥头状花序。

【采收加工】秋末花开时采收，阴干或煎后晾干。

【性味归经】味苦、辛，性寒。归肝、心经。

【功能主治】清热解毒，泻火平肝。用于疔疮痈肿，目赤肿痛，头痛眩晕等。

## 菊花

Juhua

【别名】小白菊、小汤黄、杭白菊、滁菊、白菊花、绿牡丹。

【来源】菊科菊属植物菊花 *Chrysanthemum* × *morifolium* (Ramat.) Hemsl.。

【植物形态】多年生草本，高 60 ～ 150 cm。茎直立，分枝或不分枝，被柔毛。叶卵形至披针形，长 5 ～ 15 cm，羽状浅裂或半裂，有短柄，叶下面被白色短柔毛。头状花序直径 2.5 ～ 20 cm，大小不一。

总苞片多层，外层外面被柔毛。舌状花颜色各种。管状花黄色。瘦果不发育，无冠毛。花期 9—11 月。

【生境分布】多栽培。全市各地均有分布。

【药用部位】头状花序（菊花）、叶（菊花叶）、根（菊花根）、嫩茎枝（菊花苗）。

【采收加工】头状花序：9—11 月花盛开时分批采收，阴干或焙干，或熏、蒸后晒干。叶：7—10 月采摘，鲜用或干用。根：9—12 月采挖，鲜用或晒干。嫩茎枝：4—6 月采收，鲜用或阴干。

【性味归经】头状花序：味甘、苦，性微寒。归肺、肝经。叶：味辛、甘，性平。根：味苦、甘，性寒。嫩茎枝：味甘、微苦，性凉。

【功能主治】头状花序：散风清热，平肝明目，清热解毒。用于风热感冒，头痛眩晕，目赤肿痛，眼目昏花，疮痈肿毒等。叶：清肝明目，解毒消肿。用于头风，目眩，疔疮，痈肿等。根：清热解毒，利小便。用于咽喉肿痛，癃闭，痈肿疔毒等。嫩茎枝：清肝利胆，益肝气，明目去翳。用于头风眩晕，目生翳膜等。

## 苦荬菜

Kumaicai

【别名】多头苦荬菜、多头莴苣、深裂苦荬菜、

【来源】菊科苦荬菜属植物苦荬菜 *Ixeris polycephala* Cass. ex DC.。

【植物形态】一年生草本。根垂直直伸，生多数须根。茎直立，高 10 ～ 80 cm，基部直径 2 ～ 4 mm，上部伞房花序状分枝，或自基部多分枝或少分枝，分枝弯曲斜升，全部茎枝无毛。基生叶花期生存，线形或线状披针形，包括叶柄长 7 ～ 12 cm，宽 5 ～ 8 mm，顶端急尖，基部渐狭成长或短柄；中下部茎叶披针形或线形，长 5 ～ 15 cm，宽 1.5 ～ 2 cm，顶端急尖，基部箭头状半抱茎，向上或最上部的叶渐小，与中下部茎叶同型，基部箭头状半抱茎或长椭圆形，基部收窄，但不成箭头状半抱茎；全部叶两面无毛，边缘全缘，极少下部边缘有稀疏的小尖头。头状花序多数，在茎枝顶端排成伞房状花序，花序梗细。总苞圆柱状，长 5～7 mm，果期扩大成卵球形；总苞片 3 层，外层及最外层极小，卵形，长 0.5 mm，宽 0.2 mm，顶端急尖，内层卵状披针形，长 7 mm，宽 2～3 mm，顶端急尖或钝，外面近顶端有鸡冠状突起或无鸡冠状突起。舌状小花黄色，极少白色，10～25 枚。瘦果压扁，褐色，长椭圆形，长 2.5 mm，宽 0.8 mm，无毛，有 10 条高起的尖翅肋，顶端急尖成长 1. 5 mm 喙，喙细，细丝状。冠毛白色，纤细，微糙，不等长，长达 4 mm。花果期 3—6 月。

【生境分布】生于低山的山坡、田野、路旁。全市各地均有分布。

【药用部位】全草。

【采收加工】春季采收，鲜用或阴干。

【性味归经】味苦，性寒。

【功能主治】清热解毒，消肿止痛。用于痈疖疔毒，乳痈，咽喉肿痛，黄疸，痢疾，淋证，带下，跌打损伤等。

## 苦苣

Ku ju

【别名】野苣、褊苣、东北苦菜、兔仔菜。

【来源】菊科苦荬菜属植物苦苣 *Ixeris chinensis* subsp. *versicolor* (Fisch. ex Link) Kitam.。

【植物形态】多年生草本，高 15～30 cm。全株无毛。根茎柔弱，平生。叶大部分基生，具柄；叶片线形或线状长圆形，长 7～10 cm，全缘或间有疏离的锯齿；茎叶少，无柄，有时略抱茎。头状花序小，

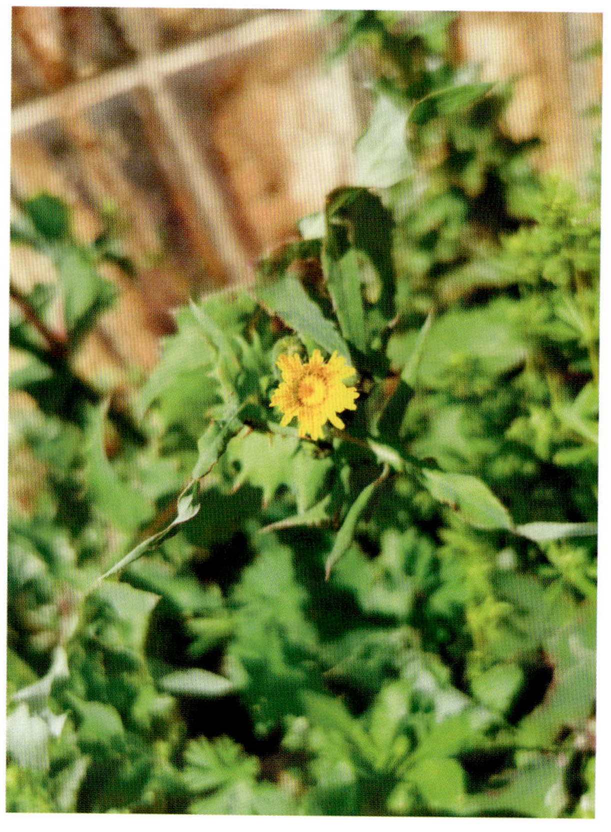

组成一疏松、柔弱、伞房花序式的圆锥花序；总苞长约 6 mm，约有等长的苞片 8 枚，最外的数枚极小；花舌状，黄色；雄蕊 5，着生花冠管上；子房下位，柱头 2 裂。瘦果略扁平，有棱起的脉，稍有极小的突点，喙约与果身等长，冠毛白色。花期春末至秋初。

【生境分布】生于荒地上。全市各地均有分布。

【药用部位】全草或根。

【采收加工】春、夏季采收，洗净，鲜用或晒干。

【性味归经】味苦，性寒。

【功能主治】清热解毒。用于黄疸，胃炎，痢疾，肺热咳嗽，肠痈，睾丸炎，疔疮，痈肿，黄水疮等。

## 鳢肠

Lichang

【别名】凉粉草、墨汁草、墨旱莲、墨莱、旱莲草。

【来源】菊科鳢肠属植物鳢肠 *Eclipta prostrata* (L.) L.。

【植物形态】一年生草本，高 10 ～ 60 cm。全株被白色粗毛，折断后流出的汁液数分钟后即呈蓝黑色。茎直立或基部倾伏，着地生根，绿色或红褐色。叶对生；叶片线状椭圆形至披针形，长 3 ～ 10 cm，宽 0.5 ～ 2.5 cm，全缘或稍有细齿，两面均被白色粗毛。头状花序腋生或顶生，总苞钟状，总苞片 5 ～ 6 片，花托扁平，托上着生少数舌状花及多数管状花；舌状花雌性，花冠白色，发育或不发育；管状花两性，黄绿色，全发育。瘦果黄黑色，长约 3 mm，无冠毛。花期 7—9 月，果期 9—10 月。

【生境分布】生于路边、湿地、沟边或田间。全市各地均有分布。

【药用部位】全草。

【采收加工】夏、秋季割取全草，洗净泥土，除去杂质，阴干或晒干。鲜用或随采随用。

【性味归经】味甘、酸，性寒。归肝、肾经。

【功能主治】滋补肝肾，凉血止血。用于肝肾阴虚，头晕目眩，须发早白，吐血，咯血，衄血，尿血，血痢，崩漏，外伤出血等。

## 泥胡菜

Nihucai

【别名】艾草、猪兜菜、石灰菜、苦马菜。

【来源】菊科泥胡菜属植物泥胡菜 *Hemisteptia lyrata* (Bunge) Fisch. & C. A. Mey.。

【植物形态】一年生草本，高 30 ~ 80 cm。根圆锥形，肉质。茎直立，具纵沟纹，无毛或具白色蛛丝状毛。基生叶莲座状，具柄，倒披针形或倒披针状椭圆形，长 7 ~ 21 cm。提琴状羽状分裂，顶裂片三角形。较大，有时 3 裂，侧裂片 7 ~ 8 对。长椭圆状披针形，下面被白色蛛丝状毛；中部叶椭圆形，无柄，羽状分裂；上部叶条状披针形至条形。头状花序多数，有长梗；总苞球形，长 12 ~ 14 mm，宽 18 ~ 22 mm；总苞片 5 ~ 8 层，外层较短。卵形，中层椭圆形，内层条状披针形。各层总苞片背面先端下具 1 紫红色鸡冠状附片；花紫色。瘦果椭圆形，长约 2.5 mm，具 15 条纵肋；冠毛白色，2 列，羽毛状。花期 5—6 月。

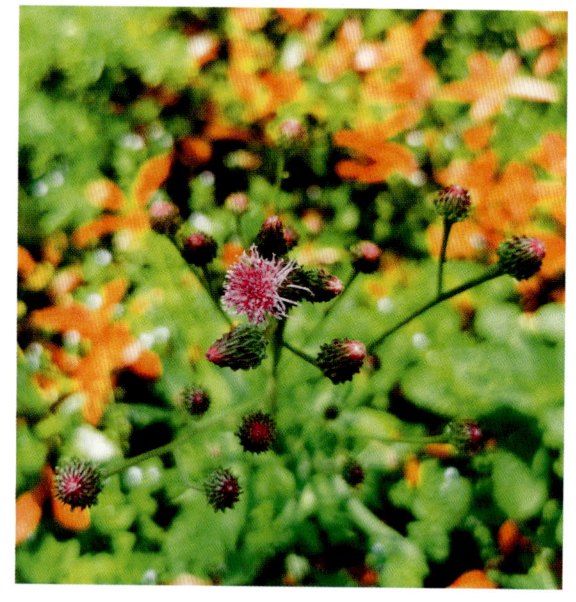

【生境分布】生于路边、荒草丛中或水沟边。全市各地均有分布。

【药用部位】全草或根。

【采收加工】夏、秋季采集，洗净，鲜用或晒干。

【性味归经】味辛、苦，性寒。

【功能主治】清热解毒，散结消肿。用于痔漏，痈肿疔疮，乳痈，淋巴结炎，风疹瘙痒，外伤出血，骨折等。

## 蒲儿根

Pu'ergen

【别名】肥猪苗、黄菊莲、猫耳朵、野麻叶、犁头草。

【来源】菊科蒲儿根属植物蒲儿根 *Sinosenecio oldhamianus* (Maxim.) B. Nord.。

【植物形态】多年生或二年生茎叶草本。根状茎木质，粗，具多数纤维状根。茎单生，或有时数个，直立，高 40 ~ 80 cm 或更高，基部直径 4 ~ 5 mm，不分枝，被白色蛛丝状毛及疏长柔毛，或多少脱毛至近无毛。基部叶在花期凋落，具长叶柄；下部茎叶具柄；叶片卵状圆形或近圆形，长 3 ~ 5（8） cm，宽 3 ~ 6 cm，顶端尖或渐尖，基部心形，边缘具浅至深重齿或重锯齿，齿端具小尖，膜质，上面绿色，被疏蛛丝状毛至近无毛，下面被白蛛丝状毛，有时或多或少脱毛，掌状 5 脉，叶脉两面明显；叶柄长 3 ~ 6 cm，被白色蛛丝状毛，基部稍扩大，上部叶渐小，叶片卵形或卵状三角形，基部楔形，具短柄；最上部叶卵形或卵状披针形。头状花序多数排列成顶生复伞房状花序；花序梗细，长 1.5 ~ 3 cm，被疏柔毛，

（摄于鄂城区岳石洪村举人沟风景区）

基部通常具1线形苞片。总苞宽钟状，长3～4 mm，宽2.5～4 mm，无外层苞片；总苞片约13，1层，长圆状披针形，宽约1 mm，顶端渐尖，紫色，草质，具膜质边缘，外面被白色蛛丝状毛或短柔毛至无毛。舌状花约13，管部长2～2.5 mm，无毛，舌片黄色，长圆形，长8～9 mm，宽1.5～2 mm，顶端钝，具3细齿，4条脉；管状花多数，花冠黄色，长3～3.5 mm，管部长1.5～1.8 mm，循部钟状；裂片卵状长圆形，长约1 mm，顶端尖；花药长圆形，长0.8～0.9 mm，基部钝，附片卵状长圆形；花柱分枝外弯，长0.5 mm，顶端截形，被乳头状毛。瘦果圆柱形，长1.5 mm，舌状花瘦果无毛，在管状花被短柔毛；冠毛在舌状花缺，管状花冠毛白色，长3～3.5 mm。

【生境分布】生于林缘、溪边、潮湿岩石边及草坡、田边。全市各地有零星野生。

【药用部位】全草。

【采收加工】夏季采收，洗净，鲜用或晒干。

【性味归经】味辛、苦，性凉；有小毒。

【功能主治】清热解毒，利湿，活血。用于疮痈肿毒，尿路感染，湿疹，跌打损伤等。

## 蒲公英

Pugongying

【别名】黄花地丁、婆婆丁、蒙古蒲公英、灯笼草、姑姑英。

【来源】菊科蒲公英属植物蒲公英 *Taraxacum mongolicum* Hand.-Mazz.。

【植物形态】多年生草本。根圆柱状，黑褐色，粗壮。叶倒卵状披针形、倒披针形或长圆状披针形，长4～20 cm，宽1～5 cm，先端钝或急尖，边缘有时具波状齿或羽状深裂，有时倒向羽状深裂或大头羽状深裂，顶端裂片较大，三角形或三角状戟形，全缘或具齿，每侧裂片3～5片，裂片三角形或三角状披针形，通常具齿，平展或倒向，裂片间常夹生小齿，基部渐狭成叶柄，叶柄及主脉常带红紫色，疏被蛛丝状白色柔毛或几无毛。花葶1至数个，与叶等长或稍长，高10～25 cm，上部紫红色，密被蛛丝状白色长柔毛；头状花序直径30～40 mm；总苞钟状，长12～14 mm，淡绿色；总苞片2～3层，外层总苞片卵状披针形或披针形，长8～10 mm，宽1～2 mm，边缘宽膜质，基部淡绿色，上部紫红色，先端增厚

或具小到中等的角状突起；内层总苞片线状披针形，长 10 ～ 16 mm，宽 2 ～ 3 mm，先端紫红色，具小角状突起；舌状花黄色，舌片长约 8 mm，宽约 1.5 mm，边缘花舌片背面具紫红色条纹，花药和柱头暗绿色。瘦果倒卵状披针形，暗褐色，长 4 ～ 5 mm，宽 1 ～ 1.5 mm，上部具小刺，下部具成行排列的小瘤，顶端逐渐收缩为长约 1 mm 的圆锥至圆柱形喙基，喙长 6 ～ 10 mm，纤细；冠毛白色，长约 6 mm。花期 4—9 月，果期 5—10 月。

**【生境分布】** 生于山坡草地、路旁、河岸沙地及田间。全市各地均有分布。

**【药用部位】** 全草。

**【采收加工】** 春至秋季花初开时采挖，除去杂质，洗净，晒干。

**【性味归经】** 味苦、甘，性寒。归肝、胃经。

**【功能主治】** 清热解毒，消肿散结。用于乳痈，肺痈，肠痈，痄腮，瘰疬，疔疮肿毒，目赤肿痛，感冒发热，咳嗽，咽喉肿痛，胃炎，肠炎，痢疾，肝炎，胆囊炎，尿路感染，蛇虫咬伤等。

## 千里光

Qianliguang

**【别名】** 蔓黄菀、九里明、一扫光、七里光。

**【来源】** 菊科千里光属植物千里光 *Senecio scandens* Buch.-Ham. ex D. Don。

**【植物形态】** 多年生攀援草本。根状茎木质，粗，直径达 1.5 cm。茎伸长，弯曲，长 2 ～ 5 m，多分枝，被柔毛或无毛，老时变木质，皮淡色。叶具柄，叶片卵状披针形至长三角形，长 2. 5 ～ 12 cm，宽 2 ～ 4.5 cm，顶端渐尖，基部宽楔形、截形、戟形，稀心形，通常具浅或深齿，稀全缘，有时具细裂或羽状浅裂，至少向基部具 1 ～ 3 对较小的侧裂片，两面被短柔毛至无毛；羽状脉，侧脉 7 ～ 9 对，弧状，叶脉明显；叶柄长 0.5 ～ 1（2） cm，具柔毛或近无毛，无耳或基部有小耳；上部叶变小，披针形或线状披针形，长渐尖。头状花序有舌状花，多数，在茎枝端排列成顶生复聚伞圆锥花序；分枝和花序梗被密至疏短柔毛；花序梗长 1 ～ 2 cm，具苞片，小苞片通常 1 ～ 10，线状钻形。总苞圆柱状钟形，长 5 ～ 8 mm，宽 3 ～ 6 mm，具外层苞片；苞片约 8，线状钻形，长 2 ～ 3 mm。总苞片 12 ～ 13，线状披针形，渐尖，上端和上部边缘有缘毛状短柔毛，草质，边缘宽干膜质，背面有短柔毛或无毛，具 3 脉。舌状花 8 ～ 10，管部长 4.5 mm；舌片黄色，长圆形，长 9 ～ 10 mm，宽 2 mm，钝，具 3 细齿，具 4 脉；管状花多数；花冠黄色，长 7.5 mm，管部长 3.5 mm，檐部漏斗状；裂片卵状长圆形，尖，上端有乳头状毛。花药长 2.3 mm，

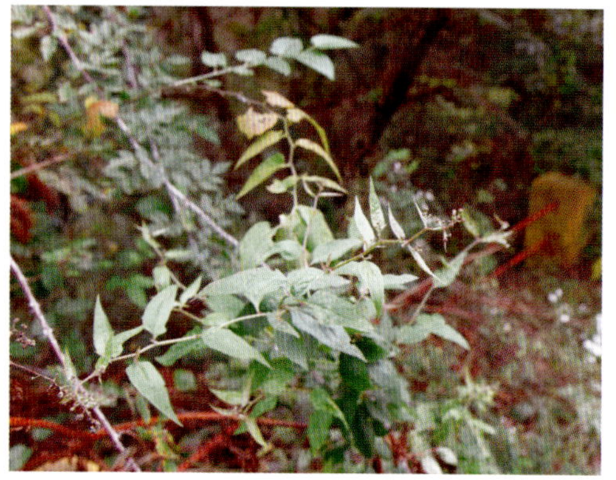

基部有钝耳；耳长约为花药颈部1/7；附片卵状披针形；花药颈部伸长，向基部略膨大；花柱分枝长1.8 mm，顶端截形，有乳头状毛。瘦果圆柱形，长3 mm，被柔毛；冠毛白色，长7.5 mm。花期9—10月，果期10—11月。

【生境分布】生于林缘、灌丛、山坡、丘陵等处。全市各地均有分布。

【药用部位】地上部分。

【采收加工】全年均可采收，除去杂质，阴干。

【性味归经】味苦，性寒。归肺、肝经。

【功能主治】清热解毒，明目，利湿。用于疮痈肿毒，感冒发热，目赤肿痛，泄泻痢疾，皮肤湿疹等。

## 石胡荽

Shihusui

【别名】鹅不食草、地胡椒、球子草。

【来源】菊科石胡荽属植物石胡荽 *Centipeda minima* (L.) A. Braun & Asch.。

【植物形态】一年生小草本。茎多分枝，高5～20 cm，匍匐状，微被蛛丝状毛或无毛。叶互生，楔状倒披针形，长7～18 mm，顶端钝，基部楔形，边缘有少数锯齿，无毛或背面微被蛛丝状毛。头状花序小，扁球形，直径约3 mm，单生于叶腋，无花序梗或极短；总苞半球形；总苞片2层，椭圆状披针形，绿色，边缘透明膜质，外层较大；边缘花雌性，多层，花冠细管状，长约0.2 mm，淡绿黄色，顶端2～3微裂；盘花两性，花冠管状，长约0.5 mm，顶端4深裂，淡紫红色，下部有明显的狭管。瘦果椭圆形，长约1 mm，具4棱，棱上有长毛，无冠状冠毛。花果期6—10月。

【生境分布】生于路旁、荒野阴湿地、田地。全市各地均有分布。

【药用部位】全草。

【采收加工】夏、秋季花开时采收，洗去泥沙，晒干。

【性味归经】味辛，性温。归肺经。

【功能主治】发散风寒，通鼻窍，止咳。用于风寒头痛，咳嗽痰多，鼻塞不通，鼻渊流涕等。

## 鼠曲草

Shuqucao

【别名】田艾、清明菜、鼠麴草。

【来源】菊科鼠曲草属植物鼠曲草 *Pseudognaphalium affine* (D. Don) Anderb.。

【植物形态】一年生草本。茎直立或基部发出的枝下部斜升，高 10 ~ 40 cm 或更高，基部直径约 3 mm，上部不分枝，有沟纹，被白色厚棉毛，节间长 8 ~ 20 mm，上部节间罕有达 5 cm。叶无柄，匙状倒披针形或倒卵状匙形，长 5 ~ 7 cm，宽 11 ~ 14 mm，上部叶长 15 ~ 20 mm，宽 2 ~ 5 mm，基部渐狭，稍下延，顶端圆，具刺尖头，两面被白色棉毛，上面常较薄，叶脉 1 条，在下面不明显。头状花序较多或较少数，直径 2 ~ 3 mm，近无柄，在枝顶密集成伞房花序，花黄色至淡黄色；总苞钟形，直径 2 ~ 3 mm；总苞片 2 ~ 3 层，金黄色或柠檬黄色，膜质，有光泽，外层倒卵形或匙状倒卵形，背面基部被棉毛，顶端圆，基部渐狭，长约 2 mm，内层长匙形，背面通常无毛，顶端钝，长 2.5 ~ 3 mm；花托中央稍凹入，无毛。雌花多数，花冠细管状，长约 2 mm，花冠顶端扩大，3 齿裂，裂片无毛。两性花较少，管状，长约 3 mm，向上渐扩大，檐部 5 浅裂，裂片三角状渐尖，无毛。瘦果倒卵形或倒卵状圆柱形，长约 0.5 mm，有乳头状突起。冠毛粗糙，污白色，易脱落，长约 1.5 mm，基部连合成 2 束。花期 1—4 月，8—11 月。

【生境分布】生于田埂、荒地、路旁。全市各地均有分布。

【药用部位】全草。

【采收加工】春季开花时采收，除尽杂质，晒干。鲜品随采随用。

【性味归经】味甘、微酸，性平。归肺经。

【功能主治】化痰止咳，祛风除湿，解毒。用于咳喘痰多，风湿痹痛，泄泻，水肿，蚕豆病，赤白带下，痈肿疔疮，阴囊湿痒，荨麻疹，高血压等。

## 天名精

Tianmingjing

【别名】地菘、天蔓青、鹤虱、野烟叶、野烟。

【来源】菊科天名精属植物天名精 *Carpesium abrotanoides* L.。

【植物形态】多年生粗壮草本。茎高 60 ~ 100 cm，圆柱状，下部木质，近于无毛，上部密被短柔毛，有明显的纵条纹，多分枝。基生叶于开花前凋萎，茎下部叶广椭圆形或长椭圆形，长 8 ~ 16 cm，宽 4 ~ 7 cm，先端钝或锐尖，基部楔形，三面深绿色，被短柔毛，老时脱落，几无毛，叶面粗糙，下面淡绿色，密被短柔毛，有细小腺点，边缘具不规整的钝齿，齿端有腺体状胼胝体；叶柄长 5 ~ 15 mm，密被短柔毛；茎上部节间长 1 ~ 2.5 cm，叶较密，长椭圆形或椭圆状披针形，先端渐尖或锐尖，基部阔楔形，无柄或具短柄。头状花序多数，生于茎端及沿茎、枝生于叶腋，近无梗，成穗状花序式排列，着生于茎端及枝

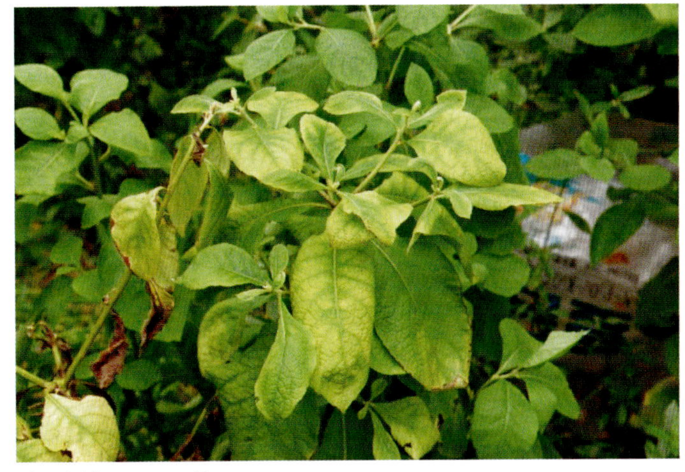

端者具椭圆形或披针形长 6 ～ 15 mm 的苞叶 2 ～ 4 枚，腋生头状花序无苞叶或有时具 1 ～ 2 枚甚小的苞叶。总苞钟球形，基部宽，上端稍收缩，成熟时开展成扁球形，直径 6 ～ 8 mm；苞片 3 层，外层较短，卵圆形，先端钝或短渐尖，膜质或先端草质，具缘毛，背面被短柔毛，内层长圆形，先端圆钝或具不明显的啮蚀状小齿。雌花狭筒状，长 1.5 mm，两性花筒状，长 2 ～ 2.5 mm，向上渐宽，冠檐 5 齿裂。瘦果长约 3.5 mm。花期 6—8 月，果期 9—10 月。

【生境分布】生于山坡、路旁或草坪上。全市各地有零星野生。

【药用部位】全草。

【采收加工】7—8 月采收，洗净，鲜用或晒干。

【性味归经】味苦、辛，性寒。归肝、肺经。

【功能主治】清热，化痰，解毒，杀虫，破瘀，止血。用于乳蛾，喉痹，急慢惊风，牙痛，疔疮肿毒，痔瘘，皮肤痒疹，毒蛇咬伤，虫积，血瘕，吐血，衄血，血淋，创伤出血等。

## 烟管头草

Yanguantoucao

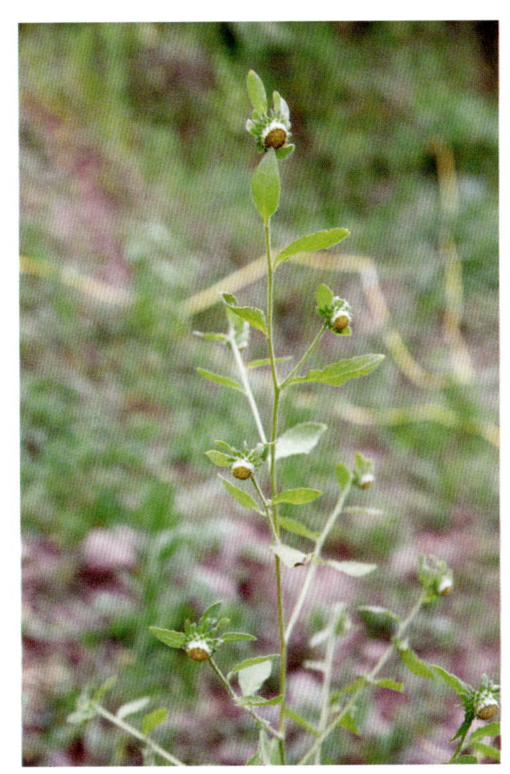

【别名】杓儿菜、烟袋草。

【来源】菊科天名精属植物烟管头草 *Carpesium cernuum* L.。

【植物形态】多年生草本。茎高 50 ～ 100 cm，下部密被白色长柔毛及卷曲的短柔毛，基部及叶腋尤密，常成棉毛状，上部被疏柔毛，后渐脱落稀疏，有明显的纵条纹，多分枝。基生叶于开花前凋萎，稀宿存，茎下部叶较大，具长柄，柄长约为叶片的 2/3 或近等长，下部具狭翅，向叶基渐宽，叶片长椭圆形或匙状长椭圆形，长 6 ～ 12 cm，宽 4 ～ 6 cm，先端锐尖或钝，基部长渐狭下延，上面绿色，被稍密的倒伏柔毛，下面淡绿色，被白色长柔毛，沿叶脉较密，在中肋及叶柄上常密集成茸毛状，两面均有腺点，边缘具稍不规整具胼胝尖的锯齿，中部叶椭圆形至长椭圆形，长 8 ～ 11 cm，宽 3 ～ 4 cm，先端渐尖或锐尖，基部楔形，具短柄，上部叶渐小，椭圆形至椭圆状披针形，近全缘。头状花序单生茎端及枝端，开花时下垂；苞叶多枚，大小不等，其中 2 ~ 3 枚较大，椭圆状披针形，长 2 ~ 5 cm，两端渐狭，具短柄，密被柔毛及腺点，其余较小，条状披针形或条状匙形，稍长于总苞。总苞壳斗状，直径 1 ~ 2 cm，长 7 ~ 8 mm；苞片 4 层，外层苞片叶状，披针形，与内层苞片等长或稍长，草质或基部干膜质，密被长柔毛，先端钝，通常反折，中层及内层干膜质，狭矩圆形至条形，先端钝，有不规整的微齿。雌花狭筒状，长约 1.5 mm，中部较宽，两端稍收缩，两性花筒状，向上增宽，冠檐 5 齿裂。瘦果长 4 ~ 4.5 mm。

【生境分布】生于路边、山坡草地及森林边缘。全市各地有零星野生。

【药用部位】全草。

【采收加工】秋季初开花时采收，鲜用或切段晒干。

【性味归经】味苦、辛，性寒。

【功能主治】清热解毒，消肿止痛。用于感冒发热，高热惊风，咽喉肿痛，痄腮，牙痛，尿路感染，淋巴结结核，疮疡疖肿，乳腺炎等。

## 杏香兔儿风

Xingxiangtu'erfeng

【别名】兔耳风、一支香、扑地金钟。

【来源】菊科兔儿风属植物杏香兔儿风 *Ainsliaea fragrans* Champ.。

【植物形态】多年生草本。根状茎短或伸长，有时可离地面近 2 cm，圆柱形，直或弯曲，直径 1 ~ 3 mm，根颈被褐色茸毛，具簇生细长须根。茎直立，单一，不分枝，花葶状，高 25 ~ 60 cm，被褐色长柔毛。叶聚生于茎的基部，莲座状或呈假轮生，叶片厚纸质，卵形、狭卵形或卵状长圆形，长 2 ~ 11 cm，宽 1.5 ~ 5 cm，顶端钝或中脉延伸具一小的突尖，基部深心形，边全缘或具疏离的胼胝体状小齿，有向上弯拱的缘毛，上面绿色，无毛或被疏毛，下面淡绿色或有时多少带紫红色，被较密的长柔毛，脉上尤甚；基出脉 5 条，在下面明显增粗并凸起，中脉中上部复具 1 ~ 2 对侧脉，网脉略明显，网眼大；叶柄长 1.5 ~ 6 cm，稀更长，无翅，密被长柔毛。头状花序通常有小花 3 朵，具被短柔毛的短梗或无梗，于花葶之顶排成间断的总状花序，花序轴被深褐色的短柔毛，并有 3 ~ 4 mm 长的钻形苞叶；总苞圆筒形，直径 3 ~ 3.5 mm；总苞片约 5 层，背部有纵纹，无毛，有时顶端带紫红色，外 1 ~ 2 层卵形，长 1.8 ~ 2 mm，宽约 1 mm，顶端尖，中层近椭圆形，长 3 ~ 8 mm，宽 1.5 ~ 2 mm，顶端钝，最内层狭椭圆形，长约 11 mm，宽约 2 mm，顶端渐尖，基部长渐狭，具爪，边缘干膜质；花托狭，不平，直径约 0.5 mm，无毛。花全部两性，白色，开放时具杏仁香气，花冠管纤细，长约 6 mm，冠檐显著扩大，于管口上方 5 深裂，裂片线形，与花冠管近等长；花药长约 4.5 mm，顶端钝，基部箭形的尾部长约

2 mm；花柱分枝伸出药筒之外，长约 0.5 mm，顶端钝头。瘦果棒状圆柱形或近纺锤形，栗褐色，略压扁，长约 4 mm，被 8 条显著的纵棱，被较密的长柔毛。冠毛多数，淡褐色，羽毛状，长约 7 mm，基部连合。花期 11—12 月。

【生境分布】生于山坡灌木林下、沟边草丛等处。全市各地有零星野生。

【药用部位】全草。

【采收加工】春、夏季采收，拣去杂质，抢水洗净，鲜用或切段晒干。

【性味归经】味甘、微苦，性凉。

【功能主治】清热补虚，凉血止血，利湿解毒。用于虚劳骨蒸，肺痨咯血，妇女崩漏，湿热黄疸，水肿，瘰疬结核，跌打损伤，毒蛇咬伤等。

## 豨莶

Xixian

【别名】虾柑草、粘糊菜、豨莶草。

【来源】菊科豨莶属植物豨莶 *Sigesbeckia orientalis* L.。

【植物形态】一年生草本。茎直立，高 30 ～ 100 cm，分枝斜升，上部的分枝常呈复二歧状；全部分枝被灰白色短柔毛。基部叶花期枯萎；中部叶三角状卵圆形或卵状披针形，长 4 ～ 10 cm，宽 1.8 ～ 6.5 cm，基部阔楔形，下延成具翼的柄，顶端渐尖，边缘有规则的浅裂或粗齿，纸质，上面绿色，下面淡绿色，具腺点，两面被毛，三出基脉，侧脉及网脉明显；上部叶渐小，卵状长圆形，边缘浅波状或全缘，近无柄。头状花序直径 15 ～ 20 mm，多数聚生于枝端，排列成具叶的圆锥花序；花梗长 1.5 ～ 4 cm，密生短柔毛；总苞阔钟状；总苞片 2 层，叶质，背面被紫褐色头状具柄的腺毛；外层苞片 5 ～ 6 枚，线状匙形或匙形，开展，长 8 ～ 11 mm，宽约 1.2 mm；内层苞片卵状长圆形或卵圆形，长约 5 mm，宽 1.5 ～ 2.2 mm。外层托片长圆形，内弯，内层托片倒卵状长圆形。花黄色；雌花花冠的管部长 0.7 mm；两性管状花上部钟状，上端有 4 ～ 5 卵圆形裂片。瘦果倒卵圆形，有 4 棱，顶端有灰褐色环状突起，长 3 ～ 3.5 mm，宽 1 ～ 1.5 mm。花期 4—9 月，果期 6—11 月。

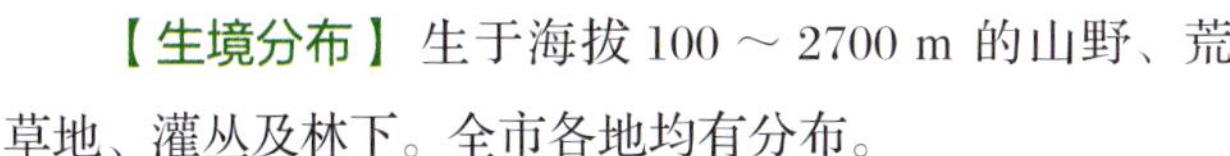

【生境分布】生于海拔 100 ～ 2700 m 的山野、荒草地、灌丛及林下。全市各地均有分布。

【药用部位】地上部分。

【采收加工】夏季开花前或花期均可采收。割取地上部分，晒至半干时，放置干燥通风处，晾干。

【性味归经】味苦、辛，性寒；有小毒。归肝、肾经。

【功能主治】祛风湿，通经络，清热解毒。用于风湿痹痛，筋骨不利，腰膝无力，半身不遂，高血压，疟疾，黄疸，痈肿疮毒，风疹湿疮，虫兽咬伤等。

## 菊芋

Juyu

【别名】洋姜、番羌。

【来源】菊科向日葵属植物菊芋 *Helianthus tuberosus* L.。

【植物形态】多年生草本，高 1 ~ 3 m，有块状的地下茎及纤维状根。茎直立，有分枝，被白色短糙毛或刚毛。叶通常对生，有叶柄，但上部叶互生；下部叶卵圆形或卵状椭圆形，有长柄，长 10 ~ 16 cm，宽 3 ~ 6 cm，基部宽楔形或圆形，有时微心形，顶端渐细尖，边缘有粗锯齿，有离基三出脉，上面被白色短粗毛、下面被柔毛，叶脉上有短硬毛，上部叶长椭圆形至阔披针形，基部渐狭，下延成短翅状，顶端渐尖，短尾状。头状花序较大，少数或多数，单生于枝端，有 1 ~ 2 个线状披针形的苞叶，直立，直径 2 ~ 5 cm，总苞片多层，披针形，长 14 ~ 17 mm，宽 2 ~ 3 mm，顶端长渐尖，背面被短伏毛，边缘被开展的缘毛；托片长圆形，长 8 mm，背面有肋、上端不等 3 浅裂。舌状花通常 12 ~ 20 个，舌片黄色，开展，长椭圆形，长 1.7 ~ 3 cm；管状花花冠黄色，长 6 mm。瘦果小，楔形，上端有 2 ~ 4 个有毛的锥状扁芒。花期 8—9 月。

【生境分布】生于沟边、道旁、荒地、坡地、宅院周围。全市各地均有栽培。

【药用部位】块茎或茎叶。

【采收加工】秋季采挖块茎，夏、秋季采收茎叶，鲜用或晒干。

【性味归经】味甘、微苦，性凉。

【功能主治】清热凉血，消肿。用于热病，肠热出血，跌打损伤，骨折肿痛等。

## 向日葵

Xiangrikui

【别名】向阳花、朝阳花、葵花、望日葵、转日莲。

【来源】菊科向日葵属植物向日葵 *Helianthus annuus* L.。

【植物形态】一年生高大草本。茎直立，高 1 ~ 3 m，粗壮，被白色粗硬毛，不分枝或有时上部分枝。叶互生，心状卵圆形或卵圆形，顶端急尖或渐尖，有三基出脉，边缘有粗锯齿，两面被短糙毛，有长柄。头状花序极大，直径 10 ~ 30 cm，单生于茎端或枝端，常下倾。总苞片多层，叶质，覆瓦状排列，卵形至卵状披针形，顶端尾状渐尖，被长硬毛或纤毛。花托平或稍凸、有半膜质托片。舌状花多数，黄色、舌片开展，长圆状卵形或长圆形，不结果。管状花极多数，棕色或紫色，有披针形裂片，结果实。瘦果倒卵形或卵状长圆形，稍扁压，长 10 ～ 15 mm，有细肋，常被白色短柔毛，上端有 2 个膜片状早落的冠毛。花期 7—9 月，果期 8—9 月。

【生境分布】 全市各地均有栽培。

【药用部位】 果实、根、茎髓、叶、花盘。

【采收加工】 秋季果实成熟后，连根拔起，分别处理、采收，晒干。

【性味归经】 果实：味甘，性平。归肺、大肠经。根：味甘、淡，性微寒。归胃、膀胱经。茎髓：味甘，性平。归膀胱经。叶：味淡、苦，性平。归肝、胃经。花盘：味甘，性寒。归肝经。

【功能主治】 果实：透疹，止痢，透痈脓。用于疹发不透，血痢，慢性骨髓炎等。根、茎髓：清热利尿，止咳平喘。用于小便涩痛，尿路结石，浮肿，带下等。叶：清热解毒，截疟。用于疟疾等；外用治烫火伤。花盘：养肝补肾，降压，止痛。用于高血压，头痛目眩，肾虚耳鸣，胃痛，牙痛，腹痛，痛经等。

## 小苦荬

Xiaokumai

【别名】 苦菜、七托莲、小苦麦菜、苦叶苗、败酱。

【来源】 菊科小苦荬属植物小苦荬 *Ixeridium dentatum* (Thunb.) Tzvelev。

【植物形态】 多年生草本，高 10 ～ 50 cm。根壮茎短缩，生多数等粗的细根。茎直立，单生，基部直径 1 ～ 3 mm，上部伞房花序状分枝或自基部分枝，全部茎枝无毛。基生叶长倒披针形、长椭圆形、椭圆形，长 1.5 ～ 15 cm，宽不足 1 cm 至 1.5 cm，不分裂，顶端急尖或钝，有小尖头，边缘全缘，但通常中下部边缘或仅基部边缘有稀疏的缘毛状或长尖头状锯齿，基部渐狭成长或宽翼柄，翼柄长 2.5 ～ 6 cm，极少羽状浅裂或深裂，如羽状分裂，侧裂片 1 ～ 3 对，线状长三角形或偏斜三角形，通常集中在叶片的中下部；茎叶少数，小于、等于或大于基生叶，披针形或长椭圆状披针形或倒披针形，不分裂，基部扩大耳状抱茎，中部以下边缘或基部边缘有缘毛状锯齿；全部叶两面无毛。头状花序多数，在茎枝顶端排成伞房状花序，花序梗细。总苞圆柱状，长 7 ～ 8 mm。总苞片 2 层，外层宽卵形，长 1.5 mm，宽不足 1 mm，内层长，长椭圆形，长 7 ～ 8 mm，宽 1 mm 或不足 1 mm，顶端急尖。舌状小花 5 ～ 7 枚，黄色，少白色。瘦果纺锤形，长 3 mm，宽 0.6 ～ 0.7 mm，稍压扁，褐色，有 10 条细肋或细脉，顶端渐狭成长 1 mm 的细喙，喙细丝状，上部沿脉有微刺毛。冠毛麦秆黄色或黄褐色，长 4 mm，微糙毛状。花果期 4—8 月。

【生境分布】生于海拔 380 ～ 1050 m 的山坡、山坡林下、潮湿处或田边。全市各地均有分布。

【药用部位】全草或根。

【采收加工】早春采收，洗净，鲜用或晒干。

【性味归经】味苦，性寒。

【功能主治】清热解毒，消肿排脓，凉血止血。用于肠痈，肺脓疡，肺热咳嗽，肠炎，痢疾，胆囊炎，盆腔炎，疮疖肿毒，阴囊湿疹，吐血，衄血，血崩，跌打损伤等。

## 旋覆花

Xuanfuhua

【别名】六月菊、鼓子花、小黄花子、金钱花、驴儿菜。

【来源】菊科旋覆花属植物旋覆花 *Inula japonica* Thunb.。

【植物形态】多年生草本。根状茎短，横走或斜升，有多少粗壮的须根。茎单生，有时 2 ～ 3 个簇生，直立，高 30 ～ 70 cm，有时基部具不定根，基部直径 3 ～ 10 mm，有细沟，被长伏毛，或下部有时脱毛，上部有上升或开展的分枝，全部有叶；节间长 2 ～ 4 cm。基部叶常较小，在花期枯萎；中部叶长圆形、长圆状披针形或披针形，长 4 ～ 13 cm，宽 1.5 ～ 4.5 cm，基部多少狭窄，常有圆形半抱茎的小耳，无柄，顶端稍尖或渐尖，边缘有小尖头状疏齿或全缘，上面有疏毛或近无毛，下面有疏伏毛和腺点；中脉和侧脉有较密的长毛；上部叶渐狭小，线状披针形。头状花序直径 3 ～ 4 cm，多数或少数排列成疏散的伞房花序；花序梗细长。总苞半球形，直径 13 ～ 17 mm，长 7 ～ 8 mm；总苞片约 6 层，线状披针形，近等长，但最外层常叶质而较长；外层基部革质，上部叶质，背面有伏毛或近无毛，有缘毛；内层除绿色中脉外干膜质，渐尖，有腺点和缘毛。舌状花黄色，较总苞长 2 ～ 2.5 倍；舌片线形，长 10 ～ 13 mm；管状花花冠长约 5 mm，有三角披针形裂片；冠毛 1 层，白色有 20 余个微糙毛，与管状花近等长。瘦果长 1 ～ 1.2 mm，圆柱形，有 10 条沟，顶端截形，被疏短毛。花期 6—10 月，果期 9—11 月。

【生境分布】生于海拔 150 ～ 2400 m 的山坡路旁、湿润草地、河岸和田埂上。全市各地有零星野生。

【药用部位】干燥头状花序。

【采收加工】夏、秋季花开放时采收，除去杂质，阴干或晒干。

【性味归经】味苦、辛、咸，性微温。归肺、脾、胃、大肠经。

【功能主治】降气，消痰，行水，止呕。用于风寒咳嗽，痰饮蓄结，胸膈痞闷，咳喘痰多，呕吐噫气，心下痞硬等。

【附注】旋覆花的干燥茎叶亦供药用，中药名金沸花。药用部位是干燥地上部分。夏、秋季采割，晒干。味苦、辛、咸，性温。归肺、大肠经。具有降气，消痰，行水的功效。用于外感风寒，痰饮蓄结，咳喘痰多，胸膈痞满等。

## 野茼蒿

Yetonghao

【别名】冬风菜、假茼蒿、草命菜、昭和草。

【来源】菊科野茼蒿属植物野茼蒿 *Crassocephalum crepidioides* (Benth.) S. Moore。

【植物形态】直立草本，高 20 ～ 120 cm，茎有纵条棱，无毛。叶膜质，椭圆形或长圆状椭圆形，长 7 ～ 12 cm，宽 4 ～ 5 cm，顶端渐尖，基部楔形，边缘有不规则锯齿或重锯齿，或有时基部羽状裂，两面无或近无毛；叶柄长 2 ～ 2.5 cm。头状花序数个在茎端排成伞房状，直径约 3 cm，总苞钟状，长 1 ～ 1.2 cm，基部截形，有数枚不等长的线形小苞片；总苞片 1 层，线状披针形，等长，宽约 1.5 mm，具狭膜质边缘，顶端有簇状毛，小花全部管状，两性，花冠红褐色或橙红色，檐部 5 齿裂，花柱基部呈小球状，分枝，顶端尖，被乳头状毛。瘦果狭圆柱形，赤红色，有肋，被毛；冠毛极多数，白色，绢毛状，易脱落。花期 7—12 月。

【生境分布】生于山坡荒地、路旁及沟谷杂草丛中。全市各地有零星分布。

【药用部位】全草。

【采收加工】夏季采收，鲜用或晒干。

【性味归经】味微苦、辛，性平。

【功能主治】清热解毒，调和脾胃。用于感冒，肠炎，痢疾，口腔炎，乳腺炎，消化不良等。

## 一枝黄花

Yizhihuanghua

【别名】千斤癀、兴安一枝黄花、破布叶、金柴胡、老虎尿。

【来源】菊科一枝黄花属植物一枝黄花 *Solidago decurrens* Lour.。

【植物形态】多年生草本，高 30 ～ 100 cm。茎直立，通常细弱，单生或少数簇生，不分枝或中部以上有分枝。中部茎叶椭圆形、长椭圆形、卵形或宽披针形，长 2 ～ 5 cm，宽 1 ～ 1.5（2） cm，下部楔形渐窄，有具翅的柄，仅中部以上边缘有细齿或全缘；向上叶渐小；下部叶与中部茎叶同型，有长 2 ～ 4 cm 或更长的翅柄。全部叶质地较厚，叶两面、沿脉及叶缘有短柔毛或下面无毛。头状花序较小，长 6 ～ 8 mm，宽 6 ～ 9 mm，多数在茎上部排列成紧密或疏松的长 6 ～ 25 cm 的总状花序或伞房圆锥花序，少有排列成复头状花序的。总苞片 4 ～ 6 层，披针形或狭披针形，顶端急尖或渐尖，中内层长 5 ～ 6 mm。舌状花舌片椭圆形，长 6 mm。瘦果长 3 mm，无毛，极少有在顶端被稀疏柔毛的。花果期 4—11 月。

【生境分布】生于海拔 565 ～ 2850 m 的阔叶林缘、林下、灌丛中及山坡草地上。全市各地有零星分布。

【药用部位】全草。

【采收加工】秋季花果期采挖，除去泥沙，晒干。

【性味归经】味辛、苦，性凉。归肺、肝经。

【功能主治】清热解毒，疏风散热。用于喉痹，乳蛾，咽喉肿痛，疮疖肿毒，风热感冒等。

## 白头婆

Baitoupo

【别名】三裂叶白头婆、山兰、不老草。

【来源】菊科泽兰属植物白头婆 *Eupatorium japonicum* Thunb.。

【植物形态】多年生草本，高 1 ～ 2 m。根茎短，有多数细长侧根。茎直立，下部或至中部或全部淡紫红色，基部直径达 1.5 cm，通常不分枝，或仅上部有伞房状花序分枝，全部茎枝被白色皱波状短柔毛，花序分枝上的毛较密，茎下部或全部花期脱毛或疏毛。叶对生，有叶柄，柄长 1 ～ 2 cm，质地稍厚；中部茎叶椭圆形或长椭圆形或卵状长椭圆形或披针形，长 6 ～ 20 cm，宽 2 ～ 6.5 cm，基部宽或狭楔形，顶端渐尖，羽状脉，侧脉约 7 对，在下面突起；自中部向上及向下部的叶渐小，与茎中部叶同型，基部茎叶花期枯萎；全部茎叶两面粗涩，被皱波状长或短柔毛及黄色腺点，下面、下面沿脉及叶柄上的毛较密，边缘有粗或重粗锯齿。头状花序在茎顶或枝端排成紧密的伞房花序，花序直径通常 3 ～ 6 cm，少有大型复伞房花序而花序直径达 20 cm 的。总苞钟状，长 5 ～ 6 mm，含 5 个小花；总苞片覆瓦状排列，3 层；外层极短，长 1 ～ 2 mm，披针形；中层及内层苞片渐长，长 5 ～ 6 mm，长椭圆形或长椭圆状披针形；全部苞片绿色或带紫红色，顶端钝或圆形。花白色或带红紫色或粉红色，花冠长 5 mm，外面有较稠密的黄色腺点。瘦果淡黑褐色，椭圆状，长 3.5 mm，5 棱，被多数黄色腺点，无毛；冠毛白色，长约 5 mm。花果期 6—11 月。

【生境分布】生于山坡草地、密疏林下、灌丛中、水湿地及河岸水旁。全市各地有零星分布。

【药用部位】全草。

【采收加工】夏、秋季采收，洗净，鲜用或晒干。

【性味归经】味辛、苦，性平。

【功能主治】祛暑发表，化湿和中，理气活血，解毒。用于夏伤暑湿，发热头痛，胸闷腹胀，消化不良，胃肠炎，感冒，咳嗽，咽喉炎，扁桃体炎，月经不调，跌打损伤，痈肿，蛇咬伤等。

## 佩兰

Peilan

【别名】 兰草、兰泽、省头草。

【来源】菊科泽兰属植物佩兰 *Eupatorium fortunei* Turcz.。

【植物形态】多年生草本，高 40 ~ 100 cm。根茎横走，淡红褐色。茎直立，绿色或红紫色，基部茎达 0.5 cm，分枝少或仅在茎顶有伞房状花序分枝。全部茎枝被稀疏的短柔毛，花序分枝及花序梗上的毛较密。中部茎叶较大，3 全裂或 3 深裂，总叶柄长 0.7 ~ 1 cm；中裂片较大，长椭圆形或长椭圆状披针形或倒披针形，长 5 ~ 10 cm，宽 1.5 ~ 2.5 cm，顶端渐尖，侧生裂片与中裂片同型但较小，上部的茎叶常不分裂；或全部茎叶不裂，披针形或长椭圆状披针形或长椭圆形，长 6 ~ 12 cm，宽 2.5 ~ 4.5 cm，叶柄长 1 ~ 1.5 cm。全部茎叶两面光滑，无毛无腺点，羽状脉，边缘有粗齿或不规则的细齿。中部以下茎叶渐小，基部叶花期枯萎。头状花序多数在茎顶及枝端排成复伞房花序，花序直径 3 ~ 6（10）cm。总苞钟状，长 6 ~ 7 mm；总苞片 2 ~ 3 层，覆瓦状排列，外层短，卵状披针形，中内层苞片渐长，长约 7 mm，长椭圆形；全部苞片紫红色，外面无毛无腺点，顶端钝。花白色或带微红色，花冠长约 5 mm，外面无腺点。瘦果黑褐色，长椭圆形，5 棱，长 3 ~ 4 mm，无毛无腺点；冠毛白色，长约 5 mm。花果期 7—11 月。

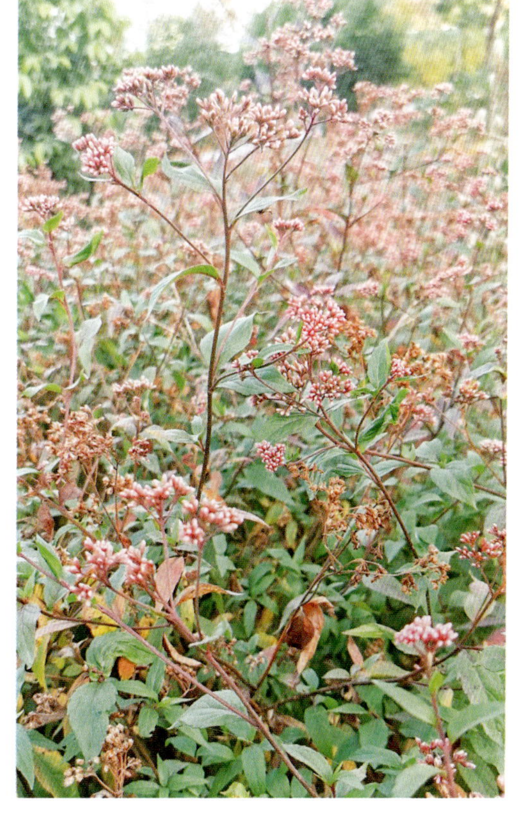

【生境分布】野生或栽培。野生罕见，栽培者多。野生者生于路边灌丛及山沟路旁。梁子湖区有零星分布。

【药用部位】地上部分。

【采收加工】夏、秋季分两次采割，除去杂质，晒干。

【性味归经】味辛，性平。归脾、胃、肺经。

【功能主治】芳香化湿，醒脾开胃，发表解暑。用于湿浊中阻，脘痞呕恶，口中甜腻，口臭，多涎，暑湿表证，湿温初起，发热倦怠，胸闷不舒等。

## 三脉紫菀

Sanmaiziwan

【别名】三褶脉马兰、三脉叶马兰。

【来源】菊科紫菀属植物三脉紫菀 *Aster ageratoides* Turcz.。

【植物形态】多年生草本，根状茎粗壮。茎直立，高 40 ~ 100 cm，细或粗壮，有棱及沟，被柔毛或粗毛，上部有时曲折，有上升或开展的分枝。下部叶在花期枯落，叶片宽卵圆形，急狭成长柄；中部叶椭圆形或长圆状披针形，长 5 ~ 15 cm，宽 1 ~ 5 cm，中部以上急狭成楔形具宽翅的柄，顶端渐尖，边缘有 3 ~ 7 对浅或深锯齿；上部叶渐小，有浅齿或全缘，全部叶纸质，上面被短糙毛，下面浅色，被短柔毛，常有腺点，或两面被短茸毛而下面沿脉有粗毛，有离基（有时长达 7 cm）三出脉，侧脉 3 ~ 4 对，网脉常明显。头状花序直径 1.5 ~ 2 cm，排列成伞房或圆锥伞房状，花序梗长 0.5 ~ 3 cm。总苞倒锥状或半球状，直径 4 ~ 10 mm，长 3 ~ 7 mm；总苞片 3 层，覆瓦状排列，线状长圆形，下部近革质或干膜质，上部绿色或紫褐色，外层长达 2 mm，内层长约 4 mm，有短缘毛。舌状花 10 余个，管部长 2 mm，舌片线状长圆形，长达 11 mm，宽 2 mm，紫色、浅红色或白色，管状花黄色，长 4.5 ~ 5.5 mm，管部长 1.5 mm，裂片长 1 ~ 2 mm；花柱附片长达 1 mm。冠毛浅红褐色或污白色，长 3 ~ 4 mm。瘦果倒卵状长圆形，灰褐色，长 2 ~ 2.5 mm，有边肋，一面常有肋，被短粗毛。花果期 7—12 月。

【生境分布】生于海拔 100 ~ 3350 m 的林下、林缘、灌丛及山谷湿地。全市各地均有分布。

【药用部位】全草或根。

【采收加工】夏、秋季采收，洗净，鲜用或扎把晾干。

【性味归经】味苦、辛，性凉。

【功能主治】清热解毒，祛痰止咳，凉血止血。用于感冒发热，扁桃体炎，支气管炎，肝炎，肠炎，痢疾，热淋，血热吐衄，痈肿疔毒，蛇虫咬伤等。

## 狗娃花

Gouwahua

【别名】狗哇花、斩龙戟。

【来源】菊科紫菀属植物狗娃花 *Aster hispidus* Thunb.。

【植物形态】一或二年生草本，有垂直的纺锤状根。茎高 30 ～ 50 cm，有时达 150 cm，单生，有时数个丛生，被上曲或开展的粗毛，下部常脱毛，有分枝。基部及下部叶在花期枯萎，倒卵形，长 4 ～ 13 cm，宽 0.5 ～ 1.5 cm，渐狭成长柄，顶端钝或圆形，全缘或有疏齿；中部叶矩圆状披针形或条形，长 3 ～ 7 cm，宽 0.3 ～ 1.5 cm，常全缘，上部叶小，条形；全部叶质薄，两面被疏毛或无毛，边缘有疏毛，中脉及侧脉显明。头状花序直径 3 ～ 5 cm，单生于枝端而排列成伞房状。总苞半球形，长 7 ～ 10 mm，直径 10 ～ 20 mm；总苞片 2 层，近等长，条状披针形，宽 1 mm，草质，或内层菱状披针形而下部及边缘膜质，背面及边缘有多少上曲的粗毛，常有腺点。舌状花约 30 个，管部长 2 mm；舌片浅红色或白色，条状矩圆形，长 12 ～ 20 mm，宽 2.5 ～ 4 mm；管状花花冠长 5 ～ 7 mm，管部长 1.5 ～ 2 mm，裂片长 1 mm 或 1.5 mm。瘦果倒卵形，扁，长 2.5 ～ 3 mm，宽 1.5 mm，有细边肋，被密毛。冠毛在舌状花极短，白色，膜片状，或部分带红色，长，糙毛状；在管状花糙毛状，初白色，后带红色，与花冠近等长。花期 7—9 月，果期 8—9 月。

（摄于鄂城区鸡公叫）

【生境分布】生于荒地、路旁、林缘及草地。全市各地有零星野生。

【药用部位】根。

【采收加工】夏、秋季采挖，洗净，鲜用或晒干。

【性味归经】味苦，性凉。

【功能主治】清热解毒，消肿。用于疮肿，蛇咬伤等。

## 马兰

Malan

【别名】蓑衣莲、马兰头、鱼鳅串、路边菊、田边菊、鸡儿肠。

【来源】菊科紫菀属植物马兰 *Aster indicus* L.。

【植物形态】多年生草本，高 30 ～ 70 cm。根茎有匍枝。茎直立，上部有短毛，上部或从下部起有分枝。叶互生；基部渐狭成具翅的长柄；叶片倒披针形或倒卵状长圆形，长 3 ～ 6 cm，稀达 10 cm，宽 0.8 ～ 2 cm，稀达 5 cm，先端钝或尖，边缘从中部以上具有小尖头的钝或尖齿，或有羽状裂片，两面或上面具疏微毛或近无毛，薄质；上面叶小、无柄，全缘。头状花序单生于枝端并排列成疏伞房状。总苞半球形，直径 6 ～ 9 mm，长 4 ～ 5 mm；总苞片 2 ～ 3 层，覆瓦状排列；外层倒披针形，长约 2 mm，内层倒披针状长圆形，长达 4 mm，顶端钝或稍尖，上部草质，有疏短毛，边缘膜质，具缘毛；舌状花 1 层，15 ～ 20 个，管部长 1.5 ～ 1.7 mm；舌片浅紫色，长达 10 mm，宽 1.5 ～ 2 mm；管状花长 3.5 mm，管部长 1.5 mm，被短密毛。瘦果倒卵状矩圆形，极扁，长 1.5 ～ 2 mm，宽约 1 mm，褐色，边缘浅色而有厚肋，上部被腺毛及短柔毛。冠毛长 0.1 ～ 0.8 mm，易脱落，不等长。花期 5—9 月，果期 8—10 月。

【生境分布】生于路边、田野、山坡上。全市各地均有分布。

【药用部位】全草或根。

【采收加工】夏、秋季采收，鲜用或晒干。

【性味归经】味辛，性凉。归肺、肝、胃、大肠经。

【功能主治】凉血止血，清热利湿，解毒消肿。用于吐血，衄血，血痢，崩漏，创伤出血，黄疸，水肿，淋浊，感冒，咳嗽，咽痛喉痹，痔疮，痈肿，丹毒，小儿疳积等。

# 卷柏科

## 江南卷柏

Jiangnan juanbai

【别名】地柏枝、岩柏草、石柏。

【来源】卷柏科卷柏属植物江南卷柏 *Selaginella moellendorffii* Hieron.。

【植物形态】土生或石生，直立，高 20 ～ 55 cm，具一横走的地下根状茎和游走茎，其上生鳞片状淡绿色的叶。根托只生于茎的基部，长 0.5 ～ 2 cm，直径 0.4 ～ 1 mm，根多分叉，密被毛。主茎中上部羽状分枝，不呈“之”字形，无关节，禾秆色或红色，不分枝的主茎高（5）10 ～ 25 cm，主茎下部直径 1 ～ 3 mm，茎圆柱状，不具纵沟，光滑无毛，内具维管束 1 条；侧枝 5 ～ 8 对，二至三回羽状分枝，小枝较密排列规则，主茎上相邻分枝相距 2 ～ 6 cm，分枝无毛，背腹压扁，末回分枝连叶宽 2.5 ～ 4 mm。叶（除不分枝主茎上的外）交互排列，二型，草质或纸质，表面光滑，边缘不为全缘，具白边，不分枝主茎上

的叶排列较疏，不大于分枝上的，一型，绿色、黄色或红色，三角形，鞘状或紧贴，边缘有细齿。主茎上的腋叶不明显大于分枝上的，卵形或阔卵形，平截，分枝上的腋叶对称，卵形，（1～2.2）mm×（0.4～1）mm，边缘有细齿。中叶不对称，小枝上的叶卵圆形，覆瓦状排列，背部不呈龙骨状或略呈龙骨状，先端与轴平行或顶端交叉，并具芒，基部斜，近心形，边缘有细齿。侧叶不对称，主茎上的较侧枝上的大，分枝上的侧叶卵状三角形，略向上，排列紧密，先端急尖，边缘有细齿，上侧边缘基部扩大，变宽，但不覆盖小枝，边缘有细齿，下侧边缘基部略膨大，近全缘（基部有细齿）。孢子叶穗紧密，四棱柱形，单生于小枝末端；孢子叶一型，卵状三角形，边缘有细齿，具白边，先端渐尖，龙骨状；大孢子叶分布于孢子叶穗中部的下侧。大孢子浅黄色，小孢子橘黄色。

【生境分布】生于潮湿山坡、林下、溪边或岩石缝中。全市各地有零星分布。

【药用部位】全草。

【采收加工】7 月拔取全草，抖尽根部泥沙，洗净，鲜用或晒干。

【性味归经】味辛、微甘，性平。

【功能主治】止血，清热，利湿。用于肺热咯血，吐血，衄血，便血，痔疮出血，外伤出血，发热，小儿惊风，湿热黄疸，淋证，水肿，水火烫伤等。

## 伏地卷柏

Fudijuanbai

【别名】小地柏、六角草、接筋藤、石打穿、铺地蜈蚣。

【来源】卷柏科卷柏属植物伏地卷柏 *Selaginella nipponica* Franch. & Sav.。

【植物形态】茎细弱，伏地蔓生。能育枝直立，高 5～12 cm，无游走茎。根托沿匍匐茎和枝断续生长，自茎分叉处下方生出，长 1～2.7 cm，纤细，直径 0.1 mm，根少分叉，无毛。茎自近基部开始分枝，不呈“之”字形，无关节，禾秆色，茎下部直径 0.2～0.4 mm，具沟槽，无毛，维管束 1 条；侧枝 3～4 对，不分叉或分叉或一回羽状分枝，分枝稀疏，茎上相邻分枝相距 1～2 cm，叶状分枝和茎无毛，背腹压扁，茎在分枝部分中部连叶宽 4.5～5.4 mm，末回分枝连叶宽 2.8～4.2 mm。叶全部交互排列，二型，草质，

表面光滑，边缘非全缘，不具白边。分枝上的腋叶对称或不对称，边缘有细齿。中叶多少对称，分枝上的中叶长圆状卵形或卵形或卵状披针形或椭圆形，紧接到覆瓦状（在先端部分）排列，背部不呈龙骨状，先端具尖头和急尖，基部钝，边缘不明显具细齿。侧叶不对称，侧枝上的侧叶宽卵形或卵状三角形，常反折，先端急尖；上侧基部扩大，加宽，覆盖小枝，上侧基部边缘具微齿。孢子叶穗疏松，通常背腹压扁，单生于小枝末端，或 1 ～ 2（3）次分叉；孢子叶二型或略二型，正置，和营养叶近似，排列一致，不具白边，边缘具细齿，背部不呈龙骨状，先端渐尖；大孢子叶分布于孢子叶穗下部的下侧。大孢子橘黄色，小孢子橘红色。

【生境分布】生于溪边湿地或石上。全市各地均有分布。

【药用部位】全草。

【采收加工】夏、秋季采收，晒干。

【性味归经】味微苦，性凉。归肺、大肠经。

【功能主治】止咳平喘，止血，清热解毒。用于咳嗽气喘，吐血，痔血，外伤出血，淋证，烫火伤等。

# 爵床科

## 杜根藤

Dugenteng

【别名】大青草。

【来源】爵床科爵床属植物杜根藤 *Justicia quadrifaria* (Nees) T. Anderson。

【植物形态】草本。茎基部匍匐，下部节上生根，后直立，近四棱形，在两相对面具沟，幼时被短柔毛，后近圆柱形而无毛。叶有柄，柄长 0.4 ～ 1.5（2）cm，叶片矩圆形或披针形，基部锐尖，先端短渐尖，边缘常具有间距的小齿，背面脉上无毛或被微柔毛，长 2.5 ～ 8（10）cm，宽 1 ～ 3.5 cm，叶片干时黄褐色。花序腋生，苞片卵形或倒卵圆形，长 8 mm，宽 5 mm，具 3 ～ 4 mm 柄，具羽脉，两面疏被短柔毛；小苞片线形，无毛，长 1 mm，花萼裂片线状披针形，被微柔毛，长 5 ～ 6 mm。花冠白色，具红色斑点，被疏柔毛；上唇直立，2 浅裂，下唇 3 深裂，开展；雄蕊 2，花药 2 室，上下叠生，下方药室具距。蒴果无毛，

长 8 mm；种子无毛，被小瘤。

【生境分布】生于山坡、路旁草丛或林下。全市各地有零星分布。

【药用部位】全草。

【采收加工】夏、秋季采收，洗净，鲜用或晒干。

【性味归经】味苦，性寒。

【功能主治】清热解毒。用于口舌生疮，时行热毒，丹毒，黄疸等。

## 爵床

Juechuang

【别名】白花爵床、孩儿草、密毛爵床、香苏、疳积草。

【来源】爵床科爵床属植物爵床 *Justicia procumbens* L.。

【植物形态】草本，茎基部匍匐，通常有短硬毛，高 20 ～ 50 cm。叶椭圆形至椭圆状长圆形，长 1.5 ～ 3.5 cm，宽 1.3 ～ 2 cm，先端锐尖或钝，基部宽楔形或近圆形，两面常被短硬毛；叶柄短，长 3 ～ 5 mm，被短硬毛。穗状花序顶生或生于上部叶腋，长 1 ～ 3 cm，宽 6 ～ 12 mm；苞片 1，小苞片 2，均披针形，长 4 ～ 5 mm，有缘毛；花萼裂片 4，线形，约与苞片等长，有膜质边缘和缘毛；花冠粉红色，长 7 mm，二唇形，下唇 3 浅裂；雄蕊 2，药室不等高，下方 1 室有距；雌蕊 1，子房卵形，2 室。蒴果长约 5 mm，上部具 4 粒种子，下部实心似柄状。种子表面有瘤状皱纹。花期 8—11 月，果期 10—11 月。

【生境分布】生于旷野草地、路旁、水沟边较阴湿处。全市各地均有分布。

【药用部位】全草。

【采收加工】8—9 月盛花期采收，割取地上部分，晒干。

【性味归经】味苦、咸、辛，性寒。归肺、肝、膀胱经。

【功能主治】清热解毒，利湿消积，活血止痛。用于感冒发热，咳嗽，咽喉肿痛，目赤肿痛，疳积，湿热泄泻，疟疾，黄疸，浮肿，小便淋浊，筋骨疼痛，跌打损伤，痈疽疔疮，湿疹等。

## 九头狮子草

Jiutoushizicao

【别名】咳嗽草、六角英、观音草、广西山蓝。

【来源】爵床科观音草属植物九头狮子草 *Peristrophe japonica* (Thunb.) Bremek.。

【植物形态】草本，高 20 ~ 50 cm。叶卵状矩圆形，长 5 ~ 12 cm，宽 2.5 ~ 4 cm，顶端渐尖或尾尖，基部钝或急尖。花序顶生或腋生于上部叶腋，由 2 ~ 8（10）聚伞花序组成，每个聚伞花序下托以 2 枚总苞状苞片，一大一小，卵形，几倒卵形，长 1.5 ~ 2.5 cm，宽 5 ~ 12 mm，顶端急尖，基部宽楔形或平截，全缘，近无毛，羽脉明显，内有 1 至少数花；花萼裂片 5，钻形，长约 3 mm；花冠粉红色至微紫色，长 2.5 ~ 3 cm，外疏生短柔毛，二唇形，下唇 3 裂；雄蕊 2，花丝细长，伸出，花药被长硬毛，2 室叠生，一上一下，线形纵裂。蒴果长 1 ~ 1.2 cm，疏生短柔毛，开裂时胎座不弹起，上部具 4 粒种子，下部实心；种子有小疣状突起。花期 7—8 月，果期 9—10 月。

（摄于梁子湖区沼山森林公园）

【生境分布】生于路边、草地或林下。梁子湖区有零星野生。

【药用部位】全草。

【采收加工】夏、秋季采收，鲜用或晒干。

【性味归经】味辛、苦、甘，性凉。

【功能主治】祛风清热，凉肝定惊，散瘀解毒。用于感冒发热，肺热咳喘，肝热目赤，小儿惊风，咽喉肿痛，痈肿疔毒，乳痈，聤耳，瘰疬，痔疮，蛇虫咬伤，跌打损伤等。

## 水蓑衣

Shuisuoyi

【别名】披针叶水蓑衣、剑叶水蓑衣、枪叶水蓑衣、柳叶水蓑衣、大花水蓑衣。

【来源】爵床科水蓑衣属植物水蓑衣 *Hygrophila ringens* (L.) R. Brown ex Spreng.。

【植物形态】草本，高 80 cm。茎四棱形，幼枝被白色长柔毛，不久脱落近无毛或无毛。叶近无柄，纸质，长椭圆形、披针形、线形，长 4 ~ 11.5 cm，宽 0.8 ~ 1.5 cm，两端渐尖，先端钝，两面被白色长硬毛，背面脉上较密，侧脉不明显。花簇生于叶腋，无梗，苞片披针形，长约 10 mm，宽约 6.5 mm，基部圆形，外面被柔毛，小苞片细小，线形，外面被柔毛，内面无毛；花萼圆筒状，长 6 ～ 8 mm，被短糙毛，5 深裂至中部，裂片稍不等大，渐尖，被通常皱曲的长柔毛；花冠淡紫色或粉红色，长 1 ～ 1.2 cm，被柔毛，上唇卵状三角形，下唇长圆形，喉凸上有疏而长的柔毛，花冠管稍长于裂片；后雄蕊的花药比前雄蕊的小一半。蒴果比宿存萼长 1/4 ～ 1/3，干时淡褐色，无毛。花期秋季。

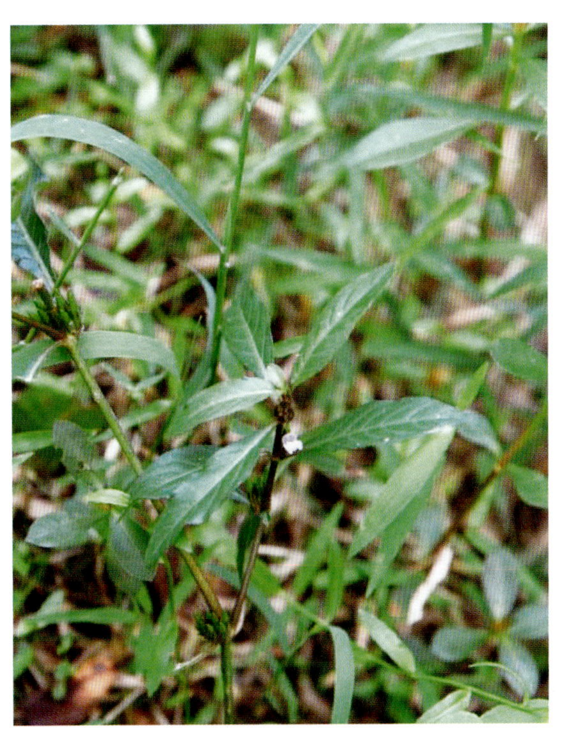

【生境分布】生于溪沟边或洼地等潮湿处。全市各地有零星分布。

【药用部位】全草。

【采收加工】夏、秋季采收，洗净，鲜用或晒干。

【性味归经】味甘、微苦，性凉。

【功能主治】清热解毒，散瘀消肿。用于时行热毒，丹毒，黄疸，口疮，咽喉肿痛，乳痈，吐衄，跌打伤痛，骨折，毒蛇咬伤等。

# 壳斗科

## 栗

Li

【别名】板栗、栗子、毛栗、油栗。

【来源】壳斗科栗属植物栗 *Castanea mollissima* Blume。

【植物形态】乔木高达 20 m。胸径 80 cm，冬芽长约 5 mm，小枝灰褐色，托叶长圆形，长 10 ～ 15 mm，被疏长毛及鳞腺。叶椭圆形至长圆形，长 11 ～ 17 cm，宽稀达 7 cm，顶部短至渐尖，基部近截平或圆，或两侧稍向内弯而呈耳垂状，常一侧偏斜而不对称，新生叶的基部常狭楔尖且两侧对称，叶背被星芒状伏贴茸毛或因毛脱落变为几无毛；叶柄长 1 ～ 2 cm。雄花序长 10 ～ 20 cm，花序轴被毛；花 3 ～ 5 朵聚生成簇，雌花 1 ～ 5 朵发育结果，花柱下部被毛。成熟壳斗的锐刺有长有短，有疏有密，密时全遮蔽壳斗外壁，疏时则外壁可见，壳斗连刺直径 4.5 ～ 6.5 cm；坚果高 1.5 ～ 3 cm，宽 1.8 ～ 3.5 cm。花期 4—6 月，果期 8—10 月。

【生境分布】全市各地均有野生或栽培。

【药用部位】种仁。

【采收加工】总苞由青色转黄色，微裂时采收，放凉处散热，搭棚遮阴，棚四周夹墙，地面铺河砂，堆栗高30 cm，覆盖混砂，经常洒水保湿。10月下旬至11月入窖储藏；或剥出种子，晒干。

【性味归经】味甘、微咸，性平。归脾、肾经。

【功能主治】益气健脾，补肾强筋，活血消肿，止血。用于脾虚泄泻，反胃呕吐，脚膝酸软，筋骨折伤肿痛，瘰疬，吐血，衄血，便血等。

## 枹栎

Baoli

【别名】绒毛枹栎、短柄枹栎。

【来源】壳斗科栎属植物枹栎 *Quercus serrata* Thunb.。

【植物形态】落叶乔木，高达25 m。树皮灰褐色，深纵裂；幼枝被柔毛，不久即脱落；冬芽长卵形，长5～7 mm，芽鳞多数，棕色，无毛或有极少毛。叶片薄革质，倒卵形或倒卵状椭圆形，长7～17 cm，宽3～9 cm，顶端渐尖或急尖，基部楔形或近圆形，叶缘有腺状锯齿，幼时被伏贴单毛，老时及叶背被平伏单毛或无毛，侧脉每边7～12条；叶柄长1～3 cm，无毛。雄花序长8～12 cm，花序轴密被白毛，雄蕊8；雌花序长1.5～3 cm。壳斗杯状，包着坚果1/4～1/3，直径1～1.2 cm，高5～8 mm；小苞片长三角形，贴生，边缘具柔毛。坚果卵形至卵圆形，直径0.8～1.2 cm，高1.7～2 cm，果脐平坦。花期3—4月，果期9—10月。

【生境分布】生于海拔200～2000 m的山地或沟谷林中。全市各地均有分布。

【药用部位】果实。

【采收加工】秋季采收，晒干。

【性味归经】味淡，性凉。

【功能主治】健脾胃，利尿，解毒。用于胃痛，小便淋涩等。

# 苦木科

## 臭椿

Chouchun

【别名】樗、椿树。

【来源】苦木科臭椿属植物臭椿 *Ailanthus altissima* (Mill.) Swingle。

【植物形态】落叶乔木，高可达20 m左右。树皮平滑而有直纹；嫩枝有髓，幼时被黄色或黄褐色柔毛，后脱落。叶为奇数羽状复叶，长40～60 cm，叶柄长7～13 cm，有小叶13～27；小叶对生或近对生，纸质，卵状披针形，长7～13 cm，宽2.5～4 cm，先端长渐尖，基部偏斜，截形或稍圆，两侧各具1或2个粗锯齿，齿背有腺体1个，叶面深绿色，背面灰绿色，揉碎后具臭味。圆锥花序长10～30 cm；花淡绿色，花梗长1～2.5 mm；萼片5，覆瓦状排列，裂片长0.5～1 mm；花瓣5，长2～2.5 mm，基部两侧被硬粗毛；雄蕊10，花丝基部密被硬粗毛，雄花中的花丝长于花瓣，雌花中的花丝短于花瓣；花药长圆形，长约1 mm；心皮5，花柱黏合，柱头5裂。翅果长椭圆形，长3～4.5 cm，宽1～1.2 cm；种子位于翅的中间，扁圆形。花期4—5月，果期8—10月。

【生境分布】全市各地均有分布。

【药用部位】根皮或干皮。

【采收加工】春、夏季剥取根皮或干皮，刮去或不刮去粗皮，切块片或丝，晒干。

【性味归经】味苦、涩，性寒。归胃、大肠、肝经。

【功能主治】清热燥湿，涩肠，止血，止带，杀虫。用于泄泻，痢疾，便血，崩漏，痔疮出血，带下，蛔虫病，疮癣等。

# 蜡梅科

## 蜡梅

Lamei

【别名】蜡梅花、腊梅、腊梅花、黄梅花。

【来源】蜡梅科蜡梅属植物蜡梅 *Chimonanthus praecox* (L.) Link。

【植物形态】落叶灌木，高达 4 m；幼枝四方形，老枝近圆柱形，灰褐色，无毛或被疏微毛，有皮孔；鳞芽通常着生于第二年生的枝条叶腋内，芽鳞片近圆形，覆瓦状排列，外面被短柔毛。叶纸质至近革质，卵圆形、椭圆形、宽椭圆形至卵状椭圆形，有时长圆状披针形，长 5 ～ 25 cm，宽 2 ～ 8 cm，顶端急尖至渐尖，有时具尾尖，基部急尖至圆形，除叶背脉上被疏微毛外无毛。花着生于第二年生枝条叶腋内，先花后叶，芳香，直径 2 ～ 4 cm；花被片圆形、长圆形、倒卵形、椭圆形或匙形，长 5 ～ 20 mm，宽 5 ～ 15 mm，无毛，内部花被片比外部花被片短，基部有爪；雄蕊长 4 mm，花丝比花药长或等长，花药向内弯，无毛，药隔顶端短尖，退化雄蕊长 3 mm；心皮基部被疏硬毛，花柱长达子房 3 倍，基部被毛。果托近木质化，坛状或倒卵状椭圆形，长 2 ～ 5 cm，直径 1 ～ 2.5 cm，口部收缩，并具钻状披针形的被毛附生物。花期 11 月至翌年 3 月，果期 4—11 月。

【生境分布】生于山地林中，野生少见。全市各地均有栽培。

【药用部位】花蕾。

【采收加工】在花刚开放时采收。

【性味归经】味辛、甘、微苦，性凉；有小毒。归肺、胃经。

【功能主治】解暑清热，理气开郁。用于暑热烦渴，头晕，胸闷脘痞，梅核气，咽喉肿痛，百日咳，小儿麻疹，烫火伤等。

# 兰科

## 白及
Baiji

【别名】白芨。

【来源】兰科白及属植物白及 *Bletilla striata* (Thunb. ex A. Murray) Rchb. f.。

【植物形态】多年生草本，植株高 18 ~ 60 cm。假鳞茎扁球形，上面具荸荠似的环带，富黏性。茎粗壮，劲直。叶 4 ~ 6 枚，狭长圆形或披针形，长 8 ~ 29 cm，宽 1.5 ~ 4 cm，先端渐尖，基部收狭成鞘并抱茎。花序具 3 ~ 10 朵花，常不分枝或极罕分枝；花序轴或多或少呈“之”字状曲折；花苞片长圆状披针形，长 2 ~ 2.5 cm，开花时常凋落；花大，紫红色或粉红色；萼片和花瓣近等长，狭长圆形，长 25 ~ 30 mm，宽 6 ~ 8 mm，先端急尖；花瓣较萼片稍宽；唇瓣较萼片和花瓣稍短，倒卵状椭圆形，长 23 ~ 28 mm，白色带紫红色，具紫色脉；唇盘上面具 5 条纵褶片，从基部伸至中裂片近顶部，仅在中裂片上面为波状；蕊柱长 18 ~ 20 mm，柱状，具狭翅，稍弓曲。蒴果圆柱形，有 6 条纵棱。种子小，多数。花期 3—5 月，果期 4—6 月。

【生境分布】生于海拔 100 ~ 3200 m 的常绿阔叶林下、针叶林下、路边草丛或岩石缝中。全市各地多栽培。

【药用部位】块茎。

【采收加工】夏、秋季采挖，除去须根，洗净，置沸水中煮或蒸至无白心，晒至半干，除去外皮，晒干。

【性味归经】味苦、甘、涩，性微寒。归肺、肝、胃经。

【功能主治】收敛止血，消肿生肌。用于咯血，吐血，外伤出血，疮疡肿毒，皮肤皲裂等。

## 金钗石斛
Jinchaishihu

【别名】石斛。

【来源】兰科石斛属植物金钗石斛 *Dendrobium nobile* Lindl.。

【植物形态】茎直立，肉质状肥厚，稍扁的圆柱形，长 10 ～ 60 cm，粗达 1.3 cm，上部多少回折状弯曲，基部明显收狭，不分枝，具多节，节有时稍肿大；节间多少呈倒圆锥形，长 2 ～ 4 cm，干后金黄色。叶革质，长圆形，长 6 ～ 11 cm，宽 1 ～ 3 cm，先端钝并且不等侧 2 裂，基部具抱茎的鞘。总状花序从具叶或落了叶的老茎中部以上部分发出，长 2 ～ 4 cm，具 1 ～ 4 朵花；花序柄长 5 ～ 15 mm，基部被数枚筒状鞘；花苞片膜质，卵状披针形，长 6 ～ 13 mm，先端渐尖；花梗和子房淡紫色，长 3 ～ 6 mm；花大，白色带淡紫色先端，有时全体淡紫红色或除唇盘上具 1 个紫红色斑块外，其余均为白色；中萼片长圆形，长 2.5 ～ 3.5 cm，宽 1 ～ 1.4 cm，先端钝，具 5 条脉；侧萼片相似于中萼片，先端锐尖，基部歪斜，具 5 条脉；萼囊圆锥形，长 6 mm；花瓣多少斜宽卵形，长 2.5 ～ 3.5 cm，宽 1.8 ～ 2.5 cm，先端钝，基部具短爪，全缘，具 3 条主脉和许多支脉；唇瓣宽卵形，长 2.5 ～ 3.5 cm，宽 2.2 ～ 3.2 cm，先端钝，基部两侧具紫红色条纹并且收狭为短爪，中部以下两侧围抱蕊柱，边缘具短的睫毛状毛，两面密布短茸毛，唇盘中央具 1 个紫红色大斑块；蕊柱绿色，长 5 mm，基部稍扩大，具绿色的蕊柱足；药帽紫红色，圆锥形，密布细乳突，前端边缘具不整齐的尖齿。花期 4—5 月。

【生境分布】生于山地林中树干上或山谷岩石上。全市各地多栽培。

【药用部位】茎。

【采收加工】全年均可采收，鲜用、晒干或烘干。

【性味归经】味甘，性微寒。归胃、肾经。

【功能主治】益胃生津，滋阴清热。用于热病津伤，口干烦渴，胃阴不足，食少干呕，病后虚热不退，阴虚火旺，骨蒸劳热，目暗不明，筋骨痿软等。

## 见血青

Jianxueqing

【别名】显脉羊耳蒜、见血清。

【来源】兰科羊耳蒜属植物见血青 *Liparis nervosa* (Thunb. ex A. Murray) Lindl.。

【植物形态】地生草本。茎（或假鳞茎）圆柱状，肥厚，肉质，有数节，长 2 ～ 10 cm，直径 5 ～ 10 mm，通常包藏于叶鞘之内，上部有时裸露。叶（2）3 ～ 5 枚，卵形至卵状椭圆形，膜质或草质，长 5 ～

15 cm，宽 3 ～ 8 cm，先端近渐尖，全缘，基部收狭并下延成鞘状柄，无关节；鞘状柄长 2 ～ 5 cm，大部分抱茎。花葶发自茎顶端，长 10 ～ 25 cm；总状花序通常具数朵至 10 余朵花，罕有花更多；花序轴有时具很狭的翅；花苞片很小，三角形，长约 1 mm，极少能达 2 mm；花梗和子房长 8 ～ 16 mm；花紫色；中萼片线形或宽线形，长 8 ～ 10 mm，宽 1.5 ～ 2 mm，先端钝，边缘外卷，具不明显的 3 脉；侧萼片狭卵状长圆形，稍斜歪，长 6 ～ 7 mm，宽 3 ～ 3.5 mm，先端钝，亦具 3 脉；花瓣丝状，长 7 ～ 8 mm，宽约 0.5 mm，亦具 3 脉；唇瓣长圆状倒卵形，长约 6 mm，宽 4.5 ～ 5 mm，先端截形并微凹，基部收狭并具 2 个近长圆形的胼胝体；蕊柱较粗壮，长 4 ～ 5 mm，上部两侧有狭翅。蒴果倒卵状长圆形或狭椭圆形，长约 1.5 cm，宽约 6 mm；果梗长 4 ～ 7 mm。花期 2—7 月，果期 10 月。

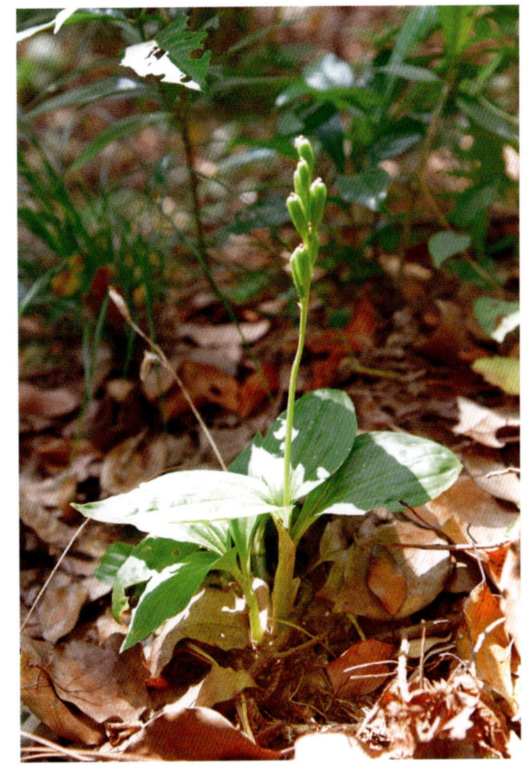

（摄于梁子湖区沼山森林公园）

【生境分布】生于林下、溪谷旁、草丛阴处或岩石覆土上。梁子湖区有零星野生。

【药用部位】全草。

【采收加工】夏、秋季采收，鲜用或切段晒干。

【性味归经】味苦、涩，性凉。归肺、肾经。

【功能主治】凉血止血，清热解毒。用于胃热吐血，肺热咯血，肠风下血，崩漏，手术出血，创伤出血，疮疡肿毒，毒蛇咬伤，跌打损伤等。

# 蓝果树科

## 喜树

Xishu

【别名】千丈树、旱莲木、薄叶喜树。

【来源】蓝果树科喜树属植物喜树 *Camptotheca acuminata* Decne.。

【植物形态】落叶乔木，高达 20 m 左右。树皮灰色或浅灰色，纵裂成浅沟状。小枝圆柱形，平展，当年生枝紫绿色，有灰色微柔毛，多年生枝淡褐色或浅灰色，无毛，有很稀疏的圆形或卵形皮孔；冬芽腋生，锥状，有 4 对卵形的鳞片，外面有短柔毛。叶互生，纸质，矩圆状卵形或矩圆状椭圆形，长 12 ～

28 cm，宽 6 ～ 12 cm，顶端短锐尖，基部近圆形或阔楔形，全缘，上面亮绿色，幼时脉上有短柔毛，其后无毛，下面淡绿色，疏生短柔毛，叶脉上更密，中脉在上面微下凹，在下面凸起，侧脉 11 ～ 15 对，在上面显著，在下面略凸起；叶柄长 1.5 ～ 3 cm，上面扁平或略呈浅沟状，下面圆形，幼时有微柔毛，其后几无毛。头状花序近球形，直径 1.5 ～ 2 cm，常由 2 ～ 9 个头状花序组成圆锥花序，顶生或腋生，通常上部为雌花序，下部为雄花序，总花梗圆柱形，长 4 ～ 6 cm，幼时有微柔毛，其后无毛。花杂性，同株；苞片 3 枚，三角状卵形，长 2.5 ～ 3 mm，内外两面均有短柔毛；花萼杯状，5 浅裂，裂片齿状，边缘睫毛状；花瓣 5 枚，淡绿色，矩圆形或矩圆状卵形，顶端锐尖，长 2 mm，外面密被短柔毛，早落；花盘显著，微裂；雄蕊 10，外轮 5 枚较长，常长于花瓣，内轮 5 枚较短，花丝纤细，无毛，花药 4 室；子房在两性花中发育良好，下位，花柱无毛，长 4 mm，顶端通常分 2 枝。翅果矩圆形，长 2 ～ 2.5 cm，顶端具宿存的花盘，两侧具窄翅，幼时绿色，干燥后黄褐色，着生成近球形的头状果序。花期 5—7 月，果期 9 月。

【生境分布】生于林缘、溪边或栽培于庭院、道旁。全市各地有零星栽培。

【药用部位】果实、根及根皮、叶、树皮。

【采收加工】果实：10—11 月成熟时采收，晒干。根及根皮：全年可采，但以秋季采剥为好，除去外层粗皮，晒干或烘干。叶：夏、秋季采，鲜用。树皮：全年可采，剥取树皮，切碎晒干。

【性味归经】果实、根及根皮：味苦、辛，性寒。归脾、胃、肝经。叶：味苦，性寒。归心、肝经。树皮：味苦，性寒。归肝经。

【功能主治】果实、根及根皮：清热解毒，散结消癥。用于食管癌，贲门癌，胃癌，肠癌，肝癌，白血病，牛皮癣，疮肿等。叶：清热解毒，祛风止痒。用于痈疮疖肿，牛皮癣等。树皮：活血解毒，祛风止痒。用于牛皮癣等。

# 藜芦科

## 七叶一枝花

Qiyeyizhihua

【别名】重楼、灯台七、铁灯台、蚤休、草河车。

【来源】藜芦科重楼属植物七叶一枝花 *Paris polyphylla* Sm.。

【植物形态】植株高35～100 cm，无毛；根状茎粗厚，直径达1～2.5 cm，外面棕褐色，密生多数环节和许多须根。茎通常带紫红色，直径（0.8）1～1.5 cm，基部有灰白色干膜质的鞘1～3枚。叶（5）7～10枚，矩圆形、椭圆形或倒卵状披针形，长7～15 cm，宽2.5～5 cm，先端短尖或渐尖，基部圆形或宽楔形；叶柄明显，长2～6 cm，带紫红色。花梗长5～16（30）cm；外轮花被片绿色，（3）4～6枚，狭卵状披针形，长（3）4.5～7 cm；内轮花被片狭条形，通常比外轮长；雄蕊8～12枚，花药短，长5～8 mm，与花丝近等长或稍长，药隔突出部分长0.5～1（2）mm；子房近球形，具棱，顶端具一盘状花柱基，花柱粗短，具（4）5分枝。蒴果紫色，直径1.5～2.5 cm，3～6瓣裂开。种子多数，具鲜红色多浆汁的外种皮。花期4—7月，果期8—11月。

【生境分布】生于林下阴湿处。梁子湖区有栽培。

【药用部位】根茎。

【采收加工】秋季采挖，除去须根，洗净，晒干。

【性味归经】味苦，性微寒；有小毒。归肝经。

【功能主治】清热解毒，消肿止痛，凉肝定惊。用于疮痈肿毒，咽喉肿痛，毒蛇咬伤，跌打伤痛，惊风抽搐等。

# 里白科

## 芒萁

Mangqi

【别名】铁芒萁、铁狼萁、狼萁。

【来源】里白科芒萁属植物芒萁 *Dicranopteris pedata* (Houtt.) Nakaike。

【植物形态】植株通常高45～120 cm，蔓延生长。根状茎横走，粗约3 mm，深棕色，被锈毛。叶远生；柄长约60 cm，粗约6 mm，深棕色，幼时基部被棕色毛，后变光滑；叶轴五至八回二叉分枝，

一回叶轴长 13 ～ 16 cm，粗约 3.4 mm，二回以上的羽轴较短，末回叶轴长 3.5 ～ 6 cm，粗约 1 mm，上面具 1 纵沟；各回腋芽卵形，密被锈色毛，苞片卵形，边缘具三角形裂片，叶轴第一回分叉处无侧生托叶状羽片，其余各回分叉处两侧均有一对托叶状羽片，斜向下，下部的长 12 ～ 18 cm，宽 3.2 ～ 4 cm，上部的变小，末回的长仅 3 cm，披针形或宽披针形；末回羽片形似托叶状的羽片，长 5.5 ～ 15 cm，宽 2.5 ～ 4 cm，篦齿状深裂几达羽轴；裂片平展，15 ～ 40 对，披针形或线状披针形，通常长 10 ～ 19 mm，宽 2 ～ 3 mm，顶端钝，微凹，基部上侧的数对极小，三角形，长 4 ～ 6 mm，全缘，中脉下面凸起，侧脉上面相当明显，下面不太明显，斜展，每组有小脉 3 条。叶坚纸质，上面绿色，下面灰白色，无毛。孢子囊群圆形，细小，一列，着生于基部上侧小脉的弯弓处，由 5 ～ 7 个孢子囊组成。

【生境分布】生于疏林下。全市各地均有分布。

【药用部位】幼叶及叶柄、根茎。

【采收加工】幼叶及叶柄：全年均可采收，洗净，晒干或鲜用。根茎：全年均可采挖，洗净，晒干或鲜用。

【性味归经】幼叶及叶柄：味苦、涩，性凉。根茎：味苦，性凉。

【功能主治】幼叶及叶柄：化瘀止血，清热利尿，解毒消肿。用于妇女血崩，跌打损伤，外伤出血，热淋涩痛，带下，小儿腹泻，痔瘘，目赤肿痛，烫火伤，毒虫咬伤等。根茎：清热利湿，化瘀止血，止咳。用于湿热鼓胀，小便涩痛，阴部湿痒，带下，跌打损伤，外伤出血，血崩，鼻衄，肺热咳嗽等。

# 莲科

## 莲

Lian

【别名】荷花、菡萏、芙蓉、芙蕖、莲花。

【来源】莲科莲属植物莲 *Nelumbo nucifera* Gaertn.。

【植物形态】多年生水生草本。根状茎横生，肥厚，节间膨大，内有多数纵行通气孔道，节部缢缩，上生黑色鳞叶，下生须状不定根。叶圆形，盾状，直径 25 ～ 90 cm，全缘稍呈波状，上面光滑，具白粉，下面叶脉从中央射出，有 1 ～ 2 次叉状分枝；叶柄粗壮，圆柱形，长 1 ～ 2 m，中空，外面散生小刺。

花梗和叶柄等长或稍长，也散生小刺；花直径 10 ～ 20 cm，美丽，芳香；花瓣红色、粉红色或白色，矩圆状椭圆形至倒卵形，长 5 ～ 10 cm，宽 3 ～ 5 cm，由外向内渐小，有时变成雄蕊，先端圆钝或微尖；花药条形，花丝细长，着生于花托之下；花柱极短，柱头顶生；花托（莲房）直径 5 ～ 10 cm。坚果椭圆形或卵形，长 1.8 ～ 2.5 cm，果皮革质，坚硬，成熟时黑褐色。种子（莲子）卵形或椭圆形，长 1.2 ～ 1.7 cm，种皮红色或白色。花期 6—8 月，果期 8—10 月。

【生境分布】生于水泽、池塘、湖沼或水田内。全市各地均有分布。

【药用部位】种子（莲子）、种子中的干燥幼叶及胚根（莲子心）、花托（莲房）、雄蕊（莲须）、叶（荷叶）、花（荷花）、根状茎（藕）、叶柄（荷梗）、根茎节部（藕节）。

【采收加工】种子：秋季果实成熟时采割莲房，取出果实，除去果皮，干燥，或除去果皮和莲子心后干燥。种子中的干燥幼叶及胚根：将种子剖开，取出，晒干。花托：秋季果实成熟时采收，除去果实，晒干。雄蕊：夏季花开时选晴天采收，盖纸晒干或阴干。叶：夏、秋季采集，晒至七八成干时，除去叶柄，折成半圆形或扇形，晒干。花：6—7 月采收未开放的花蕾或初开的花，阴干。根状茎：秋、冬季采挖，多生用。叶柄：采叶时同时采收，剪下叶柄，晒干。根茎节部：挖藕时，将藕洗净，在吃藕时收集切下的节，晒干。

【性味归经】种子：味甘、涩，性平。归脾、肾、心经。种子中的干燥幼叶及胚根：味苦，性寒。归心、肾经。花托：味苦、涩，性温。归肝经。雄蕊：味甘、涩，性平。归心、肾经。叶：味苦，性平。归肝、脾、胃经。花：味甘，性平。根状茎：味甘，性平。叶柄：味苦，性平。根茎节部：味甘，性平。

【功能主治】种子：补脾止泻，止带，益肾涩精，养心安神。用于脾虚泄泻，带下，遗精，心悸失眠等。种子中的干燥幼叶及胚根：清心安神，交通心肾，涩精止血。用于热入心包，神昏谵语，心肾不交，失眠遗精，血热吐血等。花托：化瘀止血。用于崩漏，尿血，痔疮出血，产后瘀阻，恶露不净等。雄蕊：固肾涩精。用于遗精滑精，带下，尿频等。叶：清暑化湿，升发清阳，凉血止血。用于暑热烦渴，暑湿泄泻，脾虚泄泻，血热吐衄，便血崩漏等。花：祛湿，止血。用于跌损吐血，天疱疮等。根状茎：凉血散瘀，止咳除烦。用于热病烦躁，衄血，咯血，吐血，尿血，便血等。叶柄：清暑，宽中理气。用于中暑头昏，胸闷，气滞等。根茎节部：收敛止血，化瘀。用于吐血，咯血，衄血，尿血，崩漏等。

# 楝科

## 楝

Lian

【别名】苦楝树、金铃子、川楝子、森树、紫花树。

【来源】楝科楝属植物楝 *Melia azedarach* L.。

【植物形态】落叶乔木，高达 10 m 左右；树皮灰褐色，纵裂。分枝广展，小枝有叶痕。叶为二至三回奇数羽状复叶，长 20 ～ 40 cm；小叶对生，卵形、椭圆形至披针形，顶生一片通常略大，长 3 ～ 7 cm，宽 2 ～ 3 cm，先端短渐尖，基部楔形或宽楔形，多少偏斜，边缘有钝锯齿，幼时被星状毛，后两面均无毛，侧脉每边 12 ～ 16 条，广展，向上斜举。圆锥花序约与叶等长，无毛或幼时被鳞片状短柔毛；花芳香；花萼 5 深裂，裂片卵形或长圆状卵形，先端急尖，外面被微柔毛；花瓣淡紫色，倒卵状匙形，长约 1 cm，两面均被微柔毛，通常外面较密；雄蕊管紫色，无毛或近无毛，长 7 ～ 8 mm，有纵细脉，管口有钻形、2 ～ 3 齿裂的狭裂片 10 枚，花药 10 枚，着生于裂片内侧，且与裂片互生，长椭圆形，顶端微突尖；子房近球形，5 ～ 6 室，无毛，每室有胚珠 2 颗，花柱细长，柱头头状，顶端具 5 齿，不伸出雄蕊管。核果球形至椭圆形，长 1 ～ 2 cm，宽 8 ～ 15 mm，内果皮木质，4 ～ 5 室，每室有种子 1 颗；种子椭圆形。花期 4—5 月，果期 10—12 月。

【生境分布】生于低海拔旷野、路旁或疏林中。全市各地均有分布。

【药用部位】树皮或根皮（苦楝皮）、叶（楝叶）、花（楝花）。

【采收加工】树皮或根皮：春、秋季剥取，晒干，或除去粗皮，晒干。叶：全年均可采收，鲜用或晒干。花：花盛开时采收，晒干。

【性味归经】树皮或根皮：味苦，性寒；有毒。归肝、脾、胃经。叶：味苦，性寒。归肝、肺、大肠经。花：味苦，性寒；有小毒。

【功能主治】树皮或根皮：清热燥湿，杀虫。用于蛔虫病，蛲虫病，虫积腹痛，风疹等；外用治疥癣瘙痒。叶：止痛，杀虫。用于疝气，蛔虫病，跌打肿痛，疔疮，皮肤湿疹等。花：避蚊，杀蚤虱。

## 香椿

Xiangchun

【别名】毛椿、椿芽、春甜树、春阳树、椿。

【来源】楝科香椿属植物香椿 *Toona sinensis* (Juss.) Roem.。

【植物形态】乔木；树皮粗糙，深褐色，片状脱落。叶具长柄，偶数羽状复叶，长 30 ～ 50 cm 或更长；小叶 16 ～ 20，对生或互生，纸质，卵状披针形或卵状长椭圆形，长 9 ～ 15 cm，宽 2.5 ～ 4 cm，先端尾尖，基部一侧圆形，另一侧楔形，不对称，边全缘或有疏离的小锯齿，两面均无毛，无斑点，背面常呈粉绿色，侧脉每边 18 ～ 24 条，平展，与中脉几成直角开出，背面略凸起；小叶柄长 5 ～ 10 mm。圆锥花序与叶等长或更长，被稀疏的锈色短柔毛或有时近无毛，小聚伞花序生于短的小枝上，多花；花长 4 ～ 5 mm，具短花梗；花萼 5 齿裂或浅波状，外面被柔毛，且有睫毛状毛；花瓣 5，白色，长圆形，先端钝，长 4 ～ 5 mm，宽 2 ～ 3 mm，无毛；雄蕊 10，其中 5 枚能育，5 枚退化；花盘无毛，近念珠状；子房圆锥形，有 5 条细沟纹，无毛，每室有胚珠 8 颗，花柱比子房长，柱头盘状。蒴果狭椭圆形，长 2 ～ 3.5 cm，深褐色，有小而苍白色的皮孔，果瓣薄；种子基部通常钝，上端有膜质的长翅，下端无翅。花期 6—8 月，果期 10—12 月。

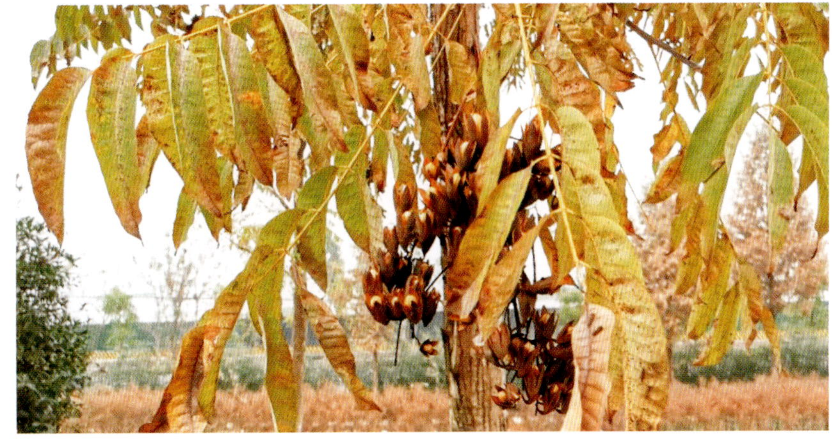

（摄于鄂城区三山湖三山村）

【生境分布】生于山地杂木林或疏林中。全市各地有零星分布。

【药用部位】树皮或根皮、叶、果实、花。

【采收加工】树皮或根皮：全年均可采，干皮可从树上剥下，鲜用或晒干。叶：春季采收，多鲜用。果实：秋季采收，晒干。花：5—6 月采花，晒干。

【性味归经】树皮或根皮：味苦、涩，性寒。归大肠、胃、肝经。叶：味辛、苦，性平。归脾、胃经。果实：味辛、苦，性温。归肝、肺、大肠经。花：味辛、苦，性温。

【功能主治】树皮或根皮：清热燥湿，收涩止带，止泻，止血。用于赤白带下，湿热泻痢，久泻久痢，便血，崩漏等。叶：祛暑化湿，解毒，杀虫。用于暑湿伤中，恶心呕吐，食欲不振，泄泻，痢疾，痈疽肿毒，疥疮，白秃等。果实：祛风，散寒，止痛。用于外感风寒，风湿痹痛，胃痛，疝气疼痛，痢疾等。花：祛风除湿，行气止痛。用于风湿痹痛，久咳，痔疮等。

# 蓼科

## 何首乌

Heshouwu

【别名】夜交藤、首乌、赤首乌。

【来源】蓼科何首乌属植物何首乌 *Pleuropterus multiflorus* (Thunb.) Nakai。

【植物形态】多年生草本。块根肥厚，长椭圆形，黑褐色。茎缠绕，长 2 ～ 4 m，多分枝，具纵棱，无毛，微粗糙，下部木质化。叶卵形或长卵形，长 3 ～ 7 cm，宽 2 ～ 5 cm，顶端渐尖，基部心形或近心形，两面粗糙，边缘全缘；叶柄长 1.5 ～ 3 cm；托叶鞘膜质，偏斜，无毛，长 3 ～ 5 mm。花序圆锥状，顶生或腋生，长 10 ～ 20 cm，分枝开展，具细纵棱，沿棱密被小突起；苞片三角状卵形，具小突起，顶端尖，每苞内具 2 ～ 4 花；花梗细弱，长 2 ～ 3 mm，下部具关节，果时延长；花被 5 深裂，白色或淡绿色，花被片椭圆形，大小不相等，外面 3 片较大背部具翅，果时增大，花被果时外形近圆形，直径 6 ～ 7 mm；雄蕊 8，花丝下部较宽；花柱 3，极短，柱头头状。瘦果卵形，具 3 棱，长 2.5 ～ 3 mm，黑褐色，有光泽，包于宿存花被内。花期 8—9 月，果期 9—10 月。

【生境分布】生于草坡、路边、山坡石隙及灌丛中。全市各地均有分布。

【药用部位】块根（何首乌）、藤茎（夜交藤、首乌藤）。

【采收加工】块根：秋、冬季叶枯萎时采挖，削去两端，洗净，个大的切成块，干燥。藤茎：秋、冬季采割，除去残叶，捆成把或趁鲜切段，干燥。

【性味归经】块根：味苦、甘、涩，性微温。归肝、心、肾经。藤茎：味甘，性平。归心、肝经。

【功能主治】块根：解毒，消痈，截疟，润肠通便。用于疮痈，瘰疬，风疹瘙痒，久疟体虚，肠燥便秘等。藤茎：养血安神，祛风通络。用于失眠多梦，血虚身痛，风湿痹痛，皮肤瘙痒等。

## 虎杖

Huzhang

【别名】斑庄根、大接骨、酸桶芦、酸筒杆。

【来源】蓼科虎杖属植物虎杖 *Reynoutria japonica* Houtt.。

【植物形态】多年生草本。根状茎粗壮，横走。茎直立，高 1 ～ 2 m，粗壮，空心，具明显的纵棱，具小突起，无毛，散生红色或紫红斑点。叶宽卵形或卵状椭圆形，长 5 ～ 12 cm，宽 4 ～ 9 cm，近革质，顶端渐尖，基部宽楔形、截形或近圆形，边缘全缘，疏生小突起，两面无毛，沿叶脉具小突起；叶柄长 1 ～ 2 cm，具小突起；托叶鞘膜质，偏斜，长 3 ～ 5 mm，褐色，具纵脉，无毛，顶端截形，无缘毛，常破裂，早落。花单性，雌雄异株，花序圆锥状，长 3 ～ 8 cm，腋生；苞片漏斗状，长 1.5 ～ 2 mm，顶端渐尖，无缘毛，每苞内具 2 ～ 4 花；花梗长 2 ～ 4 mm，中下部具关节；花被 5 深裂，淡绿色，雄花花被片具绿色中脉，无翅，雄蕊 8，比花被长；雌花花被片外面 3 片背部具翅，果时增大，翅扩展下延，花柱 3，柱头流苏状。瘦果卵形，具 3 棱，长 4 ～ 5 mm，黑褐色，有光泽，包于宿存花被内。花期 8—9 月，果期 9—10 月。

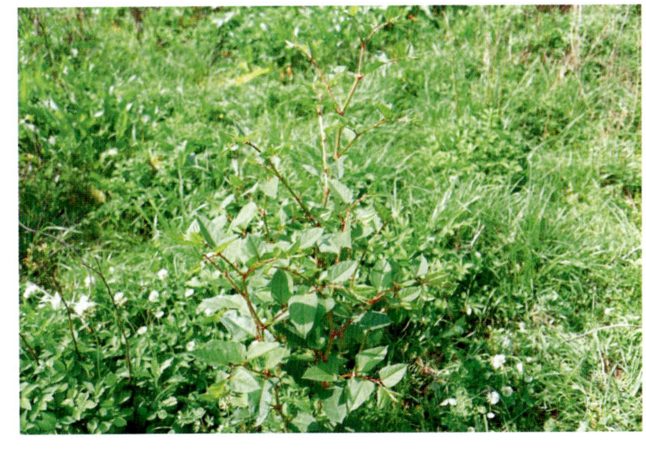

【生境分布】生于山坡灌丛、山谷、路旁、田边湿地。全市各地均有分布。

【药用部位】根茎和根。

【采收加工】春、秋季采挖，除去须根，洗净，趁鲜切短段或厚片，晒干。

【性味归经】味微苦，性微寒。归肝、胆、肺经。

【功能主治】利湿退黄，清热解毒，散瘀止痛，止咳化痰。用于湿热黄疸，淋浊，带下，风湿痹痛，痈肿疮毒，水火烫伤，经闭，癥瘕，跌打损伤，肺热咳嗽等。

## 萹蓄

Bianxu

【别名】竹叶草、大蚂蚁草、扁竹、大扁蓄、乌蓼、竹节草。

【来源】蓼科萹蓄属植物萹蓄 *Polygonum* aviculare L.。

【植物形态】一年生草本。茎平卧、上升或直立，高 10 ～ 40 cm，自基部多分枝，具纵棱。叶椭圆形、狭椭圆形或披针形，长 1 ～ 4 cm，宽 3 ～ 12 mm，顶端钝圆或急尖，基部楔形，边缘全缘，两面无毛，下面侧脉明显；叶柄短或近无柄，基部具关节；托叶鞘膜质，下部褐色，上部白色，撕裂脉明显。花单生或数朵簇生于叶腋，遍布于植株；苞片薄膜质；花梗细，顶部具关节；花被 5 深裂，花被片椭圆形，长 2 ～ 2.5 mm，绿色，边

缘白色或淡红色；雄蕊 8，花丝基部扩展；花柱 3，柱头头状。瘦果卵形，具 3 棱，长 2.5 ～ 3 mm，黑褐色，密被由小点组成的细条纹，无光泽，与宿存花被近等长或稍超过。花期 5—7 月，果期 6—8 月。

【生境分布】生于山坡、路旁、田野等处。全市各地均有分布。

【药用部位】地上部分。

【采收加工】夏季叶茂盛时采收，除去根和杂质，晒干。

【性味归经】味苦，性微寒。归膀胱经。

【功能主治】利尿通淋，杀虫，止痒。用于热淋涩痛，小便短赤，虫积腹痛，皮肤湿疹，阴痒带下等。

## 习见蓼

Xijianliao

【别名】小扁蓄、腋花蓼、铁马齿苋、铁马鞭。

【来源】蓼科萹蓄属植物习见蓼 *Polygonum plebeium* R. Br.。

【植物形态】一年生草本。茎平卧，自基部分枝，长 10 ～ 40 cm，具纵棱，沿棱具小突起，通常小枝的节间比叶片短。叶狭椭圆形或倒披针形，长 0.5 ～ 1.5 cm，宽 2 ～ 4 mm，顶端钝或急尖，基部狭楔形，两面无毛，侧脉不明显；叶柄极短或近无柄；托叶鞘膜质，白色，透明，长 2.5 ～ 3 mm，顶端撕裂，花 3 ～ 6 朵，簇生于叶腋，遍布于全植株；苞片膜质；花梗中部具关节，比苞片短；花被 5 深裂；花被片长椭圆形，绿色，背部稍隆起，边缘白色或淡红色，长 1 ～ 1.5 mm；雄蕊 5， 花丝基部稍扩展，比花被短；花柱 3， 稀 2， 极短，柱头头状。瘦果宽卵形，具 3 锐棱或双凸镜状，长 1.5 ～ 2 mm，黑褐色，平滑，有光泽，包于宿存花被内。花期 5—8 月，果期 6—9 月。

【生境分布】生于田边、路旁、水边湿地。全市各地有零星分布。

【药用部位】全草。

【采收加工】夏季开花时采收。拔取全株，抖净泥沙，晒干。

【性味归经】味苦，性凉。归膀胱、大肠、肝经。

【功能主治】利尿通淋，清热解毒，化湿杀虫。用于热淋，石淋，黄疸，痢疾，恶疮疥癣，外阴湿痒，蛔虫病等。

## 刺蓼

Ciliao

【别名】廊茵。

【来源】蓼科蓼属植物刺蓼 *Persicaria senticosa* (Meisn.) H. Gross ex Nakai。

【植物形态】多年生草本，茎攀援，长 1 ～ 1.5 m，多分枝，被短柔毛，四棱形，沿棱具倒生皮刺。叶片三角形或长三角形，长 4 ～ 8 cm，宽 2 ～ 7 cm，顶端急尖或渐尖，基部戟形，两面被短柔毛，下面沿叶脉具稀疏的倒生皮刺，边缘具缘毛；叶柄粗壮，长 2 ～ 7 cm，具倒生皮刺；托叶鞘筒状，边缘具叶状翅，翅肾圆形，草质，绿色，具短缘毛。花序头状，顶生或腋生，花序梗分枝，密被短腺毛；苞片长卵形，淡绿色，边缘膜质，具短缘毛，每苞内具花 2 ～ 3 朵；花梗粗壮，较苞片短；花被 5 深裂，淡红色，花被片椭圆形，长 3 ～ 4 mm；雄蕊 8，2 轮，较花被短；花柱 3，中下部合生；柱头头状。瘦果近球形，微具 3 棱，黑褐色，无光泽，长 2.5 ～ 3 mm，包于宿存花被内。花期 6—7 月，果期 7—9 月。

【生境分布】生于沟边、路旁及山谷灌丛下。全市各地有零星分布。

【药用部位】全草。

【采收加工】7—9 月采收全草，鲜用或晒干。

【性味归经】味苦、酸、微辛，性平。

【功能主治】清热解毒，利湿止痒，散瘀消肿。用于痈疮疔疖，毒蛇咬伤，湿疹，黄水疮，带状疱疹，跌打损伤，内痔外痔等。

## 杠板归

Gangbangui

【别名】贯叶蓼、刺犁头、河白草、蛇倒退、老虎舌。

【来源】蓼科蓼属植物杠板归 *Persicaria perfoliata* (L.) H. Gross。

【植物形态】一年生草本。茎攀援，多分枝，长 1 ～ 2 m，具纵棱，沿棱具稀疏的倒生皮刺。叶三角形，长 3 ～ 7 cm，宽 2 ～ 5 cm，顶端钝或微尖，基部截形或微心形，薄纸质，上面无毛，下面沿叶脉疏生皮刺；叶柄与叶片近等长，具倒生皮刺，盾状着生于叶片的近基部；托叶鞘叶状，草质，绿色，圆形或近圆形，穿叶，直径 1.5 ～ 3 cm。总状花序呈短穗状，不分枝顶生或腋生，长 1 ～ 3 cm；苞片卵圆形，每苞片内具花 2 ～ 4 朵；花被 5 深裂，白色或淡红色，花被片椭圆形，长约 3 mm，果时增大，呈肉质，深蓝色；雄蕊 8，略短于

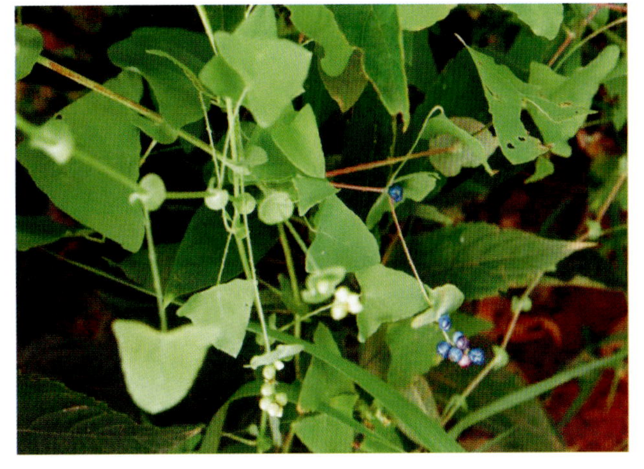

花被；花柱 3，中上部合生；柱头头状。瘦果球形，直径 3 ～ 4 mm，黑色，有光泽，包于宿存花被内。花期 6—8 月，果期 7—10 月。

【生境分布】生于海拔 80 ～ 2300 m 的田边、路旁、山谷湿地。全市各地均有分布。

【药用部位】全草、根。

【采收加工】全草：夏、秋间采收，割取地上部分，鲜用或晾干。根：夏季采挖根部，除净泥土，鲜用或晒干。

【性味归经】全草：味酸，性微寒。归肺、膀胱经。根：味酸、苦，性平。归心、大肠经。

【功能主治】全草：清热解毒，利水消肿，止咳。用于咽喉肿痛，肺热咳嗽，小儿顿咳，水肿尿少，湿热泻痢，湿疹，疖肿，蛇虫咬伤等。根：解毒消肿。用于对口疮，痔疮，肛瘘等。

## 蓼子草

Liaozicao

【别名】小莲蓬、细叶一枝莲。

【来源】蓼科蓼属植物蓼子草 *Persicaria criopolitana* (Hance) Migo。

【植物形态】一年生草本。茎自基部分枝，平卧，丛生，节部生根，高 10 ～ 15 cm，被长糙伏毛及稀疏的腺毛。叶狭披针形或披针形，长 1 ～ 3 cm，宽 3 ～ 8 mm，顶端急尖，基部狭楔形，两面被糙伏毛，边缘具缘毛及腺毛；叶柄极短或近无柄；托叶鞘膜质，密被糙伏毛，顶端截形，具长缘毛。花序头状，顶生，花序梗密被腺毛；苞片卵形，长 2 ～ 2.5 mm，密生糙伏毛，具长缘毛，每苞内具 1 花；花梗比苞片长，密被腺毛，顶部具关节；花被 5 深裂，淡紫红色，花被片卵形，长 3 ～ 4 mm；雄蕊 5，花药紫色；花柱 2，中上部合生。瘦果椭圆形，双凸镜状，长约 2.5 mm，有光泽，包于宿存花被内。花期 7—11 月，果期 9—12 月。

【生境分布】生于河滩沙地、沟边湿地。全市各地有零星分布。

【药用部位】全草。

【采收加工】夏、秋季采收，鲜用或晒干。

【性味归经】味微苦、辛，性平。归肺经。

【功能主治】祛风解表，清热解毒。用于感冒发热，毒蛇咬伤等。

## 水蓼

Shuiliao

【别名】辣柳菜、辣蓼、红蓼子草、川蓼、红辣蓼。

【来源】蓼科蓼属植物水蓼 *Persicaria hydropiper* (L.) Spach。

【植物形态】一年生草本，高 40 ～ 70 cm。茎直立，多分枝，无毛，节部膨大。叶披针形或椭圆状披针形，长 4 ～ 8 cm，宽 0.5 ～ 2.5 cm，顶端渐尖，基部楔形，边缘全缘，具缘毛，两面无毛，被褐色小点，有时沿中脉具短硬伏毛，具辛辣味，叶腋具闭花受精花；叶柄长 4 ～ 8 mm；托叶鞘筒状，膜质，褐色，长 1 ～ 1.5 cm，疏生短硬伏毛，顶端截形，具短缘毛，通常托叶鞘内藏有花簇。总状花序呈穗状，顶生或腋生，长 3 ～ 8 cm，通常下垂，花稀疏，下部间断；苞片漏斗状，长 2 ～ 3 mm，绿色，边缘膜质，疏生短缘毛，每苞内具 3 ～ 5 花；花梗比苞片长；花被 5 深裂，稀 4 裂，绿色，上部白色或淡红色，被黄褐色透明腺点，花被片椭圆形，长 3 ～ 3.5 mm；雄蕊 6，稀 8，比花被短；花柱 2 ～ 3，柱头头状。瘦果卵形，长 2 ～ 3 mm，双凸镜状或具 3 棱，密被小点，黑褐色，无光泽，包于宿存花被内。花期 5—9 月，果期 6—10 月。

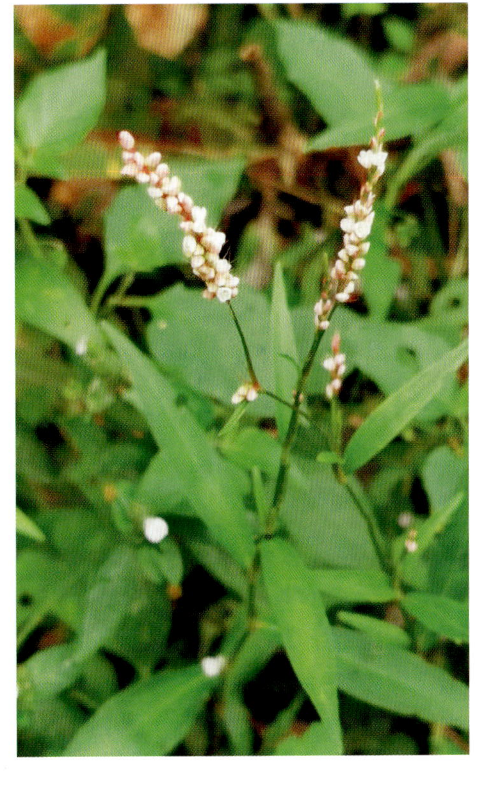

【生境分布】生于海拔 50 ～ 3500 m 的河滩、水沟边、山谷湿地。全市各地均有分布。

【药用部位】地上部分、果实、根。

【采收加工】地上部分：在 7—8 月花期，割起地上部分，铺地晒干或鲜用。果实：秋季果实成熟时采收，除去杂质，阴干。根：秋季开花时采挖，洗净，鲜用或晒干。

【性味归经】地上部分：味辛、苦，性平。归脾、胃、大肠经。果实：味辛，性温。归肺、脾、肝、肾经。根：味辛，性温。归肝、肾、大肠经。

【功能主治】地上部分：行滞化湿，散瘀止血，祛风止痒，解毒。用于湿滞内阻，脘闷腹痛，泄泻，痢疾，小儿疳积，崩漏，血滞经闭，痛经，跌打损伤，风湿痹痛，便血，外伤出血，皮肤瘙痒，湿疹，风疹，足癣，痈肿，毒蛇咬伤等。果实：化湿利水，破瘀散结，解毒。用于吐泻腹痛，水肿，小便不利，癥积痞胀，痈肿疮疡，瘰疬等。根：活血调经，健脾利湿，解毒消肿。用于月经不调，小儿疳积，痢疾，肠炎，疟疾，跌打肿痛，蛇虫咬伤等。

## 蚕茧草

Can jiancao

【别名】蚕茧蓼。

【来源】蓼科蓼属植物蚕茧草 *Persicaria japonica* (Meisn.) H. Gross ex Nakai。

【植物形态】多年生草本。根状茎横走。茎直立，淡红色，无毛，有时具稀疏的短硬伏毛，节部膨大，高 50 ～ 100 cm。叶披针形，近薄革质，坚硬，长 7 ～ 15 cm，宽 1 ～ 2 cm，顶端渐尖，基部楔形，全缘，两面疏生短硬伏毛，中脉上毛较密，边缘具刺状缘毛；叶柄短或近无柄；托叶鞘筒状，膜质，长 1.5 ～ 2 cm，具硬伏毛，顶端截形，缘毛长 1 ～ 1.2 cm。总状花序呈穗状，长 6 ～ 12 cm，顶生，通常数个再集成圆锥状；苞片漏斗状，绿色，上部淡红色，具缘毛，每苞内具 3 ～ 6 花；花梗长 2.5 ～ 4 mm；雌雄异株，花被 5 深裂，白色或淡红色，花被片长椭圆形，长 2.5 ～ 3 mm。雄花：雄蕊 8，雄蕊比花被长。雌花：花柱 2 ～ 3，中下部合生，花柱比花被长。瘦果卵形，具 3 棱或双凸镜状，长 2.5 ～ 3 mm，黑色，有光泽，包于宿存花被内。花期 8—10 月，果期 9—11 月。

【生境分布】生于水沟、路旁草丛中。全市各地均有分布。

【药用部位】全草。

【采收加工】花期采收，鲜用或晾干。

【性味归经】味辛，性温。

【功能主治】解毒，止痛，透疹。用于疮疡肿痛，诸虫咬伤，腹泻，痢疾，腰膝寒痛，麻疹透发不畅等。

## 酸模叶蓼

Suanmoyeliao

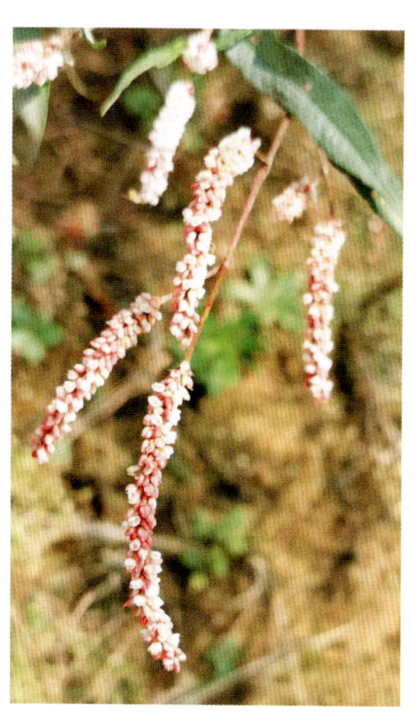

【别名】大马蓼。

【来源】蓼科蓼属植物酸模叶蓼 *Persicaria lapathifolia* (L.) Delarbre。

【植物形态】一年生草本，高 40 ～ 90 cm。茎直立，具分枝，无毛，节部膨大。叶披针形或宽披针形，长 5 ～ 15 cm，宽 1 ～ 3 cm，顶端渐尖或急尖，基部楔形，上面绿色，常有一个大的黑褐色新月形斑点，两面沿中脉被短硬伏毛，全缘，边缘具粗缘毛；叶柄短，具短硬伏毛；托叶鞘筒状，长 1.5 ～ 3 cm，膜质，淡褐色，无毛，具多数脉，顶端截形，无缘毛，稀具短缘毛。总状花序呈穗状，顶生或腋生，近直立，花紧密，通常由数个花穗再组成圆锥状，花序梗被腺体；苞片漏斗状，边缘具稀疏短缘毛；花被淡红色或白色，4（5）深裂，花被片椭圆形，外面两面较大，脉粗壮，顶端分叉，外弯；雄蕊通常6。瘦果宽卵形，双凹，长2～3 mm，黑褐色，有光泽，包于宿存花被内。花期6—8月，果期7—9月。

【生境分布】生于路旁湿地、沟渠水边。全市各地均有分布。

【药用部位】全草。

【采收加工】夏、秋季采收，晒干。

【性味归经】味辛、苦，性温。

【功能主治】解毒，除湿，活血。用于疮疡肿痛，瘰疬，腹泻，痢疾，湿疹，疳积，风湿痹痛，跌打损伤，月经不调等。

## 金荞麦

Jinqiaomai

【别名】土荞麦、野荞麦、苦荞头、透骨消、赤地利。

【来源】蓼科荞麦属植物金荞麦 *Fagopyrum dibotrys* (D. Don) Hara。

【植物形态】多年生草本。根状茎木质化，黑褐色。茎直立，高50～100 cm，分枝，具纵棱，无毛。有时一侧沿棱被柔毛。叶三角形，长4～12 cm，宽3～11 cm，顶端渐尖，基部近戟形，边缘全缘，两面具乳头状突起或被柔毛；叶柄长可达10 cm；托叶鞘筒状，膜质，褐色，长5～10 mm，偏斜，顶端截形，无缘毛。花序伞房状，顶生或腋生；苞片卵状披针形，顶端尖，边缘膜质，长约3 mm，每苞内具2～4花；花梗中部具关节，与苞片近等长；花被5深裂，白色，花被片长椭圆形，长约2.5 mm，雄蕊8，比花被短，花柱3，柱头头状。瘦果宽卵形，具3锐棱，长6～8 mm，黑褐色，无光泽，超出宿存花被2～3倍。花期7—9月，果期8—10月。

【生境分布】生于海拔250～3200 m的山谷湿地、山坡灌丛。全市各地有零星分布。

【药用部位】根茎。

【采收加工】冬季采挖，除去茎和须根，洗净，晒干。

【性味归经】味微辛、涩，性凉。归肺经。

【功能主治】清热解毒，排脓祛瘀。用于肺痈吐脓，肺热咳喘，乳蛾肿痛等。

## 羊蹄

Yangti

【别名】酸模、土大黄、羊蹄大黄。

【来源】蓼科酸模属植物羊蹄 *Rumex japonicus* Houtt.。

【植物形态】多年生草本。茎直立，高 50 ～ 100 cm，上部分枝，具沟槽。基生叶长圆形或披针状长圆形，长 8 ～ 25 cm，宽 3 ～ 10 cm，顶端急尖，基部圆形或心形，边缘微波状，下面沿叶脉具小突起；茎上部叶狭长圆形；叶柄长 2 ～ 12 cm；托叶鞘膜质，易破裂。花序圆锥状，花两性，多花轮生；花梗细长，中下部具关节；花被片 6，淡绿色，外花被片椭圆形，长 1.5 ～ 2 mm，内花被片果时增大，宽心形，长 4 ～ 5 mm，顶端渐尖，基部心形，网脉明显，边缘具不整齐的小齿，齿长 0.3 ～ 0.5 mm，全部具小瘤，小瘤长卵形，长 2 ～ 2.5 mm。瘦果宽卵形，具 3 锐棱，长约 2.5 mm，两端尖，暗褐色，有光泽。花期 5—6 月，果期 6—7 月。

【生境分布】生于海拔 30 ～ 3400 m 的田边路旁、河滩、沟边湿地。全市各地均有分布。

【药用部位】根、果实、叶。

【采收加工】根：秋季当地上叶变黄时，挖出根部，洗净鲜用或切片晒干。果实：春季果实成熟时采摘，晒干。叶：夏、秋季采收，洗净，鲜用或晒干。

【性味归经】根：味苦，性寒。归心、肝、大肠经。果实：味苦，性平。叶：味甘，性寒。归心、脾、大肠经。

【功能主治】根：清热通便，凉血止血，杀虫止痒。用于大便秘结，吐血衄血，肠风便血，痔血，崩漏，疥癣，白秃，疮痈肿毒，跌打损伤等。果实：凉血止血，通便。用于赤白痢疾，漏下，便秘等。叶：凉血止血，通便，解毒消肿，杀虫止痒。用于肠风便血，便秘，小儿疳积，疮痈肿毒，疥癣等。

# 列当科

## 地黄

Dihuang

【别名】生地、怀庆地黄。

【来源】列当科地黄属植物地黄 *Rehmannia glutinosa* (Gaertn.) Libosch. ex Fisch. & C. A. Mey.。

【植物形态】多年生草本，体高 10 ～ 40 cm，密被灰白色多细胞长柔毛和腺毛。根茎肉质，鲜时黄色，在栽培条件下，直径可达 5.5 cm，茎紫红色。叶通常在茎基部集成莲座状，向上则强烈缩小成苞片，或逐渐缩小而在茎上互生；叶片卵形至长椭圆形，上面绿色，下面略带紫色或呈紫红色，长 2 ～ 13 cm，宽 1 ～

6 cm，边缘具不规则圆齿或钝锯齿以至牙齿状齿；基部渐狭成柄，叶脉在上面凹陷，下面隆起。花具长 0.5 ～ 3 cm 的梗，梗细弱，弯曲而后上升，在茎顶部略排列成总状花序，或几全部单生叶腋而分散在茎上；萼长 1 ～ 1.5 cm，密被多细胞长柔毛和白色长毛，具 10 条隆起的脉；萼齿 5 枚，矩圆状披针形或卵状披针形抑或多少三角形，长 0.5 ～ 0.6 cm，宽 0.2 ～ 0.3 cm，稀前方 2 枚各又开裂而使萼齿总数达 7 枚之多；花冠长 3 ～ 4.5 cm；花冠筒多少弓曲，外面紫红色，被多细胞长柔毛；花冠裂片，5 枚，先端钝或微凹，内面黄紫色，外面紫红色，两面均被多细胞长柔毛，长 5 ～ 7 mm，宽 4 ～ 10 mm；雄蕊 4 枚；药室矩圆形，长 2.5 mm，宽 1.5 mm，基部叉开，而使两药室常排成一直线，子房幼时 2 室，老时因隔膜撕裂而成一室，无毛；花柱顶部扩大成 2 枚片状柱头。蒴果卵形至长卵形，长 1 ～ 1.5 cm。花期 5—6 月，果期 7 月。

【生境分布】生于海拔 50 ～ 1100 m 的砂质壤土、荒山坡、山脚、墙边、路旁等处。梁子湖区有栽培。

【药用部位】块根（新鲜块根为鲜地黄，干燥块根为生地黄）。

【采收加工】新鲜块根：秋季采挖，除去芦头、须根及泥沙，鲜用。干燥块根：将鲜地黄缓缓烘焙至约八成干。

【性味归经】新鲜块根：味甘、苦，性寒。归心、肝、肾经。干燥块根：味甘，性寒。归心、肝、肾经。

【功能主治】新鲜块根：清热生津，凉血，止血。用于热病伤阴，舌绛烦渴，温毒发斑，吐血，衄血，咽喉肿痛等。干燥块根：清热凉血，养阴生津。用于热入营血，温毒发斑，吐血衄血，热病伤阴，舌绛烦渴，津伤便秘，阴虚发热，骨蒸劳热，内热消渴等。

## 绵毛鹿茸草

Mianmaolurongcao

【别名】白毛鹿茸草、沙氏鹿茸草。

【来源】列当科鹿茸草属植物绵毛鹿茸草 *Monochasma savatieri* Franch. ex Maxim.。

【植物形态】多年生草本，高 15 ～ 23 cm，常有残留的隔年枯茎，全体因密被绵毛而呈灰白色，上部近花处除被绵毛外，还具腺毛。主根粗短，下部发出许多弯曲支根，成密丛。茎多数，丛生，基部多倾卧或弯曲，老时木质化，通常不分枝。叶交互对生，下部者间距极短，仅 4 mm，密集，向上逐渐疏离，相隔可达 10 mm，至花序附近间距最大，可达 16 mm，叶片大小，亦作相同的变异，下方者最小，鳞片状，向上则逐渐增大，成长圆状披针形至线状披针形，通常长 12 ～ 20 mm，宽 2 ～ 3 mm，最长可达 25 mm，先端锐尖，或锐头而有小突尖，基部渐狭，多少下延于茎成狭棱，中脉面凹背凸，两面均密被灰白色绵毛，老时上面的毛多少脱落。总状花序顶生；花少数，单生于叶腋，具长 2 ～ 7 mm 的短梗；叶状小苞片 2 枚，长 9 ～ 15 mm，宽 1 ～ 2 mm，生于萼管基部；萼筒状，膜质，被腺毛，或绵毛与腺毛相杂。管长 5 ～ 7 mm。上有 9 条凸起的粗肋，其中 4 条分别通入萼齿；萼齿 4 枚，草质，线形或线状披针形而先端渐尖，与萼管等长或稍长，长 5 ～ 6 mm，宽 1 ～ 2 mm，有时长达 10 mm，宽 3 mm；花冠淡紫色或几白色，长约为萼的 2 倍，长 15 ～ 18 mm，被少量柔毛，花管细长，近喉处扩大，瓣片二唇形，上唇略作盔状，2 裂，下唇 3 裂，中裂稍大，均为倒卵形，端圆钝，多少开展；雄蕊 4 枚，二强，着生于花管上，前方一对较长，达 7 mm 左右，后方一对长约 6 mm，花药背着，微露于花冠喉部，药 2 室，并行，相等，长 2.5 ～ 2.8 mm，宽 0.6 ～ 0.8 mm，彼此分离，长卵形，下部渐细，有一小突尖，纵裂；子房长卵形，花柱细长，先端弯向前方，柱头长圆形。蒴果长圆形，长约 9 mm，宽 3 mm，厚 2 mm，先端渐细而成一稍弯的尖嘴。花期 3—4 月。

（摄于梁子湖区邱山村后山）

【生境分布】 生于山坡向阳处杂草中，亦见于马尾松林下。梁子湖区有零星分布。

【药用部位】 全草。

【采收加工】 春、夏季采收，鲜用或晒干。

【性味归经】 味苦、涩，性凉。

【功能主治】 清热解毒，凉血止血。用于感冒，肺热咳嗽，风火牙痛，小儿鹅口疮，乳痈，月经不调，崩漏，带下，吐血，便血，外伤出血，风湿骨痛等。

# 鳞毛蕨科

## 贯众

Guanzhong

【别名】 山东贯众、宽羽贯众、多羽贯众。

【来源】 鳞毛蕨科贯众属植物贯众 *Cyrtomium fortunei* J. Sm.。

【植物形态】 植株高 25 ～ 50 cm。根茎直立，密被棕色鳞片。叶簇生，叶柄长 12 ～ 26 cm，基部直径 2 ～ 3 mm，禾秆色，腹面有浅纵沟，密生卵形及披针形棕色有时中间为深棕色鳞片，鳞片边缘有齿，有时向上部秃净；叶片矩圆状披针形，长 20 ～ 42 cm，宽 8 ～ 14 cm，先端钝，基部不变狭或略变狭，奇数一回羽状；侧生羽片 7 ～ 16 对，互生，近平伸，柄极短，披针形，多少上弯成镰状，中部的长 5 ～ 8 cm，宽 1.2 ～ 2 cm，先端渐尖，少数呈尾状，基部偏斜，上侧近截形有时略有钝的耳状突起，下侧楔形，边缘全缘有时有前倾的小齿；具羽状脉，小脉联结成 2 ～ 3 行网眼，腹面不明显，背面微凸起；顶生羽

片狭卵形，下部有时有1或2个浅裂片，长3～6 cm，宽1.5～3 cm。叶为纸质，两面光滑；叶轴腹面有浅纵沟，疏生披针形及线形棕色鳞片。孢子囊群遍布羽片背面；囊群盖圆形，盾状，全缘。

【生境分布】生于海拔2400 m以下的空旷地石灰岩缝或林下。全市各地有零星分布。

【药用部位】根茎、叶。

【采收加工】根茎：全年均可采收，全株挖起，清除地上部分及须根后充分晒干。叶：全年均可采收，摘取叶，洗净，鲜用或晒干。

【性味归经】根茎：味苦、涩，性寒。叶：味苦，性寒。

【功能主治】根茎：清热解毒，凉血祛瘀，驱虫。用于感冒，热病斑疹，白喉，乳痈，瘰疬，痢疾，黄疸，吐血，便血，崩漏，痔血，带下，跌打损伤，肠道寄生虫等。叶：凉血止血，清热利湿。用于崩漏，带下，刀伤出血，烫火伤等。

# 鳞始蕨科

## 乌蕨

Wujue

【别名】乌韭。

【来源】鳞始蕨科乌蕨属植物乌蕨 *Odontosoria chinensis* J. Sm.。

【植物形态】植株高达65 cm。根状茎短而横走，粗壮，密被赤褐色的钻状鳞片。叶近生，叶柄长达25 cm，禾秆色至褐禾秆色，有光泽，直径2 mm，圆，上面有沟，除基部外，通体光滑；叶片披针形，长20～40 cm，宽5～12 cm，先端渐尖，基部不变狭，四回羽状；羽片15～20对，互生，密接，下部的相距4～5 cm，有短柄，斜展，卵状披针形，长5～10 cm，宽2～5 cm，先端渐尖，基部楔形，下部三回羽状；一回小羽片在一回羽状的顶部下有10～15对，连接，有短柄，近菱形，长1.5～3 cm，先端钝，基部不对称，楔形，上先出，一回羽状或基部二回羽状；二回（或末回）小羽片小，倒披针形，

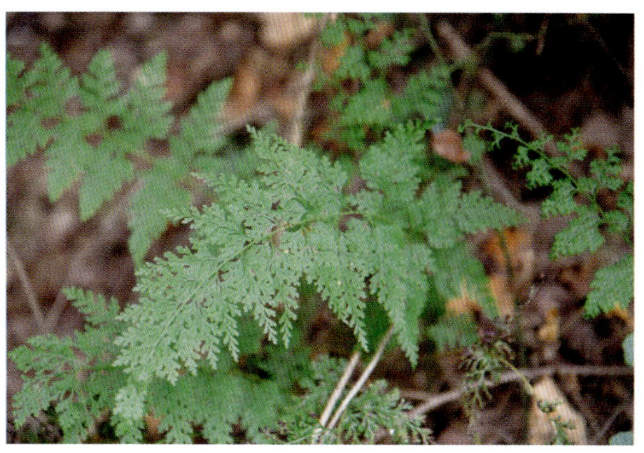

先端截形，有齿牙，基部楔形，下延，其下部小羽片常再分裂成具有 1 ～ 2 条细脉的短而同型的裂片。叶脉上面不显，下面明显，在小裂片上为二叉分枝。叶坚草质，干后棕褐色，通体光滑。孢子囊群边缘着生，每裂片上 1 ～ 2 枚，顶生 1 ～ 2 条细脉上；囊群盖灰棕色，革质，半杯形，宽，与叶缘等长，近全缘或多少啮蚀，宿存。

【生境分布】生于海拔 200 ～ 1900 m 的林下、路边或空旷处。全市各地有零星分布。

【药用部位】全草或根茎。

【采收加工】夏、秋季挖取带根茎的全草，鲜用或晒干。

【性味归经】味苦，性寒。

【功能主治】清热解毒，利湿，止血。用于感冒发热，咳嗽，咽喉肿痛，肠炎，痢疾，肝炎，湿热带下，疮痈肿毒，痄腮，口疮，烫火伤，毒蛇、狂犬咬伤，皮肤湿疹，吐血，尿血，便血，外伤出血等。

# 柳叶菜科

## 丁香蓼

Dingxiangliao

【别名】小疗药、小石榴叶、小石榴树。

【来源】柳叶菜科丁香蓼属植物丁香蓼 *Ludwigia prostrata* Roxb.。

【植物形态】一年生直立草本；茎高 25 ～ 60 cm，粗 2.5 ～ 4.5 mm，下部圆柱状，上部四棱形，常淡红色，近无毛，多分枝，小枝近水平开展。叶狭椭圆形，长 3 ～ 9 cm，宽 1.2 ～ 2.8 cm，先端锐尖或稍钝，基部狭楔形，在下部骤变窄，侧脉每侧 5 ～ 11 条，至近边缘渐消失，两面近无毛或幼时脉上疏生微柔毛；叶柄长 5 ～ 18 mm，稍具翅；托叶几乎全退化。萼片 4，三角状卵形至披针形，长 1.5 ～ 3 mm，宽 0.8 ～ 1.2 mm，疏被微柔毛或近无毛；花瓣黄色，匙形，长 1.2 ～ 2 mm，宽 0.4 ～ 0.8 mm，先端近圆形，基部楔形，雄蕊 4，花丝长 0.8 ～ 1.2 mm；花药扁圆形，宽 0.4 ～ 0.5 mm，开花时以四合花粉直接授在柱头上；花柱长约 1 mm；柱头近卵状或球状，直径约 0.6 mm；

花盘围以花柱基部，稍隆起，无毛。蒴果四棱形，长 1.2 ～ 2.3 cm，粗 1.5 ～ 2 mm，淡褐色，无毛，熟时迅速不规则室背开裂；果梗长 3 ～ 5 mm。种子呈一列横卧于每室内，里生，卵状，长 0.5 ～ 0.6 mm，直径约 0.3 mm，顶端稍偏斜，具小尖头，表面有横条排成的棕褐色纵横条纹；种脊线形，长约 0.4 mm。花期 6—7 月，果期 8—9 月。

【生境分布】生于稻田、河滩、溪谷旁湿处。全市各地零星分布。

【药用部位】全草、根。

【采收加工】全草：秋季结果时采收，切段，鲜用或晒干。根：秋季挖根，洗净，晒干或鲜用。

【性味归经】全草：味苦，性寒。根：味苦，性凉。归肾、小肠经。

【功能主治】全草：清热解毒，利尿通淋，化瘀止血。用于肺热咳嗽，咽喉肿痛，目赤肿痛，湿热泻痢，黄疸，淋痛，水肿，带下，吐血，尿血，肠风便血，疔肿，疥疮，跌打伤肿，外伤出血，蛇虫、狂犬咬伤等。根：清热利尿，消肿生肌。用于急性肾炎，刀伤等。

## 柳叶菜

Liuyecai

【别名】鸡脚参、水朝阳花、水丁香、水兰花。

【来源】柳叶菜科柳叶菜属植物柳叶菜 *Epilobium hirsutum* L.。

【植物形态】多年生粗壮草本，有时近基部木质化，在秋季自根颈常平卧生出长可达 1 m 多粗壮地下匍匐根状茎，茎上疏生鳞片状叶，先端常生莲座状叶芽。茎高 25 ～ 120（250）cm，粗 3 ～ 12（22）mm，常在中上部多分枝，周围密被伸展长柔毛，常混生较短而直的腺毛，尤花序上如此，稀密被白色绵毛。叶草质，对生，茎上部的互生，无柄，并多少抱茎；茎生叶披针状椭圆形至狭倒卵形或椭圆形，稀狭披针形，长 4 ～ 12（20）cm，宽 0.3 ～ 3.5（5）cm，先端锐尖至渐尖，基部近楔形，边缘每侧具 20 ～ 50 枚细锯齿，两面被长柔毛，有时在背面混生短腺毛，稀背面密被绵毛或近无毛，侧脉常不明显，每侧 7 ～ 9 条。总状花序直立，苞片叶状。花直立，花蕾卵状长圆形，长 4.5 ～ 9 mm，直径 2.5 ～ 5 mm；子房灰绿色至紫色，长 2 ～ 5 cm，密被长柔毛与短腺毛，有时主要被腺毛，稀被绵毛并无腺毛；花梗长 0.3 ～ 1.5 cm；花管长 1.3 ～ 2 mm，直径 2 ～ 3 mm，在喉部有一圈长白毛；萼片长圆状线形，长 6 ～ 12 mm，宽 1 ～ 2 mm，背面隆起成龙骨状，被毛如子房上的；花瓣常玫瑰红色，或粉红色、紫红色，宽倒心形，长 9 ～ 20 mm，宽 7 ～ 15 mm，先端凹缺，深 1 ～ 2 mm；花药乳黄色，长圆形，长 1.5 ～ 2.5 mm，宽 0.6 ～ 1 mm；花丝外轮的长 5 ～ 10 mm，内轮的长 3 ～ 6 mm；花柱直立，长 5 ～ 12 mm，白色或粉红色，无毛，稀疏生长柔毛；柱头白色，4 深裂，裂片长圆形，长 2 ～ 3.5 mm，初时直立，彼此合生，开放时展开，不久下弯，外面无毛或有稀疏的毛，长稍高过雄蕊。蒴果长 2.5 ～ 9 cm，被毛同子房上的；果梗长 0.5 ～ 2 cm。种子倒卵状，长 0.8 ～ 1.2 mm，直径 0.4 ～ 0.6 mm，顶端具很短的喙，深褐色，表面具粗乳突；种缨长 7 ～ 10 mm，黄褐色或灰白色，易脱落。花期 6—8 月，果期 7—9 月。

【生境分布】生于林下湿处、沟边或沼泽地。全市各地零星分布。

【药用部位】全草。

【采收加工】全年均可采收，鲜用或晒干。

【性味归经】味苦、淡，性寒。

（摄于鄂城区长沟）

【功能主治】清热解毒，利湿止泻，消食理气，活血接骨。用于湿热泄泻，食积，脘腹胀痛，牙痛，月经不调，经闭，带下，跌打骨折，疮肿，烫火伤，疥疮等。

## 罗汉松科

### 罗汉松

Luohansong

【别名】土杉、罗汉杉。

【来源】罗汉松科罗汉松属植物罗汉松 *Podocarpus macrophyllus* (Thunb.) Sweet。

【植物形态】乔木，高达 20 m，胸径达 60 cm；树皮灰色或灰褐色，浅纵裂，呈薄片状脱落；枝开展或斜展，较密。叶螺旋状着生，条状披针形，微弯，长 7 ～ 12 cm，宽 7 ～ 10 mm，先端尖，基部楔形，上面深绿色，有光泽，中脉显著隆起，下面带白色、灰绿色或淡绿色，中脉微隆起。雄球花穗状、腋生，常3～5个簇生于极短的总梗上，长3～5 cm，基部有数枚三角状苞片；雌球花单生叶腋，有梗，基部有少数苞片。种子卵圆形，直径约1 cm，先端圆，熟时肉质假种皮紫黑色，有白粉，种托肉质圆柱形，红色或紫红色，柄长1～1.5 cm。花期4—5月，种子8—9月成熟。

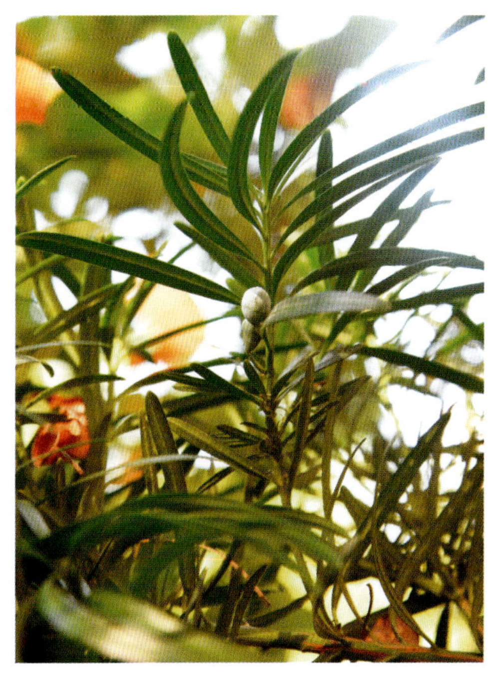

【生境分布】多栽培于庭院作观赏树。

【药用部位】果实、根皮、叶。

【采收加工】果实：秋季种子成熟时连同花托一起摘下，晒干。根皮：全年或秋季采挖，洗净，鲜用或晒干。叶：全年或夏、秋季采收，洗净，鲜用或晒干。

【性味归经】果实：味甘，性微温。归胃、肝经。根皮：味甘、微苦，性微温。归肺、胃、肝经。叶：味淡，性平。归肺、肝经。

【功能主治】果实：行气止痛，温中补血。用于胃脘疼痛，血虚，面色萎黄等。根皮：活血祛瘀，祛风除湿，杀虫止痒。用于跌打损伤，风湿痹痛，癣疾等。叶：止血。用于吐血，咯血等。

# 马鞭草科

## 马鞭草

Mabiancao

【别名】蜻蜓草、铁马鞭、退血草、铁马莲。

【来源】马鞭草科马鞭草属植物马鞭草 *Verbena officinalis* L.。

【植物形态】多年生草本，高30～120 cm。茎四方形，近基部可为圆形，节和棱上有硬毛。叶片卵圆形至倒卵形或长圆状披针形，长2～8 cm，宽1～5 cm，基生叶的边缘通常有粗锯齿和缺刻，茎生叶多数3深裂，裂片边缘有不整齐锯齿，两面均有硬毛，背面脉上尤多。穗状花序顶生和腋生，细弱，结果时长达25 cm；花小，无柄，最初密集，结果时疏离；苞片稍短于花萼，具硬毛；花萼长约2 mm，有硬毛，有5脉，脉间凹穴处质薄而色淡；花冠淡紫色至蓝色，长4～8 mm，外面有微毛，裂片5；雄蕊4，着生于花冠管的中部，花丝短；子房无毛。果长圆形，长约2 mm，外果皮薄，成熟时4瓣裂。花期6—8月，果期7—10月。

【生境分布】生于山坡、路边、溪旁或林旁。全市各地均有分布。

【药用部位】干燥地上部分。

【采收加工】6—8月花开时采割，除去杂质，晒干。

【性味归经】味苦，性凉。归肝、脾经。

【功能主治】活血散瘀，解毒，利水，退黄，截疟。用于癥瘕积聚，痛经经闭，喉痹，痈肿，水肿，黄疸，疟疾等。

# 马齿苋科

## 马齿苋

Machixian

【别名】胖娃娃菜、马齿菜、马苋菜、蚂蚁菜、瓜子菜、长命菜。

【来源】马齿苋科马齿苋属植物马齿苋 *Portulaca oleracea* L.。

【植物形态】一年生草本，全株无毛。茎平卧或斜倚，伏地铺散，多分枝，圆柱形，长10～15 cm，淡绿色或带暗红色。叶互生，有时近对生，叶片扁平，肥厚，倒卵形，似马齿状，长1～3 cm，宽0.6～1.5 cm，顶端圆钝或平截，有时微凹，基部楔形，全缘，上面暗绿色，下面淡绿色或带暗红色，中脉微隆起；叶柄粗短。花无梗，直径4～5 mm，常3～5朵簇生于枝端，午时盛开；苞片2～6，叶状，膜质，近轮生；萼片2，对生，绿色，盔形，左右压扁，长约4 mm，顶端急尖，背部具龙骨状突起，基部合生；花瓣5，稀4，黄色，倒卵形，长3～5 mm，顶端微凹，基部合生；雄蕊通常8，或更多，长约12 mm，花药黄色；子房无毛，花柱比雄蕊稍长，柱头4～6裂，线形。蒴果卵球形，长约5 mm，盖裂；种子细小，多数，偏斜球形，黑褐色，有光泽，直径不及1 mm，具小疣状突起。花期

5—8 月，果期 6—9 月。

【生境分布】生于菜园、农田、路旁。全市各地均有分布。

【药用部位】干燥地上部分。

【采收加工】夏、秋季采收，除去残根和杂质，洗净，略蒸或烫后晒干。

【性味归经】味酸，性寒。归肝、大肠经。

【功能主治】清热解毒，凉血止血，止痢。用于热毒血痢，痈肿疔疮，湿疹，丹毒，蛇虫咬伤，便血，痔血，崩漏下血等。

# 马兜铃科

## 马兜铃

Madouling

【别名】兜铃、水马香果、葫芦罐、臭铃铛、蛇参果。

【来源】马兜铃科马兜铃属植物马兜铃 *Aristolochia debilis* Siebold & Zucc.。

【植物形态】草质藤本。根圆柱形，直径 3 ～ 15 mm，外皮黄褐色；茎柔弱，无毛，暗紫色或绿色，有腐肉味。叶纸质，卵状三角形，长圆状卵形或戟形，长 3 ～ 6 cm，基部宽 1.5 ～ 3.5 cm，上部宽 1.5 ～ 2.5 cm，顶端钝圆或短渐尖，基部心形，两侧裂片圆形，下垂或稍扩展，长 1 ～ 1.5 cm，两面无毛；基出脉 5 ～ 7 条，邻近中脉的两侧脉平行向上，略开叉，其余向侧边延伸，各级叶脉在两面均明显；叶柄长 1 ～ 2 cm，柔弱。花单生或 2 朵聚生于叶腋；花梗长 1 ～ 1.5 cm，开花后期近顶端常稍弯，基部具小苞片；小苞片三角形，长 2 ～ 3 mm，易脱落；花被长 3 ～ 5.5 cm，基部膨大呈球形，与子房连接处具关节，直径 3 ～ 6 mm，向上收狭成一长管，管长 2 ～ 2.5 cm，直径 2 ～ 3 mm，管口扩大呈漏斗状，黄绿色，口部有紫斑，外面无毛，内面有腺体状毛；檐部一侧极短，另一侧渐延伸成舌片；舌片卵状披针形，向上渐狭，长 2 ～ 3 cm，顶端钝；花药卵形，贴生于合蕊柱近基部，并单个与其裂片对生；子房圆柱形，长约 10 mm，6 棱；合蕊柱顶

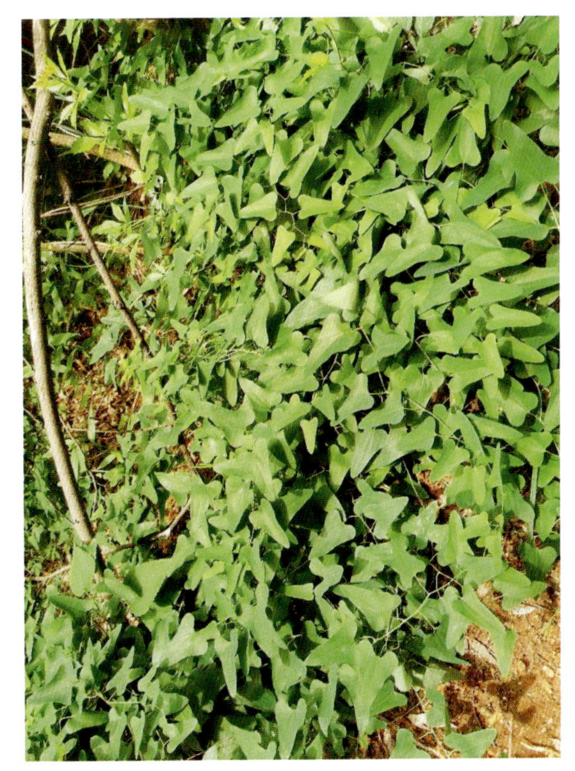

端6裂，稍具乳头状突起，裂片顶端钝，向下延伸形成波状圆环。蒴果近球形，顶端圆形而微凹，长约6 cm，直径约4 cm，具6棱，成熟时黄绿色，由基部向上沿室间6瓣开裂；果梗长2.5～5 cm，常撕裂成6条；种子扁平，钝三角形，长、宽均约4 mm，边缘具白色膜质宽翅。花期7—8月，果期9—10月。

【生境分布】生于海拔200～1500 m的山谷、沟边、路旁阴湿处及山坡灌丛中。全市各地有零星分布。

【药用部位】成熟果实（马兜铃）、根（青木香）、茎叶（天仙藤）。

【采收加工】成熟果实：9—10月果实由绿变黄时采摘，晒干。根：秋、冬季采挖，除去茎藤、须根和泥土，晒干或鲜用。茎叶：秋末叶未脱落时采割，扎把，晒干。

【性味归经】成熟果实：味苦，性微寒。归肺、大肠经。根：味辛、苦，性微寒。茎叶：味苦，性微寒。

【功能主治】成熟果实：清肺降气，止咳平喘，清肠消痔。用于肺热咳喘，痰中带血，肠热痔血，痔疮肿痛等。根：理气止痛，解毒散结。用于胸腹胀满，疝气，高血压，瘰疬，痈肿疔毒，毒蛇咬伤等。茎叶：活血通络，利水消肿。用于妊娠水肿，风湿痹痛等。

## 寻骨风

Xungufeng

【别名】绵毛马兜铃、白毛藤、猫耳朵。

【来源】马兜铃科关木通属植物寻骨风 *Isotrema mollissimum* (Hance) X. X. Zhu, S. Liao & J. S. Ma。

【植物形态】木质藤本。根细长，圆柱形；嫩枝密被灰白色长绵毛，老枝无毛，干后常有纵槽纹，暗褐色。叶纸质，卵形、卵状心形，长3.5～10 cm，宽2.5～8 cm，顶端钝圆至短尖，基部心形，基部两侧裂片广展，弯缺深1～2 cm，边全缘，上面被糙伏毛，下面密被灰色或白色长绵毛，基出脉5～7条，侧脉每边3～4条；叶柄长2～5 cm，密被白色长绵毛。花单生于叶腋，花梗长1.5～3 cm，直立或近顶端向下弯，中部或中部以下有小苞片；小苞片卵形或长卵形，长5～15 mm，宽3～10 mm，无柄，顶端短尖，两面被毛与叶相同；花被管中部弯曲，下部长1～1.5 cm，直径3～6 mm，弯曲处至檐部较下部短而狭，外面密生白色长绵毛，内面无毛；檐部盘状，圆形，直径2～2.5 cm，内面无毛或稍被微柔毛，浅黄色，并有紫色网纹，外面密生白色长绵毛，边缘浅3裂，裂片平展，阔三角形，近等大，顶端短尖或钝；喉部近圆形，直径2～3 mm，稍凸起，紫色；花药长圆形，成对贴生于合蕊柱近基部，并与其裂片对生；子房圆柱形，长约8 mm，密被白色长绵毛；合蕊柱顶端3裂；裂片顶端钝圆，边缘向下延伸，并具乳实状突起。蒴果长圆状或椭圆状倒卵形，长3～5 cm，直径1.5～2 cm，具6条呈波状或扭曲的棱或翅，暗褐色，密被细绵毛或毛常脱落而变无毛，成熟时自顶端向下6瓣开裂；种子卵状三角形，长约4 mm，宽约3 mm，背面平凸状，具皱纹和隆起的边缘，腹面凹入，中间具膜质种脊。花期4—6月，果期8—10月。

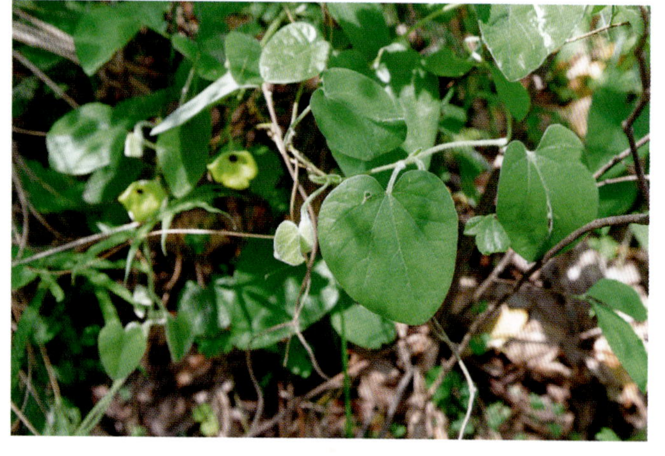

【生境分布】生于低山草丛、山坡灌丛及路旁。全市各地零星分布。

【药用部位】全草（寻骨风）、根（寻骨风根）。

【采收加工】全草：5 月开花前采收，连根挖出。除去泥土和杂质，洗净，切段，晒干。根：秋季采挖，除去茎叶、须根和泥土，晒干。

【性味归经】全草：味辛、苦，性平。归肝经。根：味苦，性平。

【功能主治】全草：祛风除湿，活血通络，止痛。用于风湿痹痛，肢体麻木，筋骨拘挛，脘腹疼痛，跌打伤痛，外伤出血，乳痈及多种化脓性感染等。根：祛风湿，通经络，活血止痛。用于风湿性关节炎，类风湿性关节炎，胃痛，疝气，跌打损伤，外伤出血等。

## 杜衡

Duheng

【别名】水马蹄、马辛、土细辛、马蹄细辛。

【来源】马兜铃科细辛属植物杜衡 *Asarum forbesii* Maxim.。

【植物形态】多年生草本。根状茎短，根丛生，稍肉质，直径 1 ～ 2 mm。叶片阔心形至肾心形，长和宽各为 3 ～ 8 cm，先端钝或圆，基部心形，两侧裂片长 1 ～ 3 cm，宽 1.5 ～ 3.5 cm，叶面深绿色，中脉两旁有白色云斑，脉上及其近边缘有短毛，叶背浅绿色；叶柄长 3 ～ 15 cm；芽苞叶肾心形或倒卵形，长和宽各约 1 cm，边缘有睫毛状毛。花暗紫色，花梗长 1 ～ 2 cm；花被管钟状或圆筒状，长 1 ～ 1.5 cm，直径 8 ～ 10 mm，喉部不缢缩，喉孔直径 4 ～ 6 mm，膜环极窄，宽不足 1 mm，内壁具明显格状网眼，花被裂片直立，卵形，长 5 ～ 7 mm，宽和长近相等，平滑、无乳突皱褶；药隔稍伸出；子房半下位，花柱离生，顶端 2 浅裂，柱头卵状，侧生。花期 4—5 月。

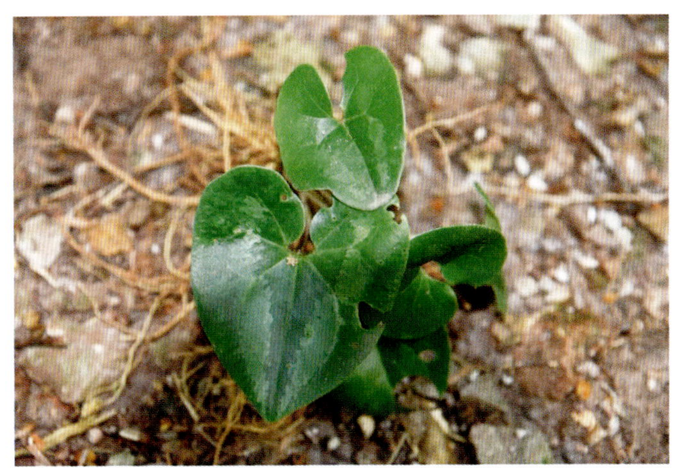

（摄于梁子湖区沼山森林公园）

【生境分布】生于林下或沟边阴湿地。梁子湖区有零星分布。

【药用部位】全草、根茎或根。

【采收加工】4—6 月采挖，洗净，晒干。

【性味归经】味辛，性温；有小毒。归肝、肾经。

【功能主治】祛风散寒，消痰行水，活血止痛，解毒。用于风寒感冒，痰饮咳喘，水肿，风寒湿痹，跌打损伤，头痛，龋齿痛，胃痛，痧气腹痛，瘰疬，肿毒，蛇咬伤等。

# 牻牛儿苗科

## 野老鹳草

Yelaoguancao

【别名】五叶草、老贯草、天罡草、破铜钱、老鸹嘴。

【来源】牻牛儿苗科老鹳草属植物野老鹳草 *Geranium carolinianum* L.。

【植物形态】一年生草本，高 20 ～ 60 cm，根纤细，单一或分枝，茎直立或仰卧，单一或多数，具棱角，密被倒向短柔毛。基生叶早枯，茎生叶互生或最上部对生；托叶披针形或三角状披针形，长 5 ～ 7 mm，宽 1.5 ～ 2.5 mm，外被短柔毛；茎下部叶具长柄，柄长为叶片的 2 ～ 3 倍，被倒向短柔毛，上部叶柄渐短；叶片圆肾形，长 2 ～ 3 cm，宽 4 ～ 6 cm，基部心形，掌状 5 ～ 7 裂近基部，裂片楔状倒卵形或菱形，下部楔形、全缘，上部羽状深裂，小裂片条状矩圆形，先端急尖，表面被短伏毛，背面主要沿脉被短伏毛。花序腋生和顶生，长于叶，被倒生短柔毛和开展的长腺毛，每总花梗具 2 花，顶生总花梗常数个集生，花序呈伞状；花梗与总花梗相似，等于或稍短于花；苞片钻状，长 3 ～ 4 mm，被短柔毛；萼片长卵形或近椭圆形，长 5 ～ 7 mm，宽 3 ～ 4 mm，先端急尖，具长约 1 mm 尖头，外被短柔毛或沿脉被开展的糙柔毛和腺毛；花瓣淡紫红色，倒卵形，稍长于萼，先端圆形，基部宽楔形，雄蕊稍短于萼片，中部以下被长糙柔毛；雌蕊稍长于雄蕊，密被糙柔毛。蒴果长约 2 cm，被短糙毛，果瓣由喙上部先裂向下卷曲。花期 4—7 月，果期 5—9 月。

【生境分布】生于平原和低山荒坡杂草丛中。全市各地均有分布。

【药用部位】地上部分。

【采收加工】夏、秋季果实近成熟时采割，捆成把，晒干。

【性味归经】味辛、苦，性平。归肝、肾、脾经。

【功能主治】祛风湿，通经络，止泻痢。用于风湿痹痛，麻木拘挛，筋骨酸痛，泄泻痢疾等。

# 毛茛科

## 毛茛

Maogen

【别名】水茛、毛建、猴蒜、老虎草、烂肺草。

【来源】毛茛科毛茛属植物毛茛 *Ranunculus japonicus* Thunb.。

【植物形态】多年生草本。须根多数簇生。茎直立，高 30 ～ 70 cm，中空，有槽，具分枝，生开展或贴伏的柔毛。基生叶多数；叶片圆心形或五角形，长及宽为 3 ～ 10 cm，基部心形或截形，通常 3 深裂不达基部，中裂片倒卵状楔形或宽卵圆形或菱形，3 浅裂，边缘有粗齿或缺刻，侧裂片不等 2 裂，两面贴生柔毛，下面或幼时的毛较密；叶柄长达 15 cm，生开展柔毛。下部叶与基生叶相似，渐向上叶柄变短，叶片较小，3 深裂，裂片披针形，有尖齿牙或再分裂；最上部叶线形，全缘，无柄。聚伞花序有多数花，疏散；花直径 1.5 ～ 2.2 cm；花梗长达 8 cm，贴生柔毛；萼片椭圆形，长 4 ～ 6 mm，生白柔毛；花瓣 5，倒卵状圆形，长 6 ～ 11 mm，宽 4 ～ 8 mm，基部有长约 0.5 mm 的爪，蜜槽鳞片长 1 ～ 2 mm；花药长约 1.5 mm；花托短小，无毛。聚合果近球形，直径 6 ～ 8 mm；瘦果扁平，长 2 ～ 2.5 mm，上部最宽处与长近相等，为厚的 5 倍以上，边缘有宽约 0.2 mm 的棱，无毛，喙短直或外弯，长约 0.5 mm。花果期 4—9 月。

【生境分布】生于田野、路边、水沟边草丛中或山坡湿草地。全市各地有零星分布。

【药用部位】全草及根。

【采收加工】夏末秋初采收全草及根，洗净，阴干。

【性味归经】味辛，性温；有毒。

【功能主治】退黄，定喘，截疟，止痛，消翳。用于黄疸，哮喘，疟疾，偏头痛，牙痛，鹤膝风，风湿关节痛，目生翳膜，瘰疬，疮痈肿毒等。

## 刺果毛茛

Ciguomaogen

【来源】毛茛科毛茛属植物刺果毛茛 *Ranunculus muricatus* L.。

【植物形态】一年生草本。须根扭转伸长。茎高 10 ～ 30 cm，自基部多分枝，倾斜上升，近无毛。基生叶和茎生叶均有长柄；叶片近圆形，长及宽为 2 ～ 5 cm，顶端钝，基部截形或稍心形，3 中裂至 3 深裂，裂片宽卵状楔形，边缘有缺刻状浅裂或粗齿，通常无毛；叶柄长 2 ～ 6 cm，无毛或边缘疏生柔毛，基部有膜质宽鞘。上部叶较小，叶柄较短。花多，直径 1 ～ 2 cm；花梗与叶对生，散生柔毛；萼片长椭圆形，长 5 ～ 6 mm，带膜质，或有柔毛；花瓣 5，狭倒卵形，长 5 ～ 10 mm，顶端圆形，基部狭窄成爪，蜜槽上有小鳞片；花药长圆形，长约 2 mm；花托疏生柔毛。聚合果球形，直径达 1.5 cm；瘦果扁平，椭圆形，长约 5 mm，宽约 3 mm，为厚的 5 倍以上，周围有宽约 0.4 mm 的棱翼，两面各生有一圈 10 多枚刺，刺直伸或钩曲，有疣基，喙基部宽厚，顶端稍弯，长达 2 mm。花果期 4—6 月。

【生境分布】生于道旁田野的杂草丛中。全市各地有零星分布。

【药用部位】全草。

【采收加工】夏、秋季采收，洗净，晒干。

【性味归经】味微苦、辛，性温。

【功能主治】除湿解毒。用于疮疖，堕胎等。

## 猫爪草

Maozhaocao

【别名】小毛茛、三散草。

【来源】毛茛科毛茛属植物猫爪草 *Ranunculus ternatus* Thunb.。

【植物形态】一年生草本。簇生多数肉质小块根，块根卵球形或纺锤形，顶端质硬，形似猫爪，直径 3 ～ 5 mm。茎铺散，高 5 ～ 20 cm，多分枝，较柔软，大多无毛。基生叶有长柄；叶片形状多变，单叶或三出复叶，宽卵形至圆肾形，长 5 ～ 40 mm，宽 4 ～ 25 mm，小叶 3 浅裂

至3深裂或多次细裂，末回裂片倒卵形至线形，无毛；叶柄长6～10 cm。茎生叶无柄，叶片较小，全裂或细裂，裂片线形，宽1～3 mm。花单生茎顶和分枝顶端，直径1～1.5 cm；萼片5～7，长3～4 mm，外面疏生柔毛；花瓣5～7或更多，黄色或后变白色，倒卵形，长6～8 mm，基部有长约0.8 mm的爪，蜜槽棱形；花药长约1 mm；花托无毛。聚合果近球形，直径约6 mm；瘦果卵球形，长约1.5 mm，无毛，边缘有纵肋，喙细短，长约0.5 mm。花期4—5月，果期5—6月。

【生境分布】生于平原湿草地、田边荒地或山坡草丛中。全市各地均有分布。

【药用部位】块根。

【采收加工】春季采挖，除去须根和泥沙，晒干。

【性味归经】味甘、辛，性温。归肝、肺经。

【功能主治】化痰散结，解毒消肿。用于瘰疬痰核，疔疮肿毒，蛇虫咬伤等。

## 石龙芮

Shilongrui

【别名】野芹菜、胡椒菜、鬼见愁。

【来源】毛茛科毛茛属植物石龙芮 *Ranunculus sceleratus* L.。

【植物形态】一年生草本。须根簇生。茎直立，高10～50 cm，直径2～5 mm，有时粗达1 cm，上部多分枝，具多数节，下部节上有时生根，无毛或疏生柔毛。基生叶多数；叶片肾状圆形，长1～4 cm，宽1.5～5 cm，基部心形，3深裂不达基部，裂片倒卵状楔形，不等2～3裂，顶端钝圆，有粗圆齿，无毛；叶柄长3～15 cm，近无毛。茎生叶多数，下部叶与基生叶相似；上部叶较小，3全裂，裂片披针形至线形，全缘，无毛，顶端钝圆，基部扩大成膜质宽鞘抱茎。聚伞花序有多数花；花小，直径4～8 mm；花梗长1～2 cm，无毛；萼片椭圆形，长2～3.5 mm，外面有短柔毛，花瓣5，倒卵形，等长或稍长于花萼，基部有短爪，蜜槽呈棱状袋穴；雄蕊10多枚，花药卵形，长约0.2 mm；花托在果期伸长增大成圆柱形，长3～10 mm，直径1～3 mm，生短柔毛。聚合果长圆形，长8～12 mm，为宽的2～3倍；瘦果极多数，近百枚，紧密排列，倒卵球形，稍扁，长1～1.2 mm，无毛，喙短至近无，长0.1～0.2 mm。花期4—6月，果期5—8月。

【生境分布】生于平原湿地或河沟边。全市各地有零星分布。

【药用部位】全草、果实。

【采收加工】全草：在开花末期采收全草，洗净鲜用或阴干备用。果实：夏季采收，除去杂质，晒干备用。

【性味归经】全草：味苦、辛，性寒；有毒。果实：味苦，性平。归心经。

【功能主治】全草：清热解毒，消肿散结，止痛，截疟。用于痈疖肿毒，毒蛇咬伤，瘰核瘰疬，风湿关节肿痛，牙痛，疟疾等。果实：和胃，益肾，明目，祛风湿。用于心腹烦满，肾虚遗精，阳痿阴冷，不育无子，风寒湿痹等。

## 华东唐松草

Huadongtangsongcao

【来源】毛茛科唐松草属植物华东唐松草 *Thalictrum fortunei* S. Moore。

【植物形态】植株全体无毛。茎高 20 ~ 66 cm，自下部或中部分枝。基生叶有长柄，为二至三回三出复叶；叶片宽 5 ~ 10 cm；小叶草质，背面粉绿色，顶生小叶近圆形，直径 1 ~ 2 cm，顶端圆形，基部圆形或浅心形，不明显 3 浅裂，边缘有浅圆齿，侧生小叶的基部斜心形，脉在下面隆起，脉网明显；叶柄细，有细纵槽，长约 6 cm，基部有短鞘，托叶膜质，半圆形，全缘。复单歧聚伞花序圆锥状；花梗丝形，长 0.6 ~ 1.6 cm；萼片 4，白色或淡堇色，倒卵形，长 3 ~ 4.5 mm；花药椭圆形，长 0.5 ~ 1.2 mm，先端钝，花丝比花药宽或窄，上部倒披针形；心皮 3 ~ 6，子房长圆形，长 2 ~ 2.5 mm，花柱短，直或顶端弯曲，沿腹面生柱头组织。瘦果无柄，圆柱状长圆形，长 4 ~ 5 mm，有 6 ~ 8 条纵肋，宿存花柱长 1 ~ 1.2 mm，顶端通常拳卷。花果期 3—8 月。

【生境分布】生于丘陵地带或山地林下阴湿处。全市各地有零星分布。

【药用部位】根及根茎。

【采收加工】春、秋季挖根茎及根，除去地上茎叶，洗去泥土，晒干。

【性味归经】味苦，性寒。归大肠、肝经。

【功能主治】清热，泻火，解毒。用于痢疾，腹泻，目赤肿痛，湿热黄疸等。

## 天葵

Tiankui

【别名】耗子屎、紫背天葵、千年老鼠屎、夏无踪。

【来源】毛茛科天葵属植物天葵 *Semiaquilegia adoxoides* (DC.) Makino。

【植物形态】块根长 1 ~ 2 cm，粗 3 ~ 6 mm，外皮棕黑色。茎 1 ~ 5 条，高 10 ~ 32 cm，直径 1 ~ 2 mm，被稀疏的白色柔毛，分歧。基生叶多数，为掌状三出复叶；叶片轮廓卵圆形至肾形，长 1.2 ~ 3 cm；小叶扇状菱形或倒卵状菱形，长 0.6 ~ 2.5 cm，宽 1 ~ 2.8 cm，3 深裂，深裂片又有 2 ~ 3 个小裂片，两面均无毛；叶柄长 3 ~ 12 cm，基部扩大成鞘状。茎生叶与基生叶相似。花小，直径 4 ~ 6 mm；苞片小，倒披针形至倒卵圆形，不裂或 3 深裂；花梗纤细，长 1 ~ 2.5 cm，被伸展的白色短柔毛；萼片白色，常带淡紫色，狭椭圆形，长 4 ~ 6 mm，宽 1.2 ~ 2.5 mm，顶端急尖；花瓣匙形，长 2.5 ~ 3.5 mm，顶端近截形，基部凸起呈囊状；雄蕊退化雄蕊约 2 枚，线状披针形，白膜质，与花丝近等长；心皮无毛。蓇葖卵状长椭圆形，长 6 ~ 7 mm，宽约 2 mm，表面具凸起的横向脉纹，种子卵状椭圆形，褐色至黑褐色，长约 1 mm，表面有许多小瘤状突起。花期 3—4 月，果期 4—5 月。

【生境分布】生于疏林下、草丛、沟边、路旁或山谷地的较阴处。全市各地均有分布。

【药用部位】块根。

【采收加工】夏初采挖，洗净，干燥，除去须根。

【性味归经】味甘、苦，性寒。归肝、胃经。

【功能主治】清热解毒，消肿散结。用于痈肿疔疮，乳痈，瘰疬，蛇虫咬伤等。

## 威灵仙

Weilingxian

【别名】铁脚威灵仙、百条根、老虎须、铁扫帚。

【来源】毛茛科铁线莲属植物威灵仙 *Clematis chinensis* Osbeck。

【植物形态】木质藤本。干后变黑色。茎、小枝近无毛或疏生短柔毛。一回羽状复叶有 5 小叶，有时 3 或 7，偶尔基部一对以至第二对 2 ~ 3 裂至 2 ~ 3 小叶；小叶片纸质，卵形至卵状披针形，或为线状披针形、卵圆形，长 1.5 ~ 10 cm，宽 1 ~ 7 cm，顶端锐尖至渐尖，偶有微凹，基部圆形、宽楔形至浅心形，全缘，两面近无毛，或疏生短柔毛。常为圆锥状聚伞花序，多花，腋生或顶生；花直径 1 ~ 2 cm；萼片 4 ~ 5，开展，白色，长圆形或长圆状倒卵形，长 0.5 ~ 1.5 cm，顶端常突尖，外面边缘密生茸毛或中间有短柔毛，雄蕊无毛。瘦果扁，3 ~ 7 个，卵形至宽椭圆形，长 5 ~ 7 mm，有柔毛，宿存花柱长 2 ～ 5 cm。花期 6—9 月，果期 8—11 月。

【生境分布】生于海拔 80 ～ 1500 m 的山坡、山谷灌丛中、沟边路旁草丛中。全市各地均有分布。

【采收加工】秋季采挖，除去泥沙，晒干。

【性味归经】味辛、咸，性温。归膀胱经。

【功能主治】祛风湿，通经络。用于风湿痹痛，肢体麻木，筋脉拘挛，屈伸不利等。

# 茅膏菜科

## 茅膏菜

Maogaocai

【别名】石龙芽草、捕虫草、食虫草。

【来源】茅膏菜科茅膏菜属植物茅膏菜 *Drosera peltata* Thunb.。

【植物形态】多年生草本，直立，有时攀援状，高 9 ～ 32 cm，淡绿色，具紫红色汁液；鳞茎状球茎紫色，球形，直径 1 ～ 8 mm；茎地下部分长 1 ～ 4 cm，地上部分通常直，无毛或具乳突状黑色腺点，顶部 3 至多分枝。基生叶密集成近一轮或最上几片着生于节间伸长的茎上，退化、脱落或最下数片不退化、宿存；退化基生叶线状钻形，长约 2 mm；不退化基生叶圆形或扁圆形，叶柄长 2 ～ 8 mm，叶片长 2 ～ 4 mm；茎生叶稀疏，盾状，互生，叶柄长 8 ～ 13 mm；叶片半月形或半圆形，长 2 ～ 3 mm，基部近截平，叶缘密具单一或成对而一长一短的头状黏腺毛，背面无毛。螺状聚伞花序生于枝顶和茎顶，分叉或二歧状分枝，或不分枝，具花 3 ～ 22 朵；花序下部的苞片楔形或倒披针形，顶部具 3 ～ 5 腺齿或全缘，边缘无毛或被腺毛，两面无毛或背面密被腺毛，中、上部的苞片渐狭为钻形；花梗长 6 ～ 20 mm；花萼长约 4 mm，5 ～ 7 裂，裂片大小不一，歪斜、一边具角的披针形或卵形，背面疏或密被长腺毛，边缘全部或仅中部以上密被长腺毛，整齐或仅顶部稍缺裂；花瓣楔形，白色、淡红色或红色，基部有黑点或无；

雄蕊5，长约5 mm；子房近球形，淡绿色，无毛，1室，胚珠多数，花柱3～5，稀6，各2深裂，裂条顶部分别为2～3和3～5浅裂。蒴果长2～4 mm，3～5裂，稀6裂。种子椭圆形、卵形或球形，种皮脉纹加厚成蜂房格状。花果期6—9月。

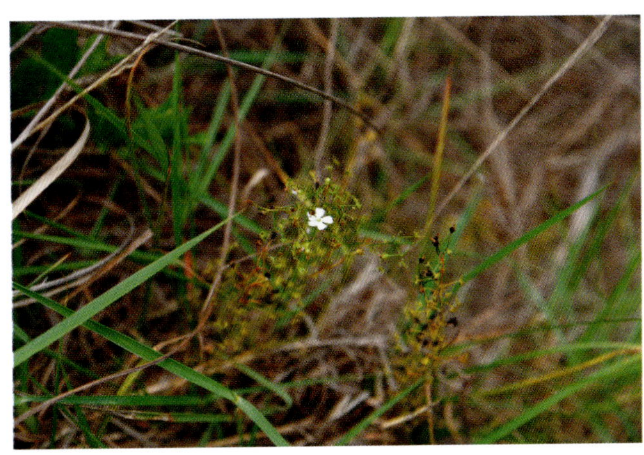

（摄于梁子湖区莲花黄后山）

【生境分布】生于山坡潮湿地的松林下、草丛中或溪沟边。梁子湖区有零星分布。

【药用部位】全草。

【采收加工】5—6月采，鲜用或晒干。

【性味归经】味甘、辛，性平；有毒。归脾经。

【功能主治】祛风止痛，活血，解毒。用于风湿痹痛，跌打损伤，腰肌劳损，胃痛，感冒，咽喉肿痛，痢疾，疟疾，小儿疳积，目翳，瘰疬，湿疹，疥疮等。

# 母草科

## 母草

Mucao

【别名】四方拳草、蛇通管、气痛草、四方草、小叶蛇针草。

【来源】母草科陌上菜属植物母草 *Lindernia crustacea* (L.) F. Muell.。

【植物形态】一年生草本，根须状。高10～20 cm，常铺散成密丛，多分枝，枝弯曲上升，微方形有深沟纹，无毛。叶柄长1～8 mm；叶片三角状卵形或宽卵形，长10～20 mm，宽5～11 mm，顶端钝或短尖，基部宽楔形或近圆形，边缘有浅钝锯齿，上面近于无毛，下面沿叶脉有稀疏柔毛或近于无毛。花单生于叶腋或在茎枝之顶成极短的总状花序，花梗细弱，长5～22 mm，有沟纹，近于无毛；花萼坛状，长3～5 mm，成腹面较深，而侧、背均开裂较浅的5齿，齿三角状卵形，中肋明显，外面有稀疏粗毛；

花冠紫色，长 5 ～ 8 mm，管略长于萼，上唇直立，卵形，钝头，有时 2 浅裂，下唇 3 裂，中间裂片较大，仅稍长于上唇；雄蕊 4，全育，二强；花柱常早落。蒴果椭圆形，与宿萼近等长；种子近球形，浅黄褐色，有明显的蜂窝状瘤突。花、果期全年。

【生境分布】生于田边、草地、路边等低湿处。全市各地有零星分布。

【药用部位】全草。

【采收加工】夏、秋季采收，鲜用或晒干。

【性味归经】味微苦、淡，性凉。归心、肺、大肠经。

【功能主治】清热利湿，活血止痛。用于风热感冒，湿热泻痢，肾炎水肿，带下，月经不调，痈疖肿毒，毒蛇咬伤，跌打损伤等。

## 泥花草

Nihuacao

【别名】米碎草、水虾子草、羊角草、田香蕉、定经草。

【来源】母草科陌上菜属植物泥花草 *Lindernia antipoda* (L.) Alston。

【植物形态】一年生草本，根须状成丛；茎幼时亚直立，长大后多分枝，枝基部匍匐，下部节上生根，弯曲上升，高可达 30 cm，茎枝有沟纹，无毛。叶片矩圆形、矩圆状披针形、矩圆状倒披针形或几为条状披针形，长 0.3 ～ 4 cm，宽 0.6 ～ 1.2 cm，顶端急尖或圆钝，基部下延有宽短叶柄，而近于抱茎，边缘有少数不明显的锯齿至有明显的锐锯齿或近于全缘，两面无毛。花多在茎枝之顶成总状着生，花序长者可达 15 cm，含花 2 ～ 20 朵；苞片钻形；花梗有条纹，顶端变粗，长者可达 1.5 cm，花期上升或斜展，在果期平展或反折；萼仅基部连合，齿 5，条状披针形，沿中肋和边缘略有短硬毛；花冠紫色、紫白色或白色，长可达 1 cm，管长可达 7 mm，上唇 2 裂，下唇 3 裂，上、下唇近等长；后方一对雄蕊有性，前方一对退化，药消失，花丝端钩曲有腺；花柱细，柱头扁平，片状。蒴果圆柱形，顶端渐尖，长约为宿萼的 2 倍或较多；种子为不规则三棱状卵形，褐色，有网状孔纹。花、果期为春季至秋季。

【生境分布】生于田边及潮湿的草地中。全市各地有零星分布。

【药用部位】全草。

【采收加工】夏、秋季采收，鲜用或切段晒干。

【性味归经】味甘、微苦，性寒。

【功能主治】清热解毒，利尿通淋，活血消肿。用于肺热咳嗽，咽喉肿痛，泄泻，目赤肿痛，痈疽疔毒，跌打损伤，毒蛇咬伤等。

# 木兰科

## 鹅掌楸

Ezhangqiu

【别名】马褂木。

【来源】木兰科鹅掌楸属植物鹅掌楸 *Liriodendron chinense* (Hemsl.) Sarg.。

【植物形态】乔木，高达 40 m，胸径 1 m 以上，小枝灰色或灰褐色。叶马褂状，长 4 ～ 18 cm，近基部每边具 1 侧裂片，先端具 2 浅裂，下面苍白色，叶柄长 4 ～ 16 cm。花杯状，花被片 9，外轮 3 片绿色，萼片状，向外弯垂，内两轮 6 片、直立，花瓣状、倒卵形，长 3 ～ 4 cm，绿色，具黄色纵条纹，花药长 10 ～ 16 mm，花丝长 5 ～ 6 mm，花期时雌蕊群超出花被之上，心皮黄绿色。聚合果长 7 ～ 9 cm，具翅的小坚果长约 6 mm，顶端钝或钝尖，具种子 1 ～ 2 颗。花期 5 月，果期 9—10 月。

【生境分布】生于山地林中、阴坡水沟边，或栽培作观赏。全市各地有零星分布。

【药用部位】树皮、根。

【采收加工】树皮：夏、秋季采收，晒干。根：秋季采挖，除尽泥土，鲜用或晒干。

【性味归经】树皮：味辛，性温。归肺经。根：味辛，性温。归肝、肾经。

【功能主治】树皮：祛风除湿，散寒止咳。用于风湿痹痛，风寒咳嗽等。根：祛风湿，强筋骨。用于风湿关节痛，肌肉痿软等。

## 荷花玉兰

Hehuayulan

【别名】广玉兰、洋玉兰、白玉兰。

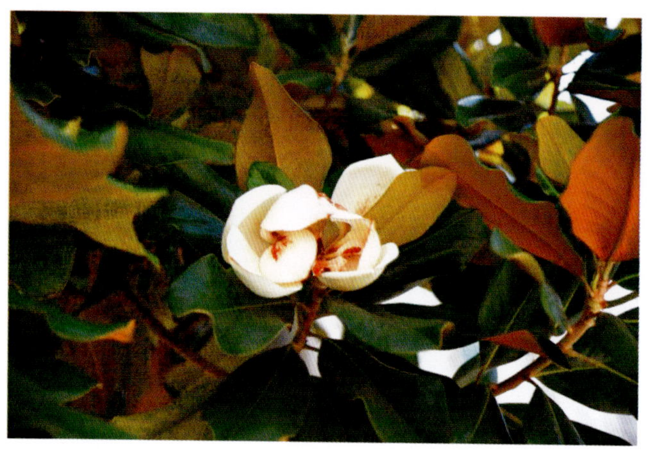

【来源】木兰科北美木兰属植物荷花玉兰 *Magnolia grandiflora* L.。

【植物形态】常绿乔木，高达 30 m。树皮淡褐色或灰色，薄鳞片状开裂；小枝粗壮，具横隔的髓心；小枝、芽、叶下面、叶柄均密被褐色或灰褐色短茸毛（幼树的叶下面无毛）。叶厚革质，椭圆形、长圆状椭圆形或倒卵状椭圆形，长 10 ～ 20 cm，宽 4 ～ 10 cm，先端钝或短钝尖，基部楔形，叶面深绿色，有光泽；侧脉每边 8 ～ 10 条；叶柄长 1.5 ～ 4 cm，无托叶痕，具深沟。花白色，有芳香，直径 15 ～ 20 cm；花被片 9 ～ 12，厚肉质，倒卵形，长 6 ～ 10 cm，宽 5 ～ 7 cm；雄蕊长约 2 cm，花丝扁平，紫色，花药内向，药隔伸出成短尖；雌蕊群椭圆形，密被长茸毛；心皮卵形，长 1 ～ 1.5 cm，花柱呈卷曲状。聚合果圆柱状长圆形或卵圆形，长 7 ～ 10 cm，直径 4 ～ 5 cm，密被褐色或淡灰黄色茸毛；蓇葖背裂，背面圆，顶端外侧具长喙；种子近卵圆形或卵形，长约 14 mm，直径约 6 mm，外种皮红色，除去外种皮的种子，顶端延长成短颈。花期 5—6 月，果期 9—10 月。

【生境分布】多栽培于庭院、路旁。全市各地均有分布。

【药用部位】花和树皮。

【采收加工】春季采收未开放的花蕾，白天暴晒，晚上发汗，五成干时，堆放 1 ～ 2 天，再晒至全干。树皮随时可采。

【性味归经】味辛，性温。归肺、胃、肝经。

【功能主治】祛风散寒，行气止痛。用于外感风寒，头痛鼻塞，脘腹胀痛，呕吐腹泻，高血压，偏头痛等。

## 厚朴

Houpo

【别名】厚皮、赤朴、烈朴、川朴、紫油厚朴。

【来源】木兰科厚朴属植物厚朴 *Houpoea officinalis* (Rehder & E. H. Wilson) N. H. Xia & C. Y. Wu。

【植物形态】落叶乔木，高达 20 m。树皮厚，褐色，不开裂，小枝粗壮，淡黄色或灰黄色，幼时有绢毛，顶芽大，狭卵状圆锥形，无毛。叶大，近革质，7 ～ 9 片聚生于枝端，长圆状倒卵形，长 22 ～ 45 cm，宽 10 ～ 24 cm，先端具短急尖或圆钝，基部楔形，全缘而微波状，上面绿色，无毛，下面灰绿色，被灰色柔毛，有白粉；叶柄粗壮，长 2.5 ～ 4 cm，托叶痕长为叶柄的 2/3。花白色，直径 10 ～ 15 cm，芳香；花梗粗短，被长柔毛，离花被片下 1 cm 处具包片脱落痕，花被片 9 ～ 17，厚肉质，外轮 3 片淡绿色，长圆状倒卵形，长 8 ～ 10 cm，宽 4 ～ 5 cm，盛开时常向外反卷，内两轮白色，倒卵状匙形，长 8 ～ 8.5 cm，宽 3 ～ 4.5 cm，基部具爪，最内轮 7 ～ 8.5 cm，花盛开时中内轮直立；雄蕊约 72 枚，长 2 ～ 3 cm，花药长 1.2 ～ 1.5 cm，内向开裂，花丝长 4 ～ 12 mm，红色；雌蕊群椭圆状卵圆形，长 2.5 ～ 3 cm。聚合果长圆状卵圆形，长 9 ～ 15 cm；蓇葖具长 3 ～ 4 mm 的喙；种子三角状倒卵形，长约 1 cm。花期 5—6 月，果期 8—10 月。

【生境分布】生于海拔 300 ～ 1500 m 的山地林间、房前屋后、旱地坡坎。现多为栽培。全市各地有零星分布。

【药用部位】干皮、根皮及枝皮（厚朴），花（厚朴花）。

【采收加工】干皮、根皮及枝皮：4—6 月剥取，根皮和枝皮直接阴干；干皮置沸水中微煮后，堆置阴湿处，“发汗”至内表面变紫褐色或棕褐色时，蒸软，取出，卷成筒状，干燥。花：春季花未开放时采摘，稍蒸后，晒干或低温干燥。

【性味归经】干皮、根皮及枝皮：味苦、辛，性温。归脾、胃、肺、大肠经。花：味苦，性微温。归脾、胃经。

【功能主治】干皮、根皮及枝皮：燥湿消痰，下气除满。用于湿滞伤中，脘痞吐泻，食积气滞，腹胀便秘，痰饮咳喘等。花：芳香化湿，理气宽中。用于脾胃湿阻气滞，胸脘痞闷胀满，纳谷不香等。

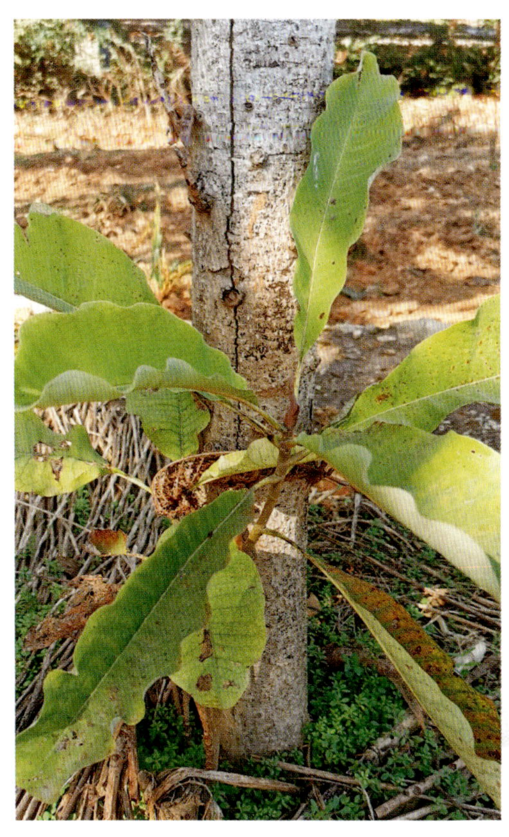

## 玉兰
Yulan

【别名】白玉兰。

【来源】木兰科玉兰属植物玉兰 *Yulania denudata* (Desr.) D. L. Fu。

【植物形态】落叶乔木，高达 25 m，胸径 1 m，枝广展形成宽阔的树冠；树皮深灰色，粗糙开裂；小枝稍粗壮，灰褐色；冬芽及花梗密被淡灰黄色长绢毛。叶纸质，倒卵形、宽倒卵形或倒卵状椭圆形，基部徒长枝叶椭圆形，长 10 ～ 18 cm，宽 6 ～ 12 cm，先端宽圆、平截或稍凹，具短突尖，中部以下渐狭成楔形，叶上深绿色，嫩时被柔毛，后仅中脉及侧脉留有柔毛，下面淡绿色，沿脉上被柔毛，侧脉每边 8 ～ 10 条，网脉明显；叶柄长 1 ～ 2.5 cm，被柔毛，上面具狭纵沟；托叶痕为叶柄长的 1/4 ～ 1/3。花蕾卵圆形，花先叶开放，直立，芳香，直径 10 ～ 16 cm；花梗显著膨大，密被淡黄色长绢毛；花被片 9 片，白色，基部常带粉红色，近相似，长圆状倒卵形，长 6 ～ 10 cm，宽 2.5 ～ 6.5 cm；雄蕊长 7 ～ 12 mm，花药长 6 ～ 7 mm，侧向开裂；药隔宽约 5 mm，顶端伸出成短尖头；雌蕊群淡绿色，无毛，圆

柱形，长 2 ～ 2.5 cm；雌蕊狭卵形，长 3 ～ 4 mm，具长 4 mm 的锥尖花柱。聚合果圆柱形（在庭院栽培种常因部分心皮不育而弯曲），长 12 ～ 15 cm，直径 3.5 ～ 5 cm；蓇葖厚木质，褐色，具白色皮孔；种子心形，侧扁，高约 9 mm，宽约 10 mm，外种皮红色，内种皮黑色。花期 2—3 月，果期 8—9 月。

【生境分布】生于海拔 500 ～ 1000 m 的林中。现多为栽培。全市各地均有分布。

【药用部位】干燥花蕾（辛夷）。

【采收加工】冬末春初花未开放时采收，除去枝梗，阴干。

【性味归经】味辛，性温。归肺、胃经。

【功能主治】散风寒，通鼻窍。用于风寒头痛，鼻塞流涕，鼻鼽，鼻渊等。

# 木通科

## 木通

Mutong

【别名】活血藤、八月炸藤、野木瓜、羊开口、五拿绳。

【来源】木通科木通属植物木通 *Akebia quinata* (Houtt.) Decne.。

【植物形态】落叶木质藤本。茎纤细，圆柱形，缠绕，茎皮灰褐色，有圆形、小而凸起的皮孔；芽鳞片覆瓦状排列，淡红褐色。掌状复叶互生或在短枝上的簇生，通常有小叶 5 片，偶有 3 ～ 4 片或 6 ～ 7 片；叶柄纤细，长 4.5 ～ 10 cm；小叶纸质，倒卵形或倒卵状椭圆形，长 2 ～ 5 cm，宽 1.5 ～ 2.5 cm，先端圆或凹入，具小突尖，基部圆或阔楔形，上面深绿色，下面青白色；中脉在上面凹入，下面凸起，侧脉每边 5 ～ 7 条，与网脉均在两面凸起；小叶柄纤细，长 8 ～ 10 mm，中间 1 枚长可达 18 mm。伞房花序式的总状花序腋生，长 6 ～ 12 cm，疏花，基部有 1 ～ 2 朵雌花，上部有 4 ～ 10 朵雄花；总花梗长 2 ～ 5 cm；着生于缩短的侧枝上，基部为芽鳞片所包托；花略芳香。雄花：花梗纤细，长 7 ～ 10 mm；萼片通常 3，有时 4 或 5，淡紫色，偶有淡绿色或白色，兜状阔卵形，顶端圆形，长 6 ～ 8 mm，宽 4 ～ 6 mm；雄蕊 6（7），离生，初时直立，后内弯，花丝极短，花药长圆形，钝头；退化心皮 3 ～ 6 枚，小。雌花：花梗细长，长 2 ～ 5 cm；萼片暗紫色，偶有绿色或白色，阔椭圆形至近圆形，长 1 ～ 2 cm，宽 8 ～ 15 mm；心皮 3 ～ 9 枚，离生，圆柱形，柱头盾状，顶生；退化雄蕊 6 ～ 9 枚。果孪生或单生，

长圆形或椭圆形，长 5 ～ 8 cm，直径 3 ～ 4 cm，成熟时紫色，腹缝开裂；种子多数，卵状长圆形，略扁平，不规则的多行排列，着生于白色、多汁的果肉中，种皮褐色或黑色，有光泽。花期 4—5 月，果期 6—8 月。

【生境分布】生于山地灌丛、林缘和沟谷中。全市各地有零星分布。

【药用部位】藤茎（木通）、果实（预知子）。

【采收加工】藤茎：秋季采收，截取茎部，除去细枝，阴干。果实：夏、秋季果实绿黄时采收，晒干，或置沸水中略烫后晒干。

【性味归经】藤茎：味苦，性寒。归心、小肠、膀胱经。果实：味苦，性寒。归肝、胆、胃、膀胱经。

【功能主治】藤茎：利尿通淋，清心除烦，通经下乳。用于淋证，水肿，心烦尿赤，口舌生疮，经闭乳少，湿热痹痛等。果实：疏肝理气，活血止痛，散结，利尿。用于脘胁胀痛，痛经经闭，痰核痞块，小便不利等。

## 三叶木通

Sanyemutong

【别名】八月炸、中华肾果、阴阳果、猪腰子。

【来源】木通科木通属植物三叶木通 *Akebia trifoliata* (Thunb.) Koidz.。

【植物形态】落叶木质藤本。茎皮灰褐色，有稀疏的皮孔及小疣点。掌状复叶互生或在短枝上的簇生；叶柄直，长 7 ～ 11 cm；小叶 3 片，纸质或薄革质，卵形至阔卵形，长 4 ～ 7.5 cm，宽 2 ～ 6 cm，先端通常钝或略凹入，具小突尖，基部截平或圆形，边缘具波状齿或浅裂，上面深绿色，下面浅绿色；侧脉每边 5 ～ 6 条，与网脉同在两面略凸起；中央小叶柄长 2 ～ 4 cm，侧生小叶柄长 6 ～ 12 mm。总状花序自短枝上簇生叶中抽出，下部有 1 ～ 2 朵雌花，上部有 15 ～ 30 朵雄花，长 6 ～ 16 cm；总花梗纤细，长约 5 cm。雄花：花梗丝状，长 2 ～ 5 mm；萼片 3，淡紫色，阔椭圆形或椭圆形，长 2.5 ～ 3 mm；雄蕊 6，离生，排列为杯状，花丝极短，药室在开花时内弯；退化心皮 3，长圆状锥形。雌花：花梗稍较雄花的粗，长 1.5 ～ 3 cm；萼片 3，紫褐色，近圆形，长 10 ～ 12 mm，宽约 10 mm，先端圆而略凹入，开花时广展反折；退化雄蕊 6 或更多，小，长圆形，无花丝；心皮 3 ～ 9，离生，圆柱形，直，长（3）4 ～ 6 mm，柱头头状，具乳突，橙黄色。果长圆形，长 6 ～ 8 cm，直径 2 ～ 4 cm，直或稍弯，成熟时灰白略带淡紫色；种子极多数，扁卵形，长 5 ～ 7 mm，宽 4 ～ 5 mm，种皮红褐色或黑褐色，稍有光泽。花期 4—6 月，果期 7—9 月。

【生境分布】生于海拔 250 ～ 2000 m 的山地沟谷边疏林或丘陵灌丛中。全市各地有零星分布。

【药用部位】藤茎（木通）、果实（预知子）。

【采收加工】 同“木通”。

【性味归经】 同“木通”。

【功能主治】 同“木通”。

# 木樨科

## 连翘

Lianqiao

【别名】连壳、黄花条、黄链条花、黄奇丹、落翘。

【来源】木樨科连翘属植物连翘 *Forsythia suspensa* (Thunb.) Vahl。

【植物形态】落叶灌木。枝开展或下垂，棕色、棕褐色或淡黄褐色，小枝土黄色或灰褐色，略呈四棱形，疏生皮孔，节间中空，节部具实心髓。叶通常为单叶，或3裂至三出复叶，叶片卵形、宽卵形或椭圆状卵形至椭圆形，长2～10 cm，宽1.5～5 cm，先端锐尖，基部圆形、宽楔形至楔形，叶缘除基部外具锐锯齿或粗锯齿，上面深绿色，下面淡黄绿色，两面无毛；叶柄长0.8～1.5 cm，无毛。花通常单生或2至数朵着生于叶腋，先于叶开放；花梗长5～6 mm；花萼绿色，裂片长圆形或长圆状椭圆形，长5～7 mm，先端钝或锐尖，边缘具睫毛状毛，与花冠管近等长；花冠黄色，裂片倒卵状长圆形或长圆形，长1.2～2 cm，宽6～10 mm；在雌蕊长5～7 mm的花中，雄蕊长3～5 mm，在雄蕊长6～7 mm的花中，雌蕊长约3 mm。果卵球形、卵状椭圆形或长椭圆形，长1.2～2.5 cm，宽0.6～1.2 cm，先端喙状渐尖，表面疏生皮孔；果梗长0.7～1.5 cm。花期3—4月，果期7—9月。

【生境分布】生于山野荒坡间，各地亦有栽培。鄂城区有种植。

【药用部位】果实。

【采收加工】秋季果实初熟尚带绿色时采收，除去杂质，蒸熟，晒干，习称“青翘”；果实熟透时采收，晒干，除去杂质，习称“老翘”。

【性味归经】味苦，性微寒。归肺、心、小肠经。

【功能主治】清热解毒，消肿散结，疏风散热。用于痈疽，瘰疬，乳痈，丹毒，风热感冒，温病初起，温热入营，高热烦渴，神昏发斑，热淋涩痛等。

## 木樨
Muxi

【别名】丹桂、刺桂、桂花、四季桂、银桂。

【来源】木樨科木樨属植物木樨 *Osmanthus fragrans* (Thunb.) Lour.。

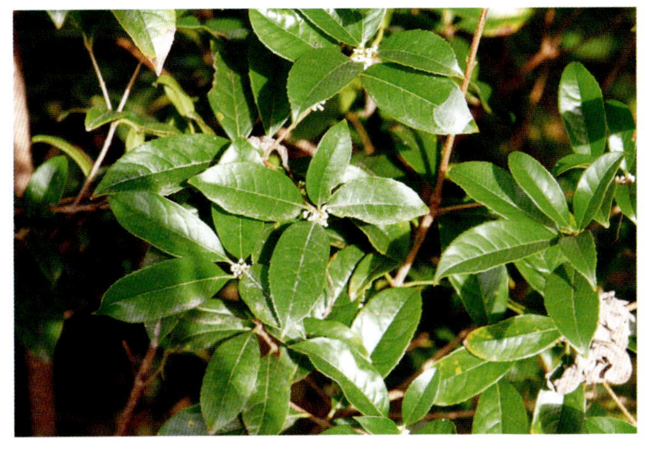

【植物形态】常绿乔木或灌木，高 3 ~ 5 m，最高可达 18 m；树皮灰褐色。小枝黄褐色，无毛。叶片革质，椭圆形、长椭圆形或椭圆状披针形，长 7 ~ 14.5 cm，宽 2.6 ~ 4.5 cm，先端渐尖，基部渐狭呈楔形或宽楔形，全缘或通常上半部具细锯齿，两面无毛，腺点在两面连成小水泡状突起，中脉在上面凹入，下面凸起，侧脉 6 ~ 8 对，多达 10 对，在上面凹入，下面凸起；叶柄长 0.8 ~ 1.2 cm，最长可达 15 cm，无毛。聚伞花序簇生于叶腋，或近于帚状，每腋内有花多朵；苞片宽卵形，质厚，长 2 ~ 4 mm，具小尖头，无毛；花梗细弱，长 4 ~ 10 mm，无毛；花极芳香；花萼长约 1 mm，裂片稍不整齐；花冠黄白色、淡黄色、黄色或橘红色，长 3 ~ 4 mm，花冠管仅长 0.5 ~ 1 mm；雄蕊着生于花冠管中部，花丝极短，长约 0.5 mm，花药长约 1 mm，药隔在花药先端稍延伸呈不明显的小尖头；雌蕊长约 1.5 mm，花柱长约 0.5 mm。果歪斜，椭圆形，长 1 ~ 1.5 cm，呈紫黑色。花期 9—10 月上旬，果期翌年 3 月。

【生境分布】全市各地均有分布。

【药用部位】花、果实、枝叶、根。

【采收加工】花：9—10 月开花时采收，拣去杂质，阴干，密闭储藏。果实：4—5 月果实成熟时采收，用温水浸泡后晒干。枝叶：全年均可采，鲜用或晒干。根：秋季采挖老树的根或剥取根皮，洗净、切片，晒干。

【性味归经】花：味辛，性温。归肺、脾、肾经。果实：味甘、辛，性温。归肝、胃经。枝叶：味辛、微甘，性温。根：味辛、甘，性温。归胃、肾、肝经。

【功能主治】花：温肺化饮，散寒止痛。用于痰饮咳喘，脘腹冷痛，肠风血痢，经闭痛经，寒疝腹痛，牙痛，口臭等。果实：温中行气止痛。用于胃寒疼痛，肝胃气痛等。枝叶：发表散寒，祛风止痒。用于风寒感冒，皮肤瘙痒，漆疮等。根：祛风止痛。用于胃痛，风湿麻木，筋骨疼痛，牙痛等。

## 女贞
Nüzhen

【别名】大叶女贞、女桢、蜡树、冬青、桢木。

【来源】木樨科女贞属植物女贞 *Ligustrum lucidum* W. T. Aiton。

【植物形态】灌木或乔木，高可达 25 m；树皮灰褐色。枝黄褐色、灰色或紫红色，圆柱形，疏生圆形或长圆形皮孔。叶片常绿，革质，卵形、长卵形或椭圆形至宽椭圆形，长 6 ~ 17 cm，宽 3 ~ 8 cm，先端锐尖至渐尖或钝，基部圆形或近圆形，有时宽楔形或渐狭，叶缘平坦，上面光亮，两面无毛，中脉在上面凹入，下面凸起，侧脉 4 ～ 9 对，两面稍凸起或有时不明显；叶柄长 1 ～ 3 cm，上面具沟，无毛。圆锥花序顶生，长 8 ～ 20 cm，宽 8 ～ 25 cm；花序梗长 0 ～ 3 cm；花序轴及分枝轴无毛，紫色或黄棕色，果时具棱；花序基部苞片常与叶同型，小苞片披针形或线形，长 0.5 ～ 6 cm，宽 0.2 ～ 1.5 cm，凋落；花无梗或近无梗，长不超过 1 mm；花萼无毛，长 1.5 ～ 2 mm，齿不明显或近截形；花冠长 4 ～ 5 mm，花冠管长 1.5 ～ 3 mm，裂片长 2 ～ 2.5 mm，反折；花丝长 1.5 ～ 3 mm，花药长圆形，长 1 ～ 1.5 mm；花柱长 1.5 ～ 2 mm，柱头棒状。果肾形或近肾形，长 7 ～ 10 mm，直径 4 ～ 6 mm，深蓝黑色，成熟时呈红黑色，被白粉；果梗长 0 ～ 5 mm。花期 5—7 月，果期 7 月至翌年 5 月。

【生境分布】生于海拔 2900 m 以下的疏林或密林中，亦多栽培于庭院或路旁。全市各地均有分布。

【药用部位】果实（女贞子）、叶（女贞叶）、树皮（女贞皮）、根（女贞根）。

【采收加工】果实：冬季果实成熟时采收，除去枝叶，稍蒸或置沸水中略烫后，干燥；或直接干燥。叶：7—9 月采收，鲜用或晒干。树皮：全年或秋、冬季剥取，除去杂质，切片，晒干。根：全年或秋季采挖，洗净，切片，晒干。

【性味归经】果实：味甘、苦，性凉。归肝、肾经。叶：味苦，性凉。归肝经。树皮：味微苦，性凉。归肝经。根：味苦，性平。归肺、肝经。

【功能主治】果实：滋补肝肾，明目乌发。用于肝肾阴虚，眩晕耳鸣，腰膝酸软，须发早白，目暗不明，内热消渴，骨蒸潮热等。叶：清热明目，解毒散瘀，消肿止咳。用于头目昏痛，风热赤眼，口舌生疮，牙龈肿痛，疮肿溃烂，水火烫伤，肺热咳嗽等。树皮：强筋健骨。用于腰膝酸痛，两脚无力，水火烫伤等。根：行气活血，止咳喘，祛湿浊。用于哮喘，咳嗽，经闭，带下等。

## 茉莉

Moli

【别名】茉莉花、木梨花、末利、末丽。

【来源】木樨科素馨属植物茉莉 *Jasminum sambac* (L.) Aiton。

【植物形态】直立或攀援灌木，高达 3 m。小枝圆柱形或稍压扁状，有时中空，疏被柔毛。叶对生，

单叶，叶片纸质，圆形、椭圆形、卵状椭圆形或倒卵形，长 4 ～ 12.5 cm，宽 2 ～ 7.5 cm，两端圆或钝，基部有时微心形，侧脉 4 ～ 6 对，在上面稍凹入或凹起，下面凸起，细脉在两面常明显，微凸起，除下面脉腋间常具簇毛外，其余无毛；叶柄长 2 ～ 6 mm，被短柔毛，具关节。聚伞花序顶生，通常有花 3 朵，有时单花或多达 5 朵；花序梗长 1 ～ 4.5 cm，被短柔毛；苞片微小，锥形，长 4 ～ 8 mm；花梗长 0.3 ～ 2 cm；花极芳香；花萼无毛或疏被短柔毛，裂片线形，长 5 ～ 7 mm；花冠白色，花冠管长 0.7 ～ 1.5 cm，裂片长圆形至近圆形，宽 5 ～ 9 mm，先端圆或钝。果球形，直径约 1 cm，呈紫黑色。花期 5—8 月，果期 7—9 月。

【生境分布】各地有少量栽培。全市各地均有分布。

【药用部位】花（茉莉花）、叶（茉莉叶）、根（茉莉根）。

【采收加工】花：夏季花初开时采收，立即晒干或烘干。叶：夏、秋季采收，洗净，鲜用或晒干。根：秋、冬季采挖根部，洗净，切片，鲜用或晒干。

【性味归经】花：味辛、微甘，性温。归脾、胃、肝经。叶：味辛、微苦，性温。归肺、胃经。根：味苦，性热；有毒。归肝经。

【功能主治】花：理气止痛，辟秽开郁。用于湿浊中阻，胸膈不舒，泻痢腹痛，头晕头痛，目赤，疮毒等。叶：疏风解表，消肿止痛。用于外感发热，泻痢腹胀，脚气肿痛，毒虫蜇伤等。根：麻醉，止痛。用于跌打损伤，龋齿疼痛，头痛，失眠等。

## 迎春花

Yingchunhua

【别名】重瓣迎春、迎春、清明花。

【来源】木樨科素馨属植物迎春花 *Jasminum nudiflorum* Lindl.。

【植物形态】落叶灌木，直立或匍匐，高 0.3 ～ 5 m，枝条下垂。枝稍扭曲，光滑无毛，小枝四棱形，棱上多少具狭翼。叶对生，三出复叶，小枝基部常具单叶；叶轴具狭翼，叶柄长 3 ～ 10 mm，无毛；叶片和小叶片幼时两面稍被毛，老时仅叶缘具睫毛状毛；小叶片卵形、长卵形、椭圆形或狭椭圆形，稀倒卵形，先端锐尖或钝，具短尖头，基部楔形，叶缘反卷，中脉在上面微凹入，下面凸起，侧脉不明显；顶生小叶片较大，长 1 ～ 3 cm，宽 0.3 ～ 1.1 cm，无柄或基部延伸成短柄，侧生小叶片长 0.6 ～ 2.3 cm，宽 0.2 ～ 11 cm，无柄；单叶为卵形或椭圆形，有时近圆形，长 0.7 ～ 2.2 cm，宽 0.4 ～ 1.3 cm。花单生于去年生小枝的叶腋，稀生于小枝顶端；苞片小叶状，披针形、卵形或椭圆形，长 3 ～ 8 mm，宽 1.5 ～ 4 mm；花梗长 2 ～ 3 mm；花萼绿色，裂片 5 ～ 6 枚，窄披针形，长 4 ～ 6 mm，宽 1.5 ～ 2.5 mm，先端锐尖；花冠黄色，直径 2 ～ 2.5 cm，花冠管长 0.8 ～ 2 cm，基部直径 1.5 ～ 2 mm，向上渐扩大，裂

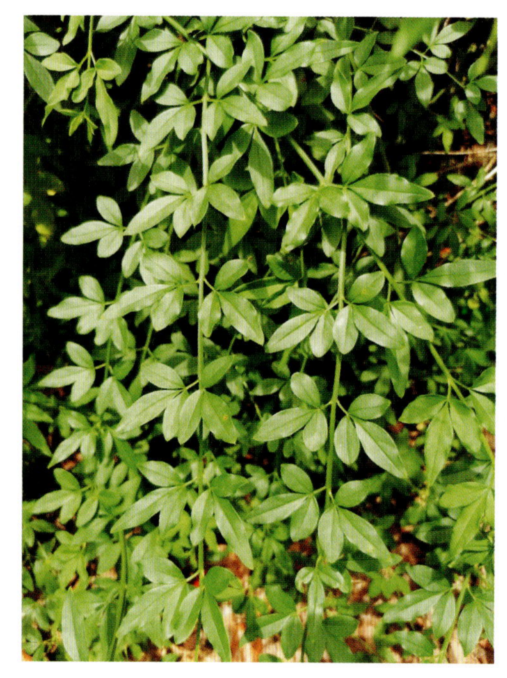

片 5 ～ 6 枚，长圆形或椭圆形，长 0.8 ～ 1.3 cm，宽 3 ～ 6 mm，先端锐尖或圆钝；雄蕊 2 枚，着生于花冠筒内；子房 2 室。花期 2—4 月。

【生境分布】生于山坡灌丛中。全市各地多栽培于公园、庭院中。

【药用部位】花、叶、根。

【采收加工】花：4—5 月开花时采收，鲜用或晒干。叶：夏、秋季采收，鲜用或晒干。根：全年或秋季采挖，洗净泥土，切片或段，晒干。

【性味归经】花：味苦、微辛，性平。归肾、膀胱经。叶：味苦，性寒。归肺、肝、胃、膀胱经。根：味苦，性平。归肺、肝经。

【功能主治】花：清热解毒，活血消肿。用于发热头痛，咽喉肿痛，小便热痛，恶疮肿毒，跌打损伤等。叶：清热，利湿，解毒。用于感冒发热，小便淋痛，外阴瘙痒，肿毒恶疮，跌打损伤，刀伤出血等。根：清热息风，活血调经。用于肺热咳嗽，小儿惊风，月经不调等。

# 木贼科

## 节节草

Jiejiecao

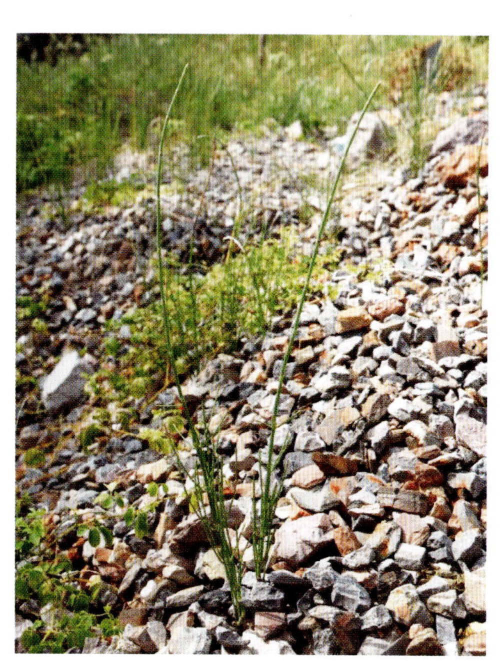

【别名】节节木贼、土木贼、笔杆草、空心草。

【来源】木贼科木贼属植物节节草 *Equisetum ramosissimum* Desf.。

【植物形态】多年生草本。根茎直立，横走或斜升，黑棕色，节和根疏生黄棕色长毛或光滑无毛。地上枝多年生。枝一型，高 20 ～ 60 cm，中部直径 1 ～ 3 mm，节间长 2 ～ 6 cm，绿色，主枝多在下部分枝，常形成簇生状；幼枝的轮生分枝明显或不明显；鞘齿灰白色、黑棕色或淡棕色，边缘（有时上部）为膜质，基部扁平或弧形，早落或宿存，齿上气孔带明显或不明显。侧枝较硬，圆柱状。孢子囊穗短棒状或椭圆形，长 0.5 ～ 2.5 cm，中部直径

0.4 ～ 0.7 cm，顶端有小尖突，无柄。

【生境分布】生于路边、山坡草丛、溪旁、池沼边等地。全市各地有零星分布。

【药用部位】全草。

【采收加工】夏、秋季采收，除去杂质，鲜用或晾通风处阴干。

【性味归经】味甘、微苦，性平。

【功能主治】清热，明目，止血，利尿。用于风热感冒，咳嗽，目赤肿痛，云翳，鼻衄，尿血，肠风下血，淋证，黄疸，带下，骨折等。

## 问荆

Wenjing

【别名】接续草、马草、空心草、土麻黄、笔头草。

【来源】木贼科木贼属植物问荆 *Equisetum arvense* L.。

【植物形态】中小型植物。根茎斜升、直立和横走，黑棕色，节和根密生黄棕色长毛或光滑无毛。地上枝当年枯萎。枝二型。能育枝春季先萌发，高 5 ～ 35 cm，中部直径 3 ～ 5 mm，节间长 2 ～ 6 cm，黄棕色，无轮茎分枝，脊不明显，有密纵沟；鞘筒栗棕色或淡黄色，长约 0.8 cm，鞘齿 9 ～ 12 枚，栗棕色，长 4 ～ 7 mm，狭三角形，鞘背仅上部有一浅纵沟，孢子散后能育枝枯萎。不育枝后萌发，高达 40 cm，主枝中部直径 1.5 ～ 3 mm，节间长 2 ～ 3 cm，绿色，轮生分枝多，主枝中部以下有分枝。脊的背部弧形，无棱，有横纹，无小瘤；鞘筒狭长，绿色，鞘齿三角形，5 ～ 6 枚，中间黑棕色，边缘膜质，淡棕色，宿存。侧枝柔软纤细，扁平状，有 3 ～ 4 条狭而高的脊，脊的背部有横纹；鞘齿 3 ～ 5 个，披针形，绿色，边缘膜质，宿存。孢子囊穗圆柱形，长 1.8 ～ 4 cm，直径 0.9 ～ 1 cm，顶端钝，成熟时柄伸长，柄长 3 ～ 6 cm。

【生境分布】生于潮湿的草地、沟渠旁、沙土地、耕地、山坡等处。全市各地有零星分布。

【药用部位】全草。

【采收加工】夏、秋季采收，割取全草，置通风处阴干，或鲜用。

【性味归经】味甘、苦，性平。归肺、胃、肝经。

【功能主治】止血，利尿，明目。用于鼻衄，吐血，咯血，便血，崩漏，外伤出血，淋证，目赤翳膜等。

# 泡桐科

## 白花泡桐

Baihuapaotong

【别名】泡桐、白桐、紫花树、水桐、桐木树。

【来源】泡桐科泡桐属植物白花泡桐 *Paulownia fortunei* (Seem.) Hemsl.。

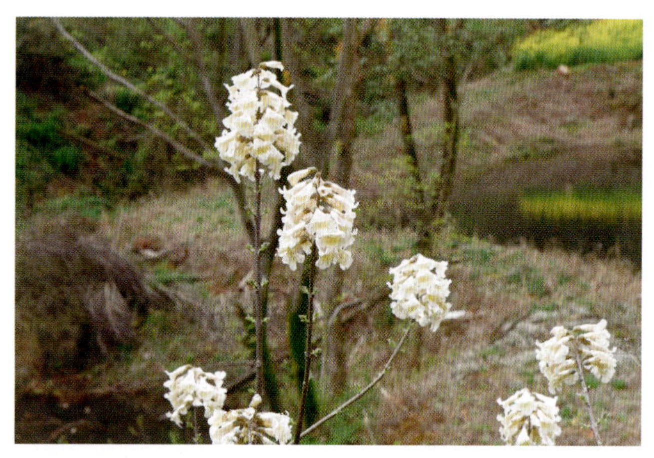

【植物形态】乔木高达 30 m。树冠圆锥形，主干直，胸径可达 2 m，树皮灰褐色；幼枝、叶、花序各部和幼果均被黄褐色星状茸毛，但叶柄、叶片上面和花梗渐变无毛。叶片长卵状心形，有时为卵状心形，长达 20 cm，顶端长渐尖或锐尖头，其突尖长达 2 cm，新枝上的叶有时 2 裂，下面有星毛及腺，成熟叶片下面密被茸毛，有时毛很稀疏至近无毛；叶柄长达 12 cm。花序枝几无或仅有短侧枝，故花序狭长几成圆柱形，长约 25 cm，小聚伞花序有花 3 ～ 8 朵，总花梗几与花梗等长，或下部者长于花梗，上部者略短于花梗；萼倒圆锥形，长 2 ～ 2.5 cm，花后逐渐脱毛，分裂至 1/4 或 1/3 处，萼齿卵圆形至三角状卵圆形，至果期变为狭三角形；花冠管状漏斗形，白色仅背面稍带紫色或浅紫色，长 8 ～ 12 cm，管部在基部以上不突然膨大，而逐渐向上扩大，稍稍向前曲，外面有星状毛，腹部无明显纵褶，内部密布紫色细斑块；雄蕊长 3 ～ 3.5 cm，有疏腺；子房有腺，有时具星毛，花柱长约 5.5 cm。蒴果长圆形或长圆状椭圆形，长 6 ～ 10 cm，顶端之喙长达 6 mm，宿萼开展或漏斗状，果皮木质，厚 3 ～ 6 mm；种子连翅长 6 ～ 10 mm。花期 3—4 月，果期 7—8 月。

【生境分布】生于山坡、林中、山谷及荒地。全市各地均有分布。

【药用部位】根、树皮、叶、花、果实。

【采收加工】根：秋季采挖，洗净，鲜用或晒干。树皮：四季可采剥，鲜用或晒干。叶：夏、秋季采摘，鲜用或晒干。花：春季花开时采收，晒干或鲜用。果实：夏、秋季采摘，晒干。

【性味归经】根：味微苦，性微寒。树皮：味苦，性寒。叶：味苦，性寒。花：味苦，性寒。果实：味苦，性微寒。归肺经。

【功能主治】根：祛风湿，解毒活血。用于风湿热痹，筋骨疼痛，疮疡肿痛，跌打损伤等。树皮：祛风除湿，消肿解毒。用于痔疮肿痛，淋病，丹毒，风湿热痹，肠风下血，外伤肿痛，骨折等。叶：清热解毒，止血消肿。用于痈疽，疔疮肿毒，创伤出血等。花：清肺利咽，解毒消肿。用于肺热咳嗽，急性扁桃体炎，菌痢，急性肠炎，急性结膜炎，腮腺炎，痄肿，疮癣等。果实：化痰，止咳，平喘。用于慢性支气管炎，咳嗽咳痰等。

# 葡萄科

## 地锦

Di jin

【别名】爬墙虎、田代氏大戟、铺地锦、地锦草、爬山虎。

【来源】葡萄科地锦属植物地锦 *Parthenocissus tricuspidata* (Siebold & Zucc.) Planch.。

【植物形态】木质藤本。小枝圆柱形，几无毛或微被疏柔毛。卷须 5 ～ 9 分枝，相隔 2 节间断与叶对生。卷须顶端嫩时膨大呈圆珠形，后遇附着物扩大成吸盘。叶为单叶，通常着生在短枝上为 3 浅裂，时有着生在长枝上者小型不裂，叶片通常倒卵圆形，长 4.5 ～ 17 cm，宽 4 ～ 16 cm，顶端裂片急尖，基部心形，边缘有粗锯齿，上面绿色，无毛，下面浅绿色，无毛或中脉上疏生短柔毛，基出脉 5，中央脉有侧脉 3 ～ 5 对，网脉上面不明显，下面微突出；叶柄长 4 ～ 12 cm，无毛或疏生短柔毛。花序着生在短枝上，基部分枝，形成多歧聚伞花序，长 2.5 ～ 12.5 cm，主轴不明显；花序梗长 1 ～ 3.5 cm，几无毛；花梗长 2 ～ 3 mm，无毛；花蕾倒卵状椭圆形，高 2 ～ 3 mm，顶端圆形；萼碟形，边缘全缘或呈波状，无毛；花瓣 5，长椭圆形，高 1.8 ～ 2.7 mm，无毛；雄蕊 5，花丝长 1.5 ～ 2.4 mm，花药长椭圆卵形，长 0.7 ～ 1.4 mm，花盘不明显；子房椭球形，花柱明显，基部粗，柱头不扩大。果实球形，直径 1 ～ 1.5 cm，有种子 1 ～ 3 颗；种子倒卵圆形，顶端圆形，基部急尖成短喙，种脐在背面中部呈圆形，腹部中棱脊突出，两侧洼穴呈沟状，从种子基部向上达种子顶端。花期 5—8 月，果期 9—10 月。

【生境分布】常攀援于疏林中、墙壁及岩石上，亦有栽培。全市各地均有分布。

【药用部位】藤茎、根。

【采收加工】藤茎：秋季采收，去掉叶片，切段。根：冬季挖取，洗净，切片，晒干或鲜用。

【性味归经】味辛、微涩，性温。

【功能主治】祛风止痛，活血通络。用于风湿痹痛，中风半身不遂，偏头痛，产后血瘀，腹生结块，跌打损伤，痈肿疮毒，溃疡不敛等。

## 白蔹

Bailian

【别名】见肿消、山葡萄秧、鹅抱蛋。

【来源】葡萄科蛇葡萄属植物白蔹 *Ampelopsis japonica* (Thunb.) Makino。

【植物形态】木质藤本。小枝圆柱形，有纵棱纹，无毛。卷须不分枝或卷须顶端有短的分叉，相隔 3 节以上间断与叶对生。叶为掌状 3 ～ 5 小叶，小叶片羽状深裂或小叶边缘有深锯齿而不分裂，羽状分裂者裂片宽 0.5 ～ 3.5 cm，顶端渐尖或急尖，掌状 5 小叶者中央小叶深裂至基部并有 1 ～ 3 个关节，关节间有翅，翅宽 2 ～ 6 mm，侧小叶无关节或有 1 个关节，3 小叶者中央小叶有 1 个或无关节，基部狭窄呈翅状，翅宽 2 ～ 3 mm，上面绿色，无毛，下面浅绿色，无毛或有时在脉上被稀疏短柔毛；叶柄长 1 ～ 4 cm，无毛；托叶早落。聚伞花序通常集生于花序梗顶端，直径 1 ～ 2 cm，通常与叶对生；花序梗长 1.5 ～ 5 cm，常呈卷须状卷曲，无毛；花梗极短或几无梗，无毛；花蕾卵球形，高 1.5 ～ 2 mm，顶端圆形；萼碟形，边缘呈波状浅裂，无毛；花瓣 5，卵圆形，高 1.2 ～ 2.2 mm，无毛；雄蕊 5，花药卵圆形，长、宽近相等；花盘发达，边缘波状浅裂；子房下部与花盘合生，花柱短棒状，柱头不明显扩大。果实球形，直径 0.8 ～ 1 cm，成熟后带白色，有种子 1 ～ 3 颗；种子倒卵形，顶端圆形，基部喙短钝，种脐在种子背面中部呈带状椭圆形，向上渐狭，表面无肋纹，背部种脊突出，腹部中棱脊突出，两侧洼穴呈沟状，从基部向上达种子上部 1/3 处。花期 6—7 月，果期 8—9 月。

【生境分布】生于山地、荒坡及灌木林中。全市各地有零星分布。

【药用部位】块根。

【采收加工】春、秋季采挖，除去泥沙和细根，切成纵瓣或斜片，晒干。

【性味归经】味苦，性微寒。归心、胃经。

【功能主治】清热解毒，消痈散结，敛疮生肌。用于痈疽发背，疔疮，瘰疬，烧烫伤等。

## 乌蔹莓

Wulianmei

【别名】虎葛、五爪龙、五叶莓、地五加、过山龙。

【来源】葡萄科乌蔹莓属植物乌蔹莓 *Causonis japonica* (Thunb.) Raf.。

【植物形态】草质藤本。小枝圆柱形，有纵棱纹，无毛或微被疏柔毛。卷须2～3叉分枝，相隔2节间断与叶对生。叶为鸟足状5小叶，中央小叶长椭圆形或椭圆状披针形，长2.5～4.5 cm，宽1.5～4.5 cm，顶端急尖或渐尖，基部楔形，侧生小叶椭圆形或长椭圆形，长1～7 cm，宽0.5～3.5 cm，顶端急尖或圆形，基部楔形或近圆形，边缘每侧有6～15个锯齿，上面绿色，无毛，下面浅绿色，无毛或微被毛；侧脉5～9对，网脉不明显；叶柄长1.5～10 cm，中央小叶柄长0.5～2.5 cm，侧生小叶无柄或有短柄，侧生小叶总柄长0.5～1.5 cm，无毛或微被毛；托叶早落。花序腋生，复二歧聚伞花序；花序梗长1～13 cm，无毛或微被毛；花梗长1～2 mm，几无毛；花蕾卵圆形，高1～2 mm，顶端圆形；萼碟形，边缘全缘或波状浅裂，外面被乳突状毛或几无毛；花瓣4，三角状卵圆形，高1～1.5 mm，外面被乳突状毛；雄蕊4，花药卵圆形，长、宽近相等；花盘发达，4浅裂；子房下部与花盘合生，花柱短，柱头微扩大。果实近球形，直径约1 cm，有种子2～4颗；种子三角状倒卵形，顶端微凹，基部有短喙，种脐在种子背面近中部呈带状椭圆形，上部种脊突出，表面有突出肋纹，腹部中棱脊突出，两侧洼穴呈半月形，从近基部向上达种子近顶端。花期3—8月，果期8—11月。

【生境分布】生于山坡、路旁灌木林中，常攀援于他物上。全市各地均有分布。

【药用部位】全草或根。

【采收加工】夏、秋季割取藤茎或挖出根部，除去杂质，洗净，切段，晒干或鲜用。

【性味归经】味苦、酸，性寒。归心、肝、胃经。

【功能主治】清热利湿，解毒消肿。用于热毒痈肿，疔疮，丹毒，咽喉肿痛，蛇虫咬伤，水火烫伤，风湿痹痛，黄疸，泄泻，白浊，尿血等。

## 葡萄

Putao

【别名】蒲陶、草龙珠、赐紫樱桃、琐琐葡萄、山葫芦。

【来源】葡萄科葡萄属植物葡萄 *Vitis vinifera* L.。

【植物形态】木质藤本。小枝圆柱形，有纵棱纹，无毛或被稀疏柔毛。卷须2叉分枝，每隔2节间断与叶对生。叶卵圆形，显著3～5浅裂或中裂，长7～18 cm，宽6～16 cm，中裂片顶端急尖，裂片常靠合，基部常缢缩，裂缺狭窄，间或宽阔，基部深心形，基缺凹成圆形，两侧常靠合，边缘有22～27个锯齿，齿深而粗大，不整齐，齿端急尖，上面绿色，下面浅绿色，无毛或被疏柔毛；基生脉五出，中脉有侧脉4～5对，网脉不明显突出；叶柄长4～9 cm，几无毛；托叶早落。圆锥花序密集或疏散，多花，与叶对生，基部分枝发达，长10～20 cm，花序梗长2～4 cm，几无毛或疏生蛛丝状茸毛；花梗长1.5～2.5 mm，无毛；花蕾倒卵圆形，高2～3 mm，顶端近圆形；萼浅碟形，边缘呈波状，外面无毛；花瓣5，呈帽状黏合脱落；雄蕊5，花丝丝状，长0.6～1 mm，花药黄色，卵圆形，长0.4～0.8 mm，在雌花内显著短而败育或完全退化；花盘发达，5浅裂；雌蕊1，在雄花中完全退化，子房卵圆形，花柱短，柱头扩大。果实球形或椭圆形，直径1.5～2 cm；种子倒卵状椭圆形，顶短近圆形，基部有短喙，种脐在种子背面中部呈椭圆形，种脊微凸出，腹面中棱脊凸起，两侧洼穴宽沟状，向上达种子1/4处。花期4—5月，果期9—10月。

【生境分布】全市各地有栽培。

【药用部位】果实（葡萄）、根（葡萄根）、茎叶（葡萄藤叶）。

【采收加工】果实：夏、秋季果实成熟时采收，鲜用或风干。根：秋、冬季采挖，洗净，鲜用或晒干。茎叶：夏、秋季采收，晒干。

【性味归经】果实：味甘、酸，性平。归肺、脾、肾经。根：味甘、涩，性平。茎叶：味酸、涩，性平。

【功能主治】果实：补气血，舒筋络，利小便。用于气血虚弱，肺虚咳嗽，心悸盗汗，烦渴，风湿痹痛，淋证，水肿，痘疹不透等。根：祛风湿，利小便。用于风湿痹痛，肿胀，小便不利等。茎叶：清热解毒，利水消肿。用于水肿，小便不利，目赤肿痛，无名肿毒等。

# 漆树科

## 黄连木

Huanglianmu

【别名】楷木、黄连茶、岩拐角、凉茶树、茶树。

【来源】漆树科黄连木属植物黄连木 *Pistacia chinensis* Bunge。

【植物形态】落叶乔木，高达20 m左右。树干扭曲，树皮暗褐色，呈鳞片状剥落，幼枝灰棕色，具细小皮孔，疏被微柔毛或近无毛。奇数羽状复叶互生，有小叶5～6对，叶轴具条纹，被微柔毛，叶柄上面平，被微柔毛；小叶对生或近对生，纸质，披针形或卵状披针形或线状披针形，长5～10 cm，宽1.5～2.5 cm，先端渐尖或长渐尖，基部偏斜，全缘，两面沿中脉和侧脉被卷曲微柔毛或近无毛，侧脉和细脉两面凸起；小叶柄长1～2 mm。花单性异株，先花后叶，圆锥花序腋生，雄花序排列紧密，长6～

7 cm，雌花序排列疏松，长 15 ～ 20 cm，均被微柔毛；花小，花梗长约 1 mm，被微柔毛；苞片披针形或狭披针形，内凹，长 1.5 ～ 2 mm，外面被微柔毛，边缘具睫毛状毛。雄花：花被片 2 ～ 4，披针形或线状披针形，大小不等，长 1 ～ 1.5 mm，边缘具睫毛状毛；雄蕊 3 ～ 5，花丝极短，长不到 0.5 mm，花药长圆形，大，长约 2 mm；雌蕊缺。雌花：花被片 7 ～ 9 片，大小不等，长 0.7 ～ 1.5 mm，宽 0.5 ～ 0.7 mm，外面 2 ～ 4 片远较狭，披针形或线状披针形，外面被柔毛，边缘具睫毛状毛，里面 5 片卵形或长圆形，外面无毛，边缘具睫毛状毛；不育雄蕊缺；子房球形，无毛，直径约 0.5 mm，花柱极短，柱头 3，厚，肉质，红色。核果倒卵状球形，略压扁，直径约 5 mm，成熟时紫红色，干后具纵向细条纹，先端细尖。花果期 5—9 月。

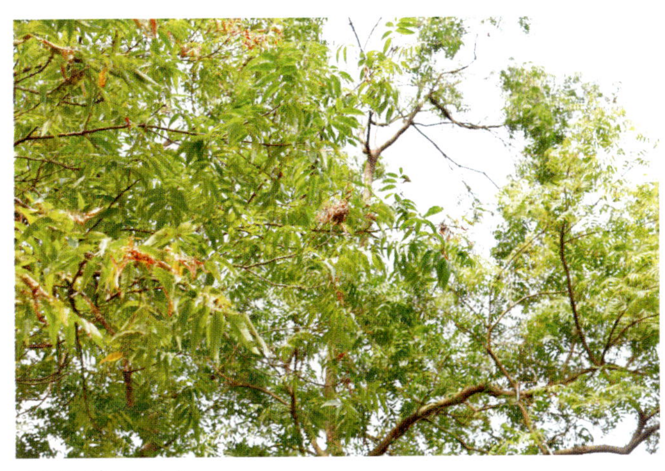

（摄于鄂城区西山）

【生境分布】生于海拔 140 ～ 3550 m 的低山、丘陵、石山林或平原。全市各地均有零星分布。

【药用部位】叶芽、叶、根及树皮。

【采收加工】叶芽：春季采集，鲜用。叶：夏、秋季采叶，鲜用或晒干。根及树皮：全年可采，洗净，切片，晒干。

【性味归经】味苦、涩，性寒。归心、肝经。

【功能主治】清暑，生津，解毒，利湿。用于暑热口渴，咽喉肿痛，口舌糜烂，吐泻，痢疾，淋证，无名肿毒，疮疹等。

## 南酸枣

Nansuanzao

【别名】酸枣、山枣、山枣子、人面子。

【来源】漆树科南酸枣属植物南酸枣 *Choerospondias axillaris* (Roxb.) B. L. Burtt & A. W. Hill。

【植物形态】落叶乔木，高 8 ～ 20 m。树皮灰褐色，片状剥落，小枝粗壮，暗紫褐色，无毛，具皮孔。奇数羽状复叶长 25 ～ 40 cm，有小叶 3 ～ 6 对，叶轴无毛，叶柄纤细，基部略膨大；小叶膜质至纸质，卵形或卵状披针形或卵状长圆形，长 4 ～ 12 cm，宽 2 ～ 4.5 cm，先端长渐尖，基部多少偏斜，阔楔形或近圆形，全缘或幼株叶边缘具粗锯齿，两面无毛或叶背脉腋被毛，侧脉 8 ～ 10 对，两面凸起，网脉细，不显；小叶柄纤细，长 2 ～ 5 mm。雄花序长 4 ～ 10 cm，被微柔毛或近无毛；苞片小；花萼外面疏被白色微柔毛或近无毛，裂片三角状卵形或阔三角形，先端钝圆，长约 1 mm，边缘具紫红色腺状毛，里面被白色微柔毛；花瓣长圆形，长 2.5 ～ 3 mm，无毛，具褐色脉纹，开花时外卷；雄蕊 10，与花瓣近等长，花丝线形，长约 1.5 mm，无毛，花药长圆形，长约 1 mm，花盘无毛；雄花无不育雌蕊；雌花单生于上部叶腋，较大；子房卵圆形，长约 1.5 mm，无毛，5 室，花柱长约 0.5 mm。核果椭圆形或倒卵状椭圆形，成熟时黄色，长 2.5 ～ 3 cm，直径约 2 cm，果核长 2 ～ 2.5 cm，直径 1.2 ～ 1.5 cm，顶端具 5 个小孔。

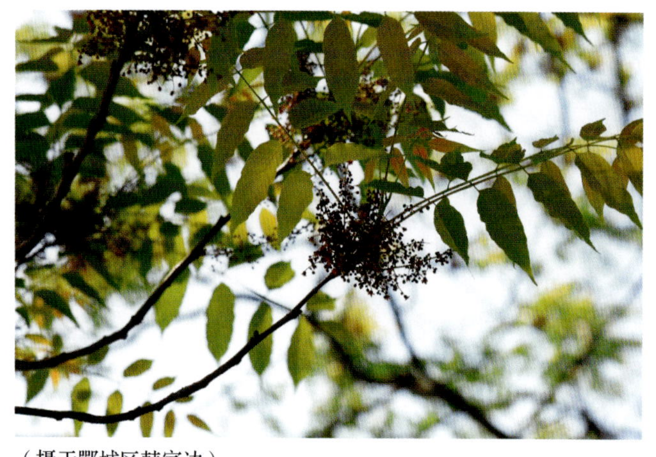
（摄于鄂城区韩家边）

【生境分布】生于海拔 300 ～ 2000 m 的山坡、丘陵或沟谷林中。全市各地均有零星分布。

【药用部位】树皮、果实（鲜）或果核。

【采收加工】树皮：全年可采，晒干或熬膏。果实（鲜）或果核：9—10 月果熟时采收，鲜用，或取果核晒干。

【性味归经】树皮：味酸、涩，性凉。归脾、胃经。果实（鲜）或果核：味甘、酸，性平。

【功能主治】树皮：清热解毒，祛湿，杀虫。用于疮疡，烫火伤，阴囊湿疹，痢疾，带下，疥癣等。果实（鲜）或果核：行气活血，养心安神，消积，解毒。用于气滞血瘀，胸痛，心悸气短，神经衰弱，失眠，支气管炎，食滞腹满，腹泻，疝气，烫火伤等。

## 漆

Qi

【别名】漆树、山漆、小木漆、大木漆。

【来源】漆树科漆树属植物漆 *Toxicodendron vernicifluum* (Stokes) F. A. Barkley。

【植物形态】落叶乔木，高达 20 m。树皮灰白色，粗糙，呈不规则纵裂，小枝粗壮，被棕黄色柔毛，后变无毛，具圆形或心形的大叶痕和凸起的皮孔；顶芽大而显著，被棕黄色茸毛。奇数羽状复叶互生，常螺旋状排列，有小叶 4 ～ 6 对，叶轴圆柱形，被微柔毛；叶柄长 7 ～ 14 cm，被微柔毛，近基部膨大，半圆形，上面平；小叶膜质至薄纸质，卵形或卵状椭圆形或长圆形，长 6 ～ 13 cm，宽 3 ～ 6 cm，先端急尖或渐尖，基部偏斜，圆形或阔楔形，全缘，叶面通常无毛或仅沿中脉疏被微柔毛，叶背沿脉上被平展黄色柔毛，稀近无毛，侧脉 10 ～ 15 对，两面略凸；小叶柄长 4 ～ 7 mm，上面具槽，被柔毛。圆锥花序长 15 ～ 30 cm，与叶近等长，被灰黄色微柔毛，花序轴及分枝纤细，疏花；花黄绿色，雄花花梗纤细，长 1 ～ 3 mm，雌花花梗短粗；花萼无毛，裂片卵形，长约 0.8 mm，先端钝；花瓣长圆形，长约 2.5 mm，宽约 1.2 mm，具细密的褐色羽状脉纹，先端钝，开花时外卷；雄蕊长约 2.5 mm，花丝线形，与花药等长或近等长，在雌花中较短，花药长圆形，花盘 5 浅裂，无毛；子房球形，直径约 1.5 mm，花柱 3。果序多少下垂，核果肾形或椭圆形，不偏斜，略压扁，长 5 ～ 6 mm，宽 7 ～ 8 mm，先端锐尖，基部截形，外果皮黄色，无毛，具光泽，成熟后不裂，中果皮蜡质，具树脂道条纹，果核棕色，与果同形，长约 3 mm，宽约 5 mm，坚硬。花期 5—6 月，果期 7—10 月。

【生境分布】生于向阳山坡林内。全市各地均有零星分布。

【药用部位】种子、叶、根、树皮或根皮、心材、树脂。

【采收加工】种子：9—10 月果实成熟时，采摘种子，除去果梗，晒干。叶：夏、秋季采收，随采随用。根：全年均可采挖，洗净，切片，鲜用或晒干。树皮或根皮：全年均可采剥树皮，或挖根，洗净，剥取根皮，鲜用。心材：全年均可采，将木材砍碎，晒干备用。树脂：4—5 月采收，划破树皮，收集溢出的脂液，储存。

【性味归经】种子：味辛，性温；有毒。归肝经。叶：味辛，性温；有小毒。归肝、脾经。根：味辛，性温；有毒。归肝经。树皮或根皮：味辛，性温；有小毒。归肾经。心材：味辛，性温；有小毒。归肝、胃经。树脂：味辛，性温；有大毒。归肝、脾经。

【功能主治】种子：活血止血，温经止痛。用于便血，尿血，崩漏，瘀滞腹痛，经闭等。叶：活血解毒，杀虫敛疮。用于面部紫肿，外伤瘀肿出血，疮疡溃烂，疥癣，漆疮等。根：活血散瘀，通经止痛。用于跌打瘀肿疼痛，经闭腹痛等。树皮或根皮：接骨。用于跌打骨折等。心材：行气活血止痛。用于气滞血瘀所致胸胁胀痛，脘腹气痛等。树脂：杀虫。用于虫积，水蛊等。

## 盐肤木

Yanfumu

【别名】五倍子树、肤连泡、盐酸白、盐肤子、肤杨树、角倍。

【来源】漆树科盐肤木属植物盐肤木 *Rhus chinensis* Mill.。

【植物形态】落叶小乔木或灌木，高 2 ～ 10 m。小枝棕褐色，被锈色柔毛，具圆形小皮孔。奇数羽状复叶有小叶（2）3 ～ 6 对，叶轴具宽的叶状翅，小叶自下而上逐渐增大，叶轴和叶柄密被锈色柔毛；小叶多形，卵形或椭圆状卵形或长圆形，长 6 ～ 12 cm，宽 3 ～ 7 cm，先端急尖，基部圆形，顶生小叶基部楔形，边缘具粗锯齿或圆齿，叶面暗绿色，叶背粉绿色，被白粉，叶面沿中脉疏被柔毛或近无毛，叶背被锈色柔毛，脉上较密，侧脉和细脉在叶面凹陷，在叶背凸起；小叶无柄。圆锥花序宽大，多分枝，雄花序长 30 ～ 40 cm，雌花序较短，密被锈色柔毛；苞片披针形，长约 1 mm，被微柔毛，小苞片极小，花白色，花梗长约 1 mm，被微柔毛。雄花：花萼外面被微柔毛，裂片长卵形，长约 1 mm，边缘具细毛；花瓣倒卵状长圆形，长约 2 mm，开花时外卷；雄蕊伸出，花丝线形，长约 2 mm，无毛，花药卵形，长约 0.7 mm；子房不育。雌花：花萼裂片较短，长约 0.6 mm，外面被微柔毛，边缘具细毛；花瓣椭圆状卵形，长约 1.6 mm，边缘具细毛，里面下部被柔毛；雄蕊极短；花盘无毛；子房卵形，长约 1 mm，密被白色微柔毛，花柱 3， 柱头头状。核果球形，略压扁，直径 4 ～ 5 mm，被具节柔毛和腺毛，成熟时红色。花期 8—9 月，果期 10 月。

【生境分布】生于海拔 350 ～ 2300 m 的石灰山灌丛、疏林中。分布于全市各地。

【药用部位】果实、叶、花、树根、根皮、树皮、幼嫩枝苗。

【采收加工】果实：10 月采收成熟的果实，鲜用或晒干。叶：夏、秋季采收，随采随用。花：8—9 月采花，鲜用或晒干。树根：全年均可采，鲜用或切片晒干。根皮：全年均可采，挖根，洗净，剥取根皮，鲜用或晒干。树皮：夏、秋季剥取树皮，去掉栓皮层，留取韧皮部，鲜用或晒干备用。幼嫩枝苗：春季采收，晒干或鲜用。

【性味归经】果实：味酸、咸，性凉。归肺、肝经。叶：味酸、咸，性寒。归肺、肾经。花：味咸，性凉。归肾经。树根：味酸、咸，性平。归脾、肾经。根皮：味酸、咸，性凉。归肝经。树皮：味酸，性微寒。归肝经。幼嫩枝苗：味微苦，性温。归肺经。

【功能主治】果实：生津润肺，降火化痰，敛汗，止痢。用于痰嗽，喉痹，黄疸，盗汗，痢疾，顽癣，痈毒等。叶：止咳化痰，收敛解毒。用于痰嗽，便血，血痢，盗汗，疮疡等。花：清热解毒。用于鼻疳，痈毒溃烂等。树根：祛风湿，利水消肿，活血散毒。用于风湿痹痛，水肿，咳嗽，跌打肿痛，乳痈，疮癣等。根皮：清热利湿，解毒散瘀。用于黄疸，水肿，风湿痹痛，小儿疳积，疮疡肿毒，跌打损伤，毒蛇咬伤等。树皮：清热解毒，活血止痢。用于血痢，痈肿，疥疮，蛇犬咬伤等。幼嫩枝苗：利咽开音。用于咽喉肿痛，喑哑等。

## 千屈菜科

### 欧菱

Ouling

【别名】水栗、芰实、菱角、水菱。

【来源】千屈菜科菱属植物欧菱 *Trapa natans* L.。

【植物形态】一年生浮水水生草本。根二型：着泥根细铁丝状，着生于水底泥中；同化根，羽状细裂，裂片丝状。茎柔弱，分枝。叶二型：浮水叶互生，聚生于主茎或分枝茎的顶端，呈旋叠状镶嵌排列在水面成莲座状的菱盘，叶片菱圆形或三角状菱圆形，长 3.5 ～ 4 cm，宽 4.2 ～ 5 cm，表面深亮绿色，无毛，背面灰褐色或绿色，主侧脉在背面稍凸起，密被淡灰色或棕褐色短毛，脉间有棕色斑块，叶边缘中上部具不整齐的圆凹齿或锯齿，边缘中下部全缘，基部楔形或近圆形；叶柄中上部膨大不明显，长 5 ～ 17 cm，被棕色或淡灰色短毛；沉水叶小，早落。花小，单生于叶腋，两性；萼筒 4 深裂，外面被淡黄色短毛；花瓣 4，白色；雄蕊 4；具半下位子房，2 心皮，2 室，每室具 1 倒生胚珠，仅 1 室胚珠发育；花盘鸡冠状。果三角状菱形，高 2 cm，宽 2.5 cm，表面具淡灰色长毛，2 肩角直伸或斜举，肩角长约 1.5 cm，刺角基部不明显粗大，腰角位置无刺角，丘状突起不明显，果喙不明显，果颈高 1 mm，直径 4 ～ 5 mm，内具 1 白色种子。花期 5—10 月，果期 7—11 月。

【生境分布】生于湖湾、池塘、河湾。全市均有零星分布。

【药用部位】果肉。

【采收加工】8—9 月采收，鲜用或晒干。

【性味归经】味甘，性凉。归脾、胃经。

【功能主治】健脾益胃，除烦止渴，解毒。用于脾虚泄泻，暑热烦渴，饮酒过度，痢疾等。

## 千屈菜

Qianqucai

【别名】水柳、败毒草、蜈蚣草、对叶莲。

【来源】千屈菜科千屈菜属植物千屈菜 *Lythrum salicaria* L.。

【植物形态】多年生草本。根茎横卧于地下，粗壮；茎直立，多分枝，高 30 ～ 100 cm，全株青绿色，略被粗毛或密被茸毛，枝通常具 4 棱。叶对生或三叶轮生，披针形或阔披针形，长 4 ～ 10 cm，宽 8 ～ 15 mm，顶端钝形或短尖，基部圆形或心形，有时略抱茎，全缘，无柄。花组成小聚伞花序，簇生，因花梗及总梗极短，因此花枝全形似一大型穗状花序；苞片阔披针形至三角状卵形，长 5 ～ 12 mm；萼筒长 5 ～ 8 mm，有纵棱 12 条，稍被粗毛，裂片 6，三角形；附属体针状，直立，长 1.5 ～ 2 mm；花瓣 6，红

（摄于鄂城区洋澜湖湖畔）

紫色或淡紫色，倒披针状长椭圆形，基部楔形，长 7 ～ 8 mm，着生于萼筒上部，有短爪，稍皱缩；雄蕊 12，6 长 6 短，伸出萼筒之外；子房 2 室，花柱长短不一。蒴果扁圆形。花期 7—8 月。

【生境分布】生于河岸、湖畔、溪沟边和潮湿草地。全市各地均有零星分布。

【药用部位】全草。

【采收加工】秋季采收全草，洗净，切碎，鲜用或晒干。

【性味归经】味苦，性寒。归大肠、肝经。

【功能主治】清热解毒，收敛止血。用于痢疾，泄泻，便血，血崩，疮疡溃烂，吐血，衄血，外伤出血等。

## 紫薇

Ziwei

【别名】千日红、无皮树、百日红、痒痒树、痒痒花。

【来源】千屈菜科紫薇属植物紫薇 *Lagerstroemia indica* L.。

【植物形态】落叶灌木或小乔木，高可达 7 m。树皮平滑，灰色或灰褐色；枝干多扭曲，小枝纤细，具 4 棱，略呈翅状。叶互生或有时对生，纸质，椭圆形、阔矩圆形或倒卵形，长 2.5 ～ 7 cm，宽 1.5 ～ 4 cm，顶端短尖或钝形，有时微凹，基部阔楔形或近圆形，无毛或下面沿中脉有微柔毛，侧脉 3 ～ 7 对，小脉不明显；无柄或叶柄很短。花淡红色或紫色、白色，直径 3 ～ 4 cm，常组成长 7 ～ 20 cm 的顶生圆锥花序；花梗长 3 ～ 15 mm，中轴及花梗均被柔毛；花萼长 7 ～ 10 mm，外面平滑无棱，但鲜时萼筒有微凸起短棱，两面无毛，裂片 6，三角形，直立，无附属体；花瓣 6，皱缩，长 12 ～ 20 mm，具长爪；雄蕊 36 ～ 42 枚，外面 6 枚着生于花萼上；子房 3 ～ 6 室，无毛。蒴果椭圆状球形或阔椭圆形，长 1 ～ 1.3 cm，幼时绿色至黄色，成熟时或干燥时呈紫黑色，室背开裂。种子有翅，长约 8 mm。花期 6—9 月，果期 9—12 月。

【生境分布】各地多栽培于庭院、公园内。全市各地均有分布。

【药用部位】花、叶、根、根皮或茎皮。

【采收加工】花：5—8 月采花，晒干。叶：春、秋季采收，洗净，鲜用，或晒干备用。根：全年均可采挖，洗净，切片，晒干，或鲜用。根皮：秋、冬季挖根，剥取根皮，洗净，切片，晒干。茎皮：5—6 月剥取茎皮，切片，晒干。

【性味归经】花：味苦、微酸，性寒。归肝经。叶：味微苦、涩，性寒。归肺、脾、大肠经。根：味微苦，性微寒。归肝、大肠经。根皮或茎皮：味苦，性寒。归肝、胃经。

【功能主治】花：清热解毒，活血止血。用于疮疖痈疽，小儿胎毒，疥癣，血崩，带下，肺痨咯血，小儿惊风等。叶：清热解毒，利湿止血。用于疮痈肿毒，乳痈，痢疾，湿疹，外伤出血等。根：清热利湿，活血止血，止痛。用于痢疾，水肿，烧烫伤，湿疹，疮痈肿毒，跌打损伤，血崩，偏头痛，牙痛，痛经，产后腹痛等。根皮或茎皮：清热解毒，利湿祛风，散瘀止血。用于无名肿毒，丹毒，乳痈，咽喉肿痛，肝炎，疥癣，鹤膝风，跌打损伤，内外伤出血，崩漏带下等。

## 石榴

Shiliu

【别名】珍珠石榴、安石榴、花石榴。

【来源】千屈菜科石榴属植物石榴 *Punica granatum* L.。

【植物形态】落叶灌木或乔木，高通常 3 ～ 5 m，稀达 10 m。枝顶常成尖锐长刺，幼枝具棱角，无毛，老枝近圆柱形。叶通常对生，纸质，矩圆状披针形，长 2 ～ 9 cm，顶端短尖、钝尖或微凹，基部短尖至稍钝形，上面光亮，侧脉稍细密；叶柄短。花大，1 ～ 5 朵生于枝顶；萼筒长 2 ～ 3 cm，通常红色或淡黄色，裂片略外展，卵状三角形，长 8 ～ 13 mm，外面近顶端有 1 黄绿色腺体，边缘有小乳突；花瓣通常大，红色、黄色或白色，长 1.5 ～ 3 cm，宽 1 ～ 2 cm，顶端圆形；花丝无毛，长达 13 mm；花柱长超过雄蕊。浆果近球形，直径 5 ～ 12 cm，通常为淡黄褐色或淡黄绿色，有时白色，稀暗紫色。种子多数，钝角形，红色至乳白色。花期 5—6 月，果期 7—8 月。

【生境分布】生于向阳山坡或栽培于庭院等处。全市各地有零星栽培。

【药用部位】根及茎皮、花（石榴花）、果皮（石榴皮）、叶（石榴叶）。

【采收加工】根及茎皮：全年可采，晒干。花：5 月开花时采收，鲜用或烘干。果皮：秋季果实成熟后收集果皮，晒干。叶：夏季采收，晒干。

【性味归经】根及茎皮：味酸、涩，性温。花：味酸、涩，性平。果皮：味酸、涩，性温。归大肠经。叶：味酸、涩，性温。归肝经。

【功能主治】根及茎皮：驱虫，涩肠，止带。用于蛔虫病，绦虫病，久泻，久痢，赤白带下等。花：凉血，止血。用于衄血，吐血，外伤出血，月经不调，崩漏，带下，中耳炎等。果皮：涩肠止泻，止血，驱虫。用于久泻，久痢，便血，脱肛，崩漏，带下，虫积腹痛等。叶：收敛腹泻，解毒杀虫。用于泄泻，跌打损伤等。

# 茜草科

## 白马骨

Baimagu

【别名】路边姜、路边荆、满天星、六月雪。

【来源】茜草科白马骨属植物白马骨 *Serissa serissoides* (DC.) Druce。

【植物形态】小灌木，通常高达 1 m。枝粗壮，灰色，被短毛，后毛脱落变无毛，嫩枝被微柔毛。叶通常丛生，薄纸质，倒卵形或倒披针形，长 1.5～4 cm，宽 0.7～1.3 cm，顶端短尖或近短尖，基部收狭成一短柄，除下面被疏毛外，其余无毛；侧脉每边 2～3 条，上举，在叶片两面均凸起，小脉疏散不明显；托叶具锥形裂片，长 2 mm，基部阔，膜质，被疏毛。花无梗，生于小枝顶部，有苞片；苞片膜质，斜方状椭圆形，长渐尖，长约 6 mm，具疏散小缘毛；花托无毛；萼檐裂片 5，坚挺延伸成披针状锥形，极尖锐，长 4 mm，具缘毛；花冠管长 4 mm，外面无毛，喉部被毛，裂片 5，长圆状披针形，长 2.5 mm；花药内藏，长 1.3 mm；花柱柔弱，长约 7 mm，2 裂，裂片长 1.5 mm。核果近球形，有 2 个分核。花期 4—6 月，果期 9—11 月。

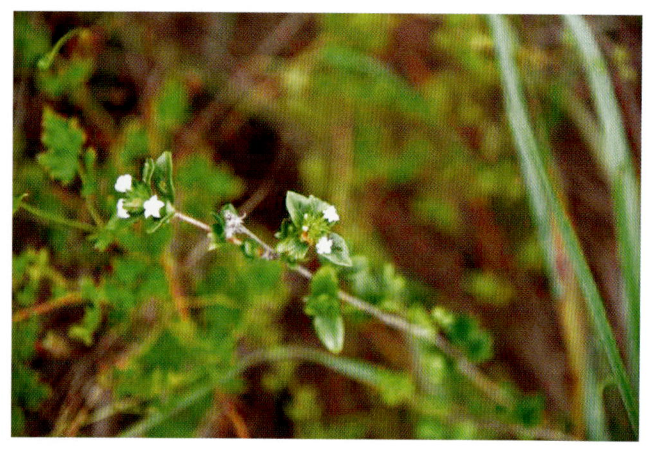

【生境分布】生于山坡、路边、溪旁及灌丛中。全市各地均有分布。

【药用部位】地上部分（白马骨）、根（白马骨根）。

【采收加工】地上部分：4—6 月采割，除去杂质，晒干。根：秋季挖根，洗净，切段，鲜用或晒干。

【性味归经】地上部分：味淡、苦、微辛，性凉。归肝、脾经。根：味酸、微苦，性凉。归肝、肾经。

【功能主治】地上部分：祛风利湿，清热解毒。用于感冒，黄疸型肝炎，肾炎水肿，咳嗽，喉痛，角膜炎，肠炎，痢疾，腰腿疼痛，咯血，尿血，经闭，带下，小儿疳积，惊风，风火牙痛，痈疽肿毒，跌打损伤等。根：祛风，清热，利湿。用于头痛，咽喉肿痛，湿热黄疸，带下，白浊等。

## 白花蛇舌草

Baihuasheshecao

【别名】蛇总管、蛇针草、蛇舌草、白花十字草。

【来源】茜草科蛇舌草属植物白花蛇舌草 *Scleromitrion diffusum* (Willd.) R. J. Wang。

【植物形态】一年生无毛纤细披散草本，高 20 ～ 50 cm。茎稍扁，从基部开始分枝。叶对生，无柄，膜质，线形，长 1 ～ 3 cm，宽 1 ～ 3 mm，顶端短尖，边缘干后常背卷，上面光滑，下面有时粗糙，中脉在上面下陷，侧脉不明显，托叶长 1 ～ 2 mm，基部合生，顶部芒尖。花 4 数，单生或双生于叶腋，花梗略粗壮，长 2 ～ 5 mm，罕无梗或偶有长达 10 mm 的花梗；花萼管球形，长 1.5 mm，萼檐裂片长圆状披针形，长 1.5 ～ 2 mm，顶部渐尖，具缘毛；花冠白色，筒状，长 3.5 ～ 4 mm，花冠管长 1.5 ～ 2 mm，喉部无毛，花冠裂片卵状长圆形，长约 2 mm，顶端钝；雄蕊生于花冠管喉部，花丝长 0.8 ～ 1 mm，花药突出，长圆形，与花丝等长或略长；花柱长 2 ～ 3 mm，柱头 2 裂，裂片广展，有乳头状突点。蒴果膜质，扁球形，直径 2 ～ 2.5 mm，宿存萼檐裂片长 1.5 ～ 2 mm，成熟时顶部室背开裂。种子细小，淡黄棕色，具棱。花期 7—9 月，果期 8—10 月。

【生境分布】生于山坡、路边、沟边、草地等处。全市各地均有零星分布。

【药用部位】带根全草。

【采收加工】夏、秋季采收，晒干或鲜用。

【性味归经】味甘、苦，性寒。归胃、大肠、小肠经。

【功能主治】清热解毒，利尿消肿，活血止痛。用于肠痈，疮痈肿毒，湿热黄疸，小便不利等；外用治疮疖痈肿，毒蛇咬伤等。

## 钩藤

Gouteng

【别名】双钩藤、鹰爪风、吊风根、金钩草、倒挂刺。

【来源】茜草科钩藤属植物钩藤 *Uncaria rhynchophylla* (Miq.) Miq. ex Havil.。

【植物形态】常绿木质藤本，长可达 10 m。嫩枝较纤细，方柱形或略有 4 棱角，无毛。叶纸质，椭圆形或椭圆状长圆形，长 5 ～ 12 cm，宽 3 ～ 7 cm，两面均无毛，干时褐色或红褐色，下面有时有白粉，顶端短尖或骤尖，基部楔形至截形，有时稍下延，侧脉 4 ～ 8 对，脉腋窝陷有黏液毛；叶柄长 5 ～ 15 mm，无毛；托叶狭三角形，深 2 裂达全长 2/3，外面无毛，里面无毛或基部具黏液毛，裂片线形至三角状披针形。头状花序不计花冠直径 5 ～ 8 mm，单生于叶腋，总花梗具一节，苞片微小，或呈单聚伞状排列，总花梗腋生，长 5 cm；小苞片线形或线状匙形；花近无梗；花萼管疏被毛，萼裂片近三角形，长 0.5 mm，疏被短柔毛，顶端锐尖；花冠管外面无毛，或具疏散的毛，花冠裂片卵圆形，外面无毛或略被粉状短柔毛，边缘有时有纤毛，雄蕊 5；子房下位，花柱伸出冠喉外，柱头棒形。果序直径 10 ～ 12 mm，小蒴果长 5 ～ 6 mm，被短柔毛，宿存萼裂片近三角形，长 1 mm，星状辐射。花期 6—7 月，果期 10—11 月。

【生境分布】生于山谷溪边的疏林或灌丛中。梁子湖区有零星分布。

【药用部位】带钩茎枝(钩藤)、根(钩藤根)。

【采收加工】带钩茎枝:秋、冬季采收,去叶,切段,晒干。根:四季均可采挖,洗净,晒干。

【性味归经】带钩茎枝:味甘,性凉。归肝、心包经。根:味苦、甘,性微寒。归肝经。

【功能主治】带钩茎枝:息风定惊,清热平肝。用于肝风内动,惊痫抽搐,高热惊厥,感冒夹惊,小儿惊啼,妊娠子痫,头痛眩晕等。根:舒筋活络,清热消肿。用于关节痛,半身不遂,癫痫,跌打损伤等。

(摄于梁子湖区莲花黄村后山)

## 虎刺

Huci

【别名】黄脚鸡、绣花针、伏牛花、刺虎。

【来源】茜草科虎刺属植物虎刺 *Damnacanthus indicus* C. F. Gaertn.。

【植物形态】具刺灌木,高 0.3 ~ 1 m,具肉质链珠状根;茎下部少分枝,上部密集多回二叉分枝,幼嫩枝密被短粗毛,有时具4棱,节上托叶腋常生1针状刺;刺长0.4 ~ 2 cm。叶常大小叶对相间,大叶长1 ~ 3 cm,宽 1 ~ 1.5 cm,小叶长可小于 0.4 cm,卵形、心形或圆形,顶端锐尖,边全缘,基部常歪斜,钝圆、截平或心形;中脉上面隆起,下面凸出,侧脉极细,每边 3 ~ 4 条,上面光亮,无毛,下面仅脉处有疏短毛;叶柄长约 1 mm,被短柔毛;托叶生于叶柄间,初时呈 2 ~ 4 浅至深裂,后合生成三角形或戟形,易脱落。花两性,1 ~ 2 朵生于叶腋,2 朵者花柄基部常合生,有时在顶部叶腋可 6 朵排成具短总梗的聚伞花序;花梗长 1 ~ 8 mm,基部两侧各具苞片 1 枚;苞片小,披针形或线形;花萼钟状,长约 3 mm,绿色或具紫红色斑纹,几无毛,裂片 4,常大小不一,三角形或钻形,长约 1 mm,宿存;花冠白色,管状漏斗形,长 0.9 ~ 1 cm,外面无毛,内面自喉部至冠管上部密被毛,檐部 4 裂,裂片椭圆形,长 3 ~ 5 mm;雄蕊 4,着生于冠管上部,花丝短,花药紫红色,内藏或稍外露;子房 4 室,每室具胚珠 1 颗,花柱外露或有时内藏,顶部 3 ~ 5 裂。核果红色,近球形,直径4 ~ 6 mm,具分核 1 ~ 4。花期 3—5 月,果期冬季至次年春季。

【生境分布】生于山地和丘陵的疏、密林下和石岩灌丛中。全市各地均有零星分布。

【药用部位】全草或根。

(摄于鄂城区白雉山)

【采收加工】全年均可采收，洗净，切碎，晒干。

【性味归经】味苦、甘，性平。

【功能主治】祛风利湿，活血消肿。用于风湿痹痛，痰饮咳嗽，肺痈，水肿，痞块，黄疸，经闭，小儿疳积，荨麻疹，跌打损伤，烫伤等。

## 鸡屎藤

Jishiteng

【别名】鸡矢藤、解暑藤、女青、牛皮冻、毛鸡屎藤。

【来源】茜草科鸡屎藤属植物鸡屎藤 *Paederia foetida* L.。

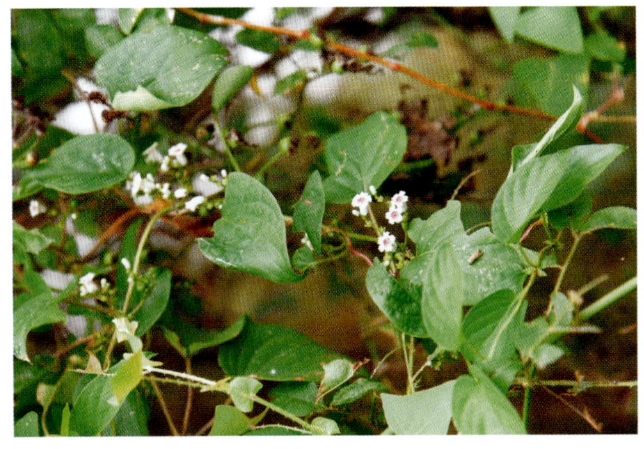

【植物形态】藤状灌木，无毛或被柔毛。叶对生，膜质，卵形或披针形，长 5 ～ 10 cm，宽 2 ～ 4 cm，顶端短尖或削尖，基部浑圆，有时心状，叶上面无毛，在下面脉上被微毛；侧脉每边 4 ～ 5 条，在上面柔弱，在下面凸起；叶柄长 1 ～ 3 cm；托叶卵状披针形，长 2 ～ 3 mm，顶部 2 裂。圆锥花序腋生或顶生，长 6 ～ 18 cm，扩展；小苞片微小，卵形或锥形，有小睫毛状毛；花有小梗，生于柔弱的三歧常作蝎尾状的聚伞花序上；花萼钟形，萼檐裂片钝齿形；花冠紫蓝色，长 12 ～ 16 mm，通常被茸毛，裂片短。果阔椭圆形，压扁，长和宽均为 6 ～ 8 mm，光亮，顶部冠以圆锥形的花盘和微小宿存的萼檐裂片；小坚果浅黑色，具 1 阔翅。花期 5—6 月。

【生境分布】生于溪边、河边、路边及灌木林中，常攀援于其他植物或岩石上。全市各地均有分布。

【药用部位】全草。

【采收加工】夏季采收全草，秋、冬季采根，洗净，晒干。

【性味归经】味甘、微苦，性平。归肝、胃、肾、脾经。

【功能主治】祛风除湿，消食化积，解毒消肿，活血止痛。用于风湿痹痛，食积腹胀，小儿疳积，腹泻，痢疾，中暑，黄疸，肝炎，肝脾大，咳嗽，瘰疬，肠痈，无名肿毒，脚湿肿烂，烫火伤，湿疹，皮炎，跌打损伤，蛇咬蝎蜇等。

## 拉拉藤

Lalateng

【别名】八仙草、爬拉殃、光果拉拉藤、猪殃殃。

【来源】茜草科拉拉藤属植物拉拉藤 *Galium spurium* L.。

【植物形态】多枝、蔓生或攀援状草本，通常高 30 ～ 90 cm；茎有 4 棱角；棱上、叶缘、叶脉上均有倒生的小刺毛。叶纸质或近膜质，6～8片轮生，稀为4～5片，带状倒披针形或长圆状倒披针形，长1～5.5 cm，宽1～7 mm，顶端有针状突尖头，基部渐狭，两面常有紧贴的刺状毛，干时常卷缩，1脉，近无柄。聚伞花序腋生或顶生，少至多花，花小，4数，有纤细的花梗；花萼被钩毛，萼檐近截平；花冠黄绿色或白色，辐状，裂片长圆形，长不及1 mm，镊合状排列；子房被毛，花柱2裂至中部，柱头头状。

果干燥，有1个或2个近球状的分果爿，直径达5.5 mm，肿胀，密被钩毛，果柄直，长可达2.5 cm，较粗，每一爿有1颗平凸的种子。花期3—7月，果期4—11月。

【生境分布】生于路边、荒野、旱地旁、水沟边及林下阴湿处。全国各地均有分布。

【药用部位】全草。

【采收加工】秋季采收，鲜用或晒干。

【性味归经】味辛、苦，性微寒。

【功能主治】清热解毒，利尿通淋。用于痈疽肿毒，乳腺炎，阑尾炎，水肿，感冒发热，痢疾，尿路感染，尿血，牙龈出血，刀伤出血等。

## 四叶葎

Siyelü

【别名】四叶草、四方草、四角金、小拉马藤、散血丹、细中叶葎。

【来源】茜草科拉拉藤属植物四叶葎 *Galium bungei* Steud.。

【植物形态】多年生丛生直立草本，高5～50 cm。有红色丝状根；茎有4棱，不分枝或稍分枝，常无毛或节上有微毛。叶纸质，4片轮生，叶形变化较大，常在同一株内上部与下部的叶形均不同，卵状长圆形、卵状披针形、披针状长圆形或线状披针形，长0.6～3.4 cm，宽2～6 mm，顶端尖或稍钝，基部楔形，中脉和边缘常有刺状硬毛，有时两面亦有糙伏毛，1脉，近无柄或有短柄。聚伞花序顶生和腋生，稠密或稍疏散，总花梗纤细，常三歧分枝，再形成圆锥状花序；花小；花梗纤细，长1～7 mm；花冠黄绿色或白色，辐状，直径1.4～2 mm，无毛，花冠裂片卵形或长圆形，长0.6～1 mm。果爿近球状，直径1～2 mm，通常双生，有小疣点、小鳞片或短钩毛，稀无毛；果柄纤细，常比果长，长可达9 mm。花期

4—9 月，果期 5 月至翌年 1 月。

【生境分布】生于郊野路边，旱地旁，水沟边丛林下阴湿处。全市各地均有分布。

【药用部位】全草。

【采收加工】夏季花期采收，鲜用或晒干。

【性味归经】味甘、苦，性平。归肝、脾经。

【功能主治】清热解毒，利尿消肿。用于尿路感染，痢疾，咯血，赤白带下，小儿疳积，痈肿疔毒，跌打损伤，毒蛇咬伤等。

## 茜草

Qiancao

【别名】锯锯藤、风车草、活血草、四轮车、血见愁。

【来源】茜草科茜草属植物茜草 *Rubia cordifolia* L.。

【植物形态】草质攀援藤本，长通常 1.5 ~ 3.5 m。根状茎和其节上的须根均呈红色；茎数条，从根状茎的节上发出，细长，方柱形，有 4 棱，棱上生倒生皮刺，中部以上多分枝。叶通常 4 片轮生，纸质，披针形或长圆状披针形，长 0.7 ~ 3.5 cm，顶端渐尖，有时钝尖，基部心形，边缘有齿状皮刺，两面粗糙，脉上有微小皮刺；基出脉 3 条，极少外侧有 1 对很小的基出脉。叶柄长通常 1 ~ 2.5 cm，有倒生皮刺。聚伞花序腋生和顶生，多回分枝，有花 10 余朵至数十朵，花序和分枝均细瘦，有微小皮刺；花冠淡黄色，干时淡褐色，盛开时花冠檐部直径 3 ~ 3.5 mm，花冠裂片近卵形，微伸展，长约 1.5 mm，外面无毛。果球形，直径通常 4 ~ 5 mm，成熟时橘黄色。花期 8—9 月，果期 10—11 月。

【生境分布】生于疏林、林缘、灌丛或草地上。全市各地均有零星野生。

【药用部位】根和根茎。

【采收加工】春、秋季采挖，除去泥沙，干燥。

【性味归经】味苦，性寒。归肝经。

【功能主治】凉血，祛瘀，止血，通经。用于吐血，衄血，崩漏，外伤出血，瘀阻经闭，关节痹痛，跌扑肿痛等。

## 细叶水团花

Xiyeshuituanhua

【别名】水杨梅。

【来源】茜草科水团花属植物细叶水团花 *Adina rubella* Hance。

【植物形态】落叶小灌木，高 1 ～ 3 m。小枝延长，具赤褐色微毛，后无毛；顶芽不明显，被开展的托叶包裹。叶对生，近无柄，薄革质，卵状披针形或卵状椭圆形，全缘，长 2.5 ～ 4 cm，宽 8 ～ 12 mm，顶端渐尖或短尖，基部阔楔形或近圆形；侧脉 5 ～ 7 对，被稀疏或稠密短柔毛；托叶小，早落。头状花序不计花冠直径 4 ～ 5 mm，单生、顶生或兼有腋生，总花梗略被柔毛；小苞片线形或线状棒形；花萼管疏被短柔毛，萼裂片匙形或匙状棒形；花冠管长 2 ～ 3 mm，5 裂，花冠裂片三角状，紫红色。果序直径 8 ～ 12 mm；小蒴果长卵状楔形，长 3 mm。花果期 5—12 月。

（摄于梁子湖区陈太村）

【生境分布】生于低海拔地区的河边、溪边疏林中或旷野。梁子湖区有零星野生。

【药用部位】地上部分、根。

【采收加工】地上部分：春、秋季采收茎叶，鲜用或晒干。果实未成熟时采摘花果序，除去杂质，鲜用或晒干。根：夏、秋季采挖多年生植株的根，洗净，切片鲜用或晒干。

【性味归经】地上部分：味苦、涩，性凉。根：味苦、辛，性凉。

【功能主治】地上部分：清热利湿，解毒消肿。用于湿热泄泻，痢疾，湿疹，疮疖肿毒，风火牙痛，跌打损伤，外伤出血等。根：清热解表，活血解毒。用于感冒发热，咳嗽，腮腺炎，咽喉肿痛，肝炎，风湿关节痛，创伤出血等。

## 栀子

Zhizi

【别名】黄栀子、栀子花、小叶栀子、山栀子。

【来源】茜草科栀子属植物栀子 *Gardenia jasminoides* J. Ellis。

【植物形态】常绿灌木，高可达 2 m。嫩枝常被短毛，枝圆柱形，灰色。叶对生，革质，稀为纸质，少为 3 枚轮生，叶形多样，通常为长圆状披针形、倒卵状长圆形、倒卵形或椭圆形，长 3 ～ 25 cm，宽 1.5 ～ 8 cm，顶端渐尖、骤然长渐尖或短尖而钝，基部楔形或短尖，两面常无毛，上面亮绿色，下面色较暗；侧脉 8 ～ 15 对，在下面凸起，在上面平；叶柄长 0.2 ～ 1 cm；托叶膜质。花芳香，通常单朵生于枝顶，花梗长 3 ～ 5 mm；萼管倒圆锥形或卵形，长 8 ～ 25 mm，有纵棱，萼檐管形，膨大，顶部 5 ～

8裂，通常6裂，裂片披针形或线状披针形，长10～30 mm，宽1～4 mm，结果时增长，宿存；花冠白色或乳黄色，高脚碟状，喉部有疏柔毛，冠管狭圆筒形，长3～5 cm，宽4～6 mm，顶部5～8裂，通常6裂，裂片广展，倒卵形或倒卵状长圆形，长1.5～4 cm，宽0.6～2.8 cm；花丝极短，花药线形，长1.5～2.2 cm，伸出；花柱粗厚，长约4.5 cm，柱头纺锤形，伸出，长1～1.5 cm，宽3～7 mm，子房直径约3 mm，黄色，平滑。果卵形、近球形、椭圆形或长圆形，黄色或橙红色，长1.5～7 cm，直径1.2～2 cm，有翅状纵棱5～9条，顶部的宿存萼片长达4 cm，宽达6 mm；种子多数，扁，近圆形而稍有棱角，长约3.5 mm，宽约3 mm。花期3—7月，果期5月至翌年2月。

【生境分布】生于海拔10～1500 m处的旷野、丘陵、山谷、山坡、溪边的灌丛或林中。全市大部分地区有栽培。

【药用部位】成熟果实。

【采收加工】9—11月果实成熟呈红黄色时采收，除去果梗和杂质，蒸至上汽或置沸水中略烫，取出，干燥。

【性味归经】味苦，性寒。归心、肺、三焦经。

【功能主治】泻火除烦，清热利湿，凉血解毒；外用消肿止痛。用于热病心烦，湿热黄疸，淋证涩痛，血热吐衄，目赤肿痛，火毒疮疡；外用治扭挫伤痛等。

# 蔷薇科

## 长叶地榆

Changyediyu

【别名】绵地榆。

【来源】蔷薇科地榆属植物长叶地榆 *Sanguisorba officinalis* var. *longifolia* (Bertol.) T. T. Yu & C. L. Li。

【植物形态】多年生草本，高30～120 cm。根粗壮，多呈纺锤形，稀圆柱形，表面棕褐色或紫褐色，有纵皱纹及横裂纹，横切面黄白色或紫红色，较平正。茎直立，有棱，无毛或基部有稀疏腺毛。基生叶为羽状复叶，有小叶4～6对，叶柄无毛或基部有稀疏腺毛；小叶片有短柄，带状长圆形至带状披针形，长1～7 cm，宽0.5～3 cm，基部微心形、圆形至宽楔形，边缘有多数粗大、圆钝、稀急尖的锯齿，两面绿色，无毛；茎生叶较多，与基生叶相似，但更长而狭窄；基生叶托叶膜质，褐色，外面无毛或被稀疏腺毛，茎生叶托叶大，草质，半卵形，外侧边缘有尖锐锯齿。穗状花序长圆柱形，长 2 ～ 6 cm，直径通常 0.5 ～ 1 cm，从花序顶端向下开放，花序梗光滑或偶有稀疏腺毛；苞片膜质，披针形，顶端渐尖至尾尖，比萼片短或近等长，背面及边缘有柔毛；萼片 4 枚，紫红色，椭圆形至宽卵形，背面被疏柔毛，中央微有纵棱脊，顶端常具短尖头；雄蕊 4 枚，花丝丝状，不扩大，与萼片近等长；子房外面无毛或基部微被毛，柱头顶端扩大，盘形，边缘具流苏状乳头。果实包藏在宿存萼筒内，外面有 4 棱。花果期 8—11 月。

【生境分布】生于山坡草地、溪边、灌丛、湿草地及疏林中。全市各地均有零星野生。

【药用部位】根。

【采收加工】根：春季将发芽时或秋季植株枯萎后采挖，除去须根，洗净，干燥，或趁鲜切片，干燥。

【性味归经】根：味苦、酸、涩，性微寒。归肝、大肠经。

【功能主治】根：凉血止血，解毒敛疮。用于便血，痔血，血痢，崩漏，水火烫伤，痈肿疮毒等。

## 火棘

Huoji

【别名】救军粮、赤阳子、火把果、红子。

【来源】蔷薇科火棘属植物火棘 *Pyracantha fortuneana* (Maxim.) H. L. Li。

【植物形态】常绿灌木，高达 3 m。侧枝短，先端成刺状，嫩枝外被锈色短柔毛，老枝暗褐色，无毛；芽小，外被短柔毛。叶片倒卵形或倒卵状长圆形，长 1.5 ～ 6 cm，宽 0.5 ～ 2 cm，先端圆钝或微凹，有时具短尖头，基部楔形，下延连于叶柄，边缘有钝锯齿，齿尖向内弯，近基部全缘，两面皆无毛；叶柄短，无毛或嫩时有柔毛。花集成复伞房花序，直径 3 ～ 4 cm，花梗和总花梗近于无毛，花梗长约 1 cm；花直径约 1 cm；萼筒钟状，无毛；萼片三角状卵形，先端钝；花瓣白色，近圆形，长约 4 mm，宽约 3 mm；雄蕊 20，花丝长 3 ～ 4 mm，花药黄色；花柱 5，离生，与雄蕊等长，子房上部密生白色柔毛。果实近球形，直径约 5 mm，橘红色或深红色。花期 3—5 月，果期 8—11 月。

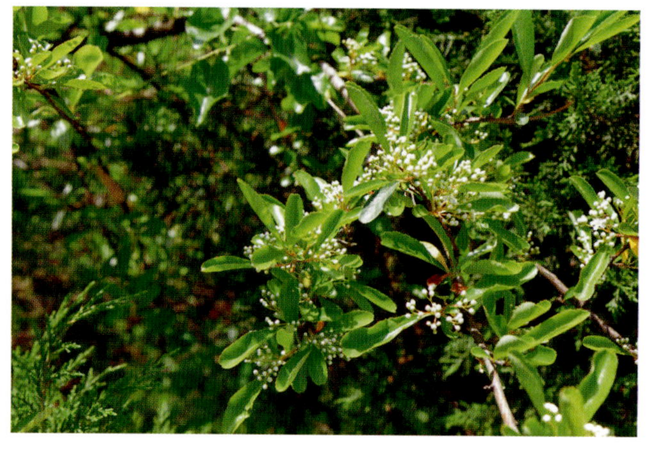

【生境分布】生于海拔 500 ～ 2800 m 的山地、丘陵地阳坡、灌丛草地及河沟路旁。分布于全市各地，绿化带多见。

【药用部位】果实。

【采收加工】秋季果实成熟时采摘，晒干。

【性味归经】味甘、酸，性平。

【功能主治】健脾消积，收敛止痢，止痛。用于食积停滞，脘腹胀满，泄泻，痢疾，崩漏，带下，跌打损伤等。

## 沙梨

Shali

【别名】麻安梨、黄金梨。

【来源】蔷薇科梨属植物沙梨 *Pyrus pyrifolia* (Burm. F.) Nakai。

【植物形态】乔木，高达 7 ～ 15 m。小枝嫩时具黄褐色长柔毛或茸毛，不久脱落，二年生枝紫褐色或暗褐色，具稀疏皮孔；冬芽长卵形，先端圆钝，鳞片边缘和先端稍具长茸毛。叶片卵状椭圆形或卵形，长 7 ～ 12 cm，宽 4 ～ 6.5 cm，先端长尖，基部圆形或近心形，稀宽楔形，边缘有刺芒状锯齿，微向内合拢，上下两面无毛或嫩时有褐色绵毛；叶柄长 3 ～ 4.5 cm，嫩时被茸毛，不久脱落；托叶膜质，线状披针形，长 1 ～ 1.5 cm，先端渐尖，全缘，边缘具长柔毛，早落。伞形总状花序，具花 6 ～ 9 朵，直径 5 ～ 7 cm；总花梗和花梗幼时微具柔毛，花梗长 3.5 ～ 5 cm；苞片膜质，线形，边缘有长柔毛；花直径 2.5 ～ 3.5 cm；萼片三角状卵形，长约 5 mm，先端渐尖，边缘有腺齿；外面无毛，内面密被褐色茸毛；花瓣卵形，长 15 ～ 17 mm，先端啮齿状，基部具短爪，白色；雄蕊 20，长约等于花瓣之半；花柱 5，稀 4，光滑无毛，约与雄蕊等长。果实近球形，浅褐色，有浅色斑点，先端微向下陷。种子卵形，微扁，长 8 ～ 10 mm，深褐色。花期 4 月，果期 8 月。

【生境分布】生于温暖而多雨的地区。全市各地均有零星分布。

【药用部位】果实。

【采收加工】8—9 月果实成熟时采摘，鲜用或切片晒干。

【性味归经】味甘、涩，性凉。归肺、胃经。

【功能主治】清肺化痰，生津止渴。用于肺燥咳嗽，热病烦躁，津少口干，消渴，目赤，疮疡，烫火伤等。

## 李

Li

【别名】李子。

【来源】蔷薇科李属植物李 *Prunus salicina* Lindl.。

【植物形态】落叶乔木，高 9 ～ 12 m。树冠广圆形，树皮灰褐色，起伏不平；老枝紫褐色或红褐色，无毛；小枝黄红色，无毛；冬芽卵圆形，红紫色，有数枚覆瓦状排列鳞片，通常无毛，稀鳞片边缘有极稀疏毛。叶片长圆状倒卵形、长椭圆形，稀长圆状卵形，长 6 ～ 12 cm，宽 3 ～ 5 cm，先端渐尖、急尖或短尾尖，基部楔形，边缘有圆钝重锯齿，常混有单锯齿，幼时齿尖带腺体，上面深绿色，有光泽，侧脉 6 ～ 10 对，不达叶片边缘，与主脉成 45° 角，两面均无毛，有时下面沿主脉有稀疏柔毛或脉腋有髯毛；托叶膜质，线形，先端渐尖，边缘有腺体，早落；叶柄长 1 ～ 2 cm，通常无毛，顶端有 2 个腺体或无，有时在叶片基部边缘有腺体。花通常 3 朵并生，花梗长 1 ～ 2 cm，通常无毛；花直径 1.5 ～ 2.2 cm；萼筒钟状；萼片长圆状卵形，长约 5 mm，先端急尖或圆钝，边有疏齿，与萼筒近等长，萼筒和萼片外面均无毛，内面在萼筒基部被疏柔毛；花瓣白色，长圆状倒卵形，先端啮蚀状，基部楔形，有明显带紫色脉纹，具短爪，着生在萼筒边缘，比萼筒长 2 ～ 3 倍；雄蕊多数，花丝长短不等，排成不规则 2 轮，比花瓣短；雌蕊 1，柱头盘状，花柱比雄蕊稍长。核果球形、卵球形或近圆锥形，直径 3.5 ～ 5 cm，栽培品种可达 7 cm，黄色或红色，有时为绿色或紫色，梗凹陷入，顶端微尖，基部有纵沟，外被蜡粉；核卵圆形或长圆形，有皱纹。花期 4—5 月，果期 7—8 月。

【生境分布】 生于山沟路旁或灌木林内。常栽培于庭院。全市大部分地区有栽培。

【药用部位】 果实。

【采收加工】 7—8 月果实成熟时采摘，鲜用。

【性味归经】 味甘、酸，性平。归肝、肾经。

【功能主治】 清热，生津，消积。用于虚劳骨蒸，消渴，食积不化等。

## 梅

Mei

【别名】 春梅、干枝梅、酸梅、乌梅、西梅。

【来源】 蔷薇科李属植物梅 *Prunus mume* Siebold & Zucc.。

【植物形态】 小乔木，稀灌木，高可达 10 m。树皮浅灰色或带绿色，平滑；小枝绿色，光滑无毛。叶片卵形或椭圆形，长 4 ～ 8 cm，宽 2.5 ～ 5 cm，先端尾尖，基部宽楔形至圆形，叶边常具小锐锯齿，灰绿色，幼嫩时两面被短柔毛，成长时逐渐脱落，或仅下面脉腋间具短柔毛；叶柄长 1 ～ 2 cm，幼时具毛，老时脱落，常有腺体。花单生或有时 2 朵同生于 1 芽内，直径 2 ～ 2.5 cm，香味浓，先于叶开放；花梗短，长 1 ～ 3 mm，常无毛；花萼通常红褐色，但有些品种的花萼为绿色或绿紫色；萼筒宽钟形，无毛或有时被短柔毛；萼片卵形或近圆形，先端圆钝；花瓣倒卵形，白色至粉红色；雄蕊短或稍长于花瓣；子房密被柔毛，花柱短或稍长于雄蕊。果实近球形，直径 2 ～ 3 cm，黄色或绿白色，被柔毛，味酸；果肉与核粘连；

核椭圆形，顶端圆形而有小突尖头，基部渐狭成楔形，两侧微扁，腹棱稍钝，腹面和背棱上均有明显纵沟，表面具蜂窝状孔穴。花期 2—3 月，果期 5—6 月。

【生境分布】全市各地均有栽培。

【药用部位】近成熟果实。

【采收加工】夏季果实近成熟时采收，低温烘干后闷至色变黑。

【性味归经】味酸、涩，性平。归肝、肺、脾、大肠经。

【功能主治】敛肺，涩肠，生津，安蛔。用于肺虚久咳，久泻久痢，虚热消渴，蛔厥呕吐腹痛等。

## 杏

Xing

【别名】杏树、杏花、杏子。

【来源】蔷薇科李属植物杏 *Prunus armeniaca* L.。

【植物形态】乔木，高约 10 m。叶卵形至近圆形，长 5 ~ 9 cm，宽 4 ~ 8 cm，先端有短尖头或渐尖，基部圆形或渐狭，边缘有圆钝锯齿，两面无毛或在下面叶脉交叉处有髯毛；叶柄长 2 ~ 3 cm，近顶端有 2 腺体。花单生，先于叶开放，直径 2 ~ 3 cm，无梗或有极短梗；萼裂片 5，卵形或椭圆形，花后反折；花瓣白色或稍带红色，圆形至倒卵形；雄蕊多数；心皮 1，有短柔毛。核果球形，直径不超过 2.5 cm，黄白色或黄红色，常有红晕，微生短柔毛或无毛，成熟时不开裂，有沟；果肉多汁，核平滑，沿腹缝有沟。种子扁圆形。花期 3—4 月，果期 4—7 月。

【生境分布】全市各地均有栽培。

【药用部位】种子（苦杏仁）、果实（杏）、叶（杏叶）、花（杏花）、枝条（杏枝）、树皮（杏树皮）、根（杏树根）。

【采收加工】种子：6—7 月成熟期采摘果实，取种子，晾干。果实：6—7 月果实成熟时采收，鲜用或晒干。叶：夏、秋季叶生长茂盛时采收，鲜用或晒干。花：3—4 月采花，阴干备用。枝条：夏、秋季采收，切段，晒干。树皮：春、秋季剥取树皮，削去外面栓皮，切碎，晒干。根：四季均可采挖，洗净，切碎，晒干。

【性味归经】种子：味苦，性微温；有小毒。归肺、大肠经。果实：味酸、甘，性温；有毒。归肺、心经。叶：味辛、苦，性微凉。归肝、脾经。花：味苦，性温。归脾、肾经。枝条：味辛，性平。归肝经。树皮：味甘，性寒。归心、肺经。根：味苦，性温。归肝、肾经。

【功能主治】种子：降气止咳平喘，润肠通便。用于咳嗽气喘，胸满痰多，肠燥便秘等。果实：润肺定喘，生津止渴。用于肺燥咳嗽，津伤口渴等。叶：祛风利湿，明目。用于水肿，皮肤瘙痒，疮痈肿毒，瘰疬等。花：活血补虚。用于妇女不孕，肢体痹痛，手足逆冷等。枝条：活血散瘀。用于跌打损伤，瘀血阻络等。树皮、根：解毒。用于杏仁中毒等。

## 桃

Tao

【别名】桃子、油桃、盘桃。

【来源】蔷薇科李属植物桃 *Prunus persica* (L.) Batsch。

【植物形态】乔木，高 3 ～ 8 m。树冠宽广而平展；树皮暗红褐色，老时粗糙呈鳞片状；小枝细长，无毛，有光泽，绿色，向阳处转变成红色，具大量小皮孔；冬芽圆锥形，顶端钝，外被短柔毛，常 2 ～ 3 个簇生，中间为叶芽，两侧为花芽。叶片长圆状披针形、椭圆状披针形或倒卵状披针形，长 7 ～ 15 cm，宽 2 ～ 3.5 cm，先端渐尖，基部宽楔形，上面无毛，下面在脉腋间具少数短柔毛或无毛，叶边具细锯齿或粗锯齿，齿端具腺体或无腺体；叶柄粗壮，长 1 ～ 2 cm，常具 1 至数枚腺体，有时无腺体。花单生，先于叶开放，直径 2.5 ～ 3.5 cm；花梗极短或几无梗；萼筒钟形，被短柔毛，稀几无毛，绿色而具红色斑点，萼片卵形至长圆形，顶端圆钝，外被短柔毛；花瓣长圆状椭圆形至宽倒卵形，粉红色，罕为白色；雄蕊 20 ～ 30，花药绯红色；花柱几与雄蕊等长或稍短，子房被短柔毛。果实形状和大小均有变异，卵形、宽椭圆形或扁圆形，直径 3 ～ 12 cm，长几与宽相等，色泽变化由淡绿白色至橙黄色，常在向阳面具红晕，外面密被短柔毛，稀无毛，腹缝明显，果梗短而深入果洼；果肉白色、浅绿白色、黄色、橙黄色或红色，多汁有香味，甜或酸甜；核大，离核或粘核，椭圆形或近圆形，两侧扁平，顶端渐尖，表面具纵、横沟纹和孔穴；种仁味苦，稀味甜。花期 3—4 月，果期 6—8 月。

【生境分布】全市各地均有栽植。

【药用部位】成熟种子（桃仁）、成熟果实（桃子）、叶（桃叶）、花（桃花）、枝（桃枝）、根（桃根）、树脂（桃胶）。

【采收加工】桃仁：果实成熟后采收，除去果肉和核壳，取出种子，晒干。桃子：果实成熟时采摘，多鲜用。桃叶：茎叶茂盛时采收，晒干。桃花：花未开放时采收，晒干。桃枝：秋、冬季采收，切碎，晒干。桃根：四季均可采挖，洗净，晒干。桃胶：夏季用刀割伤树皮，待树脂溢出后收集，水浸，洗去杂质，晒干。

【性味归经】桃仁：味苦、甘，性平。归心、肝、大肠经。桃子：味甘、酸，性温。桃叶：味苦，性平。归脾、肾经。桃花：味苦，性平。桃枝：味苦，性平。桃根：味苦，性平。桃胶：味苦，性平。

【功能主治】桃仁：活血祛瘀，润肠通便，止咳平喘。用于经闭痛经，癥瘕痞块，肺痈肠痈，跌扑损伤，肠燥便秘，咳嗽气喘等。桃子：生津，润肠，活血。用于心烦口渴，月经不调，便秘，食欲不振等。桃叶：祛风湿，清热，杀虫。用于头风，头痛，疟疾，湿疹，疮癣等。桃花：利水，活血，通便。用于水肿，脚气，痰饮，积滞，二便不利，经闭等。桃根：利胆，活血，止血。用于黄疸，吐血，衄血，经闭，痔疮等。桃胶：通淋，止泻，止痛。用于石淋，痢疾，腹胀疼痛等。

# 龙牙草

Longyacao

【别名】龙芽草、路边黄、仙鹤草、金顶龙芽。

【来源】蔷薇科龙牙草属植物龙牙草 *Agrimonia pilosa* Ledeb.。

【植物形态】多年生草本。根多呈块茎状，周围长出若干侧根，根茎短，基部常有 1 至数个地下芽。茎高 30 ～ 120 cm，被疏柔毛及短柔毛，稀下部被稀疏长硬毛。叶为间断奇数羽状复叶，通常有小叶 3 ～ 4 对，稀 2 对，向上减少至 3 小叶，叶柄被稀疏柔毛或短柔毛；小叶片无柄或有短柄，倒卵形、倒卵状椭圆形或倒卵状披针形，长 1.5 ～ 5 cm，宽 1 ～ 2.5 cm，顶端急尖至圆钝，稀渐尖，基部楔形至宽楔形，边缘有急尖至圆钝锯齿，上面被疏柔毛，稀脱落几无毛，下面通常脉上伏生疏柔毛，稀脱落几无毛，有显著腺点；托叶草质，绿色，镰形，稀卵形，顶端急尖或渐尖，边缘有尖锐锯齿或裂片，稀全缘，茎下部托叶有时卵状披针形，常全缘。花序穗状总状顶生，分枝或不分枝，花序轴被柔毛，花梗长 1 ～ 5 mm，被柔毛；苞片通常深 3 裂，裂片带形，小苞片对生，卵形，全缘或边缘分裂；花直径 6 ～ 9 mm；萼片 5，三角状卵形；花瓣黄色，长圆形；雄蕊 5 ～ 15 枚；花柱 2，丝状，柱头头状。果实倒卵圆锥形，外面有 10 条肋，被疏柔毛，顶端有数层钩刺，幼时直立，成熟时靠合，连钩刺长 7 ～ 8 mm，最宽处直径 3 ～ 4 mm。花果期 5—12 月。

【生境分布】生于溪边、路旁、草地、灌丛、林缘及疏林下。全市各地均有分布。

【药用部位】地上部分（仙鹤草）、地下冬芽（鹤草芽）、根（龙牙草根）。

【采收加工】地上部分：夏、秋季茎叶茂盛时采割，除去杂质，干燥。地下冬芽：冬、春季新株萌发前挖取根茎，除去老根，留幼芽，洗净，晒干。根：秋后采挖，洗净，除去芦头，晒干。

【性味归经】地上部分：味苦、涩，性平。归心、肝经。地下冬芽：味苦、涩，性平。根：味辛、涩，性温。

【功能主治】地上部分：收敛止血，止痢，杀虫。用于咯血，吐血，崩漏下血，疟疾，血痢，痈肿疮毒，阴痒带下，脱力劳伤等。地下冬芽：杀虫。用于绦虫病等。根：清热解毒，通经，杀虫。用于赤白痢疾，经闭，绦虫病等。

## 木瓜

Mugua

【别名】海棠、木李、木瓜海棠、光皮木瓜。

【来源】蔷薇科木瓜属植物木瓜 *Pseudocydonia sinensis* (Thouin) C. K. Schneid.。

【植物形态】灌木或小乔木，高 5 ～ 10 m。树皮成片状脱落，小枝无刺，圆柱形，幼时被柔毛，不久即脱落，紫红色，二年生枝无毛，紫褐色；冬芽半圆形，先端圆钝，无毛，紫褐色。叶片椭圆状卵形或椭圆状长圆形，稀倒卵形，长 5 ～ 8 cm，宽 3.5 ～ 5.5 cm，先端急尖，基部宽楔形或圆形，边缘有刺芒状尖锐锯齿，齿尖有腺体，幼时下面密被黄白色茸毛，不久即脱落无毛；叶柄长 5 ～ 10 mm，微被柔毛，有腺齿；托叶膜质，卵状披针形，先端渐尖，边缘具腺齿，长约 7 mm。花单生于叶腋，花梗短粗，长 5 ～ 10 mm，无毛；花直径 2.5 ～ 3 cm；萼筒钟状，外面无毛；萼片三角状披针形，长 6 ～ 10 mm，先端渐尖，边缘有腺齿，外面无毛，内面密被浅褐色茸毛，反折；花瓣倒卵形，淡粉红色；雄蕊多数，长不及花瓣之半；花柱 3 ～ 5，基部合生，被柔毛，柱头头状，有不显明分裂，约与雄蕊等长或稍长。果实长椭圆形，长 10 ～ 15 cm，暗黄色，木质，味芳香，果梗短。花期 4 月，果期 9—10 月。

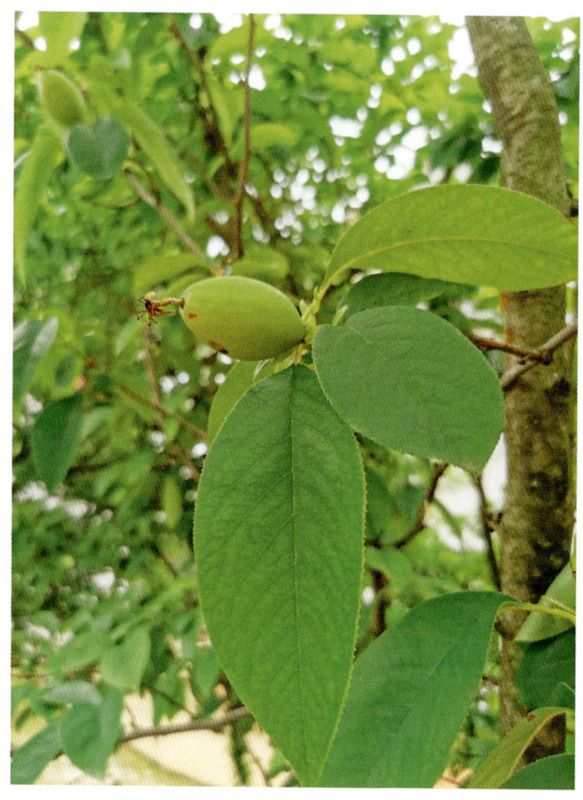

【生境分布】栽培或野生。全市各地均有零星分布。

【药用部位】干燥近成熟果实。

【采收加工】夏、秋季果实呈绿黄色时采收，置沸水中烫至外皮灰白色，对半纵剖，晒干。

【性味归经】味酸，性温。归肝、脾经。

【功能主治】舒筋活络，和胃化湿。用于湿痹拘挛，腰膝关节酸重疼痛，暑湿吐泻，脚气水肿等。

## 枇杷

Pipa

【别名】卢桔、卢橘、金丸。

【来源】蔷薇科枇杷属植物枇杷 *Eriobotrya japonica* (Thunb.) Lindl.。

【植物形态】常绿小乔木，高可达 10 m。小枝粗壮，黄褐色，密生锈色或灰棕色茸毛。叶片革质，披针形、倒披针形、倒卵形或椭圆状长圆形，长 12 ～ 30 cm，宽 3 ～ 9 cm，先端急尖或渐尖，基部楔形或渐狭成叶柄，上部边缘有疏锯齿，基部全缘，上面光亮，多皱，下面密生灰棕色茸毛，侧脉 11 ～ 21 对；叶柄短或几无柄，长 6 ～ 10 mm，有灰棕色茸毛；托叶钻形，长 1 ～ 1.5 cm，先端急尖，有毛。圆锥花序顶生，长 10 ～ 19 cm，具多花；总花梗和花梗密生锈色茸毛；花梗长 2 ～ 8 mm；苞片钻形，长 2 ～ 5 mm，密生锈色茸毛；花直径 12 ～ 20 mm；萼筒浅杯状，长 4 ～ 5 mm，萼片三角状卵形，长 2 ～ 3 mm，先端急尖，萼筒及萼片外面有锈色茸毛；花瓣白色，长圆形或卵形，长 5 ～ 9 mm，宽 4 ～ 6 mm，基部具爪，有锈色茸毛；雄蕊 20，远短于花瓣，花丝基部扩展；花柱 5，离生，柱头头状，无毛，子房顶端有锈色柔毛，5 室，每室有 2 胚珠。果实球形或长圆形，直径 2 ～ 5 cm，黄色或橘黄色，外有锈色柔毛，不久脱落。种子 1 ～ 5，球形或扁球形，直径 1 ～ 1.5 cm，褐色，光亮，种皮纸质。花期 10—12 月，果期翌年 5—6 月。

【生境分布】常栽种于村边、平地或坡边。全市各地均有零星栽培。

【药用部位】叶（枇杷叶）、果实（枇杷）、种子（枇杷核）、根（枇杷根）、树干的韧皮部（枇杷木白皮）、花（枇杷花）。

【采收加工】叶：全年皆可采收，以夏季采收者为多，采下后晒至七八成干时，扎成小把，再晒至足干。果实：因成熟期不一致，宜分次采收，采黄留青，采熟留生。种子：春、夏季果实成熟时，收集果核，晒干。根：全年均可采挖，洗净泥土，切片，晒干。树干的韧皮部：全年均可采剥树皮，去除外层粗皮，晒干或鲜用。花：花期采花，晒干。

【性味归经】叶：味苦，性微寒。归肺、胃经。果实：味甘、酸，性凉。归肺、脾、肝经。种子：味苦，性平；有小毒。归肺、肝经。根：味苦，性平。树干的韧皮部：味苦，性平。归肺、胃经。花：味淡，性平。归肺经。

【功能主治】叶：清肺止咳，降逆止呕。用于肺热咳嗽，气逆喘急，胃热呕逆，烦热口渴等。果实：润肺，下气，止渴。用于肺热咳嗽，呕逆，烦渴等。种子：化痰止咳，疏肝行气，利水消肿。用于咳嗽痰多，疝气，瘰疬，水肿等。根：清肺止咳，下乳，祛风湿。用于虚劳咳嗽，乳汁不通，风湿痹痛等。树干的韧皮部：降逆和胃，止咳，止泻，解毒。用于呕吐，呃逆，久咳，久泻，疮疡肿毒等。花：疏风止咳，通鼻窍。

用于感冒咳嗽，鼻塞流涕，虚劳久咳，痰中带血等。

## 粉团蔷薇

Fentuanqiangwei

【别名】红刺玫。

【来源】蔷薇科蔷薇属植物粉团蔷薇 *Rosa multiflora* var. *cathayensis* Rehder & E. H. Wilson。

【植物形态】落叶小灌木，高约 2 m。茎、枝多尖刺。奇数羽状复叶互生；小叶通常 9 枚，椭圆形，先端钝或尖，基部钝圆形，边缘具齿，两面无毛，托叶大部贴生于叶柄。花多数簇生，为圆锥形伞房花序；花粉红色，芳香；花梗上有少数腺毛；萼片 5；花瓣 5，单瓣；雄蕊多数；花柱无毛。瘦果，生在环状或壶状花托里面。花期 5—6 月，果期 8—9 月。

【生境分布】生于山坡、灌丛或河边等处。全市各地均有分布。

【药用部位】花、根。

【采收加工】花：春、夏季花将开放时采摘，除去萼片等杂质，晒干。根：全年均可采挖，洗净，切片，晒干。

【性味归经】花、根：味苦、涩，性寒。

【功能主治】花：清暑化湿，顺气和胃。用于暑热胸闷，口渴，呕吐，食少，口疮，烫伤等。根：活血通络。用于关节炎，颜面神经麻痹等。

## 金樱子

Jinyingzi

【别名】油饼果子、唐樱竻、和尚头、山鸡头子、山石榴。

【来源】蔷薇科蔷薇属植物金樱子 *Rosa laevigata* Michx.。

【植物形态】常绿攀援灌木，高可达 5 m。小枝粗壮，散生扁弯皮刺，无毛，幼时被腺毛，老时逐渐脱落减少。小叶革质，通常 3，稀 5，连叶柄长 5 ~ 10 cm；小叶片椭圆状卵形、倒卵形或披针状卵形，长 2 ~ 6 cm，宽 1.2 ~ 3.5 cm，先端急尖或圆钝，稀尾状渐尖，边缘有锐锯齿，上面亮绿色，无毛，下面黄绿色，幼时沿中肋有腺毛，老时逐渐脱落无毛；小叶柄和叶轴有皮刺和腺毛；托叶离生或基部与叶柄合生，披针形，边缘有细齿，齿尖有腺体，早落。花单生于叶腋，直径 5 ~ 7 cm；花梗长 1.8 ~ 2.5 cm，偶有 3 cm 者，花梗和萼筒密被腺毛，随果实成长变为针刺；萼片卵状披针形，先端呈叶状，边缘羽状浅裂或全缘，常有刺毛和腺毛，内面密被柔毛，比花瓣稍短；花瓣白色，宽倒卵形，先端微凹；雄蕊多数；心皮多数，花柱离生，有毛，比雄蕊短很多。果梨形、倒卵形，稀近球形，紫褐色，外面密被刺毛，果梗长约 3 cm，萼片宿存。花期 4—6 月，果期 7—11 月。

【生境分布】生于向阳的山野、田边、溪畔灌丛中。全市各地均有分布。

【药用部位】果实（金樱子）、根（金樱根）、花（金樱花）、叶（金樱叶）。

【采收加工】果实：10—11 月果实成熟变红时采收，干燥，除去毛刺。根：全年均可采挖，除去幼根，洗净，趁鲜斜切成厚片或短段，晒干。花：4—6 月采收将开放的花蕾，干燥。叶：全年均可采收，多鲜用。

【性味归经】果实：味酸、甘、涩，性平。归肾、膀胱、大肠经。根：味酸、涩，性平。归脾、肝、肾经。花：味酸、涩，性平。叶：味辣，性平。

【功能主治】果实：固精缩尿，固崩止带，涩肠止泻。用于遗精滑精，遗尿尿频，崩漏带下，久泻久痢等。根：收敛固涩，止血敛疮，祛风活血，止痛，杀虫。用于遗精，遗尿，泄泻，痢疾，咯血，便血，崩漏，带下，脱肛，子宫脱垂，风湿痹痛，跌打损伤，疮疡，烫伤，牙痛，胃痛，蛔虫病等。花：涩肠，固精，缩尿，止带，杀虫。用于久泻久痢，遗精，遗尿尿频，带下，绦虫病，蛔虫病，蛲虫病，须发早白等。叶：清热解毒，活血止血，止带。用于痈肿疔疮，烫伤，痢疾，经闭，崩漏，带下，创伤出血等。

## 小果蔷薇

Xiaoguoqiangwei

【别名】小金樱花、山木香、红荆藤、倒钩竻。

【来源】蔷薇科蔷薇属植物小果蔷薇 *Rosa cymosa* Tratt.。

【植物形态】攀援灌木，高 2 ~ 5 m。小枝圆柱形，无毛或稍有柔毛，有钩状皮刺。一回奇数羽状复叶，小叶 3 ~ 5，稀 7；连叶柄长 5 ~ 10 cm；小叶片卵状披针形或椭圆形，稀长圆状披针形，长 2.5 ~ 6 cm，宽 8 ~ 25 mm，先端渐尖，基部近圆形，边缘有紧贴或尖锐细锯齿，两面均无毛，上面亮绿色，下面颜色较淡，中脉凸起，沿脉有稀疏长柔毛；小叶柄和叶轴无毛或有柔毛，有稀疏皮刺和腺毛；托叶膜质，离生，线形，早落。花多朵成复伞房花序；花直径 2 ~ 2.5 cm，花梗长约 1.5 cm，幼时密被长柔毛，老时逐渐脱落近于无毛；萼片卵形，先端渐尖，常有羽状裂片，外面近无毛，稀有刺毛，内面被稀疏白色茸毛，沿边缘较密；花瓣白色，倒卵形，先端凹，基部楔形；花柱离生，稍伸出花托口外，

与雄蕊近等长，密被白色柔毛。果球形，直径 4 ～ 7 mm，红色至黑褐色，萼片脱落。花期 5—6 月，果期 7—11 月。

【生境分布】生于向阳山坡、路旁、溪边或丘陵。全市各地均有分布。

【药用部位】根、茎藤、叶、果实、花。

【采收加工】根：全年均可采挖，洗净，切段，鲜用或晒干。茎藤：全年均可采割，切段，晒干。叶：夏、秋季采叶，鲜用。果实：秋、冬季果熟时采摘，鲜用或晒干。花：5—6 月花盛开时采摘，除去杂质，晾干或晒干。

【性味归经】根：味苦、酸，性微温。归肺、肝、大肠经。茎藤：味酸、微苦，性平。叶：味苦，性平。归肝经。果实：味甘、涩，性平。归肺、肝、肾经。花：味甘、酸，性凉。归脾、胃经。

【功能主治】根：散瘀，止血，消肿解毒。用于跌打损伤，外伤出血，月经不调，子宫脱垂，痔疮，风湿痹痛，腹泻，痢疾等。茎藤：益肾固涩。用于遗尿，子宫脱垂，脱肛，带下，痔疮等。叶：解毒，活血散瘀，消肿散结。用于疮痈肿痛，烫火伤，跌打损伤，风湿痹痛等。果实：化痰止咳，养肝明目，益肾固涩。用于痰多咳嗽，遗精遗尿，带下等。花：健脾，解暑。用于食欲不振，暑热口渴等。

## 玫瑰

Meigui

【别名】徘徊花、笔头花、湖花、刺玫花。

【来源】蔷薇科蔷薇属植物玫瑰 *Rosa rugosa* Thunb.。

【植物形态】直立灌木，高可达 2 m。树干粗壮，有皮刺和刺毛；小枝密生茸毛。羽状复叶；叶柄及叶柚上有茸毛及疏生小皮刺和刺毛；托叶大部附着于叶柄上；小叶 5 ～ 9，椭圆形或椭圆状倒卵形，长 2 ～ 5 cm，宽 1 ～ 2 cm，边缘有钝锯齿，质厚，上面光亮，多皱，无毛，下面苍白色，有柔毛及腺体，网脉显著。花单生或 3 ～ 6 朵聚生；花梗有茸毛和刺毛；花瓣 5 或多数，紫红色或白色，芳香，直径 6 ～ 8 cm；花柱离生，被柔毛，柱头稍突出。果扁球形，直径 2 ～ 2.5 cm，红色，平滑，萼片宿存。花期 5—6 月，果期 8—9 月。

【生境分布】全市各地均有栽培。

【药用部位】花（玫瑰花）、根（玫瑰根）。

【采收加工】花：5—6 月盛花期前采摘已充分膨大但未开放的花蕾，文火烘干或阴干；或采后装入纸袋，贮石灰缸内，封盖，每年梅雨期更换新石灰。根：全年均可采挖，洗净，切片，晒干。

【性味归经】花：味甘、微苦，性温。归肝、脾经。根：味甘、微苦，性微温。归肝经。

【功能主治】花：行气解郁，和血，止痛。用于肝胃气痛，食少呕恶，月经不调，跌扑伤痛等。根：活血，调经，止带。用于月经不调，带下，跌打损伤，风湿痹痛等。

## 月季花

Yuejihua

【别名】月月花、月月红、玫瑰、月季。

【来源】蔷薇科蔷薇属植物月季花 *Rosa chinensis* Jacq.。

【植物形态】直立灌木，高 1 ~ 2 m。小枝粗壮，圆柱形，近无毛，有短粗的钩状皮刺或无刺。羽状复叶，小叶 3 ~ 5，稀 7，连叶柄长 5 ~ 11 cm，小叶片宽卵形至卵状长圆形，长 2.5 ~ 6 cm，宽 1 ~ 3 cm，先端长渐尖或渐尖，基部近圆形或宽楔形，边缘有锐锯齿，两面近无毛，上面暗绿色，常带光泽，下面颜色较浅，顶生小叶片有柄，侧生小叶片近无柄，总叶柄较长，有散生皮刺和腺毛；托叶大部贴生于叶柄，仅顶端分离部分成耳状，边缘常有腺毛。花几朵集生，稀单生，直径 4 ~ 5 cm；花梗长 2.5 ~ 6 cm，近无毛或有腺毛，萼片卵形，先端尾状渐尖，有时呈叶状，边缘常有羽状裂片，稀全缘，外面无毛，内面密被长柔毛；花瓣重瓣至半重瓣，红色、粉红色至白色，倒卵形，先端有凹缺，基部楔形；花柱离生，伸出萼筒口外，约与雄蕊等长。果卵球形或梨形，长 1 ~ 2 cm，红色，萼片脱落。花期 4—9 月，果期 6—11 月。

【生境分布】生于山坡或路旁。全市各地均有栽培。

【药用部位】花（月季花）、叶（月季花叶）、根（月季花根）。

【采收加工】花：花微开时采摘，阴干或低温干燥。叶：春至秋季，枝叶茂盛时均可采收，鲜用或晒干。根：全年均可采挖，洗净，切段，晒干。

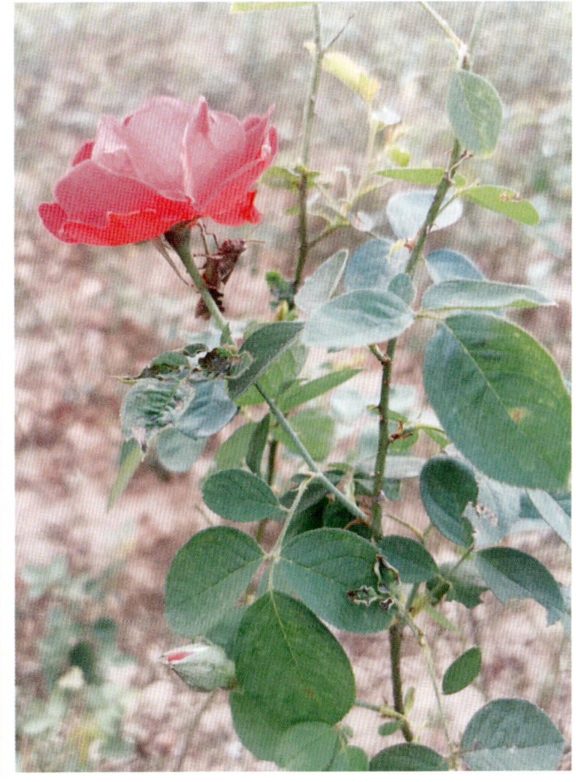

【性味归经】花：味甘，性温。归肝经。叶：味微苦，性平。归肝经。根：味甘、苦、微涩，性温。归肝经。

【功能主治】花：活血调经，解毒消肿。用于月经不调，痛经，经闭，跌打损伤，瘀血肿痛，瘰疬，痈肿，烫伤等。叶：活血消肿，解毒，止血。用于疮疡肿毒，瘰疬，跌打损伤，腰膝肿痛，外伤出血等。根：活血调经，消肿散结，涩精止带。用于月经不调，痛经，经闭，血崩，跌打损伤，瘰疬，遗精，带下等。

## 野山楂

Yeshanzha

【别名】小叶山楂、牧虎梨、红果子、浮萍果、猴楂。

【来源】蔷薇科山楂属植物野山楂 *Crataegus cuneata* Siebold & Zucc.。

【植物形态】落叶灌木，高可达 1.5 m，分枝密，通常具细刺，刺长 5 ~ 8 mm。小枝细弱，圆柱形，有棱，幼时被柔毛，一年生枝紫褐色，无毛，老枝灰褐色，散生长圆形皮孔；冬芽三角状卵形，先端圆钝，无毛，紫褐色。叶片宽倒卵形至倒卵状长圆形，长 2 ~ 6 cm，宽 1 ~ 4.5 cm，先端急尖，基部楔形，下延连于叶柄，边缘有不规则重锯齿，顶端常有 3 或稀 5 ~ 7 浅裂片，上面无毛，有光泽，下面具稀疏柔毛，沿叶脉较密，以后脱落，叶脉显著；叶柄两侧有叶翼，长 4 ~ 15 mm；托叶大型，草质，镰刀状，边缘有齿。伞房花序，直径 2 ~ 2.5 cm，具花 5 ~ 7 朵，总花梗和花梗均被柔毛，花梗长约 1 cm；苞片草质，披针形，条裂或有锯齿，长 8 ~ 12 mm，脱落很迟；花直径约 1.5 cm；萼筒钟状，外被长柔毛，萼片三角状卵形，长约 4 mm，约与萼筒等长，先端尾状渐尖，全缘或有齿，内外两面均具柔毛；花瓣近圆形或倒卵形，长 6 ~ 7 mm，白色，基部有短爪；雄蕊 20；花药红色；花柱 4 ~ 5，基部被茸毛。果实近球形或扁球形，直径 1 ~ 1.2 cm，红色或黄色，常具宿存反折萼片或 1 苞片；小核 4 ~ 5，内面两侧平滑。花期 5—6 月，果期 9—11 月。

【生境分布】生于山谷、多石湿地或山地灌丛中。全市各地均有零星野生。

【药用部位】果实。

【采收加工】秋后果实变为红色，果点明显时采收。用剪刀剪断果柄，或摘下，横切成两半，或切片后晒干。

【性味归经】味酸、甘，性微温。归肝、胃经。

【功能主治】健脾消食，活血化瘀。用于脘腹胀痛，产后瘀血腹痛，漆疮，冻疮等。

## 蛇莓

Shemei

【别名】蛇泡草、龙吐珠、三爪风。

【来源】蔷薇科蛇莓属植物蛇莓 *Duchesnea indica* (Andrews) Focke。

【植物形态】多年生草本。根茎短，粗壮。匍匐茎多数，长 30 ～ 100 cm，有柔毛。小叶片倒卵形至菱状长圆形，长 2 ～ 5 cm，宽 1 ～ 3 cm，先端圆钝，边缘有钝锯齿，两面皆有柔毛，或上面无毛，具小叶柄；叶柄长 1 ～ 5 cm，有柔毛；托叶窄卵形至宽披针形，长 5 ～ 8 mm。花单生于叶腋，直径 1.5 ～ 2.5 cm；花梗长 3 ～ 6 cm，有柔毛；萼片卵形，长 4 ～ 6 mm，先端锐尖，外面有散生柔毛；副萼片倒卵形，长 5 ～ 8 mm，比萼片长，先端常具 3 ～ 5 锯齿；花瓣倒卵形，长 5 ～ 10 mm，黄色，先端圆钝；雄蕊 20 ～ 30；心皮多数，离生；花托在果期膨大，海绵质，鲜红色，有光泽，直径 10 ～ 20 mm，外面有长柔毛。瘦果卵形，长约 1.5 mm，光滑或具不显明突起，鲜时有光泽。花期 6—8 月，果期 8—10 月。

【生境分布】生于山坡、河岸、草地、潮湿的地方。全市各地均有分布。

【药用部位】全草（蛇莓）、根（蛇莓根）。

【采收加工】全草：6—11 月采收全草，洗净，晒干或鲜用。根：夏、秋季采挖，除去茎叶，洗净，晒干或鲜用。

【性味归经】全草：味甘、苦，性寒。根：味苦、微甘，性寒；有小毒。

【功能主治】全草：清热解毒，凉血止血，散瘀消肿。用于热病，惊痫，感冒，痢疾，黄疸，目赤，口疮，咽痛，痄腮，疖肿，毒蛇咬伤，吐血，崩漏，月经不调，烫火伤，跌打肿痛等。根：清热泻火，解毒消肿。用于热病，小儿惊风，目赤肿痛，痄腮，牙龈肿痛，咽喉肿痛，热毒疮疡等。

## 石楠

Shinan

【别名】千年红、扇骨木。

【来源】蔷薇科石楠属植物石楠 *Photinia serratifolia* (Desf.) Kalkman。

【植物形态】常绿灌木或小乔木，高 4 ～ 6 m，有时可达 12 m。枝褐灰色，无毛；冬芽卵形，鳞片褐色，无毛。叶片革质，长椭圆形、长倒卵形或倒卵状椭圆形，长 9 ～ 22 cm，宽 3 ～ 6.5 cm，先端尾尖，基部圆形或宽楔形，边缘疏生具腺细锯齿，近基部全缘，上面光亮，幼时中脉有茸毛，成熟后两面皆无毛，中脉显著，侧脉 25 ～ 30 对；叶柄粗壮，长 2 ～ 4 cm，幼时有茸毛，以后无毛。复伞房花序顶生，直径 10 ～

16 cm；总花梗和花梗无毛，花梗长 3 ～ 5 mm；花密生，直径 6 ～ 8 mm；萼筒杯状，长约 1 mm，无毛；萼片阔三角形，长约 1 mm，先端急尖，无毛；花瓣白色，近圆形，直径 3 ～ 4 mm，内外两面皆无毛；雄蕊 20，外轮较花瓣长，内轮较花瓣短，花药带紫色；花柱 2，有时为 3，基部合生，柱头头状，子房顶端有柔毛。果实球形，直径 5 ～ 6 mm，红色，后成褐紫色，有 1 粒种子。种子卵形，长 2 mm，棕色，平滑。花期 4—5 月，果期 10 月。

【生境分布】生于杂木林中，亦有栽培。全市各地均有分布。

【药用部位】叶或带叶嫩枝、果实、根或根皮。

【采收加工】叶或带叶嫩枝：全年均可采收，但以夏、秋季采收者为佳，采后晒干即可。果实：9—11 月果实成熟时采收，晾干。根或根皮：全年均可采挖，洗净，切碎晒干或鲜用。

【性味归经】叶或带叶嫩枝：味辛、苦，性平；有小毒。归肝、肾经。果实：味辛、苦，性平。根或根皮：味辛、苦，性平。

【功能主治】叶或带叶嫩枝：祛风湿，止痒，强筋骨，益肝肾。用于风湿痹痛，头风头痛，风疹，脚膝痿弱，阳痿，遗精等。果实：祛风湿，消积聚。用于风痹积聚等。根或根皮：祛风除湿，活血解毒。用于风痹，历节痛风，外感咳嗽，疮痈肿痛，跌打损伤等。

## 翻白草

Fanbaicao

【别名】鸡腿根、叶下白、鸡爪参、天青地白。

【来源】蔷薇科委陵菜属植物翻白草 *Potentilla discolor* Bunge。

【植物形态】多年生草本。根粗壮，下部常肥厚成纺锤形。花茎直立，上升或微铺散，高 10 ～ 45 cm，密被白色绵毛。基生叶有小叶 2 ～ 4 对，间隔 0.8 ～ 1.5 cm，连叶柄长 4 ～ 20 cm，叶柄密被白色绵毛，有时并有长柔毛；小叶对生或互生，无柄，小叶片长圆形或长圆状披针形，长 1 ～ 5 cm，宽 0.5 ～ 0.8 cm，顶端圆钝，稀急尖，基部楔形、宽楔形或偏斜圆形，边缘具圆钝锯齿，稀急尖，上面暗绿色，被稀疏白色绵毛或脱落几无毛，下面密被白色或灰白色绵毛，脉不明显或微明显，茎生叶 1 ～ 2，有掌状 3 ～ 5 小叶；基生叶托叶膜质，褐色，外面被白色长柔毛，茎生叶托叶草质，绿色，卵形或宽卵形，边缘常有缺刻状齿，稀全缘，下面密被白色绵毛。聚伞花序有花数朵至多朵，疏散，花梗长 1 ～ 2.5 cm，外被绵毛；花直径 1 ～ 2 cm；萼片三角状卵形，副萼片披针形，比萼片短，外面被白色绵毛；花瓣黄色，倒卵形，顶端微凹或圆钝，比萼片长；花柱近顶生，基部具乳头状膨大，柱头稍微扩大。瘦果近肾形，宽约 1 mm，光滑。花期 5—8 月，果期 8—10 月。

【生境分布】生于荒地、山谷、沟边、山坡草地、草甸及疏林下。全市各地均有零星野生。

【药用部位】带根全草。

【采收加工】夏、秋季采收，将全草连块根挖出，抖去泥土，洗净，晒干或鲜用。

【性味归经】味甘、微苦，性平。归肝、胃、大肠经。

【功能主治】清热解毒，凉血止血。用于肺热咳喘，泻痢，疟疾，咯血，吐血，便血，崩漏，痈肿疮毒，瘰疬等。

## 委陵菜

Weilingcai

【别名】翻白菜、扑地虎、生血丹。

【来源】蔷薇科委陵菜属植物委陵菜 *Potentilla chinensis* Ser.。

【植物形态】多年生草本。根粗壮，圆柱形，稍木质化。花茎直立或上升，高 20 ～ 70 cm，被稀疏短柔毛及白色绢状长柔毛。基生叶为羽状复叶，有小叶 5 ～ 15 对，间隔 0.5 ～ 0.8 cm，连叶柄长 4 ～ 25 cm，叶柄被短柔毛及绢状长柔毛；小叶对生或互生，上部小叶较长，向下逐渐减小，无柄，长圆形、倒卵形或长圆状披针形，长 1 ～ 5 cm，宽 0.5 ～ 1.5 cm，边缘羽状中裂，裂片三角状卵形、三角状披针形或长圆状披针形，顶端急尖或圆钝，边缘向下反卷，上面绿色，被短柔毛或脱落几无毛，中脉下陷，下面被白色茸毛，沿脉被白色绢状长柔毛，茎生叶与基生叶相似，唯叶片对数较少；基生叶托叶近膜质，褐色，外面被白色绢状长柔毛，茎生叶托叶草质，绿色，边缘锐裂。伞房状聚伞花序，花梗长 0.5 ～ 1.5 cm，基部有披针形苞片，外面密被短柔毛；花直径通常 0.8 ～ 1 cm，稀达 1.3 cm；萼片三角状卵形，顶端急尖，副萼片带形或披针形，顶端尖，比萼片短且狭窄，外面被短柔毛及少数绢状柔毛；花瓣黄色，宽倒卵形，顶端微凹，比萼片稍长；花柱近顶生，基部微扩大，稍有乳头或不明显，柱头扩大。瘦果卵球形，深褐色，有明显皱纹。花期 6—8 月，果期 8—10 月。

【生境分布】生于山坡草地、沟谷、林缘、灌丛或疏林下。全市各地均有野生。

【药用部位】全草。

【采收加工】春季未抽茎时采挖，除去泥沙，晒干。

【性味归经】味苦，性寒。归肝、大肠经。

【功能主治】清热解毒，凉血止痢。用于赤痢腹痛，久痢不止，痔疮出血，痈肿疮毒等。

## 绣线菊

Xiuxian ju

【别名】柳叶绣线菊、珍珠梅、空心柳、马尿溲。

【来源】蔷薇科绣线菊属植物绣线菊 *Spiraea salicifolia* L.。

【植物形态】直立灌木，高 1 ～ 2 m。枝条密集，小枝稍有棱角，黄褐色，嫩枝具短柔毛，老时脱落；冬芽卵形或长圆卵形，先端急尖，有数个褐色外露鳞片，外被稀疏细短柔毛。叶片长圆状披针形至披针形，长 4 ～ 8 cm，宽 1 ～ 2.5 cm，先端急尖或渐尖，基部楔形，边缘密生锐锯齿，有时为重锯齿，两面无毛；叶柄长 1 ～ 4 mm，无毛。花序为长圆形或金字塔形的圆锥花序，长 6 ～ 13 cm，直径 3 ～ 5 cm，被细短柔毛，花朵密集；花梗长 4 ～ 7 mm；苞片披针形至线状披针形，全缘或有少数锯齿，微被细短柔毛；花直径 5 ～ 7 mm；萼筒钟状；萼片三角形，内面微被短柔毛；花瓣卵形，先端通常圆钝，长 2 ～ 3 mm，宽 2 ～ 2.5 mm，粉红色；雄蕊 50；花盘圆环形，裂片呈细圆锯齿状；子房有稀疏短柔毛，花柱短于雄蕊。蓇葖果直立，无毛或沿腹缝有短柔毛，花柱顶生，倾斜开展，常具反折萼片。花期 6—8 月，果期 8—9 月。

【生境分布】生于河流沿岸、空旷地和山沟中。全市各地均有零星野生。

【药用部位】根或全株。

【采收加工】根：秋季采挖，洗净，晒干。全株：夏、秋季采收，洗净，切碎，晒干。

【性味归经】味苦，性平。归肺、肝经。

【功能主治】活血调经，利水通便，化痰止咳。用于跌打损伤，关节酸痛，经闭，痛经，小便不利，大便秘结，咳嗽痰多等。

## 茅莓

Maomei

【别名】小叶悬钩子、红梅消、草杨梅子、蛇泡簕、婆婆头。

【来源】蔷薇科悬钩子属植物茅莓 *Rubus parvifolius* L.。

【植物形态】灌木，高 1 ～ 2 m。枝呈弓形弯曲，被柔毛和稀疏钩状皮刺。小叶 3 枚，在新枝上偶有 5 枚，菱状圆形或倒卵形，长 2.5 ～ 6 cm，宽 2 ～ 6 cm，顶端圆钝或急尖，基部圆形或宽楔形，上面伏生疏柔毛，下面密被灰白色茸毛，边缘有不整齐粗锯齿或缺刻状粗重锯齿，常具浅裂片；叶柄长 2.5 ～ 5 cm，顶生小叶柄长 1 ～ 2 cm，均被柔毛和稀疏小皮刺；托叶线形，长 5 ～ 7 mm，具柔毛。伞房花序顶生或腋生，稀顶生花序成短总状，具花数朵至多朵，被柔毛和细刺；花梗长 0.5 ～ 1.5 cm，具柔毛和稀疏小皮刺；苞片线形，有柔毛；花直径约 1 cm；花萼外面密被柔毛和疏密不等的针刺；萼片卵状披针形或披针形，顶端渐尖，有时条裂，在花果时均直立开展；花瓣卵圆形或长圆形，粉红色至紫红色，基部具爪；雄蕊花丝白色，稍短于花瓣；子房具柔毛。果实卵球形，直径 1 ～ 1.5 cm，红色，无毛或具稀疏柔毛；核有浅皱纹。花期 5—6 月，果期 7—8 月。

【生境分布】生于山坡杂木林下、向阳山谷、路旁或荒野。全市各地均有分布。

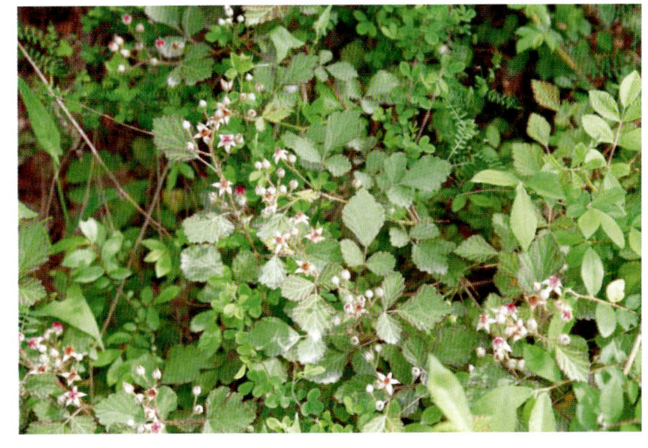

【药用部位】地上部分、根。

【采收加工】地上部分：7—8 月采收，割取全草，捆成小把，晒干。根：秋、冬季采挖，洗净，鲜用，或切片晒干。

【性味归经】地上部分：味苦、涩，性凉。根：味甘、苦，性平。

【功能主治】地上部分：清热解毒，散瘀止血，杀虫疗疮。用于感冒发热，痢疾，跌打损伤，产后腹痛，疥疮，疖肿，外伤出血等。根：清热解毒，祛风利湿，活血凉血。用于感冒发热，咽喉肿痛，风湿痹痛，肝炎，肠炎，痢疾，肾炎水肿，尿路感染，跌打损伤，咯血，吐血，崩漏，疔疮肿毒，腮腺炎等。

## 山莓
Shanmei

【别名】树莓、山抛子、泡儿刺、刺葫芦、高脚波。

【来源】蔷薇科悬钩子属植物山莓 *Rubus corchorifolius* L. f.。

【植物形态】直立灌木，高 1 ～ 3 m。枝具皮刺，幼时被柔毛。单叶，卵形至卵状披针形，长 5 ～ 12 cm，宽 2.5 ～ 5 cm，顶端渐尖，基部微心形，有时近截形或近圆形，上面色较浅，沿叶脉有细柔毛，下面色稍深，幼时密被细柔毛，逐渐脱落至老时近无毛，沿中脉疏生小皮刺，边缘不分裂或 3 裂，通常不育枝上的叶 3 裂，有不规则锐锯齿或重锯齿，基部具 3 脉；叶柄长 1 ～ 2 cm，疏生小皮刺，幼时密生细柔毛；托叶线状披针形，具柔毛。花单生或少数生于短枝上；花梗长 0.6 ～ 2 cm，具细柔毛；花直径可达 3 cm；花萼外密被细柔毛，无刺；萼片卵形或三角状卵形，长 5 ～ 8 mm，顶端急尖至短渐尖；花瓣长圆形或椭圆形，白色，顶端圆钝，长 9 ～ 12 mm，宽 6 ～ 8 mm，长于萼片；雄蕊多数，花丝宽扁；雌蕊多数，子房有柔毛。果实由很多小核果组成，近球形或卵球形，直径 1 ～ 1.2 cm，红色，密被细柔毛；核具皱纹。花期 2—3 月，果期 4—6 月。

【生境分布】生于向阳山坡、溪边、山谷、荒地和疏密灌丛潮湿处。全市各地均有分布。

【药用部位】果实、根、叶。

【采收加工】果实：夏季当果实饱满、外表呈绿色时采摘。用酒蒸后晒干或用开水浸 1 ～ 2 min 后晒干。根：秋季采挖，洗净，切片，晒干。叶：春季至秋季均可采收，洗净，鲜用或晒干。

【性味归经】果实：味酸、微甘，性平。

根：味苦、涩，性平。归肝、脾经。叶：味苦、涩，性平。

【功能主治】果实：醒酒止渴，化痰解毒，收涩。用于痛风，丹毒，烫火伤，遗精，遗尿等。根：凉血止血，活血调经，清热利湿，解毒敛疮。用于咯血，崩漏，痔疮出血，痢疾，泄泻，经闭，痛经，跌打损伤，毒蛇咬伤，疮疡肿毒，湿疹等。叶：清热利咽，解毒敛疮。用于咽喉肿痛，痈疖肿毒，乳腺炎，湿疹，黄水疮等。

## 插田藨

Chatianpao

【别名】插田泡、高丽悬钩子、乌沙莓。

【来源】蔷薇科悬钩子属植物插田藨 *Rubus coreanus* Miq.。

【植物形态】灌木，高 1 ～ 3 m。枝粗壮，红褐色，被白粉，具近直立或钩状扁平皮刺。小叶通常 5 枚，稀 3 枚，卵形、菱状卵形或宽卵形，长 3 ～ 8 cm，宽 2 ～ 5 cm，顶端急尖，基部楔形至近圆形，上面无毛或仅沿叶脉有短柔毛，下面被稀疏柔毛或仅沿叶脉被短柔毛，边缘有不整齐粗锯齿或缺刻状粗锯齿，顶生小叶顶端有时 3 浅裂；叶柄长 2 ～ 5 cm，顶生小叶柄长 1 ～ 2 cm，侧生小叶近无柄，与叶轴均被短柔毛和疏生钩状小皮刺；托叶线状披针形，有柔毛。伞房花序生于侧枝顶端，具花数朵至 30 余朵，总花梗和花梗均被灰白色短柔毛；花梗长 5 ～ 10 mm；苞片线形，有短柔毛；花直径 7 ～ 10 mm；花萼外面被灰白色短柔毛；萼片长卵形至卵状披针形，长 4 ～ 6 mm，顶端渐尖，边缘具茸毛，花时开展，果时反折；花瓣倒卵形，淡红色至深红色，与萼片近等长或稍短；雄蕊比花瓣短或近等长，花丝带粉红色；雌蕊多数；花柱无毛，子房被稀疏短柔毛。果实近球形，直径 5 ～ 8 mm，深红色至紫黑色，无毛或近无毛；核具皱纹。花期 4—6 月，果期 6—8 月。

【生境分布】生于山坡灌丛或山谷、河边、路旁。全市各地均有分布。

【药用部位】根、果实、叶。

【采收加工】根：9—10 月挖根，洗净，切片，晒干。果实：6—8 月果实成熟时采收，鲜用或晒干。叶：春、夏季采收，鲜用或晒干。

【性味归经】根：味苦、涩，性凉。果实：味甘、酸，性温。归肝、肾经。叶：味苦、涩，性凉。

【功能主治】根：活血止血，祛风除湿。用于跌打损伤，骨折，月经不调，吐血，衄血，风湿痹痛，水肿，小便不利，瘰疬等。果实：补肾固精，平肝明目。用于阳痿，遗精，遗尿，带下，不孕，胎动不安，目生翳障等。叶：祛风明目，除湿解毒。用于风湿痹痛，犬咬伤等。

## 高粱藨

Gaoliangpao

【别名】高粱泡、十月红、冬牛、秧泡子。

【来源】蔷薇科悬钩子属植物高粱藨 *Rubus lambertianus* Ser.。

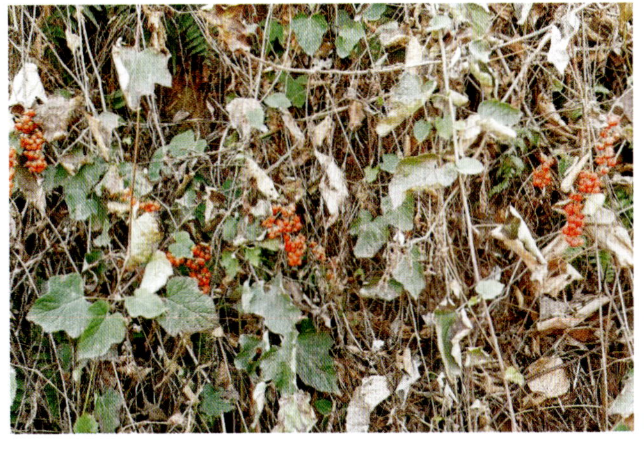

【植物形态】半落叶藤状灌木，高达3 m；枝幼时有细柔毛或近无毛，有微弯小皮刺。单叶宽卵形，稀长圆状卵形，长5～10 cm，宽4～8 cm，顶端渐尖，基部心形，上面疏生柔毛或沿叶脉有柔毛，下面被疏柔毛，沿叶脉毛较密，中脉上常疏生小皮刺，边缘明显3～5裂或呈波状，有细锯齿；叶柄长2～5 cm，具细柔毛或近于无毛，有稀疏小皮刺；托叶离生，线状深裂，有细柔毛或近无毛，常脱落。圆锥花序顶生，生于枝上部叶腋内的花序常近总状，有时仅数朵花簇生于叶腋；总花梗、花梗和花萼均被细柔毛；花梗长0.5～1 cm；苞片与托叶相似；花直径约8 mm；萼片卵状披针形，顶端渐尖、全缘，外面边缘和内面均被白色短柔毛，仅在内萼片边缘具灰白色茸毛；花瓣倒卵形，白色，无毛，稍短于萼片；雄蕊多数，稍短于花瓣，花丝宽扁；雌蕊15～20，通常无毛。果实小，近球形，直径6～8 mm，由多数小核果组成，无毛，熟时红色；核较小，长约2 mm，有明显皱纹。花期7—8月，果期9—11月。

【生境分布】生于低海拔山坡、山谷，或路旁灌丛阴湿处，或林缘及草坪。全市各地均有分布。

【药用部位】根、叶。

【采收加工】根：全年均可采挖，除去茎叶，洗净，切碎，鲜用或晒干。叶：夏、秋季采收，晒干。

【性味归经】根：味苦、涩，性平。叶：味甘、苦，性平。

【功能主治】根：祛风清热，凉血止血，活血祛瘀。用于风热感冒，风湿痹痛，半身不遂，咯血，衄血，便血，崩漏，经闭，痛经，产后腹痛，疮疡等。叶：清热凉血，解毒疗疮。用于感冒发热，咯血，便血，崩漏，创伤出血，瘰疬溃烂，黄水疮等。

## 蓬蘽

Penglei

【别名】泼盘、三月泡、割田藨、野杜利。

【来源】蔷薇科悬钩子属植物蓬蘽 *Rubus hirsutus* Thunb.。

【植物形态】灌木，高1～2 m。枝红褐色或褐色，被柔毛和腺毛，疏生皮刺。小叶3～5枚，卵形或宽卵形，长3～7 cm，宽2～3.5 cm，顶端急尖，顶生小叶顶端常渐尖，基部宽楔形至圆形，两面疏生柔毛，边缘具不整齐尖锐重锯齿；叶柄长2～3 cm，顶生小叶柄长约1 cm，稀较长，均具柔毛和腺毛，并疏生皮刺；托叶披针形或卵状披针形，两面具柔毛。花常单生于侧枝顶端，也有腋生；花梗长2～

6 cm，具柔毛和腺毛，或有极少小皮刺；苞片小，线形，具柔毛；花大，直径 3 ～ 4 cm；花萼外密被柔毛和腺毛；萼片卵状披针形或三角状披针形，顶端长尾尖，外面边缘被灰白色茸毛，花后反折；花瓣倒卵形或近圆形，白色，基部具爪；花丝较宽；花柱和子房均无毛。果实近球形，直径 1 ～ 2 cm，无毛。花期 4 月，果期 5—6 月。

【生境分布】生于山坡路旁阴湿处或灌丛中。全市各地均有分布。

【药用部位】根、叶。

【采收加工】根：夏、秋季采挖，洗净，鲜用或晒干。叶：夏、秋季采收，鲜用或晒干。

【性味归经】根：味酸、微苦，性平。叶：味微苦、酸，性平。

【功能主治】根：清热解毒，消肿止痛，止血。用于流行性感冒，小儿高热惊厥，咽喉肿痛，牙痛，头痛，风湿筋骨痛，瘰疬，疖肿等。叶：清热解毒，收敛止血。用于牙龈肿痛，疮疡疖肿，外伤出血等。

# 茄科

## 枸杞

Gouqi

【别名】枸杞菜、枸杞子、牛右力、狗牙子、狗牙根、狗奶子。

【来源】茄科枸杞属植物枸杞 *Lycium chinense* Mill.。

【植物形态】多分枝灌木，高 0.5 ～ 1 m，栽培时可达 2 m 左右。枝条细弱，弓状弯曲或俯垂，淡灰色，有纵条纹，棘刺长 0.5 ～ 2 cm，生叶和花的棘刺较长，小枝顶端锐尖成棘刺状。叶纸质或栽培者质稍厚，单叶互生或 2 ～ 4 枚簇生，卵形、卵状菱形、长椭圆形、卵状披针形，顶端急尖，基部楔形，长 1.5 ～ 5 cm，宽 0.5 ～ 2.5 cm，栽培者较大，可长达 10 cm 以上，宽达 4 cm；叶柄长 0.4 ～ 1 cm。花在长枝上单生或双生于叶腋，在短枝上则同叶簇生；花梗长 1 ～ 2 cm，向顶端渐增粗。花萼长 3 ～ 4 mm，通常 3 中裂或 4 ～ 5 齿裂，裂片多少有缘毛；花冠漏斗状，长 9 ～ 12 mm，淡紫色，筒部向上骤然扩大，稍短于或近等于檐部裂片，5 深裂，裂片卵形，顶端圆钝，平展或稍向外反曲，边缘有缘毛，基部耳显著；雄蕊较花冠稍短，或因花冠裂片外展而伸出花冠，花丝在近基部处密生一圈茸毛并交织成椭圆状的毛丛，与毛丛等高处的花冠筒内壁亦密生一环茸毛；花柱稍伸出雄蕊，上端弓弯，柱头绿色。浆果红色，卵状，栽培者可呈长矩圆状或长椭圆状，顶端尖或钝，长 7 ～ 15 mm，栽培者长可达 2.2 cm，直径 5 ～ 8 mm。种子扁肾形，长 2.5 ～ 3 mm，黄色。花期 8—9 月，果期 9—10 月。

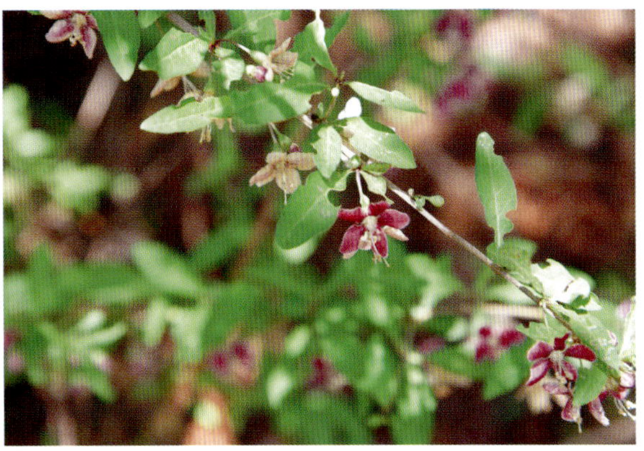

【生境分布】 常生于山坡、荒地、丘陵地、盐碱地、路旁及村边宅旁。全市各地均有零星野生。

【药用部位】 根皮（地骨皮）、果实。

【采收加工】 根皮：初春或秋后采挖根部，洗净，剥取根皮，晒干。果实：夏、秋季果实呈红色时采收，热风烘干，除去果梗；或晾至皮皱后，晒干，除去果梗。

【性味归经】 根皮：味甘，性寒。归肺、肝、肾经。果实：味甘，性平。归肝、肾经。

【功能主治】 根皮：凉血除蒸，清肺降火。用于阴虚潮热，骨蒸盗汗，肺热咳嗽，咯血，衄血，内热消渴等。果实：滋补肝肾，益精明目。用于虚劳精亏，腰膝酸痛，眩晕耳鸣，内热消渴，目昏不明。

## 辣椒

Lajiao

【别名】 番椒、辣茄、辣虎、腊茄、海椒。

【来源】 茄科辣椒属植物辣椒 *Capsicum annuum* L.。

【植物形态】 一年生或有限多年生植物，高 40 ～ 80 cm。茎近无毛或微生柔毛，分枝稍呈“之”字形折曲。叶互生，枝顶端节不伸长而成双生或簇生状，矩圆状卵形、卵形或卵状披针形，长 4 ～ 13 cm，宽 1.5 ～ 4 cm，全缘，顶端短渐尖或急尖，基部狭楔形；叶柄长 4 ～ 7 cm。花单生，俯垂；花萼杯状，不显著 5 齿；花冠白色，裂片卵形；花药灰紫色。果梗较粗壮，俯垂；果实长指状，顶端渐尖且常弯曲，未成熟时绿色，成熟后呈红色、橙色或紫红色，味辣。种子扁肾形，长 3 ～ 5 mm，淡黄色。花果期 5—11 月。

【生境分布】 多为栽培。全市各地均有栽培。

【药用部位】果实、茎、叶、根。

【采收加工】果实：青椒一般以果实充分肥大，皮色转浓，果皮坚实而有光泽时采收；干椒可待果实成熟一次采收。茎：9—10 月将倒苗前采收，切段，晒干。叶：夏、秋季植株生长茂盛时采摘，鲜用或晒干。根：秋季采挖，洗净，晒干。

【性味归经】果实：味辛，性热。归脾、胃经。茎：味辛，性热。叶：味苦，性温。根：味辛、甘，性热。

【功能主治】果实：温中散寒，下气消食。用于胃寒气滞，脘腹胀痛，呕吐，泻痢，风湿痛，冻疮等。茎：散寒除湿，活血化瘀。用于风湿冷痛，冻疮等。叶：消肿活络，杀虫止痒。用于顽癣，疥疮，冻疮，痈肿等。根：散寒除湿，活血消肿。用于手足无力，冻疮等。

## 曼陀罗

Mantuoluo

【别名】万桃花、枫茄花、洋金花、醉心花、闹羊花。

【来源】茄科曼陀罗属植物曼陀罗 *Datura stramonium* L.。

【植物形态】草本或半灌木状，高 0.5 ～ 1.5 m，全体近于平滑或在幼嫩部分被短柔毛。茎粗壮，圆柱状，淡绿色或带紫色，下部木质化。叶广卵形，顶端渐尖，基部不对称楔形，边缘有不规则波状浅裂，裂片顶端急尖，有时亦有波状齿，侧脉每边 3 ～ 5 条，直达裂片顶端，长 8 ～ 17 cm，宽 4 ～ 12 cm；叶柄长 3 ～ 5 cm。花单生于枝杈间或叶腋，直立，有短梗；花萼筒状，长 4 ～ 5 cm，筒部有 5 棱角，两棱间稍向内陷，基部稍膨大，顶端紧围花冠筒，5 浅裂，裂片三角形，花后自近基部断裂，宿存部分随果实而增大并向外反折；花冠漏斗状，下半部带绿色，上部白色或淡紫色；檐部 5 浅裂，裂片有短尖头，长 6 ～ 10 cm，檐部直径 3 ～ 5 cm；雄蕊不伸出花冠，花丝长约 3 cm，花药长约 4 mm；子房密生柔针毛，花柱长约 6 cm。蒴果直立生，卵状，长 3 ～ 4.5 cm，直径 2 ～ 4 cm，表面生有坚硬针刺或有时无刺而近平滑，成熟后淡黄色，规则 4 瓣裂。种子卵圆形，稍扁，长约 4 mm，黑色。花期 6—10 月，果期 7—11 月。

【生境分布】生于住宅旁、路边或草地上。全市各地均有零星野生。

【药用部位】花（洋金花）、种子（曼陀罗子）、叶（曼陀罗叶）、根（曼陀罗根）。

【采收加工】花：7 月下旬至 8 月下旬盛花期，于下午 4—5 时采摘，晒干，遇雨可于 50 ～ 60 ℃烘 4 ～ 6 h 即干。种子：夏、秋季果实成熟时采收，亦可晒干后取出种子。叶：7—8 月采收，鲜用，亦可晒干或烘干。根：夏、秋季挖取，洗净，鲜用或晒干。

【性味归经】花：味辛，性温；有毒。归肺、肝经。种子：味辛、苦，性温；有大毒。归肝、脾经。叶、根：味苦、辛，性温；有毒。

【功能主治】花：平喘止咳，解痉定痛。用于哮喘咳嗽，脘腹冷痛，风湿痹痛，癫痫，惊风等。种子：平喘，祛风，止痛。用于咳喘，惊痫，风寒湿痹，脱肛，跌打损伤，疮疖等。叶：止咳平喘，止痛拔脓。用于咳喘，痹痛，脚气，脱肛，痈疽疮疖等。根：止咳，止痛，拔脓。用于咳喘，风湿痹痛，疥癣，狂犬咬伤等。

## 白英
Baiying

【别名】白毛藤、白草、毛千里光、毛风藤。

【来源】茄科茄属植物白英 *Solanum lyratum* Thunb.。

【植物形态】草质藤本，长 0.5 ～ 1 m，茎及小枝均密被具节长柔毛。叶互生，多数为琴形，长 3.5 ～ 5.5 cm，宽 2.5 ～ 4.8 cm，基部常 3 ～ 5 深裂，裂片全缘，侧裂片愈近基部的愈小，先端钝，中裂片较大，通常卵形，先端渐尖，两面均被白色发亮的长柔毛，中脉明显，侧脉在下面较清晰，通常每边 5 ～ 7 条；少数在小枝上部的为心形，小，长 1 ～ 2 cm；叶柄长 1 ～ 3 cm，被与茎枝相同的毛被。聚伞花序顶生或腋外生，疏花，总花梗长 2 ～ 2.5 cm，被具节的长柔毛，花梗长 0.8 ～ 1.5 cm，无毛，顶端稍膨大，基部具关节；萼环状，直径约 3 mm，无毛，萼齿 5 枚，圆形，顶端具短尖头；花冠蓝紫色或白色，直径约 1.1 cm，花冠筒隐于萼内，长约 1 mm，冠檐长约 6.5 mm，5 深裂，裂片椭圆状披针形，长约 4.5 mm，先端被微柔毛；花丝长约 1 mm，花药长圆形，长约 3 mm，顶孔略向上；子房卵形，直径不及 1 mm，花柱丝状，长约 6 mm，柱头小，头状。浆果球状，成熟时红黑色，直径约 8 mm。种子近盘状，扁平，直径约 1.5 mm。花期 7—9 月，果期 10—11 月。

【生境分布】生于山谷草地或路旁、田边。全市各地均有分布。

【药用部位】全草、果实、根。

【采收加工】全草：夏、秋季采收，鲜用或晒干。果实：冬季果实成熟时采收。根：夏、秋季采挖，洗净，鲜用或晒干。

【性味归经】全草：味甘、苦，性寒；有小毒。归肝、胆、肾经。果实：味酸，性平。根：味苦、辛，性平。

【功能主治】全草：清热利湿，解毒消肿。用于湿热黄疸，胆囊炎，胆结石，肾炎水肿，风湿关节痛，妇女湿热带下，小儿高热惊搐，痈肿瘰疬，湿疹瘙痒，带状疱疹等。果实：明目，止痛。用于眼花目赤，迎风流泪，翳障，牙痛等。根：清热解毒，消肿止痛。用于风火牙痛，头痛，瘰疬，痈肿，痔漏等。

## 黄果茄

Huangguoqie

【别名】大苦果、野茄果、黄水茄、刺天果。

【来源】茄科茄属植物黄果茄 *Solanum virginianum* L.。

【植物形态】直立或匍匐草本，高 50 ～ 70 cm，有时基部木质化，植物体各部均被 7 ～ 9 分枝（正中的 1 分枝常伸向外）的星状茸毛，并密生细长的针状皮刺，皮刺长 0.5 ～ 1.8 cm，基部宽 0.5 ～ 1.5 mm，先端极尖，基部间被星状茸毛；植株除幼嫩部分外，其他各部的星状毛被则逐渐脱落而稀疏。叶卵状长圆形，长 4 ～ 6 cm，宽 3 ～ 4.5 cm，先端钝或尖，基部近心形或不相等，边缘通常 5 ～ 9 裂或羽状深裂，裂片边缘波状，两面均被星状短茸毛，尖锐的针状皮刺则着生在两面的中脉及侧脉上，侧脉 5 ～ 9 条，约与裂片数相等；叶柄长 2 ～ 3.5 cm。聚伞花序腋外生，通常 3 ～ 5 花，花蓝紫色，直径约 2 cm；萼钟形，直径约 1 cm，外面被星状茸毛及尖锐的针状皮刺，先端 5 裂，裂片长圆形，先端骤渐尖；花冠辐状，直径约 2.5 cm，花冠筒隐于萼内，长约 1.5 mm，无毛，冠檐长 13 ～ 14 mm，先端 5 裂，裂瓣卵状三角形，长 6 ～ 8 mm，外面密被星状茸毛，内面被茸毛及星状茸毛；雄蕊 5 枚，长约 9 mm，花药长约为花丝长度的 8 倍；子房卵圆形，直径约 2 mm，顶部疏被星状茸毛，花柱纤细，长约 1 cm，被极稀疏的茸毛及星状茸毛，柱头截形。浆果球形，直径 1.3 ～ 1.9 cm，初时绿色并具深绿色的条纹，成熟后则变为淡黄色。种子近肾形，扁平，直径约 1.5 mm。花期 6—7 月，果熟期夏季。

【生境分布】生于村边、路旁、荒地及干旱河谷沙滩上。全市各地均有零星野生。

【药用部位】根、果实。

【采收加工】根：夏、秋季采挖。果实：秋、冬季采收，洗净，晒干或鲜用。

【性味归经】味苦、辛，性温。归肝经。

【功能主治】祛风湿，消瘀止痛。用于风湿痹痛，牙痛，睾丸肿痛，痈疖等。

## 龙葵

Longkui

【别名】苦菜、苦葵、天茄子、野海椒、小苦菜、石海椒、野茄秧。

【来源】茄科茄属植物龙葵 *Solanum nigrum* L.。

【植物形态】一年生直立草本，高0.25～1 m。茎无棱或棱不明显，绿色或紫色，近无毛或被微柔毛。叶卵形，长2.5～10 cm，宽1.5～5.5 cm，先端短尖，基部楔形至阔楔形而下延至叶柄，全缘或每边具不规则的波状粗齿，光滑或两面均被稀疏短柔毛，叶脉每边5～6条，叶柄长1～2 cm。蝎尾状花序腋外生，由3～10花组成，总花梗长1～2.5 cm，花梗长约5 mm，近无毛或具短柔毛；萼小，浅杯状，直径1.5～2 mm，齿卵圆形，先端圆，基部两齿间连接处成角度；花冠白色，筒部隐于萼内，长不及1 mm，冠檐长约2.5 mm，5深裂，裂片卵圆形，长约2 mm；花丝短，花药黄色，长约1.2 mm，约为花丝长度的4倍，顶孔向内；子房卵形，直径约0.5 mm，花柱长约1.5 mm，中部以下被白色茸毛，柱头小，头状。浆果球形，直径约8 mm，熟时黑色。种子多数，近卵形，直径1.5～2 mm，两侧压扁。花期6—7月，果期7—9月。

【生境分布】生于田边、荒地及村庄附近。全市各地均有分布。

【药用部位】全草。

【采收加工】夏、秋季采收，鲜用或晒干。

【性味归经】味苦，性寒。

【功能主治】散瘀消肿，清热解毒。用于疔疮，痈肿，丹毒，跌打扭伤，慢性支气管炎，肾炎水肿等。

## 珊瑚樱

Shanhuying

【别名】珊瑚豆、玉珊瑚、刺石榴、洋海椒、冬珊瑚。

【来源】茄科茄属植物珊瑚樱 *Solanum pseudocapsicum* L.。

【植物形态】直立分枝小灌木，高达2 m，全株光滑无毛。叶互生，狭长圆形至披针形，长1～6 cm，宽0.5～1.5 cm，先端尖或钝，基部狭楔形下延成叶柄，边全缘或波状，两面均光滑无毛，中脉在下面凸出，侧脉6～7对，在下面更明显；叶柄长2～5 mm，与叶片不能截然分开。花多单生，很少成蝎尾状花序，无总花梗或近于无总花梗，腋外生或近对叶生，花梗长3～4 mm；花小，白色，直径0.8～1 cm；萼绿色，直径约4 mm，5裂，裂片长约1.5 mm；花冠筒隐于萼内，长不及1 mm，冠檐长约 5 mm，裂片 5，卵形，长约 3.5 mm，宽约 2 mm；花丝长不及 1 mm，花药黄色，矩圆形，长约 2 mm；子房近圆形，直径约 1 mm，花柱短，长约 2 mm，柱头截形。浆果橙红色，直径 1 ～ 1.5 cm，萼宿存，果柄长约 1 cm，顶端膨大。种子盘状，扁平，直径 2 ～ 3 mm。花期初夏，果期秋末。

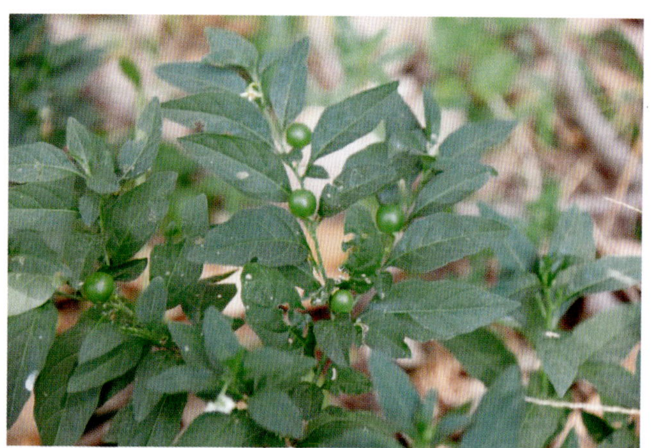

【生境分布】生于田边、路旁、丛林中或水沟边。全市各地均有零星野生。

【药用部位】根。

【采收加工】秋季采挖，晒干。

【性味归经】味辛、微苦，性温；有毒。

【功能主治】活血止痛。用于腰肌劳损，闪挫扭伤等。

## 小酸浆

Xiaosuan jiang

【别名】毛苦蘵。

【来源】茄科洋酸浆属植物小酸浆 *Physalis minima* L.。

【植物形态】一年生草本，根细瘦；主轴短缩，顶端多二歧分枝，分枝披散而卧于地上或斜升，生短柔毛。叶柄细弱，长 1 ～ 1.5 cm；叶片卵形或卵状披针形，长 2 ～ 3 cm，宽 1 ～ 1.5 cm，顶端渐尖，基部歪斜楔形，全缘而波状或有少数粗齿，两面脉上有柔毛。花具细弱的花梗，花梗长约 5 mm，生短柔毛；花萼钟状，长 2.5 ～ 3 mm，外面生短柔毛，裂片三角形，顶端短渐尖，缘毛密；花冠黄色，长约 5 mm；花药黄白色，长约 1 mm。果梗细瘦，长不及 1 cm，俯垂；果萼近球状或卵球状，直径 1 ～ 1.5 cm；果实球状，直径约 6 mm。

【生境分布】生于田野、土坎及坡地。全市各地均有分布。

【药用部位】全草或果实。

【采收加工】6—7 月采集果实或带果全草，洗净，鲜用或晒干。

【性味归经】味苦，性凉。

【功能主治】清热利湿，祛痰止咳，软坚散结。用于湿热黄疸，小便不利，慢性咳喘，疳证，瘰疬，天疱疮，湿疹，疖肿等。

# 秋水仙科

## 万寿竹

Wanshouzhu

【别名】广东万寿竹、山竹花。

【来源】秋水仙科万寿竹属植物万寿竹 *Disporum cantoniense*（Lour.）Merr.。

【植物形态】根状茎横出，质地硬，呈结节状；根粗长，肉质。茎高 50 ~ 150 cm，直径约 1 cm，上部有较多的叉状分枝。叶纸质，披针形至狭椭圆状披针形，长 5 ~ 12 cm，宽 1 ~ 5 cm，先端渐尖至长渐尖，基部近圆形，有明显的 3 ~ 7 条脉，下面脉上和边缘有乳头状突起，叶柄短。伞形花序有花 3 ~ 10 朵，着生在与上部叶对生的短枝顶端；花梗长（1）2 ~ 4 cm，稍粗糙；花紫色；花被片斜出，倒披针形，长 1.5 ~ 2.8 cm，宽 4 ~ 5 mm，先端尖，边缘有乳头状突起，基部有长 2 ~ 3 mm 的距；雄蕊内藏，花药长 3 ~ 4 mm，花丝长 8 ~ 11 mm；子房长约 3 mm，花柱连同柱头长为子房的 3 ~ 4 倍。浆果直径 8 ~ 10 mm，具 2 ~ 3（5）颗种子。种子暗棕色，直径约 5 mm。花期 5—7 月，果期 8—10 月。

【生境分布】生于林下、山坡或草地。全市各地均有零星野生。

【药用部位】根及根茎。

【采收加工】夏、秋季采挖，洗净，鲜用或晒干。

【性味归经】味苦、辛，性凉。

【功能主治】祛风湿，舒筋活血，祛痰止咳。用于风湿痹痛，关节腰腿疼痛，跌打损伤，骨折，虚劳，骨蒸潮热，肺痨咯血，肺热咳嗽，烫火伤等。

# 忍冬科

## 忍冬

Rendong

【别名】金银花、双花、二色花藤、银藤、金银藤。

【来源】忍冬科忍冬属植物忍冬 *Lonicera japonica* Thunb.。

【植物形态】半常绿藤本。幼枝暗红褐色，密被黄褐色、开展的硬直糙毛、腺毛和短柔毛，下部常无毛。叶纸质，卵形至矩圆状卵形，有时卵状披针形，稀圆卵形或倒卵形，极少有1至数个钝缺刻，长3～5 cm，顶端尖或渐尖，少有钝、圆或微凹缺，基部圆形或近心形，有糙缘毛，上面深绿色，下面淡绿色，小枝上部叶通常两面均密被短糙毛，下部叶常平滑无毛而下面多少带青灰色；叶柄长4～8 mm，密被短柔毛。总花梗通常单生于小枝上部叶腋，与叶柄等长或较短，下方者则长达2～4 cm，密被短柔毛，并夹杂腺毛；苞片大，叶状，卵形至椭圆形，长达2～3 cm，两面均有短柔毛或有时近无毛；小苞片顶端圆形或截形，长约1 mm，为萼筒的1/2～4/5，有短糙毛和腺毛；萼筒长约2 mm，无毛，萼齿卵状三角形或长三角形，顶端尖而有长毛，外面和边缘都有密毛；花冠白色，有时基部向阳面呈微红色，后变黄色，长3～4.5 cm，唇形，筒稍长于唇瓣，很少近等长，外被多少倒生的开展或半开展糙毛和长腺毛，上唇裂片顶端钝形，下唇带状而反曲；雄蕊和花柱均高出花冠。果实圆形，直径6～7 mm，熟时蓝黑色，有光泽；种子卵圆形或椭圆形，褐色，长约3 mm，中部有1凸起的脊，两侧有浅的横沟纹。花期4—6月（秋季亦常开花），果期10—11月。

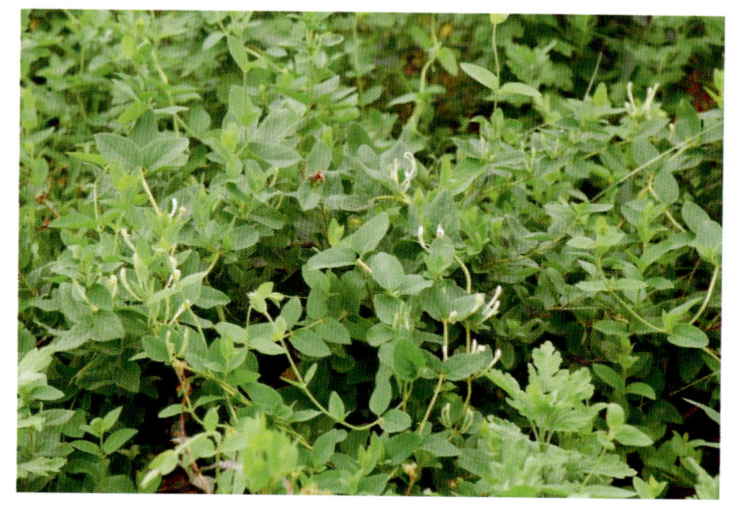

【生境分布】生于山坡疏林中、灌丛中、村寨旁、路边等处，亦有栽培。全市各地均有分布。

【药用部位】花蕾（金银花）、茎枝（忍冬藤）。

【采收加工】花蕾：夏初花开放前采收，干燥。茎枝：秋、冬季采割，晒干。

【性味归经】花蕾：味甘，性寒。归肺、心、胃经。茎枝：味甘，性寒。归肺、胃经。

【功能主治】花蕾：清热解毒，疏风散热。用于痈肿疔疮，喉痹，丹毒，热毒血痢，风热感冒，温病发热等。茎枝：清热解毒，疏风通络。用于温病发热，热毒血痢，痈肿疮疡，风湿热痹，关节红肿热痛等。

## 攀倒甑

Pandaozeng

【别名】苦益菜、萌菜、白花败酱草。

【来源】忍冬科败酱属植物攀倒甑 *Patrinia villosa*（Thunb.）Juss.。

【植物形态】多年生草本，高 50 ～ 100（120） cm；地下根状茎长而横走，偶在地表匍匐生长；茎密被白色倒生粗毛或仅沿二叶柄相连的侧面具纵列倒生短粗伏毛，有时几无毛。基生叶丛生，叶片卵形、宽卵形或卵状披针形至长圆状披针形，长 4 ～ 10（25） cm，宽 2 ～ 5（18） cm，先端渐尖，边缘具粗钝齿，基部楔形下延，不分裂或大头羽状深裂，常有 1 ～ 2（有时 3 ～ 4）对生裂片，叶柄较叶片稍长；茎生叶对生，与基生叶同形，或菱状卵形，先端尾状渐尖或渐尖，基部楔形下延，边缘具粗齿，上部叶较窄小，常不分裂，上面均鲜绿色或浓绿色，背面绿白色，两面被糙伏毛或近无毛；叶柄长 1 ～ 3 cm，上部叶近无柄。由聚伞花序组成顶生圆锥花序或伞房花序，分枝达 5 ～ 6 级，花序梗密被长粗糙毛或仅 2 纵列粗糙毛；总苞叶卵状披针形至线状披针形或线形；花萼小，萼齿 5，浅波状或浅钝裂状，长 0.3 ～ 0.5 mm，被短糙毛，有时疏生腺毛；花冠钟形，白色，5 深裂，裂片不等形，卵形、卵状长圆形或卵状椭圆形，长（0.75）1.25 ～ 2 mm，宽 1.1 ～ 1.65（1.75） mm，蜜囊顶端的裂片常较大，冠筒常比裂片稍长，长 1.5 ～ 2.25（2.6） mm，宽 1.7 ～ 2.3 mm，内面有长柔毛；雄蕊 4，伸出；子房下位，花柱较雄蕊稍短。瘦果倒卵形，与宿存增大苞片贴生；果苞倒卵形、卵形、倒卵状长圆形或椭圆形，有时圆形，长 2.8 ～ 6.5 mm，宽 2.5 ～ 8 mm，顶端钝圆，不分裂或微 3 裂，基部楔形或钝，网脉明显，具主脉 2 条，极少有 3 条，下面中部 2 条主脉内有微糙毛。花期 8—10 月，果期 9—11 月。

（摄于鄂城区葛山南坡）

【生境分布】生于山地林下、林缘或灌丛、草丛中。全市各地均有零星野生。

【药用部位】全草。

【采收加工】野生者夏、秋季采收，栽培者可在当年开花前采收，洗净，晒干。

【性味归经】味辛、苦，性微寒。归肺、大肠、肝经。

【功能主治】清热解毒，活血排脓。用于肠痈，肺痈，痈肿，痢疾，产后瘀滞腹痛等。

# 瑞香科

## 结香

Jiexiang

【别名】梦花、岩泽兰、蒙花、山棉皮、三叉树。

【来源】瑞香科结香属植物结香 *Edgeworthia chrysantha* Lindl.。

【植物形态】灌木，高 0.7 ～ 1.5 m。小枝粗壮，褐色，常作三叉分枝，幼枝常被短柔毛，韧皮极坚韧，叶痕大，直径约 5 mm。叶在花前凋落，长圆形、披针形至倒披针形，先端短尖，基部楔形或渐狭，长 8 ～ 20 cm，宽 2.5 ～ 5.5 cm，两面均被银灰色绢状毛，下面较多，侧脉纤细，弧形，每边 10 ～ 13 条，被柔毛。头状花序顶生或侧生，具花 30 ～ 50 朵成绒球状，外围以 10 枚左右被长毛而早落的总苞；花序梗长 1 ～ 2 cm，被灰白色长硬毛；花芳香，无梗，花萼长 1.3 ～ 2 cm，宽 4 ～ 5 mm，外面密被白色丝状毛，内面无毛，黄色，顶端 4 裂，裂片卵形，长约 3.5 mm，宽约 3 mm；雄蕊 8，2 列，上列 4 枚与花萼裂片对生，下列 4 枚与花萼裂片互生，花丝短，花药近卵形，长约 2 mm；子房卵形，长约 4 mm，直径约 2 mm，顶端被丝状毛，花柱线形，长约 2 mm，无毛，柱头棒状，长约 3 mm，具乳突，花盘浅杯状，膜质，边缘不整齐。果椭圆形，绿色，长约 8 mm，直径约 3.5 mm，顶端被毛。花期 3—4 月，果期 8—9 月。

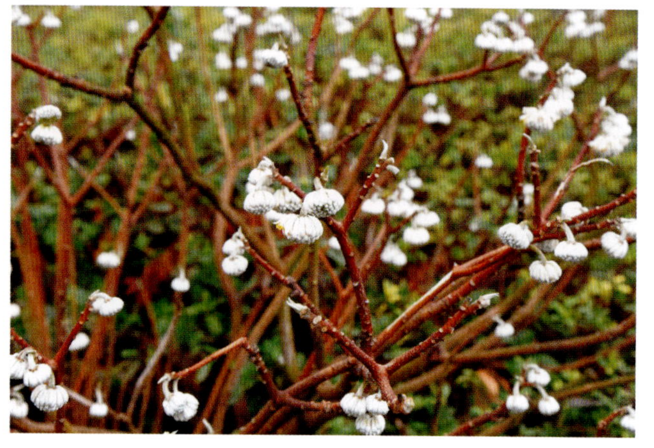

【生境分布】生于山坡、山谷林下及灌丛中或栽培。全市各地均有零星分布。

【药用部位】花蕾（梦花）、根（梦花根）。

【采收加工】花蕾：冬末或初春花未开放时摘取花序，晒干。根：全年均可采挖，洗净，切片，晒干。

【性味归经】花蕾：味甘，性温。根：味辛，性温。

【功能主治】花蕾：祛风明目。用于夜盲，目赤肿痛等。根：舒筋活络，消肿止痛。用于风湿关节痛，腰痛；外用治跌打损伤，骨折等。

## 毛瑞香

Maoruixiang

【别名】大黄构、贼腰带、野梦花、紫枝瑞香。

【来源】瑞香科瑞香属植物毛瑞香 *Daphne kiusiana* var. *atrocaulis* (Rehder) F. Maek.。

（摄于鄂城区四峰山）

【植物形态】常绿直立灌木，高 0.5 ～ 1.2 m，二歧状或伞房分枝。枝深紫色或紫红色，通常无毛，有时幼嫩时具粗茸毛；腋芽近圆形或椭圆形，鳞片卵形，顶端圆形，稀钝形，除边缘具淡白色流苏状缘毛外无毛，通常褐色。叶互生，有时簇生于枝顶，叶片革质，椭圆形或披针形，长 6 ～ 12 cm，宽 1.8 ～ 3 cm，两端渐尖，基部下延于叶柄，边缘全缘，微反卷，上面深绿色，具光泽，干燥后有时起皱纹，下面淡绿色，中脉纤细，上面通常凹陷，下面微隆起，侧脉 6 ～ 7 对，纤细，上面微凸起，稀微凹下，下面不甚明显；叶柄两侧翅状，长 6 ～ 8 mm，褐色。花白色，有时淡黄白色，9 ～ 12 朵簇生于枝顶，呈头状花序，花序下具苞片；苞片褐绿色，易早落，长圆状披针形，外面大的苞片长达 15 mm，宽 4 mm，内面小的苞片长 8 mm，两面无毛，顶端尾尖或渐尖，边缘具短的白色流苏状缘毛；几无花序梗，花梗长 1 ～ 2 mm，密被淡黄绿色粗茸毛；花萼筒圆筒状，外面下部密被淡黄绿色丝状茸毛，上部较稀疏，长 10 ～ 14 mm，裂片 4，卵状三角形或卵状长圆形，长约 5 mm，顶端钝尖，无毛；雄蕊 8，2 轮，分别着生于花萼筒上部及中部，花丝长约 2 mm，花药长的长圆形，长约 2.1 mm；花盘短杯状，长 0.7 mm，边缘全缘或微波状，外面无毛；子房无毛，倒圆锥状圆柱形，长 2.2 mm，顶端渐尖，窄成短的花柱，柱头头状，直径 0.7 mm。果实红色，广椭圆形或卵状椭圆形，长 10 mm，直径 5 ～ 6 mm。花期 11 月至次年 2 月，果期 4—5 月。

【生境分布】生于林边或疏林中较阴湿处。全市各地均有零星野生。

【药用部位】茎皮及根。

【采收加工】夏、秋季采挖，洗净，鲜用或切片晒干。

【性味归经】味辛、苦，性温；有毒。

【功能主治】祛风除湿，活血止痛，解毒。用于风湿痹痛，劳伤腰痛，跌打损伤，咽喉肿痛，牙痛，疮毒等。

## 芫花

Yuanhua

【别名】鱼毒、黄大戟、头痛花、闹鱼花、老鼠花。

【来源】瑞香科瑞香属植物芫花 *Daphne genkwa* Siebold & Zucc.。

【植物形态】落叶灌木，高 0.3 ～ 1 m，多分枝；树皮褐色，无毛；小枝圆柱形，细瘦，干燥后多具皱纹，幼枝黄绿色或紫褐色，密被淡黄色丝状柔毛，老枝紫褐色或紫红色，无毛。叶对生，稀互生，纸质，卵形或卵状披针形至椭圆状长圆形，长 3 ～ 4 cm，宽 1 ～ 2 cm，先端急尖或短渐尖，基部宽楔形或钝圆形，边缘全缘，上面绿色，干燥后黑褐色，下面淡绿色，干燥后黄褐色，幼时密被绢状黄色柔毛，老时则仅叶脉基部散生绢状黄色柔毛，侧脉 5 ～ 7 对，在下面较上面显著；叶柄短或几无，长约 2 mm，具灰色柔毛。花比叶先开放，紫色或淡紫蓝色，无香味，常 3 ～ 6 朵簇生于叶腋或侧生，花梗短，具灰黄色柔毛；花萼筒细瘦，筒状，长 6 ～ 10 mm，外面具丝状柔毛，裂片 4，卵形或长圆形，长 5 ～ 6 mm，宽 4 mm，顶端圆形，外面疏生短柔毛；雄蕊 8，2 轮，分别着生于花萼筒的上部和中部，花丝短，长约 0.5 mm，花药黄色，卵状椭圆形，长约 1 mm，伸出喉部，顶端钝尖；花盘环状，不发达，子房长倒卵形，长 2 mm，密被淡黄色柔毛，花柱短或无，柱头头状，橘红色。果实肉质，白色，椭圆形，长约 4 mm，包藏于宿存的花萼筒的下部，具 1 颗种子。花期 3—5 月，果期 6—7 月。

（摄于鄂城区五卦山）

【生境分布】生于路旁、山坡或栽培于庭院。全市各地均有零星野生。

【药用部位】干燥花蕾（芫花）、根皮（芫花根）。

【采收加工】干燥花蕾：春季花未开放时采收，除去杂质，干燥。根皮：四季均可采挖，剥取皮部，洗净，晒干。

【性味归经】干燥花蕾：味苦、辛，性温；有毒。归肺、脾、肾经。根皮：味苦、辛，性温。

【功能主治】干燥花蕾：泻水逐饮，外用杀虫疗疮。用于水肿胀满，胸腹积水，痰饮积聚，气逆咳喘，二便不利；外用治疥癣秃疮，痈肿，冻疮等。根皮：消肿解毒，活血止痛。用于急性乳腺炎，痈疖肿毒，淋巴结结核，腹水，风湿痛，牙痛，跌打损伤等。

# 三白草科

## 蕺菜

Jicai

【别名】鱼腥草、侧耳根、鱼鳞草、臭草。

【来源】三白草科蕺菜属植物蕺菜 *Houttuynia cordata* Thunb.。

【植物形态】腥臭草本，高 30 ～ 60 cm。茎下部伏地，节上轮生小根，上部直立，无毛或节上被毛，有时带紫红色。叶薄纸质，有腺点，背面尤甚，卵形或阔卵形，长 4 ～ 10 cm，宽 2.5 ～ 6 cm，顶端短渐尖，基部心形，两面有时除叶脉被毛外余均无毛，背面常呈紫红色；叶脉 5 ～ 7 条，全部基出或最内 1 对离基约 5 mm 从中脉发出，如为 7 脉时，则最外 1 对很纤细或不明显；叶柄长 1 ～ 3.5 cm，无毛；托叶膜质，长 1 ～ 2.5 cm，顶端钝，下部与叶柄合生而成长 8 ～ 20 mm 的鞘，且常有缘毛，基部扩大，略抱茎。花序长约 2 cm，宽 5 ～ 6 mm；总花梗长 1.5 ～ 3 cm，无毛；总苞片长圆形或倒卵形，长 10 ～ 15 mm，宽 5 ～ 7 mm，顶端钝圆；雄蕊长于子房，花丝长为花药的 3 倍。蒴果长 2 ～ 3 mm，顶端有宿存的花柱。花期 4—7 月，果期 6—9 月。

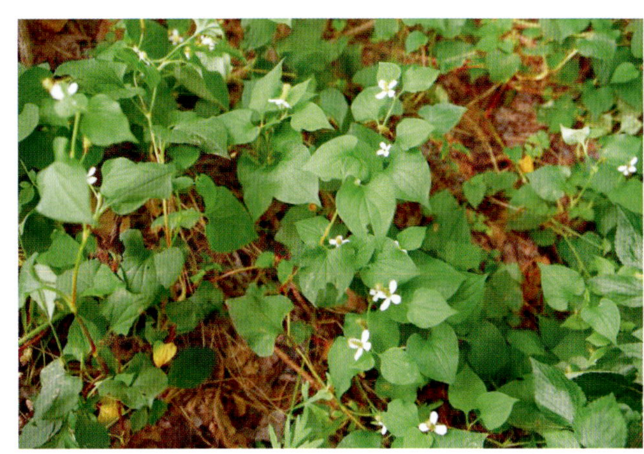

【生境分布】生于沟边、溪边或林下湿地上。全市各地均有分布。

【药用部位】新鲜全草或干燥地上部分。

【采收加工】夏、秋季采收带根全草，洗净晒干，鲜用随时可采。

【性味归经】味辛，性微寒。归肺经。

【功能主治】清热解毒，消痈排脓，利尿通淋。用于肺痈吐脓，热痢，痈肿疮毒，热淋等。

## 三白草

Sanbaicao

【别名】塘边藕、百节藕、百节莲、白面姑。

【来源】三白草科三白草属植物三白草 *Saururus chinensis* (Lour.) Baill.。

【植物形态】湿生草本，高约 1 m。茎粗壮，有纵长粗棱和沟槽，下部伏地，常带白色，上部直立，绿色。叶纸质，密生腺点，阔卵形至卵状披针形，长 10 ～ 20 cm，宽 5 ～ 10 cm，顶端短尖或渐尖，基部心形或斜心形，两面均无毛，上部的叶较小，茎顶端的 2 ～ 3 片于花期常为白色，呈花瓣状；叶脉 5 ～ 7 条，均自基部发出，如为 7 脉时，则最外 1 对纤细，斜升 2 ～ 2.5 cm 即弯拱网结，网状脉明显；叶柄长 1 ～ 3 cm，无毛，基部与托叶合生成鞘状，略抱茎。花序白色，长 12 ～ 20 cm，总花梗长 3 ～ 4.5 cm，无毛，但花序轴密被短柔毛；苞片近匙形，上部圆形，无毛或有疏缘毛，下部线形，被柔毛，且贴生于花梗上；雄

（摄于鄂城区大徐家）

蕊 6 枚，花药长圆形，纵裂，花丝比花药略长。果近球形，直径约 3 mm，表面多疣状突起。花期 4—6 月，果期 6—9 月。

【生境分布】生于低湿沟边、塘边、溪旁、田埂或低洼潮湿处。全市各地均有零星野生。

【药用部位】全草或根茎。

【采收加工】全草：全年均可采收，洗净，晒干。根茎：秋季采挖，洗净，晒干。

【性味归经】味甘、辛，性寒。归肺、膀胱经。

【功能主治】利尿消肿，清热解毒。用于水肿，小便不利，淋沥涩痛，带下，尿路感染，糖尿病；外用治疮疡肿毒，湿疹等。

# 伞形科

## 变豆菜

Biandoucai

【别名】鸭脚板、蓝布正、山芹菜。

【来源】伞形科变豆菜属植物变豆菜 *Sanicula chinensis* Bunge。

【植物形态】多年生草本，高达 1 m。根茎粗而短，斜生或近直立，有许多细长的支根。茎粗壮或细弱，直立，无毛，有纵沟纹，下部不分枝，上部重覆叉式分枝。基生叶少数，近圆形、圆肾形至圆心形，通常 3 裂，少至 5 裂，中间裂片倒卵形，基部近楔形，长 3 ~ 10 cm，宽 4 ~ 13 cm，主脉 1，无柄或有长 1 ~ 2 mm 的短柄，两侧裂片通常各有 1 深裂，很少不裂，裂口深达基部 1/3 ~ 3/4，内裂片的形状、大小同中间裂片，外裂片披针形，大小约为内裂片的一半，所有裂片表面绿色，背面淡绿色，边缘有大小不等的重锯齿；叶柄长 7 ~ 30 cm，稍扁平，基部有透明的膜质鞘；茎生叶逐渐变小，有柄或近无柄，通常 3 裂，裂片边缘有大小不等的重锯齿。花序二至三回叉式分枝，侧枝向两边开展而伸长，中间的分枝较短，长 1 ~ 2.5 cm；总苞片叶状，通常 3 深裂；伞形花序二至三出；小总苞片 8 ~ 10，卵状披针形或线形，长 1.5 ~ 2 mm，宽约 1 mm，顶端尖；小伞形花序有花 6 ~ 10，雄花 3 ~ 7，稍短于两性花，花柄长 1 ~ 1.5 mm；萼齿窄线形，长约 1.2 mm，宽 0.5 mm，顶端渐尖；花瓣白色或绿白色，倒卵形至长倒卵形，长 1 mm，宽 0.5 mm，顶端内折；花丝与萼齿等长或稍长；两性花 3 ~ 4，无柄；萼齿和花瓣的形状、

大小同雄花；花柱与萼齿同长，很少超过。果实圆卵形，长 4 ~ 5 mm，宽 3 ~ 4 mm，顶端萼齿成喙状突出，皮刺直立，顶端钩状，基部膨大；果实的横剖面近圆形，胚乳的腹面略凹陷。油管 5，中型，合生面通常 2，大而显著。花果期 4—10 月。

【生境分布】生于阴湿的山坡路旁、杂木林下、溪边等草丛中。梁子湖区有零星野生。

【药用部位】全草。

【采收加工】夏、秋季采收，鲜用或晒干。

【性味归经】味辛、微甘，性凉。

【功能主治】解毒，止血。用于咽痛，咳嗽，月经过多，尿血，外伤出血，疮痈肿毒等。

## 白芷

Baizhi

【别名】香白芷、走马芹、兴安白芷。

【来源】伞形科当归属植物白芷 *Angelica dahurica* (Fisch. ex Hoffm.) Benth. et Hook. f. ex Franch. et Sav.。

【植物形态】多年生高大草本，高 1 ~ 2.5 m。根圆柱形，有分枝，直径 3 ~ 5 cm，外表皮黄褐色至褐色，有浓烈气味。茎基部直径 2 ~ 5 cm，有时可达 7 ~ 8 cm，通常带紫色，中空，有纵长沟纹。基生叶一回羽状分裂，有长柄，叶柄下部有管状抱茎边缘膜质的叶鞘；茎上部叶二至三回羽状分裂，叶片轮廓为卵形至三角形，长 15 ~ 30 cm，宽 10 ~ 25 cm，叶柄长至 15 cm，下部为囊状膨大的膜质叶鞘，无毛或稀有毛，常带紫色；末回裂片长圆形、卵形或线状披针形，多无柄，长 2.5 ~ 7 cm，宽 1 ~ 2.5 cm，急尖，边缘有不规则的白色软骨质粗锯齿，具短尖头，基部两侧常不等大，沿叶轴下延成翅状；花序下方的叶简化成无叶的、显著膨大的囊状叶鞘，外面无毛。复伞形花序顶生或侧生，直径 10 ~ 30 cm，花序梗长 5 ~ 20 cm，花序梗、伞辐和花柄均被短糙毛；伞辐 18 ~ 40，中央主伞有时伞辐多至 70；总苞片通常缺或有 1 ~ 2；小总苞片 5 ~ 10，线状披针形，膜质，花白色；无萼齿；花瓣倒卵形，顶端内曲成凹头状；子房无毛或有短毛；花柱比短圆锥状的花柱基长 2 倍。果实长圆形至卵圆形，黄棕色，有时带紫色，长 4 ~ 7 mm，宽 4 ~ 6 mm，无毛，背棱扁，厚而钝圆，近海绵质，远较棱槽为宽，侧棱翅状，较果体狭；棱槽中有油管 1，合生面有油管 2。花期 7—8 月，果期 8—9 月。

【生境分布】生于林下、林缘、溪旁、灌丛及山谷草地。多栽培。

【药用部位】根。

【采收加工】夏、秋季叶黄时采挖，除去泥沙及须根，晒干或低温干燥。

【性味归经】味辛，性温。归肺、胃、大肠经。

【功能主治】解表散寒，祛风止痛，宣通鼻窍，燥湿止带，消肿排脓。用于感冒头痛，眉棱骨痛，鼻塞流涕，牙痛，带下，疮疡肿痛等。

## 紫花前胡

Zihuaqianhu

【别名】土当归、野当归、前胡、鸭脚前胡。

【来源】伞形科当归属植物紫花前胡 *Angelica decursiva* (Miq.) Franch. & Sav.。

【植物形态】多年生草本。根圆锥状，有少数分枝，直径1～2 cm，外表棕黄色至棕褐色，有强烈气味。茎高1～2 m，直立，单一，中空，光滑，常为紫色，无毛，有纵沟纹。根生叶和茎生叶有长柄，柄长13～36 cm，基部膨大成圆形的紫色叶鞘，抱茎，外面无毛；叶片三角形至卵圆形，坚纸质，长10～25 cm，一回三全裂或一至二回羽状分裂；第一回裂片的小叶柄翅状延长，侧方裂片和顶端裂片的基部连合，沿叶轴呈翅状延长，翅边缘有锯齿；末回裂片卵形或长圆状披针形，长5～15 cm，宽2～5 cm，顶端锐尖，边缘有白色软骨质锯齿，齿端有尖头，表面深绿色，背面绿白色，主脉常带紫色，表面脉上有短糙毛，背面无毛；茎上部叶简化成囊状膨大的紫色叶鞘。复伞形花序顶生和侧生，花序梗长3～8 cm，有柔毛；伞辐10～22，长2～4 cm；总苞片1～3，卵圆形、阔鞘状，宿存，反折，紫色；小总苞片3～8，线形至披针形，绿色或紫色，无毛；伞辐及花柄有毛；花深紫色，萼齿明显，线状锥形或三角状锥形，花瓣倒卵形或椭圆状披针形，顶端通常不内折成凹头状，花药暗紫色。果实长圆形至卵状圆形，长4～7 mm，宽3～5 mm，无毛，背棱线形，隆起，尖锐，侧棱有较厚的狭翅，与果体近等宽，棱槽内有油管1～3，合生面有油管4～6，胚乳腹面稍凹入。花期8—9月，果期9—11月。

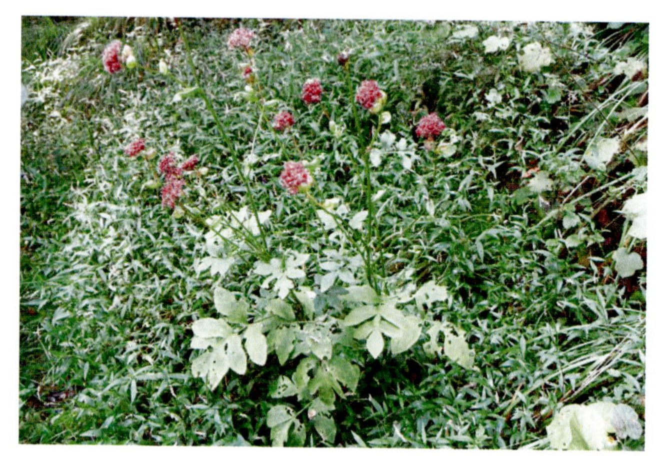

【生境分布】生于山坡林缘、溪沟边或杂木林灌丛中。全市各地均有零星野生。

【药用部位】根。

【采收加工】秋、冬季地上部分枯萎时采挖，除去须根，晒干。

【性味归经】味苦、辛，性微寒。归肺经。

【功能主治】散风清热，降气化痰。用于痰热喘满，风热咳嗽痰多等。

## 野胡萝卜

Yehuluobo

【别名】鹤虱草、南鹤虱。

【来源】伞形科胡萝卜属植物野胡萝卜 *Daucus carota* L.。

【植物形态】二年生草本，高15～120 cm。茎单生，全体有白色粗硬毛。基生叶薄膜质，长圆形，二至三回羽状全裂，末回裂片线形或披针形，长 2 ～ 15 mm，宽 0.5 ～ 4 mm，顶端尖锐，有小尖头，光滑或有糙硬毛；叶柄长 3 ～ 12 cm；茎生叶近无柄，有叶鞘，末回裂片小或细长。复伞形花序，花序梗长 10 ～ 55 cm，有糙硬毛；总苞有多数苞片，呈叶状，羽状分裂，少有不裂的，裂片线形，长 3 ～ 30 mm；伞辐多数，长 2 ～ 7.5 cm，结果时外缘的伞辐向内弯曲；小总苞片 5 ～ 7，线形，不分裂或 2 ～ 3 裂，边缘膜质，具纤毛；花通常白色，有时带淡红色；花柄不等长，长 3 ～ 10 mm。果实圆卵形，长 3 ～ 4 mm，宽 2 mm，棱上有白色刺毛。花期 5—7 月，果期 7—8 月。

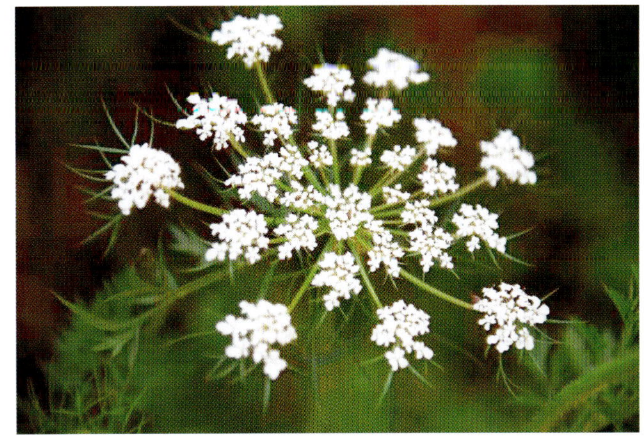

【生境分布】生于山坡路旁、旷野或田间。全市各地均有分布。

【药用部位】果实。

【采收加工】秋季果实成熟时割取果枝，晒干，打下果实，除去杂质。

【性味归经】味苦、辛，性平；有小毒。

【功能主治】杀虫消积。用于虫积腹痛，小儿疳积等。

## 胡萝卜

Huluobo

【别名】赛人参。

【来源】伞形科胡萝卜属植物胡萝卜 *Daucus carota* var. *sativus* Hoffm.。

【植物形态】二年生草本，高达 120 cm。根肉质，长圆锥形，粗肥，呈橙红色或黄色。茎单生，全株被白色粗硬毛。基生叶叶柄长 3 ～ 12 cm；叶片长圆形，二至三回羽状全裂，末回裂片线形或披针形，先端尖锐，有小尖头；茎生叶近无柄，有叶鞘，末回裂片小或细长。复伞形花序；花序梗长 10 ～ 55 cm，有糙硬毛；总苞片多数，呈叶状，羽状分裂，裂片线形；伞辐多数，果期外缘的伞辐向内弯曲；小总苞片 5 ～ 7，不分裂或 2 ～ 3 裂；花通常白色，有时带淡红色；花柄不等长。果实圆卵形，棱上有白色刺毛。花期 5—7 月。

【生境分布】生于山坡路旁、旷野或田间。全市各地广泛栽培。

【药用部位】根。

【采收加工】冬季采挖根部，除去茎叶、须根，洗净。

【性味归经】味甘、辛，性平。归脾、肝、肺经。

【功能主治】健脾和中，滋肝明目，化痰止咳，清热解毒。用于脾虚食少，体虚乏力，脘腹痛，泄泻，视物昏花，咳喘，百日咳，咽喉肿痛，麻疹，水痘，烫火伤，痔漏等。

## 茴香

Huixiang

【别名】小茴香、怀香、西小茴、香丝菜、茴香菜。

【来源】伞形科茴香属植物茴香 *Foeniculum vulgare* Mill.。

【植物形态】草本，高 0.4 ~ 2 m。茎直立，光滑，灰绿色或苍白色，多分枝。较下部的茎生叶柄长 5 ~ 15 cm，中部或上部的叶柄部分或全部呈鞘状，叶鞘边缘膜质；叶片轮廓为阔三角形，长 4 ~ 30 cm，宽 5 ~ 40 cm，四至五回羽状全裂，末回裂片线形，长 1 ~ 6 cm，宽约 1 mm。复伞形花序顶生与侧生，花序梗长 2 ~ 25 cm；伞辐 6 ~ 29，不等长，长 1.5 ~ 10 cm；小伞形花序有花 14 ~ 39；花柄纤细，不等长；无萼齿；花瓣黄色，倒卵形或近倒卵圆形，长约 1 mm，先端有内折的小舌片，中脉 1 条；花丝略长于花瓣，花药卵圆形，淡黄色；花柱基圆锥形，花柱极短，向外叉开或贴伏在花柱基上。果实长圆形，长 4 ~ 6 mm，宽 1.5 ~ 2.2 mm，主棱 5 条，尖锐；每棱槽内有油管 1，合生面有油管 2；胚乳腹面近平直或微凹。花期 5—6 月，果期 7—9 月。

【生境分布】全市各地有零星栽培。

【药用部位】茎叶（茴香茎叶）、果实（小茴香）、根（茴香根）。

【采收加工】茎叶：春、夏季割取地上部分，晒干或鲜用。果实：8—10 月果实呈黄绿色，并有淡黑色纵线时，选晴天割取地上部分，脱粒，扬净；亦可采摘成熟果实，晒干。根：7 月采挖，去除茎叶，留根洗净，鲜用或晒干。

【性味归经】茎叶：味甘、辛，性温。果实：味辛，性温。归肝、肾、脾、胃经。根：味辛、甘，性温。

【功能主治】茎叶：祛风，散寒，止痛。用于疝气，痧气，痈肿等。果实：散寒止痛，理气和胃。用于寒疝腹痛，睾丸偏坠，脘腹胀痛，食少吐泻，少腹冷痛，肾虚腰痛，痛经等。根：温肾和中，行气止痛，杀虫。用于寒疝，耳鸣，胃寒呕逆，腹痛，风寒湿痹，鼻疳，蛔虫病等。

## 积雪草

Jixuecao

【别名】马蹄草、钱齿草、大金钱草、铜钱草、落得打。

【来源】伞形科积雪草属植物积雪草 *Centella asiatica* (L.) Urb.。

【植物形态】多年生草本。茎匍匐，细长，节上生根。叶片膜质至草质，圆形、肾形或马蹄形，长 1 ~

2.8 cm，宽 1.5 ~ 5 cm，边缘有钝锯齿，基部阔心形，两面无毛或在背面脉上疏生柔毛；掌状脉 5 ~ 7，两面隆起，脉上部分叉；叶柄长 1.5 ~ 27 cm，无毛或上部有柔毛，基部叶鞘透明，膜质。伞形花序梗 2 ~ 4 个，聚生于叶腋，长 0.2 ~ 1.5 cm，有或无毛；苞片通常 2 片，很少 3 片，卵形，膜质，长 3 ~ 4 mm，宽 2.1 ~ 3 mm；每一伞形花序有花 3 ~ 4，聚集成头状，花无柄或有长 1 mm 的短柄；花瓣卵形，紫红色或乳白色，膜质，长 1.2 ~ 1.5 mm，宽约 1 mm；花柱长约 0.6 mm；花丝短于花瓣，与花柱等长。果实两侧扁压，圆球形，基部心形至平截形，长 2.1 ~ 3 mm，宽 2.2 ~ 3.6 mm，每侧有纵棱数条，棱间有明显的小横脉，网状，表面有毛或平滑。花期 5—8 月，果期 8—10 月。

【生境分布】生于阴湿的草地或水沟边。全市各地均有分布。

【药用部位】全草。

【采收加工】夏、秋季采收，除去泥沙，晒干或鲜用。

【性味归经】味苦、辛，性寒。归肝、脾、肾经。

【功能主治】清热利湿，消肿解毒。用于暑泻，痢疾，湿热黄疸，石淋，血淋，吐血，咯血，目赤，咽喉肿痛，风疹，疥癣，疮痈肿毒，跌打损伤等。

## 明党参

Mingdangshen

【别名】粉沙参、山萝卜、红党参、明沙参。

【来源】伞形科明党参属植物明党参 *Changium smyrnioides* H. Wolff。

【植物形态】多年生草本。主根纺锤形或长索形，长 5 ~ 20 cm，表面棕褐色或淡黄色，内部白色。茎直立，高 50 ~ 100 cm，圆柱形，表面被白色粉末，有分枝，枝疏散而开展，侧枝通常互生，侧枝上的小枝互生或对生。基生叶少数至多数，有长柄，柄长 3 ~ 15 cm；叶片三出式的二至三回羽状全裂，一回羽片广卵形，长 4 ~ 10 cm，柄长 2 ~ 5 cm；二回羽片卵形或长圆状卵形，长 2 ~ 4 cm，柄长 1 ~ 2 cm；三回羽片卵形或卵圆形，长 1 ~ 2 cm，基部截形或近楔形，边缘 3 裂或羽状缺刻，末回裂片长圆状披针形，长 2 ~ 4 mm，宽 1 ~ 2 mm；茎上

（摄于鄂城区西山）

部叶缩小成鳞片状或鞘状。复伞形花序顶生或侧生；总苞片无或 1 ～ 3；伞辐 4 ～ 10，长 2.5 ～ 10 cm，开展；小总苞片少数，长 4 ～ 6 mm，顶端渐尖；小伞形花序有花 8 ～ 20，花蕾时略呈淡紫红色，开放后呈白色，顶生的伞形花序几乎全孕，侧生的伞形花序多数不育；萼齿小，长约 0.2 mm；花瓣长圆形或卵状披针形，长 1.5 ～ 2 mm，宽 1 ～ 1.2 mm，顶端渐尖而内折；花丝长约 3 mm，花药卵圆形，长约 1 mm；花柱基隆起，花柱幼时直立，果熟时向外反曲。果实圆卵形至卵状长圆形，长 2 ～ 3 mm，果棱不明显，胚乳腹面深凹，油管多数。花期 4—5 月，果期 6 月。

【生境分布】生于山地土壤肥厚的地方或山坡岩石缝隙中。全市各地均有零星野生。

【药用部位】根。

【采收加工】4—5 月采挖，除去须根，洗净，置沸水中煮至无白心，取出，刮去外皮，漂洗，干燥。

【性味归经】味甘、微苦，性微寒。归肺、脾、肝经。

【功能主治】润肺化痰，养阴和胃，平肝，解毒。用于肺热咳嗽，呕吐反胃，食少口干，目赤眩晕，疔毒疮疡等。

## 细叶旱芹

Xiyehanqin

【别名】芹菜、野芹、香芹。

【来源】伞形科细叶旱芹属植物细叶旱芹 *Cyclospermum leptophyllum* (Pers.) Sprague ex Britton & P. Wilson。

【植物形态】一年生草本，高 25 ～ 45 cm。茎多分枝，光滑。根生叶有柄，柄长 2 ～ 10 cm，基部边缘略扩大成膜质叶鞘；叶片轮廓呈长圆形至长圆状卵形，长 2 ～ 10 cm，宽 2 ～ 8 cm，三至四回羽状多裂，裂片线形至丝状；茎生叶通常三出式羽状多裂，裂片线形，长 10 ～ 15 mm。复伞形花序顶生或腋生，通常无梗或少有短梗，无总苞片和小总苞片；伞辐 2 ～ 5，长 1 ～ 2 cm，无毛；小伞形花序有花 5 ～ 23，花柄不等长；无萼齿；花瓣白色、绿白色或略带粉红色，卵圆形，长约 0.8 mm，宽 0.6 mm，顶端内折，有中脉 1 条；花丝短于花瓣，很少与花瓣同长，花药近圆形，长约 0.1 mm；花柱基扁压，花柱极短。果实圆心形或圆卵形，长、宽各 1.5 ～ 2 mm，分生果的棱 5 条，圆钝；胚乳腹面平直，每棱槽内有油管 1，合生面有油管 2。心皮柄顶端 2 浅裂。花期 5 月，果期 6—7 月。

【生境分布】生于杂草地及水沟边，为外来种。全市各地均有分布。

【药用部位】叶。

【采收加工】春、夏、秋季均可采收，洗净，鲜用或晒干。

【性味归经】味甘、苦，性凉。归肺、胃、肝经。

【功能主治】止血养精，益气消食。用于缺铁性贫血，皮肤苍白干燥，面色暗黄等。

## 蛇床

Shechuang

【别名】山胡萝卜、蛇米、蛇粟、蛇床子、野茴香、野胡萝卜。

【来源】伞形科蛇床属植物蛇床 *Cnidium monnieri* (L.) Spreng.。

【植物形态】一年生草本，高 10 ~ 60 cm。根圆锥状，较细长。茎直立或斜上，多分枝，中空，表面具深条棱，粗糙。下部叶具短柄，叶鞘短宽，边缘膜质，上部叶柄全部鞘状；叶片轮廓卵形至三角状卵形，长 3 ~ 8 cm，宽 2 ~ 5 cm，二至三回三出式羽状全裂，羽片轮廓卵形至卵状披针形，长 1 ~ 3 cm，宽 0.5 ~ 1 cm，先端常略呈尾状，末回裂片线形至线状披针形，长 3 ~ 10 mm，宽 1 ~ 1.5 mm，具小尖头，边缘及脉上粗糙。复伞形花序直径 2 ~ 3 cm；总苞片 6 ~ 10，线形至线状披针形，长约 5 mm，边缘膜质，具细睫毛状毛；伞辐 8 ~ 20，不等长，长 0.5 ~ 2 cm，棱上粗糙；小总苞片多数，线形，长 3 ~ 5 mm，边缘具细睫毛状毛；小伞形花序具花 15 ~ 20，萼齿无；花瓣白色，先端具内折小舌片；花柱基略隆起，花柱长 1 ~ 1.5 mm，向下反曲。分生果长圆状，长 1.5 ~ 3 mm，宽 1 ~ 2 mm，横剖面近五角形，主棱 5，均扩大成翅；每棱槽内有油管 1，合生面有油管 2；胚乳腹面平直。花期 4—7 月，果期 6—10 月。

【生境分布】生于田边、路旁、草地及河边湿地。全市各地均有分布。

【药用部位】果实（蛇床子）。

【采收加工】夏、秋季果实成熟时采收，除去杂质，晒干。

【性味归经】味辛、苦，性温。归肾经。

【功能主治】温肾壮阳，燥湿祛风，杀虫止痒。用于阴痒带下，湿疹瘙痒，湿痹腰痛，肾虚阳痿，宫冷不孕等。

## 水芹

Shuiqin

【别名】水芹菜、野芹菜、河芹、小叶芹。

【来源】伞形科水芹属植物水芹 *Oenanthe javanica* (Blume) DC.。

【植物形态】多年生草本，高 15 ~ 80 cm。茎直立或基部匍匐。基生叶有柄，柄长达 10 cm，基部有叶鞘，叶片轮廓三角形，一至二回羽状分裂，末回裂片卵形至菱状披针形，长 2 ~ 5 cm，宽 1 ~ 2 cm，边缘有牙齿状或圆齿状锯齿，茎上部叶无柄，裂片和基生叶的裂片相似，较小。复伞形花序顶生，花序梗长 2 ～ 16 cm，无总苞，伞辐 6 ～ 16，不等长，长 1 ～ 3 cm，直立和展开；小总苞片 2 ～ 8，线形，长 2 ～ 4 mm；小伞形花序有花 20 余朵，花柄长 2 ～ 4 mm；萼齿线状披针形，长与花柱基相等；花瓣白色，倒卵形，长 1 mm，宽 0.7 mm，有一长而内折的小舌片；花柱基圆锥形，花柱直立或两侧分开，长 2 mm。果实近于四角状椭圆形或筒状长圆形，长 2.5 ～ 3 mm，宽 2 mm，侧棱较背棱和中棱隆起，木栓质，分生果横剖面近于五边状的半圆形；每棱槽内有油管 1，合生面有油管 2。花期 6—7 月，果期 8—9 月。

【生境分布】生于浅水低洼地或池沼、水沟旁。全市各地均有分布。

【药用部位】全草。

【采收加工】9—10 月采割地上部分，洗净，鲜用或晒干。

【性味归经】味辛、微甘，性凉。归肺、肝、膀胱经。

【功能主治】清热透疹，平肝安神。用于麻疹初期，肝阳上亢，失眠多梦等。

## 芫荽

Yansui

【别名】胡荽、香荽、香菜。

【来源】伞形科芫荽属植物芫荽 *Coriandrum sativum* L.。

【植物形态】一年生或二年生，有强烈气味的草本，高 20 ～ 100 cm。根纺锤形，细长，有多数纤细的支根。茎圆柱形，直立，多分枝，有条纹，通常光滑。根生叶有柄，柄长 2 ～ 8 cm；叶片一或二回羽状全裂，羽片广卵形或扇形半裂，长 1 ～ 2 cm，宽 1 ～ 1.5 cm，边缘有钝锯齿、缺刻或深裂，上部的茎生叶三回至多回羽状分裂，末回裂片狭线形，长 5 ～ 10 mm，宽 0.5 ～ 1 mm，顶端钝，全缘。伞形花序顶生或与叶对生，花序梗长 2 ～ 8 cm；伞辐 3 ～ 7，长 1 ～ 2.5 cm；小总苞片 2 ～ 5，线形，全缘；小伞形花序有孕花 3 ～ 9，花白色或带淡紫色；萼齿通常大小不等，小的卵状三角形，大的长卵形；花瓣倒卵形，长 1 ～ 1.2 mm，宽约 1 mm，顶端有内凹的小舌片，辐射瓣长 2 ～ 3.5 mm，宽 1 ～ 2 mm，通常全缘，有 3 ～ 5 脉；花丝长 1 ～ 2 mm，花药卵形，长约 0.7 mm；花柱幼时直立，果熟时向外反曲。果实圆球形，背

面主棱及相邻的次棱明显。胚乳腹面内凹。油管不明显，或有 1 个位于次棱的下方。花期 4—5 月，果期 6—7 月。

【生境分布】全市各地均有栽培。

【药用部位】果实（芫荽子）、地上部分。

【采收加工】地上部分：春末夏初茎叶生长茂盛时割取，晒干。果实：夏季果实成熟时采收，晒干。

【性味归经】味辛，性温。归肺、胃经。

【功能主治】发表透疹，消食开胃，止痛解毒。用于风寒感冒，麻疹、痘疹透发不畅，食积，脘腹胀痛，头痛，牙痛，脱肛，丹毒，疮肿初起，蛇咬伤等。

# 桑寄生科

## 川桑寄生

Chuansang jisheng

【别名】广寄生、桑上寄生、寄生树。

【来源】桑寄生科钝果寄生属植物川桑寄生 *Taxillus sutchuenensis* (Lecomte) Danser。

【植物形态】灌木，高 0.5 ～ 1 m。嫩枝、叶密被褐色或红褐色星状毛，有时具散生叠生星状毛；小枝黑色，无毛，具散生皮孔。叶近对生或互生，革质，卵形、长卵形或椭圆形，长 5 ～ 8 cm，宽 3 ～ 4.5 cm，顶端圆钝，基部近圆形，上面无毛，下面被茸毛；侧脉 4 ～ 5 对，在叶上面明显；叶柄长 6 ～ 12 mm，无毛。总状花序，1 ～ 3 个生于小枝已落叶腋部或叶腋，具花 2 ～ 5 朵，密集成伞形，花序和花均密被褐色星状毛；花梗长 2 ～ 3 mm；苞片卵状三角形，长约 1 mm；花红色，花托椭圆状，长 2 ～ 3 mm；副萼环状，具 4 齿；花冠花蕾时管状，长 2.2 ～ 2.8 cm，稍弯，下半部膨胀，顶部椭圆状，裂片 4 枚，披针形，长 6 ～ 9 mm，反折，开花后毛变稀疏；花丝长约 2 mm，花药长 3 ～ 4 mm，药室常具横隔；花柱线状，柱头圆锥状。果椭圆状，长 6 ～ 7 mm，直径 3 ～ 4 mm，两端均圆钝，黄绿色，果皮具颗粒状体，被疏毛。花期 4—5 月，果期 9—11 月。

（摄于鄂城区五卦山）

【生境分布】生于海拔 500 ～ 1900 m 的山地阔叶林中，寄生于桑树、梨树、李树、梅树、油茶、厚皮香、漆树、核桃或栎属、柯属、水青冈属、桦木属、榛属等植物上。全市各地均有零星野生。

【药用部位】带叶茎枝。

【采收加工】冬季至次春采割，除去粗茎，切段，干燥，或蒸后干燥。

【性味归经】味苦、甘，性平。归肝、肾经。

【功能主治】补肝肾，强筋骨，祛风湿，安胎元。用于风湿痹痛，腰膝酸软，筋骨无力，崩漏经多，妊娠漏血，胎动不安，头晕目眩，高血压等。

# 桑科

## 楮

Chu

【别名】小构树。

【来源】桑科构属植物楮 *Broussonetia monoica* Hance。

【植物形态】灌木，高 2 ～ 4 m。小枝斜上，幼时被毛，成长脱落。叶卵形至斜卵形，长 3 ～ 7 cm，宽 3 ～ 4.5 cm，先端渐尖至尾尖，基部近圆形或斜圆形，边缘具三角形锯齿，不裂或 3 裂，表面粗糙，背面近无毛；叶柄长约 1 cm；托叶小，线状披针形，渐尖，长 3 ～ 5 mm，宽 0.5 ～ 1 mm。花雌雄同株；雄花序球形头状，直径 8 ～ 10 mm，雄花花被 3 ～ 4 裂，裂片三角形，外面被毛，雄蕊 3 ～ 4，花药椭圆形；雌花序球形，被柔毛，花被管状，顶端齿裂，或近全缘，花柱单生，仅在近中部有小突起。聚花果球形，直径 8 ～ 10 mm；瘦果扁球形，外果皮壳质，表面具瘤体。花期 4—5 月，果期 5—6 月。

【生境分布】生于山坡林缘、沟边、住宅旁。全市各地均有分布。

【药用部位】树皮的韧皮部。

【采收加工】全年均可采剥，晒干。

【性味归经】味甘、淡，性平。归肝、肾、膀胱经。

【功能主治】祛风除湿，散瘀消肿。用于风湿痹痛，泄泻，痢疾，黄疸，浮肿，痈疖，跌打损伤等。

## 构

Gou

【别名】构桃、谷树、谷桑、楮桃、构树。

【来源】桑科构属植物构 *Broussonetia papyrifera* (L.) L'Hér. ex Vent.。

【植物形态】高大乔木或灌木状，高10～20 m；树皮暗灰色；小枝密生柔毛。叶螺旋状排列，广卵形至长椭圆状卵形，长6～18 cm，宽5～9 cm，先端渐尖，基部心形，两侧常不相等，边缘具粗锯齿，不分裂或3～5裂，小树之叶常有明显分裂，表面粗糙，疏生糙毛，背面密被茸毛，基生叶脉三出，侧脉6～7对；叶柄长2.5～8 cm，密被糙毛；托叶大，卵形，狭渐尖，长1.5～2 cm，宽0.8～1 cm。花雌雄异株；雄花序为柔荑花序，粗壮，长3～8 cm，苞片披针形，被毛，花被4裂，裂片三角状卵形，被毛，雄蕊4，花药近球形，退化雌蕊小；雌花序球形头状，苞片棍棒状，顶端被毛，花被管状，顶端与花柱紧贴，子房卵圆形，柱头线形，被毛。聚花果直径1.5～3 cm，成熟时橙红色，肉质；瘦果具有等长的柄，表面有小瘤，龙骨双层，外果皮壳质。花期5—6月，果期8—9月。

【生境分布】生于山坡林缘或村寨道旁。全市各地均有分布。

【药用部位】嫩根或根皮（楮树根）、叶（楮叶）、果实（楮实子）、枝条（楮茎）、茎皮部乳汁（楮皮间白汁）、树皮韧皮部（楮树白皮）。

【采收加工】嫩根或根皮：春季挖嫩根，或秋季挖根，剥取根皮，鲜用或晒干。叶：全年均可采收，鲜用或晒干。果实：秋、冬季果实成熟时采摘，洗净，晒干，除去灰白色膜状宿萼和杂质。枝条：四季可采，晒干。茎皮部乳汁：割破树皮，用器皿收集白色乳汁。树皮韧皮部：四季可采剥，刮去外表粗皮，晒干。

【性味归经】嫩根或根皮：味甘，性微寒。叶：味甘，性凉。果实：味甘，性寒。归肝、肾经。枝条：味甘，性凉。茎皮部乳汁：味甘，性平。树皮韧皮部：味甘，性平。

【功能主治】嫩根或根皮：凉血散瘀，清热利湿。用于咳嗽吐血，崩漏，水肿，跌打损伤等。叶：凉血止血，利尿，解毒。用于吐血，衄血，崩漏，金疮出血，水肿，疝气，痢疾，毒疮等。果实：补肾清肝，明目，利尿。用于肝肾不足，腰膝酸软，虚劳骨蒸，头晕目眩，目生翳膜，水肿胀满等。枝条：祛风，明目，利尿。用于风疹，目赤肿痛，小便不利等。茎皮部乳汁：利水，杀虫，解毒。用于水肿，疥癣，蛇虫咬伤等。树皮韧皮部：顺气利水，凉血止血。用于小便不利，水肿胀满，便血，崩漏等。

## 藤构

Tenggou

【别名】蔓构、葡蟠。

【来源】桑科构属植物藤构 *Broussonetia kaempferi* Siebold。

【植物形态】蔓生藤状灌木。树皮黑褐色；小枝显著伸长，幼时被浅褐色柔毛，成长脱落。叶互生，螺旋状排列，近对称的卵状椭圆形，长 3.5 ～ 8 cm，宽 2 ～ 3 cm，先端渐尖至尾尖，基部心形或截形，边缘锯齿细，齿尖具腺体，不裂，稀为 2 ～ 3 裂，表面无毛，稍粗糙；叶柄长 8 ～ 10 mm，被毛。花雌雄异株，雄花序短穗状，长 1.5 ～ 2.5 cm，花序轴约 1 cm；雄花花被片 3 ～ 4，裂片外面被毛，雄蕊 3 ～ 4，花药黄色，椭圆球形，退化雌蕊小；雌花集生为球形头状花序。聚花果直径 1 cm，花柱线形，延长。花期 4—6 月，果期 5—7 月。

【生境分布】生于山坡草地及路边。全市各地均有零星野生。

【药用部位】叶（藤构叶）。

【采收加工】夏、秋季采收，晒干。

【性味归经】味甘，性平。

【功能主治】祛风活血，利水消肿。用于风湿痹痛，小便不利，浮肿，跌打损伤等。

## 薜荔

Bili

【别名】凉粉果、木莲藤、冰粉子、爬墙藤。

【来源】桑科榕属植物薜荔 *Ficus pumila* L.。

【植物形态】攀援或匍匐灌木，嫩枝、果实折断后有白色乳汁。枝条有两种，不结果的营养枝和结果的繁育枝。叶二型，营养枝上生不定根，叶卵状心形，长约 2.5 cm，薄革质，基部稍不对称，尖端渐尖，叶柄很短；繁育枝上无不定根，革质，卵状椭圆形，长 5 ～ 10 cm，宽 2 ～ 3.5 cm，先端急尖至钝形，基部圆形至浅心形，全缘，上面无毛，背面被黄褐色柔毛，基生叶脉延长，网脉 3 ～ 4 对，在表面下陷，背面凸起，网脉甚明显，呈蜂窝状；叶柄长 5 ～ 10 mm；托叶 2，披针形，被黄褐色丝状毛。榕果单生于叶腋，瘿花果梨形，雌花果近球形，长 4 ～ 8 cm，直径 3 ～ 5 cm，顶部截平，略具短钝头或为脐状突起，基部收窄成一短柄，基生苞片宿存，三角状卵形，密被长柔毛，榕果幼时被黄色短柔毛，成熟时黄绿色或微红色；总梗粗短；雄花，生榕果内壁口部，多数，排为几行，有柄，花被片 2 ～ 3，线形，雄蕊 2 枚，花

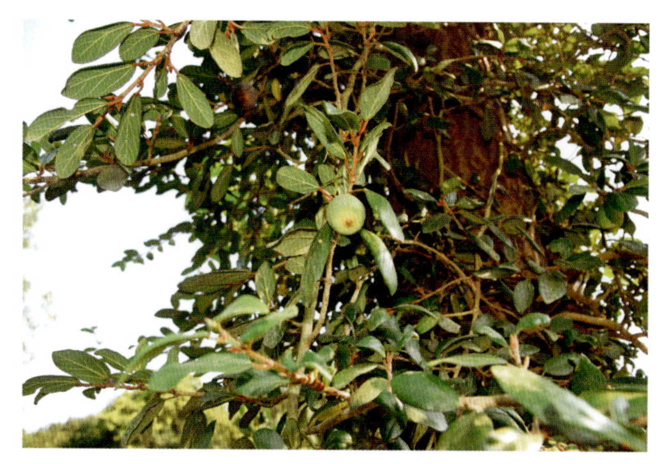

丝短；瘿花具柄，花被片 3 ～ 4，线形，花柱侧生，短；雌花生另一植株榕果内壁，花柄长，花被片 4 ～ 5。瘦果近球形，有黏液。花期 5—6 月，果期 9—10 月。

【生境分布】生于旷野树上、村边残墙破壁上或石灰岩山坡上。全市各地均有零星野生。

【药用部位】茎、叶（薜荔）、根（薜荔根）、花序托（习称果实，薜荔果）。

【采收加工】茎、叶：全年均可采收带叶的茎枝，鲜用或晒干。根：四季均可采挖，洗净，晒干。花序托：花序托成熟后采摘，纵剖成 2 ～ 4 瓣，除去花序托内瘦果，晒干。

【性味归经】茎、叶：味酸，性平。根：味苦，性平。花序托：味甘，性平。归肾经。

【功能主治】茎、叶：祛风除湿，活血通络，解毒消肿。用于风湿痹痛，坐骨神经痛，泄泻，水肿，疟疾，经闭，产后瘀血腹痛，咽喉肿痛，睾丸炎，漆疮，疮痈肿毒，跌打损伤等。根：祛风除湿，舒筋通络。用于头痛眩晕，关节痛，产后风等。花序托：补肾固精，活血催乳。用于遗精，阳痿，乳汁不通，经闭等。

【附注】薜荔的不育枝在某些地方作络石入药。

## 珍珠莲

Zhenzhulian

【别名】岩石榴、冰粉树、凉粉树、珍珠榕、大风藤。

【来源】桑科榕属植物珍珠莲 *Ficus sarmentosa* var. *henryi* (King ex Oliv.) Corner。

【植物形态】木质攀援匍匐藤状灌木，幼枝密被褐色长柔毛。叶互生，革质，卵状椭圆形，长 8 ～ 10 cm，宽 3 ～ 4 cm，先端渐尖，基部圆形至楔形，表面无毛，背面密被褐色柔毛或长柔毛，基生侧脉延长，侧脉 5 ～ 7 对，小脉网结成蜂窝状；叶柄长 5 ～ 10 mm，被毛。隐头花序，花序托成对腋生，圆锥形，直径 1 ～ 1.5 cm，表面密被褐色长柔毛，成长后脱落，顶生苞片直立，长约 3 mm，基生苞片卵状披针形，长 3 ～ 6 mm；雄花着生于同一花序托内壁。瘦果小。

（摄于梁子湖区陈太村）

【生境分布】生于低山疏林或山麓、山谷及溪边树丛中。梁子湖区有零星野生。

【药用部位】果实、根或藤。

【采收加工】果实：秋季采收，晒干。根或藤：全年均可采收，洗净，切片，鲜用或晒干。

【性味归经】果实：味甘、涩，性平。归肝经。根或藤：味微辛，性平。归肝经。

【功能主治】果实：消肿止痛，止血。用于睾丸偏坠，跌打损伤，内痔便血等。根或藤：祛风除湿，消肿止痛，解毒杀虫。用于关节痛，脱臼，乳痈，疮疖，癣证等。

## 无花果

Wuhuaguo

【别名】奶浆果、红心果、映日果、品仙果、树地瓜。

【来源】桑科榕属植物无花果 *Ficus carica* L.。

【植物形态】落叶灌木，高 3 ～ 10 m，多分枝。树皮灰褐色，皮孔明显；小枝直立，粗壮。叶互生，厚纸质，广卵圆形，长、宽近相等，为 10 ～ 20 cm，通常 3 ～ 5 裂，小裂片卵形，边缘具不规则钝齿，表面粗糙，背面密生细小钟乳体及灰色短柔毛，基部浅心形，基生侧脉 3 ～ 5 条，侧脉 5 ～ 7 对；叶柄长 2 ～ 5 cm，粗壮；托叶卵状披针形，长约 1 cm，红色。雌雄异株，雄花和瘿花同生于一榕果内壁，雄花生于内壁口部，花被片 4 ～ 5，雄蕊 3，有时 1 或 5，瘿花花柱侧生，短；雌花花被与雄花同，子房卵圆形，光滑，花柱侧生，柱头 2 裂，线形。榕果单生于叶腋，大而梨形，直径 3 ～ 5 cm，顶部下陷，成熟时紫红色或黄色，基生苞片 3，卵形；瘦果透镜状。花果期 8—11 月。

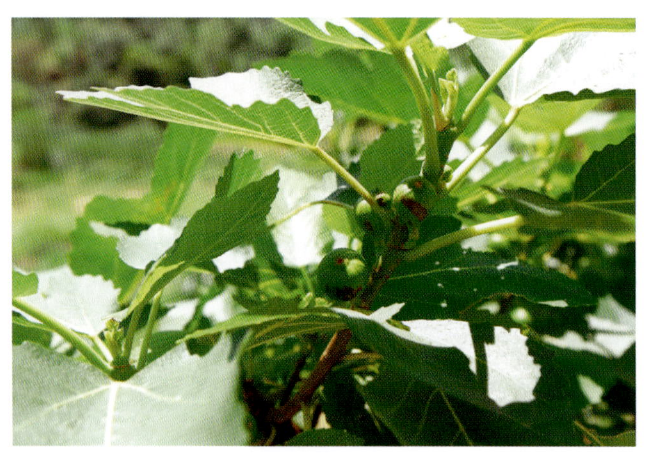

【生境分布】全市各地有少量栽培。

【药用部位】根（无花果根）、叶（无花果叶）、果实（无花果）。

【采收加工】根：全年均可采挖，鲜用或晒干。叶：夏、秋季采收，鲜用或晒干。果实：7—10 月果实呈绿色时，分批采摘；或拾取落地的未成熟果实，用开水烫后，晒干或烘干。

【性味归经】根：味甘，性平。叶：味甘、微辛，性平；有小毒。果实：味甘，性凉。归肺、胃、大肠经。

【功能主治】根：清热解毒，散瘀消肿。用于肺热咳嗽，咽喉肿痛，痔疮，痈疽，瘰疬，筋骨疼痛等。叶：清湿热，解疮毒，消肿止痛。用于湿热泄泻，带下，痔疮，痈肿疼痛，瘰疬等。果实：清热生津，健脾开胃，解毒消肿。用于咽喉肿痛，燥咳声嘶，乳汁稀少，肠热便秘，食欲不振，消化不良，泄泻，痢疾，痈肿等。

## 桑

Sang

【别名】桑树、家桑、蚕桑。

【来源】桑科桑属植物桑 *Morus alba* L.。

【植物形态】乔木或灌木，高 3 ~ 10 m 或更高，胸径可达 50 cm，树皮厚，灰色，具不规则浅纵裂；冬芽红褐色，卵形，芽鳞覆瓦状排列，灰褐色，有细毛；小枝有细毛。叶卵形或广卵形，长 5 ~ 15 cm，宽 5 ~ 12 cm，先端急尖、渐尖或圆钝，基部圆形至浅心形，边缘锯齿粗钝，有时叶为各种分裂，表面鲜绿色，无毛，背面沿脉有疏毛，脉腋有簇毛；叶柄长 1.5 ~ 5.5 cm，具柔毛；托叶披针形，早落，外面密被细硬毛。花单性，腋生或生于芽鳞腋内，与叶同时生出；雄花序下垂，长 2 ~ 3.5 cm，密被白色柔毛，雄花花被片宽椭圆形，淡绿色。花丝在芽时内折，花药 2 室，球形至肾形，纵裂；雌花序长 1 ~ 2 cm，被毛，总花梗长 5 ~ 10 mm，被柔毛，雌花无梗，花被片倒卵形，顶端圆钝，外面和边缘被毛，两侧紧抱子房，无花柱，柱头 2 裂，内面有乳头状突起。聚花果卵状椭圆形，长 1 ~ 2.5 cm，成熟时红色或暗紫色。花期 4—5 月，果期 5—8 月。

【生境分布】生于山坡、村旁、田野等处。全市各地均有栽培。

【药用部位】果穗（桑椹）、根皮（桑白皮）、枝（桑枝）、叶（桑叶）。

【采收加工】果穗：4—6 月果实变红时采收，晒干，或略蒸后晒干。根皮：秋末叶落时至次春发芽前采挖根部，刮去黄棕色粗皮，纵向剖开，剥取根皮，晒干。枝：春末夏初采收嫩枝，去叶，晒干，或趁鲜切片，晒干。叶：初霜后采收，除去杂质，晒干。

【性味归经】果穗：味甘、酸，性寒。归心、肝、肾经。根皮：味甘，性寒。归肺经。枝：味微苦，性平。归肝经。叶：味甘、苦，性寒。归肺、肝经。

【功能主治】果穗：滋阴补血，生津润燥。用于肝肾阴虚，眩晕耳鸣，心悸失眠，须发早白，津伤口渴，内热消渴，肠燥便秘等。根皮：泻肺平喘，利水消肿。用于肺热咳喘，水肿胀满尿少，面目肌肤浮肿等。枝：祛风湿，利关节。用于风湿痹痛，肩臂、关节酸痛麻木等。叶：疏风散热，清肺润燥，清肝明目。用于风热感冒，肺热燥咳，头晕头痛，目赤昏花等。

## 鸡桑

Jisang

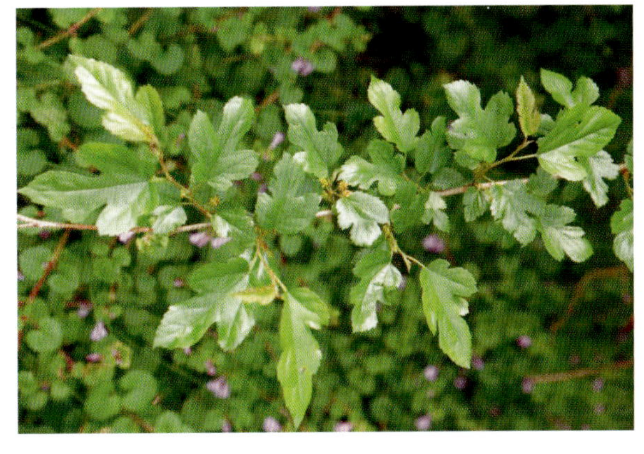

【别名】山桑、小叶桑、裂叶鸡桑、鸡爪叶桑。

【来源】桑科桑属植物鸡桑 *Morus australis* Poir.。

【植物形态】灌木或小乔木。树皮灰褐色，冬芽大，圆锥状卵圆形。叶卵形，长 5 ~ 14 cm，宽 3.5 ~ 12 cm，先端急尖或尾状，基部楔形或心形，边缘具粗锯齿，不分裂或 3 ~ 5 裂，表面粗糙，密生短刺毛，背面疏被粗毛；叶柄长 1 ～ 1.5 cm，被毛；托叶线状披针形，早落。雄花序长 1 ～ 1.5 cm，被柔毛，雄花绿色，具短梗，花被片卵形，花药黄色；雌花序球形，长约 1 cm，密被白色柔毛，雌花花被片长圆形，暗绿色，花柱很长，柱头 2 裂，内面被柔毛。聚花果短椭圆形，直径约 1 cm，成熟时红色或暗紫色。花期 3—4 月，果期 4—5 月。

【生境分布】生于石灰岩山坡林中。全市各地均有零星野生。

【药用部位】叶。

【采收加工】夏季采收，鲜用或晒干。

【性味归经】味甘、辛，性寒。归肺经。

【功能主治】清热解表，宣肺止咳。用于风热感冒，肺热咳嗽，头痛，咽痛等。

## 柘

Zhe

【别名】柘树、柘桑、黄桑、灰桑、痄腮树、痄刺。

【来源】桑科柘属植物柘 *Maclura tricuspidata* Carrière。

【植物形态】落叶灌木或小乔木，高 1 ～ 7 m。树皮灰褐色，小枝无毛，略具棱，有棘刺，刺长 5 ～ 20 mm；冬芽赤褐色。叶卵形或菱状卵形，偶为 3 裂，长 5 ～ 14 cm，宽 3 ～ 6 cm，先端渐尖，基部楔形至圆形，表面深绿色，背面绿白色，无毛或被柔毛，侧脉 4 ～ 6 对；叶柄长 1 ～ 2 cm，被微柔毛。雌雄异株，雌雄花序均为球形头状花序，单生或成对腋生，具短总花梗；雄花序直径 0.5 cm，雄花有苞片 2 枚，附着于花被片上，花被片 4，肉质，先端肥厚，内卷，内面有黄色腺体 2 个，雄蕊 4，与花被片对生，花丝在花芽时直立，退化雌蕊锥形；雌花序直径 1 ～ 1.5 cm，花被片与雄花同数，花被片先端盾形，内卷，内面下部有黄色腺体 2 个，子房埋于花被片下部。聚花果近球形，直径约 2.5 cm，肉质，成熟时橘红色。花期 5—6 月，果期 6—7 月。

【生境分布】生于阳光充足的山地或林缘。全市各地均有分布。

【药用部位】木材（柘木）。

【采收加工】全年均可采收，砍取树干及粗枝，趁鲜剥去树皮，切段或切片，晒干。

【性味归经】味甘，性温。

【功能主治】滋养血脉，健脾益胃。用于妇女崩中血结，疟疾等。

# 莎草科

## 牛毛毡

Niumaozhan

【别名】松毛蔺、牛毛草、绒毛头。

【来源】莎草科荸荠属植物牛毛毡 *Eleocharis yokoscensis*（Franch. & Sav.）Tang & F. T. Wang。

【植物形态】一年生草本。匍匐根茎极细。茎秆密丛生，高 2 ～ 12 cm，细如毛发。叶鳞片状，叶鞘长 0.5 ～ 1.5 cm，微红色。花小，穗卵形，长 2 ～ 4 mm，宽约 2 mm，淡紫色，具几朵花，基部 1 鳞片无花，抱小穗基部 1 周，上部的鳞片螺旋状排列，下部的近 2 列，卵形，长约 3.5 mm，膜质，中间微绿色，两侧紫色，边缘无色，中脉明显，下位刚毛 3 ～ 4，长约为小坚果的 2 倍，具倒刺，柱头 3。小坚果狭长圆形，无明显棱，长约 1.5 mm，微黄白色，具网纹，顶端缢缩，无领状环，花柱基细小，圆锥形，基部宽约为小坚果的 1/3。花果期 4—11 月。

【生境分布】生于水田中、池塘边或湿黏土中。全市各地均有分布。

【药用部位】全草。

【采收加工】夏季采收，洗净，晒干。

【性味归经】味辛，性温。

【功能主治】发散风寒，祛痰平喘，活血散瘀。用于风寒感冒，支气管炎，跌打伤痛等。

## 荸荠

Biqi

【别名】凫茈、水芋、马蹄、红慈菇。

【来源】莎草科荸荠属植物荸荠 *Eleocharis dulcis* (Burm. f.) Trin. ex Hensch.。

【植物形态】多年生草本，地下匍匐茎膨大成扁圆球状，直径约 4 cm，黑褐色。秆多数，丛生，直立，圆柱状，高 15 ～ 60 cm，直径 1.5 ～ 3 mm，有多数横隔膜，干后秆表面有节，但不明显，灰绿色，光滑无毛，秆基部具 2 ～ 3 叶鞘，无叶片，鞘长 2 ～ 20 cm，绿黄色、紫红色或褐色，近膜质，鞘口斜，顶端急尖。小穗圆柱形，长1.5～4 cm，宽6～7 mm，具多花，基部有2鳞片无花，抱小穗基部1周，余鳞片均具1两性花，鳞片松散覆瓦状排列，宽长圆形或卵状长圆形，先端钝圆，长3～5 mm，宽2.5～3.5 mm，背面灰绿色，近革质，边缘淡黄色，干膜质，具淡棕色细点，中脉明显，下位刚毛7，长于小坚果，有倒刺，柱头3。小坚果宽倒卵形，双凸状，长约2.4 mm，顶端不缢缩且具领状环，棕色，具四至六角形网纹。花果期5—10月。

【生境分布】栽植于水田中。全市各地均有栽培。

【药用部位】球茎。

【采收加工】冬季采挖，洗净泥土，鲜用或风干。

【性味归经】味甘，性寒。归肺、胃经。

【功能主治】清热生津，化痰，消积。用于温病口渴，咽喉肿痛，痰热咳嗽，目赤，消渴，痢疾，黄疸，热淋，食积等。

## 扁秆荆三棱

Biangan jingsanleng

【别名】水莎草、三棱草、扁秆藨草。

【来源】莎草科三棱草属植物扁秆荆三棱 *Bolboschoenus planiculmis*（F. Schmidt）T. V. Egorova。

【植物形态】多年生草本，具匍匐根状茎和块茎。秆高60～100 cm，一般较细，三棱形，平滑，靠近花序部分粗糙，基部膨大。叶基生和秆生，条形，扁平，宽2～5 mm，向顶部渐狭，茎部具长叶鞘。叶状苞片1～3枚，常长于花序，边缘粗糙。长侧枝聚伞花序短缩成头状，或有时具少数辐射枝，通常具1～6个小穗；小穗卵形或长圆状卵形，锈褐色，长10～16 mm，宽4～8 mm，具多数花；鳞片膜质，长圆形或椭圆形，长6～8 mm，褐色或深褐色，外面被稀少的柔毛，背面具1条稍宽的中肋，顶端或多或少缺刻状撕裂，具芒；下位刚毛4～6，上生倒刺，长为小坚果的1/2～2/3；雄蕊3，花药线形，长约3 mm，药隔稍凸出于花药顶端；花柱长，柱头2。小坚果宽倒卵形或倒卵形，扁，两面稍凹，或稍凸，长3～3.5 mm。花期5—6月，果期7—9月。

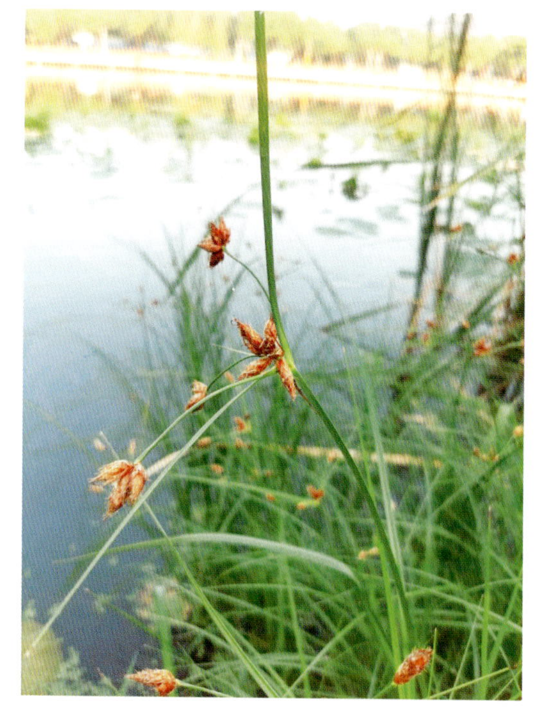

【生境分布】 生于湖边、河边等近水处。全市各地均有野生。

【药用部位】 块茎。

【采收加工】 夏、秋季采收，除去叶及根茎，洗净，晒干。

【性味归经】 味苦，性平。归肺、胃、肝经。

【功能主治】 祛瘀通经，行气消积。用于经闭，痛经，产后瘀滞腹痛，癥瘕积聚，胸腹胁痛，消化不良等。

## 香附子

Xiangfuzi

【别名】 莎草、香附、雷公头、三棱草、香头草。

【来源】 莎草科莎草属植物香附子 *Cyperus rotundus* L.。

【植物形态】 多年生宿根草本，匍匐根状茎长，具椭圆形块茎。秆稍细弱，高 15 ～ 95 cm，锐三棱形，平滑，基部呈块茎状。叶较多，短于秆，宽 2 ～ 5 mm，平张；鞘棕色，常裂成纤维状。叶状苞片 2 ～ 5 枚，常长于花序，有时短于花序；长侧枝聚伞花序简单或复出，具 3 ～ 10 个辐射枝；辐射枝最长达 12 cm；穗状花序轮廓为陀螺形，稍疏松，具 3 ～ 10 个小穗；小穗斜展开，线形，长 1 ～ 3 cm，宽约 1.5 mm，具 8 ～ 28 朵花；小穗轴具较宽的、白色透明的翅；鳞片稍密地覆瓦状排列，膜质，卵形或长圆状卵形，长约 3 mm，顶端急尖或钝，无短尖，中间绿色，两侧紫红色或红棕色，具 5 ～ 7 条脉；雄蕊 3，花药长，线形，暗血红色，药隔突出于花药顶端；花柱长，柱头 3，细长，伸出鳞片外。小坚果长，三棱形，长为鳞片的 1/3 ～ 2/5，具细点。花果期 5—11 月。

【生境分布】 生于山坡荒地、草丛中或水边潮湿处。全市各地均有分布。

【药用部位】 根茎（香附）。

【采收加工】 秋季采挖，燎去须毛，置沸水中略煮或蒸透后晒干，或燎后直接晒干。

【性味归经】 味辛、微苦、微甘，性平。归肝、脾、三焦经。

【功能主治】 行气解郁，调经止痛。用于肝郁气滞，胸、胁、脘腹胀痛，消化不良，胸脘痞闷，寒疝腹痛，乳房胀痛，月经不调，经闭，痛经等。

## 短叶水蜈蚣

Duanyeshuiwugong

【别名】 球子草、疟疾草、寒气草、十字草。

【来源】莎草科水蜈蚣属植物短叶水蜈蚣 *Kyllinga brevifolia* Rottb.。

【植物形态】多年生草本。根状茎长而匍匐，外被膜质、褐色的鳞片，具多数节间，节间长约 1.5 cm，每一节上长一秆。秆成列地散生，细弱，高 7 ~ 20 cm，扁三棱形，平滑，基部不膨大，具 4 ~ 5 个圆筒状叶鞘，最下面 2 个叶鞘常为干膜质，棕色，鞘口斜截形，顶端渐尖，上面 2 ~ 3 个叶鞘顶端具叶片。叶柔弱，短于或稍长于秆，宽 2 ~ 4 mm，平张，上部边缘和背面中肋上具细刺。叶状苞片 3 枚，极展开，后期常向下反折。穗状花序单个，极少 2 个或 3 个，球形或卵球形，长 5 ~ 11 mm，宽 4.5 ~ 10 mm，具极多数密生的小穗。小穗长圆状披针形或披针形，压扁，长约 3 mm，宽 0.8 ~ 1 mm，具 1 朵花；鳞片膜质，长 2.8 ~ 3 mm，下面鳞片短于上面的鳞片，白色，具锈斑，少数为麦秆黄色，背面的龙骨状突起绿色，具刺，顶端延伸成外弯的短尖，脉 5 ~ 7 条；雄蕊 1 ~ 3，花药线形；花柱细长，柱头 2，长不及花柱的 1/2。小坚果倒卵状长圆形，扁双凸状，长约为鳞片的 1/2，表面具密的细点。花果期 5—9 月。

【生境分布】生于山坡荒地、路旁草丛中、田边草地、溪边。全市各地均有分布。

【药用部位】带根茎的全草。

【采收加工】5—9 月采收，洗净，鲜用或晒干。

【性味归经】味辛、微苦、甘，性平。归肺、肝经。

【功能主治】疏风解毒，清热利湿，活血解毒。用于感冒发热头痛，急性支气管炎，百日咳，疟疾，黄疸，痢疾，疮疡肿毒，皮肤瘙痒，毒蛇咬伤，风湿性关节炎，跌打损伤等。

# 山茶科

## 木荷

Muhe

【别名】荷树、木艾树、回树、荷木、横柴。

【来源】山茶科木荷属植物木荷 *Schima superba* Gardner et Champ.。

【植物形态】大乔木，高 25 m，嫩枝通常无毛。叶革质或薄革质，椭圆形，长 7 ~ 12 cm，宽 4 ~ 6.5 cm，先端尖锐，有时略钝，基部楔形，上面干后发亮，下面无毛，侧脉 7 ~ 9 对，在两面明显，边缘有钝齿；叶柄长 1 ~ 2 cm。花生于枝顶叶腋，常多朵排成总状花序，直径 3 cm，白色，花柄长 1 ~

2.5 cm，纤细，无毛；苞片2片，贴近萼片，长4～6 mm，早落；萼片半圆形，长2～3 mm，外面无毛，内面有绢毛；花瓣长1～1.5 cm，最外1片风帽状，边缘多少有毛；子房有毛。蒴果直径1.5～2 cm。花果期6—8月。

【生境分布】生于海拔150～1500 m的向阳山地杂木林中。全市各地均有零星分布。

【药用部位】根皮。

【采收加工】全年均可采收，晒干。

【性味归经】味辛，性温；有大毒。

【功能主治】攻毒，消肿。用于疔疮，无名肿毒等。

【附注】本品有大毒，多外用，不宜内服。

## 尖连蕊茶

Jianlianruicha

【别名】尖叶山茶、细尖连蕊茶。

【来源】山茶科山茶属植物尖连蕊茶 *Camellia cuspidata* (Kochs) H. J. Veitch Gard. Chron.。

【植物形态】灌木，高达3 m，嫩枝无毛，或最初开放的新枝有微毛，很快变秃净。叶革质，卵状披针形或椭圆形，长5～8 cm，宽1.5～2.5 cm，先端渐尖至尾状渐尖，基部楔形或略圆，上面干后黄绿色，发亮，下面浅绿色，无毛；侧脉6～7对，在上面略下陷，在下面不明显，边缘密具细锯齿，齿刻相隔1～1.5 mm，叶柄长3～5 mm，略有残留短毛。花单独顶生，花柄长3 mm，有时稍长；苞片3～4片，卵形，长1.5～2.5 mm，无毛；花萼杯状，长4～5 mm，萼片5片，无毛，不等大，分离至基部，厚革质，阔卵形，先端略尖，薄膜质；花冠白色，长2～2.4 cm，无毛；花瓣6～7片，基部连生2～3 mm，并与雄蕊的花丝贴生，外侧2～3片较小，革质，长1.2～1.5 cm，内侧4片或5片长达2.4 cm；雄蕊比花瓣短，无毛，外轮雄蕊只在基部和花瓣合生，其余部分离生，花药背部着生；雌蕊长1.8～2.3 cm，子房无毛，花柱长1.5～2 cm，无毛，顶端3浅裂，裂片长约2 mm。蒴果圆球形，直径1.5 cm，有宿存苞片和萼片，果皮薄，1室，种子1粒，圆球形。花期4—7月。

【生境分布】生于山坡林下。全市各地均有零星分布。

【药用部位】根。

【采收加工】全年均可采挖，除去栓

皮，洗净，切段，晒干。

【性味归经】味甘，性温。归脾经。

【功能主治】健脾消食，补虚。用于脾虚食少，病后体弱等。

## 山茶

Shancha

【别名】洋茶、茶花、晚山茶、耐冬、山椿。

【来源】山茶科山茶属植物山茶 *Camellia japonica* L.。

【植物形态】灌木或小乔木，高 9 m，嫩枝无毛。叶革质，椭圆形，长 5 ~ 10 cm，宽 2.5 ~ 5 cm，先端略尖，或急短尖而有钝尖头，基部阔楔形，上面深绿色，干后发亮，无毛，下面浅绿色，无毛，侧脉 7 ~ 8 对，在上下两面均能见，边缘有相隔 2 ~ 3.5 cm 的细锯齿。叶柄长 8 ~ 15 mm，无毛。花顶生，红色，无柄；苞片及萼片约 10 片，组成长 2.5 ~ 3 cm 的杯状苞被，半圆形至圆形，长 4 ~ 20 mm，外面有绢毛，脱落；花瓣 6 ~ 7 片，外侧 2 片近圆形，几离生，长 2 cm，外面有毛，内侧 5 片基部连生约 8 mm，倒卵圆形，长 3 ~ 4.5 cm，无毛；雄蕊 3 轮，长 2.5 ~ 3 cm，外轮花丝基部连生，花丝管长 1.5 cm，无毛；内轮雄蕊离生，稍短；子房无毛，花柱长 2.5 cm，先端 3 裂。蒴果圆球形，直径 2.5 ~ 3 cm，2 ~ 3 室，每室有种子 1 ~ 2 粒，3 爿裂开，果爿厚木质。花期 1—4 月。

【生境分布】多为栽培。全市各地均有分布。

【药用部位】根、叶、花、种子。

【采收加工】根：全年均可采挖，洗净晒干。叶：全年均可采收，鲜用或采摘后洗净，晒干。花：4—5 月花朵盛开期分批采收，晒干或烘干。在干燥过程中，要少翻动，避免花破碎或散瓣。种子：10 月采收成熟果实，取出种子，晒干。

【性味归经】根：味苦、辛，性平。归胃、肝经。叶：味苦、涩，性寒。归心经。花：味甘、苦、辛，性凉。归肝、肺、大肠经。种子：味甘，性平。

【功能主治】根：散瘀消肿，消食。用于跌打损伤，食积腹胀等。叶：清热解毒，止血。用于痈疽肿毒，烫火伤，出血等。花：凉血止血，散瘀消肿。用于吐血，衄血，咯血，便血，痔血，赤白痢，血淋，血崩，带下，烫伤，跌打损伤等。种子：去油垢。用于发多油腻。

## 油茶

Youcha

【别名】野油茶、山油茶、单籽油茶。

【来源】山茶科山茶属植物油茶 *Camellia oleifera* Abel。

【植物形态】灌木或中乔木，嫩枝有粗毛。叶革质，椭圆形、长圆形或倒卵形，先端尖而有钝头，有时渐尖或钝，基部楔形，长 5 ～ 7 cm，宽 2 ～ 4 cm，有时较长，上面深绿色，发亮，中脉有粗毛或柔毛，下面浅绿色，无毛或中脉有长毛，侧脉在上面能见，在下面不明显，边缘有细锯齿，有时具钝齿；叶柄长 4 ～ 8 mm，有粗毛。花顶生，近无柄，苞片与萼片约 10 片，由外向内逐渐增大，阔卵形，长 3 ～ 12 mm，背面有贴紧柔毛或绢毛，花后脱落；花瓣白色，5 ～ 7 片，倒卵形，长 2.5 ～ 3 cm，宽 1 ～ 2 cm，有时较短或更长，先端凹入或 2 裂，基部狭窄，近离生，背面有丝毛，至少在最外侧的有丝毛；雄蕊长 1 ～ 1.5 cm，外侧雄蕊仅基部略连生，偶有花丝管长达 7 mm 的，无毛，花药黄色，背部着生；子房有黄色长毛，3 ～ 5 室，花柱长约 1 cm，无毛，先端不同程度 3 裂。蒴果球形或卵圆形，直径 2 ～ 4 cm，3 室或 1 室，3 爿或 2 爿裂开，每室有种子 1 粒或 2 粒，果爿厚 3 ～ 5 mm，木质，中轴粗厚；苞片及萼片脱落后留下的果柄长 3 ～ 5 mm，粗大，有环状短节。花期 9—11 月，果期次年秋季。

【生境分布】生于高山及丘陵地带。全市各地均有分布。

【药用部位】根或根皮、叶、花、种子。

【采收加工】根或根皮：全年均可采收，鲜用或晒干。叶：全年均可采收，鲜用或晒干。花：冬季采收。种子：秋季果实成熟时采收。

【性味归经】根或根皮：味苦，性平；有小毒。叶：味微苦，性平。花：味苦，性微寒。种子：味苦、甘，性平；有毒。归脾、胃、大肠经。

【功能主治】根或根皮：清热解毒，理气止痛，活血消肿。用于咽喉肿痛，胃痛，牙痛，跌打伤痛，烫伤等。叶：收敛止血，解毒。用于鼻衄，皮肤溃烂瘙痒等。花：凉血止血。用于吐血，咯血，衄血，便血，子宫出血，烫伤等。种子：行气，润肠，杀虫。用于气滞腹痛，肠燥便秘，蛔虫病，钩虫病，疥癣瘙痒等。

# 山矾科

## 日本白檀

Ribenbaitan

【别名】土常山、乌子树、碎米子树、十里香、白檀。

【来源】山矾科山矾属植物日本白檀 *Symplocos paniculata*（Thunb.）Miq.。

【植物形态】落叶灌木或小乔木。嫩枝有灰白色柔毛，老枝无毛。叶膜质或薄纸质，阔倒卵形、椭圆状倒卵形或卵形，长 3 ～ 11 cm，宽 2 ～ 4 cm，先端急尖或渐尖，基部阔楔形或近圆形，边缘有细尖锯齿，叶面无毛或有柔毛，叶背通常有柔毛或仅脉上有柔毛；中脉在叶面凹下，侧脉在叶面平坦或微凸起，每边 4 ～ 8 条；叶柄长 3 ～ 5 mm。圆锥花序长 5 ～ 8 cm，通常有柔毛；苞片早落，通常条形，有褐色腺点；花萼长 2 ～ 3 mm，萼筒褐色，无毛或有疏柔毛，裂片半圆形或卵形，稍长于萼筒，淡黄色，有纵脉纹，边缘有毛；花冠白色，长 4 ～ 5 mm，5 深裂几达基部；雄蕊 40 ～ 60 枚；子房 2 室，花盘具 5 凸起的腺点。核果成熟时蓝色，卵状球形，稍偏斜，长 5 ～ 8 mm，顶端宿萼裂片直立。花期 4—5 月，果期 5—7 月。

【生境分布】生于山坡、路边、疏林或密林中。全市各地均有零星野生。

【药用部位】根、叶、花或种子。

【采收加工】根：秋、冬季挖取，洗净，晒干。叶：春、夏季采摘，晒干。花或种子：5—7 月果期采收，晒干。

【性味归经】味苦，性微寒。

【功能主治】清热解毒，调气散结，祛风止痒。用于乳腺炎，淋巴结炎，肠痈，疮疖，疝气，荨麻疹，皮肤瘙痒等。

# 山茱萸科

## 八角枫

Ba jiaofeng

【别名】枢木、华瓜木、豆腐柴。

【来源】山茱萸科八角枫属植物八角枫 *Alangium chinense*（Lour.）Harms。

【植物形态】落叶乔木或灌木，高 3 ～ 5 m，稀达 15 m，胸高直径 20 cm；小枝略呈“之”字形，幼枝紫绿色，无毛或有稀疏的柔毛，冬芽锥形，生于叶柄的基部内，鳞片细小。叶纸质，近圆形或椭圆形、卵形，顶端短锐尖或钝尖，基部两侧常不对称，一侧微向下扩张，另一侧向上倾斜，阔楔形、截形，稀近心形，长13～19（26）cm，宽9～15（22）cm，不分裂或3～7（9）裂，裂片短锐尖或钝尖；叶上面深绿色，无毛，下面淡绿色，除脉腋有丛状毛外，其余部分近无毛；基出脉3～5（7）条，呈掌状，侧脉3～5对；叶柄长2.5～3.5 cm，紫绿色或淡黄色，幼时有微柔毛，后无毛。聚伞花序腋生，长3～4 cm，被稀疏微柔毛，有7～30（50）朵花，花梗长5～15 mm；小苞片线形或披针形，长3 mm，常早落；总花梗长1～1.5 cm，常分节；花冠圆筒形，长1～1.5 cm，花萼长2～3 mm，顶端分裂为5～8枚齿状萼片，长0.5～1 mm，宽2.5～3.5 mm；花瓣6～8，线形，长1～1.5 cm，宽1 mm，基部黏合，上部开花后反卷，外面有微柔毛，初为白色，后变黄色；雄蕊和花瓣同数而近等长，花丝略扁，长2～3 mm，有短柔毛，花药长6～8 mm，药隔无毛，外面有时有皱褶；花盘近球形；子房2室，花柱无毛，疏生短柔毛，柱头头状，常2～4裂。核果卵圆形，长5～7 mm，直径5～8 mm，幼时绿色，成熟后黑色，顶端有宿存的萼齿和花盘，种子1颗。花期5—7月和9—10月，果期7—11月。

【生境分布】生于海拔1800 m以下的山地或疏林中。全市各地均有零星野生。

【药用部位】根、叶、花。

【采收加工】根：全年均可采收，挖取根或须根，洗净，晒干。叶：夏季采收，鲜用或晒干研粉。花：5—7月采花，晒干。

【性味归经】根：味辛、苦，性微温；有小毒。归肝、肾、心经。叶：味苦、辛，性平；有小毒。归肝、肾经。花：味辛，性平；有小毒。归肝、胃经。

【功能主治】根：祛风除湿，舒筋活络，散瘀止痛。用于风湿痹痛，四肢麻木，跌打损伤等。叶：化瘀接骨，解毒杀虫。用于跌打瘀肿，骨折，疮肿，乳痈，漆疮，疥疮，刀伤出血等。花：散风，理气，止痛。用于头风头痛，胸腹胀痛等。

# 商陆科

## 垂序商陆

Chuixushanglu

【别名】美商陆、美洲商陆、美国商陆、洋商陆、红籽。

【来源】商陆科商陆属植物垂序商陆 *Phytolacca americana* L.。

【植物形态】多年生草本，高1～2 m。根粗壮，肥大，倒圆锥形。茎直立，圆柱形，有时带紫红色。叶片椭圆状卵形或卵状披针形，长9～18 cm，宽5～10 cm，顶端急尖，基部楔形；叶柄长1～4 cm。总状花序顶生或侧生，长5～20 cm；花梗长6～8 mm；花白色，微带红晕，直径约6 mm；花被片5，雄蕊、心皮及花柱通常均为10，心皮合生。果序下垂；浆果扁球形，成熟时紫黑色。种子肾圆形，直径约3 mm。花期6—8月，果期8—10月。

【生境分布】生于林下、路边及宅旁阴湿处。全市各地均有分布。

【药用部位】根、种子。

【采收加工】根：冬季倒苗时采挖，割去茎秆，挖出根部，洗净，横切成1 cm厚的薄片，晒干或烘干。种子：9—10月采收，晒干。

【性味归经】根：味苦，性寒；有毒。归肺、肾、大肠经。种子：味苦，性寒；有毒。

【功能主治】根：逐水消肿，通利二便；外用解毒散结。用于水肿胀满，二便不通，癥瘕，瘰疬，疮毒等。种子：利水消肿。用于水肿，小便不利等。

# 芍药科

## 牡丹

Mudan

【别名】鼠姑、白茸、百雨金、洛阳花、富贵花。

【来源】芍药科芍药属植物牡丹 *Paeonia×suffruticosa* Andrews。

【植物形态】落叶灌木。茎高达2 m；分枝短而粗。叶通常二回三出复叶，偶尔近枝顶的叶为3小叶；顶生小叶宽卵形，长7～8 cm，宽5.5～7 cm，3裂至中部，裂片不裂或2～3浅裂，表面绿色，无毛，背面淡绿色，有时具白粉，沿叶脉疏生短柔毛或近无毛，小叶柄长1.2～3 cm；侧生小叶狭卵形或长圆状卵形，长4.5～6.5 cm，宽2.5～4 cm，不等2裂至3浅裂或不裂，近无柄；叶柄长5～11 cm，和叶轴均无毛。花单生于枝顶，直径10～17 cm；花梗长4～6 cm；苞片5，长椭圆形，大小不等；萼片5，绿色，宽卵形，大小不等；花瓣5，或为重瓣，玫瑰色、紫红色、粉红色至白色，通常变异很大，倒卵形，长 5 ～ 8 cm，宽 4.2 ～ 6 cm，顶端呈不规则的波状；雄蕊长 1 ～ 1.7 cm，花丝紫红色、粉红色，上部白色，长约 1.3 cm，花药长圆形，长 4 mm；花盘革质，杯状，紫红色，顶端有数个锐齿或裂片，完全包住心皮，在心皮成熟时开裂；心皮 5，稀更多，密生柔毛。蓇葖长圆形，密生黄褐色硬毛。花期 4—5 月，果期 6—7 月。

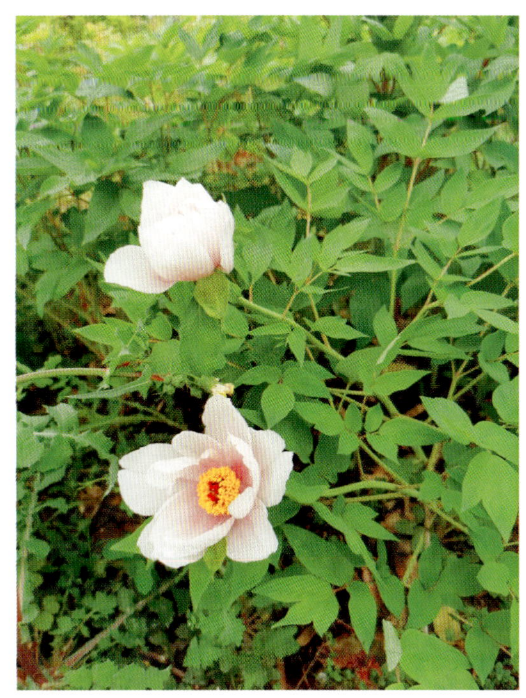

【生境分布】全市各地均有少量栽培。

【药用部位】根皮。

【采收加工】秋季采挖根部，除去细根，剥取根皮，晒干。

【性味归经】味苦、辛，性微寒。归心、肝、肾经。

【功能主治】清热凉血，活血化瘀。用于温毒发斑，吐血，衄血，夜热早凉，无汗骨蒸，经闭痛经，疮痈肿毒，跌打伤痛等。

## 芍药

Shaoyao

【别名】白芍、赤芍、白苕。

【来源】芍药科芍药属植物芍药 *Paeonia lactiflora* Pall.。

【植物形态】多年生草本。根粗壮，分枝黑褐色。茎高 40 ～ 70 cm，无毛。下部茎生叶为二回三出复叶，上部茎生叶为三出复叶；小叶狭卵形、椭圆形或披针形，顶端渐尖，基部楔形或偏斜，边缘具白色骨质细齿，两面无毛，背面沿叶脉疏生短柔毛。花数朵，生于茎顶和叶腋，有时仅顶端 1 朵开放，而近顶端叶腋处有发育不好的花芽，直径 8 ～ 11.5 cm；苞片 4 ～ 5，披针形，大小不等；萼片 4，宽卵形或近圆形，长 1 ～ 1.5 cm，宽 1 ～ 1.7 cm；花瓣 9 ～ 13，倒卵形，长 3.5 ～ 6 cm，宽 1.5 ～ 4.5 cm，白色，有时基部具深紫色斑块；花丝长 0.7 ～ 1.2 cm，黄色；花盘浅杯状，包裹心皮基部，顶端裂片钝圆；心皮 4 ～ 5，无毛。蓇葖长 2.5 ～ 3 cm，直径 1.2 ～ 1.5 cm，顶端具喙。花期 5—6 月，果期 7—8 月。

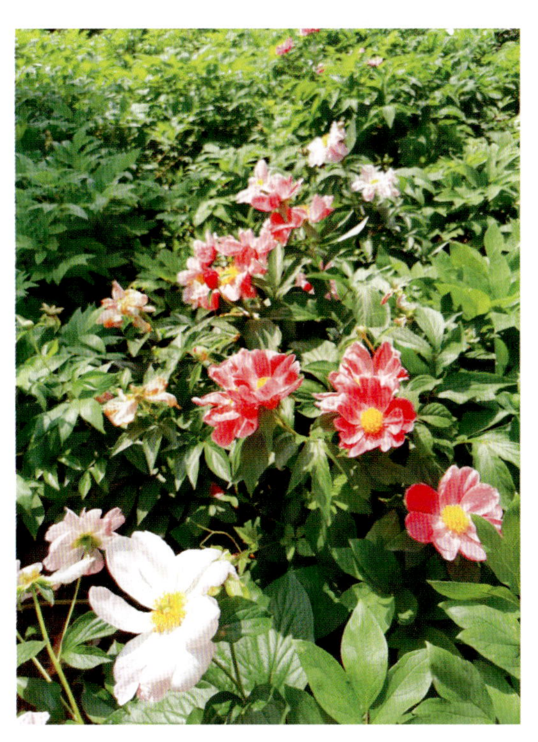

【生境分布】生于山坡草地和林下。全市各地均有零星分布。

【药用部位】根。

【采收加工】夏、秋季采挖，洗净，除去头尾和细根，置沸水中煮后除去外皮或去皮后再煮，晒干。

【性味归经】味苦、酸，性微寒。归肝、脾经。

【功能主治】养血调经，敛阴止汗，柔肝止痛，平抑肝阳。用于血虚萎黄，月经不调，自汗，盗汗，胁痛，腹痛，四肢痉挛疼痛，头痛眩晕等。

# 省沽油科

## 野鸦椿

Yeyachun

【别名】红椋、芽子木要、山海椒、小山辣子、鸡眼睛。

【来源】省沽油科野鸦椿属植物野鸦椿 *Euscaphis japonica* (Thunb. ex Roem. & Schult.) Kanitz。

【植物形态】落叶小乔木或灌木，高可达 8 m。树皮灰褐色，具纵条纹，小枝及芽紫红色，枝叶揉碎后发出恶臭气味。叶对生，奇数羽状复叶，长 8 ～ 32 cm，叶轴淡绿色，小叶 5 ～ 9，稀 3 ～ 11，厚纸质，长卵形或椭圆形，稀圆形，长 4 ～ 9 cm，宽 2 ～ 4 cm，先端渐尖，基部钝圆，边缘具疏短锯齿，齿尖有腺体，两面除背面沿脉有白色小柔毛外余无毛，主脉在上面明显，在背面凸出，侧脉 8 ～ 11，在两面可见，小叶柄长 1 ～ 2 mm，小托叶线形，基部较宽，先端尖，有微柔毛。圆锥花序顶生，花梗长达 21 cm；花多，较密集，黄白色，直径 4 ～ 5 mm；萼片与花瓣均 5，椭圆形，萼片宿存；花盘盘状；心皮 3，分离。蓇葖果长 1 ～ 2 cm，每花发育为 1 ～ 3 个蓇葖，果皮软革质，紫红色，有纵脉纹。种子近圆形，直径约 5 mm，假种皮肉质，黑色，有光泽。花期 5—6 月，果期 8—9 月。

【生境分布】生于山坡、山谷、河边的丛林或灌丛中，亦有栽培。全市各地均有零星野生。

【药用部位】果实或种子、根或根皮、茎皮、叶、花。

【采收加工】果实或种子：秋季采收成熟果实或种子，晒干。根或根皮：9—10 月采挖，洗净，切片，鲜用或晒干，或剥取根皮用。茎皮：全年可采，剥取茎皮，晒干。叶：全年可采，鲜用或晒干，花：5—6 月采收，晾干。

【性味归经】果实或种子：味辛、微苦，性温。根或根皮：味苦、微辛，性平。茎皮：味辛，性温。

叶：味微辛、苦，性微温。花：味甘，性平。

【功能主治】果实或种子：祛风散寒，行气止痛，消肿散结。用于胃痛，寒疝疼痛，泄泻，痢疾，脱肛，月经不调，子宫脱垂，睾丸肿痛等。根或根皮：祛风解表，清热利湿。用于外感头痛，风湿腰痛，痢疾，泄泻，跌打损伤等。茎皮：行气，利湿，祛风，退翳。用于小儿疝气，风湿骨痛，水痘，目生云翳等。叶：祛风止痒。用于妇女阴痒，皮肤瘙痒等。花：祛风止痛。用于头痛，眩晕等。

# 十字花科

## 北美独行菜

Beimeiduxingcai

【别名】独行菜。

【来源】十字花科独行菜属植物北美独行菜 *Lepidium virginicum* L.。

【植物形态】一年生或二年生草本，高 20 ～ 50 cm。茎单一，直立，上部分枝，具柱状腺毛。基生叶倒披针形，长 1 ～ 5 cm，羽状分裂或大头羽裂，裂片大小不等，卵形或长圆形，边缘有锯齿，两面有短伏毛；叶柄长 1 ～ 1.5 cm；茎生叶有短柄，倒披针形或线形，长 1.5 ～ 5 cm，宽 2 ～ 10 mm，顶端急尖，基部渐狭，边缘有尖锯齿或全缘。总状花序顶生；萼片椭圆形，长约 1 mm；花瓣白色，倒卵形，和萼片等长或稍长；雄蕊 2 或 4。短角果近圆形，长 2 ～ 3 mm，宽 1 ～ 2 mm，扁平，有窄翅，顶端微缺，花柱极短；果梗长 2 ～ 3 mm。种子卵形，长约 1 mm，光滑，红棕色，边缘有窄翅。花期 4—5 月，果期 6—7 月。

【生境分布】生于路旁、荒地及田野。全市各地均有分布。

【药用部位】全草。

【采收加工】春、夏季采收，鲜用或晒干。

【性味归经】味甘，性平。

【功能主治】驱虫消积。用于小儿虫积、腹胀等。

## 蔊菜

Hancai

【别名】印度蔊菜。

【来源】十字花科蔊菜属植物蔊菜 *Rorippa indica*（L.）Hiern。

【植物形态】一年生、二年生直立草本，高 20 ～ 40 cm，植株较粗壮，无毛或具疏毛。茎单一或分枝，表面具纵沟。叶互生，基生叶及茎下部叶具长柄，叶形多变化，通常大头羽状分裂，长 4 ～ 10 cm，宽 1.5 ～ 2.5 cm，顶端裂片大，卵状披针形，边缘具不整齐牙齿状齿，侧裂片 1 ～ 5 对；茎上部叶片宽披针形或匙形，边缘具疏齿，具短柄或基部耳状抱茎。总状花序顶生或侧生，花小，多数，具细花梗；萼片 4，卵状长圆形，长 3 ～ 4 mm；花瓣 4，黄色，匙形，基部渐狭成短爪，与萼片近等长；雄蕊 6，2 枚稍短。长角果线状圆柱形，短而粗，长 1 ～ 2 cm，宽 1 ～ 1.5 mm，直立或稍内弯，成熟时果瓣隆起；果梗纤细，长 3 ～ 5 mm，斜升或近水平开展。种子每室 2 行，多数，细小，卵圆形而扁，一端微凹，表面褐色，具细网纹。花期 4—6 月，果期 6—8 月。

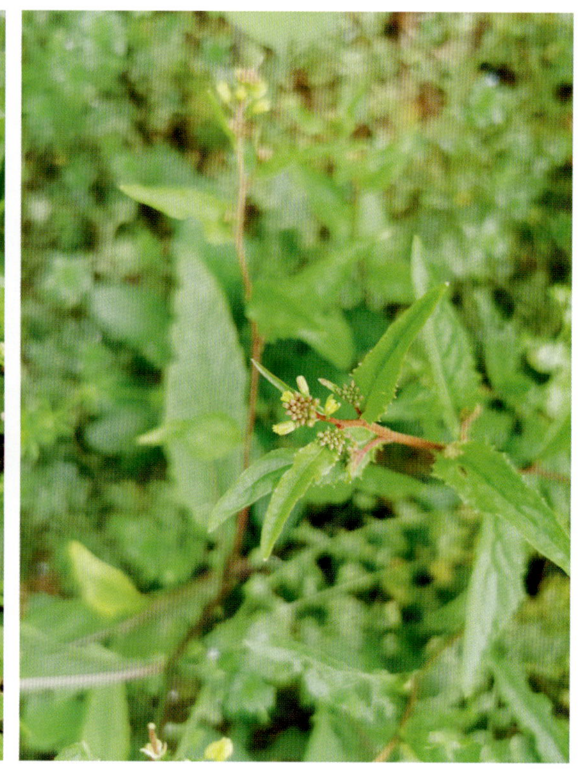

【生境分布】生于海拔 500 ～ 3700 m 的山坡路旁、山谷、河边、园圃、田野潮湿处。全市各地均有分布。

【药用部位】全草。

【采收加工】5—7 月采收，鲜用或晒干。

【性味归经】味辛、苦，性温。归肺、肝经。

【功能主治】祛痰止咳，解表散寒，活血解毒，利湿退黄。用于咳嗽痰喘，感冒发热，麻疹透发不畅，风湿痹痛，咽喉肿痛，疔疮痈肿，漆疮，经闭，跌打损伤，黄疸，水肿等。

## 荠
Ji

【别名】地米菜、芥、荠菜。

【来源】十字花科荠属植物荠 *Capsella bursa-pastoris*（L.）Medik.。

【植物形态】一年生或二年生草本，高 10 ～ 50 cm，无毛、有单毛或分叉毛。茎直立，单一或从下部分枝。基生叶丛生成莲座状，大头羽状分裂，长可达 12 cm，宽可达 2.5 cm，顶裂片卵形至长圆形，长 5 ～ 30 mm，宽 2 ～ 20 mm，侧裂片 3 ～ 8 对，长圆形至卵形，长 5 ～ 15 mm，顶端渐尖，浅裂，或有不规则粗锯齿或近全缘，叶柄长 5 ～ 40 mm；茎生叶窄披针形或披针形，长 5 ～ 6.5 mm，宽 2 ～ 15 mm，基部箭形，抱茎，边缘有缺刻或锯齿。总状花序顶生及腋生，果期延长达 20 cm；花梗长 3 ～ 8 mm；萼片长圆形，长 1.5 ～ 2 mm；花瓣白色，卵形，长 2 ～ 3 mm，有短爪。短角果倒三角形或倒心状三角形，长 5 ～ 8 mm，宽 4 ～ 7 mm，扁平，无毛，顶端微凹，裂瓣具网脉；花柱长约 0.5 mm；果梗长 5 ～ 15 mm。种子 2 行，长椭圆形，长约 1 mm，浅褐色。花果期 4—6 月。

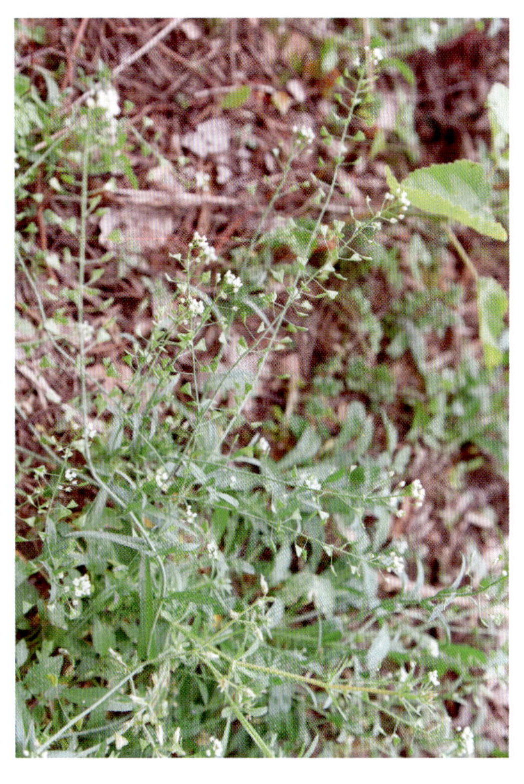

【生境分布】生于山坡、田边及路旁。全市各地均有分布。

【药用部位】全草、花、种子。

【采收加工】全草：3—5 月采收，除去枯叶等杂质，洗净，晒干。花：4—5 月采收，晒干。种子：6 月果实成熟时采摘果枝，晒干，揉出种子。

【性味归经】全草：味甘、淡，性凉。归肝、脾、膀胱经。花：味甘，性凉。归肝、脾经。种子：味甘，性平。归肝经。

【功能主治】全草：凉肝止血，平肝明目，清热利湿。用于吐血，衄血，咯血，尿血，崩漏，眼底出血，高血压，赤白痢疾，肾炎水肿等。花：凉血止血，清热利湿。用于崩漏，尿血，吐血，咯血，衄血，小儿乳积，痢疾，赤白带下等。种子：祛风明目。用于目痛，青盲等。

## 萝卜
Luobo

【别名】菜头、白萝卜、莱菔、莱菔子、水萝卜。

【来源】十字花科萝卜属植物萝卜 *Raphanus sativus* L.。

【植物形态】一年生或二年生草本，高 20 ～ 100 cm。直根肉质，长圆形、球形或圆锥形，外皮绿色、白色或红色。茎有分枝，无毛，稍具粉霜。基生叶和下部茎生叶大头羽状半裂，长 8 ～ 30 cm，宽 3 ～

5 cm，顶裂片卵形，侧裂片 4 ～ 6 对，长圆形，有钝齿，疏生粗毛，上部叶长圆形，有锯齿或近全缘。总状花序顶生及腋生；花白色或粉红色，直径 1.5 ～ 2 cm；花梗长 5 ～ 15 mm；萼片长圆形，长 5 ～ 7 mm；花瓣倒卵形，长 1 ～ 1.5 cm，具紫纹，下部有长 5 mm 的爪。长角果圆柱形，长 3 ～ 6 cm，宽 10 ～ 12 mm，在相当种子间处缢缩，并形成海绵质横隔；顶端喙长 1 ～ 1.5 cm；果梗长 1 ～ 1.5 cm。种子 1 ～ 6 粒，卵形，微扁，长约 3 mm，红棕色，有细网纹。花期 4—5 月，果期 5—6 月。

【生境分布】全市各地均有栽培。

【药用部位】根、干燥根（枯萝卜）、叶、种子（莱菔子）。

【采收加工】根：秋、冬季采挖鲜根，除去茎叶，洗净。干燥根：鲜根晒干即可。叶：冬季或早春采收，洗净，风干或晒干。种子：夏季果实成熟时采割植株，晒干，搓出种子，除去杂质，再晒干。

【性味归经】根：味辛、甘，性凉。归脾、胃、肺、大肠经。干燥根：味甘，性凉。叶：味辛、苦，性平。归脾、胃、肺经。种子：味辛、甘，性平。归肺、脾、胃经。

【功能主治】根：消食，下气，化痰，止血，解渴，利尿。用于消化不良，食积胀满，吐酸，腹泻，痢疾，便秘，痰热咳嗽，咽喉不利，咯血，吐血，衄血，便血，消渴，淋浊。外用治疮疡，瘀肿，烫伤及冻疮等。干燥根：利尿，消肿。用于小便不利，水肿等。叶：消食理气，清肺利咽，散瘀消肿。用于食积气滞，脘腹痞满，呃逆，吐酸，泄泻，痢疾，咳痰，喑哑，咽喉肿痛，妇女乳房肿痛，乳汁不通等。外用治跌打损伤瘀肿。种子：消食除胀，降气化痰。用于饮食停滞，脘腹胀痛，大便秘结，积滞泄泻，痰壅咳喘等。

## 粗毛碎米荠

Cumaosuimiji

【别名】宝岛碎米荠、雀儿菜、野荠菜。

【来源】十字花科碎米荠属植物粗毛碎米荠 *Cardamine hirsuta* L.。

【植物形态】一年生小草本，高 15 ～ 35 cm。茎直立或斜升，分枝或不分枝，下部有时淡紫色，被较密柔毛，上部毛渐少。基生叶具叶柄，有小叶 2 ～ 5 对，顶生小叶肾形或肾圆形，长 4 ～ 10 mm，宽 5 ～ 13 mm，边缘有 3 ～ 5 圆齿，小叶柄明显，侧生小叶卵形或圆形，较顶生的形小，基部楔形而两侧稍歪斜，边缘有 2 ～ 3 圆齿，有或无小叶柄；茎生叶具短柄，有小叶 3 ～ 6 对，生于茎下部的与基生叶相似，生于茎上部的顶生小叶菱状长卵形，顶端 3 齿裂，侧生小叶长卵形至线形，多数全缘；全部小叶两面稍有毛。总状花序生于枝顶，花小，直径约 3 mm，花梗纤细，长 2.5 ～ 4 mm；萼片绿色或淡紫色，长椭圆形，长约 2 mm，边缘膜质，外面有疏毛；花瓣白色，倒卵形，长 3 ～ 5 mm，顶端钝，向基部渐狭；花丝稍扩大；雌蕊柱状，花柱极短，柱头扁球形。长角果线形，稍扁，无毛，长达 30 mm；果梗纤细，直立开展，长 4 ～ 12 mm。种子椭圆形，宽约 1 mm，有的顶端具明显的翅。花期 2—4 月，果期 4—6 月。

【生境分布】生于山坡、路旁、荒地及耕地的草丛中。全市各地均有分布。

【药用部位】全草。

【采收加工】2—5 月采集，晒干或鲜用。

【性味归经】味甘、淡，性凉。

【功能主治】清热利湿，安神，止血。用于湿热泄泻，热淋，带下，心悸，失眠，虚火牙痛，小儿疳积，吐血，便血，疔疮等。

## 芥菜

Jiecai

【别名】盖菜、凤尾菜、排菜、苦芥、大叶芥菜。

【来源】十字花科芸薹属植物芥菜 *Brassica juncea*（L.）Czernajew。

【植物形态】一年生草本，高 30 ～ 150 cm，常无毛，有时幼茎及叶具刺毛，带粉霜，有辣味。茎直立，有分枝。基生叶宽卵形至倒卵形，长 15 ～ 35 cm，顶端圆钝，基部楔形，大头羽裂，具 2 ～ 3 对裂片，或不裂，边缘均有缺刻或牙齿状齿，叶柄长 3 ～ 9 cm，具小裂片；茎下部叶较小，边缘有缺刻或牙齿状齿，有时具圆钝锯齿，不抱茎；茎上部叶窄披针形，长 2.5 ～ 5 cm，宽 4 ～ 9 mm，边缘具不明显疏齿或全缘。总状花序顶生，花后延长；花黄色，直径 7 ～ 10 mm；花梗长 4 ～ 9 mm；萼片淡黄色，长圆状椭圆形，长 4 ～ 5 mm，直立开展；花瓣倒卵形，长 8 ～ 10 mm，爪长 4 ～ 5 mm。长角果线形，长 3 ～ 5.5 cm，宽 2 ～ 3.5 mm，果瓣具 1 凸出中脉；喙长 6 ～ 12 mm；果梗长 5 ～ 15 mm。种子球形，直径约 1 mm，紫褐色。花期 3—5 月，果期 5—6 月。

【生境分布】全市各地均有栽培。

【药用部位】茎和叶、种子（芥子）。

【采收加工】茎和叶：秋季采收，鲜用或晒干。种子：夏末秋初果实成熟时采割植株，晒干，打下种子，除去杂质。

【性味归经】茎和叶：味辛，性温。归肺、胃、肾经。种子：味辛，性温。归肺经。

【功能主治】茎和叶：利肺豁痰，消肿散结。用于寒饮咳嗽，痰滞气逆，胸膈满闷，牙龈肿烂，乳痈，痔肿，冻疮，漆疮等。种子：温肺豁痰利气，散结通络止痛。用于寒痰咳嗽，胸胁胀痛，痰瘀阻络，关节麻木、疼痛，痰湿流注，痈疽肿毒等。

## 芸薹

Yuntai

【别名】芸苔、油菜。

【来源】十字花科芸薹属植物芸薹 *Brassica rapa* var. *oleifera* DC.。

【植物形态】二年生草本，高 30 ～ 90 cm。无毛，微带粉霜。茎直立，粗壮，不分枝或分枝。基生叶长 10 ～ 20 cm，大头羽状分裂，顶生裂片圆形或卵形，侧生裂片 5 对，卵形；下部茎生叶羽状半裂，基部扩展且抱茎，两面均有硬毛及缘毛；上部茎生叶提琴形或长圆状披针形，基部心形，抱茎，两侧有垂耳，全缘或有波状细齿。总状花序生于枝顶，花期伞房状；萼片 4，黄带绿色；花瓣 4，鲜黄色，倒卵形或圆形，长 3 ～ 5 mm，基部具短爪；雄蕊 6，4 长 2 短，长雄蕊 8 ～ 9 mm，短雄蕊 6 ～ 7 mm，花丝细线形；子房圆柱形，长 10 ～ 11 mm，上部渐细，花柱明显，柱头膨大成头状。长角果条形，长 3 ～ 8 cm，宽 2 ～ 4 mm，萼直立，长 9 ～ 24 mm；果梗长 5 ～ 15 mm。种子球形，直径约 1.5 mm，红褐色或黑色，近球形。花期 3—5 月，果期 4—6 月。

【生境分布】全市各地均有栽培。

【药用部位】根、茎和叶（芸薹）、种子（芸薹子）。

【采收加工】根、茎和叶：2—3 月采收，多鲜用。种子：4—6 月种子成熟时，将地上部分割下，晒干，打落种子，除去杂质，晒干。

【性味归经】根、茎和叶：味辛、甘，性平。归肺、肝、脾经。种子：味辛、甘，性平。归肝、大肠经。

【功能主治】根、茎和叶：凉血散血，解毒消肿。用于血痢，丹毒，热毒疮肿，乳痈，风疹，吐血等。种子：活血化瘀，消肿散结，润肠通便。用于产后恶露不净，瘀血腹痛，痛经，肠风下血，血痢，风湿关节肿痛，痈肿丹毒，乳痈，便秘，粘连性肠梗阻等。

## 诸葛菜

Zhugecai

【别名】二月蓝、紫金菜、菜子花、短梗南芥、毛果诸葛菜。

【来源】十字花科诸葛菜属植物诸葛菜 *Orychophragmus violaceus* (L.) O. E. Schulz。

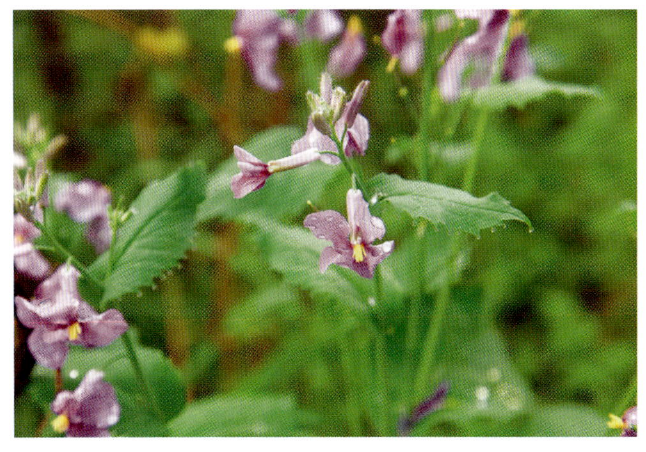

【植物形态】一年生或二年生草本，高 10 ～ 50 cm，无毛。茎单一，直立，基部或上部稍有分枝，浅绿色或带紫色。基生叶及下部茎生叶大头羽状全裂，顶裂片近圆形或短卵形，长 3 ～ 7 cm，宽 2 ～ 3.5 cm，顶端钝，基部心形，有钝齿，侧裂片 2 ～ 6 对，卵形或三角状卵形，长 3 ～ 10 mm，越向下越小，偶在叶轴上杂有极小裂片，全缘或有牙齿状齿，叶柄长 2 ～ 4 cm，疏生细柔毛；上部叶长圆形或窄卵形，长 4 ～ 9 cm，顶端急尖，基部耳状，抱茎，边缘有不整齐牙齿状齿。花紫色、浅红色或褪成白色，直径 2 ～ 4 cm；花梗长 5 ～ 10 mm；花萼筒状，紫色，萼片长约 3 mm；花瓣宽倒卵形，长 1 ～ 1.5 cm，宽 7 ～ 15 mm，密生细脉纹，爪长 3 ～ 6 mm。长角果线形，长 7 ～ 10 cm；具 4 棱，裂瓣有 1 凸出中脊，喙长 1.5 ～ 2.5 cm；果梗长 8 ～ 15 mm。种子卵形至长圆形，长约 2 mm，稍扁平，黑棕色，有纵条纹。花期 4—5 月，果期 5—6 月。

【生境分布】生于山地、路旁或地边。全市各地均有零星分布。

【药用部位】根及叶。

【采收加工】冬季及翌年 3 月采收，鲜用或晒干。

【性味归经】味辛、甘、苦，性温。归胃、肝经。

【功能主治】消食下气，解毒消肿。用于宿食不化，心腹冷痛，咳嗽，疔毒痈肿等。

# 石蒜科

## 石蒜

Shisuan

【别名】老鸦蒜、独蒜、龙爪花、蟑螂花。

【来源】石蒜科石蒜属植物石蒜 *Lycoris radiata* (L'Hér.) Herb.。

【植物形态】多年生草本，鳞茎近球形，直径1～3 cm。秋季出叶，叶狭带状，长约15 cm，宽约0.5 cm，顶端钝，深绿色，中间有粉绿色带。花茎高约30 cm；总苞片2枚，披针形，长约3.5 cm，宽约0.5 cm；伞形花序有花4～7朵，花鲜红色；花被裂片狭倒披针形，长约3 cm，宽约0.5 cm，强皱缩和反卷，花被筒绿色，长约0.5 cm；雄蕊显著伸出于花被外，比花被长1倍左右。蒴果背裂，种子多数。花期8—9月，果期10—11月。

（摄于梁子湖区陈太村）

【生境分布】生于山地阴湿处或林缘、溪边、路旁。全市各地均有零星分布。

【药用部位】鳞茎。

【采收加工】秋季将鳞茎挖出，洗净，晒干。

【性味归经】味辛、甘，性温；有毒。归肺、胃、肝经。

【功能主治】祛痰催吐，解毒散结。用于单双乳蛾，咽喉肿痛，痰涎壅塞，食物中毒，胸腹积水，恶疮肿毒，痰核瘰疬，痔漏，跌打损伤，风湿关节痛，顽癣，烫火伤，蛇咬伤等。

## 忽地笑

Hudixiao

【别名】铁色箭、大一支箭、黄花石蒜。

【来源】石蒜科石蒜属植物忽地笑 *Lycoris aurea* (L'Hér.) Herb.。

【植物形态】多年生草本。鳞茎卵形，直径约5 cm。秋季出叶，叶剑形，长约60 cm，最宽处达2.5 cm，向基部渐狭，宽约1.7 cm，顶端渐尖，中间淡色带明显。花茎高约60 cm；总苞片2枚，披针形，长约3.5 cm，宽约0.8 cm；伞形花序有花4～8朵；花黄色；花被裂片背面具淡绿色中肋，倒披针形，长约6 cm，宽约1 cm，强反卷和皱缩，花被筒长12～15 cm；雄蕊略伸出于花被外，比花被长1/6左右，花丝黄色；花柱上部玫瑰红色。蒴果具3棱，室背开裂。种子少数，近球形，直径约0.7 cm，黑色。花期8—9月，果期10—11月。

【生境分布】生于阴湿山坡、岩石上及石崖下土壤肥沃处。全市各地均有零星分布。

【药用部位】鳞茎。

【采收加工】秋季将鳞茎挖出，洗净，鲜用或晒干。

【性味归经】味辛、甘，性微寒；有毒。

【功能主治】润肺止咳，解毒消肿。用于肺热咳嗽或咯血，小便不利，疮痈肿毒，疔疮结核，烫火伤等。

## 蒜

Suan

【别名】大蒜、胡蒜、独蒜、蒜头。

【来源】石蒜科葱属植物蒜 *Allium sativum* L.。

【植物形态】鳞茎球状至扁球状，通常由多数肉质、瓣状的小鳞茎紧密地排列而成，外面被数层白色至带紫色的膜质鳞茎外皮。叶宽条形至条状披针形，扁平，先端长渐尖，比花葶短，宽可达 2.5 cm。花葶实心，圆柱状，高可达 60 cm，中部以下被叶鞘；总苞具长 7 ～ 20 cm 的长喙，早落；伞形花序密具珠芽，间有数花；小花梗纤细；小苞片大，卵形，膜质，具短尖；花常为淡红色；花被片披针形至卵状披针形，长 3 ～ 4 mm，内轮的较短；花丝比花被片短，基部合生并与花被片贴生，内轮的基部扩大，扩大部分每侧各具 1 齿，齿端成长丝状，长超过花被片，外轮的锥形；子房球状；花柱不伸出花被外。花期 7 月。

【生境分布】全市各地普遍栽培。

【药用部位】鳞茎。

【采收加工】叶枯时采挖，除去泥沙，通风晾干或烘烤至外皮干燥。

【性味归经】味辛，性温。归脾、胃、肺、大肠经。

【功能主治】温中行滞，解毒，杀虫。用于脘腹冷痛，痢疾，泄泻，肺痨，百日咳，感冒，疮痈肿毒，肠痈，疥疮，蛇虫咬伤，钩虫病，蛲虫病，带下，阴痒，疟疾，喉痹，水肿等。

## 葱

Cong

【别名】水葱、大葱。

【来源】石蒜科葱属植物葱 *Allium fistulosum* L.。

【植物形态】多年生草本，鳞茎单生，圆柱状，稀为基部膨大的卵状圆柱形，直径 1 ～ 2 cm，有时可达 4.5 cm；鳞茎外皮白色，稀淡红褐色，膜质至薄革质，不破裂。叶圆筒状，中空，向顶端渐狭，约与花葶等长，直径在 0.5 cm 以上。花葶圆柱状，中空，高 30 ～ 50（100） cm，中部以下膨大，向顶

端渐狭，约在 1/3 以下被叶鞘；总苞膜质，2 裂；伞形花序球状，多花，较疏散；小花梗纤细，与花被片等长，或为其长度的 2 ~ 3 倍，基部无小苞片；花白色；花被片长 6 ~ 8.5 mm，近卵形，先端渐尖，具反折的尖头，外轮的稍短；花丝为花被片长度的 1.5 ~ 2 倍，锥形，在基部合生并与花被片贴生；子房倒卵状，腹缝线基部具不明显的蜜穴；花柱细长，伸出花被外。花期 4—5 月，果期 6—7 月。

【生境分布】全市各地广泛栽培。

【药用部位】鳞茎。

【采收加工】夏、秋季采挖，除去须根、叶及外膜，鲜用。

【性味归经】味辛，性温。归肺、胃经。

【功能主治】发表，通阳，解毒，杀虫。用于风寒感冒，阴寒腹痛，二便不通，痢疾，疮痈肿毒，虫积腹痛等。

## 薤白

Xiebai

【别名】小根蒜、羊胡子、山蒜、藠头、独头蒜。

【来源】石蒜科葱属植物薤白 *Allium macrostemon* Bunge。

【植物形态】多年生草本。鳞茎近球状，直径 0.7 ~ 1.5（2） cm，基部常具小鳞茎（因其易脱落故在标本上不常见）；鳞茎外皮带黑色，纸质或膜质，不破裂，但在标本上多因脱落而仅存白色的内皮。叶 3 ~ 5 枚，半圆柱状，或因背部纵棱发达而为三棱状半圆柱形，中空，上面具沟槽，比花葶短。花葶圆柱状，高 30 ~ 70 cm，1/4 ~ 1/3 被叶鞘；总苞 2 裂，比花序短；伞形花序半球状至球状，具多而密集的花，间具珠芽或有时全为珠芽；小花梗近等长，比花被片长 3 ~ 5 倍，基部具小苞片；珠芽暗紫色，基部亦具小苞片；花淡紫色或淡红色；花被片矩圆状卵形至矩圆状披针形，长 4 ~ 5.5 mm，宽 1.2 ~ 2 mm，内轮的常较狭；花丝等长，比花被片稍长直到比其长 1/3，在基部合生并与花被片贴生，

分离部分的基部呈狭三角形扩大，向上收狭成锥形，内轮的基部约为外轮基部宽的 1.5 倍；子房近球状，腹缝线基部具有帘的凹陷蜜穴；花柱伸出花被外。花果期 5—7 月。

【生境分布】生于海拔 1500 m 以下的山坡、丘陵、山谷或草地上。全市各地均有野生。

【药用部位】鳞茎。

【采收加工】夏、秋季采挖，洗净，除去须根，蒸透或置沸水中煮透，晒干。

【性味归经】味辛，性温。归心、肺、胃、大肠经。

【功能主治】通阳散结，行气导滞。用于胸痹心痛，脘腹痞满、胀痛，泻痢后重。

## 韭

Jiu

【别名】韭菜、久菜。

【来源】石蒜科葱属植物韭 *Allium tuberosum* Rottler ex Spreng.。

【植物形态】多年生草本，高 20 ～ 45 cm。具倾斜的横生根状茎。鳞茎簇生，近圆柱状；鳞茎外皮暗黄色至黄褐色，破裂成纤维状，呈网状或近网状。叶条形，扁平，实心，比花葶短，宽 1.5 ～ 8 mm，边缘平滑。花葶圆柱状，常具 2 纵棱，高 25 ～ 60 cm，下部被叶鞘；总苞单侧开裂，或 2 ～ 3 裂，宿存；伞形花序半球形或近球形，具多但较稀疏的花；小花梗近等长，比花被片长 2 ～ 4 倍，基部具小苞片，且数枚小花梗的基部又为 1 枚共同的苞片所包围；花白色；花被片常具绿色或黄绿色的中脉，内轮矩圆状倒卵形，稀矩圆状卵形，先端具短尖头或钝圆，长 4 ～ 7（8） mm，宽 2.1 ～ 3.5 mm，外轮的常较窄，矩圆状卵形至矩圆状披针形，先端具短尖头，长 4 ～ 7（8） mm，宽 1.8 ～ 3 mm；花丝等长，为花被片长度的 2/3 ～ 4/5，基部合生并与花被片贴生，合生部分高 0.5 ～ 1 mm，分离部分狭三角形，内轮的稍宽；子房倒圆锥状球形，具 3 圆棱，外壁具细的疣状突起。花果期 7—9 月。

【生境分布】全市广泛栽培。

【药用部位】叶、根、种子。

【采收加工】叶：第 1 刀韭菜叶收割比较早，4 片叶即可收割，经养根施肥后，当植株长到 5 片叶时收割第 2 刀。根：全年均可采挖，洗净，鲜用或晒干。种子：韭抽薹开花后，约经 30 天种子陆续成熟，种壳变黑、种子变硬时，分期、分批用剪刀剪下花茎，剪下的花茎扎成小把挂在通风处，或放在席上晾晒，待种子能脱粒时再行脱粒，晒干。

【性味归经】叶：味辛，性温。归肾、胃、肺、肝经。根：味辛，性温。种子：味辛、甘，性温。归肝、肾经。

【功能主治】叶：补肾，温中行气，散瘀，解毒。用于肾虚阳痿，里寒腹痛，噎膈反胃，胸痹疼痛，衄血，吐血，尿血，痢疾，痔疮，疮痈肿毒，漆疮，跌打损伤等。根：温中行气，散瘀，解毒。用于里寒腹痛，食积腹胀，胸痹疼痛，赤白带下，衄血，吐血，漆疮，疥疮，跌打损伤等。种子：补益肝肾，壮阳固精。用于肾虚阳痿，腰膝酸软，遗精，尿频，尿浊等。

# 石竹科

## 鹅肠菜

Echangcai

【别名】牛繁缕、大鹅儿肠、石灰菜、鹅肠草、鹅儿肠。

【来源】石竹科繁缕属植物鹅肠菜 *Stellaria aquaticum* (L.) Scop.。

【植物形态】二年生或多年生草本，具须根。茎上升，多分枝，长 50 ～ 80 cm，上部被腺毛。叶片卵形或宽卵形，长 2.5 ～ 5.5 cm，宽 1 ～ 3 cm，顶端急尖，基部稍心形，有时边缘具毛；叶柄长 5 ～ 15 mm，上部叶常无柄或具短柄，疏生柔毛。顶生二歧聚伞花序；苞片叶状，边缘具腺毛；花梗细，长 1 ～ 2 cm，花后伸长并向下弯，密被腺毛；萼片卵状披针形或长卵形，长 4 ～ 5 mm，果期长达 7 mm，顶端较钝，边缘狭膜质，外面被腺柔毛，脉纹不明显；花瓣白色，2 深裂至基部，裂片线形或披针状线形，长 3 ～ 3.5 mm，宽约 1 mm；雄蕊 10，稍短于花瓣；子房长圆形，花柱短，线形。蒴果卵圆形，稍长于宿存萼。种子近肾形，直径约 1 mm，稍扁，褐色，具小疣。花期 5—8 月，果期 6—9 月。

【生境分布】生于田间、路旁草地、水沟边。全市各地均有分布。

【药用部位】全草。

【采收加工】春季生长旺盛时采收，鲜用或晒干。

【性味归经】味甘、酸，性平。归肝、胃经。

【功能主治】清热解毒，散瘀消肿。用于肺热咳喘，痢疾，痈疽，痔疮，牙痛，月经不调，小儿疳积等。

## 繁缕

Fanlü

【别名】鸡儿肠、鹅耳伸筋、鹅肠菜。

【来源】石竹科繁缕属植物繁缕 *Stellaria media* (L.) Villars。

【植物形态】一年生或二年生草本，高 10 ～ 30 cm。茎俯仰或上升，基部多少分枝，常带淡紫红色，被 1 ～ 2 行短毛。叶片宽卵形或卵形，长 1.5 ～ 2.5 cm，宽 1 ～ 1.5 cm，顶端渐尖或急尖，基部渐狭或近心形，全缘；基生叶具长柄，上部叶常无柄或具短柄。疏聚伞花序顶生；花梗细弱，具 1 列短毛，花后伸长，下垂，长 7 ～ 14 mm；萼片 5，卵状披针形，长约 4 mm，顶端稍钝或近圆形，边缘宽膜质，外面被短腺毛；花瓣白色，长椭圆形，比萼片短，深 2 裂达基部，裂片近线形；雄蕊 3 ～ 5，短于花瓣；花柱 3，线形。蒴果卵形，稍长于宿存萼，顶端 6 裂，具多数种子。种子卵圆形至近圆形，稍扁，红褐色，直径 1 ～ 1.2 mm，表面具半球形瘤状突起，脊较显著。花期 6—7 月，果期 7—8 月。

【生境分布】生于田间路边或溪旁草地。全市各地均有分布。

【药用部位】全草。

【采收加工】春、夏、秋季花开时采集，除去泥土，晒干。

【性味归经】味微苦、甘、酸，性凉。归肝、大肠经。

【功能主治】清热解毒，凉血消痈，活血止痛，下乳。用于痢疾，肠痈，肺痈，乳痈，疮痈肿毒，痔疮肿痛，出血，跌打伤痛，产后瘀滞腹痛，乳汁不下等。

## 卷耳

Juan’er

【别名】细叶卷耳。

【来源】石竹科卷耳属植物卷耳 *Cerastium arvense* subsp. *strictum* Gaudin。

【植物形态】多年生簇生草本，高 10 ～ 35 cm。茎基部匍匐，上部直立，绿色并带淡紫红色，下部被向下的毛，上部混生腺毛。叶片线状披针形或长圆状披针形，长 1 ～ 2.5 cm，宽 1.5 ～ 4 mm，顶端急尖，基部楔形，抱茎，被疏长柔毛，叶腋具不育短枝。聚伞花序顶生，具 3 ～ 7 花；苞片披针形，草质，

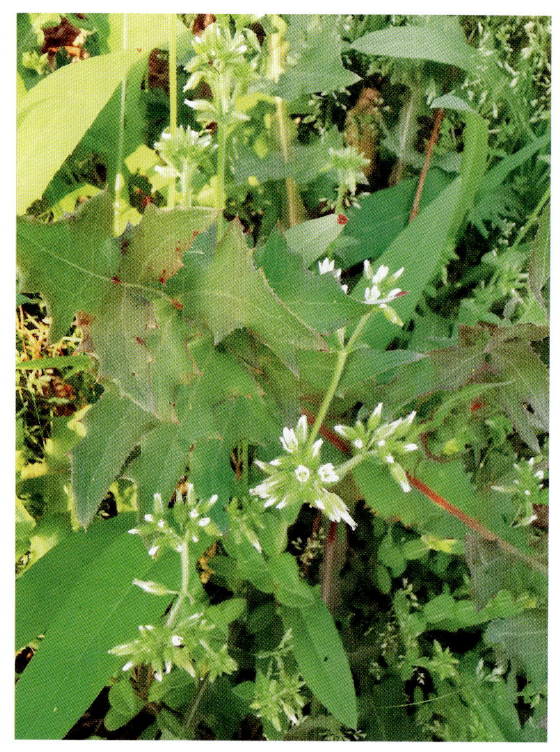

被柔毛，边缘膜质；花梗细，长 1 ～ 1.5 cm，密被白色腺柔毛；萼片 5，披针形，长约 6 mm，宽 1.5 ～ 2 mm，顶端钝尖，边缘膜质，外面密被长柔毛；花瓣 5，白色，倒卵形，比萼片长 1 倍或更长，顶端 2 裂深达 1/4 ～ 1/3；雄蕊 10，短于花瓣；花柱 5，线形。蒴果长圆形，长于宿存萼 1/3，顶端倾斜，10 齿裂。种子肾形，褐色，略扁，具瘤状突起。花期 5—8 月，果期 7—9 月。

【生境分布】 生于海拔 1900 ～ 4200 m 的云杉疏林下潮湿的草丛中。全市各地均有零星分布。

【药用部位】 全草。

【采收加工】 6—7 月采收，洗去泥土，除去须根、残叶，以纸遮蔽，晒干。

【性味归经】 味甘、淡，性温。

【功能主治】 滋阴补阳。用于阴阳两虚等。

## 麦蓝菜

Mailancai

【别名】 麦蓝子、王不留行。

【来源】 石竹科石头花属植物麦蓝菜 *Gypsophila vaccaria* Sm.。

（摄于鄂城区凤凰山）

【植物形态】 一年生或二年生草本，高 30 ～ 70 cm，全株无毛，微被白粉，呈灰绿色。根为主根系。茎单生，直立，上部分枝。叶片卵状披针形或披针形，长 3 ～ 9 cm，宽 1.5 ～ 4 cm，基部圆形或近心形，微抱茎，顶端急尖，具 3 基出脉。伞房花序稀疏；花梗细，长 1 ～ 4 cm；苞片披针形，着生于花梗中上部；花萼卵状圆锥形，长 10 ～ 15 mm，宽 5 ～ 9 mm，后期微膨大成球形，棱绿色，棱间绿白色，近膜质，萼齿小，三角形，顶端急尖，边缘膜质；雌、雄蕊柄极短；花瓣淡红色，长 14 ～ 17 mm，宽 2 ～ 3 mm，爪狭楔形，淡绿色，瓣片狭倒卵形，斜展或平展，微凹缺，有时具不明显的缺刻；雄蕊内藏；花柱线形，微外露。蒴果宽卵形或近圆球形，长 8 ～ 10 mm。种子近圆球形，直径约 2 mm，红褐色至黑色。花期 5—7 月，果期 6—8 月。

【生境分布】 生于草坡、路旁、田埂边、撂荒地或麦田中，尤以麦田中生长最多。全市各地均有零星分布。

【药用部位】种子（王不留行）。

【采收加工】夏季果实成熟、果皮尚未开裂时采割植株，晒干，打下种子，除去杂质，再晒干。

【性味归经】味苦，性平。归肝、胃经。

【功能主治】活血通经，下乳消肿，利尿通淋。用于经闭，痛经，乳汁不下，乳痈肿痛等。

## 漆姑草

Qigucao

【别名】腺漆姑草、日本漆姑草、星宿草、珍珠草、瓜槌草。

【来源】石竹科漆姑草属植物漆姑草 *Sagina japonica*（Sw.）Ohwi。

【植物形态】一年生小草本，高 5 ～ 20 cm，上部被稀疏腺柔毛。茎丛生，稍铺散。叶片线形，长 5 ～ 20 mm，宽 0.8 ～ 1.5 mm，顶端急尖，无毛。花小型，单生于枝端；花梗细，长 1 ～ 2 cm，被稀疏短柔毛；萼片 5，卵状椭圆形，长约 2 mm，顶端尖或钝，外面疏生短腺柔毛，边缘膜质；花瓣 5，狭卵形，稍短于萼片，白色，顶端圆钝，全缘；雄蕊 5，短于花瓣；子房卵圆形，花柱 5，线形。蒴果卵圆形，微长于宿存萼，5 瓣裂。种子细，圆肾形，微扁，褐色，表面具尖瘤状突起。花期 3—5 月，果期 5—6 月。

【生境分布】生于河岸沙质地、撂荒地或路旁阴湿草地。全市各地均有分布。

【药用部位】全草。

【采收加工】4—5 月采集，洗净，鲜用或晒干。

【性味归经】味苦、辛，性凉。归肝、胃经。

【功能主治】凉血解毒，杀虫止痒。用于漆疮，秃疮，湿疹，丹毒，瘰疬，无名肿毒，毒蛇咬伤，鼻渊，龋齿痛，跌打损伤等。

## 瞿麦

Qumai

【别名】南天竺草、大兰、山瞿麦、剪刀花、麦句姜、剪绒花。

【来源】石竹科石竹属植物瞿麦 *Dianthus superbus* L.。

【植物形态】多年生草本，高 50 ～ 60 cm，有时更高。茎丛生，直立，绿色，无毛，上部分枝。叶片线状披针形，长 5 ～ 10 cm，宽 3 ～ 5 mm，顶端锐尖，中脉特显，基部合生成鞘状，绿色，有时带粉绿色。花 1 朵或 2 朵生于枝端，有时顶下腋生；苞片 2 ～ 3 对，倒卵形，长 6 ～ 10 mm，约为花萼的 1/4，宽 4 ～ 5 mm，顶端长尖；花萼圆筒形，长 2.5 ～ 3 cm，直径 3 ～ 6 mm，常染紫红色晕，萼齿披针形，长 4 ～ 5 mm；花瓣长 4 ～ 5 cm，爪长 1.5 ～ 3 cm，包于萼筒内，瓣片宽倒卵形，边缘䍁裂至中部或中部以上，通常淡红色或带紫色，稀白色，喉部具丝毛状鳞片；雄蕊和花柱微外露。蒴果圆筒形，与宿存萼等长或微长，顶端 4 裂；种子扁卵圆形，长约 2 mm，黑色，有光泽。花期 6—9 月，果期 8—10 月。

（摄于鄂城区五卦山山脚）

【生境分布】生于丘陵山地疏林下、林缘、沟谷溪边。全市各地均有零星分布。

【药用部位】干燥地上部分。

【采收加工】夏、秋季花果期采割，除去杂质，干燥。

【性味归经】味苦，性寒。归心、小肠经。

【功能主治】利尿通淋，活血通经。用于热淋，血淋，石淋，小便不通，淋沥涩痛，经闭瘀阻等。

## 无心菜

Wuxincai

【别名】卵叶蚤缀、鹅不食草、蚤缀、小无心菜。

【来源】石竹科无心菜属植物无心菜 *Arenaria serpyllifolia* L.。

【植物形态】一年生或二年生草本，高 10 ～ 30 cm。主根细长，支根较多而纤细。茎丛生，直立或铺散，密生白色短柔毛，节间长 0.5 ～ 2.5 cm。叶片卵形，长 4 ～ 12 mm，宽 3 ～ 7 mm，基部狭，无柄，边缘具缘毛，顶端急尖，两面近无毛或疏生柔毛，下面具 3 脉，茎下部的叶较大，茎上部的叶较小。聚伞花序，具多花；苞片草质，卵形，长 3 ～ 7 mm，通常密生柔毛；花梗长约 1 cm，纤细，密生柔毛或腺毛；萼片 5，披针形，长 3 ～ 4 mm，边缘膜质，顶端尖，外面被柔毛，具显著的 3 脉；花瓣 5，白色，倒卵形，长为萼片的 1/3 ～ 1/2，顶端圆钝；雄蕊 10，短于萼片；子房卵圆形，无毛，花柱 3，线形。蒴果卵圆形，与宿存萼等长，顶端 6 裂；种子小，肾形，表面粗糙，淡褐色。花期 6—8 月，果期 8—9 月。

【生境分布】生于路旁、田野、园圃、山坡草地。全市各地均有分布。

【药用部位】全草。

【采收加工】初夏采集，晒干或鲜用。

【性味归经】味苦、辛，性凉。归肝、肺经。

【功能主治】清热，明目，止咳。用于肝热目赤，翳膜遮睛，肺痨咳嗽，咽喉肿痛，牙龈炎等。

## 鹤草

Hecao

【别名】野蚊子草、蚊子草、蝇子草。

【来源】石竹科蝇子草属植物鹤草 *Silene fortunei* Vis.。

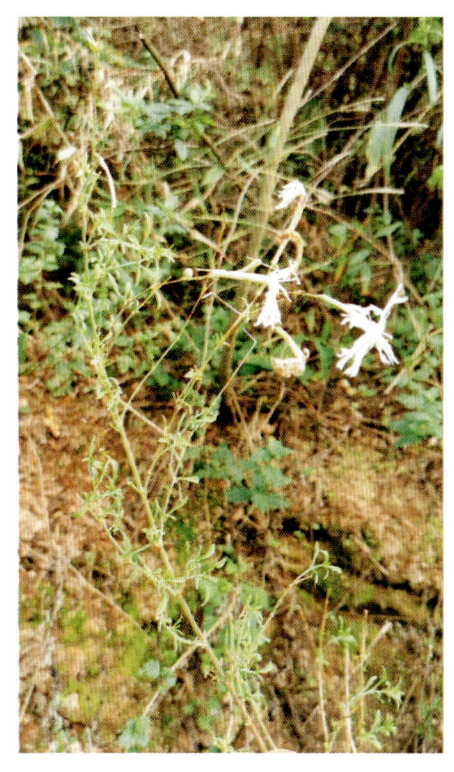

【植物形态】多年生草本，高 50 ～ 100 cm。根粗壮，木质化。茎丛生，直立，多分枝，被短柔毛或近无毛，分泌黏液。基生叶叶片倒披针形或披针形，长 3 ～ 8 cm，宽 7 ～ 15 mm，基部渐狭，下延成柄状，顶端急尖，两面无毛或早期被微柔毛，边缘具缘毛，中脉明显。聚伞状圆锥花序，小聚伞花序对生，具 1 ～ 3 花，花梗细，长 3 ～ 15 mm；苞片线形，长 5 ～ 10 mm，被微柔毛；花萼长筒状，长 25 ～ 30 mm，直径约 3 mm，无毛，基部截形，果期上部微膨大成筒状棒形，长 25 ～ 30 mm，纵脉紫色，萼齿三角状卵形，长 1.5 ～ 2 mm，顶端圆钝，边缘膜质，具短缘毛；雌雄蕊柄无毛，果期长 10 ～ 17 mm；花瓣淡红色，爪微露出花萼，倒披针形，长 10 ～ 15 mm，无毛，瓣片平展，轮廓楔状倒卵形，长约 15 mm，2 裂达瓣片的 1/2 或更深，裂片呈撕裂状条裂；副花冠片小，舌状；雄蕊微外露，花丝无毛；花柱微外露。蒴果长圆形，长 12 ～ 15 mm，直径约 4 mm，比宿存萼短或近等长。

种子圆肾形，微侧扁，深褐色，长约 1 mm。花期 6—8 月，果期 7—9 月。

【生境分布】生于山坡、林下及灌丛中。全市各地均有零星分布。

【药用部位】带根全草。

【采收加工】夏、秋季采集，洗净，鲜用或晒干。

【性味归经】味辛、涩，性凉。归大肠、膀胱经。

【功能主治】清热利湿，活血解毒。用于痢疾，肠炎，热淋，带下，咽喉肿痛，劳伤发热，跌打损伤，毒蛇咬伤等。

# 柿科

## 老鸦柿

Laoyashi

【别名】山柿子、野柿子、野山柿。

【来源】柿科柿属植物老鸦柿 *Diospyros rhombifolia* Hemsl.。

【植物形态】落叶小乔木，高可达 8 m 左右。树皮灰色，平滑；多枝，分枝低，有枝刺；枝深褐色或黑褐色，无毛，散生椭圆形的纵裂小皮孔；小枝略曲折，褐色至黑褐色，有柔毛。冬芽小，长约 2 mm，有柔毛或粗伏毛。叶纸质，菱状倒卵形，长 4 ～ 8.5 cm，宽 1.8 ～ 3.8 cm，先端钝，基部楔形，上面深绿色，沿脉有黄褐色毛，后变无毛，下面浅绿色，疏生伏柔毛，在脉上较多，中脉在上面凹陷，下面明显凸起，侧脉每边 5 ～ 6 条，上面凹陷，下面明显凸起，小脉纤细，结成不规则的疏网状；叶柄很短，纤细，长 2 ～ 4 mm，有微柔毛。雄花生于当年生枝下部；花萼 4 深裂，裂片三角形，长约 3 mm，宽约 2 mm，先端急尖，有髯毛，边缘密生柔毛，背面疏生短柔毛；花冠壶形，长约 4 mm，两面疏生短柔毛，5 裂，裂片覆瓦状排列，长约 2 mm，宽约 1.5 mm，先端有毛，边缘有短柔毛，外面疏生柔毛，内面有微柔毛；雄蕊 16 枚，每 2 枚连生，腹面 1 枚较短，花丝有柔毛；花药线形，先端渐尖；退化子房小，球形，顶端有柔毛；花梗长约 7 mm。雌花：散生于当年生枝下部；花萼 4 深裂，几裂至基部，裂片披针形，长约 1 cm，宽约 3 mm，先端急尖，边缘有柔毛，外面上部和脊上疏生柔毛，内面无毛，有纤细而凹陷的纵脉；花冠壶形，花冠管长约 3.5 mm，宽约 4 mm，4 脊上疏生白色长柔毛，内面有短柔毛，4 裂，裂片

长圆形，约与花冠管等长，向外反曲，顶端有髯毛，边缘有柔毛，内面有微柔毛，外面有柔毛；子房卵形，密生长柔毛，4室；花柱2，下部有长柔毛；柱头2浅裂；花梗纤细，长约1.8 cm，有柔毛。果单生，球形，直径约2 cm，嫩时黄绿色，有柔毛，后变橙黄色，成熟时橘红色，有蜡样光泽，无毛，顶端有小突尖；有种子2～4颗。种子褐色，半球形或近三棱形，长约1 cm，宽约6 mm，背部较厚，宿存萼4深裂，裂片革质，长圆状披针形，长1.6～2 cm，宽4～6 mm，先端急尖，有明显的纵脉；果柄纤细，长1.5～2.5 cm。花期4—5月，果期9—10月。

【生境分布】 生于山坡灌丛或山谷沟畔林中。全市各地均有零星分布。

【药用部位】 根或枝。

【采收加工】 全年可采，洗净，切片晒干。

【性味归经】 味苦，性平。

【功能主治】 清湿热，利肝胆，活血化瘀。用于急性黄疸型肝炎，肝硬化，跌打损伤等。

## 柿

Shi

【别名】 柿子、朱果。

【来源】 柿科柿属植物柿 *Diospyros kaki* Thunb.。

【植物形态】 落叶大乔木，通常高达10～14 m或14 m以上，胸高直径达65 cm，高龄老树有高达27 m的；树皮深灰色至灰黑色，或者黄灰褐色至褐色，沟纹较密，裂成长方块状；树冠球形或长圆球形，老树树冠直径达10～13 m，有达18 m的。枝开展，带绿色至褐色，无毛，散生纵裂的长圆形或狭长圆形皮孔；嫩枝初时有棱，有棕色柔毛、茸毛或无毛。冬芽小，卵形，长2～3 mm，先端钝。叶纸质，卵状椭圆形至倒卵形或近圆形，通常较大，长5～18 cm，宽2.8～9 cm，先端渐尖或钝，基部楔形，钝，圆形或近截形，很少为心形，新叶疏生柔毛，老叶上面有光泽，深绿色，无毛，下面绿色，有柔毛或无毛，中脉在上面凹下，有微柔毛，在下面凸起，侧脉每边5～7条，上面平坦或稍凹下，下面略凸起，下部的脉较长，上部的较短，向上斜生，稍弯，将近叶缘网结，小脉纤细，在上面平坦或微凹下，连合成小网状；叶柄长8～20 mm，变无毛，上面有浅槽。花雌雄异株，但间或有雄株中有少数雌花，雌株中有少数雄花的，花序腋生，为聚伞花序；雄花序小，长1～1.5 cm，弯垂，有短柔毛或茸毛，有花3～5朵，通常有花3朵；总花梗长约5 mm，有微小苞片；雄花小，长5～10 mm；花萼钟状，两面有毛，深4裂，裂片卵形，长约3 mm，有睫毛状毛；花冠钟状，长不超过花萼的2倍，黄白色，外面或两面有毛，长约7 mm，4裂，裂片卵形或心形，开展，两面有绢毛或外面脊上有长伏柔毛，里面近无毛，先端钝，雄蕊16～24枚，着生于花冠管基部，连生成对，腹面1枚较短，花丝短，先端有柔毛，花药椭圆状长圆形，

顶端渐尖，药隔背部有柔毛，退化子房微小；花梗长约 3 mm；雌花单生于叶腋，长约 2 cm，花萼绿色，有光泽，直径约 3 cm 或更大，深 4 裂，萼管近球状钟形，肉质，长约 5 mm，直径 7 ～ 10 mm，外面密生伏柔毛，里面有绢毛，裂片开展，阔卵形或半圆形，有脉，长约 1.5 cm，两面疏生伏柔毛或近无毛，先端钝或急尖，两端略向背后弯卷；花冠淡黄白色或黄白色而带紫红色，壶形或近钟形，较花萼短小，长和直径各 1.2 ～ 1.5 cm，4 裂，花冠管近四棱形，直径 6 ～ 10 mm，裂片阔卵形，长 5 ～ 10 mm，宽 4 ～ 8 mm，上部向外弯曲；退化雄蕊 8 枚，着生在花冠管的基部，带白色，有长柔毛；子房近扁球形，直径约 6 mm，多少具 4 棱，无毛或有短柔毛，8 室，每室有胚珠 1 颗；花柱 4 深裂，柱头 2 浅裂；花梗长 6 ～ 20 mm，密生短柔毛。果形种种，有球形、扁球形、球形而略呈方形、卵形等，直径 3.5 ～ 8.5 cm，基部通常有棱，嫩时绿色，后变黄色、橙黄色，果肉较脆硬，老熟时果肉变柔软多汁，呈橙红色或大红色等，有种子数颗。种子褐色，椭圆状，长约 2 cm，宽约 1 cm，侧扁，在栽培品种中通常无种子或有少数种子。宿存萼在花后增大增厚，宽 3 ～ 4 cm，4 裂，方形或近圆形，近平扁，厚革质或干时近木质，外面有伏柔毛，后变无毛，里面密被棕色绢毛，裂片革质，宽 1.5 ～ 2 cm，长 1 ～ 1.5 cm，两面无毛，有光泽；果柄粗壮，长 6 ～ 12 mm。花期 5—6 月，果期 9—10 月。

【生境分布】 全市各地有零星栽培。

【药用部位】 果实（柿）、宿萼（柿蒂）、叶（柿叶）、果实制成柿饼后外表所产生的白色粉霜（柿霜）。

【采收加工】 果实：霜降至立冬间采摘。宿萼：冬季果实成熟时采摘，食用时收集，洗净，晒干。叶：霜降后采收，晒干。柿霜：从柿饼上收集。

【性味归经】 果实：味甘、涩，性凉。归心、肺、大肠经。宿萼：味苦、涩，性平。归胃经。叶：味苦、酸、涩，性凉。归肺经。柿霜：味甘，性凉。

【功能主治】 果实：生津，润肺，降压，止血。用于肺燥咳嗽，咽喉干痛，肠胃出血，高血压等。宿萼：降逆止呃。用于呃逆，嗳气等。叶：生津止渴，止咳定喘，活血止血。用于咳嗽，消渴及各种内出血，臁疮等。柿霜：生津利咽，润肺止咳。用于口疮，咽喉肿痛，咽干咳嗽等。

# 鼠李科

## 长叶冻绿

Changyedonglü

【别名】 钝齿鼠李、苦李根、水冻绿、山黄、山黑子、过路黄。

【来源】 鼠李科裸芽鼠李属植物长叶冻绿 *Frangula crenata*（Sieb. et Zucc.）Miq.。

【植物形态】 落叶灌木或小乔木，高达 7 m。幼枝带红色，被毛，后脱落，小枝被疏柔毛。叶纸质，倒卵状椭圆形、椭圆形或倒卵形，稀倒披针状椭圆形或长圆形，长 4 ～ 14 cm，宽 2 ～ 5 cm，顶端渐尖、尾状长渐尖或骤缩成短尖，基部楔形或钝，边缘具圆齿状齿或细锯齿，上面无毛，下面被柔毛或沿脉多少被柔毛，侧脉每边7～12条；叶柄长4～12 mm，被密柔毛。花数个或10余个密集成腋生聚伞花序，总花梗长4～10 mm，稀15 mm，被柔毛，花梗长2～4 mm，被短柔毛；萼片三角形，与萼管等长，外面有疏微毛；花瓣近圆形，顶端2裂；雄蕊与花瓣等长而短于萼片；子房球形，无毛，3室，每室具1颗胚珠，花柱不分裂，柱头不明显。核果球形或倒卵状球形，绿色或红色，成熟时黑色或紫黑色，长5～6 mm，

直径6～7 mm，果梗长3～6 mm，无或有疏短毛，具3分核，各有种子1粒。种子无沟。花期5—8月，果期8—10月。

【生境分布】生于山地林下或灌丛中。全市各地均有零星分布。

【药用部位】根及根皮。

【采收加工】秋后采收，鲜用或切片晒干，或剥皮晒干。

【性味归经】味苦、辛，性平；有毒。归肝经。

【功能主治】清热解毒，杀虫利湿。用于疥疮，顽癣，疮疖，湿疹，荨麻疹，头癣，跌打损伤等。

## 枣

Zao

【别名】大枣、刺枣、红枣树、枣树。

【来源】鼠李科枣属植物枣 *Ziziphus jujuba* Mill.。

【植物形态】落叶小乔木，稀灌木，高约达10 m。树皮褐色或灰褐色；有长枝、短枝和无芽小枝（即新枝）；长枝光滑，紫红色或灰褐色，呈“之”字形曲折，具2个托叶刺，长刺可达3 cm，粗直，短刺下弯，长4～6 mm；短枝短粗，矩状，自老枝发出；当年生小枝绿色，下垂，单生或2～7个簇生于短枝上。叶纸质，卵形、卵状椭圆形或卵状矩圆形；长3～7 cm，宽1.5～4 cm，顶端钝或圆形，稀锐尖，具小尖头，基部稍不对称，近圆形，边缘具圆齿状锯齿，上面深绿色，无毛，下面浅绿色，无毛或仅沿脉多少被疏微毛，基生三出脉；叶柄长1～6 mm，或在长枝上的可达1 cm，无毛或有疏微毛；托叶刺纤细，后期常脱落。花黄绿色，两性，5基数，无毛，具短总花梗，单生或2～8个密集成腋生聚伞花序；花梗长2～3 mm；萼片卵状三角形；花瓣倒卵圆形，基部有爪，与雄蕊等长；花盘厚，肉质，圆形，5裂；

子房下部藏于花盘内，与花盘合生，2室，每室有1颗胚珠，花柱2半裂。核果矩圆形或长卵圆形，长2～3.5 cm，直径1.5～2 cm，成熟时红色，后变红紫色；中果皮肉质，厚，味甜，核顶端锐尖，基部锐尖或钝，2室，具1粒或2粒种子，果梗长2～5 mm。种子扁椭圆形，长约1 cm，宽8 mm。花期5—7月，果期8—9月。

【生境分布】生于山区、丘陵或平原。全市各地均有分布。

【药用部位】果实（大枣）、根（枣树根）、树皮（枣树皮）、叶（枣叶）、果核（枣核）。

【采收加工】果实：秋季果实成熟时采收，晒干。根：四季可挖，洗净晒干。树皮：四季可采剥，晒干。叶：枝叶茂盛时采摘，晒干。果核：果实成熟后采摘，去掉果肉，晒干。

【性味归经】果实：味甘，性温。归脾、胃、心经。根：味甘，性平。归肝、脾、肾经。树皮：味苦、涩，性温。归肺、大肠经。叶：味甘，性温。果核：味苦，性平。

【功能主治】果实：补中益气，养血安神。用于脾虚食少，乏力便溏，妇人脏燥等。根：调经止血，祛风止痛，补脾止泻。用于月经不调，不孕，吐血，崩漏，胃痛，痹症，脾虚，泄泻，风疹，丹毒等。树皮：涩肠止泻，止咳止血。用于泄泻，痢疾，咳嗽，崩漏，外伤出血，烧烫伤等。叶：清热解毒。用于小儿发热，疥疮，热痱，烂脚，烧烫伤等。果核：清热解毒，止痛。用于目赤肿痛，腹满胀痛等。

## 枳椇

Zhiju

【别名】拐枣、南枳椇、鸡爪树。

【来源】鼠李科枳椇属植物枳椇 *Hovenia acerba* Lindl.。

【植物形态】高大乔木，稀灌木。小枝褐色或黑紫色，无毛，有不明显的皮孔。叶纸质或厚膜质，卵圆形、宽矩圆形或椭圆状卵形，长7～17 cm，宽4～11 cm，顶端短渐尖或渐尖，基部截形，少有心形或近圆形，边缘有不整齐的锯齿或粗锯齿，稀具浅锯齿，无毛或仅下面沿脉被疏短柔毛；叶柄长2～4.5 cm，无毛。花黄绿色，直径6～8 mm，排成不对称的顶生，稀具兼腋生的聚伞圆锥花序；花序轴和花梗均无毛；萼片卵状三角形，具纵条纹或网状脉，无毛，长2.2～2.5 mm，宽1.6～2 mm；花瓣倒卵状匙形，长2.4～2.6 mm，宽1.8～2.1 mm，向下渐狭成爪部，长0.7～1 mm；花盘边缘被柔毛或上面被疏短柔毛；子房球形，花柱3浅裂，长2～2.2 mm，无毛。浆果状核果近球形，直径6.5～7.5 mm，无毛，成熟时黑色；果柄肥厚扭曲，肉质，红褐色，味甜可食。种子深栗色或黑紫色，直径5～5.5 mm。花期5—7月，果期8—10月。

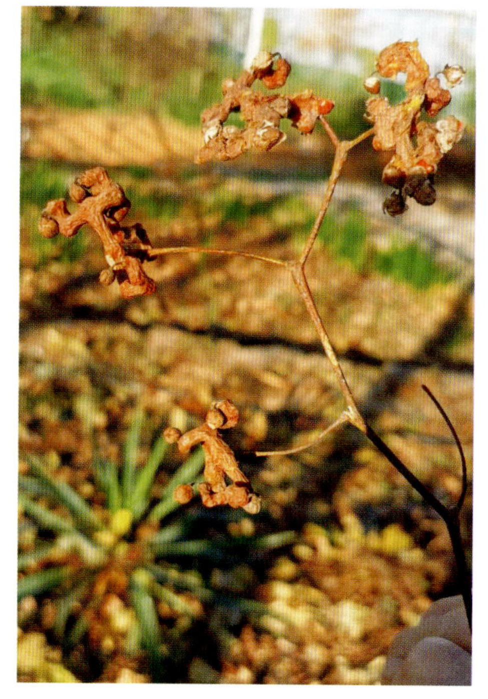

【生境分布】生于开旷地、山坡林缘或疏林中，或栽培于庭院。全市各地均有零星分布。

【药用部位】带果梗的果实、种子、树皮。

【采收加工】果实：10—11月果实成熟时连肉质花序

轴一并摘下，晒干。种子：碾碎果壳，收集。树皮：春季剥取树皮，晒干。

【性味归经】果实：味甘，性平。归心、肺经。种子：味甘，性平。归胃经。树皮：味甘，性温。归肝、脾、肾经。

【功能主治】果实：健脾，滋养补血（蒸熟浸酒）。种子：解酒，止渴除烦，止呕，利大小便。用于醉酒，烦渴，呕吐，二便不利等。树皮：活血，舒筋，消食，疗痔。用于筋脉拘挛，食积，痔疮等。

# 薯蓣科

## 黄独

Huangdu

【别名】黄药、山慈姑、零余薯、黄药子。

【来源】薯蓣科薯蓣属植物黄独 *Dioscorea bulbifera* L.。

【植物形态】缠绕草质藤本。块茎卵圆形或梨形，直径 4 ～ 10 cm，通常单生，每年由去年生的块茎顶端抽出，很少分枝，外皮棕黑色，表面密生须根。茎左旋，浅绿色稍带红紫色，光滑无毛。叶腋内有紫棕色、球形或卵圆形珠芽，大小不一，最重者可达 300 g，表面有圆形斑点。单叶互生；叶片宽卵状心形或卵状心形，长 15 ～ 26 cm，宽 2 ～ 26 cm，顶端尾状渐尖，边缘全缘或微波状，两面无毛。雄花序穗状，下垂，常数个丛生于叶腋，有时分枝呈圆锥状；雄花单生，密集，基部有卵形苞片 2 枚；花被片披针形，新鲜时紫色；雄蕊 6 枚，着生于花被基部，花丝与花药近等长。雌花序与雄花序相似，常 2 至数个丛生于叶腋，长 20 ～ 50 cm；退化雄蕊 6 枚，长仅为花被片的 1/4。蒴果反折下垂，三棱状长圆形，长 1.5 ～ 3 cm，宽 0.5 ～ 1.5 cm，两端浑圆，成熟时草黄色，表面密被紫色小斑点，无毛。种子深褐色，扁卵形，通常两两着生于每室中轴顶部，种翅栗褐色，向种子基部延伸成长圆形。花期 7—10 月，果期 8—11 月。

【生境分布】生于河谷边、山谷阴沟或杂木林缘。全市各地均有零星分布。

【药用部位】块茎（黄药子）、珠芽（黄独零余子）。

【采收加工】块茎：9—11 月采挖，洗去泥土，剪去须根，横切成厚 1 cm 的片，晒干或烘干，或鲜用。珠芽：2—8 月采摘，鲜用或晒干。

【性味归经】块茎：味苦，性寒；有毒。归肺、肝经。珠芽：味苦、辛，性寒；有小毒。

【功能主治】块茎：散结消瘿，清热解毒，凉血止血。用于瘿瘤，喉痹，疮痈肿毒，毒蛇咬伤，肿瘤，吐血，衄血，咯血，百日咳，肺热咳喘等。珠芽：清热化痰，止咳平喘。用于痰热咳嗽，百日咳，咽喉肿痛，瘿瘤，疮疡肿毒，蛇犬咬伤等。

## 薯蓣

Shuyu

【别名】山药、淮山、面山药、野脚板薯、野山豆。

【来源】薯蓣科薯蓣属植物薯蓣 *Dioscorea polystachya* Turcz.。

【植物形态】缠绕草质藤本。块茎长圆柱形，垂直生长，长可达 1 m 左右，断面干时白色。茎通常带紫红色，右旋，无毛。单叶，在茎下部的互生，中部以上的对生，很少 3 叶轮生；叶片变异大，卵状三角形至宽卵形或戟形，长 3 ～ 15 cm，宽 2 ～ 14 cm，顶端渐尖，基部深心形、宽心形或近截形，边缘常 3 浅裂至 3 深裂，中裂片卵状椭圆形至披针形，侧裂片耳状，圆形、近方形至长圆形；幼苗时叶片一般为宽卵形或卵圆形，基部深心形。叶腋内常有珠芽。雌雄异株。雄花序为穗状花序，长 2 ～ 8 cm，近直立，2 ～ 8 个着生于叶腋，偶尔呈圆锥状排列；花序轴明显呈“之”字状曲折；苞片和花被片有紫褐色斑点；雄花的外轮花被片为宽卵形，内轮卵形，较小；雄蕊 6 枚。雌花序为穗状花序，1 ～ 3 个着生于叶腋。蒴果不反折，三棱状扁圆形或三棱状圆形，长 1.2 ～ 2 cm，宽 1.5 ～ 3 cm，外面有白粉。种子着生于每室中轴中部，四周有膜质翅。花期 6—9 月，果期 7—11 月。

【生境分布】生于山坡、山谷林下、溪边、路旁的灌丛或杂草中。全市各地均有分布。

【药用部位】根茎（山药）、珠芽（零余子）。

【采收加工】根茎：冬季茎叶枯萎后采挖，切去根头，洗净，除去外皮和须根，干燥，习称“毛山药”；或除去外皮，趁鲜切厚片，干燥，称为“山药片”；也有选择肥大顺直的干燥山药，置清水中浸至无干心，闷透，切齐两端，用木板搓成圆柱状，晒干，打光，习称“光山药”。珠芽：7—8 月采摘，鲜用或晒干。

【性味归经】根茎：味甘，性平。归脾、肺、肾经。珠芽：味苦、辛，性寒；有小毒。

【功能主治】根茎：补脾养胃，生津益肺，补肾涩精。用于脾虚食少，久泻不止，肺虚咳喘，肾虚遗精，带下，尿频，虚热消渴。麸炒根茎：补脾健胃。用于脾虚食少，泄泻便溏，带下等。珠芽：清热化痰，止咳平喘。用于痰热咳嗽，百日咳，咽喉肿痛，瘿瘤，疮疡肿毒，蛇犬咬伤等。

# 水鳖科

## 水鳖

Shuibie

【别名】马尿花、苤菜、水白、水旋覆、油灼灼。

【来源】水鳖科水鳖属植物水鳖 *Hydrocharis dubia*（Blume）Backer。

【植物形态】浮水草本。须根长可达 30 cm。匍匐茎发达，节间长 3 ～ 15 cm，直径约 4 mm，顶端生芽，并可产生越冬芽。叶簇生，多漂浮，有时伸出水面；叶片心形或圆形，长 4.5 ～ 5 cm，宽 5 ～ 5.5 cm，先端圆，基部心形，全缘，远轴面有蜂窝状储气组织，并具气孔；叶脉 5 条，稀 7 条，中脉明显，与第一对侧生主脉所成夹角呈锐角。雄花序腋生，花序梗长 0.5 ～ 3.5 cm；佛焰苞 2 枚，膜质，透明，具紫红色条纹，苞内雄花 5 ～ 6 朵，每次仅 1 朵开放；花梗长 5 ～ 6.5 cm；萼片 3，离生，长椭圆形，长约 6 mm，宽约 3 mm，常具红色斑点，尤以先端为多，顶端急尖；花瓣 3，黄色，与萼片互生，广倒卵形或圆形，长约 1.3 cm，宽约 1.7 cm，先端微凹，基部渐狭，近轴面有乳头状突起；雄蕊 12 枚，成 4 轮排列，最内轮 3 枚退化，最外轮 3 枚与花瓣互生，基部与第 3 轮雄蕊连合，第 2 轮雄蕊与最内轮退化雄蕊基部连合，最外轮与第 2 轮雄蕊长约 3 mm，花药长约 1.5 mm，第 3 轮雄蕊长约 3.5 mm，花药较小，花丝近轴面具乳突，退化雄蕊顶端具乳突，基部有毛；花粉圆球形，表面具凸起纹饰；雌佛焰苞小，苞内雌花 1 朵；花梗长 4 ～ 8.5 cm；花大，直径约 3 cm；萼片 3，先端圆，长约 11 mm，宽约 4 mm，常具红色斑点；花瓣 3，白色，基部黄色，广倒卵形至圆形，较雄花花瓣大，长约 1.5 cm，宽约 1.8 cm，近轴面具乳头状突起，退化雄蕊 6 枚，成对并列，与萼片对生；腺体 3 枚，黄色，肾形，与萼片互生；花柱 6，每枚 2 深裂，长约 4 mm，密被腺毛；子房下位，不完全 6 室。果实浆果状，球形至倒卵形，长 0.8 ～ 1 cm，直径约 7 mm，具数条沟纹。种子多数，椭圆形，顶端渐尖；种皮上有许多毛状突起。花果期 8—10 月。

【生境分布】生于静水池沼中。全市各地均有零星分布。

【药用部位】全草。

【采收加工】春、夏季采收，鲜用或晒干。

【性味归经】味苦，性寒。

【功能主治】清热利湿。用于湿热带下等。

# 水龙骨科

## 槲蕨

Hujue

【别名】毛姜、猴姜、过山龙、爬岩姜、石岩姜、树蜈蚣。

【来源】水龙骨科槲蕨属植物槲蕨 *Drynaria roosii* Nakaike。

【植物形态】通常附生于岩石上，匍匐生长，或附生于树干上，螺旋状攀援。根状茎直径 1 ～ 2 cm，密被鳞片；鳞片斜升，盾状着生，长 7 ～ 12 mm，宽 0. 8 ～ 1. 5 mm，边缘有齿。叶二型，基生不育叶圆形，长（2）5 ～ 9 cm，宽（2）3 ～ 7 cm，基部心形，浅裂至叶片宽度的 1/3，边缘全缘，黄绿色或枯棕色，厚干膜质，下面有疏短毛。正常能育叶叶柄长 4 ～ 7（13）cm，具明显的狭翅；叶片长 20 ～ 45 cm，宽 10 ～ 15（20）cm，深羽裂至距叶轴 2 ～ 5 mm 处，裂片 7 ～ 13 对，互生，稍斜向上，披针形，长 6 ～ 10 cm，宽（1.5）2 ～ 3 cm，边缘有不明显的疏钝齿，顶端急尖或钝；叶脉两面均明显；叶干后纸质，仅上面中肋略有短毛。孢子囊群圆形、椭圆形，叶片下面全部分布，沿裂片中肋两侧各排列成 2 ～ 4 行，成熟时相邻两侧脉间有圆形孢子囊群 1 行，或幼时成 1 行长形的孢子囊群，混生有大量腺毛。孢子成熟期 10—11 月。

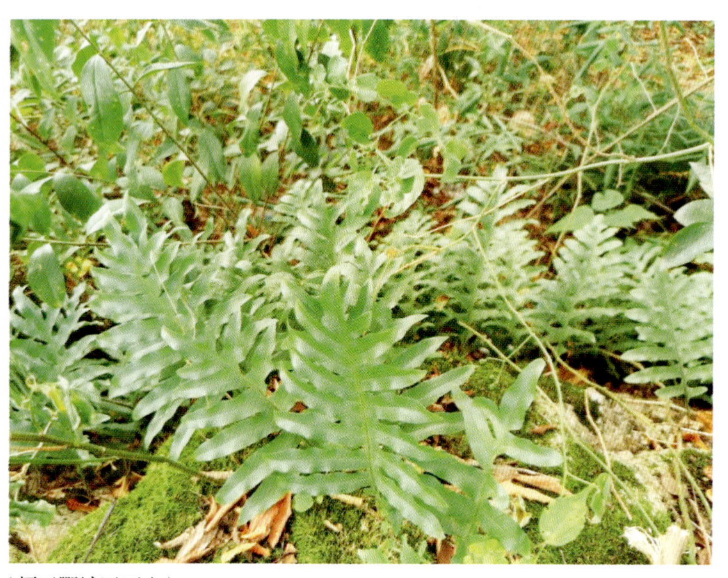

（摄于鄂城区西山）

【生境分布】附生于海拔 100 ～ 1800 m 的树干或石上，偶生于墙缝。全市各地均有零星野生。

【药用部位】根茎（骨碎补）。

【采收加工】全年均可采挖，除去泥沙，干燥，或再燎去茸毛（鳞片）。

【性味归经】味苦，性温。归肝、肾经。

【功能主治】疗伤止痛，补肾强骨，外用消风祛斑。用于跌扑闪挫，筋骨折伤，肾虚腰痛，筋骨痿软，耳鸣耳聋，牙齿松动等；外用治斑秃，白癜风等。

## 石韦

Shiwei

【别名】尾头石韦、尾叶石韦、小石韦。

【来源】水龙骨科石韦属植物石韦 *Pyrrosia lingua*（Thunb.）Farwell。

【植物形态】植株通常高 10 ～ 30 cm。根状茎长而横走，密被鳞片；鳞片披针形，长渐尖头，淡棕色，边缘有睫毛状毛。叶远生，近二型；叶柄与叶片大小和长短变化很大，能育叶通常远比不育叶长得高而较狭窄，两者的叶片略比叶柄长，少为等长，罕有短过叶柄的。不育叶片近长圆形或长圆状披针形，下部 1/3 处为最宽，向上渐狭，短渐尖头，基部楔形，宽一般为 1.5 ～ 5 cm，长 5 ～ 20 cm，全缘，干后革质，上面灰绿色，近光滑无毛，下面淡棕色或砖红色，被星状毛；能育叶约长于不育叶 1/3，而较狭。主脉下面稍隆起，上面不明显下凹，侧脉在下面明显隆起，清晰可见，小脉不明显。孢子囊群近椭圆形，在侧脉间整齐成多行排列，布满整个叶片下面，或聚生于叶片的大上半部，初时为星状毛覆盖而呈淡棕色，成熟后孢子囊开裂外露而呈砖红色。

（摄于鄂城区西山）

【生境分布】生于低海拔林下树干上，或稍干的岩石上。全市各地均有零星分布。

【药用部位】叶。

【采收加工】全年均可采收，除去根状茎和根，晒干或阴干。

【性味归经】味甘、苦，性微寒。归肺、膀胱经。

【功能主治】利尿通淋，清肺止咳，凉血止血。用于热淋，血淋，石淋，小便不通，淋沥涩痛，肺热咳喘，吐血，衄血，尿血，崩漏等。

# 睡菜科

## 荇菜

Xingcai

【别名】凫葵、水荷叶、杏菜、水葵。

【来源】睡菜科荇菜属植物荇菜 *Nymphoides peltata*（S. G. Gmel.）Kuntze。

【植物形态】多年生水生草本。茎圆柱形，多分枝，密生褐色斑点，节下生根。上部叶对生，下部叶互生，叶片飘浮，近革质，圆形或卵圆形，直径 1.5 ～ 8 cm，基部心形，全缘，有不明显的掌状叶脉，下面紫褐色，密生腺体，粗糙，上面光滑，叶柄圆柱形，长 5 ～ 10 cm，基部变宽，呈鞘状，半抱茎。花常多数，簇生节上，5 数；花梗圆柱形，不等长，稍短于叶柄，长 3 ～ 7 cm；花萼长 9 ～ 11 mm，分裂近基部，裂片椭圆形或椭圆状披针形，先端钝，全缘；花冠金黄色，长 2 ～ 3 cm，直径 2.5 ～ 3 cm，分裂至近基部，冠筒短，喉部具 5 束长柔毛，裂片宽倒卵形，先端圆形或凹陷，中部质厚的部分卵状长圆形，边缘宽膜质，近透明，具不整齐的细条裂齿；雄蕊着生于冠筒上，整齐，花丝基部疏被长毛；在短花柱的花中，雌蕊长 5 ～ 7 mm，花柱长 1 ～ 2 mm，柱头小，花丝长 3 ～ 4 mm，花药常弯曲，箭形，长 4 ～ 6 mm；在长花柱的花中，雌蕊长 7 ～ 17 mm，花柱长达 10 mm，柱头大，2 裂，裂片近圆形，花丝长 1 ～ 2 mm，花药长 2 ～ 3.5 mm；腺体 5 个，黄色，环绕子房基部。蒴果无柄，椭圆形，长 1.7 ～ 2.5 cm，宽 0.8 ～ 1.1 cm，宿存花柱长 1 ～ 3 mm，成熟时不开裂；种子大，褐色，椭圆形，长 4 ～ 5 mm，边缘密生睫毛状毛。花果期 4—10 月。

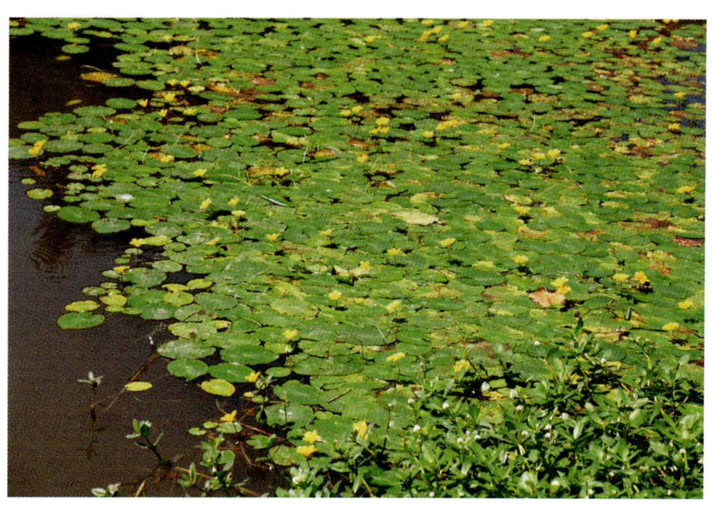

【生境分布】生于池塘或不甚流动的河溪中。全市各地均有零星分布。

【药用部位】全草。

【采收加工】夏、秋季采收，鲜用或晒干。

【性味归经】味辛、甘，性寒。

【功能主治】发汗透疹，利尿通淋，清热解毒。用于感冒发热无汗，麻疹透发不畅，水肿，小便不利，热淋，诸疮肿毒，毒蛇咬伤等。

# 睡莲科

## 芡

Qian

【别名】芡实、鸡头荷、鸡头莲、鸡头米。

【来源】睡莲科芡属植物芡 *Euryale ferox* Salisb. ex K. D. Koenig & Sims。

（摄于鄂城区三山湖）

【植物形态】一年生大型水生草本。沉水叶箭形或椭圆肾形，长 4 ～ 10 cm，两面无刺；叶柄无刺；浮水叶革质，椭圆肾形至圆形，直径 10 ～ 130 cm，盾状，有或无弯缺，全缘，下面带紫色，有短柔毛，两面在叶脉分枝处有锐刺；叶柄及花梗粗壮，长可达 25 cm，皆有硬刺。花长约 5 cm；萼片披针形，长 1 ～ 1.5 cm，内面紫色，外面密生稍弯硬刺；花瓣矩圆状披针形或披针形，长 1.5 ～ 2 cm，紫红色，成数轮排列，向内渐变成雄蕊；无花柱，柱头红色，成凹入的柱头盘。浆果球形，直径 3 ～ 5 cm，污紫红色，外面密生硬刺。种子球形，直径约 10 mm，黑色。花期 7—8 月，果期 8—9 月。

【生境分布】生于池塘、湖沼及水田中。全市各地均有零星分布。

【药用部位】种仁。

【采收加工】秋末冬初采收成熟果实，除去果皮，取出种子，洗净，再除去硬壳（外种皮），晒干。

【性味归经】味甘、涩，性平。归脾、肾经。

【功能主治】益肾固精，补脾止泻，除湿止带。用于遗精滑精，遗尿尿频，脾虚久泻，白浊，带下等。

## 睡莲

Shuilian

【别名】子午莲、粉色睡莲、野生睡莲、矮睡莲。

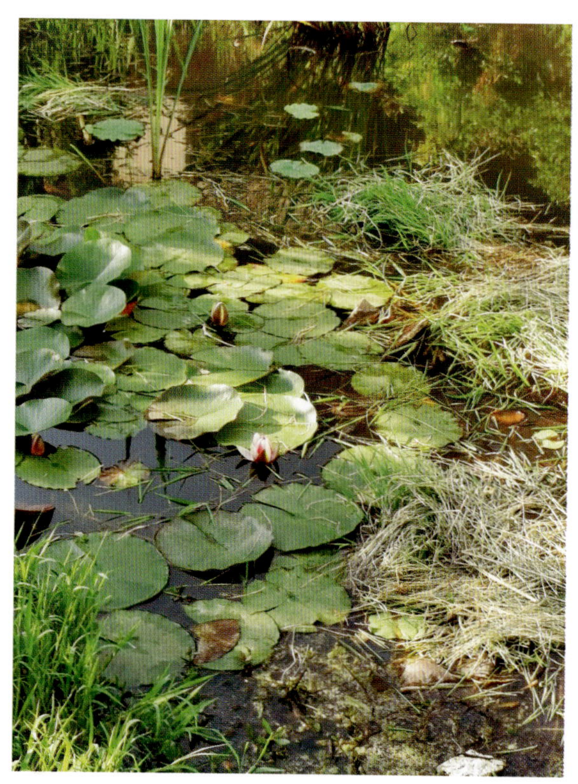

【来源】睡莲科睡莲属植物睡莲 *Nymphaea tetragona* Georgi。

【植物形态】多年生水生草本。根状茎短粗。叶纸质，心状卵形或卵状椭圆形，长 5 ~ 12 cm，宽 3.5 ~ 9 cm，基部具深弯缺，约占叶片全长的 1/3，裂片急尖，稍开展或几重合，全缘，上面光亮，下面带红色或紫色，两面皆无毛，具小点；叶柄长达 60 cm。花直径 3 ~ 5 cm；花梗细长；花萼基部四棱形，萼片革质，宽披针形或窄卵形，长 2 ~ 3.5 cm，宿存；花瓣白色，宽披针形、长圆形或倒卵形，长 2 ~ 2.5 cm，内轮不变成雄蕊；雄蕊比花瓣短，花药条形，长 3 ~ 5 mm；柱头具 5 ~ 8 辐射线。浆果球形，直径 2 ~ 2.5 cm，为宿存萼片包裹。种子椭圆形，长 2 ~ 3 mm，黑色。花期 6—8 月，果期 8—10 月。

【生境分布】生于池沼、湖泊中。全市各地均有零星分布。

【药用部位】花。

【采收加工】夏季采收，洗净，除去杂质，晒干。

【性味归经】味甘、苦，性平。

【功能主治】消暑，解酒，定惊。用于中暑，醉酒烦渴，小儿惊风等。

# 松科

## 马尾松

Maweisong

【别名】松树、山松、青松、短叶松、枞松。

【来源】松科松属植物马尾松 *Pinus massoniana* Lamb.。

【植物形态】乔木，高达 45 m，胸径 1.5 m。树皮红褐色，下部灰褐色，裂成不规则的鳞状块片；枝平展或斜展，树冠宽塔形或伞形，枝条每年生长一轮，但在广东南部则通常生长两轮，淡黄褐色，无白粉，稀有白粉，无毛；冬芽卵状圆柱形或圆柱形，褐色，顶端尖，芽鳞边缘丝状，先端尖或成渐尖的长尖头，微反曲。针叶 2 针一束，稀 3 针一束，长 12 ~ 20 cm，细柔，微扭曲，两面有气孔线，边缘有细锯齿；

横切面皮下层细胞单型，第一层连续排列，第二层由个别细胞断续排列而成，树脂道 4 ～ 8 个，在背面边生，或腹面也有 2 个边生；叶鞘初呈褐色，后渐变成灰黑色，宿存。雄球花淡红褐色，圆柱形，弯垂，长 1 ～ 1.5 cm，聚生于新枝下部苞腋，穗状，长 6 ～ 15 cm；雌球花单生或 2 ～ 4 个聚生于新枝近顶端，淡紫红色，一年生小球果圆球形或卵圆形，直径约 2 cm，褐色或紫褐色，上部珠鳞的鳞脐具向上直立的短刺，下部珠鳞的鳞脐平钝无刺。球果卵圆形或圆锥状卵圆形，长 4 ～ 7 cm，直径 2.5 ～ 4 cm，有短梗，下垂，成熟前绿色，成熟时栗褐色，陆续脱落；中部种鳞近矩圆状倒卵形，或近长方形，长约 3 cm；鳞盾菱形，微隆起或平，横脊微明显，鳞脐微凹，无刺，生于干燥环境者常具极短的刺。种子长卵圆形，长 4 ～ 6 mm，连翅长 2 ～ 2.7 cm；子叶 5 ～ 8 枚，长 1.2 ～ 2.4 cm。花期 4—5 月，球果第二年 10—12 月成熟。

【生境分布】多生于山地。全市各地均有分布。

【药用部位】花粉（松花粉），幼根或根皮（松根），球果（松塔、松球），叶（松针、松叶），枝干结节（松节），树皮（松树皮），枝（松树梢），种仁（松子仁），树脂（松油），树脂经蒸馏去除挥发油后的残留物（松香）。

【采收加工】花粉：春季开花期间采收雄花穗，晾干，搓下花粉，过筛，收取细粉，再晒。幼根或根皮：四季均可采挖，或剥取根皮，洗净，切段或片，晒干。球果：春末夏初采集，鲜用或干燥备用。叶：全年可采，晒干。种仁：种子成熟后采收，去掉种皮。树脂：割伤树皮，用器皿收集流出的树脂。树脂经蒸馏去除挥发油后的残留物：将树脂蒸馏，去除挥发油即得。

【性味归经】花粉：味甘，性温。归肝、脾经。幼根或根皮：味苦，性温。归肺、胃经。球果：味甘、苦，性温。归肺、大肠经。叶：味苦、涩，性温。归心、脾经。枝干结节：味苦，性温。归心、肺经。树皮：味苦、涩，性温。枝：味苦、涩，性温。种仁：味甘，性温。归肺、大肠经。树脂：味苦、辛，性温。树脂经蒸馏去除挥发油后的残留物：味苦、辛，性温。归肝、脾经。

【功能主治】花粉：祛风，收敛止血，燥湿敛疮。用于湿疹，黄水疮，皮肤糜烂，脓水淋漓，创口出血。幼根或根皮：祛风除湿，活血止血。用于风湿痹痛，风疹瘙痒，带下，咳嗽，跌打吐血，风虫牙痛。球果：祛风除痹，化痰止咳平喘，利尿，通便。用于风寒湿痹，白癜风，慢性支气管炎，淋浊，便秘，痔疮。叶：祛风燥湿，杀虫止痒。用于跌打损伤，失眠，浮肿，湿疹，流行性感冒。枝干结节：祛风除湿，活血止痛。用于风湿关节痛，腰腿痛，跌打肿痛。树皮：收敛，生肌。外用治烧烫伤，小儿湿疹。枝：解毒。

可解木薯、钩吻中毒。种仁：润肺，滑肠。用于肺燥咳嗽，慢性便秘。树脂：祛风，止痛。用于风湿痹痛。树脂经蒸馏去除挥发油后的残留物：祛风燥湿，拔毒排脓，生肌，止痛。用于疔疮，痔漏，疥癣，扭伤，风湿痹痛，皮肤瘙痒。

# 苏铁科

## 苏铁

Sutie

【别名】避火蕉、凤尾松、铁树、凤尾草、美叶苏铁。

【来源】苏铁科苏铁属植物苏铁 *Cycas revoluta* Thunb.。

【植物形态】树干高约 2 m，稀达 8 m 或更高，圆柱形，有明显螺旋状排列的菱形叶柄残痕。羽状叶从茎的顶部生出，下层的向下弯，上层的斜上伸展，整个羽状叶的轮廓呈倒卵状狭披针形，长 75 ～ 200 cm，叶轴横切面四方状圆形，柄略呈四角形，两侧有齿状刺，水平或略斜上伸展，刺长 2 ～ 3 mm；羽状裂片达 100 对以上，条形，厚革质，坚硬，长 9 ～ 18 cm，宽 4 ～ 6 mm，边缘显著地向下反卷，上部微渐窄，先端有刺状尖头，基部窄，两侧不对称，下侧下延生长，上面深绿色有光泽，中央微凹，凹槽内有稍隆起的中脉，下面浅绿色，中脉显著隆起，两侧有疏柔毛或无毛。雄球花圆柱形，长 30 ～ 70 cm，直径 8 ～ 15 cm，有短梗，小孢子叶窄楔形，长 3.5 ～ 6 cm，顶端宽平，其两角近圆形，宽 1.7 ～ 2.5 cm，有急尖头，尖头长约 5 mm，直立，下部渐窄，上面近龙骨状，下面中肋及顶端密生黄褐色或灰黄色长茸毛，花药通常 3 个聚生；大孢子叶长 14 ～ 22 cm，密生淡黄色或淡灰黄色茸毛，上部的顶片卵形至长卵形，边缘羽状分裂，裂片 12 ～ 18 对，条状钻形，长 2.5 ～ 6 cm，先端有刺状尖头，胚珠 2 ～ 6 颗，生于大孢子叶柄的两侧，有茸毛。种子红褐色或橘红色，倒卵圆形或卵圆形，稍扁，长 2 ～ 4 cm，直径 1.5 ～ 3 cm，密生灰黄色短茸毛，后渐脱落，中种皮木质，两侧有 2 条棱脊，上端无棱脊或棱脊不显著，顶端有尖头。花期 6—7 月，种子 10 月成熟。

【生境分布】全市各地有栽培。

【药用部位】叶、根、花及种子。

【采收加工】叶、根：全年可采。花：初夏采集，晒干备用。种子：初冬采集。

【性味归经】味苦、淡，性平；有小毒。

【功能主治】叶：收敛止血，解毒止痛。用于各种出血，胃炎，胃溃疡，神经痛，经闭，癌症。根：祛风活络，补肾。用于肺痨咯血，肾虚牙痛，腰痛，带下，风湿关节痛，跌打损伤。花：理气止痛，益肾固精。用于胃痛，遗精，带下，痛经。种子：平肝，降血压。用于高血压。

# 粟米草科

## 粟米草

Sumicao

【别名】地麻黄、地杉树、鸭脚瓜子草。

【来源】粟米草科粟米草属植物粟米草 *Trigastrotheca stricta* (L.) Thulin。

【植物形态】铺散一年生草本，高 10 ～ 30 cm。茎纤细，多分枝，有棱角，无毛，老茎通常淡红褐色。叶 3 ～ 5 片假轮生或对生，叶片披针形或线状披针形，长 1.5 ～ 4 cm，宽 2 ～ 7 mm，顶端急尖或长渐尖，基部渐狭，全缘，中脉明显；叶柄短或近无柄。花极小，组成疏松聚伞花序，花序梗细长，顶生或与叶对生；花梗长 1.5 ～ 6 mm；花被片 5，淡绿色，椭圆形或近圆形，长 1.5 ～ 2 mm，脉达花被片的 2/3，边缘膜质；雄蕊通常 3 枚，花丝基部稍宽；子房宽椭圆形或近圆形，3 室，花柱 3，短，线形。蒴果近球形，与宿存花被等长，3 瓣裂；种子多数，肾形，栗色，具多数颗粒状突起。花期 6—8 月，果期 8—10 月。

【生境分布】生于空旷荒地、农田和海岸沙地。分布于全市各地田野。

【药用部位】全草。

【采收加工】秋季采收，晒干或鲜用。

【性味归经】味淡、涩，性凉。

【功能主治】清热化湿，解毒消肿。用于腹痛，泄泻，痢疾，感冒咳嗽，中暑，皮肤热疹，目赤痈肿，疮痈肿毒，毒蛇咬伤，烧烫伤等。

# 檀香科

## 百蕊草

Bairuicao

【别名】百乳草、珍珠草、积药草。

【来源】檀香科百蕊草属植物百蕊草 *Thesium chinense* Turcz.。

【植物形态】多年生柔弱草本，高 15 ～ 40 cm，全株多少被白粉，无毛。茎细长，簇生，基部以上疏分枝，斜升，有纵沟。叶线形，长 1.5 ～ 3.5 cm，宽 0.5 ～ 1.5 mm，顶端急尖或渐尖，具单脉。花单一，5 数，腋生，花梗短或很短，长 3 ～ 3.5 mm；苞片 1 枚，线状披针形；小苞片 2 枚，线形，长 2 ～ 6 mm，边缘粗糙；花被绿白色，长 2.5 ～ 3 mm，花被管呈管状，花被裂片，顶端锐尖，内弯，内面的微毛不明显；雄蕊不外伸；子房无柄，花柱很短。坚果椭圆状或近球形，长或宽为 2 ～ 2.5 mm，淡绿色，表面有明显、隆起的网脉，顶端的宿存花被近球形，长约 2 mm；果柄长 3.5 mm。花期 4—5 月，果期 6—7 月。

（摄于鄂城区五卦山）

【生境分布】生于荫蔽湿润或潮湿的小溪边、田野。全市各地均有零星分布。

【药用部位】全草。

【采收加工】夏、秋季采收全草，晒干。

【性味归经】味辛、微苦，性凉。归肺、肝、脾经。

【功能主治】解表清热，祛风止痉。用于感冒，中暑，小儿肺炎，惊风等。

# 天门冬科

## 多花黄精

Duohuahuangjing

【别名】姜状黄精、黄精、山姜。

【来源】天门冬科黄精属植物多花黄精 *Polygonatum cyrtonema* Hua。

【植物形态】多年生草本，高 40 ～ 60 cm。根状茎肥厚，通常呈连珠状或结节成块，少有近圆柱形，直径 1 ～ 2 cm。茎光滑无毛，略有斑点。叶互生，无柄，椭圆形、卵状披针形至矩圆状披针形，少有稍作镰状弯曲，长 10 ～ 18 cm，宽 2 ～ 7 cm，先端尖至渐尖。花序具 1 ～ 14 朵花，伞形，总花梗长 1 ～ 4（6）cm，花梗长 0.5 ～ 1.5（3）cm；苞片微小，位于花梗中部以下，或不存在；花被黄绿色，全长 18 ～ 25 mm，裂片长约 3 mm；花丝长 3 ～ 4 mm，两侧扁或稍扁，具乳头状突起至具短绵毛，顶端稍膨大至具囊状突起，花药长 3.5 ～ 4 mm；子房长 3 ～ 6 mm，花柱长 12 ～ 15 mm。浆果黑色，直径约 1 cm，具 3 ～ 9 颗种子。花期 5—6 月，果期 8—10 月。

【生境分布】生于山林、灌丛、沟谷旁的阴湿肥沃土壤中。全市有零星野生，梁子湖区有栽培。

【药用部位】根茎。

【采收加工】9—10 月挖起根茎，去掉茎秆，洗净泥沙，除去须根和烂疤，置沸水中略烫或蒸至透心后，晒干或烘干。

【性味归经】味甘，性平。归脾、肺、肾经。

【功能主治】补气养阴，健脾，润肺，益肾。用于脾胃气虚，体倦乏力，胃阴不足，口干食少，肺虚燥咳，劳嗽咯血，精血不足，腰膝酸软，须发早白，内热消渴等。

## 玉竹

Yuzhu

【别名】尾参、铃铛菜。

【来源】天门冬科黄精属植物玉竹 *Polygonatum odoratum* (Mill.) Druce。

【植物形态】多年生草本。根状茎圆柱形，直径 5 ～ 14 mm，多节，节间长，密生须根。茎高 20 ～ 50 cm，单一，有棱角。叶互生，椭圆形至卵状矩圆形，长 5 ～ 12 cm，宽 3 ～ 16 cm，先端尖，下面带灰白色，下面脉上平滑至呈乳头状粗糙。花序具 1 ～ 4 朵花（在栽培情况下，可多至 8 朵花），总花梗（单花时为花梗）长 1 ～ 1.5 cm，无苞片或有条状披针形苞片；花被黄绿色至白色，全长 13 ～ 20 mm，花被筒较直，裂片长 3 ～ 4 mm；花丝丝状，近平滑至具乳头状突起，花药长约 4 mm；子房长 3 ～ 4 mm，花柱长 10 ～ 14 mm。浆果蓝黑色，直径 7 ～ 10 mm，具 7 ～ 9 颗种子。花期 5—6 月，果期 7—9 月。

（摄于梁子湖区沼山森林公园）

【生境分布】生于林下及山坡阴湿处。全市各地均有零星野生。

【药用部位】根茎。

【采收加工】秋季采挖，除去须根，洗净，晒至柔软后，反复揉搓、晾晒至无硬心，晒干；或蒸透后，揉至半透明，晒干。

【性味归经】味甘，性寒。归肺、胃经。

【功能主治】养阴润燥，生津止渴。用于肺胃阴伤，燥热咳嗽，咽干口渴，内热消渴等。

## 山麦冬

Shanmaidong

【别名】麦门冬、土麦冬、麦冬。

【来源】天门冬科山麦冬属植物山麦冬 *Liriope spicata* (Thunb.) Lour.。

【植物形态】多年生草本，植株有时丛生。根稍粗，直径 1 ～ 2 mm，有时分枝多，近末端处常膨大成矩圆形、椭圆形或纺锤形的肉质小块根。根状茎短，木质，具地下走茎。叶长 25 ～ 60 cm，宽 4 ～ 6（8） mm，先端急尖或钝，基部常包以褐色的叶鞘，上面深绿色，背面粉绿色，具 5 条脉，中脉比较明显，边缘具细锯齿。花葶通常长于或几等长于叶，少数稍短于叶，长 25 ～ 65 cm；总状花序长 6 ～ 15（20） cm，具多数花；花通常（2）3 ～ 5 朵簇生于苞片腋内；苞片小，披针形，最下面的长 4 ～ 5 mm，干膜质；花梗长约 4 mm，关节位于中部以上或近顶端；花被片矩圆形、矩圆状披针形，长 4 ～ 5 mm，先端钝

圆，淡紫色或淡蓝色；花丝长约 2 mm；花药狭矩圆形，长约 2 mm；子房近球形，花柱长约 2 mm，稍弯，柱头不明显。种子近球形，直径约 5 mm。花期 5—7 月，果期 8—10 月。

【生境分布】生于海拔 50 ～ 1400 m 的山坡、山谷林下、路旁或湿地。全市各地均有野生。

【药用部位】块根。

【采收加工】夏初采挖，洗净，反复暴晒、堆置至近干，除去须根，干燥。

【性味归经】味甘、微苦，性微寒。归心、肺、胃经。

【功能主治】养阴生津，润肺清心。用于肺燥干咳，阴虚咳嗽，喉痹咽痛，津伤口渴，内热消渴，心烦失眠，肠燥便秘等。

## 天门冬

Tianmendong

【别名】丝冬、大当门根、天冬。

【来源】天门冬科天门冬属植物天门冬 *Asparagus cochinchinensis* (Lour.) Merr.。

【植物形态】攀援状多年生草本。根在中部或近末端成纺锤状膨大，膨大部分长 3 ～ 5 cm，直径 1 ～ 2 cm。茎平滑，常弯曲或扭曲，长可达 1 ～ 2 m，分枝具棱或狭翅。叶状枝通常每 3 枚成簇，扁平或由于中脉龙骨状而略呈锐三棱形，稍呈镰刀状，长 0.5 ～ 8 cm，宽 1 ～ 2 mm；茎上的鳞片状叶基部延伸为长 2.5 ～ 3.5 mm 的硬刺，在分枝上的刺较短或不明显。花通常每 2 朵腋生，淡绿色；花梗长 2 ～ 6 mm，关节一般位于中部，有时位置有变化。雄花：花被长 2.5 ～ 3 mm；花丝不贴生于花被片上。雌花：大小和雄花相似。浆果直径 6 ～ 7 mm，成熟时红色，有 1 颗种子。花期 5—6 月，果期 8—10 月。

【生境分布】生于阴湿的山野林边、草丛或灌丛中，也有栽培。全市各地均有零星野生，鄂城区有栽培。

【药用部位】块根。

【采收加工】秋、冬季采挖，洗净，除去茎基部和须根，置沸水中煮或蒸至透心，趁热除去外皮，洗净，干燥。

【性味归经】味甘、苦，性寒。归肺、肾经。

【功能主治】养阴润燥，清肺生津。用于肺燥干咳，顿咳痰黏，腰膝酸痛，骨蒸潮热，内热消渴，咽干口渴，肠燥便秘等。

## 麦冬

Maidong

【别名】麦门冬。

【来源】天门冬科沿阶草属植物麦冬 *Ophiopogon japonicus* (L. f.) Ker Gawl.。

【植物形态】根较粗，中间或近末端常膨大成椭圆形或纺锤形的小块根；小块根长 1 ～ 1.5 cm，或更长些，宽 5 ～ 10 mm，淡褐黄色；地下走茎细长，直径 1 ～ 2 mm，节上具膜质的鞘。茎很短，叶基生成丛，禾叶状，长 10 ～ 50 cm，少数更长些，宽 1.5 ～ 3.5 mm，具 3 ～ 7 条脉，边缘具细锯齿。花葶长 6 ～ 15（27）cm，通常比叶短得多，总状花序长 2 ～ 5 cm，或有时更长些，具几朵至十几朵花；花单生或成对着生于苞片腋内；苞片披针形，先端渐尖，最下面的长可达 7 ～ 8 mm；花梗长 3 ～ 4 mm，关节位于中部以上或近中部；花被片常稍下垂而不展开，披针形，长约 5 mm，白色或淡紫色；花药三角状披针形，长 2.5 ～ 3 mm；花柱长约 4 mm，较粗，宽约 1 mm，基部宽阔，向上渐狭。种子球形，直径 7 ～ 8 mm。花期 5—8 月，果期 8—9 月。

【生境分布】生于海拔 2000 m 以下的山坡阴湿处、林下或溪旁。

【药用部位】块根。

【采收加工】夏季采挖，洗净，反复暴晒、堆置至七八成干，除去须根，干燥。

【性味归经】味甘、微苦，性微寒。归心、肺、胃经。

【功能主治】养阴生津，润肺清心。用于肺燥干咳，阴虚咳嗽，喉痹咽痛，津伤口渴，内热消渴，心烦失眠，肠燥便秘等。

## 沿阶草

Yanjiecao

【别名】铺散沿阶草、矮小沿阶草。

【来源】天门冬科沿阶草属植物沿阶草 *Ophiopogon bodinieri* H. Lév.。

【植物形态】根纤细，近末端处有时具膨大成纺锤形的小块根；地下走茎长，直径 1 ～ 2 mm，节上具膜质的鞘。茎很短。叶基生成丛，禾叶状，长 20 ～ 40 cm，宽 2 ～ 4 mm，先端渐尖，具 3 ～ 5 条脉，边缘具细锯齿。花葶较叶稍短或几等长，总状花序长 1 ～ 7 cm，具几朵至十几朵花；花常单生或 2 朵簇生于苞片腋内；苞片条形或披针形，少数呈针形，稍带黄色，半透明，最下面的长约 7 mm，少数更长些；花梗长

5～8 mm，关节位于中部；花被片卵状披针形、披针形或近矩圆形，长4～6 mm，内轮3片宽于外轮3片，白色或稍带紫色；花丝很短，长不及1 mm；花药狭披针形，长约2.5 mm，常呈绿黄色；花柱细，长4～5 mm。种子近球形或椭圆形，直径5～6 mm。花期6—8月，果期8—10月。

【生境分布】生于海拔600～3400 m的山坡、山谷潮湿处、沟边、灌丛下或林下。城市绿化带常见。

【药用部位】块根。

【采收加工】夏季采挖，洗净，反复暴晒、堆置至七八成干，除去须根，干燥。

【性味归经】味甘、苦，性寒。归心、肺、胃经。

【功能主治】养阴生津，润肺清心。用于肺燥干咳，阴虚咳嗽，喉痹咽痛，津伤口渴，内热消渴，心烦失眠，肠燥便秘等。

## 玉簪
Yuzan

【别名】玉簪花。

【来源】天门冬科玉簪属植物玉簪 *Hosta plantaginea* (Lam.) Asch.。

【植物形态】根状茎粗厚，直径1.5～3 cm。叶卵状心形、卵形或卵圆形，长14～24 cm，宽8～16 cm，先端近渐尖，基部心形，具6～10对侧脉；叶柄长20～40 cm。花葶高40～80 cm，具几朵至十几朵花；花的外苞片卵形或披针形，长2.5～7 cm，宽1～1.5 cm；内苞片很小；花单生或2～3朵簇生，长10～13 cm，白色，芳香；花梗长约1 cm；雄蕊与花被近等长或略短，基部15～20 mm贴生于花被管上。蒴果圆柱状，有3棱，长约6 cm，直径约1 cm。花期7—8月，果期9—10月。

【生境分布】生于阴湿山坡林下、灌丛中或阴湿沟边。多见于城市绿化带。

【药用部位】叶或全草、根、花。

【采收加工】叶或全草：夏、秋季采收，洗净，鲜用或晾干。根：秋季采挖，除去茎叶、须根，洗净，鲜用或切片后晾干。花：7—8月花似开非开时采摘，晒干。

【性味归经】叶或全草：味苦、辛，性寒；有毒。根：味苦、辛，性寒；有小毒。归胃、肺、肝经。花：味苦、甘，性凉；有小毒。

【功能主治】叶或全草：清热解毒，散结消肿。用于乳痈，疮痈肿毒，瘰疬，毒蛇咬伤等。根：清热解毒，下骨鲠。用于疮痈肿毒，乳痈，瘰疬，咽喉肿痛，骨鲠等。花：清热解毒，利水，通经。用于咽喉肿痛，疮痈肿毒，小便不利，经闭等。

## 知母

Zhimu

【别名】 蚳母、连母、野蓼、地参、水参。

【来源】 天门冬科知母属植物知母 *Anemarrhena asphodeloides* Bunge。

【植物形态】 根状茎直径 0.5 ～ 1.5 cm，为残存的叶鞘所覆盖。叶基生，叶片长 15 ～ 60 cm，宽 1.5 ～ 11 mm，向先端渐尖而成近丝状，基部渐宽而成鞘状，具多条平行脉，没有明显的中脉。花葶比叶长得多；总状花序通常较长，可达 20 ～ 50 cm；苞片小，卵形或卵圆形，先端长渐尖；花粉红色、淡紫色至白色；花被片条形，长 5 ～ 10 mm，中央具 3 条脉，宿存。蒴果狭椭圆形，长 8 ～ 13 mm，宽 5 ～ 6 mm，顶端有短喙。种子长 7 ～ 10 mm。花期 5—6 月，果期 8—9 月。

（摄于湖北瑞华制药有限责任公司中药材种植基地）

【生境分布】 生于向阳干燥的山坡、丘陵草丛或草原地带，常成群生长。梁子湖区有栽培。

【药用部位】 根茎。

【采收加工】 春、秋季采挖，除去须根和泥沙，晒干，习称“毛知母”；或除去外皮，晒干，习称“光知母”。

【性味归经】 味苦、甘，性寒。归肺、胃、肾经。

【功能主治】 清热泻火，滋阴润燥，止渴除烦。用于温热病，高热烦渴，咳嗽气喘，燥咳，便秘，骨蒸潮热，虚烦不眠，消渴，淋浊等。

## 蜘蛛抱蛋

Zhizhubaodan

【别名】 一帆青、飞天蜈蚣、哈萨喇、竹叶伸筋、大九龙盘。

【来源】 天门冬科蜘蛛抱蛋属植物蜘蛛抱蛋 *Aspidistra elatior* Blume。

【植物形态】 根状茎近圆柱形，直径 5 ～ 10 mm，具节和鳞片。叶单生，彼此相距 1 ～ 3 cm，矩圆状披针形、披针形至近椭圆形，长 22 ～ 46 cm，宽 8 ～ 11 cm，先端渐尖，基部楔形，边缘皱波状，两面绿色，有时稍具黄白色斑点或条纹；

叶柄明显，粗壮，长 5 ～ 35 cm。总花梗长 0.5 ～ 2 cm；苞片 3 ～ 4 枚，其中 2 枚位于花的基部，宽卵形，长 7 ～ 10 mm，宽约 9 mm，淡绿色，有时有紫色细点；花被钟状，长 12 ～ 18 mm，直径 10 ～ 15 mm，外面带紫色或暗紫色，内面下部淡紫色或深紫色，上部（6）8 裂；花被筒长 10 ～ 12 mm，裂片近三角形，向外扩展或外弯，长 6 ～ 8 mm，宽 3.5 ～ 4 mm，先端钝，边缘和内侧的上部淡绿色，内面具 4 条特别肥厚的肉质脊状隆起，中间的 2 条细而长，两侧的 2 条粗而短，中部高达 1.5 mm，紫红色；雄蕊（6）8 枚，生于花被筒近基部，低于柱头；花丝短，花药椭圆形，长约 2 mm；雌蕊高约 8 mm，子房几不膨大；花柱无关节；柱头盾状膨大，圆形，直径 10 ～ 13 mm，紫红色，上面具（3）4 深裂，裂缝两边向上凸出，中心部分微凸，裂片先端微凹，边缘常向上反卷。浆果球形，花柱宿存。种子卵圆形。花期夏季。

【生境分布】 多为栽培。

【药用部位】 根茎。

【采收加工】 全年均可采收，除去须根及叶，洗净，鲜用；或切片，晒干。

【性味归经】 味辛、甘，性微寒。

【功能主治】 活血止痛，清肺止咳，利尿通淋。用于跌打损伤，风湿痹痛，腰痛，经闭腹痛，肺热咳嗽，石淋，小便不利等。

## 龙舌兰

Longshelan

【别名】 剑兰、剑麻。

【来源】 天门冬科龙舌兰属植物龙舌兰 *Agave americana* L.。

【植物形态】 多年生草本。叶呈莲座式排列，通常 30 ～ 40 枚，有时 50 ～ 60 枚，大型，肉质，倒披针状线形，长 1 ～ 2 m，中部宽 15 ～ 20 cm，基部宽 10 ～ 12 cm，叶缘具疏刺，顶端有 1 硬尖刺，刺暗褐色，长 1.5 ～ 2.5 cm。圆锥花序大型，长达 6 ～ 12 m，多分枝；花黄绿色；花被管长约 1.2 cm，花被裂片长 2.5 ～ 3 cm；雄蕊长约为花被的 2 倍。蒴果长圆形，长约 5 cm。开花后花序上生成的珠芽极少。

【生境分布】 栽种于公园、庭院。

【药用部位】 叶。

【采收加工】 四季采叶，洗净，鲜用或沸水烫后晒干。

【性味归经】 味苦、酸，性温。

【功能主治】 解毒拔脓，杀虫，止血。用于痈疽疮疡，疥癣，盆腔炎，子宫出血等。

# 天南星科

## 半夏

Banxia

【别名】三叶半夏、三步跳、三步倒、燕子尾。

【来源】天南星科半夏属植物半夏 *Pinellia ternata*（Thunb.）Ten. ex Breit.。

【植物形态】多年生草本，高 15 ～ 30 cm。块茎圆球形，直径 1 ～ 2 cm，具须根。叶 2 ～ 5 枚，有时 1 枚。叶柄长 15 ～ 20 cm，基部具鞘，鞘内、鞘部以上或叶片基部（叶柄顶头）有直径 3 ～ 5 mm 的珠芽，珠芽在母株上萌发或落地后萌发；幼苗叶片卵状心形至戟形，为全缘单叶，长 2 ～ 3 cm，宽 2 ～ 2.5 cm；老株叶片 3 全裂，裂片绿色，背淡，长圆状椭圆形或披针形，两端锐尖，中裂片长 3 ～ 10 cm，宽 1 ～ 3 cm；侧裂片稍短；全缘或具不明显的浅波状圆齿，侧脉 8 ～ 10 对，细弱，细脉网状，密集，集合脉 2 圈。花序柄长 25 ～ 35 cm，长于叶柄。佛焰苞绿色或绿白色，管部狭圆柱形，长 1.5 ～ 2 cm；檐部长圆形，绿色，有时边缘青紫色，长 4 ～ 5 cm，宽 1.5 cm，钝或锐尖。肉穗花序，雌花序长 2 cm，雄花序长 5 ～ 7 mm，其中间隔 3 mm；附属器绿色变青紫色，长 6 ～ 10 cm，直立，有时“S”形弯曲。浆果卵圆形，黄绿色，先端渐狭为明显的花柱。花期 5—7 月，果期 7—8 月。

【生境分布】生于草坡、荒地、玉米地、田边或疏林下。全市各地均有零星分布。

【药用部位】块茎。

【采收加工】夏、秋季采挖，洗净，除去外皮和须根，晒干。

【性味归经】味辛，性温；有毒。归脾、胃、肺经。

【功能主治】燥湿化痰，降逆止呕，消痞散结。用于痰多咳喘，痰饮眩悸，风痰眩晕，痰厥头痛，呕吐反胃，胸膈痞闷，梅核气；外用治痈肿痰核。

## 天南星

Tiannanxing

【别名】虎掌。

【来源】天南星科天南星属植物天南星 *Arisaema heterophyllum* Blume。

【植物形态】多年生草本，高 40 ~ 90 cm。块茎扁球形，直径 2 ~ 4 cm，顶部扁平，周围生根，常有若干侧生芽眼。鳞芽 4 ~ 5，膜质。叶常单一，叶柄圆柱形，粉绿色，长 30 ~ 50 cm，下部 3/4 鞘筒状，鞘端斜截形；叶片鸟足状分裂，裂片 13 ~ 19，有时更少或更多，倒披针形、长圆形、线状长圆形，基部楔形，先端骤狭渐尖，全缘，暗绿色，背面淡绿色，中裂片无柄或具长 15 mm 的短柄，长 3 ~ 15 cm，宽 0.7 ~ 5.8 cm，比侧裂片几短 1/2；侧裂片长 8 ~ 30 cm，宽 1 ~ 6 cm，向外渐小，排列成蝎尾状，间距 0.5 ~ 1.5 cm。花序柄长 30 ~ 55 cm，从叶柄鞘筒内抽出。佛焰苞管部圆柱形，长 3.2 ~ 8 cm，粗 1 ~ 2.5 cm，粉绿色，内面绿白色，喉部截形，外缘稍外卷；檐部卵形或卵状披针形，宽 2.5 ~ 8 cm，长 4 ~ 9 cm，下弯几成盔状，背面深绿色、淡绿色至淡黄色，先端骤狭渐尖。肉穗花序两性和雄花序单性。两性花序：下部雌花序长 1 ~ 2.2 cm，上部雄花序长 1.5 ~ 3.2 cm，此中雄花疏，大部分不育，有的退化为钻形中性花，稀为仅有钻形中性花的雌花序。单性雄花序长 3 ~ 5 cm，粗 3 ~ 5 mm，各种花序附属器基部粗 5 ~ 11 mm，苍白色，向上细狭，长 10 ~ 20 cm，至佛焰苞喉部以外呈“之”字形上升（稀下弯）。雌花球形，花柱明显，柱头小，胚珠 3 ~ 4 颗，直立于基底胎座上。雄花具柄，花药 2 ~ 4，白色，顶孔横裂。浆果黄红色、红色，圆柱形，长约 5 mm，内有棒头状种子 1 粒，不育胚珠 2 ~ 3 颗。种子黄色，具红色斑点。花期 5—6 月，果期 7—9 月。

【生境分布】生于林下、灌丛或草地。全市各地均有零星分布。

【药用部位】块茎。

【采收加工】秋、冬季茎叶枯萎时采挖，除去须根及外皮，干燥。

【性味归经】味苦、辛，性温；有毒。归肺、肝、脾经。

【功能主治】散结消肿。外用治痈肿，蛇虫咬伤。

## 野芋

Yeyu

【别名】野芋头、老芋、野芋艿、红芋荷、野芋荷。

【来源】天南星科芋属植物野芋 *Colocasia antiquorum* Schott。

【植物形态】湿生草本。块茎球形，有多数须根；匍匐茎常从块茎基部外伸，长或短，具小球茎。叶柄肥厚，直立，长可达 1.2 m；叶片薄革质，表面略发亮，盾状卵形，基部心形，长达 50 cm 以上；前裂片宽卵形，锐尖，长稍胜于宽，Ⅰ级侧脉 4 ~ 8 对；后裂片卵形，钝，长约为前裂片的 1/2，2/3 ~ 3/4 甚至完全连合，基部弯缺为宽钝的三角形或圆形，基脉相交成 30° ~ 40° 角。花序柄比叶柄短许多。佛焰苞苍黄色，长 15 ~ 25 cm；管部淡绿色，长圆形，为檐部长的 1/5 ~ 1/2；檐部狭长的线状披针形，先端渐尖。肉穗花序短于佛焰苞；雌花序与不育雄花序等长，各 2 ～ 4 cm；能育雄花序和附属器各长 4 ～ 8 cm。子房具极短的花柱。浆果橙红色。

【生境分布】生于林下阴湿处、溪边。全市各地均有分布。

【药用部位】块茎。

【采收加工】夏、秋季采挖，鲜用或切片晒干。

【性味归经】味辛，性寒；有毒。归心、肝经。

【功能主治】清热解毒，散瘀消肿。用于疮痈肿毒，乳痈，淋巴结炎，痔疮，疥癣，跌打损伤，蛇虫咬伤。

## 紫萍

Ziping

【别名】紫背浮萍、浮萍、水萍草、萍。

【来源】天南星科紫萍属植物紫萍 *Spirodela polyrrhiza*（L.）Schleid.。

【植物形态】叶状体扁平，阔倒卵形，长 5 ～ 8 mm，宽 4 ～ 6 mm，先端钝圆，表面绿色，背面紫色，具掌状脉 5 ～ 11 条，背面中央生 5 ～ 11 条根，根长 3 ～ 5 cm，白绿色，根冠尖，脱落；根基附近的一侧囊内形成圆形新芽，萌发后，幼小叶状体渐从囊内浮出，由一细弱的柄与母体相连。花未见，据记载，肉穗花序有 2 朵雄花和 1 朵雌花。

【生境分布】生于水田、湖湾、水沟、湖泊或静水中。全市各地水域有零星野生。

【药用部位】全草。

【采收加工】6—9 月采收，洗净，除去杂质，晒干。

【性味归经】味辛，性寒。归肺经。

【功能主治】宣散风热，透疹，利尿。用于麻疹不透，风疹瘙痒，水肿尿少等。

# 通泉草科

## 通泉草

Tongquancao

【别名】脓泡药、汤湿草、野田菜、鹅肠草、五瓣梅。

【来源】通泉草科通泉草属植物通泉草 *Mazus pumilus*（Burm. f.）Steenis。

【植物形态】一年生草本，高 3 ～ 30 cm，无毛或疏生短柔毛。主根伸长，垂直向下或短缩，须根纤细，多数，散生或簇生。本种在体态上变化幅度很大，茎 1 ～ 5 支或有时更多，直立，上升或倾卧状上升，着地部分节上常能长出不定根，分枝多而披散，少不分枝。基生叶少到多数，有时成莲座状或早落，倒卵状匙形至卵状倒披针形，膜质至薄纸质，长 2 ～ 6 cm，顶端全缘或有不明显的疏齿，基部楔形，下延成带翅的叶柄，边缘具不规则的粗齿或基部有 1 ～ 2 片浅羽裂；茎生叶对生或互生，少数，与基生叶相似或几乎等大。总状花序生于茎、枝顶端，常在近基部即生花，伸长或上部成束状，通常 3 ～ 20 朵，花疏稀；花梗在果期长达 10 mm，上部的较短；花萼钟状，花期长约 6 mm，果期多少增大，萼片与萼筒近等长，卵形，先端急尖，脉不明显；花冠白色、紫色或蓝色，长约 10 mm，上唇裂片卵状三角形，下唇中裂片较小，稍突出，倒卵圆形；子房无毛。蒴果球形。种子小而多数，黄色，种皮上有不规则的网纹。花果期 4—10 月。

【生境分布】生于湿润的草坡、沟边、路旁及林缘。分布于全市各地。

【药用部位】全草。

【采收加工】春、夏季均可采收，洗净，鲜用或晒干。

【性味归经】味苦、微甘，性凉。

【功能主治】清热解毒，利湿通淋，健脾消积。用于热毒痈肿，脓疱疮，疔疮，烧烫伤，尿路感染，腹水，黄疸型肝炎，消化不良，小儿疳积等。

# 土人参科

## 土人参

Turenshen

【别名】假人参、土参、土洋参、土高丽参。

【来源】土人参科土人参属植物土人参 *Talinum paniculatum*（Jacq.）Gaertn.。

【植物形态】一年生或多年生草本，全株无毛，高 30～100 cm。主根粗壮，圆锥形，有少数分枝，皮黑褐色，断面乳白色。茎直立，肉质，基部近木质，多少分枝，圆柱形，有时具槽。叶互生或近对生，具短柄或近无柄，叶片稍肉质，倒卵形或倒卵状长椭圆形，长 5～10 cm，宽 2.5～5 cm，顶端急尖，有时微凹，具短尖头，基部狭楔形，全缘。圆锥花序顶生或腋生，常二叉状分枝，具长花序梗；花小，直径约 6 mm；总苞片绿色或近红色，圆形，顶端圆钝，长 3～4 mm；苞片 2，膜质，披针形，顶端急尖，长约 1 mm；花梗长 5～10 mm；萼片卵形，紫红色，早落；花瓣粉红色或淡紫红色，长椭圆形、倒卵形或椭圆形，长 6～12 mm，顶端圆钝，稀微凹；雄蕊 10～20，比花瓣短；花柱线形，长约 2 mm，基部具关节；柱头 3 裂，稍开展；子房卵球形，长约 2 mm。蒴果近球形，直径约 4 mm，3 瓣裂，坚纸质；种子多数，扁圆形，直径约 1 mm，黑褐色或黑色，有光泽。花期 6—8 月，果期 9—11 月。

【生境分布】生于田野、路边、墙脚石旁、山坡沟边等阴湿处。全市各地均有零星栽培。

【药用部位】根、叶。

【采收加工】根：8—9 月采挖后，洗净，除去细根，晒干或刮去表皮，蒸熟晒干。叶：夏、秋季采收，洗净，鲜用或晒干。

【性味归经】根：味甘、淡，性平。归脾、肺、肾经。叶：味甘，性平。

【功能主治】根：补气润肺，止咳，调经。用于气虚劳倦，食少，泄泻，肺痨咯血，眩晕，潮热，盗汗，自汗，月经不调，带下，产妇乳汁不足等。叶：通乳汁，消肿毒。用于乳汁不足，痈肿疔毒等。

# 卫矛科

## 雷公藤

Leigongteng

【别名】黄藤、红柴根、菜虫药、水莽草、断肠草。

【来源】卫矛科雷公藤属植物雷公藤 *Tripterygium wilfordii* Hook. f.。

【植物形态】藤本灌木，高 1 ～ 3 m。小枝棕红色，具 4 ～ 6 细棱，被密毛及细密皮孔。叶椭圆形、倒卵状椭圆形、长方椭圆形或卵形，长 4 ～ 7.5 cm，宽 3 ～ 4 cm，先端急尖或短渐尖，基部阔楔形或圆形，边缘有细锯齿，侧脉 4 ～ 7 对，达叶缘后稍上弯，叶柄长 5 ～ 8 mm，密被锈色毛。圆锥聚伞花序较窄小，长 5 ～ 7 cm，宽 3 ～ 4 cm，通常有 3 ～ 5 分枝，花序、分枝及小花梗均被锈色毛，花序梗长 1 ～ 2 cm，小花梗细长达 4 mm；花白色，直径 4 ～ 5 mm；萼片先端急尖；花瓣长方卵形，边缘微蚀；花盘略 5 裂；雄蕊插生于花盘外缘，花丝长达 3 mm；子房具 3 棱，花柱柱状，柱头稍膨大，3 裂。翅果长圆状，长 1 ～ 1.5 cm，直径 1 ～ 1.2 cm，中央果体较大，占全长的 1/2 ～ 2/3，中央脉及两侧脉共 5 条，分离较疏，占翅宽的 2/3，小果梗细圆，长达 5 mm。种子细柱状，长达 10 mm。

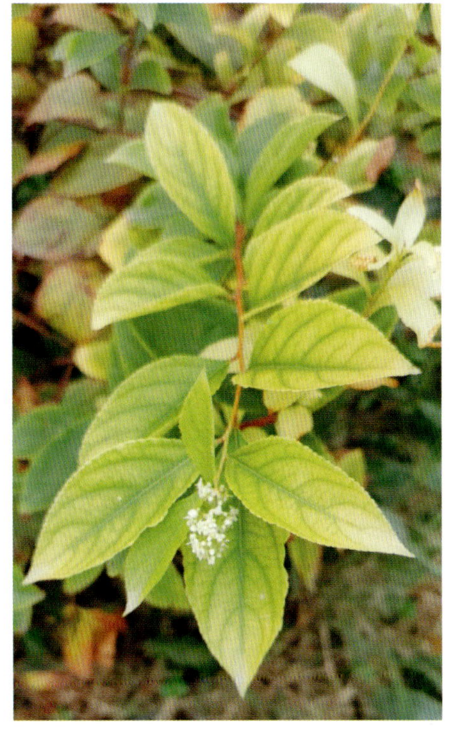

【生境分布】生于山地林内阴湿处。全市各地均有零星分布。

【药用部位】根、叶、花或果实。

【采收加工】根：秋季挖取根部，抖净泥土，晒干。叶、花、果实：夏季采收。

【性味归经】味苦、辛，性凉；有大毒。归心、肝经。

【功能主治】祛风除湿，活血通络，消肿止痛，杀虫解毒。用于类风湿性关节炎，风湿性关节炎，肾小球肾炎，肾病综合征，红斑狼疮，干燥综合征，湿疹，银屑病，麻风，疥疮，顽癣。

【附注】本品有大毒，内服宜慎。凡疮痒出血者慎用。

## 南蛇藤

Nansheteng

【别名】过山龙、大南蛇、蔓性落霜红、穿山龙。

【来源】卫矛科南蛇藤属植物南蛇藤 *Celastrus orbiculatus* Thunb.。

（摄于鄂城区四峰山）

【植物形态】藤状灌木，小枝光滑无毛，灰棕色或棕褐色，具稀而不明显的皮孔；腋芽小，卵状至卵圆状，长 1 ～ 3 mm。叶通常阔倒卵形、近圆形或长方椭圆形，长 5 ～ 13 cm，宽 3 ～ 9 cm，先端圆阔，具小尖头或短渐尖，基部阔楔形至近钝圆形，边缘具锯齿，两面光滑无毛或叶背脉上具稀疏短柔毛，侧脉 3 ～ 5 对；叶柄长 1 ～ 2 cm。聚伞花序腋生，间有顶生，花序长 1 ～ 3 cm；小花 1 ～ 3 朵，小花梗关节在中部以下或近基部；雄花萼片钝三角形；花瓣倒卵状椭圆形或长方形，长 3 ～ 4 cm，宽 2 ～ 2.5 mm；花盘浅杯状，顶端圆钝；雄蕊长 2 ～ 3 mm，退化雌蕊不发达；雌花花冠较雄花窄小，花盘稍深厚，肉质，退化雄蕊极短小；子房近球状，花柱长约 1.5 mm，柱头 3 深裂，裂端再 2 浅裂。蒴果近球状，直径 8 ～ 10 mm。种子椭圆状，稍扁，长 4 ～ 5 mm，直径 2.5 ～ 3 mm，赤褐色。花期 5—6 月，果期 7—10 月。

【生境分布】生于山坡灌丛。全市各地均有零星分布。

【药用部位】茎藤、根、叶、果实。

【采收加工】茎藤：春、秋季采收，鲜用或切段晒干。根：8—10 月采收，洗净鲜用或晒干。叶：春季采收，晒干。果实：9—10 月，果实成熟后摘下，晒干。

【性味归经】茎藤：味苦、辛，性微温。归肝、膀胱经。根：味辛、苦，性平。归肝、脾经。叶：味苦、辛，性平。果实：味甘、微苦，性平。

【功能主治】茎藤：祛风除湿，通经止痛，活血解毒。用于风湿关节痛，四肢麻木，瘫痪，头痛，牙痛，疝气疼痛，痛经，经闭，小儿惊风，跌打扭伤，痢疾，痧证，带状疱疹。根：祛风除湿， 活血通经，消肿解毒。用于风湿痹痛，跌打肿痛，经闭，头痛，腰痛，疝气疼痛，痢疾，肠风下血，痈疽肿毒，水火烫伤，毒蛇咬伤。叶：祛风除湿， 解毒消肿，活血止痛。用于风湿痹痛，疮疡疖肿，疱疹，湿疹，跌打损伤，蛇虫咬伤。果实：养心安神， 和血止痛。用于心悸失眠，健忘多梦，牙痛，筋骨痛，腰腿麻木，跌打伤痛。

## 白杜

Baidu

【别名】丝绵木、桃叶卫矛、明开夜合、华北卫矛。

【来源】卫矛科卫矛属植物白杜 *Euonymus maackii* Rupr.。

【植物形态】小乔木，高达 6 m。叶卵状椭圆形、卵圆形或窄椭圆形，长 4 ～ 8 cm，宽 2 ～ 5 cm，先端长渐尖，基部阔楔形或近圆形，边缘具细锯齿，有时极深而锐利；叶柄通常细长，常为叶片的 1/4 ～ 1/3，但有时较短。聚伞花序 3 至多花，花序梗略扁，长 1 ～ [illegible] cm；花 4 数，淡白绿色或黄绿色，直径约 8 mm；小花梗长 2.5 ～ 4 mm；雄蕊花药紫红色，花丝细长，长 1 ～ 2 mm。蒴果倒圆心状，4 浅裂，长 6 ～ 8 mm，直径 9 ～ 10 mm，成熟后果皮粉红色。种子长椭圆状，长 5 ～ 6 mm，直径约 4 mm，种皮棕黄色，假种皮橙红色，全包种子，成熟后顶端常有小口。花期 5—6 月，果期 9 月。

【生境分布】生于山坡林缘、山麓。全市各地均有零星分布。

【药用部位】根、枝、叶、茎皮。

【采收加工】全年均可采，洗净，切片，晒干。

【性味归经】味苦、辛，性凉。归肝、脾、肾经。

【功能主治】活血通络，祛风除湿，解毒止血。用于风湿性关节炎，腰痛，跌打伤肿，血栓闭塞性脉管炎，肺痈，衄血，疮痈肿毒等。

## 卫矛

Weimao

【别名】鬼箭羽、艳龄茶、南昌卫矛、毛脉卫矛。

【来源】卫矛科卫矛属植物卫矛 *Euonymus alatus*（Thunb.）Sieb.。

【植物形态】落叶灌木，植株光滑无毛，高 2 ～ 3 m，多分枝。小枝通常为四棱形，棱上常具木栓质扁条状翅，翅宽约 1 cm 或更宽。单叶对生；叶柄极短；叶片薄，稍膜质，呈倒卵形、椭圆形至宽披针形，长 2 ～ 6 cm，宽 1.5 ～ 3.5 cm，先端渐尖，边缘有细锯齿，基部楔形或宽楔形，表面深绿色，背面淡绿色。聚伞花序腋生，有花 3 ～ 9 朵；花小，两性，淡黄绿色，直径约 3 mm；萼 4 浅裂，裂片半圆形，边缘有不整齐的毛状齿；花瓣 4，近圆形，边缘有时呈微波状；雄蕊 4，花丝短，着生于肥厚方形的花盘上，花盘与子房合生。蒴果椭圆形，绿色或紫色，1 ～ 3 室，分离。种子椭圆形或卵形，淡褐色，外被橘红色假种皮。花期 5—6 月，果期 9—10 月。

【生境分布】生于山坡、沟地边沿。全市各地均有零星分布。

【药用部位】具翅状物枝条或翅状附属物。

【采收加工】全年均可采，割取枝条后，取其嫩枝，晒干；或收集其翅状物，晒干。

【性味归经】味苦、辛，性寒。归肝、脾经。

【功能主治】破血通经，解毒消肿，杀虫。用于结块，心腹疼痛，经闭，痛经，崩中漏下，产后瘀滞腹痛，恶露不下，疝气，关节痹痛，疮肿，跌打伤痛，虫积腹痛，烫火伤，毒蛇咬伤等。

## 扶芳藤

Fufangteng

【别名】滂藤、岩青藤、山百足、土杜仲、藤卫矛。

【来源】卫矛科卫矛属植物扶芳藤 *Euonymus fortunei*（Turcz.）Hand.-Mazz.。

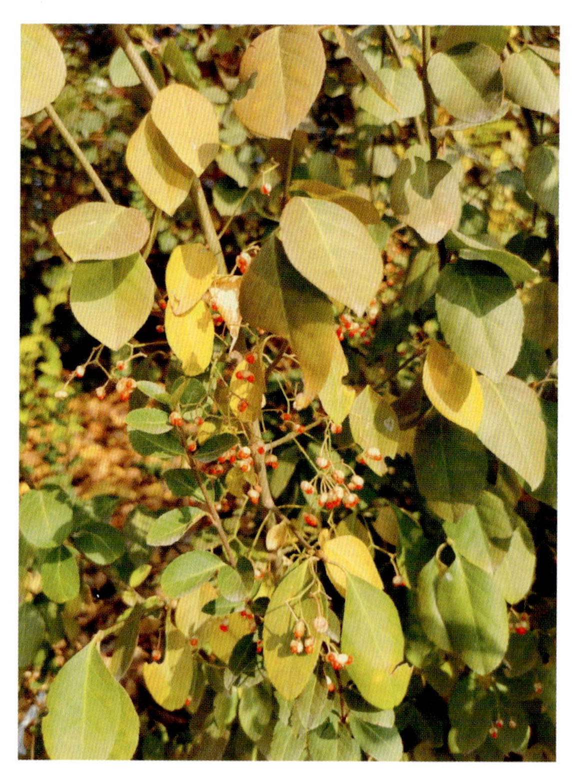

【植物形态】常绿藤本灌木，高 1 m 至数米，小枝方棱不明显。叶薄革质，椭圆形、长方椭圆形或长倒卵形，宽窄变异较大，可窄至近披针形，长 3.5～8 cm，宽 1.5～4 cm，先端钝或急尖，基部楔形，边缘齿浅不明显，侧脉细微和小脉全不明显，叶柄长 3～6 mm。聚伞花序 3～4 次分枝；花序梗长 1.5～3 cm，第一次分枝长 5～10 mm，第二次分枝长 5 mm 以下，最终小聚伞花密集，有花 4～7 朵，分枝中央有单花，小花梗长约 5 mm；花白绿色，4 数，直径约 6 mm；花盘方形，直径约 2.5 mm；花丝细长，长 2～3 mm，花药圆心形；子房三角锥状，4 棱，粗壮明显，花柱长约 1 mm。蒴果粉红色，果皮光滑，近球状，直径 6～12 mm；果序梗长 2～3.5 cm；小果梗长 5～8 mm。种子长方椭圆状，棕褐色，假种皮鲜红色，全包种子。花期6—7月，果期9—10月。

【生境分布】生于山坡丛林中，或攀援于树上、墙壁上。全市各地均有零星分布。

【药用部位】带叶茎枝。

【采收加工】全年均可采收，清除杂质，切碎，晒干。

【性味归经】味苦、甘、微辛，性微温。归肝、脾、肾经。

【功能主治】舒筋活络，益肾壮腰，止血消瘀。用于肾虚腰膝酸痛，半身不遂，风湿痹痛，小儿惊风，咯血，吐血，血崩，月经不调，子宫脱垂，跌打骨折，创伤出血等。

# 乌毛蕨科

## 狗脊

Gou ji

【别名】狗脊蕨、贯众。

【来源】乌毛蕨科狗脊属植物狗脊 *Woodwardia japonica*（L. f.）Sm.。

【植物形态】植株高50～120 cm。根茎短而粗，直立或斜升，与叶柄基部密被红棕色、披针形大鳞片。叶簇生；叶柄长30～50 cm，深禾秆色，向上至叶轴有与根茎上相同而较小的鳞片；叶片厚纸质，长圆形至卵状披针形，长30～80 cm，宽25～40 cm，叶轴下面有小鳞片，二回羽裂；裂片10对以上，顶部羽片急缩成羽状深裂，下部羽片长11～18 cm，宽2.5～4 cm，先端渐尖，向基部略变狭，基部上侧楔形，下侧圆形或稍呈心形，羽裂或深裂；裂片三角形或三角状长圆形，锐尖头，边缘有短锯齿；叶脉网状，有网眼1～2行，网眼外小脉分离。孢子囊群长圆形，生于主脉两侧对称的网脉上，并嵌入网眼内叶肉中；囊群盖长肾形，以外侧边生于网脉上。

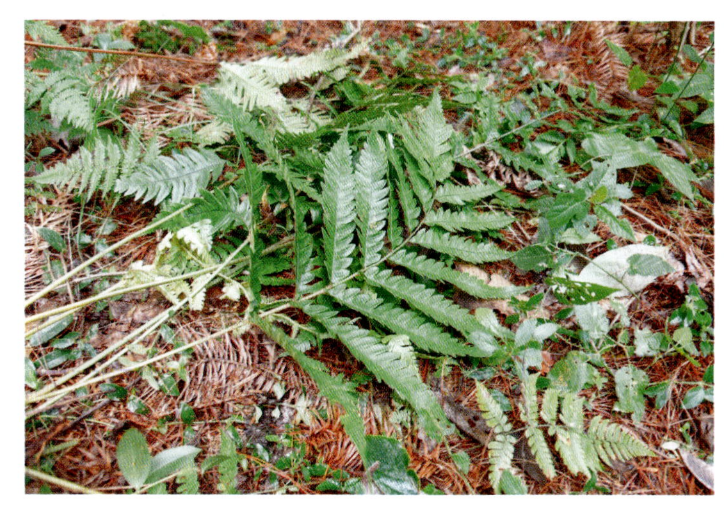

【生境分布】生于疏林下酸性土壤中。全市各地均有零星分布。

【药用部位】根茎。

【采收加工】春、秋季采挖，削去叶柄、须根，除净泥土，晒干。

【性味归经】味苦，性凉；有毒。归肝、胃、肾、大肠经。

【功能主治】清热解毒，杀虫，止血，祛风湿。用于风热感冒，恶疮痈肿，虫积腹痛，小儿疳积，痢疾，便血，崩漏，外伤出血，风湿痹痛。

# 无患子科

## 栾

Luan

【别名】木栾、木栏牙、五乌拉叶、黑色叶树、石栾树。

【来源】无患子科栾树属植物栾 *Koelreuteria paniculata* Laxm.。

【植物形态】落叶乔木或灌木。树皮厚，灰褐色至灰黑色，老时纵裂；皮孔小，灰色至暗褐色；小枝具疣点，与叶轴、叶柄均被皱曲的短柔毛或无毛。叶丛生于当年生枝上，平展，一回、不完全二回或偶有为二回羽状复叶，长可达 50 cm；小叶 11 ～ 18（顶生小叶有时与最上部的一对小叶在中部以下合生），无柄或具极短的柄，对生或互生，纸质，卵形、阔卵形至卵状披针形，长 5 ～ 10 cm，宽 3 ～ 6 cm，顶端短尖或短渐尖，基部钝至近截形，边缘有不规则的钝锯齿，齿端具小尖头，有时近基部的齿疏离呈缺刻状，或羽状深裂达中肋而形成二回羽状复叶，上面仅中脉上散生皱曲的短柔毛，下面在脉腋具髯毛，有时小叶背面被茸毛。聚伞圆锥花序长 25 ～ 40 cm，密被微柔毛，分枝长而广展，在末次分枝上的聚伞花序具花 3 ～ 6 朵，密集成头状；苞片狭披针形，被小粗毛；花淡黄色，稍芬芳；花梗长 2.5 ～ 5 mm；萼裂片卵形，边缘具腺状缘毛，呈啮蚀状；花瓣 4，开花时向外反折，线状长圆形，长 5 ～ 9 mm，瓣爪长 1 ～ 2.5 mm，被长柔毛，瓣片基部的鳞片初时黄色，开花时橙红色，有参差不齐的深裂，被疣状皱曲毛；雄蕊 8，雄花的长 7 ～ 9 mm；雌花的长 4 ～ 5 mm，花丝下半部密被白色、开展的长柔毛；花盘偏斜，有圆钝小裂片；子房三棱形，除棱上具缘毛外无毛，退化子房密被小粗毛。蒴果圆锥形，具 3 棱，长 4 ～ 6 cm，顶端渐尖，果瓣卵形，外面有网纹，内面平滑且略有光泽。种子近球形，直径 6 ～ 8 mm。花期 6—8 月，果期 9—10 月。

【生境分布】生于疏林中，多有栽培。分布于全市各地。

【药用部位】花。

【采收加工】6—7 月采花，阴干或晒干。

【性味归经】味苦，性寒。

【功能主治】清肝明目。用于目赤肿痛，多泪等。

## 无患子

Wuhuanzi

【别名】木患子、油患子、苦患树、黄目树、目浪树、肥皂树。

【来源】无患子科无患子属植物无患子 *Sapindus mukorossi* Gaertn.。

【植物形态】落叶大乔木，高可达 20 m 左右。嫩枝绿色，无毛。偶数羽状复叶，互生；叶连柄长 25 ～ 45 cm 或更长，叶轴上面两侧有直槽；小叶 5 ～ 8 对，通常近对生，小叶柄长约 0.5 cm；叶片薄纸质，长椭圆状披针形或稍呈镰形，长 7 ～ 15 cm 或更长，宽 2 ～ 5 cm，顶端短尖，基部楔形，腹面有光泽，两面无毛或背面被微柔毛。花序顶生，圆锥形；花小，辐射对称；萼片卵形或长圆状卵形，大的长约 0.2 cm，外面基部被疏柔毛；花瓣 5，披针形，有长爪，长约 0.25 cm，外面基部被长柔毛或近无毛，鳞片 2 个，小耳状；花盘碟状，无毛；雄蕊 8，伸出，花丝中部以下密被长柔毛；子房无毛。核果肉质，果的发育分果爿近球形，直径 2 ～ 2.5 cm，橙黄色，干时变黑。种子球形，黑色，坚硬。花期 6—7 月，果期 9—10 月。

【生境分布】生于温暖、土壤疏松而稍湿润的山坡疏林中。常见于绿化带。

【药用部位】种子、种仁、果皮、叶、树皮、根。

【采收加工】种子：秋季采摘成熟果实，除去果肉和果皮，取种子晒干。种仁：秋季果实成熟时，剥除外果皮，除去种皮，留取种仁，晒干备用。果皮：秋季果实成熟时，剥取果肉，晒干。叶：夏、秋季采收，鲜用或晒干。树皮：全年均可采收，剥取树皮，晒干。根：全年均可采收，挖根，洗净，鲜用或切片晒干。

【性味归经】种子：味苦、辛，性寒；有小毒。种仁：味辛，性平。果皮：味苦，性平；有小毒。叶：味苦，性平。树皮：味苦、辛，性平。根：味苦、辛，性凉。

【功能主治】种子：清热，祛痰，消积，杀虫。用于喉痹肿痛，肺热咳喘，喑哑，疳积，蛔虫腹痛，滴虫性阴道炎，肿毒。种仁：消积，辟秽，杀虫。用于疳积，腹胀，口臭，蛔虫病。果皮：清热化痰，止痛，消积。用于喉痹肿痛，心胃气痛，疝气疼痛，风湿痛，虫积，疳积，肿毒。叶：解毒，止咳。用于毒蛇咬伤，百日咳。树皮：解毒，利咽，祛风杀虫。用于白喉，疥疮。根：宣肺止咳，解毒化湿。用于外感发热，咳喘，白浊，带下，咽喉肿痛，毒蛇咬伤。

# 五加科

## 天胡荽

Tianhusui

【别名】满天星、落得打、破铜钱、小叶铜钱草、金钱草。

【来源】五加科天胡荽属植物天胡荽 *Hydrocotyle sibthorpioides* Lam.。

【植物形态】多年生草本。茎细长而匍匐，平铺地上成片，节上生根。叶片膜质至草质，圆形或肾圆形，长 0.5 ～ 1.5 cm，宽 0.8 ～ 2.5 cm，基部心形，两耳有时相接，不分裂或 5 ～ 7 裂，裂片阔倒卵形，边缘有钝齿，表面光滑，背面脉上疏被粗伏毛，有时两面光滑或密被柔毛；叶柄长 0.7 ～ 9 cm，无毛或顶端有毛；托叶略呈半圆形，薄膜质，全缘或稍有浅裂。伞形花序与叶对生，单生于节上；花序梗纤细，长 0.5 ～ 3.5 cm，短于叶柄；小总苞片卵形至卵状披针形，长 1 ～ 1.5 mm，膜质，有黄色透明腺点，背部有 1 条不明显的脉；小伞形花序有花 5 ～ 18，花无柄或有极短的柄，花瓣卵形，长约 1.2 mm，绿白色，有腺点；花丝与花瓣同长或稍超出，花药卵形；花柱长 0.6 ～ 1 mm。果实略呈心形，长 1 ～ 1.4 mm，宽 1.2 ～ 2 mm，两侧扁压，中棱在果熟时极为隆起，幼时表面草黄色，成熟时有紫色斑点。花果期 4—9 月。

【生境分布】生于湿润的草地、河沟边、林下。全市各地均有分布。

【药用部位】全草。

【采收加工】夏、秋季采收全草，洗净，鲜用或晒干。

【性味归经】味辛、微苦，性凉。

【功能主治】清热利湿，解毒消肿。用于黄疸，痢疾，水肿，淋证，目翳，咽喉肿痛，痈肿疮毒，带状疱疹，跌打损伤等。

## 楤木

Songmu

【别名】刺龙包、鸟不宿、雀不站、刺老包、鹊不踏。

【来源】五加科楤木属植物楤木 *Aralia elata* (Miq.) Seem.。

【植物形态】灌木或乔木，高达 12 m。小枝密生黄棕色茸毛，有刺，刺粗壮，长 3～6 mm。叶为二回或三回羽状复叶；托叶和叶柄基部合生，深棕色，先端离生部分披针形，长约 5 mm；叶轴和羽片轴密生茸毛，羽片对生，有小叶 5～11，基部有小叶 1 对；小叶片纸质，卵形至长圆状卵形，长 5～12 cm，宽 3～8 cm，先端长渐尖或短渐尖，基部圆形，上面粗糙，脉上密生细糙毛，下面密生黄棕色茸毛，边缘有锯齿，齿有刺尖，侧脉约 8 对，隆起明显，网脉明显；小叶无柄或有长 3 mm 的柄，密生黄棕色茸毛。圆锥花序顶生，长 25～35 cm，主轴短，长约 5 cm；分枝 2～5 个，指状排列，长 10～20 cm，密生黄棕色茸毛，至果实成熟时无毛；伞形花序在二级分枝上单个顶生，或另有 1～2 个侧生伞形花序，直径约 1.5 cm，有花 10～20 朵；总花梗长 0.7～1.5 cm，花梗长 2～4 mm，均密生茸毛；苞片披针形，宿存，长 2～3 mm，小苞片线形，长 1～2 mm，边缘均有纤毛；花白色，萼无毛，长约 1.5 mm，边缘有 5 个三角形尖齿；花瓣 5，卵状三角形，长 2 mm；雄蕊 5，花丝长 2 mm；子房 5 室；花柱 5，离生。果实球形，直径约 3 mm，黑色，有 5 棱。花期 6—8 月，果期 9—10 月。

【生境分布】生于山坡灌丛中或林缘。全市各地均有零星分布。

【药用部位】根皮或茎皮。

【采收加工】秋、冬季采挖根部，洗净，切片，鲜用或晒干。茎皮可剥取。

【性味归经】味辛、苦，性平。归肝、脾、肾经。

【功能主治】祛风除湿，活血止痛，利水消肿。用于风湿性关节炎，腰腿疼，胃痛，肝炎，淋巴结肿大，肾炎水肿，糖尿病，带下，跌打损伤等。

## 细柱五加

Xizhuwujia

【别名】五加、五加皮、五叶路刺。

【来源】五加科五加属植物细柱五加 *Eleutherococcus nodiflorus*（Dunn）S. Y. Hu。

【植物形态】灌木，高 2～3 m。枝灰棕色，软弱而下垂，蔓生状，无毛，节上通常疏生反曲扁刺。叶有小叶 5，稀 3～4，在长枝上互生，在短枝上簇生；叶柄长 3～8 cm，无毛，常有细刺；小叶片膜质至纸质，倒卵形至倒披针形，长 3～8 cm，宽 1～3.5 cm，先端尖至短渐尖，基部楔形，两面

无毛或沿脉疏生刚毛，边缘有细钝齿，侧脉 4 ～ 5 对，两面均明显，下面脉腋间有淡棕色簇毛，网脉不明显；几无小叶柄。伞形花序单个，稀 2 个腋生，或顶生在短枝上，直径约 2 cm，有花多数；总花梗长 1 ～ 2 cm，结果后延长，无毛；花梗细长，长 6 ～ 10 mm，无毛；花黄绿色；萼边缘近全缘或有 5 小齿；花瓣 5，长圆状卵形，先端尖，长 2 mm；雄蕊 5，花丝长 2 mm；子房 2 室；花柱 2，细长，离生或基部合生。果实扁球形，长约 6 mm，宽约 5 mm，黑色；宿存花柱长 2 mm，反曲。花期 4—8 月，果期 6—10 月。

【生境分布】生于灌丛、林缘、山坡路旁和村落中。全市各地均有零星分布。

【药用部位】根皮（五加皮）。

【采收加工】夏、秋季采挖根部，洗净，剥取根皮，晒干。

【性味归经】味辛、苦，性温。归肝、肾经。

【功能主治】祛风湿，补肝肾，强筋骨。用于风湿痹痛，筋骨痿软，小儿行迟，体虚乏力，水肿，脚气等。

# 仙茅科

## 仙茅

Xianmao

【别名】茅爪子、地棕、独茅、山党参。

【来源】仙茅科仙茅属植物仙茅 *Curculigo orchioides* Gaertn.。

（摄于梁子湖区涂家垴镇）

【植物形态】多年生草本。根状茎近圆柱状，粗厚，直生，直径约 1 cm，长可达 10 cm。地上茎不明显。叶线形、线状披针形或披针形，大小变化甚大，长 10 ～ 90 cm，宽 5 ～ 25 mm，顶端长渐尖，基部渐狭成短柄或近无柄，两面散生疏柔毛或无毛。花茎甚短，长 6 ～ 7 cm，大部分藏于鞘状叶柄基部之内，亦被毛；苞片披针形，长 2.5 ～ 5 cm，具缘毛；总状花序多少呈伞房状，通常具 4 ～ 6 朵花；花黄色；花梗长约 2 mm；花被裂片长圆状披针形，长 8 ～ 12 mm，宽 2.5 ～ 3 mm，外轮的背面有时散生长柔毛；雄蕊长约为花被裂片的 1/2，花丝长 1.5 ～ 2.5 mm，花药长 2 ～ 4 mm；柱头 3 裂，分裂部分较花柱长；子房狭长，顶端具长喙，连喙长达 7.5 mm（喙约占 1/3），被疏毛。浆果近纺锤状，长 1.2 ～ 1.5 cm，宽约 6 mm，顶端有长喙。种子表面具纵凸纹。花果期 4—9 月。

【生境分布】生于海拔 1600 m 以下林中、草地或荒坡上。梁子湖区有零星分布。

【药用部位】根茎。

【采收加工】秋、冬季采挖，除去根头和须根，洗净，干燥。

【性味归经】味辛、甘，性热；有毒。归肾、肝、脾经。

【功能主治】补肾阳，强筋骨，祛寒湿。用于阳痿精冷，筋骨痿软，腰膝冷痛，阳虚冷泻等。

# 仙人掌科

## 仙人掌

Xianrenzhang

【别名】观音刺、火掌、刺巴掌、麒麟花、佛手刺。

【来源】仙人掌科仙人掌属植物仙人掌 *Opuntia dillenii*（Ker Gawl.）Haw.。

【植物形态】丛生肉质灌木，高 1.5 ～ 3 m。上部分枝宽倒卵形、倒卵状椭圆形或近圆形，长 10 ～ 35 cm，宽 7.5 ～ 20 cm，厚达 1.2 ～ 2 cm，先端圆形，边缘通常不规则波状，基部楔形或渐狭，绿色至蓝绿色，无毛；小窠疏生，直径 0.2 ～ 0.9 cm，明显凸出，成长后刺常增粗并增多，每小窠具 3 ～ 20 根刺，密生短绵毛和倒刺刚毛；刺黄色，有淡褐色横纹，粗钻形，多少开展并内弯，基部扁，坚硬，长 1.2 ～ 6 cm，宽 1 ～ 1.5 mm；倒刺刚毛暗褐色，长 2 ～ 5 mm，直立，多少宿存；短绵毛灰色，短于倒刺刚毛，宿存。叶钻形，长 4 ～ 6 mm，绿色，早落。花辐状，直径 5 ～ 6.5 cm；花托倒卵形，长 3.3 ～ 3.5 cm，直径 1.7 ～ 2.2 cm，顶端截形并凹陷，基部渐狭，绿色，疏生凸出的小窠，小窠具短绵毛、倒刺刚毛和钻形刺；萼状花被片宽倒卵形至狭倒卵形，长 10 ～ 25 mm，宽 6 ～ 12 mm，先端急尖或圆形，具小尖头，黄色，具绿色中肋；瓣状花被片倒卵形或匙状倒卵形，长 25 ～ 30 mm，宽 12 ～ 23 mm，先端圆形、截形或微凹，边缘全缘或浅啮蚀状；花丝淡黄色，长 9 ~ 11 mm；花药长约 1.5 mm，黄色；花柱长 11 ~ 18 mm，直径 1.5 ~ 2 mm，淡黄色；柱头 5，长 4.5 ~ 5 mm，黄白色。浆果倒卵球形，顶端凹陷，基部多少狭缩成柄状，长 4 ~ 6 cm，直径 2.5 ~ 4 cm，表面平滑无毛，紫红色，每侧具 5 ~ 10 个凸起的小窠，小窠具短绵毛、倒刺刚毛和钻形刺。种子多数，扁圆形，长 4 ~ 6 mm，宽 4 ~ 4.5 mm，厚约 2 mm，边缘稍不规则，无毛，淡黄褐色。花期 6—12 月。

【生境分布】生于向阳干燥的山坡、石上、路旁或村庄。全市各地均有分布。

【药用部位】肉质全株。

【采收加工】四季可采，鲜用或切片晒干。

【性味归经】味苦，性寒。归胃、肺、大肠经。

【功能主治】行气活血，凉血止血，解毒消肿。用于胃痛，痞块，痢疾，喉痛，肺热咳嗽，肺痨咯血，吐血，痔血，疮疡疔疖，乳痈，痄腮，蛇虫咬伤，烫伤，冻伤等。

# 苋科

## 菠菜

Bocai

【别名】红根菜、波斯草、鹦鹉菜、鼠根菜、甜茶。

【来源】苋科菠菜属植物菠菜 *Spinacia oleracea* L.。

【植物形态】一年生草本，高可达 1 m，无粉。根圆锥状，带红色，较少为白色。茎直立，中空，脆弱多汁，不分枝或有少数分枝。叶戟形至卵形，鲜绿色，柔嫩多汁，稍有光泽，全缘或有少数牙齿状裂片。雄花集成球形团伞花序，再于枝和茎的上部排列成有间断的穗状圆锥花序；花被片通常 4，花丝丝形，扁平，花药不具附属物；雌花团集于叶腋；小苞片两侧稍扁，顶端残留 2 小齿，背面通常各具 1 棘状附属物；子房球形，柱头 4 或 5，外伸。胞果卵形或近圆形，直径约 2.5 mm，两侧扁；果皮褐色。花期夏季。

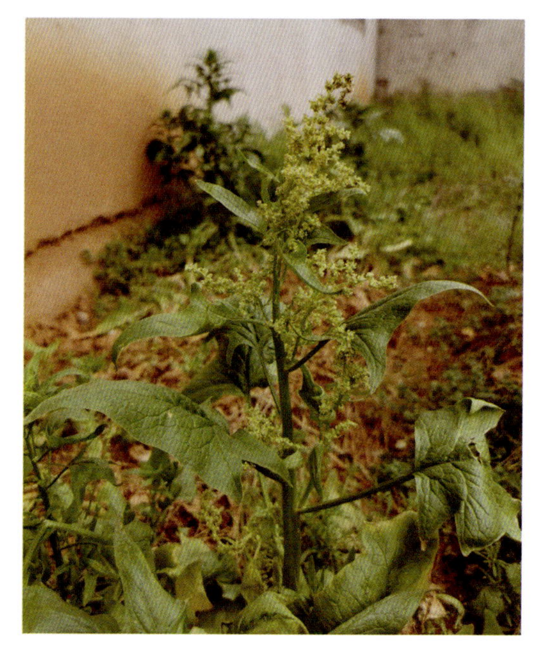

【生境分布】全市各地均有栽培，为常见蔬菜。

【药用部位】全草（菠菜）、种子（菠菜子）。

【采收加工】全草：冬、春季采收，除去杂质，洗净鲜用。种子：果实成熟时采收。

【性味归经】全草：味甘，性平。归肝、胃、大肠、小肠经。种子：味甘、微辛，性微温。归脾、肺经。

【功能主治】全草：养血，止血，平肝，润燥。用于衄血，便血，头痛，目眩，目赤，夜盲症，便秘，痔疮等。种子：祛风明目，开通关窍，利肠胃。

## 地肤

Difu

【别名】扫帚苗、扫帚菜、观音菜、孔雀松、地肤子。

【来源】苋科沙冰藜属植物地肤 *Bassia scoparia*（L.）A. J. Scott。

【植物形态】一年生草本，高 50 ～ 100 cm。根略呈纺锤形。茎直立，圆柱状，淡绿色或带紫红色，有多数条棱，稍有短柔毛或下部几无毛；分枝稀疏，斜上。叶为平面叶，披针形或条状披针形，长 2 ～ 5 cm，宽 3 ～ 7 mm，无毛或稍有毛，先端短渐尖，基部渐狭入短柄，通常有 3 条明显的主脉，边缘有疏生的锈色绢状缘毛；茎上部叶较小，无柄，1 脉。花两性或雌性，通常 1 ～ 3 个生于上部叶腋，构成疏穗状圆锥状花序，花下有时有锈色长柔毛；花被近球形，淡绿色，花被裂片近三角形，无毛或先端稍有毛；翅端附属物三角形至倒卵形，有时近扇形，膜质，脉不明显，边缘微波状或具缺刻；花丝丝状，花药淡黄色；柱头 2，丝状，紫褐色，花柱极短。胞果扁球形，果皮膜质，与种子离生。种子卵形，黑褐色，长 1.5 ～ 2 mm，稍有光泽。花期 6—9 月，果期 7—10 月。

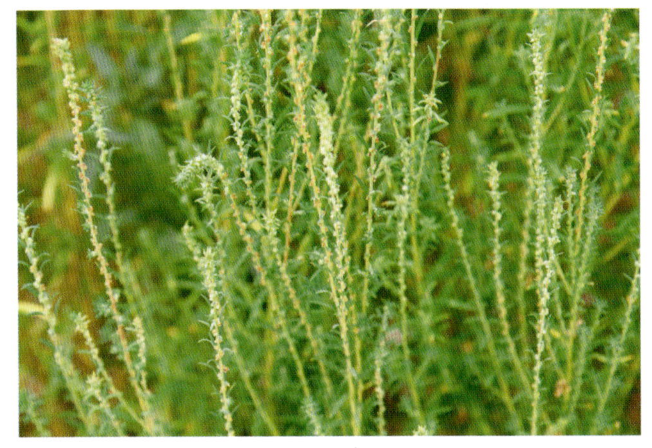

【生境分布】生于田边、路旁、荒地等处。全市各地均有分布。

【药用部位】果实。

【采收加工】秋季果实成熟时采收植株，晒干，打下果实，除去杂质。

【性味归经】味辛、苦，性寒。归肾、膀胱经。

【功能主治】清热利湿，祛风止痒。用于小便涩痛，阴痒带下，风疹，湿疹，皮肤瘙痒等。

## 藜

Li

【别名】灰条菜、灰藋、灰菜、胭脂菜、灰苋菜。

【来源】苋科藜属植物藜 *Chenopodium album* L.。

【植物形态】一年生草本，高 30 ～ 150 cm。茎直立，粗壮，具条棱及绿色或紫红色色条，多分枝；枝条斜升或开展。叶片菱状卵形至宽披针形，长 3 ～ 6 cm，宽 2.5 ～ 5 cm，先端急尖或微钝，基部楔形至宽楔形，上面通常无粉，有时嫩叶的上面有紫红色粉，下面多少有粉，边缘具不整齐锯齿；叶柄与叶

片近等长，或为叶片长度的 1/2。花两性，花簇于枝上部排列成或大或小的穗状圆锥状或圆锥状花序；花被裂片 5，宽卵形至椭圆形，背面具纵隆脊，有粉，边缘膜质；雄蕊 5，花药伸出花被，柱头 2。果皮与种子贴生。种子横生，双凸镜状，直径 1.2 ～ 1.5 mm，边缘钝，黑色，有光泽，表面具浅沟纹。花期 8—9 月，果期 9—10 月。

【生境分布】生于路旁、荒地、田间及山坡。全市各地均有分布。

【药用部位】全草、果实或种子。

【采收加工】全草：春、夏季割取全草，除去杂质，鲜用或晒干备用。果实或种子：秋季果实成熟时割取全草，打下果实和种子，除去杂质，晒干或鲜用。

【性味归经】全草：味甘，性平。果实或种子：味苦、微甘，性寒。

【功能主治】全草：清热祛湿，解毒消肿，杀虫止痒。用于发热，咳嗽，痢疾，腹泻，腹痛，疝气，龋齿痛，湿疹，疥癣，白癜风，疮疡肿痛，毒虫咬伤等。果实或种子：清热祛湿，杀虫止痒。用于小便不利，水肿，皮肤湿疮，耳聋等。

## 土荆芥

Tujingjie

【别名】杀虫芥、臭草、鹅脚草。

【来源】苋科腺毛藜属植物土荆芥 *Dysphania ambrosioides*（L.）Mosyakin & Clemants。

【植物形态】一年生或多年生草本，高 50 ～ 80 cm，有强烈香味。茎直立，多分枝，有色条及钝条棱；枝通常细瘦，有短柔毛并兼有具节的长柔毛，有时近无毛。叶片矩圆状披针形至披针形，先端急尖或渐尖，边缘具稀疏不整齐的大锯齿，基部渐狭具短柄，上面平滑无毛，下面有散生油点并沿叶脉稍有毛，下部的叶长达 15 cm，宽达 5 cm，上部叶逐渐狭小而近全缘。花两性及雌性，通常 3 ～ 5 个团集，生于上部叶腋；花被裂片 5，较少为 3，绿色，果时通常闭合；雄蕊 5，花药长 0.5 mm；花柱不明显，柱头通常 3，较少为 4，丝形，伸出花被外。胞果扁球形，完全包于花被内。种子横生或斜生，黑色或暗红色，平滑，有光泽，边缘钝，直径约 0.7 mm。花果期在夏、秋季。

【生境分布】生于旷野、路旁、河岸和溪边。全市各地有零星分布。

【药用部位】带果穗全草。

【采收加工】8 月下旬至 9 月下旬收割全草，摊放在通风处，或捆束悬挂阴干，避免日晒及雨淋。

【性味归经】味辛、苦，性微温；有毒。归脾经。

【功能主治】祛风除湿，杀虫止痒，活血消肿。用于钩虫病，蛔虫病，蛲虫病，头虱，皮肤湿疹，疥癣，风湿痹痛，经闭，痛经，口舌生疮，咽喉肿痛，跌打损伤，蛇虫咬伤等。

## 空心莲子草

Kongxinlianzicao

【别名】喜旱莲子草、水花生、空心苋、肥猪菜、螃蜞菊。

【来源】苋科莲子草属植物空心莲子草 *Alternanthera philoxeroides*（Mart.）Griseb.。

【植物形态】多年生草本。茎基部匍匐，上部上升，管状，不明显 4 棱，长 55 ～ 120 cm，具分枝，幼茎及叶腋有白色或锈色柔毛，茎老时无毛，仅在两侧纵沟内保留。叶片矩圆形、矩圆状倒卵形或倒卵状披针形，长 2.5 ～ 5 cm，宽 7 ～ 20 mm，顶端急尖或圆钝，具短尖，基部渐狭，全缘，两面无毛或上面有贴生毛及缘毛，下面有颗粒状突起；叶柄长 3 ～ 10 mm，无毛或微有柔毛。花密生，成具总花梗的头状花序，单生于叶腋，球形，直径 8 ～ 15 mm；苞片及小苞片白色，顶端渐尖，具 1 脉；苞片卵形，长 2 ～ 2.5 mm，小苞片披针形，长 2 mm；花被片矩圆形，长 5 ～ 6 mm，白色，光亮，无毛，顶端急尖，背部侧扁；雄蕊花丝长 2.5 ～ 3 mm，基部连合成杯状；退化雄蕊矩圆状条形，约与雄蕊等长，顶端裂成窄条；子房倒卵形，具短柄，背面侧扁，顶端圆形。花期 5—10 月。

【生境分布】生在池沼、水沟内。全市各地均有分布。

【药用部位】全草。

【采收加工】春、夏、秋季均可采收，除去杂草，洗净，鲜用或晒干。

【性味归经】味苦、甘，性寒。归肺、膀胱经。

【功能主治】清热凉血，解毒，利尿。主治咯血，尿血，感冒发热，麻疹，乙型脑炎，黄疸，淋浊，痄腮，湿疹，痈肿，疖疮，毒蛇咬伤等。

## 牛膝

Niuxi

【别名】山苋菜、对节菜、透骨草、牛磕膝。

【来源】苋科牛膝属植物牛膝 *Achyranthes bidentata* Blume。

【植物形态】多年生草本，高 70 ~ 120 cm。根圆柱形，直径 5 ~ 10 mm，土黄色。茎有棱角或四方形，绿色或带紫色，有白色贴生或开展柔毛，或近无毛，分枝对生。叶片椭圆形或椭圆披针形，少数倒披针形，长 4.5 ~ 12 cm，宽 2 ~ 7.5 cm，顶端尾尖，尖长 5 ~ 10 mm，基部楔形或宽楔形，两面有贴生或开展柔毛；叶柄长 5 ~ 30 mm，有柔毛。穗状花序顶生及腋生，长 3 ~ 5 cm，花期后反折；总花梗长 1 ~ 2 cm，有白色柔毛；花多数，密生，长 5 mm；苞片宽卵形，长 2 ~ 3 mm，顶端长渐尖；小苞片刺状，长 2.5 ~ 3 mm，顶端弯曲，基部两侧各有 1 卵形膜质小裂片，长约 1 mm；花被片披针形，长 3 ~ 5 mm，光亮，顶端急尖，有 1 中脉；雄蕊长 2 ~ 2.5 mm；退化雄蕊顶端平圆，稍有缺刻状细锯齿。胞果矩圆形，长 2 ~ 2.5 mm，黄褐色，光滑。种子矩圆形，长 1 mm，黄褐色。花期 7—9 月，果期 9—10 月。

【生境分布】生于屋旁、林缘、山坡草丛中。全市各地均有分布。

【药用部位】根、茎叶。

【采收加工】根：冬季茎叶枯萎时采挖，除去须根及泥沙，捆成小把，晒至干皱后，将顶端切齐，晒干。茎叶：春、夏、秋季均可采收，洗净，鲜用。

【性味归经】根：味苦、酸，性平。归肝、肾经。茎叶：味苦、酸，性平。归肝、膀胱经。

【功能主治】根：补肝肾，强筋骨，逐瘀通经，引血下行。用于腰膝酸痛，筋骨无力，经闭癥瘕，肝阳眩晕等。茎叶：祛寒湿，强筋骨，活血利尿。用于寒湿痿痹，腰膝疼痛，淋闭，久疟等。

## 青葙

Qingxiang

【别名】狗尾草、百日红、野鸡冠花、海南青葙。

【来源】苋科青葙属植物青葙 *Celosia argentea* L.。

【植物形态】一年生草本，高 0.3 ~ 1 m，全体无毛。茎直立，有分枝，绿色或红色，具明显条纹。叶片矩圆披针形、披针形或披针状条形，少数卵状矩圆形，长 5 ~ 8 cm，宽 1 ~ 3 cm，绿色常带红色，顶端急尖或渐尖，具小芒尖，基部渐狭；叶柄长 2 ～ 15 mm，或无叶柄。花多数，密生，在茎端或枝端呈单一、无分枝的塔状或圆柱状穗状花序，长 3 ～ 10 cm，苞片及小苞片披针形，长 3 ～ 4 mm，白色，光亮，顶端渐尖，延长成细芒，具 1 中脉，在背部隆起；花被片矩圆状披针形，长 6 ～ 10 mm，初为白色，顶端带红色，或全部粉红色，后成白色，顶端渐尖，具 1 中脉，在背面凸起；花丝长 5 ～ 6 mm，分离部分长 2.5 ～ 3 mm，花药紫色；子房有短柄，花柱紫色，长 3 ～ 5 mm。胞果卵形，长 3 ～ 3.5 mm，包裹在宿存花被片内。种子凸透镜状肾形，直径约 1.5 mm。花期 5—8 月，果期 6—10 月。

【生境分布】生于坡地、路边、平原较干燥的向阳处。全市各地均有分布。

【药用部位】种子（青葙子）。

【采收加工】秋季果实成熟时采割植株或摘取果穗，晒干，收集种子，除去杂质。

【性味归经】味苦，性微寒。归肝经。

【功能主治】清肝泻火，明目退翳。用于肝热目赤，目生翳膜，视物昏花，肝阳眩晕等。

## 鸡冠花

Jiguanhua

【别名】鸡髻花、老来少、芦花鸡冠、笔鸡冠、小头鸡冠。

【来源】苋科青葙属植物鸡冠花 *Celosia cristata* L.。

【植物形态】一年生直立草本，高 30 ～ 80 cm。全株无毛，粗壮。分枝少，近上部扁平，绿色或带红色，有棱纹凸起。单叶互生，具柄；叶片长椭圆形至卵状披针形，长 5 ～ 13 cm，宽 2 ～ 6 cm，先端渐尖或长尖，基部渐窄成柄，全缘。穗状花序顶生，成扁平肉质鸡冠状、卷冠状或羽毛状，中部以下多花；花被片淡红色至紫红色、黄白或黄色；苞片、小苞片和花被片干膜质，宿存；花被片 5，椭圆状卵形，端尖，雄蕊 5，花丝下部合生成杯状。胞果卵形，长约 3 mm，成熟时盖裂，包于宿存花被内。种子肾形，黑色，光泽。花期 5—8 月，果期 8—11 月。

【生境分布】全市各地均有栽培。

【药用部位】花序。

【采收加工】秋季花盛开时采收，晒干。

【性味归经】味甘、涩，性凉。归肝、大肠经。

【功能主治】收敛止血，止带，止痢。用于吐血，崩漏，便血，痔血，赤白带下，久痢不止等。

## 刺苋

Cixian

【别名】土苋菜、野苋菜、野勒苋、刺刺草、勒苋菜。

【来源】苋科苋属植物刺苋 *Amaranthus spinosus* L.。

【植物形态】一年生草本，高 30 ～ 100 cm；茎直立，圆柱形或钝棱形，多分枝，有纵条纹，绿色或带紫色，无毛或稍有柔毛。叶片菱状卵形或卵状披针形，长 3 ～ 12 cm，宽 1 ～ 5.5 cm，顶端圆钝，具微凸头，基部楔形，全缘，无毛或幼时沿叶脉稍有柔毛；叶柄长 1 ～ 8 cm，无毛，在其旁有 2 刺，刺长 5 ～ 10 mm。圆锥花序腋生及顶生，长 3 ～ 25 cm，下部顶生花穗常全部为雄花；苞片在腋生花簇及顶生花穗的基部者变成尖锐直刺，长 5 ～ 15 mm，在顶生花穗的上部者狭披针形，长 1.5 mm，顶端急尖，具突尖，中脉绿色；小苞片狭披针形，长约 1.5 mm；花被片绿色，顶端急尖，具突尖，边缘透明，中脉绿色或带紫色，在雄花者矩圆形，长 2 ～ 2.5 mm，在雌花者矩圆状匙形，长 1.5 mm；雄蕊花丝略和花被片等长或较短；柱头 3，有时 2。胞果矩圆形，长 1 ～ 1.2 mm，在中部以下不规则横裂，包裹在宿存花被片内。种子近球形，直径约 1 mm，黑色或带棕黑色。花果期 6—12 月。

【生境分布】生于旷地或园圃。全市各地均有分布。

【药用部位】全草或根。

【采收加工】春、夏、秋季均可采收，洗净，鲜用或晒干。

【性味归经】味甘，性微寒。

【功能主治】凉血止血，清热利湿，解毒消痈。用于胃出血，便血，痔血，胆囊炎，胆石症，痢疾，湿热泄泻，带下，小便涩痛，咽喉肿痛，湿疹，痈肿，牙龈糜烂，蛇咬伤等。

# 香蒲科

## 水烛

Shuizhu

【别名】蒲草、水蜡烛、狭叶香蒲、蜡烛草。

【来源】香蒲科香蒲属植物水烛香蒲 *Typha angustifolia* L.。

【植物形态】水生或沼生草本。根状茎乳黄色、灰黄色，先端白色。地上茎直立，粗壮，高 1.5 ～ 3 m。叶片长 54 ～ 120 cm，宽 0.4 ～ 0.9 cm，上部扁平，中部以下腹面微凹，背面向下逐渐隆起呈凸形，下部横切面呈半圆形，细胞间隙大，呈海绵状；叶鞘抱茎。雌雄花序相距 2.5 ～ 6.9 cm；雄花序轴具褐色扁柔毛，单出，或分叉；叶状苞片 1 ～ 3 枚，花后脱落；雌花序长 15 ～ 30 cm，基部具 1 枚叶状苞片，通常比叶片宽，花后脱落；雄花由 3 枚雄蕊合生，有时由 2 枚或 4 枚组成，花药长约 2 mm，长矩圆形，花粉粒单体，近球形、卵形或三角形，纹饰网状，花丝短，细弱，下部合生成柄，长（1.5）2 ～ 3 mm，向下渐宽；雌花具小苞片；孕性雌花柱头窄条形或披针形，长 1.3 ～ 1.8 mm，花柱长 1 ～ 1.5 mm，子房纺锤形，长约 1 mm，具褐色斑点，子房柄纤细，长约 5 mm；不孕雌花子房倒圆锥形，长 1 ～ 1.2 mm，具褐色斑点，先端黄褐色，不育柱头短尖；白色丝状毛着生于子房柄基部，并向上延伸，与小苞片近等长，均短于柱头。小坚果长椭圆形，长约 1.5 mm，具褐色斑点，纵裂。种子深褐色，长 1 ～ 1.2 mm。花期 5—7 月，果期 7—8 月。

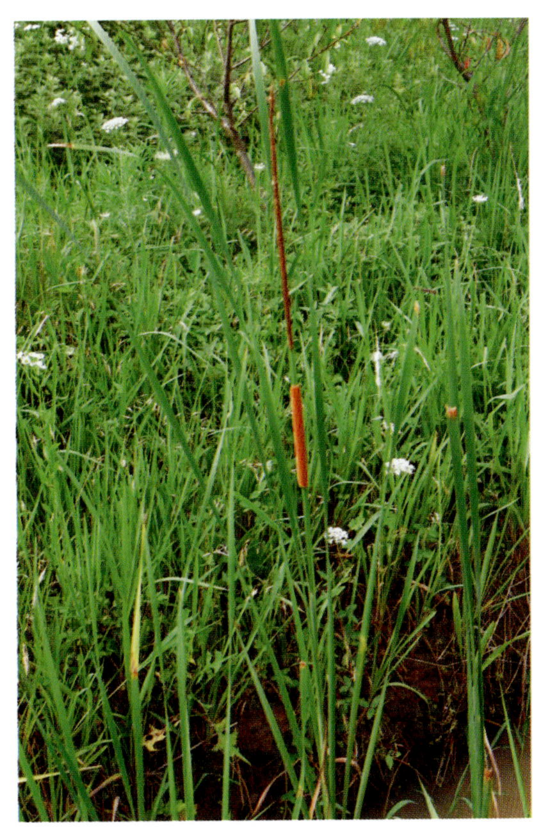

【生境分布】生于湖泊、河流、沼泽、沟渠、池塘浅水处。全市各地均有零星分布。

【药用部位】花粉（蒲黄）。

【采收加工】夏季采收蒲棒上部的黄色雄花序，晒干后碾轧，筛取花粉。

【性味归经】味甘，性平。归肝、心包经。

【功能主治】止血，化瘀，通淋。用于吐血，衄血，咯血，崩漏，外伤出血，经闭痛经，脘腹刺痛，跌扑肿痛，血淋涩痛等。

## 香蒲

Xiangpu

【别名】东方香蒲。

【来源】香蒲科香蒲属植物香蒲 *Typha orientalis* C. Presl。

【植物形态】多年生水生或沼生草本。根状茎乳白色。地上茎粗壮，向上渐细，高 1.3 ～ 2 m。叶片条形，长 40 ～ 70 cm，宽 0.4 ～ 0.9 cm，光滑无毛，上部扁平，下部腹面微凹，背面逐渐隆起呈凸形，横切面呈半圆形，细胞间隙大，海绵状；叶鞘抱茎。雌雄花序紧密连接；雄花序长 2.7 ～ 9.2 cm，花序轴具白色弯曲柔毛，自基部向上具 1 ～ 3 枚叶状苞片，花后脱落；雌花序长 4.5 ～ 15.2 cm，基部具 1 枚叶状苞片，花后脱落；雄花通常由 3 枚雄蕊组成，有时 2 枚或 4 枚雄蕊合生，花药长约 3 mm，2 室，条形，花粉粒单体，花丝很短，基部合生成短柄；雌花无小苞片；孕性雌花柱头匙形，外弯，长约 0.5 ～ 0.8 mm，花柱长 1.2 ～ 2 mm，子房纺锤形至披针形，子房柄细弱，长约 2.5 mm；不孕雌花子房长约 1.2 mm，近倒圆锥形，先端呈圆形，不发育柱头宿存；白色丝状毛通常单生，有时几枚基部合生，稍长于花柱，短于柱头。小坚果椭圆形至长椭圆形，果皮具长形褐色斑点。种子褐色，微弯。花果期 5—8 月。

【生境分布】生于湖泊、池塘、沟渠、沼泽及河流缓流带。全市各地均有零星分布。

【药用部位】花粉（蒲黄）。

【采收加工】夏季采收蒲棒上部的黄色雄花序，晒干后碾轧，筛取花粉。

【性味归经】味甘，性平。归肝、心包经。

【功能主治】止血，化瘀，通淋。用于吐血，衄血，咯血，崩漏，外伤出血，经闭痛经，脘腹刺痛，跌扑肿痛，血淋涩痛等。

# 小檗科

## 南天竹

Nantianzhu

【别名】蓝田竹、猫儿伞、杨桐、小铁树。

【来源】小檗科南天竹属植物南天竹 *Nandina domestica* Thunb.。

【植物形态】常绿小灌木。茎常丛生而少分枝，高 1 ～ 3 m，光滑无毛，幼枝常为红色，老后呈灰色。叶互生，集生于茎的上部，三回羽状复叶，长 30 ～ 50 cm；二至三回羽片对生；小叶薄革质，椭圆形或椭圆状披针形，长 2 ～ 10 cm，宽 0.5 ～ 2 cm，顶端渐尖，基部楔形，全缘，上面深绿色，冬季变红色，背面叶脉隆起，两面无毛；近无柄。圆锥花序直立，长 20 ～ 35 cm；花小，白色，具芳香，直径 6 ～ 7 mm；萼片多轮，外轮萼片卵状三角形，长 1 ～ 2 mm，向内各轮渐大，最内轮萼片卵状长圆形，长 2 ～ 4 mm；花瓣长圆形，长约 4.2 mm，宽约 2.5 mm，先端圆钝；雄蕊 6 枚，长约 3.5 mm，花丝短，花药纵裂，药隔延伸；子房 1 室，具 1 ～ 3 颗胚珠。果柄长 4 ～ 8 mm；浆果球形，直径 5 ～ 8 mm，成熟时鲜红色，稀橙红色。种子扁圆形。花期 3—6 月，果期 5—11 月。

【生境分布】生于山地林下沟旁、路边或灌丛中。分布于全市各地区。

【药用部位】果实、根、茎枝、叶。

【采收加工】果实：秋季果实成熟时或至次年春季采收，剪取果枝，摘取果实，晒干。根：9—10 月采收，除去杂质，晒干或鲜用。茎枝：全年可采，除去杂质及叶，洗净，切段，晒干。叶：四季均可采叶，洗净，除去枝梗杂质，晒干。

【性味归经】果实：味酸、甘，性平；有小毒。归肺经。根：味苦，性寒；有小毒。茎枝：味苦，性寒。叶：味苦，性寒。

【功能主治】果实：敛肺止咳，平喘。用于久咳，气喘，百日咳等。根：清热，止咳，除湿，解毒。用于肺热咳嗽，湿热黄疸，腹泻，风湿痹痛，疮疡，瘰疬等。茎枝：清湿热，降逆气。用于湿热黄疸，泻痢，热淋，目赤肿痛，咳嗽，膈食等。叶：清热利湿，泻火，解毒。用于肺热咳嗽，百日咳，热淋，尿血，目赤肿痛，疮痈，瘰疬等。

## 十大功劳

Shidagonglao

【别名】狭叶十大功劳、细叶十大功劳、黄天竹、土黄柏、猫儿刺、土黄连。

【来源】小檗科十大功劳属植物十大功劳 *Mahonia fortunei*（Lindl.）Fedde。

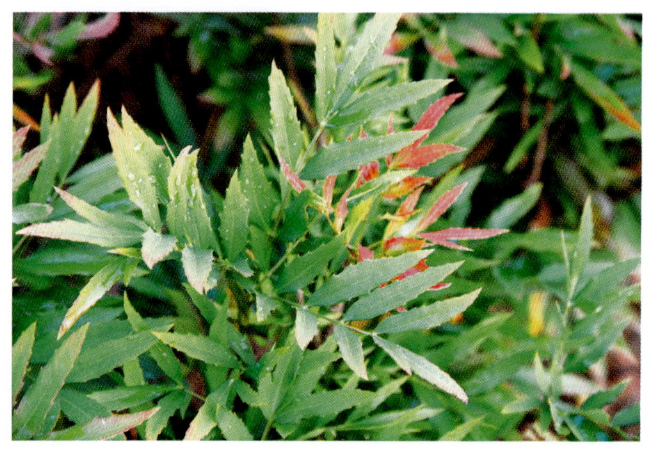

【植物形态】灌木，高达 4 m。叶倒卵形至倒卵状披针形，长 10 ～ 28 cm，宽 8 ～ 18 cm，具 2 ～ 5 对小叶，最下一对小叶外形与往上小叶相似，距叶柄基部 2 ～ 9 cm，上面暗绿至深绿色，叶脉不显，背面淡黄色，偶稍苍白色，叶脉隆起，叶轴粗 1 ～ 2 mm，节间 1.5 ～ 4 cm，往上渐短；小叶无柄或近无柄，狭披针形至狭椭圆形，长 4.5 ～ 14 cm，宽 0.9 ～ 2.5 cm，基部楔形，边缘每边具 5 ～ 10 刺齿，先端急尖或渐尖。总状花序 4 ～ 10 个簇生，长 3 ～ 7 cm；芽鳞披针形至三角状卵形，长 5 ～ 10 mm，宽 3 ～ 5 mm；花梗长 2 ～ 2.5 mm；苞片卵形，急尖，长 1.5 ～ 2.5 mm，宽 1 ～ 1.2 mm；花黄色；外萼片卵形或三角状卵形，长 1.5 ～ 3 mm，宽约 1.5 mm，中萼片长圆状椭圆形，长 3.8 ～ 5 mm，宽 2 ～ 3 mm，内萼片长圆状椭圆形，长 4 ～ 5.5 mm，宽 2.1 ～ 2.5 mm；花瓣长圆形，长 3.5 ～ 4 mm，宽 1.5 ～ 2 mm，基部腺体明显，先端微缺裂，裂片急尖；雄蕊长 2 ～ 2.5 mm，药隔不延伸，顶端平截；子房长 1.1 ～ 2 mm，无花柱，胚珠 2 颗。浆果球形，直径 4 ～ 6 mm，紫黑色，被白粉。花期 7—9 月，果期 9—11 月。

【生境分布】生于山坡林下及灌丛中。全市各地均有零星分布。

【药用部位】茎或茎皮、根、果实、叶。

【采收加工】茎或茎皮：全年均可采收，鲜用或晒干；亦可先将茎外层粗皮刮掉，然后剥取茎皮，鲜用或晒干。根：全年均可采挖，洗净泥土，除去须根，切段，晒干或鲜用。果实：6 月采收果实，晒干，除净杂质，晒至足干。叶：秋季采收，晒干。

【性味归经】茎或茎皮：味苦，性寒。归肺、肝、大肠经。根：味苦，性寒。归脾、肝、大肠经。果实：味苦，性凉。归肺、肾、脾经。叶：味苦，性凉。归肺经。

【功能主治】茎或茎皮：清热，燥湿，解毒。用于肺热咳嗽，黄疸，泄泻，痢疾，目赤肿痛，疮疡，湿疹，烫伤等。根：清热，燥湿，消肿，解毒。用于湿热痢疾，腹泻，黄疸，肺痨咯血，咽喉痛，目赤肿痛，疮疡，湿疹等。果实：清虚热，补肾，燥湿。用于骨蒸潮热，腰膝酸软，头晕耳鸣，湿热腹泻，带下，淋浊等。叶：清热补虚，止咳化痰。用于肺痨咯血，骨蒸潮热，头晕耳鸣，腰腿酸痛，心烦，目赤等。

## 淫羊藿

Yinyanghuo

【别名】短角淫羊藿、小叶淫羊藿、心叶淫羊藿、三枝九叶草。

【来源】小檗科淫羊藿属植物淫羊藿 *Epimedium brevicornu* Maxim.。

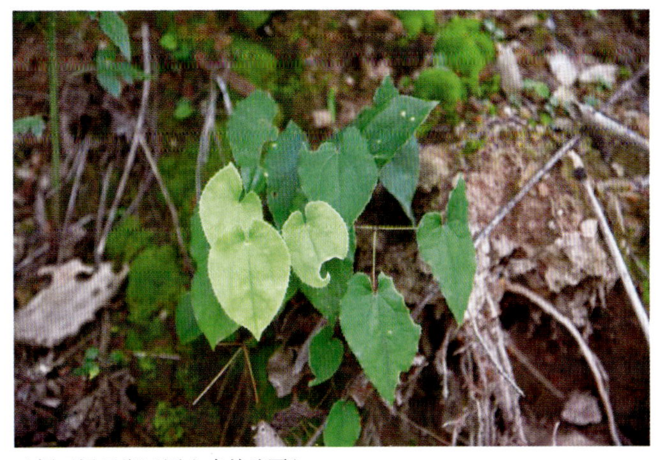
（摄于梁子湖区沼山森林公园）

【植物形态】多年生草本，植株高 20 ～ 60 cm。根状茎粗短，木质化，暗棕褐色。二回三出复叶基生和茎生，具 9 枚小叶；基生叶 1 ～ 3 枚丛生，具长柄，茎生叶 2 枚，对生；小叶纸质或厚纸质，卵形或阔卵形，长 3 ～ 7 cm，宽 2.5 ～ 6 cm，先端急尖或短渐尖，基部深心形，顶生小叶基部裂片圆形，近等大，侧生小叶基部裂片稍偏斜，急尖或圆形，上面常有光泽，网脉显著，背面苍白色，光滑或疏生少数柔毛，基出 7 脉，叶缘具刺齿。花茎具 2 枚对生叶，圆锥花序长 10 ～ 35 cm，具 20 ～ 50 朵花，序轴及花梗被腺毛；花梗长 5 ～ 20 mm；花白色或淡黄色；萼片 2 轮，外萼片卵状三角形，暗绿色，长 1 ～ 3 mm，内萼片披针形，白色或淡黄色，长约 10 mm，宽约 4 mm；花瓣远较内萼片短，距呈圆锥状，长仅 2 ～ 3 mm，瓣片很小；雄蕊长 3 ～ 4 mm，伸出，花药长约 2 mm，瓣裂。蒴果长约 1 cm，宿存花柱喙状，长 2 ～ 3 mm。花期 5—6 月，果期 6—8 月。

【生境分布】生于林下、沟边灌丛中或山坡阴湿处。全市各地均有零星分布。

【药用部位】茎叶。

【采收加工】夏、秋季采收，割取茎叶，除去杂质，晒干。

【性味归经】味辛、甘，性温。归肾、肝经。

【功能主治】补肾壮阳，强筋健骨，祛风除湿。用于肾阳虚衰，阳痿遗精，筋骨痿软，风湿痹痛，麻木拘挛等。

# 小二仙草科

## 小二仙草

Xiao'erxiancao

【别名】豆瓣草、女儿红、沙生草、地花椒、船板草。

【来源】小二仙草科小二仙草属植物小二仙草 *Gonocarpus micranthus* Thunb.。

【植物形态】多年生陆生草本，高 5 ～ 45 cm。茎直立或下部平卧，具纵槽，多分枝，多少粗糙，带赤褐色。叶对生，卵形或卵圆形，长 6 ～ 17 mm，宽 4 ～ 8 mm，基部圆形，先端短尖或钝，边缘具稀疏锯齿，通常两面无毛，淡绿色，背面带紫褐色，具短柄；茎上部的叶有时互生，逐渐缩小而变为苞片。

花序为顶生的圆锥花序，由纤细的总状花序组成；花两性，极小，直径约 1 mm，基部具 1 苞片与 2 小苞片；萼筒长 0.8 mm，4 深裂，宿存，绿色，裂片较短，三角形，长 0.5 mm；花瓣 4，淡红色，比萼片长 2 倍；雄蕊 8，花丝短，长 0.2 mm，花药线状椭圆形，长 0.3 ～ 0.7 mm；子房下位，2 ～ 4 室。坚果近球形，小形，长 0.9 ～ 1 mm，宽 0.7 ～ 0.9 mm，有 8 纵钝棱，无毛。花期 4—8 月，果期 5—10 月。

【生境分布】生于荒山及沙地中。全市各地均有零星分布。

【药用部位】全草。

【采收加工】夏季采收全草，洗净，鲜用或晒干。

【性味归经】味苦、涩，性凉。归肺、大肠、膀胱、肝经。

【功能主治】止咳平喘，清热利湿，调经活血。用于咳嗽，哮喘，热淋，便秘，痢疾，月经不调，跌损骨折，疔疮，乳痈，烫伤，毒蛇咬伤等。

# 玄参科

## 醉鱼草

Zuiyucao

【别名】鱼尾草、醉鱼儿草、闹鱼花、痒见消、四方麻。

【来源】玄参科醉鱼草属植物醉鱼草 *Buddleja lindleyana* Fortune。

【植物形态】灌木，高 1 ～ 3 m。茎皮褐色；小枝具 4 棱，棱上略有窄翅；幼枝、叶片下面、叶柄、花序、苞片及小苞片均密被星状短茸毛和腺毛。叶对生，萌芽枝条上的叶为互生或近轮生，叶片膜质，卵形、椭圆形至长圆状披针形，长 3 ～ 11 cm，宽 1 ～ 5 cm，顶端渐尖，基部宽楔形至圆

（摄于梁子湖区邱山村后山）

形，边缘全缘或具有波状齿，上面深绿色，幼时被星状短柔毛，后变无毛，下面灰黄绿色；侧脉每边6～8条，上面扁平，干后凹陷，下面略凸起；叶柄长2～15 mm。穗状聚伞花序顶生，长4～40 cm，宽2～4 cm；苞片线形，长达10 mm；小苞片线状披针形，长2～3.5 mm；花紫色，芳香；花萼钟状，长约4 mm，外面与花冠外面同被星状毛和小鳞片，内面无毛，花萼裂片宽三角形，长和宽约1 mm；花冠长13～20 mm，内面被柔毛，花冠管弯曲，长11～17 mm，上部直径2.5～4 mm，下部直径1～1.5 mm，花冠裂片阔卵形或近圆形，长约3.5 mm，宽约3 mm；雄蕊着生于花冠管下部或近基部，花丝极短，花药卵形，顶端具尖头，基部耳状；子房卵形，长1.5～2.2 mm，直径1～1.5 mm，无毛，花柱长0.5～1 mm，柱头卵圆形，长约1.5 mm。果序穗状；蒴果长圆状或椭圆状，长5～6 mm，直径1.5～2 mm，无毛，有鳞片，基部常有宿存花萼；种子淡褐色，小，无翅。花期4—10月，果期10—11月。

【生境分布】生于海拔200～2700 m的山地路旁、河边灌丛中或林缘。梁子湖区有零星分布。

【药用部位】茎叶。

【采收加工】夏、秋季采收，切碎，晒干或鲜用。

【性味归经】味辛、苦，性温；有毒。

【功能主治】祛风解毒，驱虫，化骨鲠。用于痄腮，痈肿，瘰疬，蛔虫病，钩虫病，诸鱼骨鲠等。

## 玄参

Xuanshen

【别名】黑参、八秽麻、水萝卜、浙玄参、元参。

【来源】玄参科玄参属植物玄参 *Scrophularia ningpoensis* Hemsl.。

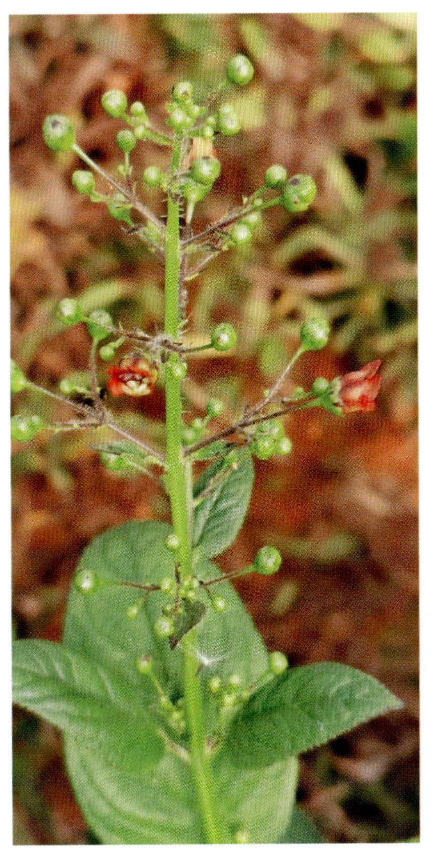

【植物形态】高大草本，可达1 m余。支根数条，纺锤形或胡萝卜状膨大，粗可达3 cm以上。茎四棱形，有浅槽，无翅或有极狭的翅，无毛或多少有白色卷毛，常分枝。叶在茎下部多对生而具柄，上部的有时互生而柄极短，柄长者达4.5 cm，叶片多变化，多为卵形，有时上部的为卵状披针形至披针形，基部楔形、圆形或近心形，边缘具细锯齿，稀为不规则的细重锯齿，大者长达30 cm，宽达19 cm，上部最狭者长约8 cm，宽仅1 cm。花序为疏散的大圆锥花序，由顶生和腋生的聚伞圆锥花序合成，长可达50 cm，但在较小的植株中仅有顶生聚伞圆锥花序，长不及10 cm，聚伞花序常二至四回复出，花梗长3～30 mm，有腺毛；花褐紫色，花萼长2～3 mm，裂片圆形，边缘稍膜质；花冠长8～9 mm，花冠筒多少球形，上唇长于下唇约2.5 mm，裂片圆形，相邻边缘相互重叠，下唇裂片多少卵形，中裂片稍短；雄蕊稍短于下唇，花丝肥厚，退化雄蕊大而近于圆形；花柱长约3 mm，稍长于子房。蒴果卵圆形，连同短喙长 8 ~ 9 mm。花期 6—10 月，果期 9—11 月。

【生境分布】生于竹林、溪旁、丛林及高草丛中。梁子湖区有栽培。

【药用部位】根。

【采收加工】冬季茎叶枯萎时采挖，除去根茎、幼芽、须根及泥沙，晒或烘至半干，堆放 3 ~ 6 天，反复数次直至干燥。

【性味归经】味甘、苦、咸，性微寒。归肺、胃、肾经。

【功能主治】清热凉血，滋阴降火，解毒散结。用于热入营血，温毒发斑，热病伤阴，舌绛烦渴，津伤便秘，骨蒸劳嗽，目赤，咽痛，白喉，瘰疬，疮痈肿毒等。

# 旋花科

## 打碗花

Dawanhua

【别名】旋花苦蔓、扶子苗、狗儿秧、小旋花、喇叭花。

【来源】旋花科打碗花属植物打碗花 *Calystegia hederacea* Wall.。

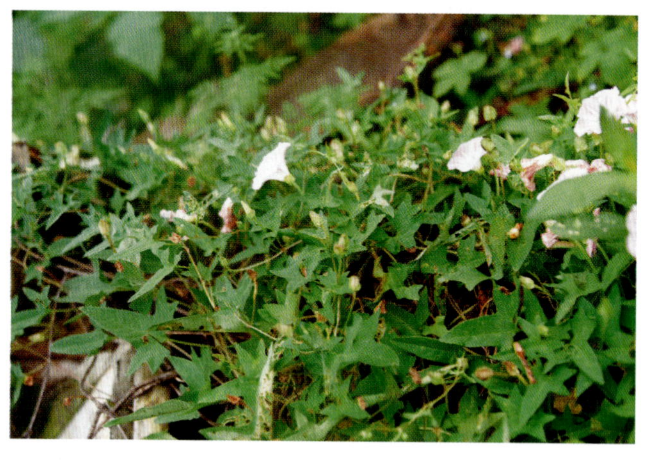

【植物形态】一年生草本，全体不被毛，植株通常矮小，高 10 ~ 40 cm，常自基部分枝，具细长白色的根。茎细，平卧，有细棱。基部叶片长圆形，长 2 ~ 5 cm，宽 1 ~ 2.5 cm，顶端圆，基部戟形，上部叶片 3 裂，中裂片长圆形或长圆状披针形，侧裂片近三角形，全缘或 2 ~ 3 裂，叶片基部心形或戟形；叶柄长 1 ~ 5 cm。花腋生，1 朵，花梗长于叶柄，有细棱；苞片宽卵形，长 0.8 ~ 1.6 cm，顶端钝或锐尖至渐尖；萼片长圆形，长 0.6 ~ 1 cm，顶端钝，具小短尖头，内萼片稍短；花冠淡紫色或淡红色，钟状，长 2 ~ 4 cm，冠檐近截形或微裂；雄蕊近等长，花丝基部扩大，贴生于花冠管基部，被小鳞毛；子房无毛，柱头 2 裂，裂片长圆形，扁平。蒴果卵球形，长约 1 cm，宿存萼片与之近等长或稍短。种子黑褐色，长 4 ~ 5 mm，表面有小疣。花期 4—6 月，果期 6—8 月。

【生境分布】生于农田、荒地、路旁。分布于全市各地区。

【药用部位】全草。

【采收加工】夏、秋季采收，洗净，鲜用或晒干。

【性味归经】味甘、微苦，性平。

【功能主治】健脾，利湿，调经。用于脾胃虚弱，消化不良，小儿吐乳，疳积，五淋，带下，月经不调等。

## 番薯

Fanshu

【别名】白薯、红苕、甜薯、地瓜、山芋。

【来源】旋花科番薯属植物番薯 *Ipomoea batatas*（L.）Lam.。

【植物形态】一年生草本。地下部分具圆形、椭圆形或纺锤形的块根，块根的形状、皮色和肉色因品种或土壤不同而异。茎平卧或上升，偶有缠绕，多分枝，圆柱形或具棱，绿或紫色，被疏柔毛或无毛，茎节易生不定根。叶片形状、颜色常因品种不同而异，也有时在同一植株上具有不同叶形，通常为宽卵形，长 4 ～ 13 cm，宽 3 ～ 13 cm，全缘或 3 ～ 7 裂，裂片宽卵形、三角状卵形或线状披针形，叶片基部心形或近平截，顶端渐尖，两面被疏柔毛或近无毛，叶色有浓绿色、黄绿色、紫绿色等，顶叶的颜色为品种的特征之一；叶柄长短不一，长 2.5 ～ 20 cm，被疏柔毛或无毛。聚伞花序腋生，花 1 ～ 7 朵，花序梗长 2 ～ 10.5 cm，稍粗壮，无毛或有时被疏柔毛；苞片小，披针形，长 2 ～ 4 mm，顶端芒尖或骤尖，早落；花梗长 2 ～ 10 mm；萼片长圆形或椭圆形，不等长，外萼片长 7 ～ 10 mm，内萼片长 8 ～ 11 mm，顶端骤然成芒尖状，无毛或疏生缘毛；花冠粉红色、白色、淡紫色或紫色，钟状或漏斗状，长 3 ～ 4 cm，外面无毛；雄蕊及花柱内藏，花丝基部被毛；子房 2 ～ 4 室，被毛或有时无毛。开花习性随品种和生长条件而不同，有的品种容易开花，有的品种在气候干旱时会开花，在气温高、日照短的地区常见开花，温度较低的地区很少开花。蒴果卵形或扁圆形，有假隔膜分为 4 室。种子 1 ～ 4 粒，通常 2 粒，无毛。由于番薯属于异花授粉，自花授粉常不结果，所以有时只见开花不见结果。

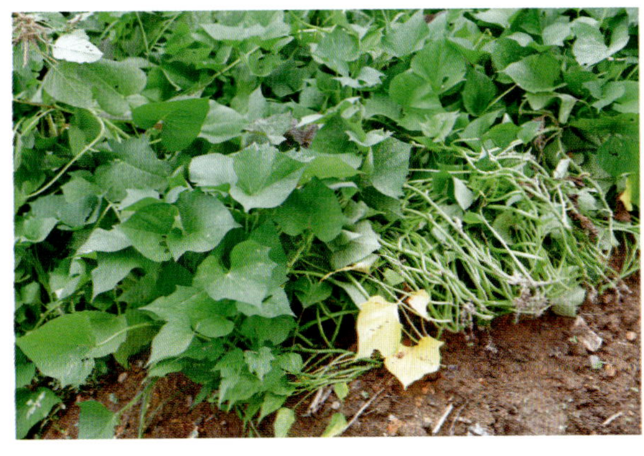

【生境分布】全市各地均有分布。

【药用部位】块根。

【采收加工】秋、冬季采挖，洗净，切片，晒干。亦可窖藏。

【性味归经】味甘，性平。归脾、肾经。

【功能主治】补中和血，益气生津，宽肠胃，通便秘。用于脾虚水肿，便泄，疮疡肿毒，大便秘结等。

## 蕹菜

Wengcai

【别名】空心菜、空筒菜、藤藤菜、无心菜、水蕹菜。

【来源】旋花科番薯属植物蕹菜 *Ipomoea aquatica* Forssk.。

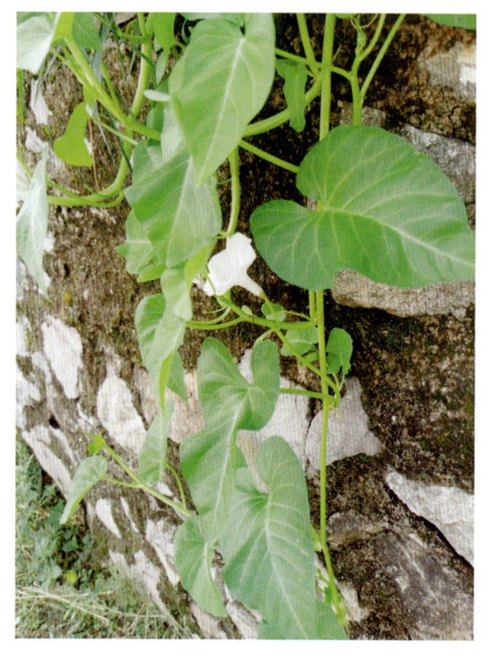

【植物形态】一年生草本，蔓生或漂浮于水中。茎圆柱形，有节，节间中空，节上生根，无毛。叶片形状、大小有变化，卵形、长卵形、长卵状披针形或披针形，长 3.5 ～ 17 cm，宽 0.9 ～ 8.5 cm，顶端锐尖或渐尖，具小短尖头，基部心形、戟形或箭形，偶尔截形，全缘或波状，或有时基部有少数粗齿，两面近无毛或偶有稀疏柔毛；叶柄长 3 ～ 14 cm，无毛。聚伞花序腋生花序梗长 1.5 ～ 9 cm，基部被柔毛，向上无毛，具 1 ～ 5 朵花；苞片小鳞片状，长 1.5 ～ 2 mm；花梗长 1.5 ～ 5 cm，无毛；萼片近等长，卵形，长 7 ～ 8 mm，顶端钝，具小短尖头，外面无毛；花冠白色、淡红色或紫红色，漏斗状，长 3.5 ～ 5 cm；雄蕊不等长，花丝基部被毛；子房圆锥状，无毛。蒴果卵球形至球形，直径约 1 cm，无毛。种子密被短柔毛或有时无毛。花果期为夏、秋季。

【生境分布】生于气候湿暖、土壤肥沃多湿的地方或水沟、水田中。全市各地均有栽培。

【药用部位】茎、叶。

【采收加工】夏、秋季采收，多鲜用。

【性味归经】味甘，性寒。归肠、胃经。

【功能主治】凉血止血，清热利湿。用于鼻衄，便秘，淋浊，便血，尿血，痔疮，痈肿，蛇虫咬伤等。

## 牵牛

Qianniu

【别名】喇叭花、二丑、白丑、黑丑。

【来源】旋花科番薯属植物牵牛 *Ipomoea nil*（L.）Roth。

【植物形态】一年生缠绕草本。茎上被倒向的短柔毛及杂有倒向或开展的长硬毛。叶宽卵形或近圆形，深或浅的 3 裂，偶 5 裂，长 4 ～ 15 cm，宽 4.5 ～ 14 cm，基部圆，心形，中裂片长圆形或卵圆形，渐尖或骤尖，侧裂片较短，三角形，裂口锐或圆，叶面或疏或密被微硬的柔毛；叶柄长 2 ～ 15 cm，毛被同茎。花腋生，单一或通常 2 朵着生于花序梗顶，花序梗长短不一，通常短于叶柄，有时较长，毛被同茎；苞片线形或叶状，被开展的微硬毛；花梗长 2 ～ 7 mm；小苞片线形；萼片近等长，长 2 ～ 2.5 cm，披针状线形，内面 2 片稍狭，外面被开展的刚毛，基部更密，有时也杂有短柔毛；花冠漏斗状，长 5 ～ 10 cm，蓝紫色或紫红色，花冠管色淡；雄蕊及花柱内藏；雄蕊不等长；花丝基部被柔毛；子房无毛，柱头头状。蒴果近球形，直径 0.8 ～ 1.3 cm，3 瓣裂。种子卵状三棱形，长约 6 mm，黑褐色或米黄色，被褐色短茸毛。花期 7—9 月，果期 8—10 月。

【生境分布】生于山坡灌丛、干燥河谷路边、园边宅旁、山地路边。分布于全市各地区。

【药用部位】种子（牵牛子）。

【采收加工】秋末果实成熟、果壳未开裂时采割植株，晒干，打下种子，除去杂质。

【性味归经】味苦，性寒，有毒。归肺、肾、大肠经。

【功能主治】泻水通便，消痰涤饮，杀虫攻积。用于水肿胀满，二便不通，痰饮积聚，气逆咳喘，虫积腹痛等。

## 马蹄金

Mati jin

【别名】荷苞草、铜钱草、小金钱草、金锁匙、小马蹄金、黄疸草。

【来源】旋花科马蹄金属马蹄金 *Dichondra micrantha* Urb.。

【植物形态】多年生匍匐小草本。茎细长，被灰色短柔毛，节上生根。叶肾形至圆形，直径 4 ～ 25 mm，先端宽圆形或微缺，基部阔心形，叶面微被毛，背面被贴生短柔毛，全缘；具长的叶柄，叶柄长 1.5 ～ 6 cm。花单生于叶腋，花柄短于叶柄，丝状；萼片倒卵状长圆形至匙形，钝，长 2 ～ 3 mm，背面及边缘被毛；花冠钟状，较短至稍长于萼，黄色，深 5 裂，裂片长圆状披针形，无毛；雄蕊 5，着生于花冠 2 裂片间弯缺处，花丝短，等长；子房被疏柔毛，2 室，具 4 颗胚珠，花柱 2，柱头头状。蒴果近球形，小，短于花萼，直径约 1.5 mm，膜质。种子 1 ～ 2 粒，黄色至褐色，无毛。花期 4 月，果期 7—8 月。

【生境分布】生于路边、沟边草丛中或墙下、花坛等半阴湿处。全市各地均有零星分布。

【药用部位】全草。

【采收加工】全年随时可采，鲜用或洗净晒干。

【性味归经】味苦、辛，性凉。归肺、肝、大肠经。

【功能主治】清热，利湿，解毒。用于黄疸，痢疾，砂淋，白浊，水肿，疔疮肿毒，跌打损伤，毒蛇咬伤等。

## 土丁桂

Tudinggui

【别名】烟油花、银花草、毛将军、白鸽草、毛辣花。

【来源】旋花科土丁桂属植物土丁桂 *Evolvulus alsinoides* （L.）L.。

【植物形态】多年生草本。茎少数至多数，平卧或上升，细长，具贴生的柔毛。叶长圆形、椭圆形或匙形，长 15～25 mm，宽 5～10 mm，先端钝及具小短尖，基部圆形或渐狭，两面或多或少被贴生疏柔毛，或有时上面少毛至无毛，中脉在下面明显，上面不显，侧脉两面均不显；叶柄短至近无柄。总花梗丝状，较叶短或长得多，长 2.5～3.5 cm，被贴生毛；花单 1 或数朵组成聚伞花序，花柄与萼片等长或通常较萼片长；苞片线状钻形至线状披针形，长 1.5～4 mm；萼片披针形，锐尖或渐尖，长 3～4 mm，被长柔毛；花冠辐状，直径 7～10 mm，蓝色或白色；雄蕊 5，内藏，花丝丝状，长约 4 mm，贴生于花冠管基部；花药长圆状卵形，先端渐尖，基部钝，长约 1.5 mm；子房无毛，花柱 2，每 1 花柱 2 尖裂，柱头圆柱形，先端稍棒状。蒴果球形，无毛，直径 3.5～4 mm，4 瓣裂。种子 4 粒或较少，黑色，平滑。花期 5—9 月。

【生境分布】生于草坡、灌丛及路边。全市各地均有零星分布。

【药用部位】全草。

【采收加工】夏、秋季采收，洗净，鲜用或晒干。

【性味归经】味甘、微苦，性凉。

【功能主治】清热，利湿，解毒。用于黄疸，痢疾，淋浊，带下，疥疮等。

## 菟丝子

Tusizi

【别名】雷真子、无根藤、无叶藤、黄丝藤、龙须子、豆寄生。

【来源】旋花科菟丝子属植物菟丝子 *Cuscuta chinensis* Lam.。

【植物形态】一年生寄生草本。茎缠绕，黄色，纤细，直径约 1 mm，无叶。花序侧生，少花或多花簇生成小伞形或小团伞花序，近无总花序梗；苞片及小苞片小，鳞片状；花梗稍粗壮，长仅 1 mm 许；

花萼杯状，中部以下连合，裂片三角状，长约 1.5 mm，顶端钝；花冠白色，壶形，长约 3 mm，裂片三角状卵形，顶端锐尖或钝，向外反折，宿存；雄蕊着生于花冠裂片弯缺微下处；鳞片长圆形，边缘长流苏状；子房近球形，花柱 2，等长或不等长，柱头球形。蒴果球形，直径约 3 mm，几乎全为宿存的花冠所包围，成熟时整齐的周裂。种子淡褐色，卵形，长约 1 mm，表面粗糙。花期 7—8 月，果期 8—10 月。

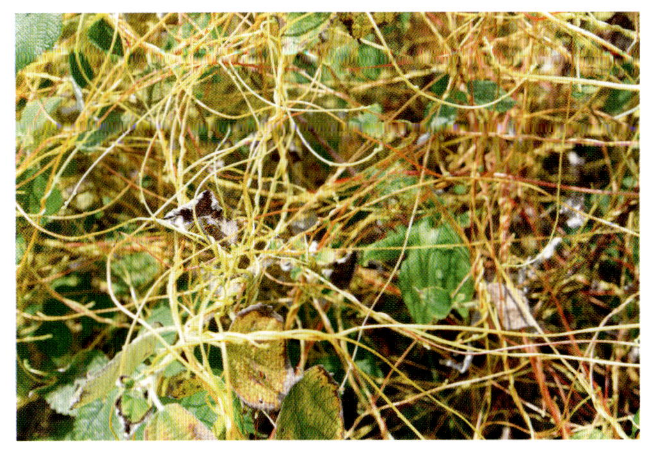

【生境分布】 生于田边、山坡阳处、路边灌丛。全市各地均有分布。

【药用部位】 种子。

【采收加工】 秋季果实成熟时采收植株，晒干，打下种子，除去杂质。

【性味归经】 味辛、甘，性平。归肝、肾、脾经。

【功能主治】 补益肝肾，固精缩尿，安胎，明目，止泻；外用消风祛斑。用于肝肾不足，腰膝酸软，阳痿遗精，遗尿尿频，肾虚胎漏，胎动不安，目昏耳鸣，脾肾虚泻；外用治白癜风。

## 金灯藤

Jindengteng

【别名】 无量藤、天蓬草、飞来花、金丝草、金灯笼。

【来源】 旋花科菟丝子属植物金灯藤 *Cuscuta japonica* Choisy。

【植物形态】 一年生寄生缠绕草本。茎较粗壮，肉质，直径 1 ～ 2 mm，黄色，常带紫红色瘤状斑点，无毛，多分枝。无叶。花无柄或几无柄，形成穗状花序，长达 3 cm，基部常多分枝；苞片及小苞片鳞片状，卵圆形，长约 2 mm，顶端尖，全缘，沿背部增厚；花萼碗状，肉质，长约 2 mm，5 裂几达基部，裂片卵圆形或近圆形，相等或不相等，顶端尖，背面常有紫红色瘤状突起；花冠钟状，淡红色或绿白色，长 3 ～ 5 mm，顶端 5 浅裂，裂片卵状三角形，钝，直立或稍反折，短于花冠筒；雄蕊 5，着生于花冠喉部裂片之间，花药卵圆形，黄色，花丝无或几无；鳞片 5，长圆形，边缘流苏状，着生于花冠筒基部，伸长至冠筒中部或中部以上；子房球状，平滑，无毛，2 室，花柱细长，合生为 1，与子房等长或稍长，柱头 2 裂。蒴果卵圆形，长约 5 mm，近基部周裂。种子 1 ～ 2 粒，光滑，长 2 ～ 2.5 mm，褐色。花期 8 月，果期 9 月。

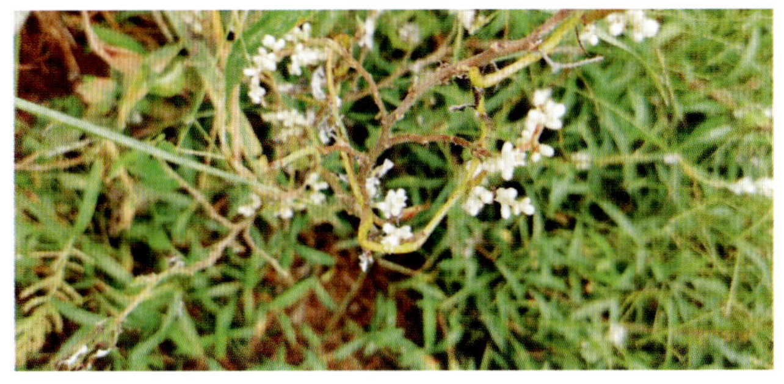

【生境分布】 寄生于草本或灌木上。全市各地均有分布。

【药用部位】 种子。

【采收加工】 9—10 月采收成熟果实，晒干，打出种子，除去果壳、杂质。

【性味归经】 味辛、甘，性平。归肝、肾、脾经。

【功能主治】 补肾益精，养肝明目，固胎止泄。用于腰膝酸痛，遗精，阳痿，早泄，不育，消渴，淋浊，遗尿，目昏耳鸣，胎动不安，流产，泄泻等。

# 荨麻科

## 糯米团

Nuomituan

【别名】 糯米草、糯米条、糯米藤、红石薯、蔓苎麻。

【来源】 荨麻科糯米团属植物糯米团 *Gonostegia hirta*（Blume）Miq.。

【植物形态】 多年生草本，有时茎基部变木质。茎蔓生、铺地或渐升，长 50 ~ 160 cm，基部粗 1 ~ 2.5 mm，不分枝或分枝，上部带四棱形，有短柔毛。叶对生；叶片草质或纸质，宽披针形至狭披针形、狭卵形、稀卵形或椭圆形，长 1 ~ 10 cm，宽 1.2 ~ 2.8 cm，顶端长渐尖至短渐尖，基部浅心形或圆形，边缘全缘，上面稍粗糙，有稀疏短伏毛或近无毛，下面沿脉有疏毛或近无毛，基出脉 3 ~ 5 条；叶柄长 1 ~ 4 mm；托叶钻形，长约 2.5 mm。团伞花序腋生，通常两性，有时单性，雌雄异株，直径 2 ~ 9 mm；苞片三角形，长约 2 mm。雄花：花梗长 1 ~ 4 mm；花蕾直径约 2 mm，在内折线上有稀疏长柔毛；花被片 5，分生，倒披针形，长 2 ~ 2.5 mm，顶端短骤尖；雄蕊 5，花丝条形，长 2 ~ 2.5 mm，花药长约 1 mm；退化雌蕊极小，圆锥状。雌花：花被菱状狭卵形，长约 1 mm，顶端有 2 小齿，有疏毛，果期呈卵形，长约 1.6 mm，有 10 条纵肋；柱头长约 3 mm，有密毛。瘦果卵球形，长约 1.5 mm，白色或黑色，有光泽。花期 5—9 月。

【生境分布】生于丘陵或低山林中、灌丛中、沟边草地。全市各地均有零星分布。

【药用部位】全草。

【采收加工】全年均可采收，鲜用或晒干。

【性味归经】味甘、苦，性凉。

【功能主治】清热解毒，健脾消积，利湿消肿，散瘀止血。用于乳痈，肿毒，痢疾，消化不良，食积腹痛，疳积，带下，水肿，小便不利，痛经，跌打损伤，咯血，吐血，外伤出血等。

## 苎麻

Zhuma

【别名】野麻、野苎麻、家麻、苎仔、青麻。

【来源】荨麻科苎麻属植物苎麻 *Boehmeria nivea*（L.）Gaudich.。

【植物形态】亚灌木或灌木，高 0.5 ～ 1.5 m。茎上部与叶柄均密被开展的长硬毛和近开展和贴伏的短糙毛。叶互生；叶片草质，通常圆卵形或宽卵形，少数卵形，长 6 ～ 15 cm，宽 4 ～ 11 cm，顶端骤尖，基部近截形或宽楔形，边缘在基部之上有齿，上面稍粗糙，疏被短伏毛，下面密被雪白色毡毛，侧脉约 3 对；叶柄长 2.5 ～ 9.5 cm；托叶分生，钻状披针形，长 7 ～ 11 mm，背面被毛。圆锥花序腋生，或植株上部的为雌性，其下的为雄性，或同一植株的全为雌性，长 2 ～ 9 cm；雄团伞花序直径 1 ～ 3 mm，有少数雄花；雌团伞花序直径 0.5 ～ 2 mm，有多数密集的雌花。雄花：花被片 4，狭椭圆形，长约 1.5 mm，合生至中部，顶端急尖，外面有疏柔毛；雄蕊 4，长约 2 mm，花药长约 0.6 mm；退化雌蕊狭倒卵球形，长约 0.7 mm，顶端有短柱头。雌花：花被椭圆形，长 0.6 ～ 1 mm，顶端有 2 ～ 3 小齿，外面有短柔毛，果期菱状倒披针形，长 0.8 ～ 1.2 mm；柱头丝形，长 0.5 ～ 0.6 mm。瘦果近球形，长约 0.6 mm，光滑，基部突缩成细柄。花果期 8—10 月。

【生境分布】生于山谷林边或草坡，亦有栽培。全市各地有栽培与野生。

【药用部位】根、茎皮、叶、花、嫩枝。

【采收加工】根：冬、春季采挖。茎皮：夏、秋季采收，剥取茎皮，鲜用或晒干。叶：夏、春、秋季均可采收，鲜用或晒干。花：夏季花盛期采收，鲜用或晒干。嫩枝：春、夏季采收，鲜用或晒干。

【性味归经】根：味甘，性寒。归肝、心、膀胱经。茎皮：味甘，性寒。归胃、膀胱、肝经。叶：味甘、苦，性寒。归肝、心经。花：味甘，性寒。嫩枝：味甘，性寒。

【功能主治】根：凉血止血，清热安胎，利尿，解毒。用于血热妄行所致的咯血、吐血、衄血、血淋、便血、崩漏、紫癜，胎动不安，胎漏下血，小便淋漓，疮痈肿毒，蛇虫咬伤。茎皮：清热凉血，散瘀止血，解毒利尿，安胎回乳。用于瘀热心烦，天行热病，产后血晕、腹痛，跌打损伤，创伤出血，血淋，小便不利，肛门肿痛，胎动不安，乳房胀痛。叶：凉血止血，散瘀消肿，解毒。用于咯血，吐血，血淋，尿血，月经过多，外伤出血，跌打肿痛，脱肛不收，丹毒，疮肿，乳痈，湿疹，蛇虫咬伤。花：清心除烦，凉血透疹。用于心烦失眠，口舌生疮，麻疹透发不畅，风疹瘙痒。嫩枝：散瘀，解毒。用于金疮折损，痘疮，痈肿，丹毒。

## 紫麻

Zima

【别名】山麻、紫苎麻、白水苎麻、野麻、大麻条。

【来源】荨麻科紫麻属植物紫麻 *Oreocnide frutescens*（Thunb.）Miq.。

【植物形态】灌木，稀小乔木，高 1 ～ 3 m。小枝褐紫色或淡褐色，上部常有粗毛或近贴生的柔毛，稀被灰白色毡毛，以后渐脱落。叶常生于枝的上部，草质，以后有时变纸质，卵形、狭卵形，稀倒卵形，长 3 ～ 15 cm，宽 1.5 ～ 6 cm，先端渐尖或尾状渐尖，基部圆形，稀宽楔形，边缘自下部以上有锯齿或粗齿，上面常疏生糙伏毛，有时近平滑，下面常被灰白色毡毛，以后渐脱落，或只生柔毛或多少短伏毛，基出脉 3，其侧出的一对稍弯曲，与最下一对侧脉环结，侧脉 2 ～ 3 对，在近边缘处彼此环结；叶柄长 1 ～ 7 cm，被粗毛；托叶条状披针形，长约 10 mm，先端尾状渐尖，背面中肋疏生粗毛。花序生于上年生枝和老枝上，几无梗，呈簇生状，团伞花簇直径 3 ～ 5 mm。雄花在芽时直径约 1.5 mm；花被片 3，在下部合生，长圆状卵形，内弯，外面上部有毛；雄蕊 3；退化雌蕊棒状，长约 0.6 mm，被白色绵毛。雌花无梗，长 1 mm。瘦果卵球状，两侧稍压扁，长约 1.2 mm；宿存花被变深褐色，外面疏生微毛，内果皮稍骨质，表面有多数细洼点；肉质花托浅盘状，围着果的基部，成熟时则常增大呈壳斗状，包围着果的大部分。花期 3—5 月，果期 6—10 月。

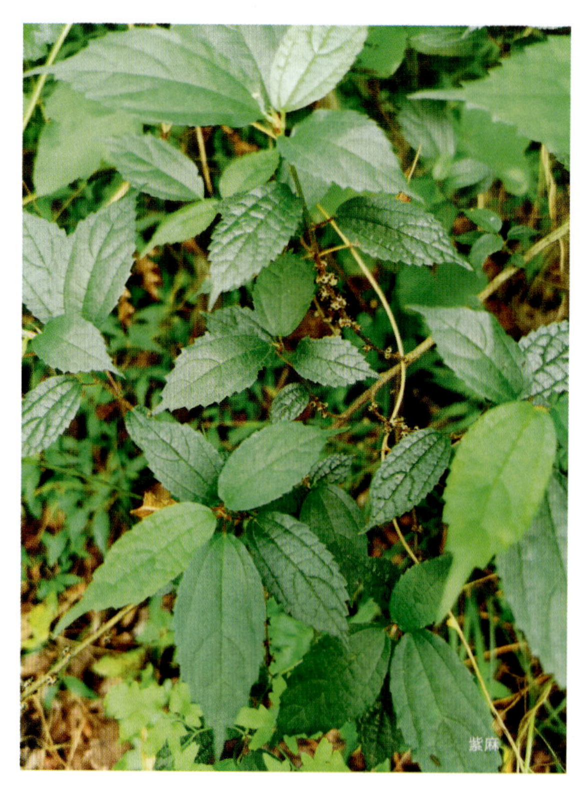
紫麻

【生境分布】生于海拔 300 ～ 1500 m 的山谷和林缘半阴湿处或石缝间。全市各地均有零星分布。

【药用部位】全草。

【采收加工】夏、秋季采收，洗净，鲜用或晒干。

【性味归经】味甘，性凉。

【功能主治】清热解毒，行气活血，透疹。用于感冒发热，跌打损伤，牙痛，麻疹不透，肿疡等。

# 蕈树科

## 枫香树

Fengxiangshu

【别名】路路通、山枫香树、枫树。

【来源】蕈树科枫香树属植物枫香树 *Liquidambar formosana* Hance。

【植物形态】落叶乔木，高达 30 m，胸径最大可达 1 m，树皮灰褐色，方块状剥落。小枝干后灰色，被柔毛，略有皮孔；芽体卵形，长约 1 cm，略被微毛，鳞状苞片敷有树脂，干后棕黑色，有光泽。叶薄革质，阔卵形，掌状 3 裂，中央裂片较长，先端尾状渐尖；两侧裂片平展；基部心形；上面绿色，干后灰绿色，不发亮；下面有短柔毛，或变秃净仅在脉腋间有毛；掌状脉 3 ～ 5 条，在上下两面均显著，网脉明显可见；边缘有锯齿，齿尖有腺状突；叶柄长达 11 cm，常有短柔毛；托叶线形，游离，或略与叶柄连生，长 1 ～ 1.4 cm，红褐色，被毛，早落。雄性短穗状花序常多个排成总状，雄蕊多数，花丝不等长，花药比花丝略短。雌性头状花序有花 24 ～ 43 朵，花序柄长 3 ～ 6 cm，偶有皮孔，无腺体；萼齿 4 ～ 7 个，针形，长 4 ～ 8 mm，子房下半部藏在头状花序轴内，上半部游离，有柔毛，花柱长 6 ～ 10 mm，先端常卷曲。头状果序圆球形，木质，直径 3 ～ 4 cm；蒴果下半部藏于花序轴内，有宿存花柱及针刺状萼齿。种子多数，褐色，多角形或有窄翅。花期 4—5 月，果期 9—10 月。

【生境分布】生于山地常绿阔叶林中或村旁。全市各地均有分布。

【药用部位】树脂（枫香脂）、成熟果序（路路通）、叶（枫香树叶）、茎皮（枫香树皮）、根（枫香树根）。

【采收加工】树脂：7—8 月割裂树干，使树脂流出，10 月至次年 4 月采收，阴干。成熟果序：秋、冬季果实成熟后采收，除去杂质，干燥。叶：秋、冬季采收，晒干。茎皮：一年四季均可采剥，晒干。根：

秋、冬季采挖，洗净，晒干。

【性味归经】 树脂：味辛、微苦，性平。归肺、脾经。成熟果序：味苦，性平。归肝、肾经。叶：味辛、苦，性平。茎皮：味辛，性平；有小毒。根：味辛、苦，性平。归肾、肝经。

【功能主治】 树脂：活血止痛，解毒生肌，凉血止血。用于跌扑损伤，痈疽肿痛，吐血，衄血，外伤出血等。成熟果序：祛风活络，利水通经。用于关节痹痛，麻木拘挛，水肿胀满，乳少，经闭等。叶：用于急性胃肠炎，痢疾，产后风，小儿脐风等。茎皮：用于泄泻，痢疾等。根：用于痈疽，疥疮，风湿关节痛等。

# 鸭跖草科

## 水竹叶

Shuizhuye

【别名】 鸡舌草、鸭脚草、水金钗、水叶草、肉草。

【来源】 鸭跖草科水竹叶属植物水竹叶 *Murdannia triquetra*（Wall.）Bruckn.。

【植物形态】 多年生草本，具长而横走根状茎。根状茎具叶鞘，节间长约 6 cm，节上具细长须状根。茎肉质，下部匍匐，节上生根，上部上升，通常多分枝，长达 40 cm，节间长 8 cm，密生 1 列白色硬毛，这列毛与下一个叶鞘的 1 列毛连续。叶无柄，仅叶片下部有睫毛状毛和叶鞘合缝处有 1 列毛，这列毛与上一个节上的衔接而成一个系列，叶的其他处无毛，叶片竹叶形，平展或稍折叠，长 2 ~ 6 cm，宽 5 ~ 8 mm，顶端渐尖而头钝。花序通常仅有单朵花，顶生并兼腋生，花序梗长 1 ~ 4 cm，顶生者梗长，腋生者短，花序梗中部有 1 枚条状的苞片，有时苞片腋中生 1 朵花，萼片绿色，狭长圆形，浅舟状，长 4 ~ 6 mm，无毛，果期宿存，花瓣粉红色、紫红色或蓝紫色，倒卵圆形，稍长于萼片，花丝密生长须毛。蒴果卵圆状三棱形，长 5 ~ 7 mm，直径 3 ~ 4 mm，两端钝或短急尖，每室有种子 3 颗，有时仅 1 ~ 2 颗。种子短柱状，不扁，红灰色。花期 9—10 月，果期 10—11 月。

【生境分布】 生于海拔 1600 m 以下的水稻田边或湿地上。分布于全市各地区。

【药用部位】 全草。

【采收加工】 夏、秋季采收，洗净，鲜用或晒干。

【性味归经】味甘，性寒。归肺、膀胱经。

【功能主治】清热解毒，利尿。用于发热，咽喉肿痛，肺热咳喘，咯血，热淋，热痢，痈疖疔肿，蛇虫咬伤等。

## 鸭跖草

Yazhicao

【别名】竹叶菜、竹节菜、鸭鹊草、蓝花菜、鸡舌草。

【来源】鸭跖草科鸭跖草属植物鸭跖草 *Commelina communis* L.。

【植物形态】一年生披散草本。茎匍匐生根，多分枝，长可达 1 m，下部无毛，上部被短毛。叶披针形至卵状披针形，长 3 ～ 9 cm，宽 1.5 ～ 2 cm。总苞片佛焰苞状，有 1.5 ～ 4 cm 的柄，与叶对生，折叠状，展开后为心形，顶端短急尖，基部心形，长 1.2 ～ 2.5 cm，边缘常有硬毛。聚伞花序，下面一枝仅有花 1 朵，具长 8 mm 的梗，不孕；上面一枝具花 3 ～ 4 朵，具短梗，几乎不伸出佛焰苞；花梗花期长仅 3 mm，果期弯曲，长不过 6 mm；萼片膜质，长约 5 mm，内面 2 枚常靠近或合生；花瓣深蓝色；内面 2 枚具爪，长近 1 cm。蒴果椭圆形，长 5 ～ 7 mm，2 室，2 爿裂，有种子 4 颗。种子长 2 ～ 3 mm，棕黄色，一端平截、腹面平，有不规则窝孔。花期 7—9 月，果期 9—10 月。

【生境分布】生于路旁、田边、河岸、宅旁、山坡及林缘阴湿处。全市各地均有分布。

【药用部位】全草。

【采收加工】夏、秋季采收，晒干。

【性味归经】味甘、淡，性寒。归肺、胃、小肠经。

【功能主治】清热泻火，解毒，利水消肿。用于感冒发热，热病烦渴，咽喉肿痛，水肿尿少，热淋涩痛，疮痈肿毒等。

## 饭包草

Fanbaocao

【别名】火柴头、竹叶菜、卵叶鸭跖草、圆叶鸭跖草。

【来源】鸭跖草科鸭跖草属植物饭包草 *Commelina benghalensis* L.。

【植物形态】多年生披散草本。茎大部分匍匐，节上生根，上部及分枝上部上升，长可达 70 cm，被疏柔毛。叶有明显的叶柄；叶片卵形，长 3 ～ 7 cm，宽 1.5 ～ 3.5 cm，顶端钝或急尖，近无毛；叶鞘口沿有疏而长的睫毛状毛。总苞片漏斗状，与叶对生，常数枚集于枝顶，下部边缘合生，长 8 ～

12 mm，被疏毛，顶端短急尖或钝，柄极短。花序下面一枝具细长梗，具1～3朵不孕的花，伸出佛焰苞，上面一枝有花数朵，结果，不伸出佛焰苞；萼片膜质，披针形，长2 mm，无毛；花瓣蓝色，圆形，长3～5 mm；内面2枚具长爪。蒴果椭圆状，长4～6 mm，3室，腹面2室每室具2颗种子，开裂，后面一室仅具1颗种子，或无种子，不裂。种子长近2 mm，多皱并有不规则网纹，黑色。花期夏、秋季。

【生境分布】生于田边、沟内或林下阴湿处。全市各地均有零星分布。

【药用部位】全草。

【采收加工】夏、秋季采收，洗净，鲜用或晒干。

【性味归经】味苦，性寒。

【功能主治】清热解毒，利水消肿。用于热病，咽喉肿痛，热痢，热淋，痔疮，疮痈肿毒，蛇虫咬伤等。

# 杨柳科

## 垂柳

Chuiliu

【别名】柳树、倒垂柳、吊杨柳。

【来源】杨柳科柳属植物垂柳 *Salix babylonica* L.。

【植物形态】乔木，高达12～18 m，树冠开展而疏散。树皮灰黑色，不规则开裂；枝细，下垂，淡褐黄色、淡褐色或带紫色，无毛。芽线形，先端急尖。叶狭披针形或线状披针形，长9～16 cm，宽0.5～1.5 cm，先端长渐尖，基部楔形两面无毛或微有毛，上面绿色，下面色较淡，锯齿缘；叶柄长5～10 mm，有短柔毛；托叶仅生于萌发枝上，斜披针形或卵圆形，边缘有齿。花序先叶开放，或与叶同时开放；雄花序长1.5～3 cm，有短梗，轴有毛；雄蕊2，花丝与苞片近等长或较长，基部多少有长毛，花药红黄色；苞片披针形，外面有毛；

腺体 2；雌花序长达 2 ~ 5 cm，有梗，基部有 3 ~ 4 小叶，轴有毛；子房椭圆形，无毛或下部稍有毛，无柄或近无柄，花柱短，柱头 2 ～ 4 深裂；苞片披针形，长 1.8 ～ 2.5 mm，外面有毛；腺体 1。蒴果长 3 ～ 4 mm，带绿黄褐色。花期 3—4 月，果期 4—5 月。

【生境分布】全市各地均有栽培，为道旁、水边等处的绿化树种。

【药用部位】枝、叶、树皮或根皮、根。

【采收加工】枝：春季摘取嫩树枝条，鲜用或晒干。叶：春、夏季采收，鲜用或晒干。树皮或根皮：冬、春季采收，趁鲜剥取，除去粗皮，鲜用或晒干。根：春、夏季采收，洗净，鲜用或晒干。

【性味归经】枝：味苦，性寒。归胃、肝经。叶：味苦，性寒。归肺、肾、心经。树皮或根皮：味苦，性寒。归肝经。根：味苦，性寒。归肺、胃、心经。

【功能主治】枝：祛风利湿，解毒消肿。用于风湿痹痛，小便淋浊，黄疸，风疹瘙痒，疥疮，丹毒，龋齿，龈肿。叶：清热解毒，利尿，平肝，止痛，透疹。用于慢性支气管炎，尿道炎，膀胱炎，膀胱结石，白浊，高血压，痈疽疔毒，皮肤瘙痒，烫火伤，关节疼痛，牙痛，湿疹。树皮或根皮：祛风利湿，消肿止痛。用于风湿骨痛，风疹瘙痒，淋浊，黄疸，乳痈，带下，疥疮，牙痛，烫火伤。根：利水通淋，祛风除湿，泻火解毒。用于淋证，白浊，水肿，黄疸，痢疾，乳痈，带下，风湿疼痛，黄水疮，牙痛，烫伤。

# 野牡丹科

## 金锦香

Jinjinxiang

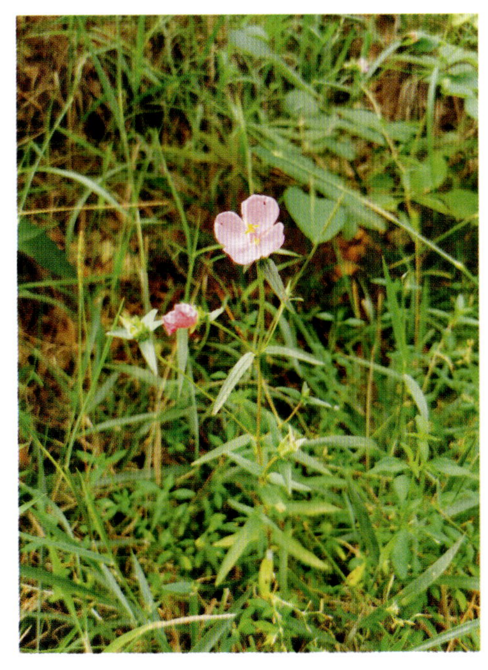

【别名】杯子草、天香炉、小背笼、细花包、张天缸、昂天巷子。

【来源】野牡丹科金锦香属植物金锦香 *Osbeckia chinensis* L.。

【植物形态】直立草本或亚灌木，高 20 ～ 60 cm。茎四棱形，具紧贴的糙伏毛。叶片坚纸质，线形或线状披针形，极稀卵状披针形，顶端急尖，基部钝或几圆形，长 2 ～ 5 cm，宽 3 ～ 15 mm，全缘，两面被糙伏毛，3 ～ 5 基出脉，于背面隆起，细脉不明显；叶柄短或几无，被糙伏毛。头状花序，顶生，有花 2 ～ 10 朵，基部具叶状总苞 2 ～ 6 枚，苞片卵形，被毛或背面无毛，无花梗，萼管长约 6 mm，通常带红色，无毛或具 1 ～ 5 枚刺毛突起，裂片 4，三角状披针形，与萼管等长，具缘毛，各裂片间外缘具 1 刺毛突起，果时随萼片脱落；花瓣4，淡紫红色或粉红色，倒卵形，长约1 cm，具缘毛；雄蕊常偏向一侧，花丝与花药等长，花药顶部具长喙，喙长为花药的1/2，药隔基部微膨大呈盘状；子房近球形，顶端有刚毛16条。蒴果紫红色，卵状球形，4纵裂，宿存萼坛状，长约6 mm，直径约4 mm，外面无毛或具少数刺毛突起。花期7—9月，果期9—11月。

【生境分布】生于海拔1100 m以下的荒山草坡、路旁、田地边或疏林下阳处。全市各地均有零星分布。

【药用部位】全草或根。

【采收加工】夏、秋季采挖全草，或去掉地上部分留根，洗净，鲜用或晒干。

【性味归经】味淡，性平。归肺、脾、肝、大肠经。

【功能主治】化痰利湿，祛瘀止血，解毒消肿。用于咳嗽，哮喘，小儿疳积，泄泻痢疾，风湿痹痛，咯血，衄血，便血，崩漏，痛经，经闭，产后瘀滞腹痛，牙痛，脱肛，跌打损伤，毒蛇咬伤等。

# 叶下珠科

## 叶底珠

Yedizhu

【别名】一叶萩、叶下珠。

【来源】叶下珠科白饭树属植物叶底珠 *Flueggea suffruticosa*（Pall.）Baill.。

【植物形态】灌木，高1～3 m，多分枝。小枝浅绿色，近圆柱形，有棱槽，有不明显的皮孔；全株无毛。叶片纸质，椭圆形或长椭圆形，稀倒卵形，长1.5～8 cm，宽1～3 cm，顶端急尖至钝，基部钝至楔形，全缘或间中有不整齐的波状齿或细锯齿，下面浅绿色；侧脉每边5～8条，两面凸起，网脉略明显；叶柄长2～8 mm；托叶卵状披针形，长1 mm，宿存。花小，雌雄异株，簇生于叶腋。雄花：3～18朵簇生；花梗长2.5～5.5 mm；萼片通常5，椭圆形，长1～1.5 mm，宽0.5～1.5 mm，全缘或具不明显的细齿；雄蕊5枚，花丝长1～2.2 mm，花药卵圆形，长0.5～1 mm；花盘腺体5，退化雌蕊圆柱形，高0.6～1 mm，顶端2～3裂。雌花：花梗长2～15 mm；萼片5，椭圆形至卵形，长1～1.5 mm，近全缘，背部呈龙骨状突起；花盘盘状，全缘或近全缘；子房卵圆形，（2）3室，花柱3，长1～1.8 mm，分离或基部

合生，直立或外弯。蒴果三棱状扁球形，直径约 5 mm，成熟时淡红褐色，有网纹，3 爿裂；果梗长 2 ～ 15 mm，基部常有宿存的萼片；种子卵形而一侧扁压状，长约 3 mm，褐色而有小疣状突起。花期 3—8 月，果期 6—11 月。

【生境分布】生于山坡、路边或灌丛中。全市各地有零星野生。

【药用部位】嫩枝叶或根。

【采收加工】嫩枝叶：春末至秋末均可采收，割取连叶的绿色嫩枝扎成小把，阴干。根：全年均可采收，除去泥沙，洗净，切片，晒干。

【性味归经】味辛、苦，性微温；有小毒。

【功能主治】祛风活血，益肾强筋。用于风湿腰痛，四肢麻木，阳痿，小儿疳积，面神经麻痹，小儿麻痹后遗症等。

## 重阳木

Chongyangmu

【别名】红桐、茄冬树。

【来源】叶下珠科秋枫属植物重阳木 *Bischofia polycarpa*（H.Lév.）Airy Shaw。

【植物形态】落叶乔木，高达 15 m，胸径 50 cm，有时达 1 m，树皮褐色，厚 6 mm，纵裂，木材表面槽棱不显，树冠伞形状，大枝斜展，小枝无毛，当年生枝绿色，皮孔明显，灰白色，老枝变褐色，皮孔变锈褐色，芽小，顶端稍尖或钝，具有少数芽鳞，全株均无毛。三出复叶，叶柄长 9 ～ 13.5 cm；顶生小叶通常较两侧的大，小叶片纸质，卵形或椭圆状卵形，有时长圆状卵形，长 5 ～ 9（14）cm，宽 3 ～ 6（9）cm，顶端突尖或短渐尖，基部圆形或浅心形，边缘具钝细锯齿，每 1 cm 长 4 ～ 5 个；顶生小叶柄长 1.5 ～ 4（6）cm，侧生小叶柄长 3 ～ 14 mm，托叶小，早落。花雌雄异株，春季与叶同时开放，组成总状花序，花序通常着生于新枝的下部，花序轴纤细而下垂，雄花序长 8 ～ 13 cm，雌花序长 3 ～ 12 cm。雄花：萼片半圆形，膜质，向外张开，花丝短，有明显的退化雌蕊。雌花：萼片与雄花的相同，有白色膜质的边缘，子房 3 ～ 4 室，每室 2 胚珠，花柱 2 ～ 3，顶端不分裂。果实浆果状，圆球形，直径 5 ～ 7 mm，成熟时红褐色。花期 4—5 月，果期 10—11 月。

【生境分布】生于海拔 1000 m 以下山地林中或栽培于平原。常作为城市绿化行道树栽培。

【药用部位】根、树皮。

【采收加工】夏、秋季采收，鲜用，浸酒或晒干。

【性味归经】味辛、涩，性凉。归心经。

【功能主治】理气活血，解毒消肿。用于风湿痹痛，痢疾等。

## 算盘子

Suanpanzi

【别名】算盘珠、野南瓜、矮子郎。

【来源】叶下珠科算盘子属植物算盘子 *Glochidion puberum*（L.）Hutch.。

【植物形态】直立灌木，高 1 ～ 2 m，多分枝；小枝灰褐色；小枝、叶片下面、萼片外面、子房和果实均密被短柔毛。叶片纸质或近革质，长圆形、长卵形或倒卵状长圆形，稀披针形，长 3 ～ 8 cm，宽 1 ～ 2.5 cm，顶端钝、急尖、短渐尖或圆，基部楔形至钝，上面灰绿色，仅中脉被疏短柔毛或几无毛，下面粉绿色；侧脉每边 5 ～ 7 条，下面凸起，网脉明显；叶柄长 1 ～ 3 mm；托叶三角形，长约 1 mm。花小，雌雄同株或异株，2 ～ 5 朵簇生于叶腋内，雄花束常着生于小枝下部，雌花束则在上部，或有时雌花和雄花同生于一叶腋内。雄花：花梗长 4 ～ 15 mm；萼片 6，狭长圆形或长圆状倒卵形，长 2.5 ～ 3.5 mm；雄蕊 3 枚，合生成圆柱状。雌花：花梗长约 1 mm；萼片 6，与雄花的相似，但较短而厚；子房圆球状，5 ～ 10 室，每室有 2 胚珠，花柱合生成环状，长、宽与子房几相等，与子房接连处缢缩。蒴果扁球状，直径 8 ～ 15 mm，边缘有 8 ～ 10 条纵沟，成熟时带红色，顶端具有环状而稍伸长的宿存花柱。种子近肾形，具 3 棱，长约 4 mm，砖红色。花期 6—9 月，果期 7—11 月。

【生境分布】生于山坡、林缘、沟边和灌丛中。分布于全市各地。

【药用部位】果实、根、叶。

【采收加工】果实：秋季采摘，拣净杂质，晒干。根：全年均可采挖，洗净，鲜用或晒干。叶：夏、秋季采收，鲜用或晒干。

【性味归经】果实：味苦，性凉；有小毒。根：味苦，性凉；有小毒。归大肠、肝、肺经。叶：味苦、涩，性凉；有小毒。归大肠经。

【功能主治】果实：清热除湿，解毒利咽，行气活血。用于痢疾，泄泻，黄疸，疟疾，淋浊，带下，咽喉肿痛，牙痛，疝气，产后腹痛等。根：清热，利湿，行气，活血，解毒消肿。用于感冒发热，咽喉肿痛，咳嗽，牙痛，湿热泻痢，黄疸，淋浊，带下，风湿痹痛，腰痛，疝气，痛经，经闭，跌打损伤，痈肿，瘰疬，蛇虫咬伤等。叶：清热利湿，解毒消肿。用于湿热泻痢，黄疸，淋浊，带下，发热，咽喉肿痛，疮痈肿毒，漆疮，湿疹，蛇虫咬伤等。

## 蜜甘草

Migancao

【别名】蜜柑草。

【来源】叶下珠科叶下珠属植物蜜甘草 *Phyllanthus ussuriensis* Rupr. et Maxim.。

【植物形态】一年生草本，高达 60 cm。茎直立，常基部分枝，枝条细长；小枝具棱；全株无毛。叶片纸质，椭圆形至长圆形，长 5 ～ 15 mm，宽 3 ～ 6 mm，顶端急尖至钝，基部近圆形，下面白绿色；侧脉每边 5 ～ 6 条；叶柄极短或几乎无叶柄；托叶卵状披针形。花雌雄同株，单生或数朵簇生于叶腋；花梗长约 2 mm，丝状，基部有数枚苞片。雄花：萼片 4，宽卵形；花盘腺体 4 枚，分离，与萼片互生；雄蕊 2 枚，花丝分离，药室纵裂。雌花：萼片 6，长椭圆形，果时反折；花盘腺体 6 枚，长圆形；子房卵圆形，3 室，花柱 3，顶端 2 裂。蒴果扁球状，直径约 2.5 mm，平滑；果梗短；种子长约 1.2 mm，黄褐色，具褐色疣点。花期 4—7 月，果期 7—10 月。

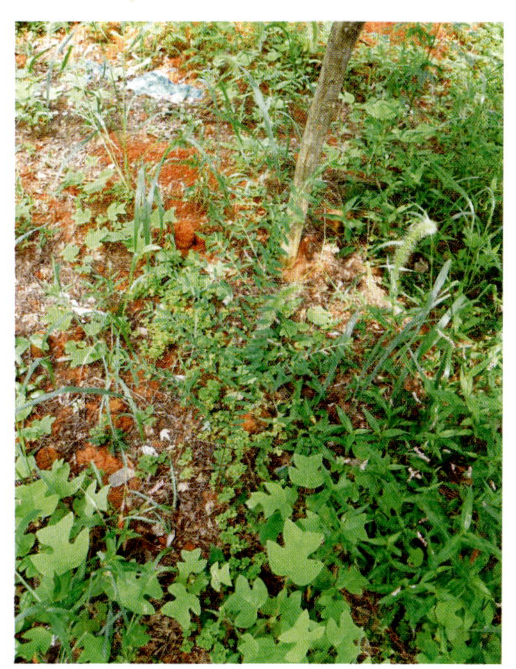

【生境分布】生于山坡、路旁草地。全市各地有零星野生。

【药用部位】全草。

【采收加工】夏、秋季采收，鲜用或晒干备用。

【性味归经】味苦，性寒。

【功能主治】清热利湿，清肝明目。用于黄疸，痢疾，泄泻，水肿，淋病，小儿疳积，目赤肿痛，痔疮等。

## 叶下珠

Yexiazhu

【别名】夜合珍珠、珍珠草。

【来源】叶下珠科叶下珠属植物叶下珠 *Phyllanthus urinaria* L.。

【植物形态】一年生草本，高 10 ～ 60 cm，茎通常直立，基部多分枝，枝倾卧而后上升；枝具翅状纵棱，上部被纵列疏短柔毛。叶片纸质，因叶柄扭转而呈羽状排列，长圆形或倒卵形，长 4 ～ 10 mm，宽 2 ～ 5 mm，顶端圆、钝或急尖而有小尖头，下面灰绿色，近边缘或边缘有 1 ～ 3 列短粗毛；侧脉每边 4 ～ 5 条，明显；叶柄极短；托叶卵状披针形，长约 1.5 mm。花雌雄同株，直径约 4 mm。雄花：2 ～ 4 朵簇生于叶腋，通常仅上面 1 朵开花，下面的很小；花梗长约 0.5 mm，基部有苞片 1 ～ 2 枚；萼片 6，倒卵形，长约 0.6 mm，顶端钝；雄蕊 3 枚，花丝全部合生成柱状。雌花：单生于小枝中下部的叶腋内；花梗长约 0.5 mm；萼片 6，近相等，卵状披针形，长约 1 mm，边缘膜质，黄白色；花盘圆盘状，边缘全缘；子房卵状，有鳞片状突起，花柱分离，顶端2裂，裂片弯卷。蒴果圆球状，直径1～2 mm，红色，表面具小突刺，有宿存的花柱和萼片，开裂后轴柱宿存。种子长1.2 mm，橙黄色。花期4—6月，果期7—11月。

【生境分布】生于山坡、路旁、田边。全市各地有零星野生。

【药用部位】全草。

【采收加工】夏、秋季采收，除去泥土等杂质，鲜用或晒干。

【性味归经】味微苦，性凉。归肝、脾、肾经。

【功能主治】清热解毒，利水消肿，明目，消积。用于痢疾，泄泻，黄疸，水肿，热淋，石淋，目赤，夜盲，疳积，痈肿，毒蛇咬伤等。

# 银杏科

## 银杏

Yinxing

【别名】白果、公孙树、鸭脚子、鸭掌树。

【来源】银杏科银杏属植物银杏 *Ginkgo biloba* L.。

【植物形态】乔木，高达40 m，胸径可达4 m。幼树树皮浅纵裂，大树之皮呈灰褐色，深纵裂，粗糙；幼年及壮年树冠圆锥形，老则广卵形；枝近轮生，斜上伸展（雌株的大枝常较雄株开展）；一年生的长枝淡褐黄色，二年生以上变为灰色，并有细纵裂纹；短枝密被叶痕，黑灰色，短枝上亦可长出长枝；冬芽黄褐色，常为卵圆形，先端钝尖。叶扇形，有长柄，淡绿色，无毛，有多数叉状并列细脉，顶端宽5～8 cm，在短枝上常具波状缺刻，在长枝上常2裂，基部宽楔形，柄长3～10 cm（多为5～8 cm），幼树及萌生枝上的叶常较大而深裂（叶片长达13 cm，宽15 cm），有时裂片再分裂（这与较原始的化石种类之叶相似），叶在一年生长枝上螺旋状散生，在短枝上3～8叶呈簇生状，秋季落叶前变为黄色。球花雌雄异株，单性，生于短枝顶端的鳞片状叶的腋内，呈簇生状；雄球花柔荑花序状，下垂，雄蕊排列疏松，具短梗，花药常2个，长椭圆形，药室纵裂，药隔不发达；雌球花具长梗，梗端常分二叉，稀3～5叉或不分叉，每叉顶生一盘状珠座，胚珠着生其上，通常仅一个叉端的胚珠发育成种子，风媒传粉。种子具长梗，下垂，常为椭圆形、长倒卵形、卵圆形或近圆球形，长2.5～3.5 cm，直径为2 cm，外种皮肉质，成熟时黄色或橙黄色，外被白粉，有臭味；中种皮白色，骨质，具2～3条纵脊；内种皮膜质，淡红褐色；胚乳肉质，味甘、略苦；子叶2枚，稀3枚。花期3—4月，种子9—10月成熟。

【生境分布】生于海拔1000 m以下的地区。全市各地均有野生与栽培。

【药用部位】种子（白果）、叶（银杏叶）。

【采收加工】白果：秋末种子成熟后采收，除去肉质外种皮，洗净，略煮后烘干。银杏叶：秋季叶尚绿时采收，及时干燥。

【性味归经】白果：味甘、苦、涩，性平；有毒。归肺、肾经。银杏叶：味甘、苦、涩，性平，归心、肺经。

【功能主治】白果：敛肺定喘，止带缩尿。用于痰多咳喘，带下白浊，遗尿尿频等。银杏叶：活血化瘀，通络止痛，敛肺平喘，化浊降脂。用于瘀血阻络，胸痹心痛，中风偏瘫，肺虚咳嗽，高脂血症等。

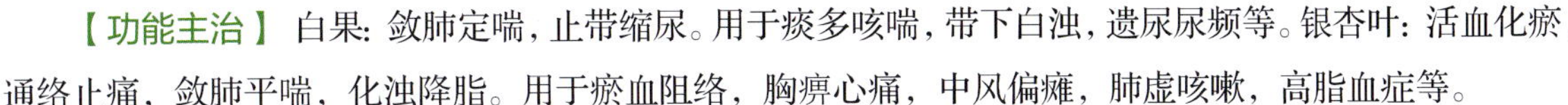

# 罂粟科

## 博落回

Boluohui

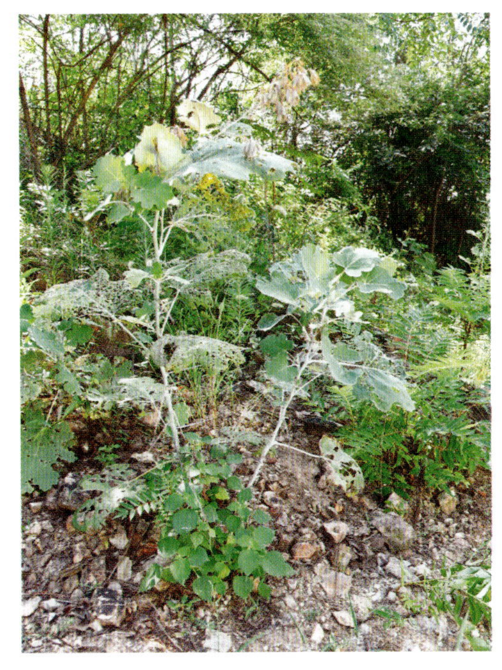

【别名】勃逻回、勃勒回、落回、菠萝筒、喇叭筒。

【来源】罂粟科博落回属植物博落回 *Macleaya cordata*（Willd.）R. Br.。

【植物形态】直立草本，基部木质化，具乳黄色浆汁。茎高1～4 m，绿色，光滑，多白粉，中空，上部多分枝。叶片宽卵形或近圆形，长5～27 cm，宽5～25 cm，先端急尖、渐尖、钝或圆形，通常7或9深裂或浅裂，裂片半圆形、方形或其他形状，边缘波状、缺刻状、粗齿或多细齿，表面绿色，无毛，背面多白粉，被易脱落的细茸毛，基出脉通常5，侧脉2对，稀3对，细脉网状，常呈淡红色；叶柄长1～12 cm，上面具浅沟槽。大型圆锥花序多花，长15～40 cm，顶生和腋生；花梗长2～7 mm；苞片狭披针形。花芽棒状，近白色，长约1 cm；萼片倒卵状长圆形，长约1 cm，舟状，黄白色；

花瓣无；雄蕊 24 ～ 30，花丝丝状，长约 5 mm，花药条形，与花丝等长；子房倒卵形至狭倒卵形，长 2 ～ 4 mm，先端圆，基部渐狭，花柱长约 1 mm，柱头 2 裂，下延于花柱上。蒴果狭倒卵形或倒披针形，长 1.3 ～ 3 cm，粗 5 ～ 7 mm，先端圆或钝，基部渐狭，无毛。种子卵珠形，长 1.5 ～ 2 mm，生于缝线两侧，无柄，种皮具排成行的整齐的蜂窝状孔穴，有狭的种阜。花果期 6—11 月。

【生境分布】生于海拔 150 ～ 830 m 的丘陵或低山林中、灌丛中或草丛间。分布于全市各地区。

【药用部位】根或全草。

【采收加工】秋、冬季采收，根与茎叶分开，晒干。

【性味归经】味苦、辛，性寒；有毒。归心、肝、胃经。

【功能主治】散瘀，祛风，解毒，止痛，杀虫。用于痈疮，疔肿，臁疮，痔疮，湿疹，蛇虫咬伤，跌打肿痛，风湿关节痛，龋齿痛，顽癣，滴虫性阴道炎及酒渣鼻等。

## 刻叶紫堇

Keyezijin

【别名】断肠草、羊不吃、紫花鱼灯草、烫伤草。

【来源】罂粟科紫堇属植物刻叶紫堇 *Corydalis incisa*（Thunb.）Pers.。

【植物形态】灰绿色直立草本，高 15 ～ 60 cm。根茎短而肥厚，椭圆形，长约 1 cm，粗 5 mm，具束生的须根。茎不分枝或少分枝。叶具长柄，基部具鞘，叶片二回三出，一回羽片具短柄，二回羽片近无柄，菱形或宽楔形，长约 2 cm，宽 1 cm，三深裂，裂片具缺刻状齿。总状花序长 3 ～ 12 cm，多花，先密集，后疏离。苞片约与花梗等长，菱形或楔形，具缺刻状齿。花梗长约 1 cm。萼片小，长约 1 mm，丝状深裂；花紫红色至紫色，稀淡蓝色至苍白色，平展，大小的变异幅度较大，外花瓣顶端圆钝，平截至多少下凹，顶端稍后具陡峭的鸡冠状突起，上花瓣长 1.5 ～ 2.5 cm；距圆筒形，近直，约与瓣片等长或稍短；蜜腺体短，占距长的 1/4 ～ 1/3，末端稍圆钝，下花瓣基部常具小距或浅囊，有时发育不明显，内花瓣顶端深紫色。柱头近扁四方形，顶端具 4 短柱状乳突，侧面具 2 对无柄的双生乳突。蒴果线形至长圆形，长 1.5 ～ 2 cm，具 1 列种子。花期 4—5 月。

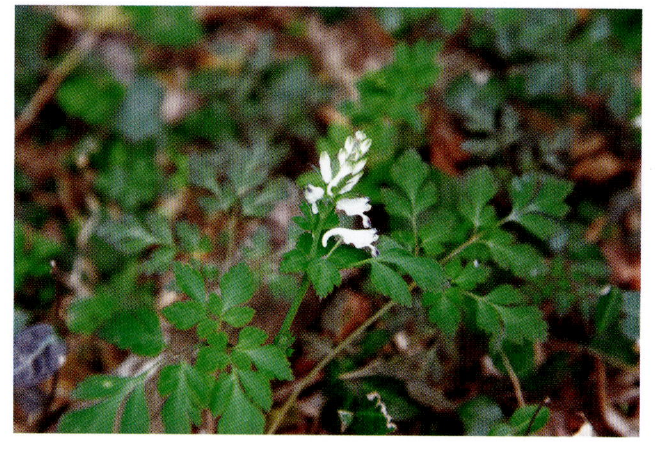

【生境分布】生于林缘、路边或疏林下。全市各地均有零星分布。

【药用部位】根及全草（紫花鱼灯草）。

【采收加工】全草于花期采收，根于夏季枯萎后采挖，除去泥土杂质，鲜用或晒干。

【性味归经】味苦、涩，性凉；有毒。归肺、肾、脾经。

【功能主治】清热解毒，杀虫止痒。用于咽喉疼痛，疮痈肿毒，疥癞顽癣，湿疹，毒蛇咬伤等。

## 夏天无

Xiatianwu

【别名】伏生紫堇、落水珠、野延胡。

【来源】罂粟科紫堇属植物夏天无 *Corydalis decumbens*（Thunb.）Pers.。

（摄于鄂城区四峰山）

【植物形态】多年生草本，全体光滑无毛。块茎小，圆形或多少伸长，直径 4 ～ 15 mm；新块茎形成于老块茎顶端的分生组织和基生叶腋，向上常抽出多茎。茎高 10 ～ 25 cm，柔弱，细长，不分枝，具 2 ～ 3 叶，无鳞片。叶二回三出，小叶片倒卵圆形，全缘或深裂成卵圆形或披针形的裂片。总状花序疏具 3 ～ 10 花。苞片小，卵圆形，全缘，长 5 ～ 8 mm。花梗长 10 ～ 20 mm。花近白色至淡粉红色或淡蓝色。萼片早落。外花瓣顶端下凹，常具狭鸡冠状突起，上花瓣长 14 ～ 17 mm，瓣片多少上弯；距稍短于瓣片，渐狭，平直或稍上弯；蜜腺体短，占距长的 1/3 ～ 1/2，末端渐尖。下花瓣宽匙形，通常无基生的小囊，内花瓣具超出顶端的宽而圆的鸡冠状突起。蒴果线形，多少扭曲，长 13 ～ 18 mm，具 6 ～ 14 种子。种子具龙骨状突起和泡状小突起。花期 4 月，果期 5—6 月。

【生境分布】生于海拔 80 ～ 300 m 的山坡或路边。全市各地均有零星分布。

【药用部位】块茎。

【采收加工】4 月上旬至 5 月初，待茎叶变黄时，选晴天挖掘块茎，除去须根，洗净泥土，鲜用或晒干。

【性味归经】味苦、辛，性温。归肝经。

【功能主治】活血止痛，舒筋活络，祛风除湿。用于中风偏瘫，头痛，跌扑损伤，风湿痹痛，腰腿疼痛等。

## 黄堇

Huangjin

【别名】黄花鱼灯草、水黄连、虾子草、野水芹、断肠草。

【来源】罂粟科紫堇属植物黄堇 *Corydalis pallida*（Thunb.）Pers.。

【植物形态】灰绿色丛生草本，高 20 ～ 60 cm，具主根，少数侧根发达，呈须根状。茎 1 至多条，发自基生叶腋，具棱，常上部分枝。基生叶多数，莲座状，花期枯萎。茎生叶稍密集，下部的具柄，上部的近无柄，上面绿色，下面苍白色，二回羽状全裂，一回羽片 4 ～ 6 对，具短柄至无柄，二回羽片无柄，卵圆形至长圆形，顶生的较大，长 1.5 ～ 2 cm，宽 1.2 ～ 1.5 cm，三深裂，裂片边缘具圆齿状裂片，裂片顶端圆钝，近具短尖，侧生的较小，常具 4 ～ 5 圆齿。总状花顶生和腋生，有时对叶生，长约 5 cm，疏具多花和或长或短的花序轴。苞片披针形至长圆形，具短尖，约与花梗等长。花梗长 4 ～ 7 mm。花黄色至淡黄色，较粗大，平展。萼片近圆形，中央着生，直径约 1 mm，边缘具齿。外花瓣顶端勺状，具短尖，

无鸡冠状突起，或有时仅上花瓣具浅鸡冠状突起，上花瓣长 1.7 ～ 2.3 cm，距约占花瓣全长的 1/3，背部平直，腹部下垂，稍下弯，蜜腺体约占距长的 2/3，末端钩状弯曲；下花瓣长约 1.4 cm。内花瓣长约 1.3 cm，具鸡冠状突起，爪约与瓣片等长；雄蕊束披针形；子房线形，柱头具横向伸出的 2 臂，各枝顶端具 3 乳突。蒴果线形，念珠状，长 2 ～ 4 cm，宽约 2 mm，斜伸至下垂，具 1 列种子。种子黑亮，直径约 2 mm，表面密具圆锥状突起，中部较低平，种阜帽状，约包裹种子的 1/2。花期 4—5 月，果期 6 月。

【生境分布】 生于旷野山坡、墙根沟畔等阴湿处。全市各地均有零星分布。

【药用部位】 全草或根。

【采收加工】 夏季采收，洗净，晒干。

【性味归经】 味苦、涩，性寒；有毒。归肺、肝经。

【功能主治】 清热利湿，解毒杀虫。用于湿热泄泻，痢疾，黄疸，目赤肿痛，聤耳流脓，疮毒，疥癣，毒蛇咬伤。

# 榆科

## 榔榆

Langyu

【别名】 小叶榆、构丝榆、秋榆。

【来源】 榆科榆属植物榔榆 *Ulmus parvifolia* Jacq.。

【植物形态】 落叶乔木，或冬季叶变为黄色或红色宿存至第二年新叶开放后脱落，高达 25 m，胸径可达 1 m。树冠广圆形，树干基部有时成板状根，树皮灰色或灰褐色，裂成不规则鳞状薄片剥落，露出红褐色内皮，近平滑，微凹凸不平；当年生枝密被短柔毛，深褐色；冬芽卵圆形，红褐色，无毛。叶质地厚，披针状卵形或窄椭圆形，稀卵形或倒卵形，中脉两侧长宽不等，长 2 ～ 5 cm，宽 1 ～ 2cm，先端尖或钝，基部偏斜，楔形或一边圆，叶面深绿色，有光泽，除中脉凹陷处有疏柔毛外，余处无毛，侧脉不凹陷，叶背色较浅，幼时被短柔毛，后变无毛或沿脉有疏毛，或脉腋有簇生毛，边缘从基部至先端有钝而整齐的单锯齿，稀重锯齿（如萌发枝的叶），侧脉每边 10 ～ 15 条，细脉在两面均明显，叶柄长 2 ～ 6 mm，仅上面有毛。花秋季开放，3 ～ 6 数在叶腋簇生或排成簇状聚伞花序，花被上部杯状，下部管状，花被片 4，深裂至杯状花被的基部或近基部，花梗极短，被疏毛。翅果椭圆形或卵状椭圆形，长 10 ～ 13 mm，宽 6 ～ 8 mm，除顶端缺口柱头面被毛外，余处无毛，果翅稍厚，基部的柄长约 2 mm，两侧的翅较果核部分窄，果核部分位于翅果的中上部，上端接近缺口，花被片脱落或残存，果梗较管状花被短，长 1 ～ 3 mm，有疏生短毛。花果期 8—10 月。

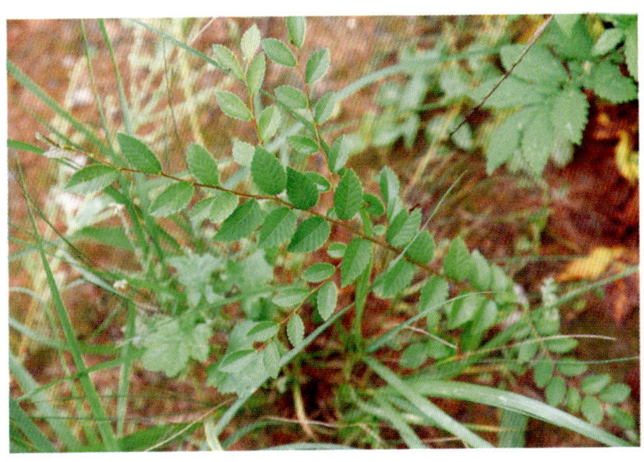

【生境分布】 生于海拔 1300 m 以下的平原丘陵、山地及疏林中。分布于全市各地区。

【药用部位】 树皮或根皮、叶、茎。

【采收加工】 树皮或根皮：全年均可采收，洗净，晒干。叶：夏、秋季均可采收，鲜用。茎：夏、秋季均可采收，鲜用。

【性味归经】 树皮或根皮：味甘、苦，性寒。叶：味甘、苦，性寒。茎：味甘、苦，性寒。

【功能主治】 树皮或根皮：清热利水，解毒消肿，凉血止血。用于热淋，小便不利，疮痈肿毒，乳痈，水火烫伤，痢疾，胃肠出血，尿血，痔血，腰背酸痛，外伤出血。叶：清热解毒，消肿止痛。用于热毒疮疡，牙痛。茎：通络止痛。用于腰背酸痛等。

# 雨久花科

## 凤眼莲

Fengyanlian

【别名】 水葫芦、水浮莲、凤眼蓝。

【来源】 雨久花科梭鱼草属植物凤眼莲 *Pontederia crassipes* Mart.。

【植物形态】 浮水草本，高 30 ～ 60 cm。须根发达，棕黑色，长达 30 cm。茎极短，具长匍匐枝，匍匐枝淡绿色或带紫色，与母株分离后长成新植物。叶在基部丛生，莲座状排列，一般 5 ～ 10 片；叶片圆形、宽卵形或宽菱形，长 4.5 ～ 14.5 cm，宽 5 ～ 14 cm，顶端钝圆或微尖，基部宽楔形或在幼时为浅

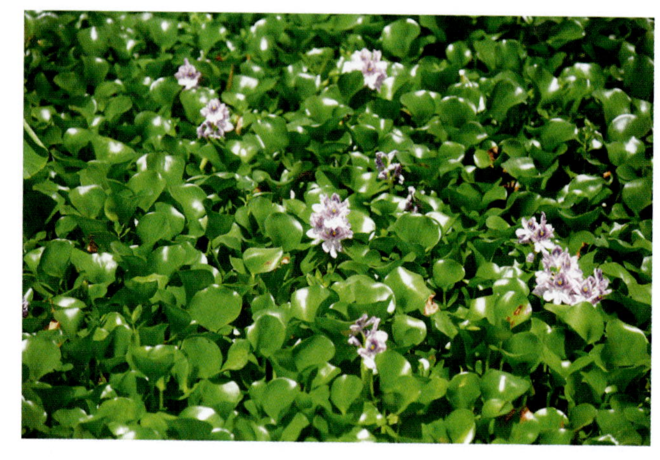

心形，全缘，具弧形脉，表面深绿色，光亮，质地厚实，两边微向上卷，顶部略向下翻卷；叶柄长短不等，中部膨大成囊状或纺锤形，内有许多多边形柱状细胞组成的气室，维管束散布其间，黄绿色至绿色，光滑；叶柄基部有鞘状苞片，长 8 ～ 11 cm，黄绿色，薄而半透明。花葶从叶柄基部的鞘状苞片腋内伸出，长 34 ～ 46 cm，多棱；穗状花序长 17 ～ 20 cm，通常具 9 ～ 12 朵花；花被裂片 6 枚，花瓣状，卵形、长圆形或倒卵形，紫蓝色，花冠略两侧对称，直径 4 ～ 6 cm，上方 1 枚裂片较大，长约 3.5 cm，宽约 2.4 cm，三色，即四周淡紫红色，中间蓝色，在蓝色的中央有 1 黄色圆斑，其余各片长约 3 cm，宽 1.5 ～ 1.8 cm，下方 1 枚裂片较狭，宽 1.2 ～ 1.5 cm，花被片基部合生成筒，外面近基部有腺毛；雄蕊 6 枚，贴生于花被筒上，3 长 3 短，长的从花被筒喉部伸出，长 1.6 ～ 2 cm，短的生于近喉部，长 3 ～ 5 mm；花丝上有腺毛，长约 0.5 mm，花药箭形，基着，蓝灰色，2 室，纵裂，花粉粒长卵圆形，黄色；子房上位，长梨形，长 6 mm，3 室，中轴胎座，胚珠多数，花柱 1，长约 2 cm，伸出花被筒的部分有腺毛，柱头上密生腺毛。蒴果卵形。花期 7—10 月，果期 8—11 月。

【生境分布】生于海拔 200 ～ 1500 m 的水塘、沟渠及稻田中。全市各地均有分布。

【药用部位】全草或根。

【采收加工】春、夏季采集，洗净，晒干或鲜用。

【性味归经】味淡，性凉。

【功能主治】疏散风热，利水通淋，清热解毒。用于风热感冒，水肿，热淋，尿路结石，风疹，湿疮，疖肿等。

## 鸭舌草

Yashecao

【别名】鸭儿菜、水锦葵、鸭儿嘴、香头草、水玉簪。

【来源】雨久花科梭鱼草属植物鸭舌草 *Pontederia vaginalis* Burm. f.。

【植物形态】水生草本，根状茎极短，具柔软须根。茎直立或斜上，高 4 ～ 50 cm，全株光滑无毛。叶基生和茎生，叶片形状和大小变化较大，有心状宽卵形、长卵形至披针形，长 2 ～ 7 cm，宽 0.8 ～ 5 cm，顶端短突尖或渐尖，基部圆形或浅心形，全缘，具弧状脉；叶柄长 10 ～ 20 cm，基部扩大成开裂的鞘，鞘长 2 ～ 4 cm，顶端有舌状体，长 7 ～ 10 mm。总状花序从叶柄中部抽出，该处叶柄扩大成鞘状；花序梗短，长 1 ～ 1.5 cm，基部有 1 披针形苞片，花序在花期直立，果期下弯，花通常 3 ～ 5 朵（稀有 10 余朵），蓝色，花被片卵状披针形或长圆形，长 10 ～ 15 mm，花梗长不及 1 cm；雄蕊 6 枚，其中 1 枚较大，花药长圆形，其余 5 枚较小，花丝丝状。蒴果卵形至长圆形，长约 1 cm。种子多数，椭圆形，长约 1 mm，灰褐色，具 8 ～ 12 纵条纹。花期 8—9 月，果期 9—10 月。

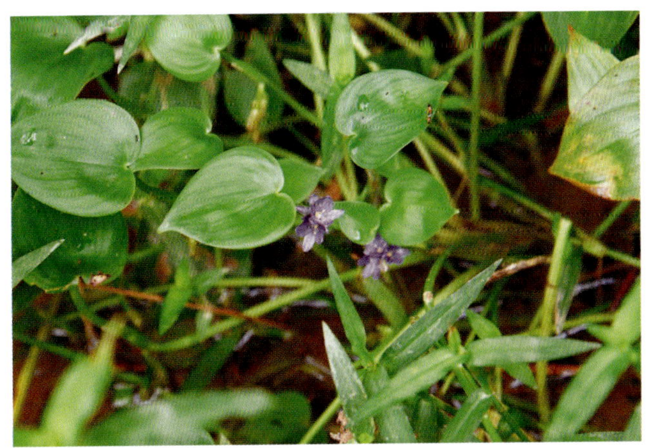

【生境分布】生于稻田、沟旁、浅水池塘等水湿处。全市各地均有零星分布。

【药用部位】全草。

【采收加工】夏、秋季采收，鲜用或切段晒干。

【性味归经】味苦，性凉。

【功能主治】清热，凉血，利尿，解毒。用于感冒高热，肺热咳喘，百日咳，咯血，吐血，崩漏，尿血，热淋，痢疾，肠炎，肠痈，丹毒，疮肿，咽喉肿痛，牙龈肿痛，风火赤眼，毒蛇咬伤，毒菇中毒等。

# 鸢尾科

## 番红花

Fanhonghua

【别名】番栀子蕊、撒馥兰、撒法郎、西红花、藏红花。

【来源】鸢尾科番红花属植物番红花 *Crocus sativus* L.。

【植物形态】多年生草本。球茎扁圆球形，直径约 3 cm，外有黄褐色的膜质包被。叶基生，9 ~ 15 枚，条形，灰绿色，长 15 ~ 20 cm，宽 2 ~ 3 mm，边缘反卷，叶丛基部包有 4 ~ 5 枚膜质的鞘状叶。花茎甚短，不伸出地面，花 1 ~ 2 朵，淡蓝色、红紫色或白色，有香味，直径 2.5 ~ 3 cm；花被裂片 6，2 轮排列，内、外轮花被裂片皆为倒卵形，顶端钝，长 4 ~ 5 cm；雄蕊直立，长 2.5 cm，花药黄色，顶端尖，略弯曲；花柱橙红色，长约 4 cm，上部 3 分枝，分枝弯曲而下垂，柱头略扁，顶端楔形，有浅齿，较雄蕊长，子房狭纺锤形。蒴果椭圆形，长约 3 cm。花期 11 月上旬至中旬。

【生境分布】各地常见栽培。梁子湖地区有栽培。

【药用部位】柱头。

【采收加工】10—11 月下旬，晴天早晨日出时采花，再摘取柱头，随即晒干，或在 55 ~ 60 ℃下烘干。

【性味归经】味甘，性平。归心、肝经。

【功能主治】活血化瘀，凉血解毒，解郁安神。用于经闭癥瘕，产后瘀滞，温毒发斑，忧郁痞闷，惊悸发狂等。

## 射干

Shegan

【别名】交剪草、野萱花、乌扇、扁竹、绞剪草、蝴蝶花。

【来源】鸢尾科射干属植物射干 *Belamcanda chinensis*（L.）Redouté。

【植物形态】多年生草本。根状茎为不规则的块状，斜伸，黄色或黄褐色；须根多数，带黄色。茎高 1～1.5 m，实心。叶互生，嵌迭状排列，剑形，长 20～60 cm，宽 2～4 cm，基部鞘状抱茎，顶端渐尖，无中脉。花序顶生，叉状分枝，每分枝的顶端聚生数朵花；花梗细，长约 1.5 cm；花梗及花序的分枝处均包有膜质的苞片，苞片披针形或卵圆形；花橙红色，散生紫褐色的斑点，直径 4～5 cm；花被裂片 6，2 轮排列，外轮花被裂片倒卵形或长椭圆形，长约 2.5 cm，宽约 1 cm，顶端钝圆或微凹，基部楔形，内轮较外轮花被裂片略短而狭；雄蕊 3，长 1.8～2 cm，着生于外花被裂片的基部，花药条形，外向开裂，花丝近圆柱形，基部稍扁而宽；花柱上部稍扁，顶端 3 裂，裂片边缘略向外卷，有细而短的毛，子房下位，倒卵形，3 室，中轴胎座，胚珠多数。蒴果倒卵形或长椭圆形，长 2.5～3 cm，直径 1.5～2.5 cm，顶端无喙，常残存有凋萎的花被，成熟时室背开裂，果瓣外翻，中央有直立的果轴。种子圆球形，黑紫色，有光泽，直径约 5 mm，着生于果轴上。花期 6—8 月，果期 7—9 月。

【生境分布】生于山坡、草原、田野旷地、杂木林缘。全市各地均有零星野生，梁子湖地区有栽培。

【药用部位】根茎。

【采收加工】春初刚发芽或秋末茎叶枯萎时采挖，除去须根和泥沙，干燥。

【性味归经】味苦，性寒。归肺经。

【功能主治】清热解毒，消痰，利咽。用于热毒痰火郁结，咽喉肿痛，痰涎壅盛，咳嗽气喘。

## 鸢尾

Yuanwei

【别名】老鸹蒜、蛤蟆七、扁竹花、蓝蝴蝶、蝴蝶花。

【来源】鸢尾科鸢尾属植物鸢尾 *Iris tectorum* Maxim.。

【植物形态】多年生草本，植株基部围有老叶残留的膜质叶鞘及纤维。根状茎粗壮，二歧分枝，直径约1 cm，斜伸；须根较细而短。叶基生，黄绿色，稍弯曲，中部略宽，宽剑形，长15～50 cm，宽1.5～3.5 cm，顶端渐尖或短渐尖，基部鞘状，有数条不明显的纵脉。花茎光滑，高20～40 cm，顶部常有1～2个短侧枝，中、下部有1～2枚茎生叶；苞片2～3枚，绿色，草质，边缘膜质，色淡，披针形或长卵圆形，长5～7.5 cm，宽2～2.5 cm，顶端渐尖或长渐尖，内包含有1～2朵花；花蓝紫色，直径约10 cm；花梗甚短；花被管细长，长约3 cm，上端膨大成喇叭形，外花被裂片圆形或宽卵形，长5～6 cm，宽约4 cm，顶端微凹，爪部狭楔形，中脉上有不规则的鸡冠状附属物，呈不整齐的繸状裂，内花被裂片椭圆形，长4.5～5 cm，宽约3 cm，花盛开时向外平展，爪部突然变细；雄蕊长约2.5 cm，花药鲜黄色，花丝细长，白色；花柱分枝扁平，淡蓝色，长约3.5 cm，顶端裂片近四方形，有疏齿，子房纺锤状圆柱形，长1.8～2 cm。蒴果长椭圆形或倒卵形，长4.5～6 cm，直径2～2.5 cm，有6条明显的肋，成熟时自上而下3瓣裂。种子黑褐色，梨形，无附属物。花期4—5月，果期6—8月。

【生境分布】生于林缘、水边湿地及向阳坡地。全市各地均有零星分布。

【药用部位】叶或全草、根茎。

【采收加工】叶或全草：夏、秋季采收，洗净，切碎鲜用。根茎：全年均可采，挖出根茎，除去茎叶及须根，洗净，鲜用或切片晒干。

【性味归经】叶或全草：味辛、苦，性凉；有小毒。根茎：味苦、辛，性寒；有毒。归脾、胃、大肠经。

【功能主治】叶或全草：清热解毒，祛风利湿，消肿止痛。用于咽喉肿痛，肝炎，肝大，膀胱炎，风湿疼痛，跌打肿痛，疥疮，皮肤瘙痒。根茎：消积杀虫，破瘀行水，解毒。用于食积胀满，蛔虫腹痛，癥瘕鼓胀，咽喉肿痛，痔瘘，跌打肿伤，疮痈肿毒，蛇犬咬伤。

# 远志科

## 瓜子金

Guazijin

【别名】卵叶远志、苦草、辰砂草、竹叶地丁、小金不换。

【来源】远志科远志属植物瓜子金 *Polygala japonica* Houtt.。

【植物形态】多年生草本，高 15 ～ 20 cm。茎、枝直立或外倾，绿褐色或绿色，具纵棱，被卷曲短柔毛。单叶互生，叶片厚纸质或亚革质。卵形或卵状披针形，稀狭披针形，长 1 ～ 3 cm，宽 5 ～ 9 mm，先端钝，具短尖头，基部阔楔形至圆形，全缘，叶面绿色，背面淡绿色，两面无毛或被短柔毛，主脉上面凹陷，背面隆起，侧脉 3 ～ 5 对，两面凸起，并被短柔毛；叶柄长约 1 mm，被短柔毛。总状花序与叶对生，或腋外生，最上 1 个花序低于茎顶。花梗细，长约 7 mm，被短柔毛，基部具 1 枚披针形、早落的苞片；萼片 5，宿存，外面 3 枚披针形，长 4 mm，外面被短柔毛，里面 2 枚花瓣状，卵形至长圆形，长约 6.5 mm，宽约 3 mm，先端圆形，具短尖头，基部具爪；花瓣 3，白色至紫色，基部合生，侧瓣长圆形，长约 6 mm，基部内侧被短柔毛，龙骨瓣舟状，具流苏状鸡冠状附属物；雄蕊 8，花丝长 6 mm，全部合生成鞘，鞘 1/2 以下与花瓣贴生，且具缘毛，花药无柄，顶孔开裂；子房倒卵形，直径约 2 mm，具翅，花柱长约 5 mm，弯曲，柱头 2，间隔排列。蒴果圆形，直径约 6 mm，短于内萼片，顶端凹陷，具喙状突尖，边缘具有横脉的阔翅，无缘毛。种子 2 粒，卵形，长约 3 mm，直径约 1.5 mm，黑色，密被白色短柔毛，种阜 2 裂下延，疏被短柔毛。花期 4—5 月，果期 5—8 月。

【生境分布】生于山坡草地或田埂上。全市各地均有零星分布。

【药用部位】根及全草。

【采收加工】秋季采集，洗净，晒干。

【性味归经】味苦、辛，性平。归肺、肝、心经。

【功能主治】祛痰止咳，散瘀止血，宁心安神，解毒消肿。用于咳嗽痰多，跌打损伤，风湿痹痛，吐血，便血，心悸，失眠，咽喉肿痛，痈肿疮疡，毒蛇咬伤。

# 芸香科

## 柑橘

Ganju

【别名】黄橘、橘子。

【采源】芸香科柑橘属植物柑橘 *Citrus reticulata* Blanco。

【植物形态】常绿小乔木或灌木，高 3 ～ 4 m。枝细，多有刺。叶互生；叶柄长 0.5 ～ 1.5 cm，有窄翼，顶端有关节；叶片披针形或椭圆形，长 4 ～ 11 cm，宽 1.5 ～ 4 cm，先端渐尖微凹，基部楔形，全缘或为波状，具不明显的钝锯齿，有半透明油点。花单生或数朵丛生于枝端或叶腋；花萼杯状，5 裂；花瓣 5，白色或带淡红色，开时向上反卷；雄蕊 15 ～ 30，长短不一，花丝常 3 ～ 5 个连合成组；雌蕊 1，子房圆形，柱头头状。果近圆形或扁圆形，横径 4 ～ 7 cm，果皮薄而宽，容易剥离，囊瓣 7 ～ 12，汁胞柔软多汁。种子卵圆形，白色，一端尖，数粒至数十粒或无。花期 3—4 月，果期 10—12 月。

【生境分布】栽培于丘陵、低山地带、江河湖泊沿岸或平原。全市各地均有分布。

【药用部位】成熟果实（橘）、干燥成熟果皮（陈皮）、干燥幼果或未成熟果实的干燥果皮（青皮）、成熟果实的外层果皮（橘红）、果皮的内层筋络（橘络）、种子（橘核）、叶（橘叶）。

【采收加工】橘：果实成熟时，摘下果实，鲜用或冷藏备用。陈皮：摘取成熟果实，剥取果皮，晒干或低温干燥。青皮：5—6 月收集自落的幼果，晒干，可称“个青皮”；7—8 月采收未成熟的果实，在果皮上纵剖成四瓣至基部，除去果肉，晒干，可称“四花青皮”。橘红：用刀剖下成熟果实外果皮，晒干或阴干。橘络：撕取成熟果实的果皮内层筋络，晒干。橘核：果实成熟后收集种子，晒干或阴干。橘叶：全年可采，鲜用或晒干。

【性味归经】橘：味甘、酸，性凉。归肺、胃经。陈皮：味苦、辛，性温。归肺、脾经。青皮：味苦、辛，性温。归肝、胆、胃经。橘红：味苦、辛，性温。归肺、脾经。橘络：味苦、辛，性温。归肺、脾经。橘核：味苦，性平。归肝、肾经。橘叶：味苦、辛，性温。归肝经。

【功能主治】橘：润肺生津，开胃理气，止咳润肺。用于胸膈气滞，呕逆，消渴。陈皮：理气健脾，燥温化痰。用于脘腹胀满，食少吐泻，咳嗽痰多。青皮：疏肝破气，消积化滞。用于胸胁作痛，疝气疼痛，乳癖，乳痈，食积气滞，脘腹胀痛。橘红：理气宽中，燥湿化痰。用于咳嗽痰多，胸胁作痛。橘络：通络，化痰止咳。用于咳嗽痰多，胸胁作痛。橘核：理气，散结，止痛。用于疝气疼痛，睾丸肿痛，乳痈，乳癖。橘叶：行气，解郁，散结。用于乳腺炎，乳房结块。

## 酸橙

Suancheng

【别名】意大利佛手柑、枳壳、枳实。

【来源】芸香科柑橘属植物酸橙 *Citrus* × *aurantium* Siebold & Zucc. ex Engl.。

【植物形态】小乔木，枝叶茂密，刺多，徒长枝的刺长达 8 cm。叶色浓绿，质地颇厚，翼叶倒卵形，基部狭尖，长 1 ～ 3 cm，宽 0.6 ～ 1.5 cm，或个别品种几无翼叶。总状花序有花少数，有时兼有腋生单花，有单性花倾向，即雄蕊发育，雌蕊退化；花蕾椭圆形或近圆球形；花萼 5 或 4 浅裂，有时花后增厚，无毛或个别品种被毛；花大小不等，花径 2 ～ 3.5 cm；雄蕊 20 ～ 25，通常基部合生成多束。果圆球形或扁圆形，果皮稍厚至甚厚，难剥离，橙黄至朱红色，油胞大小不均，凹凸不平，果心充实或半实，囊瓣 10 ～ 13，果肉味酸，有时有苦味或兼有特异气味。种子多且大，常有肋状棱，子叶乳白色，单或多胚。花期 4—5 月，果期 9—12 月。

【生境分布】多为栽培。全市各地均有零星分布。

【药用部位】干燥幼果（枳实）、近成熟果实（枳壳）。

【采收加工】枳实：5—6 月间采摘幼果或待其自然脱落后拾其幼果，大者横切成两半，晒干，小的整个晒干。枳壳：7 月下旬至 8 月上旬，果实近成熟时采摘，自中部横切成两半，晒干或微火烘干。

【性味归经】枳实：味苦、辛、酸，性微寒。归脾、胃经。枳壳：味苦、辛、酸，性微寒。归脾、胃经。

【功能主治】枳实：破气消积，化痰除痞。用于积滞内停，痞满胀痛，大便秘结，泻痢后重，痰滞气阻，结胸，胸痹，胃下垂，子宫脱垂，脱肛。枳壳：理气宽胸，行滞消积。用于胸膈痞满，胸胁胀痛，食积不化，脘腹胀满，痰饮内停，下痢厚重，脱肛，子宫脱垂。

## 柚

You

【别名】文旦、柚子、大麦柑、橙子、文旦柚。

【来源】芸香科柑橘属植物柚 *Citrus maxima*（Burm.）Merr.。

【植物形态】乔木。嫩枝、叶背、花梗、花萼及子房均被柔毛，嫩叶通常暗紫红色，嫩枝扁且有棱。叶质颇厚，色浓绿，阔卵形或椭圆形，连翼叶长 9 ～ 16 cm，宽 4 ～ 8 cm，或更大，顶端钝或圆，有时短尖，基部圆，翼叶长 2 ～ 4 cm，宽 0.5 ～ 3 cm，个别品种的翼叶甚狭窄。总状花序，有时兼有腋生单花；花蕾淡紫红色，稀乳白色；花萼不规则 3 ～ 5 浅裂；花瓣长 1.5 ～ 2 cm；雄蕊 25 ～ 35，有时部分雄蕊不育；花柱粗长，柱头略较子房大。果圆球形，扁圆形，梨形或阔圆锥状，横径通常 10 cm 以上，淡黄色或黄绿色，杂交种有朱红色的，果皮甚厚或薄，海绵质，油胞大，凸起，果心实但松软，瓢囊 10 ～ 15 瓣或多至 19 瓣，汁胞白色、粉红或鲜红色，少有带乳黄色；种子多达 200 余粒，亦有无子的，形状不规则，通常近似长方形，上部质薄且常截平，下部饱满，多兼有发育不全的，有明显纵肋棱，子叶乳白色，单胚。花期 4—5 月，果期 9—12 月。

【生境分布】栽培于丘陵或低山地带。全市各地区均有分布。

【药用部位】果实、果皮、叶。

【采收加工】果实：果实成熟时采收，鲜用。果皮：果实成熟时采收果实，剥取果皮，晒干或阴干。叶：全年可采，鲜用或晒干。

【性味归经】果实：味甘、酸，性寒。归脾、肺经。果皮：味甘、辛，性平。归脾、肺、肾经。叶：味苦、辛，性温。归肝、脾经。

【功能主治】果实：消食，化痰，醒酒。用于饮食积滞，食欲不振，醉酒等。果皮：宽中理气，化痰止咳。用于气滞胀满，胃痛，咳嗽气喘，疝气疼痛等。叶：行气止痛，解毒消肿。用于乳腺炎，扁桃体炎等。

## 枳

Zhi

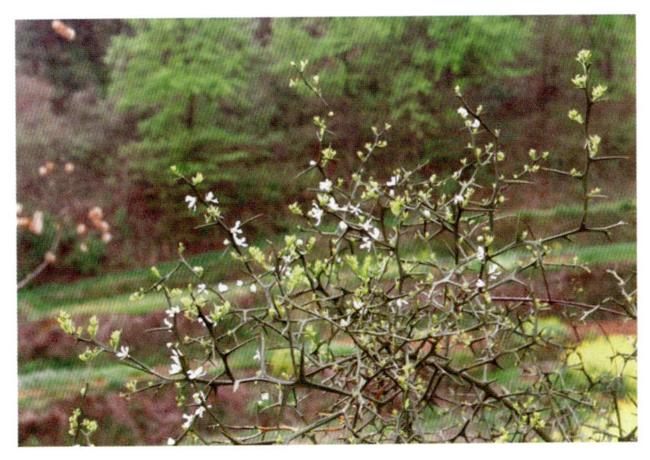

【别名】铁篱寨、雀不站、臭杞、臭橘、枸橘。

【来源】芸香科柑橘属植物枳 *Citrus trifoliata* L.。

【植物形态】小乔木，高 1 ～ 5 m，树冠伞形或圆头形。枝绿色，嫩枝扁，有纵棱，刺长达 4 cm，刺尖干枯状，红褐色，基部扁平。叶柄有狭长的翼叶，通常指状三出叶，很少 4 ～ 5 小叶，杂交种的则除 3

小叶外尚有 2 小叶或单小叶同时存在，小叶等长或中间的一片较大，长 2 ～ 5 cm，宽 1 ～ 3 cm，对称或两侧不对称，叶缘有细钝裂齿或全缘，嫩叶中脉上有细毛，花单朵或成对腋生，先叶开放，也有先叶后花的，有完全花及不完全花，后者雄蕊发育，雌蕊萎缩，花有大、小二型，花径 3.5 ～ 8 cm；萼片长 5 ～ 7 mm；花瓣白色，匙形，长 1.5 ～ 3 cm；雄蕊通常 20 枚，花丝不等长。果近圆球形或梨形，大小差异较大，通常纵径 3 ～ 4.5 cm，横径 3.5 ～ 6 cm，果顶微凹，有环圈，果皮暗黄色，粗糙，也有无环圈，果皮平滑的，油胞小而密，果心充实，瓢囊 6 ～ 8 瓣，汁胞有短柄，果肉含黏液，微有香橼气味，甚酸且苦，带涩味，有种子 20 ～ 50 粒；种子阔卵形，乳白色或乳黄色，有黏液，平滑或间有不明显的细脉纹，长 9 ～ 12 mm。花期 5—6 月，果期 10—11 月。

【生境分布】 多栽培于路旁、庭院作为绿篱。分布于全市各地区。

【药用部位】 幼果或未成熟果实。

【采收加工】 7—9 月采收未成熟的果实，切成两半或切丝阴干。

【性味归经】 味辛、苦，性温。归脾、胃经。

【功能主治】 疏肝和胃，理气止痛，消积化滞。用于胸胁胀满，脘腹胀痛，乳房结块，疝气疼痛，睾丸肿痛，跌打损伤，食积，便秘，子宫脱垂等。

## 野花椒

Yehuajiao

【别名】 香椒、红花椒、天角椒、大花椒、花椒、岩椒。

【来源】 芸香科花椒属植物野花椒 *Zanthoxylum simulans* Hance。

【植物形态】 灌木或小乔木。枝干散生基部宽而扁的锐刺，嫩枝及小叶背面沿中脉或仅中脉基部两侧或有时及侧脉均被短柔毛，或各部均无毛。单数羽状复叶互生，叶轴有狭窄的叶质边缘，腹面呈沟状凹陷；小叶对生，无柄或位于叶轴基部的有甚短的小叶柄，卵形、卵状椭圆形或披针形，长 2.5 ～ 7 cm，宽 1.5 ～ 4 cm，两侧略不对称，顶部急尖或短尖，常有凹口，油点多，干后半透明且常微凸起，间有窝状凹陷，叶面常有刚毛状细刺，中脉凹陷，叶缘有疏离而浅的钝裂齿。花序顶生，长 1 ～ 5 cm；花被片 5 ～ 8 片，狭披针形、宽卵形或近三角形，大小及形状有时不相同，长约 2 mm，淡黄绿色；雄花的雄蕊 5 ～ 10，花丝及半圆形凸起的退化雌蕊均为淡绿色，药隔顶端有一干后暗褐黑色的油点；雌花的花被片为狭长状

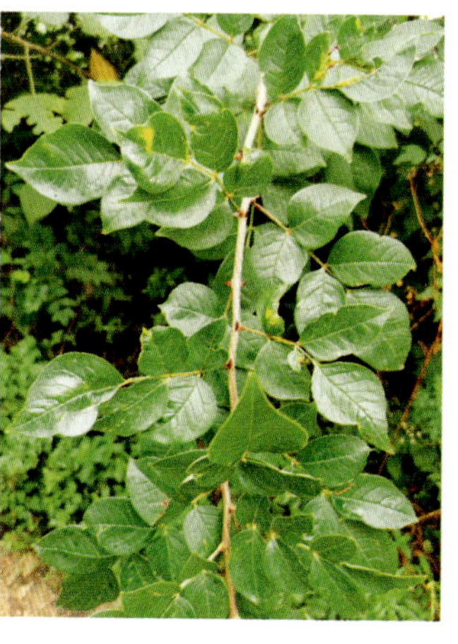

披针形，心皮 2 ～ 3 个，花柱斜向背弯。果红褐色，分果瓣基部变狭窄且略延长 1 ～ 2 mm 呈柄状，油点多，微凸起，单个分果瓣直径约 5 mm。种子长 4 ～ 4.5 mm。花期 3—5 月，果期 7—9 月。

【生境分布】生于海拔 500 m 以下的灌丛中。全市各地均有零星分布。

【药用部位】叶、果实、根皮或茎皮。

【采收加工】叶：7—9 月采收带叶的小枝，晒干或鲜用。果实：7—9 月采收成熟的果实，除去杂质，晒干。根皮或茎皮：春、夏、秋季剥皮，鲜用或晒干。

【性味归经】叶：味辛，性温。果实：味辛，性温；有小毒。根皮或茎皮：味辛，性温。

【功能主治】叶：祛风除湿，活血通经。用于风寒湿痹，经闭，跌打损伤，阴疽，皮肤瘙痒。果实：温中止痛，杀虫止痒。用于脾胃虚寒，脘腹冷痛，呕吐，泄泻，蛔虫腹痛，湿疹，皮肤瘙痒，阴痒，龋齿疼痛。根皮或茎皮：祛风除湿，散寒止痛，解毒。用于风寒湿痹，筋骨麻木，脘腹冷痛，吐泻，牙痛，皮肤疮疡，毒蛇咬伤。

## 青花椒

Qinghua jiao

【别名】野椒、天椒、崖椒、隔山消、香椒子。

【来源】芸香科花椒属植物青花椒 *Zanthoxylum schinifolium* Siebold & Zucc.。

【植物形态】通常高 1 ～ 2 m 的灌木。茎枝有短刺，刺基部两侧压扁状，嫩枝暗紫红色。叶有小叶 7 ～ 19 片；小叶纸质，对生，几无柄，位于叶轴基部的常互生，其小叶柄长 1 ～ 3 mm，宽卵形至披针形，或阔卵状菱形，长 5 ～ 10 mm，宽 4 ～ 6 mm，稀长达 70 mm，宽 25 mm，顶部短至渐尖，基部圆或宽楔形，两侧对称，有时一侧偏斜，油点多或不明显，叶面有在放大镜下可见细短毛或毛状凸体，叶缘有细裂齿或近全缘，中脉至少中段以下凹陷。花序顶生，花或多或少；萼片及花瓣均 5 片；花瓣淡黄白色，长约 2 mm；雄花的退化雌蕊甚短，2 ～ 3 浅裂；雌花有心皮 3 个，很少 4 或 5 个。分果瓣红褐色，干后变暗苍绿色或褐黑色，直径 4 ～ 5 mm，顶端几无芒尖，油点小。种子直径 3 ～ 4 mm。花期 7—9 月，果期 9—12 月。

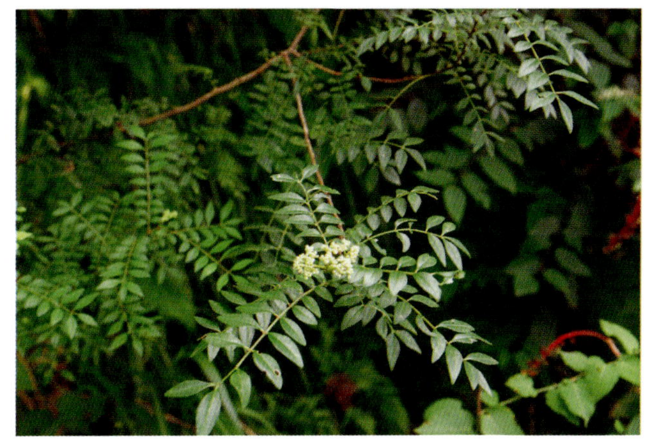

【生境分布】生于林缘、灌丛或坡地岩石旁。全市各地均有零星分布。

【药用部位】果皮、种子、茎、叶。

【采收加工】果皮：9—10 月果实成熟，选晴天剪下果穗，摊开晾晒，待果实开裂、果皮与种子分开后，晒干。种子：9—10 月果实成熟时采摘晾干，待果实开裂、果皮与种子分开后，取出种子。茎：全年均可采，砍取茎，切片晒干。叶：全年均可采收，鲜用或晒干。

【性味归经】果皮：味辛，性温；有小毒。归脾、胃、肾经。种子：味苦、辛，性温；有小毒。归脾、肺、膀胱经。茎：味辛，性热。叶：味辛，性热。归脾、胃、大肠经。

【功能主治】果皮：温中止痛，除湿止泻，杀虫止痒。用于脾胃虚寒之脘腹冷痛，蛔虫腹痛，呕吐泄泻，肺寒咳喘，龋齿痛，阴痒带下，湿疹，皮肤瘙痒。种子：利水消肿，祛痰平喘。用于水肿胀满，哮喘。茎：祛风散寒，主治风疹。叶：温中散寒，燥湿健脾，杀虫解毒。用于奔豚，寒积，霍乱转筋，脱肛，脚气，风弦烂眼，漆疮，毒蛇咬伤。

## 楝叶吴萸

Lianyewuyu

【别名】楝叶吴茱萸、鹤木、檫树、山苦楝、山漆。

【来源】芸香科吴茱萸属植物楝叶吴萸 *Tetradium glabrifolium*（Champ. ex Benth.）T. G. Hartley。

【植物形态】高达 17 m 的乔木，胸径达 40 cm。树皮平滑，暗灰色，嫩枝紫褐色，散生小皮孔。叶有小叶 5～9 片，很少 11 片，小叶斜卵形至斜披针形，长 8～16 cm，宽 3～7 cm，生于叶轴基部的较小，小叶基部通常一侧圆，另一侧楔尖，两侧甚不对称，叶面无毛，叶背灰绿色，干后带苍灰色，沿中脉两侧有灰白色卷曲长毛，或在脉腋上有卷曲丛毛，油点不显或甚细小且稀少，叶缘波纹状或有细钝齿，叶轴及小叶柄均无毛，侧脉每边 8～14 条；小叶柄长很少达 1 cm。花序顶生，花甚多；5 基数；萼片卵形，长不及 1 mm，边缘被短毛；花瓣长约 3 mm，腹面被短柔毛；雄花的雄蕊长约 5 mm，花丝中部以下被长柔毛，退化雌蕊顶部 5 深裂，裂瓣被毛；雌花的退化雄蕊甚短，通常难于察见，子房近圆球形，无毛，花柱长约 0.5 mm。成熟心皮 4～5 个，稀 3 个，紫红色，干后色较暗淡，每分果瓣有 1 粒种子。种子长约 3 mm，宽约 2.5 mm，褐黑色，有光泽。花期 6—8 月，果期 8—10 月。

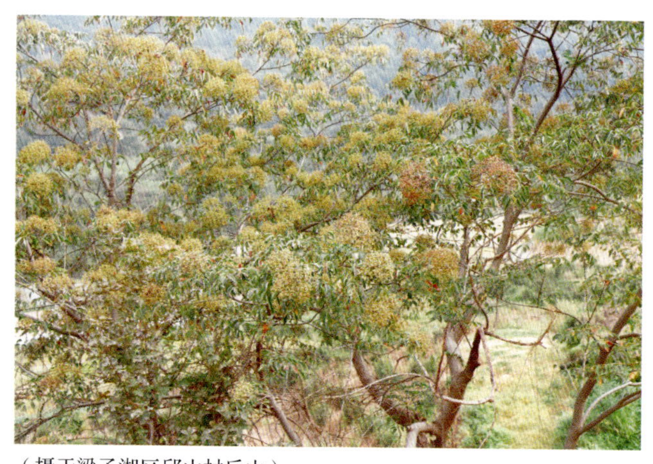
（摄于梁子湖区邱山村后山）

【生境分布】生于灌丛中，村边溪边亦可见。分布于全市各地区。

【药用部位】果实、根和叶。

【采收加工】果实：9—10 月采收未成熟果实，晒干。根和叶：夏、秋季采收，根洗净，切片，晒干；叶切丝，晒干。

【性味归经】果实：味辛，性温。根和叶：味辛、甘、涩，性凉。

【功能主治】果实：温中散寒，行气止痛。用于脘腹疼痛，呕吐，头痛等。根和叶：止咳，止痛，解毒敛疮。用于咳嗽，关节肿痛，疮痈疖肿，烧烫伤等。

## 吴茱萸

Wuzhuyu

【别名】野茶辣、野吴萸、吴萸、臭辣子。

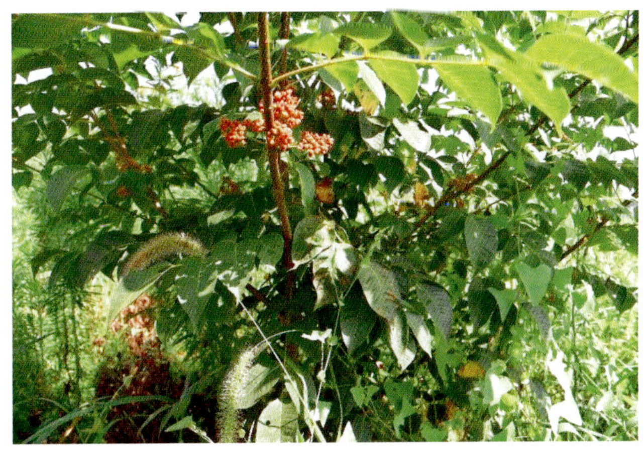

【来源】芸香科吴茱萸属植物吴茱萸 *Tetradium ruticarpum*（A. Juss.）T. G. Hartley。

【植物形态】小乔木或灌木，高 3 ～ 5 m，嫩枝暗紫红色，与嫩芽同被灰黄或红锈色茸毛或疏短毛。叶有小叶 5 ～ 11 片，小叶薄至厚纸质，卵形，椭圆形或披针形，长 6 ～ 18 cm，宽 3 ～ 7 cm，叶轴下部的较小，两侧对称或一侧的基部稍偏斜，边缘全缘或浅波浪状，小叶两面及叶轴被长柔毛，毛密如毡状，或仅中脉两侧被短毛，油点大且多。花序顶生；雄花序的花彼此疏离，雌花序的花密集或疏离；萼片及花瓣均 5 片，偶有 4 片，镊合排列；雄花花瓣长 3 ～ 4 mm，腹面被疏长毛，退化雌蕊 4 ～ 5 深裂，下部及花丝均被白色长柔毛，雄蕊伸出花瓣之上；雌花花瓣长 4 ～ 5 mm，腹面被毛，退化雄蕊鳞片状或短线状或兼有细小的不育花药，子房及花柱下部被疏长毛。果序宽 3 ～ 12 cm，果密集或疏离，暗紫红色，有大油点，每分果瓣有 1 粒种子；种子近圆球形，一端钝尖，腹面略平坦，长 4 ～ 5 mm，褐黑色，有光泽。花期 6—8 月，果期 9—11 月。

【生境分布】生于低海拔向阳的疏林下或林缘旷地。梁子湖区有栽培。

【药用部位】近成熟的果实。

【采收加工】8—11 月果实尚未开裂时，剪下果枝，晒干或低温干燥。

【性味归经】味辛、苦，性热；有小毒。归肝、脾、胃、肾经。

【功能主治】散寒止痛，降逆止呕，助阳止泻。用于厥阴头痛，寒疝腹痛，寒湿脚气，经行腹痛，脘腹胀痛，呕吐吞酸，五更泄泻。

## 芸香

Yunxiang

【别名】小叶香、百应草、香草、臭草、芸香草。

【来源】芸香科芸香属植物芸香 *Ruta graveolens* L.。

【植物形态】多年生木质草本，高达 1 m，各部有浓烈特殊气味。叶二至三回羽状复叶，长 6 ～ 12 cm，末回小羽裂片短匙形或狭长圆形，长 5 ～ 30 mm，宽 2 ～ 5 mm，灰绿色或带蓝绿色。花金黄色，花径约 2 cm；萼片 4 片；花瓣 4 片；雄蕊 8 枚，花初开放时与花瓣对生的 4 枚贴附于花瓣上，与萼片对生的另 4 枚斜展且外露，较长，花盛开时全部并列一起，挺直且等长，花柱短，子房通常 4 室，每室有胚珠多颗。果长 6 ~ 10 mm，由顶端开裂至中部，果皮有凸起的油点。种子甚多，肾形，长约 1.5 mm，褐黑色。花期 5—6 月，果期 7—11 月。

【生境分布】生于沟谷、溪边、路旁及矮小草丛中。梁子湖区有栽培。

【药用部位】全草。

【采收加工】全年可采，洗净阴干或鲜用。

【性味归经】味辛、微苦，性寒。

【功能主治】清热解毒，散瘀止痛。用于感冒发热，牙痛，月经不调，小儿湿疹；外用治疮痈肿毒，跌打损伤等。

# 泽泻科

## 慈姑

Cigu

【别名】茨菰、燕尾草、白地栗、乌芋、水慈姑、华夏慈姑。

【来源】泽泻科慈姑属植物慈姑 *Sagittaria trifolia* subsp. *leucopetala*（Miq.）Q. F. Wang。

【植物形态】多年生水生或沼生草本。根状茎横走，较粗壮，末端膨大或否。挺水叶箭形，叶片长短、宽窄变异很大，通常顶裂片短于侧裂片，比值为 1:1.2 ~ 1:1.5，有时侧裂片更长，顶裂片与侧裂片之间缢缩，或否；叶柄基部渐宽，鞘状，边缘膜质，具横脉，或不明显。花葶直立，挺水，高 15 ~ 70 cm，或更高，通常粗壮。花序总状或圆锥状，长 20 ~ 60 cm，有时更长，具分枝 1 ~ 2 枚，具花多轮，每轮 2 ~ 3 花；苞片 3 枚，基部多少合生，先端尖。花单性；花被片反折，外轮花被片椭圆形或广卵形，长 3 ~ 5 mm，宽 2.5 ~ 3.5 mm；内轮花被片白色或淡黄色，长 6 ~ 10 mm，宽 5 ~ 7 mm，基部收缩，雌花通常 1 ~ 3 轮，花梗短粗，心皮多数，两侧压扁，花柱自腹侧斜上；雄花多轮，花梗斜举，长 0.5 ~ 1.5 cm，雄蕊多数，花药黄色，长 1 ~ 2 mm，花丝长短不一，为 0.5 ~ 3 mm，通常外轮短，向里渐长。果期花托扁球形，直径 4 ~ 5 mm，高约 3 mm。瘦果两侧压扁，长约 4 mm，宽约 3 mm，倒卵形，具翅，背翅多少不整齐；果喙短，自腹侧斜上。种子褐色，具小凸起。花果期 5—10 月。

【生境分布】生于湖泊、池塘、沼泽、水田等水域。全市各地均有零星分布。

【药用部位】球茎。

【采收加工】秋季初霜后，茎叶黄枯，球茎充分成熟，自此至翌春发芽前，可随时采收。采收后，洗净，鲜用或晒干。

【性味归经】味甘、微苦、微辛，性微寒。归肝、肺、脾、膀胱经。

【功能主治】活血凉血，止咳通淋，散结解毒。用于产后血闷，胎衣不下，带下，崩漏，衄血，呕血，咳嗽咯血，淋浊，疮肿，目赤肿痛，角膜白斑，瘰疬，睾丸炎，骨膜炎，毒蛇咬伤等。

## 泽泻

Zexie

【别名】水泽、如意花、车苦菜、天鹅蛋、天秃。

【来源】泽泻科泽泻属植物泽泻 *Alisma plantago-aquatica* L.。

【植物形态】多年生水生或沼生草本。块茎直径 1 ～ 3.5 cm，或更大。叶通常多数；沉水叶条形或披针形；挺水叶宽披针形、椭圆形至卵形，长 2 ～ 11 cm，宽 1.3 ～ 7 cm，先端渐尖，稀急尖，基部宽楔形、浅心形，叶脉通常 5 条，叶柄长 1.5 ～ 30 cm，基部渐宽，边缘膜质。花葶高 78 ～ 100 cm，或更高；花序长 15 ～ 50 cm，或更长，具 3 ～ 8 轮分枝，每轮分枝 3 ～ 9 枚。花两性，花梗长 1 ～ 3.5 cm；外轮花被片广卵形，长 2.5 ～ 3.5 mm，宽 2 ～ 3 mm，通常具 7 脉，边缘膜质，内轮花被片近圆形，远大于外轮，边缘具不规则粗齿，白色、粉红色或浅紫色；心皮 17 ～ 23 枚，排列整齐，花柱直立，长 7 ～ 15 mm，长于心皮，柱头短，为花柱的 1/9 ～ 1/5；花丝长 1.5 ～ 1.7 mm，基部宽约 0.5 mm，花药长约 1 mm，椭圆形，黄色或淡绿色；花托平凸，高约 0.3 mm，近圆形。瘦果椭圆形或近矩圆形，长约 2.5 mm，宽约 1.5 mm，背部具 1 ～ 2 条不明显浅沟，下部平，果喙自腹侧伸出，喙基部凸起，膜质。种子紫褐色，具凸起。花果期 5—10 月。

【生境分布】生于湖泊、河湾、溪流、水塘的浅水带，沼泽、沟渠及低洼湿地亦有生长。梁子湖区有栽培。

【药用部位】块茎。

【采收加工】冬季茎叶开始枯萎时采挖，洗净，干燥，除去须根及粗皮。

【性味归经】味甘、淡，性寒。归肾、膀胱经。

【功能主治】利水渗湿，泄热，化浊降脂。用于小便不利，水肿胀满，泄泻尿少，痰饮眩晕，热淋涩痛，高脂血症等。

# 樟科

## 檫木

Chamu

【别名】梓木、独脚樟、半枫樟、枫荷桂、天鹅枫。

【来源】樟科檫木属植物檫木 *Sassafras tzumu*（Hemsl.）Hemsl.。

【植物形态】落叶乔木，高可达 35 m，胸径达 2.5 m。树皮幼时黄绿色，平滑，老时变灰褐色，呈不规则纵裂。顶芽大，椭圆形，长达 1.3 cm，直径 0.9 cm，芽鳞近圆形，外面密被黄色绢毛。枝条粗壮，近圆柱形，多少具棱角，无毛，初时带红色，干后变黑色。叶互生，聚集于枝顶，卵形或倒卵形，长 9 ～ 18 cm，宽 6 ～ 10 cm，先端渐尖，基部楔形，全缘或 2 ～ 3 浅裂，裂片先端略钝，坚纸质，上面绿色，晦暗或略光亮，下面灰绿色，两面无毛或下面尤其是沿脉网疏被短硬毛，羽状脉或离基 3 出脉，中脉、侧脉及支脉两面稍明显，最下方一对侧脉对生，十分发达，向叶缘一方生出多数支脉，支脉向叶缘弧状网结；叶柄纤细，长 2 ～ 7 cm，鲜时常带红色，腹平背凸，无毛或略被短硬毛。花序顶生，先叶开放，长 4 ～ 5 cm，多花，具梗，梗长不及 1 cm，与序轴密被棕褐色柔毛，基部有迟落互生的总苞片；苞片线形至丝状，长 1 ～ 8 mm，位于花序最下部者最长。花黄色，长约 4 mm，雌雄异株；花梗纤细，长 4.5 ～ 6 mm，密被棕褐色柔毛。雄花：花被筒极短，花被裂片 6，披针形，近相等，长约 3.5 mm，先端稍钝，外面疏被柔毛，内面近于无毛；能育雄蕊 9，成 3 轮排列，近相等，长约 3 mm，花丝扁平，被柔毛，第一、二轮雄蕊花丝无腺体，第三轮雄蕊花丝近基部有一对具短柄的腺体，花药均为卵圆状

长圆形，4 室，上方 2 室较小，药室均内向，退化雄蕊 3，长 1.5 mm，三角状钻形，具柄；退化雌蕊明显。雌花：退化雄蕊 12，排成 4 轮，体态上类似雄花的能育雄蕊及退化雄蕊；子房卵珠形，长约 1 mm，无毛，花柱长约 1.2 mm，等粗，柱头盘状。果近球形，直径达 8 mm，成熟时蓝黑色而带白蜡粉，着生于浅杯状的果托上，果梗长 1.5 ～ 2 cm，上端渐增粗，无毛，与果托呈红色。花期 3—4 月，果期 5—9 月。

【生境分布】生于海拔 150 ～ 1900 m 的疏林或密林中。全市各地均有零星分布。

【药用部位】根或茎、叶。

【采收加工】根：秋、冬季挖取，洗净泥沙，切段，晒干。茎、叶：秋季采集，切段，晒干。

【性味归经】味辛、甘，性温。归肝、脾经。

【功能主治】祛风除湿，活血散瘀，止血。用于风湿痹痛，跌打损伤，腰肌劳损，半身不遂，外伤出血等。

## 山鸡椒

Shan ji jiao

【别名】澄茄、毕澄茄、毕茄、山苍子、木姜子。

【来源】樟科木姜子属植物山鸡椒 *Litsea cubeba*（Lour.）Pers.。

【植物形态】落叶灌木或小乔木，高达 8 ～ 10 m。幼树树皮黄绿色，光滑，老树树皮灰褐色。小枝细长，绿色，无毛，枝、叶具芳香味。顶芽圆锥形，外面具柔毛。叶互生，披针形或长圆形，长 4 ～ 11 cm，宽 1.1 ～ 2.4 cm，先端渐尖，基部楔形，纸质，上面深绿色，下面粉绿色，两面均无毛，羽状脉，侧脉每边 6 ～ 10 条，纤细，中脉、侧脉在两面均凸起；叶柄长 6 ～ 20 mm，纤细，无毛。伞形花序单生或簇生，总梗细长，长 6 ～ 10 mm；苞片边缘有睫毛状毛；每一花序有花 4 ～ 6 朵，先叶开放或与叶同时开放，花被裂片 6，宽卵形；能育雄蕊 9，花丝中下部有毛，第 3 轮基部的腺体具短柄；退化雌蕊无毛；雌花中退化雄蕊中下部具柔毛；子房卵形，花柱短，柱头头状。果近球形，直径约 5 mm，无毛，幼时绿色，成熟时黑色，果梗长 2 ～ 4 mm，先端稍增粗。花期 2—3 月，果期 7—8 月。

【生境分布】生于向阳的山地、灌丛、疏林或林中路旁、水边。全市各地均有零星分布。

【药用部位】果实。

【采收加工】秋季果实成熟时采收，除去杂质，晒干。

【性味归经】味辛，性温。归脾、胃、肾、膀胱经。

【功能主治】温中散寒，行气止痛。用于胃寒呕逆，脘腹冷痛，寒疝腹痛，寒湿郁滞，小便浑浊等。

## 山胡椒

Shanhujiao

【别名】油金条、香叶子、野胡椒、假死柴、雷公子。

【来源】樟科山胡椒属植物山胡椒 *Lindera glauca*（Siebold & Zucc.）Blume。

【植物形态】落叶灌木或小乔木，高可达 8 m。树皮平滑，灰色或灰白色。冬芽（混合芽）长角锥形，长约 1.5 cm，直径 4 mm，芽鳞裸露部分红色，幼枝条白黄色，初有褐色毛，后脱落成无毛。叶互生，宽椭圆形、椭圆形、倒卵形至狭倒卵形，长 4 ～ 9 cm，宽 2 ～ 6 cm，上面深绿色，下面淡绿色，被白色柔毛，纸质，羽状脉，侧脉每侧 5 ～ 6 条；叶枯后不落，翌年新叶发出时落下。伞形花序腋生，总梗短或不明显，长一般不超过 3 mm，生于混合芽中的总苞片绿色膜质，每总苞有 3 ～ 8 朵花。雄花花被片黄色，椭圆形，长约 2.2 mm，内、外轮几相等，外面在背脊部被柔毛；雄蕊 9，近等长，花丝无毛，第 3 轮的基部着生 2 具角突宽肾形腺体，柄基部与花丝基部合生，有时第 2 轮雄蕊花丝也着生一较小腺体；退化雌蕊细小，椭圆形，长约 1 mm，上有一小突尖；花梗长约 1.2 cm，密被白色柔毛。雌花花被片黄色，椭圆形或倒卵形，内、外轮几相等，长约 2 mm，外面在背脊部被稀疏柔毛或仅基部有少数柔毛；退化雄蕊长约 1 mm，条形，第 3 轮的基部着生 2 个长约 0.5 mm 具柄、不规则的肾形腺体，腺体柄与退化雄蕊中部以下合生；子房椭圆形，长约 1.5 mm，花柱长约 0.3 mm，柱头盘状；花梗长 3 ～ 6 mm，成熟时黑褐色；果梗长 1 ～ 1.5 cm。花期 3—4 月，果期 7—8 月。

【生境分布】生于山地、丘陵的灌丛中和疏林缘。分布于全市各地区。

【药用部位】果实。

【采收加工】秋季果实成熟时采收，晒干。

【性味归经】味辛，性温。归肺、胃经。

【功能主治】温中散寒，行气止痛，平喘。用于脘腹冷痛，胸满痞闷，哮喘等。

## 乌药

Wuyao

【别名】天台乌、台乌、矮樟、香桂樟、铜钱柴。

【来源】樟科山胡椒属植物乌药 *Lindera aggregata*（Sims）Kosterm.。

【植物形态】常绿灌木或小乔木，高可达 5 m，胸径 4 cm；树皮灰褐色；根有纺锤状或结节状膨胀，一般长 3.5 ～ 8 cm，直径 0.7 ～ 2.5 cm，外面棕黄色至棕黑色，表面有细皱纹，有香味，微苦，有刺激性清凉感。幼枝青绿色，具纵向细条纹，密被金黄色绢毛，后渐脱落，老时无毛，干时褐色。顶芽长椭圆形。叶互生，卵形、椭圆形至近圆形，通常长 2.7 ～ 5 cm，宽 1.5 ～ 4 cm，有时可长达 7 cm，先端长

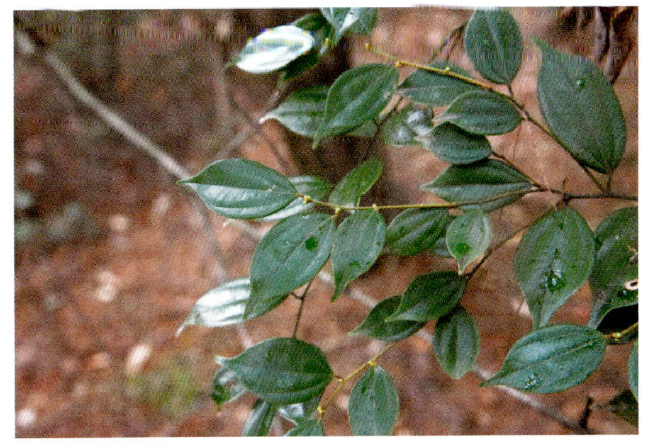
（摄于梁子湖区莲花黄后山）

渐尖或尾尖，基部圆形，革质或有时近革质，上面绿色，有光泽，下面苍白色，幼时密被棕褐色柔毛，后渐脱落，偶见残存斑块状黑褐色毛片，两面有小凹窝，3 出脉，中脉及第一对侧脉上面通常凹下，少有凸出，下面明显凸出；叶柄长 0.5 ～ 1 cm，有褐色柔毛，后毛被渐脱落。伞形花序腋生，无总梗，常 6 ～ 8 花序集生于一 1 ～ 2 mm 长的短枝上，每花序有一苞片，一般有花 7 朵；花被片 6，近等长，外面被白色柔毛，内面无毛，黄色或黄绿色，偶有外乳白色内紫红色；花梗长约 0.4 mm，被柔毛。雄花花被片长约 4 mm，宽约 2 mm；雄蕊长 3 ～ 4 mm，花丝被疏柔毛，第三轮的有 2 枚宽肾形具柄腺体，着生花丝基部，有时第 2 轮的也有 1 ～ 2 枚腺体；退化雌蕊坛状。雌花花被片长约 2.5 mm，宽约 2 mm，退化雄蕊长条片状，被疏柔毛，长约 1.5 mm，第 3 轮基部着生 2 枚具柄腺体；子房椭圆形，长约 1.5 mm，被褐色短柔毛，柱头头状。果卵形或有时近圆形，长 0.6 ～ 1 cm，直径 4 ～ 7 mm。花期 3—4 月，果期 5—11 月。

【生境分布】生于海拔 200 ～ 1000 m 的向阳坡地、山谷或疏林灌丛中。梁子湖区有零星分布。

【药用部位】干燥块根。

【采收加工】全年均可采挖，除去细根，洗净，趁鲜切片，晒干，或直接晒干。

【性味归经】味辛，性温。归肺、脾、肾、膀胱经。

【功能主治】行气止痛，温肾散寒。用于寒凝气滞，胸腹胀痛，气逆喘急，膀胱虚冷，遗尿尿频，疝气疼痛，经寒腹痛等。

## 樟
Zhang

【别名】香樟、樟树、乌樟、芳樟。

【来源】樟科樟属植物樟 *Camphora officinarum* Nees。

【植物形态】常绿大乔木，高可达 30 m，直径可达 3 m，树冠广卵形；枝、叶及木材均有樟脑气味；树皮黄褐色，有不规则的纵裂。顶芽广卵形或圆球形，鳞片宽卵形或近圆形，外面略被绢状毛。枝条圆柱形，淡褐色，无毛。叶互生，卵状椭圆形，长 6 ～ 12 cm，宽 2.5 ～ 5.5 cm，先端急尖，基部宽楔形至近圆形，边缘全缘，软骨质，有时呈微波状，上面绿色或黄绿色，有光泽，下面黄绿色或灰绿色，晦暗，两面无毛或下面幼时略被微柔毛，具离基 3 出脉，有时过渡到基部具不显的 5 脉，中脉两面明显，上部每边有侧脉 3 ～ 7 条。基生侧脉向叶缘一侧有少数支脉，侧脉及支脉脉腋上面明显隆起，下面有明显腺窝，窝内常被柔毛；叶柄纤细，长 2 ～ 3 cm，腹凹背凸，无毛。圆锥花序腋生，长 3.5 ～ 7 cm，具梗，总梗长 2.5 ～ 4.5 cm，与各级序轴均无毛或被灰白色至黄褐色微柔毛，被毛时往往在节上尤为明显。花绿白色或带黄色，长约 3 mm；花梗长 1 ～ 2 mm，无毛。花被外面无毛或被微柔毛，内面密被短柔毛，花被筒倒锥形，长约 1 mm，花被裂片椭圆形，长约 2 mm。能育雄蕊 9，长约 2 mm，花丝被短柔毛。退化雄蕊 3，位于最内轮，箭形，长约 1 mm，被短柔毛。子房球形，长约 1 mm，无毛，花柱长约 1 mm。果卵球形或近球形，直径 6 ～ 8 mm，紫黑色；果托杯状，长约 5 mm，顶端截平，宽达 4 mm，基部宽约 1 mm，具纵向沟纹。花期 4—5 月，果期 8—11 月。

【生境分布】生于山坡或沟谷中。全市各地常有栽培。

【药用部位】木材、根、树皮、叶、果实。

【采收加工】木材：冬季砍收树干，锯断，劈成小块，晒干。根：春、秋季采挖，洗净，切片，晒干。树皮：全年可采，剥取树皮，切段，鲜用或晒干。叶：3 月下旬以前及 5 月上旬后含油多时采，鲜用或晾干。果实：11—12 月间采摘成熟果实，晒干。

【性味归经】木材：味辛，性温。归肝、脾经。根：味辛，性温。归肝，脾经。树皮：味辛、苦，性温。归脾、胃、肺经。叶：味辛，性温。果实：味辛，性温。

【功能主治】木材：祛风散寒，温中理气，活血通络。用于风寒感冒，胃寒胀痛，寒湿吐泻，风湿痹痛，脚气，跌打损伤，疥癣风痒等。根：温中止痛，辟秽和中，祛风除湿。用于胃脘疼痛，霍乱吐泻，风湿痹痛，皮肤瘙痒等。树皮：祛风除湿，暖胃和中，杀虫疗疮。用于风湿痹痛，胃脘疼痛，呕吐泄泻，脚气肿痛，跌打损伤，疥癣疮毒，毒虫咬伤等。叶：祛风，除湿，杀虫，解毒。用于风湿痹痛，胃痛，水火烫伤，疮痈肿毒，慢性下肢溃疡，疥癣，皮肤瘙痒，毒虫咬伤等。果实：祛风散寒，温胃和中，理气止痛。用于脘腹冷痛，寒湿吐泻，气滞腹胀，脚气等。

# 沼金花科

## 肺筋草

Feijincao

【别名】粉条儿菜。

【来源】沼金花科肺筋草属植物肺筋草 *Aletris spicata*（Thunb.）Franch.。

【植物形态】多年生草本，根状茎短，具多数须根，须根细长，其上生多数白色细小块根。叶簇生，纸质，条形，有时下弯，长 10 ～ 25 cm，宽 3 ～ 4 mm，先端渐尖。花葶高 40 ～ 70 cm，有棱，密生柔毛，中下部有几枚长 1.5 ～ 6.5 cm 的苞片状叶；总状花序长 6 ～ 30 cm，疏生多花；苞片 2 枚，窄条形，位于花梗的基部，长 5 ～ 8 mm，短于花；花梗极短，有毛；花被黄绿色，上端粉红色，外面有柔毛，长

6 ～ 7 mm，分裂部分占 1/3 ～ 1/2；裂片条状披针形，长 3 ～ 3.5 mm，宽 0.8 ～ 1.2 mm；雄蕊着生于花被裂片的基部，花丝短，花药椭圆形；子房卵形，花柱长 1.5 mm。蒴果倒卵形或矩圆状倒卵形，有棱角，长 3 ～ 4 mm，宽 2.5 ～ 3 mm，密生柔毛。花期 4—5 月，果期 6—7 月。

【生境分布】生于山坡上、路边、灌丛边或草地。全市各地均有零星野生。

【药用部位】根及全草。

【采收加工】5—6 月采收，洗净，鲜用或晒干。

【性味归经】味甘、苦，性平。归肺、肝经。

【功能主治】清肺，润肺止咳，活血调经，杀虫。用于咳嗽，咯血，百日咳，气喘，肺痈，乳痈，腮腺炎，经闭，缺乳，肠风便血，小儿疳积，蛔虫病，风火牙痛等。

# 紫草科

## 柔弱斑种草

Rouruobanzhongcao

【别名】鬼点灯、小马耳朵、细叠子草、雀灵草。

【来源】紫草科斑种草属植物柔弱斑种草 *Bothriospermum zeylanicum*（J. Jacq.）Druce。

【植物形态】一年生草本，高 15 ～ 30 cm。茎细弱，丛生，直立或平卧，多分枝，被向上贴伏的糙伏毛。叶椭圆形或狭椭圆形，长 1 ～ 2.5 cm，宽 0.5 ～ 1 cm，先端钝，具小尖，基部宽楔形，上下两面被向上贴伏的糙伏毛或短硬毛。花序柔弱，细长，长 10 ～ 20 cm；苞片椭圆形或狭卵形，长 0.5 ～ 1 cm，宽 3 ～ 8 mm，被伏毛或硬毛；花梗短，长 1 ～ 2 mm，果期不增长或稍增长；花萼长 1 ～ 1.5 mm，果期增大，长约 3 mm，外面密生向上的伏毛，内面无毛或中部以上散生伏毛，裂片披针形或卵状披针形，裂至近基部；花冠蓝色或淡蓝色，长 1.5 ～ 1.8 mm，基部直径 1 mm，檐部直径 2.5 ～ 3 mm，裂片圆形，长、宽均约 1 mm，喉部有 5 个梯形的附属物，附属物高约 0.2 mm；花柱圆柱形，极短，长约 0.5 mm，

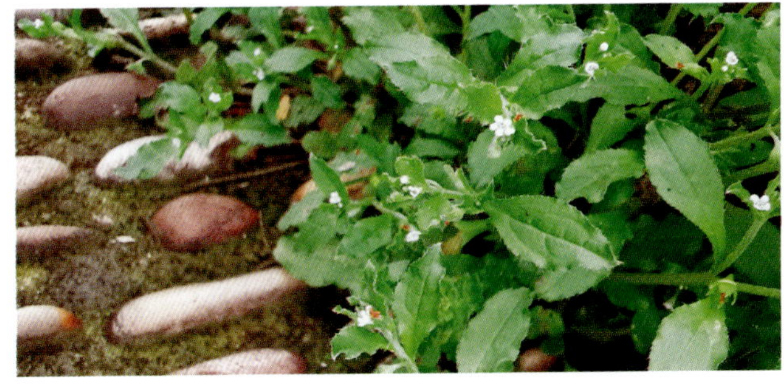

约为花萼的 1/3 或不及。小坚果肾形，长 1 ～ 1.2 mm，腹面具纵椭圆形的环状凹陷。花果期 2—10 月。

【生境分布】生于海拔 300 ～ 1900 m 的山坡路边、田间草丛、山坡草地及溪边阴湿处。全市各地均有零星分布。

【药用部位】全草。

【采收加工】夏、秋季采收，拣净，晒干。

【性味归经】味微苦、涩，性平；有小毒。归肺经。

【功能主治】止咳，止血。用于咳嗽，吐血等。

## 附地菜

Fudicai

【别名】鸡肠、鸡肠草、地胡椒、搓不死、豆瓣子棵、伏地菜。

【来源】紫草科附地菜属植物附地菜 *Trigonotis peduncularis*（Trevis.）Benth. ex Baker & S. Moore。

【植物形态】一年生或二年生草本。茎通常多条丛生，稀单一，密集，铺散，高 5 ～ 30 cm，基部多分枝，被短糙伏毛。基生叶呈莲座状，有叶柄，叶片匙形，长 2 ～ 5 cm，先端圆钝，基部楔形或渐狭，两面被糙伏毛，茎上部叶长圆形或椭圆形，无叶柄或具短柄。花序生茎顶，幼时卷曲，后渐次伸长，长 5 ～ 20 cm，通常占全茎的 1/2 ～ 4/5，只在基部具 2 ～ 3 枚叶状苞片，其余部分无苞片；花梗短，花后伸长，长 3 ～ 5 mm，顶端与花萼连接部分变粗呈棒状；花萼裂片卵形，长 1 ～ 3 mm，先端急尖；花冠淡蓝色或粉色，筒部甚短，檐部直径 1.5 ～ 2.5 mm，裂片平展，倒卵形，先端圆钝，喉部附属 5，白色或带黄色；花药卵形，长 0.3 mm，先端具短尖。小坚果 4，斜三棱锥状四面体形，长 0.8 ～ 1 mm，有短毛或平滑无毛，背面三角状卵形，具 3 锐棱，腹面的 2 个侧面近等大而基底面略小，凸起，具短柄，柄长约 1 mm，向一侧弯曲。花期 4—5 月，果期 6—7 月。

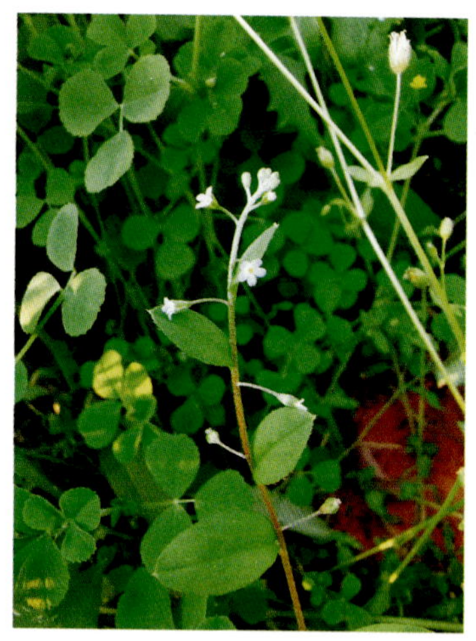

【生境分布】生于田野、路旁、荒草地或丘陵林缘、灌木林间。全市各地均有零星分布。

【药用部位】全草。

【采收加工】初夏采收，鲜用或晒干。

【性味归经】味辛、苦，性平。归心、肝、脾、肾经。

【功能主治】行气止痛，解毒消肿。用于胃痛吐酸，痢疾，热毒痈肿，手脚麻木等。

## 厚壳树

Houkeshu

【别名】大岗茶、松杨、走马风、大红茶、柿叶树。

【来源】紫草科厚壳树属植物厚壳树 *Ehretia acuminata* R. Br.。

【植物形态】落叶乔木，高达 15 m，具条裂的黑灰色树皮；枝淡褐色，平滑，小枝褐色，无毛，有明显的皮孔；腋芽椭圆形，扁平，通常单一。叶椭圆形、倒卵形或长圆状倒卵形，长 5 ～ 13 cm，宽 4 ～ 6 cm，先端尖，基部宽楔形，稀圆形，边缘有整齐的锯齿，齿端向上而内弯，无毛或被稀疏柔毛；叶柄长 1.5 ～ 2.5 cm，无毛。聚伞花序圆锥状，长 8 ～ 15 cm，宽 5 ～ 8 cm，被短毛或近无毛；花多数，密集，小形，芳香；花萼长 1.5 ～ 2 mm，裂片卵形，具缘毛；花冠钟状，白色，长 3 ～ 4 mm，裂片长圆形，开展，长 2 ～ 2.5 mm，较筒部长；雄蕊伸出花冠外，花药卵形，长约 1 mm，花丝长 2 ～ 3 mm，着生于花冠筒基部以上 0.5 ～ 1 mm 处；花柱长 1.5 ～ 2.5 mm，分枝长约 0.5 mm。核果黄色或橘黄色，直径 3 ～ 4 mm；核具皱褶，成熟时分裂为 2 个具 2 粒种子的分核。花期 4 月，果期 7 月。

（摄于鄂城区杨家垴）

【生境分布】生于海拔 100 ～ 1700 m 的丘陵、平原疏林、山坡灌丛及山谷密林。鄂城区有零星分布。

【药用部位】叶、心材、树枝。

【采收加工】叶：夏、秋季采摘，晒干。心材：全年均可采，除去皮部，锯成小段，劈成小块。树枝：全年均可采，切片，晒干。

【性味归经】叶：味甘、微苦，性平。心材：味甘、咸，性平。树枝：味苦、涩，性平。

【功能主治】叶：清热解暑，去腐生肌。用于外感暑热，偏头痛等。心材：散瘀，消肿，止痛。用于跌打肿痛，骨折，痈疮红肿等。树枝：收敛止泻。用于肠炎腹泻等。

# 紫萁科

## 紫萁

Ziqi

【别名】茈萁、紫蕨、迷蕨、蕨基、大贯众。

【来源】紫萁科紫萁属植物紫萁 *Osmunda japonica* Thunb.。

【植物形态】植株高 50 ~ 80 cm 或更高。根状茎短粗，或呈短树干状而稍弯。叶簇生，直立，柄长 20 ~ 30 cm，禾秆色，幼时被密茸毛，不久脱落；叶片为三角状广卵形，长 30 ~ 50 cm，宽 25 ~ 40 cm，顶部一回羽状，其下为二回羽状；羽片 3 ~ 5 对，对生，长圆形，长 15 ~ 25 cm，基部宽 8 ~ 11 cm，基部一对稍大，有柄（柄长 1 ~ 1.5 cm），斜向上，奇数羽状；小羽片 5 ~ 9 对，对生或近对生，无柄，分离，长 4 ~ 7 cm，宽 1.5 ~ 1.8 cm，长圆形或长圆状披针形，先端稍钝或急尖，向基部稍宽，圆形或近截形，相距 1.5 ~ 2 cm，向上部稍小，顶生的同形，有柄，基部往往有 1 ~ 2 片的合生圆裂片，或阔披形的短裂片，边缘有均匀的细锯齿。叶脉两面明显，自中肋斜向上，二回分歧，小脉平行，达于锯齿。叶为纸质，成长后光滑无毛，干后为棕绿色。孢子叶（能育叶）同营养叶等高，或经常稍高，羽片和小羽片均短缩，小羽片变成线形，长 1.5 ~ 2 cm，沿中肋两侧背面密生孢子囊。

【生境分布】生于林下或溪边酸性土上。全市各地均有零星分布。

【药用部位】根茎和叶柄残基（紫萁贯众）。

【采收加工】春、秋季采挖，洗净，除去须根，晒干。

【性味归经】味苦，性微寒；有小毒。归肺、胃、肝经。

【功能主治】清热解毒，止血，杀虫。用于病毒感冒，热毒泻痢，疮痈肿毒，吐血，衄血，便血，崩漏，虫积腹痛等。

# 紫葳科

## 凌霄
Lingxiao

【别名】紫葳、凌霄花、倒挂金钟、上树龙。

【来源】紫葳科凌霄属植物凌霄 *Campsis grandiflora*（Thunb.）Schum.。

【植物形态】攀援藤本；茎木质，表皮脱落，枯褐色，以气生根攀附于他物之上。叶对生，为奇数羽状复叶；小叶 7 ～ 9 片，卵形至卵状披针形，顶端尾状渐尖，基部阔楔形，两侧不等大，长 3 ～ 9 cm，宽 2 ～ 4 cm，侧脉 6 ～ 7 对，两面无毛，边缘有粗锯齿；叶轴长 4 ～ 13 cm；小叶柄长 5 ～ 10 mm。顶生疏散的短圆锥花序，花序轴长 15 ～ 20 cm。花萼钟状，长 3 cm，分裂至中部，裂片披针形，长约 1.5 cm。花冠内面鲜红色，外面橙黄色，长约 5 cm，裂片半圆形。雄蕊着生于花冠筒近基部，花丝线形，细长，长 2 ～ 2.5 cm，花药黄色，“个”字形着生。花柱线形，长约 3 cm，柱头扁平，2 裂。蒴果顶端钝。花期 7—9 月。果期 8—10 月。

【生境分布】生于山谷、小河边、疏林下，攀援于树上、石壁上。分布于全市各地区。

【药用部位】花、茎叶、根。

【采收加工】花：7—9 月采收，择晴天摘下刚开放的花朵，晒干。茎叶：夏、秋季采收，晒干。根：全年均可采，洗净，切片，晒干。

【性味归经】花：味甘、酸，性寒。归肝、心包经。茎叶：味苦，性平。根：味甘、辛，性寒。

【功能主治】花：活血通经，凉血祛风。用于月经不调，经闭癥瘕，产后乳肿，风疹发红，皮肤瘙痒，痤疮。茎叶：清热，凉血，散瘀。用于血热生风，身痒，风疹，手脚酸软麻木，咽喉肿痛等。根：凉血祛风，活血通络。用于血热生风，身痒，风疹，腰脚不遂，痛风，风湿痹痛，跌打损伤等。

## 梓
Zi

【别名】梓树、木角豆、水桐楸、黄花楸、水桐。

【来源】紫葳科梓属植物梓 *Catalpa ovata* G. Don。

【植物形态】乔木，高达 15 m；树冠伞形，主干通直，嫩枝具稀疏柔毛。叶对生或近对生，有时轮生，阔卵形，长、宽近相等，长约 25 cm，顶端渐尖，基部心形，全缘或浅波状，常 3 浅裂，叶片上面及下面均粗糙，微被柔毛或近于无毛，侧脉 4 ～ 6 对，基部掌状脉 5 ～ 7 条；叶柄长 6 ～ 18 cm。顶生圆锥花序；花序梗微被疏毛，长 12 ～ 28 cm。花萼蕾时圆球形，2 唇开裂，长 6 ～ 8 mm。花冠钟状，淡黄色，内面具 2 黄色条纹及紫色斑点，长约 2.5 cm，直径约 2 cm。能育雄蕊 2，花丝插生于花冠筒上，花药叉开；退化雄蕊 3。子房上位，棒状。花柱丝形，柱头 2 裂。蒴果线形，下垂，长 20 ～ 30 cm，粗 5 ～ 7 mm。种子长椭圆形，长 6 ～ 8 mm，宽约 3 mm，两端具有平展的长毛。花果期 5—8 月。

【生境分布】生于低山河谷、路旁、村庄附近。全市各地均有零星分布。

【药用部位】木材。

【采收加工】全年可采，切薄片，晒干。

【性味归经】味苦，性寒。归肺、肝、大肠经。

【功能主治】催吐，止痛。用于霍乱不吐不泻，手足痛风等。

# 棕榈科

## 棕榈

Zonglü

【别名】棕树。

【来源】棕榈科棕榈属植物棕榈 *Trachycarpus fortunei*（Hook.）H. Wendl.。

【植物形态】乔木状，高 3 ～ 10 m 或更高，树干圆柱形，被不易脱落的老叶柄基部和密集的网状纤维，除非人工剥除，否则不能自行脱落，裸露树干直径 10 ～ 15 cm 甚至更粗。叶片呈 3/4 圆形或者近圆形，深裂成 30 ～ 50 片具皱褶的线状剑形，宽 2.5 ～ 4 cm，长 60 ～ 70 cm 的裂片，裂片先端具短 2 裂或 2 齿，硬挺甚至顶端下垂；叶柄长 75 ～ 80 cm 或甚至更长，两侧具细圆齿，顶端有明显的戟突。花序粗壮，多次分枝，从叶腋抽出，通常雌雄异株。雄花序长约 40 cm，具 2 ～ 3 个分枝花序，下部的分枝花序长 15 ～ 17 cm，一般只二回分枝；雄花无梗，每 2 ～ 3 朵密集着生于小穗轴上，也有单生的；黄绿色，卵球形，钝 3 棱；花萼 3 片，卵状急尖，几分离，花冠约 2 倍长于花萼，花瓣阔卵形，雄蕊 6 枚，花药卵状箭头形；

雌花序长 80 ～ 90 cm，花序梗长约 40 cm，其上有 3 个佛焰苞包着，具 4 ～ 5 个圆锥状的分枝花序，下部的分枝花序长约 35 cm，二至三回分枝；雌花淡绿色，通常 2 ～ 3 朵聚生；花无梗，球形，着生于短瘤突上，萼片阔卵形，3 裂，基部合生，花瓣卵状近圆形，长于萼片 1/3，退化雄蕊 6 枚，心皮被银色毛。果实阔肾形，有脐，宽 11 ～ 12 mm，高 7 ～ 9 mm，成熟时由黄色变为淡蓝色，有白粉，柱头残留在侧面附近。种子胚乳均匀，角质，胚侧生。花期 4 月，果期 12 月。

【生境分布】栽培于村边、溪边、田边、丘陵地或山地。全市各地均有分布。

【药用部位】干燥叶柄。

【采收加工】采棕时割取旧叶柄下延部分和鞘片，除去纤维状的棕毛，晒干。

【性味归经】味苦、涩，性平。归肝、脾、大肠经。

【功能主治】收敛止血。用于吐血，衄血，尿血，便血，崩漏等。

# 中文名索引

## D



## E



## F

## G



## H

## J



## K



## L

## M



## N

## T



## W



## X

## Y

## Z

# 拉丁名索引

## D



## E

# F



# G



# H

## M



## N



## O



## P

**Q**



**R**

## S

## T



## U



## V



## W



## X

## Y



## Z

# 参考文献

[1] 国家药典委员会 . 中华人民共和国药典：一部 [S]. 北京：中国医药科技出版社 , 2020.

[2] 国家中医药管理局《中华本草》编委会 . 中华本草 [M]. 上海：上海科学技术出版社 , 1998.

[3] 中国科学院中国植物志编辑委员会 . 中国植物志：第四卷 [M]. 北京：科学出版社 , 1999.

[4] 中国科学院植物研究所 . 中国高等植物图鉴 [M]. 北京：科学出版社 , 1972.